야생화 쉽게 찾기

윤주복 지음

진선 books

깽깽이풀

머리말

산과 늘을 걷다 보면 저절로 피어난 꽃을 흔히 만날 수 있습니다.
'저 꽃 이름은 뭐지?'

야생화를 만나 이름을 알고 관심을 갖다 보면 꽃은 자기가 누구인지, 어떤 환경을 좋아하는지, 이웃과는 어떻게 지내는지, 친척은 누구인지를 우리에게 이야기해 줍니다.

이 책에는 풀꽃과 나무꽃을 합쳐서 2,100여 종의 식물을 담았습니다. 이 책과 함께 산책길에 나서면 산과 들에서 저절로 자라는 대부분의 꽃 이름을 쉽게 찾을 수 있을 것입니다. 많은 종을 한 권에 담으려니 본문은 식물 종의 기본적인 소개와 특성을 나타내는 내용을 중심으로 간략하게 설명할 수밖에 없었습니다. 더 자세한 내용을 알고 싶으면 인터넷 검색이나 큰 도감을 참고하면 될 것입니다.

식물 분류는 꽃 이름을 찾기 쉽도록 우선 '풀'과 '나무'로 크게 나누고, 각각 계절별로 '봄에 피는 꽃'과 '여름에 피는 꽃'으로 구분하여 실었습니다. 가을에 피는 꽃은 여름에 피는 꽃에 포함시켰습니다. 계절 내에서는 '꽃 색깔'과 '꽃잎 수'로 구분하여 쉽게 찾아 볼 수 있게 하였습니다.

부록에는 흔히 채취할 수 있는 들나물과 산나물, 식용할 수 있는 야생 열매를 골라서 소개했습니다. 그리고 나물이나 열매를 채취할 때 주의해야 할 유독식물도 함께 실었습니다. 아무쪼록 이 책과 함께 산과 들에 지천으로 피어 있는 우리 야생화를 만나 이름을 익히면서 가까운 친구가 되었으면 합니다.

윤주복

보춘화

차례

머리말 3
일러두기 6

Ⅰ 봄에 피는 풀꽃
봄에 피는 붉은색 풀꽃 11
봄에 피는 노란색 풀꽃 51
봄에 피는 흰색 풀꽃 77
봄에 피는 녹색 풀꽃(사초과, 벼과) 113

Ⅱ 여름에 피는 풀꽃
여름에 피는 붉은색 풀꽃 141
여름에 피는 노란색 풀꽃 222
여름에 피는 흰색 풀꽃 270
여름에 피는 녹색 풀꽃(사초과, 골풀과, 벼과) 341

Ⅲ 봄에 피는 나무꽃
봄에 피는 붉은색 나무꽃 397
봄에 피는 노란색 나무꽃 421
봄에 피는 흰색 나무꽃 459
봄에 피는 녹색 나무꽃(바늘잎나무) 500

Ⅳ 여름에 피는 나무꽃
여름에 피는 붉은색 나무꽃 529
여름에 피는 노란색 나무꽃 544
여름에 피는 흰색 나무꽃 559
여름에 피는 녹색 나무꽃(바늘잎나무, 대나무) 582

부록
들나물 산나물 594
산과 들에서 따 먹는 열매 615
유독식물 632
식물의 구조 648
용어 해설 656
꽃 이름 찾아보기 676

일러두기

1. 이 책에는 산과 들에서 자라는 1,500여 종의 풀꽃과 670여 종의 나무꽃을 합해 총 2,100여 종의 우리 꽃을 실었으며 흔히 볼 수 있는 재배종도 일부 포함하였다.

2. 식물 분류는 우선 '풀'과 '나무'로 크게 나누고, 각각 계절별로 '봄에 피는 꽃'과 '여름에 피는 꽃'으로 구분하였다. 가을에 피는 꽃은 여름에 피는 꽃에 포함시켰다. 계절 내에서는 '꽃 색깔'과 '꽃잎 수'로 구분하여 쉽게 찾아 볼 수 있게 하였다. 꽃의 색깔 구분은 크게 붉은색, 노란색, 흰색, 녹색의 4가지로 나누었으며 분홍색, 보라색, 주황색, 자주색, 파란색 등은 붉은색에 포함시켰다.

3. 풀 중에서 모양을 쉽게 구분할 수 있는 사초과, 벼과, 골풀과 등의 꽃은 모두 녹색 꽃 뒷부분에 모아 실었다. 나무 중에서 모양을 쉽게 구분할 수 있는 겉씨식물인 바늘잎나무도 녹색 꽃 뒷부분에 모아 실었다.

4. 각 색깔 내에서는 꽃잎 수대로 배열해서 찾기 쉽도록 하였다. 꽃잎 수를 나눈 방법은 필자의 주관에 따랐으며, 통꽃은 앞부분이 갈라진 갈래조각 수로 구분한 것도 있다. 또 식물에 따라 꽃잎 수가 4~7장처럼 꽃마다 조금씩 다른 경우도 있으므로 다른 수의 꽃잎도 참고하는 것이 좋다.

5. 꽃에 따라 색깔이 진한 정도가 다른 경우도 많아 흰색처럼 보이는 것도 있으므로 참고하도록 한다. 꽃 중에 크기가 작아서 구분이 애매한 경우에 녹색으로 구분한 것도 있고, 색깔이 약간 다르지만 같은 속끼리 비교할 수 있도록 모아놓은 경우도 있다.

6. 식물 이름을 검색하다 보면 학명이나 과명 등이 기존에 나와 있는 도감과 다른 경우가 있는데 그 까닭은 과학의 발전에 따라 식물에

관한 새로운 정보가 추가되면서 식물의 분류에 관한 내용도 바뀌기 때문이다. 이 책은 유전자를 비교해 식물의 유연관계를 정확히 밝혀낸 최신의 분류 체계인 APG IV 분류 체계로 작성하였다. 현재도 《대한식물도감》을 비롯해 널리 사용되고 있는 책이나 인터넷 식물백과 등은 대부분 오래된 앵글러 분류 체계 등을 사용하고 있기 때문에 비교하며 확인할 수 있도록 본문의 현재 과명 옆에 《대한식물도감》의 과명을 함께 표시해서 바뀐 유연관계를 알 수 있게 하였다.
예) **붓순나무**(오미자과 | 붓순나무과)

7. 해당 식물의 특성을 잘 나타내 주는 내용은 갈색 글자로 표기하여 식물을 쉽게 구분할 수 있도록 하였다.

8. 부록에는 산과 들에서 자라는 대표적인 '들나물 산나물' 80종과 '산과 들에서 따 먹는 열매' 80종을 함께 실어서 산행 중에 먹거리가 부족한 상황 등에 처했을 때 도움이 되도록 하였다. 또한 산과 들에서 만나는 대표적인 '유독식물' 77종을 독이 있는 열매, 독이 있는 나무, 독이 있는 풀로 구분해서 실어서 나물을 채취하거나 식용 열매를 채취할 때 참고하도록 하였다.

9. 식물 용어는 되도록 널리 쓰이는 한글 용어를 사용해서 누구나 쉽게 내용을 알 수 있도록 하였다. 기본적인 식물학 용어는 부록에서 설명하였으며, 학생들의 이해를 돕기 위해 괄호 안에 한자 용어를 함께 표기하였다. 용어 해설 끝부분에는 학명 표기 방법을 실어서 학명을 정확하게 이해하도록 하였다.

10. 식물의 기초 지식을 담은 '식물의 구조'를 부록에 싣고 꽃의 구조, 꽃부리의 모양, 잎의 구조, 모양 등을 간략하게 설명하였다.

I 봄에 피는 풀꽃

한 해가 지나고 새해의 1월이 시작되면 차가운 겨울바람을 뚫고 노란 봄꽃 소식이 전해진다. 이른 봄꽃이라면 당연히 남쪽 지방에서 먼저 핀다고 짐작하겠지만 정작 첫 꽃 소식은 강원도 동해시에서 복수초가 노란 꽃망울을 터뜨리면서 전해 준다.

이어서 제주도에서 전해지는 봄꽃 소식은 바람을 타고 점차 북쪽으로 올라온다. 들에는 하얀 봄맞이, 노란 꽃다지, 붉은 광대나물 등이 앞다투어 피어나고 양지바른 산기슭에서는 붉은 할미꽃, 노란 양지꽃이 피기 시작해 점차 산꼭대기로 꽃 소식이 이어진다.

온대 지방에 속하는 우리나라는 4계절이 뚜렷하고 계절마다 피는 꽃이 일정하다. 낮의 길이가 점점 더 길어지는 봄부터 낮이 가장 긴 하지까지 꽃이 피는 식물을 '장일식물(長日植物)'이라고 하는데, 봄에 피는 꽃은 모두 여기에 해당한다.

복수초

동강할미꽃

봄에 피는 붉은색 풀꽃

꽃잎 2~3장

❶ 애기풀　❷ 개족도리
❸ 족도리풀　❹ 무늬족도리풀

- ❶ **애기풀**(원지과) *Polygala japonica* 여러해살이풀(높이 20㎝ 정도)
  산의 풀밭. 잎은 어긋나고 달걀형~긴 타원형이며 끝이 뾰족하고 가장자리가 밋밋하다. 4~6월에 잎겨드랑이에서 자라는 송이꽃차례에 연자주색 꽃이 달린다. 5개의 꽃받침조각 중 2개가 꽃잎처럼 커서 나비 모양이 된다. 동글납작한 열매는 넓은 날개가 있다.

- ❷ **개족도리**(쥐방울덩굴과) *Asarum maculatum* 여러해살이풀(높이 5~20㎝)
  남부 지방의 숲속. 하트 모양의 잎은 8㎝ 정도 길이이며 1~2장이 나오고 털이 없으며 잎자루가 길다. 잎몸은 두껍고 앞면에 연한 색 얼룩무늬가 있다. 4~5월에 짧은 꽃줄기 끝에 족두리 모양의 흑자색 꽃이 옆을 보고 피는데 끝부분이 3갈래로 갈라져 벌어진다.

- ❸ **족도리풀**(쥐방울덩굴과) *Asarum sieboldii* 여러해살이풀(높이 5~20㎝)
  산의 숲속. 이른 봄에 2장의 잎과 함께 꽃이 핀다. 잎은 하트 모양이고 5~10㎝ 길이이며 앞면에 무늬가 없다. 봄에 잎 사이에서 자란 짧은 꽃대 끝에 족두리 모양의 흑자색 꽃이 핀다. 꽃은 땅바닥에 붙어서 옆을 향해 피고 3갈래로 갈라지며 갈래조각은 옆으로 벌어진다.

- ❹ **무늬족도리풀**(쥐방울덩굴과) *Asarum sieboldii* v. *versicolor* 여러해살이풀(높이 10~20㎝)
  산의 숲속. 하트 모양의 잎은 앞면에 무늬가 나타나기도 한다. 족두리 모양의 꽃은 꽃받침통의 갈래조각에 자잘한 흰색 점무늬가 나타난다. 족도리풀과 같은 종으로 본다.

꽃잎 3장

봄에 피는 보라색 풀꽃

❶ 뿔족도리풀
❷ 서울족도리풀
❸ 붓꽃
❹ 각시붓꽃
각시붓꽃 꽃 모양
❺ 넓은잎각시붓꽃

❶ **뿔족도리풀**(쥐방울덩굴과) *Asarum sieboldii* v. *cornutum*
　강원도의 깊은 산. 봄에 피는 큼직한 족도리 모양의 흑자색 꽃은 황록색이 돌기도 하고 갈래조각의 끝부분은 앞쪽으로 구부러져 뿔처럼 보인다. 족도리풀(p.12)과 같은 종으로 본다.

❷ **서울족도리풀**(쥐방울덩굴과) *Asarum heterotropoides* v. *seoulense*
　수도권의 숲속. 봄에 2장의 잎과 함께 나오는 족두리 모양의 꽃은 꽃받침통의 갈래조각 끝이 둔하고 뒤로 많이 젖혀진다. 족도리풀(p.12)과 같은 종으로 본다.

❸ **붓꽃**(붓꽃과) *Iris sanguinea* 여러해살이풀(높이 30~60㎝)
　산과 들의 풀밭. 꽃줄기는 속이 비었으며 잎처럼 생긴 포가 있다. 5~6월에 줄기 끝에 2~3개의 자주색 꽃이 핀다. 겉꽃덮이 안쪽에는 노란색 바탕에 자주색 그물 무늬가 있다.

❹ **각시붓꽃**(붓꽃과) *Iris rossii* 여러해살이풀(높이 10~30㎝)
　산의 풀밭. 선형 잎은 꽃이 진 후에 길게 자란다. 4~5월에 4~5개의 포 중에 가장 위의 포에서 1개의 꽃이 핀다. 꽃은 자주색이고 겉꽃덮이 안쪽에 연노란색 그물 무늬가 있다.

❺ **넓은잎각시붓꽃**(붓꽃과) *Iris rossii* v. *latifolia* 여러해살이풀(높이 10~30㎝)
　산의 풀밭. 각시붓꽃과 달리 잎은 넓은 선형~좁은 피침형이며 밑부분에서 갑자기 좁아지고 밑부분의 단면은 둥근 모양이 된다. 각시붓꽃과 같은 종으로 본다.

꽃잎 3장

❶ 부채붓꽃
부채붓꽃 군락
❷ 제비붓꽃
❸ 타래붓꽃
타래붓꽃 꽃 모양
❹ 솔붓꽃

---

❶ 부채붓꽃(붓꽃과) *Iris setosa* **여러해살이풀**(높이 30~70㎝)

강원도 이북의 습지. 줄기잎은 칼 모양의 선형이며 3~4장이다. 꽃줄기는 가지가 갈라지고 여러 개의 포가 있다. 5~7월에 줄기와 가지 끝에 보라색 꽃이 핀다. 3장의 자주색 겉꽃덮이 안쪽에는 노란색 그물 무늬가 있고 3장의 속꽃덮이는 피침형으로 작은 바늘 모양이다.

❷ 제비붓꽃(붓꽃과) *Iris laevigata* **여러해살이풀**(높이 60~120㎝)

지리산의 습지. 잎은 속이 찬 줄기에 2줄로 배열하며 주맥이 희미하다. 5~6월에 피는 꽃은 진자주색이며 밑으로 처지는 겉꽃덮이 안쪽에 흰색이나 연노란색 무늬가 있다.

❸ 타래붓꽃(붓꽃과) *Iris oxypetala* **여러해살이풀**(높이 30~50㎝)

산과 들의 건조한 풀밭. 줄기에 2줄로 달리는 선형 잎은 비틀리며 잿빛을 띤 녹색이다. 5~6월에 줄기 끝의 잎처럼 생긴 포 사이에 연자주색 꽃이 피는데 1개의 포에 2개의 꽃이 달린다. 겉꽃덮이는 비스듬히 처지고 그물 무늬가 있다.

❹ 솔붓꽃(붓꽃과) *Iris ruthenica* **여러해살이풀**(높이 10~30㎝)

산의 건조한 풀밭. 넓은 선형 잎은 2줄로 안듯이 어긋나게 달리고 30㎝ 정도 길이까지 자란다. 4~5월에 잎 사이에서 자란 짧은 꽃줄기 끝에 보라색 꽃이 1개씩 핀다. 겉꽃덮이는 비스듬히 젖혀지고 흰색 바탕에 보라색 그물 무늬가 있다. 난쟁이붓꽃(p.15)보다 잎이 더 넓고 길다.

꽃잎 3~4장

봄에 피는 붉은색 풀꽃

❶ 난쟁이붓꽃(붓꽃과) *Iris uniflora* 두해살이풀(높이 5~8㎝)
설악산 이북의 높은 산. 좁은 선형 잎은 2줄로 안듯이 어긋나게 달리고 20㎝ 정도 길이까지 자란다. 5~6월에 잎 사이에서 자란 짧은 꽃줄기 끝에 보라색 꽃이 1개씩 핀다. 겉꽃덮이는 비스듬히 젖혀지고 흰색 바탕에 보라색 그물 무늬가 있다.

❷ 개양귀비(양귀비과) *Papaver rhoeas* 한두해살이풀(높이 30~60㎝)
유럽 원산. 들의 풀밭. 화초로 심던 것이 퍼져 나갔다. 전체에 털이 많다. 잎은 어긋나고 깃꼴로 갈라진다. 5~6월에 가지 끝에 피는 분홍색~붉은색 꽃은 지름 5~8㎝이며 4장의 꽃잎 안쪽에 검은색 무늬가 있기도 하다. 열매는 넓은 거꿀달걀형이며 털이 없다.

❸ 양귀비(양귀비과) *Papaver somniferum* 두해살이풀(높이 50~150㎝)
유럽 원산. 들의 풀밭. 드물게 저절로 자란다. 전체에 털이 없다. 잎은 어긋나고 긴 달걀형이며 큰 톱니가 있고 밑부분이 줄기를 감싼다. 5~6월에 줄기 끝에 여러 색깔의 꽃이 핀다. 덜 익은 둥근 열매에 상처를 내면 나오는 흰색 즙을 말린 것을 '아편'이라고 한다.

❹ 좀양귀비(양귀비과) *Papaver dubium* 한두해살이풀(높이 20~60㎝)
제주도의 들. 전체에 흰색 털이 있다. 5~8월에 줄기 끝에 피는 주홍색 꽃은 지름 3~6㎝이고 꽃잎 안쪽에 검은색 무늬가 있기도 하다. 열매는 원기둥 모양이며 털이 없다.

꽃잎 4장

❶ 갯무 ❷ 둥근말냉이
갯무 꽃 모양
❸ 가는장대 ❹ 큰물칭개나물
큰물칭개나물 꽃차례

❶ **갯무**(겨자과) *Raphanus raphanistrum* ssp. *sativus* 한두해살이풀(높이 30~50㎝)
남부 지방의 바닷가. 재배하는 무보다 잎이 작고 뿌리는 가늘고 딱딱하다. 잎은 어긋나고 깃꼴로 깊게 갈라진다. 4~6월에 줄기와 가지 끝의 송이꽃차례에 연자주색 꽃이 핀다.

❷ **둥근말냉이**(겨자과) *Iberis umbellata* 한두해살이풀(높이 40㎝ 정도)
유럽 남부 원산. 화초로 기르며 꽃밭 주변에서도 발견된다. 잎은 어긋나고 선형이며 드문드문 톱니가 있지만 위로 갈수록 없어진다. 5~6월에 줄기 끝에 달리는 우산 모양의 고른꽃차례에 십자 모양의 붉은색이나 흰색 꽃이 촘촘히 모여 핀다.

❸ **가는장대**(겨자과) *Dontostemon dentatus* 두해살이풀(높이 20~60㎝)
양지쪽 풀밭. 줄기는 가지가 갈라진다. 잎은 어긋나고 피침형이며 몇 개의 톱니가 있다. 5~7월에 가지 끝의 송이꽃차례에 피는 십자 모양의 홍자색 꽃은 지름 8~10㎜이며 촘촘히 모여 피어서 '꽃장대'라고도 한다. 선형 열매는 4㎝ 정도 길이이며 위를 향한다.

❹ **큰물칭개나물**(질경이과 | 현삼과) *Veronica anagallis-aquatica* 두해살이풀(높이 30~100㎝)
유라시아 원산. 물가나 습지. 잎은 마주나고 긴 타원형이며 밑부분이 줄기를 감싸고 가장자리에 얕은 톱니가 있다. 5~6월에 줄기 끝과 윗부분의 잎겨드랑이의 송이꽃차례에 자주색~흰색 꽃이 촘촘히 달리며 꽃은 지름 6~7㎜이다. 둥근 열매는 지름 3~4㎜이다.

꽃잎 4장

봄에 피는 붉은색 풀꽃

❶ 개불알풀 ❷ 선개불알풀 ❸ 큰개불알풀 ❹ 눈개불알풀

❶ **개불알풀**(질경이과|현삼과) *Veronica polita* v. *lilacina* 한두해살이풀(높이 5~15cm)
중부 이남의 길가나 풀밭. 줄기는 비스듬히 자란다. 잎은 넓은 달걀형이며 2~3쌍의 톱니가 있고 줄기 밑부분에서는 마주나지만 윗부분에서는 어긋난다. 4~6월에 잎겨드랑이에 피는 연한 홍자색 꽃은 지름 3~4mm이며 꽃자루가 길다. 열매는 쌍방울 모양이다.

❷ **선개불알풀**(질경이과|현삼과) *Veronica arvensis* 한두해살이풀(높이 10~30cm)
길가나 풀밭. 줄기는 곧게 선다. 잎은 마주나고 세모진 달걀형이며 잎자루가 없다. 4~6월에 잎겨드랑이에 피는 청자색 꽃은 지름 4mm 정도이며 꽃자루가 거의 없다.

❸ **큰개불알풀**(질경이과|현삼과) *Veronica persica* 두해살이풀(높이 10~30cm)
길가나 풀밭. 줄기는 부드러운 털이 있고 비스듬히 자란다. 잎은 마주나고 세모진 달걀형이며 3~5쌍의 톱니가 있다. 3~6월에 잎겨드랑이에 피는 청자색 꽃은 지름 8~10mm이며 꽃자루는 1~4cm로 길다. 납작한 콩팥 모양의 열매는 끝이 오목하게 팬다.

❹ **눈개불알풀**(질경이과|현삼과) *Veronica hederifolia* 두해살이풀(높이 10~20cm)
유럽 원산. 경기도 이남의 길가나 풀밭. 전체에 털이 있다. 꽃이 필 때까지 떡잎이 남아 있다. 잎은 마주나고 둥그스름하며 가장자리에 3~5개의 톱니가 있다. 3~10월에 잎겨드랑이에 피는 연한 청자색 꽃은 지름 3~5mm이고 꽃받침에는 긴털이 있다.

꽃잎 4~5장

❶ 섬꼬리풀
섬꼬리풀 꽃차례
❷ 하늘매발톱
❸ 매발톱꽃
매발톱꽃 꿀주머니
❹ 붉은꽃양장구채

❶ **섬꼬리풀**(질경이과 | 현삼과) *Pseudolysimachion insulare* 여러해살이풀(높이 20~30㎝)
울릉도의 풀밭. 잎은 마주나고 달걀형이며 가장자리는 얕게 갈라지고 잎자루가 길다. 5~7월에 줄기와 가지 끝의 송이꽃차례에 하늘색 꽃이 핀다. 꽃부리는 4갈래로 갈라지고 갈래조각은 둥근 달걀형이며 대부분 자주색 줄무늬가 있다. 포는 작은잎 모양이며 톱니가 있다.

❷ **하늘매발톱**(미나리아재비과) *Aquilegia flabellata* 여러해살이풀(높이 10~30㎝)
북부 지방의 높은 산. 뿌리잎은 2회세겹잎이고 잎자루가 길다. 작은잎은 2~3갈래로 얕게 갈라진다. 6~8월에 줄기 끝에 1~3개가 고개를 숙이고 피는 청보라색 꽃의 안쪽 꽃잎 끝부분은 연노란색이다. 5개가 모여 달리는 열매는 위를 향하며 털이 없다.

❸ **매발톱꽃**(미나리아재비과) *Aquilegia oxysepala* 여러해살이풀(높이 50~70㎝)
산의 풀밭. 뿌리잎은 2회세겹잎이다. 5~7월에 가지 끝에 고개를 숙이고 피는 적갈색 꽃은 안쪽 꽃잎이 노란색이다. 꽃잎 끝에 매의 발톱을 닮은 꿀주머니가 있다.

❹ **붉은꽃양장구채**(석죽과) *Silene gallica* f. *quinquevulnera* 한두해살이풀(높이 50㎝ 정도)
유럽 원산. 제주도의 바닷가. 전체에 털이 있다. 잎은 마주나고 피침형이며 10~35㎜ 길이이다. 4~7월에 줄기 끝의 송이꽃차례에 붉은색 꽃이 핀다. 꽃받침통은 털이 있고 꽃은 지름 1㎝ 정도이며 5장의 꽃잎은 뒤로 젖혀진다. 양장구채(p.92)와 같은 종으로 본다.

꽃잎 5장

봄에 피는 붉은색 풀꽃

❶ 갯장구채　갯장구채 꽃 모양　❷ 덩이괭이밥
❸ 자주괭이밥　자주괭이밥 꽃차례　❹ 우산제비꽃

- ❶ **갯장구채**(석죽과) *Silene aprica* 한두해살이풀(높이 50㎝ 정도)
  중부 이남의 바닷가. 모여나는 줄기에 털이 많고 윗부분에서 가지가 비스듬히 벋는다. 잎은 마주나고 피침형~거꿀피침형이며 가장자리가 밋밋하다. 5~6월에 가지 끝에 피는 분홍색 꽃은 5장의 꽃잎 끝이 2갈래로 깊게 갈라진다. 꽃자루는 가늘고 길다.

- ❷ **덩이괭이밥**(괭이밥과) *Oxalis articulata* 여러해살이풀(높이 20~30㎝)
  남아메리카 원산. 화초로 기르며 남부 지방의 들로 퍼져 나갔다. 땅속에 덩이줄기가 있다. 뿌리잎은 세겹잎이며 작은잎은 하트 모양이다. 5~9월에 긴 꽃줄기 끝의 우산꽃차례에 10~20개씩 홍자색 꽃이 모여 피는데 지름 15㎜ 정도이다.

- ❸ **자주괭이밥**(괭이밥과) *Oxalis debilis* v. *corymbosa* 여러해살이풀(높이 20~30㎝)
  남아메리카 원산. 화초로 기르며 제주도의 들로 퍼져 나갔다. 땅속에 비늘줄기가 있다. 뿌리잎은 세겹잎이며 작은잎은 하트 모양이다. 5~9월에 긴 꽃줄기 끝의 우산꽃차례에 5~7개씩 연홍색 꽃이 모여 피는데 지름 2㎝ 정도이다.

- ❹ **우산제비꽃**(제비꽃과) *Viola woosanensis* 여러해살이풀(높이 10~20㎝)
  울릉도의 숲속. 뿌리잎은 세모진 달걀형이며 끝이 뾰족하고 가장자리에 불규칙한 큰 톱니가 있으며 뒷면은 자줏빛이 돌고 양면에 털이 있다. 4~5월에 보라색 꽃이 핀다.

꽃잎 5장

❶ 둥근털제비꽃 / 둥근털제비꽃 꽃 모양

❷ 자주알록제비꽃

❸ 알록제비꽃 / 알록제비꽃 잎 뒷면

❹ 털제비꽃

❶ **둥근털제비꽃**(제비꽃과) *Viola collina* 여러해살이풀(높이 5~15㎝)
　산의 숲속. 전체에 퍼진털이 많다. 뿌리줄기에서 돋는 잎은 달걀 모양의 하트형이고 가장 자리에 둔한 톱니가 있으며 잎자루 위쪽에 좁은 날개가 있다. 4~5월에 꽃줄기 끝에 피는 연자주색 꽃은 곁꽃잎 안쪽에 털이 있다. 둥근 열매는 잔털이 있다.

❷ **자주알록제비꽃**(제비꽃과) *Viola tenuicornis* 여러해살이풀(높이 6~10㎝)
　산. 뿌리잎은 둥근 하트형이고 앞면은 진녹색~암적색이며 줄무늬가 거의 없고 뒷면은 자 줏빛을 띤다. 4~5월에 털이 있는 꽃줄기 끝에 피는 자주색 꽃은 곁꽃잎 안쪽에 털이 있다.

❸ **알록제비꽃**(제비꽃과) *Viola variegata* 여러해살이풀(높이 5~12㎝)
　산. 뿌리에서 모여나는 잎은 둥근 하트형이며 앞면의 잎맥을 따라 흰색 줄무늬가 뚜렷하고 뒷면은 자줏빛을 띤다. 4~5월에 털이 있는 꽃줄기 끝에 피는 진자주색 꽃은 곁꽃잎 안쪽에 털이 있다. 열매는 달걀 모양의 타원형이다. 자주알록제비꽃과 중간형도 발견된다.

❹ **털제비꽃**(제비꽃과) *Viola phalacrocarpa* 여러해살이풀(높이 10~20㎝)
　산. 잎과 꽃줄기에 잔털이 많다. 뿌리에서 모여나는 긴 달걀형 잎은 심장저이며 가장자리에 잔톱니가 있고 자줏빛이 약간 돌기도 한다. 4~5월에 꽃줄기 끝에 피는 진한 홍자색 꽃은 곁꽃잎 안쪽에 털이 있다. 타원형 열매는 표면에 잔털이 있다.

꽃잎 5장

봄에 피는 붉은색 풀꽃

❶ 고깔제비꽃
고깔제비꽃 꽃받침
고깔제비꽃 암수술
❷ 흰털제비꽃
❸ 자주잎제비꽃
자주잎제비꽃 잎 뒷면
❹ 왜제비꽃

❶ **고깔제비꽃**(제비꽃과) *Viola rossii* 여러해살이풀(높이 10~20㎝)
산. 뿌리에서 모여나는 잎은 달걀 모양의 하트형이며 가장자리에 톱니가 있고 양면에 털이 있으나 꽃이 필 때는 고깔처럼 말려 있다. 4~5월에 털이 없는 꽃줄기에 홍자색 꽃이 핀다.

❷ **흰털제비꽃**(제비꽃과) *Viola hirtipes* 여러해살이풀(높이 10~15㎝)
중부 이남의 양지쪽 풀밭. 잎자루와 꽃줄기에 꼬불꼬불한 털이 있다. 뿌리에서 모여나는 잎은 세모진 긴 달걀형이고 심장저이며 가장자리에 둔한 톱니가 있고 털이 약간 있다. 3~5월에 꽃줄기 끝에 피는 홍자색 꽃은 곁꽃잎 안쪽에 털이 많다. 열매는 타원형이다.

❸ **자주잎제비꽃**(제비꽃과) *Viola violacea* 여러해살이풀(높이 5~15㎝)
남부 지방의 건조한 숲속. 뿌리에서 모여나는 잎은 좁은 달걀형이며 약간 두껍고 가장자리에 둔한 톱니가 있다. 잎 앞면은 진녹색이며 광택이 있고 뒷면은 자줏빛이 돈다. 4~5월에 꽃줄기 끝에 피는 진한 홍자색 꽃은 곁꽃잎 안쪽에 털이 없다.

❹ **왜제비꽃**(제비꽃과) *Viola japonica* 여러해살이풀(높이 5~15㎝)
중부 이남의 양지. 뿌리에서 모여나는 잎은 세모진 달걀형이고 심장저이며 가장자리에 둔한 톱니가 있고 털이 거의 없다. 3~5월에 꽃줄기 끝에 피는 연자주색 꽃은 곁꽃잎 안쪽에 털이 약간 있거나 없다. 꽃줄기는 잎자루보다 길며 보통 털이 없다.

꽃잎 5장

봄에 피는 붉은색 풀꽃

❶ 서울제비꽃   ❷ 제비꽃   제비꽃 닫힌꽃
❸ 호제비꽃   ❹ 뫼제비꽃   뫼제비꽃 잎 뒷면

❶ **서울제비꽃**(제비꽃과) *Viola seoulensis* 여러해살이풀(높이 5~15㎝)
양지쪽 풀밭. 뿌리잎은 달걀 모양의 긴 타원형이며 가장자리에 톱니가 있고 잎자루 위쪽에 좁은 날개가 발달한다. 4~5월에 피는 보라색 꽃은 곁꽃잎 안쪽에 털이 약간 있다.

❷ **제비꽃**(제비꽃과) *Viola mandshurica* 여러해살이풀(높이 10~20㎝)
양지쪽 풀밭. 뿌리에서 모여나는 잎은 세모진 피침형~세모진 긴 달걀형이며 끝이 둔하고 가장자리에 둔한 톱니가 있다. 잎은 털이 없으며 잎몸보다 짧은 잎자루 위쪽에 날개가 있다. 4~5월에 피는 진자주색 꽃은 곁꽃잎 안쪽에 털이 있다. 열매는 타원형이다.

❸ **호제비꽃**(제비꽃과) *Viola philippica* 여러해살이풀(높이 10~15㎝)
양지쪽 풀밭. 전체에 짧은 퍼진털이 빽빽하다. 뿌리에서 모여나는 잎은 세모진 넓은 피침형이며 끝이 둔하고 밑부분은 심장저이거나 一자 모양이며 가장자리에 둔한 톱니가 있다. 잎자루는 날개가 있거나 없다. 4~5월에 피는 자주색 꽃은 곁꽃잎 안쪽에 털이 없다.

❹ **뫼제비꽃**(제비꽃과) *Viola selkirkii* 여러해살이풀(높이 6~15㎝)
산. 뿌리에서 모여나는 잎은 넓은 달걀형이며 깊은 심장저이고 끝이 뾰족하며 가장자리에 물결 모양의 톱니가 있다. 잎 양면에 털이 있거나 없다. 4~5월에 피는 연보라색~보라색 꽃은 곁꽃잎 안쪽에 털이 없다. 꽃이 진 다음에 기는줄기가 나온다.

꽃잎 5장

봄에 피는 붉은색 풀꽃

❶ 울릉제비꽃

❷ 선제비꽃

❸ 넓은잎제비꽃

❹ 졸방제비꽃 / 졸방제비꽃 열매

❺ 큰졸방제비꽃

❶ **울릉제비꽃**(제비꽃과) *Viola ulleungdoensis* 여러해살이풀(높이 5~15cm)
  울릉도. 뿌리에서 모여나는 잎은 넓은 달걀형이며 깊은 심장저이고 잎맥이 잎 가장자리까지 뻗는다. 4~5월에 피는 연보라색 꽃은 암술머리가 뭉툭해서 뾰족한 뫼제비꽃(p.22)과 다르다.

❷ **선제비꽃**(제비꽃과) *Viola raddeana* 여러해살이풀(높이 30~50cm)
  수원 이북의 습한 풀밭. 잎은 어긋나고 세모진 피침형이며 밑부분이 ―자 모양이거나 심장저이고 희미한 톱니가 있다. 5~6월에 잎겨드랑이의 긴 꽃자루 끝에 연자주색 꽃이 핀다.

❸ **넓은잎제비꽃**(제비꽃과) *Viola mirabilis* 여러해살이풀(높이 15~30cm)
  강원도 이북의 숲속. 뿌리잎은 넓은 하트형이고 둔한 톱니가 있다. 4월에 꽃줄기가 나와 연자주색 꽃이 핀다. 꽃이 진 다음에 줄기가 자라서 끝에 1쌍의 잎이 마주 달린다.

❹ **졸방제비꽃**(제비꽃과) *Viola acuminata* 여러해살이풀(높이 15~30cm)
  산. 잎은 어긋나고 세모진 하트형이며 끝이 길게 뾰족하고 둔한 톱니가 있다. 턱잎은 빗살처럼 갈라진다. 4~6월에 잎겨드랑이에 피는 연보라색 꽃은 곁꽃잎 안쪽에 털이 있다.

❺ **큰졸방제비꽃**(제비꽃과) *Viola kusanoana* 여러해살이풀(높이 10~40cm)
  울릉도와 북부 지방의 숲속. 잎은 어긋나고 둥근 하트형이며 길이와 너비가 비슷하다. 턱잎은 빗살처럼 갈라진다. 4~6월에 피는 연보라색 꽃은 곁꽃잎 안쪽에 털이 없다.

꽃잎 5장

❶ 낚시제비꽃　낚시제비꽃 잎　❷ 향기제비꽃

❸ 종지나물　1)프리케아나종지나물　2)점박이종지나물

❶ 낚시제비꽃(제비꽃과) *Viola grypoceras* 여러해살이풀(높이 10~20㎝)

중부 이남의 산과 들. 뿌리에서 모여나는 줄기는 비스듬히 선다. 잎은 세모진 하트형이며 끝이 뾰족하고 가장자리에 얕은 톱니가 있다. 턱잎은 빗살처럼 깊게 갈라진다. 4~5월에 뿌리에서 꽃줄기가 나오거나 줄기의 잎겨드랑이에서 꽃자루가 나와 연자주색 꽃이 핀다.

❷ 향기제비꽃(제비꽃과) *Viola odorata* 여러해살이풀(높이 10~20㎝)

유럽, 북아프리카, 서아시아 원산. 화초로 심고 근처에서 저절로 퍼져 나가 자라는 것을 볼 수 있다. 뿌리에서 모여나는 잎은 둥근 콩팥형이며 가장자리에 둔한 톱니가 있다. 4~5월에 꽃줄기 끝에 보라색, 붉은색, 흰색 꽃이 피는데 향기가 있다.

❸ 종지나물(제비꽃과) *Viola sororia* 여러해살이풀(높이 5~12㎝)

북아메리카 원산. 화초로 심고 주변으로 퍼져 나가 자란다. 뿌리잎은 넓은 달걀형이며 심장저이고 양쪽 가장자리가 말려들어 종지처럼 되기 때문에 '종지나물'이라고 한다. 4~5월에 피는 꽃은 자주색과 황록색 무늬가 있으며 곁꽃잎 안쪽에 털이 있다. 1)**프리케아나종지나물**('Priceana')은 종지나물의 원예 품종으로 꽃은 흰색 바탕에 중심부에 청자색 줄무늬가 들어 있다. 2)**점박이종지나물**('Freckles')은 종지나물의 원예 품종으로 꽃은 흰색 바탕에 자주색 잔점이 가득해서 '주근깨제비꽃'이라고도 한다.

봄에 피는 붉은색 풀꽃

❶ 산작약 / 산작약 열매

❷ 미국쥐손이

❸ 당아욱

❹ 국화잎아욱 / 국화잎아욱 꽃 모양

❶ 산작약(작약과 | 미나리아재비과) *Paeonia obovata* 여러해살이풀(높이 40~60㎝)
깊은 산의 숲속. 잎은 어긋나고 2회세겹잎이다. 작은잎은 긴 타원형~거꿀달걀형이며 가장자리가 밋밋하고 뒷면은 흰빛이 돌며 털이 드문드문 있다. 5~6월에 줄기 끝에 1개의 홍자색 꽃이 피는데 꽃잎은 5~7장이고 잘 벌어지지 않는다. 암술머리는 약간 길고 꼬였다.

❷ 미국쥐손이(쥐손이풀과) *Geranium carolinianum* 한두해살이풀(높이 10~40㎝)
북아메리카 원산. 들. 전체에 털이 많다. 잎은 마주나고 손바닥처럼 5~9갈래로 깊게 갈라지며 갈래조각은 다시 갈라진다. 5~6월에 잎겨드랑이에서 자란 꽃자루에 연분홍색 꽃이 2~6개씩 피며 지름 5㎜ 정도로 작고 꽃받침 가장자리에 긴털이 있다.

❸ 당아욱(아욱과) *Malva sylvestris* 두해살이풀(높이 60~90㎝)
유라시아 원산. 화초로 심고 저절로 자라기도 한다. 잎은 어긋나고 둥그스름하며 5~9갈래로 얕게 갈라진다. 5~9월에 잎겨드랑이에 모여 피는 홍자색 꽃은 옆을 보고 피며 진한 색 맥이 있다.

❹ 국화잎아욱(아욱과) *Modiola caroliniana* 한두해살이풀(높이 15~50㎝)
열대 아메리카 원산. 제주도의 냇가. 줄기 밑부분은 땅을 긴다. 잎은 어긋나고 원형~넓은 달걀형이며 5~7갈래로 갈라지고 가장자리에 톱니가 있다. 5~7월에 잎겨드랑이에 피는 주황색 꽃은 지름 7~10㎜이며 저녁에는 꽃잎이 오므라든다. 열매는 둥글납작하다.

꽃잎 5장

❶ 피뿌리풀
❷ 백선
백선 꽃 모양
❸ 뚜껑별꽃
❹ 큰앵초
큰앵초 꽃 모양

❶ **피뿌리풀**(팥꽃나무과) *Stellera chamaejasme* 여러해살이풀(높이 30~40cm)
한라산과 황해도 이북의 풀밭. 줄기는 모여나고 잎은 피침형이며 촘촘히 어긋난다. 5~7월에 줄기 끝에 붉은색 꽃이 모여 달리며 꽃받침통 끝부분은 5갈래로 갈라져 벌어진다.

❷ **백선**(운향과) *Dictamnus albus* 여러해살이풀(높이 60~90cm)
산기슭. 잎은 어긋나고 깃꼴겹잎이며 잎자루에 날개가 있다. 작은잎은 달걀형~타원형이며 가장자리에 톱니와 함께 기름점이 있어 냄새가 난다. 5~6월에 줄기 끝의 송이꽃차례에 연홍색 꽃이 피는데 보라색 줄무늬가 있는 꽃잎 밖으로 암수술이 길게 벋는다.

❸ **뚜껑별꽃**(앵초과) *Anagallis arvensis* 한두해살이풀(높이 10~30cm)
남쪽 섬의 바닷가. 줄기는 네모지고 옆으로 벋다가 비스듬히 선다. 잎은 마주나고 달걀형~좁은 피침형이며 끝은 뾰족하고 가장자리는 밋밋하며 잎자루가 없다. 4~5월에 잎겨드랑이에 달리는 진보라색 꽃은 꽃자루가 길다. 둥근 열매는 익으면 가로로 뚜껑처럼 열린다.

❹ **큰앵초**(앵초과) *Primula jesoana* 여러해살이풀(높이 20~40cm)
깊은 산. 뿌리에서 모여나는 둥글넓적한 잎은 가장자리가 7~9갈래로 얕게 갈라지며 뒷면에 털이 있고 잎자루가 길다. 5~6월에 꽃줄기 윗부분에 홍자색 꽃이 1~4단으로 층을 이루며 달린다. 꽃부리는 지름 15~25mm이며 중심부는 노란색이다.

봄에 피는 붉은색 풀꽃

❶ 설앵초 ❷ 앵초 앵초 열매
당개지치 꽃 모양
❸ 당개지치 꽃바지 꽃 모양 ❹ 꽃바지

❶ **설앵초**(앵초과) *Primula modesta* v. *hannasanensis* 여러해살이풀(높이 15㎝ 정도)
높은 산의 바위틈. 뿌리잎은 주걱형~넓은 달걀형이며 밑부분은 좁아져서 잎자루의 날개로 된다. 잎 가장자리에 둔한 톱니가 있고 뒷면은 은빛이 돈다. 5~6월에 털이 없는 꽃줄기 끝의 우산꽃차례에 홍자색 꽃이 핀다. 꽃부리는 지름 10~14㎜이고 중심부는 노란색이다.

❷ **앵초**(앵초과) *Primula sieboldii* 여러해살이풀(높이 15~40㎝)
산기슭의 습지나 냇가. 전체에 꼬부라진 털이 많다. 뿌리잎은 달걀형~타원형이며 주름이 지고 가장자리에 둔한 겹톱니가 있다. 4~5월에 꽃줄기 끝의 우산꽃차례에 홍자색 꽃이 모여 핀다. 꽃부리는 5갈래로 갈라져 벌어지며 지름 2~3㎝이고 중심부는 흰색이다.

❸ **당개지치**(지치과) *Brachybotrys paridiformis* 여러해살이풀(높이 40㎝ 정도)
전북 이북의 산 숲속. 잎은 타원형이고 끝이 뾰족하며 5~6장의 잎이 줄기 윗부분에 촘촘히 어긋나 돌려난 것처럼 보인다. 5~6월에 잎겨드랑이에서 자란 긴 꽃자루 끝에 자주색 꽃이 몇 개씩 고개를 숙이고 핀다. 꽃받침은 5갈래로 갈라지며 털이 있다. 열매는 둥근 네모꼴이다.

❹ **꽃바지**(지치과) *Bothriospermum tenellum* 한두해살이풀(높이 5~30㎝)
들이나 풀밭. 줄기는 모여나고 가지를 많이 치며 전체에 누운털이 있다. 잎은 어긋나고 긴 타원형~타원형이며 양면에 거친털이 있다. 4~7월에 잎겨드랑이에 연하늘색 꽃이 핀다.

꽃잎 5장

봄에 피는 붉은색 풀꽃

❶ 꽃마리   꽃마리 꽃차례   ❷ 참꽃마리
반디지치 꽃받침
❸ 반디지치   구슬붕이 꽃받침   ❹ 구슬붕이

❶ **꽃마리**(지치과) *Trigonotis peduncularis* 두해살이풀(높이 10~30cm)
들과 밭. 줄기는 밑부분에서 여러 대가 갈라지며 전체에 누운털이 있다. 잎은 어긋나고 긴 타원형~달걀형이며 가장자리가 밋밋하다. 4~6월에 가지 끝에 달리는 나선모양꽃차례는 태엽처럼 말려 있다가 풀어지면서 지름 2㎜ 정도의 연한 남색 꽃이 핀다.

❷ **참꽃마리**(지치과) *Trigonotis radicans* ssp. *sericea* 여러해살이풀(높이 10~15cm)
산의 습한 곳. 잎은 어긋나고 달걀형이다. 4~6월에 잎겨드랑이에서 약간 떨어져 달리는 긴 꽃자루에 연보라색~연분홍색 꽃이 핀다. 꽃부리는 5갈래로 갈라지고 지름 7~10mm이다.

❸ **반디지치**(지치과) *Lithospermum zollingeri* 여러해살이풀(높이 15~25cm)
중부 이남의 산기슭. 줄기에는 퍼진털이 있고 꽃이 지면 옆으로 벋으며 뿌리를 내린다. 잎은 어긋나고 긴 타원형이며 가장자리가 밋밋하고 양면에 거센털이 있다. 4~6월에 잎겨드랑이에 피는 벽자색 꽃은 지름 15~18mm이고 꽃부리에는 흰색 줄이 도드라진다.

❹ **구슬붕이**(용담과) *Gentiana squarrosa* 두해살이풀(높이 2~10cm)
양지쪽 풀밭. 뿌리잎은 네모진 달걀형이고 방석처럼 퍼진다. 줄기잎은 마주나고 밑부분이 줄기를 감싼다. 5~6월에 가지 끝에 종 모양의 자주색 꽃이 위를 보고 핀다. 꽃받침 조각은 퍼지거나 뒤로 젖혀지며 가지에 젖꼭지 같은 돌기가 있다.

꽃잎 5~6장

봄에 피는 붉은색 풀꽃

❶ 큰구슬붕이
큰구슬붕이 잎
금강애기나리 꽃 모양 ❷ 금강애기나리

❸ 얼레지 얼레지 열매

❹ 패모

❶ **큰구슬붕이**(용담과) *Gentiana zollingeri* 두해살이풀(높이 5~10㎝)
산의 숲속. 뿌리잎은 줄기잎보다 작다. 줄기는 모가 지고 작은 돌기가 있다. 줄기잎은 마주나고 달걀형이며 두껍고 뒷면은 흔히 적자색이 돈다. 5~6월에 잎겨드랑이에서 나온 꽃줄기 끝에 종 모양의 자주색 꽃이 위를 보고 핀다. 꽃받침조각은 위를 향한다.

❷ **금강애기나리**(백합과) *Streptopus ovalis* 여러해살이풀(높이 10~30㎝)
높은 산의 숲속. 잎은 어긋나고 타원형이며 밑부분이 줄기를 감싼다. 5~6월에 줄기 끝에 1~3개씩 달리는 노란색 꽃은 자갈색 반점이 많으며 6장의 꽃잎은 뒤로 젖혀진다.

❸ **얼레지**(백합과) *Erythronium japonicum* 여러해살이풀(높이 10~20㎝)
산의 숲속. 이른 봄에 2장의 잎과 함께 꽃줄기가 나온다. 잎은 타원형~달걀형이고 가장자리는 밋밋하며 앞면에는 얼룩무늬가 있다. 4~5월에 꽃줄기 끝에 달리는 홍자색 꽃은 지름 4~5㎝이고 밑을 보고 피며 꽃잎은 활짝 뒤로 젖혀지고 안쪽에 W자형 무늬가 있다.

❹ **패모**(백합과) *Fritillaria ussuriensis* 여러해살이풀(높이 25㎝ 정도)
함경도의 산. 곧게 자라는 줄기에 가느다란 선형 잎이 2~3장씩 달리는데 윗부분에 달린 것은 끝이 안으로 말려서 덩굴손처럼 보인다. 5월에 잎겨드랑이에 1개씩 매달리는 종 모양의 자주색 꽃은 2~3㎝ 길이이다. 꽃덮이조각과 수술은 각각 6개씩이다.

꽃잎 6장

봄에 피는 여러가지색 풀꽃

❶ 처녀치마　❷ 달래　처녀치마 꽃송이
❸ 산달래　산달래 뿌리잎과 꽃봉오리　❹ 등심붓꽃

❶ **처녀치마**(여로과 | 백합과) *Heloniopsis koreana* 늘푸른여러해살이풀(높이 10~15㎝)
산. 뿌리잎을 방석처럼 펼친 채 겨울을 난다. 뿌리잎은 거꿀피침형이고 끝이 뾰족하며 광택이 있고 굵은 주맥이 있다. 4~6월에 뿌리잎 사이에서 자란 꽃줄기 끝에 홍자색이 꽃이 3~10개씩 촘촘히 모여 핀다. 암수술은 꽃덮이조각 밖으로 벋는다.

❷ **달래**(수선화과 | 백합과) *Allium monanthum* 여러해살이풀(높이 10~20㎝)
산과 들. 넓은 달걀형의 비늘줄기에서 1~2장의 기다란 선형 잎이 나와 밖으로 비스듬히 휘어진다. 4월에 꽃줄기 끝에 연분홍색~흰색 꽃이 1~2개씩 달리며 꽃밥은 보라색이다.

❸ **산달래**(수선화과 | 백합과) *Allium macrostemon* 여러해살이풀(높이 40~60㎝)
산과 들의 풀밭. 잎은 선형이며 10~20㎝ 길이이고 줄기 밑부분에 2~4장이 어긋나는데 밑부분은 줄기를 감싼다. 잎의 단면은 삼각형이다. 5~6월에 줄기 끝의 우산꽃차례에 연분홍색~흰색 꽃이 둥글게 모여 피는데 꽃의 일부가 살눈으로 변하기도 한다.

❹ **등심붓꽃**(붓꽃과) *Sisyrinchium angustifolium* 여러해살이풀(높이 10~20㎝)
북아메리카 원산. 제주도의 풀밭. 잎은 칼 모양의 선형이며 가장자리에 미세한 톱니가 있고 줄기 밑부분을 둘러싼다. 5~6월에 줄기 끝에 2~5개의 보라색 꽃이 핀다. 꽃부리는 종 모양이고 6갈래로 갈라진 꽃잎 안쪽에 진한 색 줄무늬가 있으며 중심부는 노란색이다.

꽃잎 6장

봄에 피는 붉은색 풀꽃

❶ 가는잎할미꽃 ❷ 할미꽃 할미꽃 열매
❸ 동강할미꽃 ❹ 분홍할미꽃 ❺ 세잎할미꽃

❶ **가는잎할미꽃**(미나리아재비과) *Pulsatilla cernua* 여러해살이풀(높이 10~30cm)
제주도의 양지쪽 풀밭. 꽃잎처럼 보이는 6장의 꽃받침조각은 길이 25~30mm, 너비 1cm 정도이며 할미꽃보다 조금 좁다. 열매는 좁은 달걀형이고 3~4mm 길이이다.

❷ **할미꽃**(미나리아재비과) *Pulsatilla cernua* v. *koreana* 여러해살이풀(높이 25~40cm)
양지쪽 풀밭. 봄에 꽃이 핀다. 꽃잎처럼 보이는 6장의 꽃받침조각은 길이 3~4cm, 너비 12mm 정도이다. 열매는 5mm 정도 길이이다. 가는잎할미꽃과 같은 종으로 본다.

❸ **동강할미꽃**(미나리아재비과) *Pulsatilla tongkangensis* 여러해살이풀(높이 15~30cm)
강원도 동강의 바위틈. 4월에 꽃줄기 끝에 종 모양의 홍자색~분홍색 꽃이 위를 향해 핀다. 꽃자루 윗부분에 달리는 포는 3~4갈래로 갈라진다. 가는잎할미꽃과 같은 종으로 보기도 한다.

❹ **분홍할미꽃**(미나리아재비과) *Pulsatilla davurica* 여러해살이풀(높이 20~40cm)
북부 지방의 양지쪽 풀밭. 봄에 잎보다 먼저 종 모양의 연한 홍자색 꽃이 고개를 숙이고 핀다. 꽃잎처럼 보이는 6장의 꽃받침조각은 2cm 정도 길이로 할미꽃보다 훨씬 작다.

❺ **세잎할미꽃/중국할미꽃**(미나리아재비과) *Pulsatilla chinensis* 여러해살이풀(높이 20~30cm)
평남 맹산. 잎은 세겹잎이며 갈래조각은 너비가 넓고 윗부분이 2~3갈래로 깊게 갈라진다. 봄에 꽃줄기 끝에 달리는 종 모양의 남자색 꽃은 25~30mm 길이이다.

꽃잎 7장 이상~기타

봄에 피는 붉은색 풀꽃

❶ 노루귀 노루귀 보라색 꽃 ❷ 깽깽이풀
❸ 앉은부채 앉은부채 뿌리잎 ❹ 남산천남성

❶ **노루귀**(미나리아재비과) *Anemone hepatica* v. *japonica* 여러해살이풀(높이 6~12㎝)
　산의 숲속. 3~4월에 잎보다 먼저 나온 꽃줄기는 솜털이 많고 끝에 분홍색, 보라색, 흰색 꽃이 1개씩 핀다. 뿌리잎은 꽃이 질 때쯤 돋으며 잎자루가 길다. 잎몸은 3갈래로 갈라지며 끝이 뾰족하고 가장자리가 밋밋하며 뒷면에 긴 솜털이 많다. 포는 8㎜ 정도 길이이다.

❷ **깽깽이풀**(매자나무과) *Plagiorhegma dubium* 여러해살이풀(높이 10~20㎝)
　산의 숲속. 봄에 잎보다 먼저 자홍색 꽃이 핀다. 꽃잎은 6~8장이며 한낮에만 꽃잎이 벌어진다. 뒤따라 돋는 둥그스름한 뿌리잎은 심장저이며 가장자리에 물결 모양의 굴곡이 있다.

❸ **앉은부채**(천남성과) *Symplocarpus renifolius* 여러해살이풀(높이 10~40㎝)
　산골짜기의 그늘지고 습한 곳. 이른 봄에 잎보다 먼저 꽃이 피고 꽃이 질 때쯤 큰 하트 모양의 뿌리잎이 모여난다. 잎몸은 끝이 뾰족하고 잎자루가 길다. 도깨비방망이 모양의 살이삭꽃차례를 받치고 있는 꽃덮개는 8~20㎝ 길이이고 자갈색 얼룩무늬가 있다.

❹ **남산천남성**(천남성과) *Arisaema amurense* v. *violaceum* 여러해살이풀(높이 30~50㎝)
　산의 숲속. 줄기에 달리는 1장의 겹잎은 작은잎이 3~5장이다. 4~6월에 피는 꽃은 천남성(p.117)과 비슷하지만 꽃덮개는 자줏빛이 도는 보라색이고 흰색 줄이 있으며 안에 둥근 막대 모양의 꽃이삭이 들어 있다. 둥근잎천남성(p.117)과 같은 종으로 본다.

① 섬남성 ② 지모 ③ 개불알꽃

섬남성 꽃차례 지모 꽃차례 개불알꽃 입술꽃잎

① 섬남성(천남성과) *Arisaema serratum* 여러해살이풀(높이 30~50㎝)

울릉도의 숲속. 줄기에 달리는 2장의 잎은 새발꼴겹잎이며 작은잎은 9~11장이다. 작은잎은 타원형~긴 타원형이며 앞면에 흰색 얼룩무늬가 생기기도 한다. 작은잎은 끝이 뾰족하고 가장자리가 밋밋하다. 암수딴그루로 4~5월에 잎 사이에서 꽃줄기가 곧게 자란다. 진자주색~녹색 꽃덮개는 흰색 줄무늬가 있으며 속에 둥근 막대 모양의 꽃이삭이 숨어 있다.

② 지모(아스파라거스과|지모과) *Anemarrhena asphodeloides* 여러해살이풀(높이 20~70㎝)

황해도와 평남의 산과 들. 뿌리줄기는 굵고 옆으로 벋으며 끝에서 잎이 모여난다. 잎은 선형이며 20~70㎝ 길이이고 끝이 실처럼 가늘며 밑부분이 줄기를 감싼다. 잎 가장자리는 밋밋하고 잎맥은 나란하다. 6~7월에 잎 사이에서 나온 꽃줄기 윗부분에 통 모양의 꽃이 2~3개씩 모여 핀다. 꽃부리는 통 모양이고 7~8㎜ 길이이다. 포는 달걀형이고 길게 뾰족하다.

③ 개불알꽃(난초과) *Cypripedium macranthos* 여러해살이풀(높이 30~50㎝)

산의 숲속이나 풀밭. 곧게 서는 줄기에 3~5장의 잎이 어긋난다. 잎몸은 타원형이고 8~20㎝ 길이이며 끝이 뾰족하고 밑부분은 줄기를 감싼다. 5~6월에 줄기 끝에 달걀만 한 분홍색 꽃이 핀다. 입술꽃잎은 주머니 모양으로 특이하고 나머지 꽃잎은 달걀형~피침형이며 끝이 뾰족하다. 큼직한 꽃이 아름다워 관상용으로 재배하기도 한다.

기타

❶ 털개불알꽃 ❷ 광릉요강꽃 광릉요강꽃 잎
❸ 주름제비난 주름제비난 꽃 모양 ❹ 나비난초

❶ **털개불알꽃**(난초과) *Cypripedium guttatum* 여러해살이풀(높이 15~30㎝)
  강원도 이북의 높은 산 풀밭. 전체에 털이 있다. 5~7월에 줄기 끝에 1개의 꽃이 핀다. 입술꽃잎은 주머니 모양이며 지름 3~5㎝이고 연노란색 바탕에 자주색 반점이 많이 있다.

❷ **광릉요강꽃**(난초과) *Cypripedium japonicum* 여러해살이풀(높이 20~40㎝)
  광릉의 숲속. 줄기 윗부분에 2장의 큰 잎이 마주난 것처럼 줄기를 완전히 싸고 있다. 잎에는 방사상으로 퍼지는 잎맥이 있고 잎자루가 없다. 4~5월에 줄기 끝에 주머니 모양의 연녹색이 도는 붉은색 꽃이 핀다. 줄기 윗부분에 잎처럼 생긴 1개의 포가 달린다.

❸ **주름제비난**(난초과) *Gymnadenia camtschatica* 여러해살이풀(높이 30~60㎝)
  산의 숲속. 줄기에 어긋나는 4~7장의 긴 타원형 잎은 가장자리가 주름이 지며 밑부분이 줄기를 감싼다. 5~6월에 줄기 끝의 송이꽃차례에 연홍색 꽃이 빽빽하게 달린다. 입술꽃잎은 3갈래로 얕게 갈라지며 꿀주머니는 2~5㎜ 길이이고 구부러지며 끝이 둔하다.

❹ **나비난초**(난초과) *Ponerorchis graminifolia* 여러해살이풀(높이 10~20㎝)
  깊은 산속 바위틈. 뿌리는 타원형으로 굵고 수염뿌리가 난다. 잎은 좁은 피침형이며 2~3장이 어긋나고 밑부분이 줄기를 감싼다. 5~6월에 줄기 끝의 송이꽃차례에 5~8개의 엷은 홍자색 꽃이 약간 한쪽으로 치우쳐서 달린다. 입술꽃잎은 3갈래로 깊게 갈라진다.

❶ 나도제비난 ❷ 자란 자란 꽃 모양

❸ 새우난초 새우난초 꽃 모양 ❹ 신안새우난초

❶ 나도제비난(난초과) *Galearis cyclochila* 여러해살이풀(높이 10~15㎝)
깊은 산의 나무 그늘. 뿌리는 선형이고 조금 굵은 편이다. 뿌리잎은 넓은 타원형이고 1장이 나오며 끝이 뾰족하다. 5~6월에 꽃줄기 끝에 보통 2개의 연분홍색 꽃이 핀다. 입술꽃잎은 넓은 달걀형이며 분홍색 잔점이 많고 꿀주머니는 점차 가늘어진다.

❷ 자란(난초과) *Bletilla striata* 여러해살이풀(높이 30~50㎝)
전남의 바닷가 산기슭. 잎은 긴 타원형이고 세로로 많은 주름이 있으며 5~6장이 서로 감싸면서 줄기처럼 된다. 5~6월에 잎 사이에서 자란 꽃줄기 윗부분의 송이꽃차례에 6~7개의 홍자색 꽃이 옆을 보고 달린다. 꽃은 지름 3㎝ 정도이며 입술꽃잎은 세로줄이 있다.

❸ 새우난초(난초과) *Calanthe discolor* 여러해살이풀(높이 30~60㎝)
남부 지방의 숲속. 뿌리줄기는 염주 모양이다. 잎은 긴 타원형이고 세로로 주름이 지며 뿌리에서 2~3장이 모여나 서로 얼싸안는다. 4~5월에 꽃줄기 윗부분의 송이꽃차례에 10여 개의 자갈색~녹갈색 꽃이 달린다. 입술꽃잎은 3갈래로 깊게 갈라지고 연한 색이다.

❹ 신안새우난초(난초과) *Calanthe aristulifera* 여러해살이풀(높이 25~50㎝)
전남 신안의 숲속. 잎은 2~3장이 모여난다. 4~5월에 꽃줄기 윗부분의 송이꽃차례에 10여 개의 연보라색 꽃이 모여 달린다. 입술꽃잎은 3갈래로 갈라지고 꿀주머니는 위를 향한다.

기타

❶ 약난초
약난초 꽃차례
❷ 현호색
❸ 갈퀴현호색
갈퀴현호색 꽃 모양
❹ 애기현호색

❶ **약난초**(난초과) *Cremastra appendiculata* 여러해살이풀(높이 30~50㎝)
남부 지방의 숲속. 1~2장의 뿌리잎은 긴 타원형이며 3개의 잎맥이 있고 겨울이 지나면 마른다. 5~6월에 꽃줄기 끝에 15~20개의 자갈색 꽃이 한쪽으로 치우쳐서 밑을 향해 핀다.

❷ **현호색**(양귀비과│현호색과) *Corydalis remota* 여러해살이풀(높이 20㎝ 정도)
산. 잎은 어긋나고 1~2회세겹잎이며 갈래조각 가장자리에 잔톱니가 있고 뒷면은 분백색이다. 4월에 줄기 끝의 송이꽃차례에 자주색 꽃이 모여 핀다. 꽃부리는 2㎝ 정도 길이이며 앞쪽은 입술 모양으로 넓어진다. 타원형 포는 빗살처럼 깊게 갈라진다.

❸ **갈퀴현호색**(양귀비과│현호색과) *Corydalis grandicalyx* 여러해살이풀(높이 7~21㎝)
강원도의 산. 잎은 어긋나고 2회세겹잎이다. 작은잎은 타원형~거꿀달걀형이며 끝이 깊게 갈라지고 가장자리는 밋밋하다. 3~4월에 줄기 끝의 송이꽃차례에 5~13개의 청자색 꽃이 모여 핀다. 청자색 꽃받침이 크게 발달하는데 갈퀴 모양으로 잘게 갈라진다.

❹ **애기현호색**(양귀비과│현호색과) *Corydalis fumariifolia* 여러해살이풀(높이 25㎝ 정도)
산. 잎은 어긋나고 1~2회세겹잎이다. 작은잎은 깃꼴로 잘게 갈라지고 갈래조각은 선형이다. 4월에 줄기 끝의 송이꽃차례에 자주색 꽃이 모여 핀다. 꽃부리는 2㎝ 정도 길이이며 앞쪽은 입술 모양으로 넓어지고 뒤쪽의 꿀주머니는 끝이 약간 구부러진다.

기타

봄에 피는 붉은색 풀꽃

❶ 들현호색 들현호색 꽃 모양 ❷ 왜현호색
❸ 수염현호색 수염현호색 꽃 모양 ❹ 각시현호색

❶ **들현호색**(양귀비과 | 현호색과) *Corydalis ternata* 여러해살이풀(높이 15㎝ 정도)
   산과 들. 덩이줄기는 여러 개가 이어진다. 잎은 어긋나고 세겹잎이다. 작은잎은 타원형~거꿀달걀형이며 가장자리에 톱니가 있고 뒷면은 흰빛이 돈다. 4월에 줄기 끝의 송이꽃차례에 입술 모양의 기다란 홍자색 꽃이 모여 핀다. 현호색(p.36)과 같은 종으로도 본다.

❷ **왜현호색**(양귀비과 | 현호색과) *Corydalis ambigua* 여러해살이풀(높이 10~30㎝)
   중부 이북의 산. 잎은 어긋나고 1~3회세겹잎이다. 작은잎은 긴 타원형이며 끝이 둔하고 가장자리가 밋밋하거나 3갈래씩 얕게 갈라진다. 4~5월에 줄기 끝의 송이꽃차례에 입술 모양의 기다란 푸른색 꽃이 모여 핀다. 포는 피침형~둥근 달걀형이며 밋밋하다.

❸ **수염현호색**(양귀비과 | 현호색과) *Corydalis caudata* 여러해살이풀(높이 10~25㎝)
   산의 숲속. 잎은 어긋나고 2~3회세겹잎이다. 3~4월에 줄기 끝의 송이꽃차례에 입술 모양의 기다란 푸른색 꽃이 모여 핀다. 꿀주머니는 위로 휘고 수염 모양의 꽃받침이 있다.

❹ **각시현호색**(양귀비과 | 현호색과) *Corydalis misandra* 여러해살이풀(높이 4~20㎝)
   경기도와 강원도의 산 숲속. 땅속에 둥근 덩이줄기가 있다. 잎은 어긋나고 1~2회세겹잎이다. 작은잎은 타원형~선형이며 가장자리는 대부분 밋밋하고 적자색 테두리가 나타난다. 3~4월에 피는 입술 모양의 꽃은 아래쪽의 바깥꽃잎이 넓은 마름모 모양이다.

기타

❶ 날개현호색 ❷ 쇠뿔현호색
❸ 점현호색 ❹ 자주괴불주머니 자주괴불주머니 꽃차례

❶ **날개현호색**(양귀비과 | 현호색과) *Corydalis alata* 여러해살이풀(높이 7~20㎝)
경북의 산지. 잎은 어긋나고 1~2회세겹잎이며 앞면에 흰색 점이 나타나기도 한다. 3~4월에 송이꽃차례에 피는 청자색 꽃은 아래쪽 바깥꽃잎의 밑부분이 날개 모양이다.

❷ **쇠뿔현호색**(양귀비과 | 현호색과) *Corydalis cornupetala* 여러해살이풀(높이 11~24㎝)
경북 경산의 풀숲. 잎은 어긋나고 1~2회세겹잎이다. 작은잎은 선형이고 2~12㎝ 길이이며 가장자리가 밋밋하다. 3~4월에 줄기 끝의 송이꽃차례에 연한 홍자색~흰색 꽃이 6~28개가 모여 핀다. 대부분의 꽃은 아래쪽 바깥꽃잎의 끝부분이 소의 뿔 모양으로 휜다.

❸ **점현호색**(양귀비과 | 현호색과) *Corydalis maculata* 여러해살이풀(높이 10~25㎝)
산. 잎은 어긋나고 2회세겹잎이다. 작은잎은 거꿀달걀형~긴 타원형이며 앞면에 흰색 반점이 있다. 4월에 줄기 끝의 송이꽃차례에 청자색 꽃이 모여 핀다. 기다란 꽃부리는 2~3㎝ 길이이고 가운데 부분이 불룩하다. 포는 거꿀달걀형이고 끝부분이 잘게 갈라진다.

❹ **자주괴불주머니**(양귀비과 | 현호색과) *Corydalis incisa* 두해살이풀(높이 20~50㎝)
남부 지방의 산과 들. 땅속에 덩이줄기가 있는 현호색 종류와 달리 땅속에 덩이줄기가 없다. 뿌리잎은 2회세겹잎이고 작은잎 가장자리에 날카로운 톱니가 있다. 줄기잎은 어긋난다. 3~5월에 줄기 끝의 송이꽃차례에 홍자색 꽃이 촘촘히 달린다.

❶ 금낭화 ❷ 베치 ❸ 살갈퀴 ❹ 가는살갈퀴

❶ 금낭화(양귀비과|현호색과) *Lamprocapnos spectabilis* 여러해살이풀(높이 30~60㎝)
산골짜기. 줄기가 연약하고 잎은 어긋나며 2회깃꼴겹잎이고 잎자루가 길다. 5~6월에 줄기 끝에 달리는 기다란 송이꽃차례는 비스듬히 휘어지며 납작한 하트 모양의 붉은색 꽃이 조롱조롱 매달린다. 4장의 꽃잎 중 2장은 밑부분의 꿀주머니가 밖으로 젖혀진다.

❷ 베치/털갈퀴덩굴(콩과) *Vicia villosa* 한두해살이덩굴풀(길이 1~2m)
유럽 원산. 들. 전체에 퍼진털이 빽빽하다. 잎은 어긋나고 6~10쌍의 작은잎이 모여 달린 깃꼴겹잎이며 끝은 덩굴손으로 된다. 5~6월에 잎겨드랑이의 송이꽃차례에 다닥다닥 달리는 나비 모양의 꽃은 14~15㎜ 길이이다. 꽃받침은 털이 빽빽하다.

❸ 살갈퀴(콩과) *Vicia sativa* ssp. *nigra* 두해살이풀(높이 50~60㎝)
들이나 산기슭. 잎은 어긋나고 3~7쌍의 작은잎이 모여 달린 깃꼴겹잎이며 끝의 덩굴손은 3갈래로 갈라진다. 작은잎은 거꿀달걀형이며 끝에 가시 모양의 털이 있고 가장자리가 밋밋하다. 4~5월에 잎겨드랑이에 나비 모양의 홍자색 꽃이 1~2개씩 핀다.

❹ 가는살갈퀴(콩과) *Vicia angustifolia* 두해살이풀(높이 70~80㎝)
들. 잎은 어긋나고 3~6쌍의 작은잎이 모여 달린 깃꼴겹잎이다. 작은잎은 선형~좁고 긴 타원형이고 끝에 가시 모양의 털이 있는 것으로 구분하지만 살갈퀴와 같은 종으로도 본다.

기타

① 새완두　새완두 잎　② 얼치기완두
③ 들완두　들완두 잎　④ 나래완두

❶ 새완두(콩과) *Vicia hirsuta* 두해살이풀(높이 30~60㎝)
남부 지방의 들이나 산기슭. 잎은 어긋나고 6~8쌍의 작은잎이 모여 달린 깃꼴겹잎이며 끝은 덩굴손으로 된다. 턱잎은 4갈래로 갈라진다. 5~6월에 잎겨드랑이에서 나오는 송이꽃차례에 3~7개의 나비 모양의 연자주색 꽃이 피는데 3~4㎜ 길이로 작다.

❷ 얼치기완두(콩과) *Vicia tetrasperma* 두해살이덩굴풀(길이 30~60㎝)
산기슭과 들의 풀밭. 잎은 어긋나고 3~6쌍의 작은잎이 모여 달린 깃꼴겹잎이며 끝은 덩굴손으로 된다. 작은잎은 선형~넓은 선형이며 너비 2~4㎜이다. 5~6월에 잎겨드랑이에서 나오는 송이꽃차례에 1~3개의 나비 모양의 연한 홍자색 꽃이 피는데 5㎜ 정도 길이로 작다.

❸ 들완두(콩과) *Vicia bungei* 여러해살이풀(높이 20~30㎝)
중부 이북의 산기슭. 네모지는 줄기는 비스듬히 자란다. 잎은 어긋나고 깃꼴겹잎이며 작은잎은 2~5쌍이고 덩굴손이 있다. 작은잎은 거꿀달걀형이며 끝이 오목하게 들어가고 양면에 털이 약간 있다. 5~6월에 잎겨드랑이의 송이꽃차례에 2~3개의 보라색 꽃이 핀다.

❹ 나래완두(콩과) *Vicia hirticalycina* 여러해살이풀(높이 30~40㎝)
남부 지방의 산과 들. 잎은 어긋나고 짝수깃꼴겹잎이며 작은잎은 3~5쌍이고 좁은 피침형이다. 4~5월에 잎겨드랑이에 2~5개의 연한 홍자색 꽃이 핀다. 꽃받침은 대부분 털이 있다.

봄에 피는 붉은색 풀꽃

❶ 연리초 ❷ 산새콩 산새콩 꽃 모양

❸ 갯완두 ❹ 털갯완두 털갯완두 꽃받침

❶ **연리초**(콩과) *Lathyrus quinquenervius* 여러해살이풀(높이 30~60㎝)
중부 이북의 산. 세모진 줄기에 좁은 날개가 있다. 잎은 어긋나고 깃꼴겹잎이다. 작은잎은 피침형이고 1~3쌍이 모여 달리며 끝은 덩굴손으로 된다. 덩굴손은 갈라지지 않는다. 5월에 잎겨드랑이의 송이꽃차례 윗부분에 5~8개의 홍자색 꽃이 달린다.

❷ **산새콩**(콩과) *Lathyrus vaniotii* 여러해살이풀(높이 20~60㎝)
강원도 이북의 산. 줄기는 곧게 서고 모가 진다. 잎은 어긋나고 짝수깃꼴겹잎이며 작은잎은 3~5쌍이다. 작은잎은 긴 타원형이며 끝이 뾰족하다. 턱잎은 가시 모양의 선형이다. 5~6월에 줄기 윗부분의 잎겨드랑이에 달리는 송이꽃차례에 보라색 꽃이 모여 핀다.

❸ **갯완두**(콩과) *Lathyrus japonicus* 여러해살이풀(높이 20~60㎝)
바닷가 모래땅. 줄기는 모가 지고 비스듬히 벋는다. 잎은 어긋나고 깃꼴겹잎이며 작은잎은 3~6쌍이고 끝은 덩굴손으로 된다. 턱잎은 크고 날카롭다. 5~7월에 잎겨드랑이의 송이꽃차례 윗부분에 3~6개의 적자색 꽃이 한쪽으로 치우쳐서 핀다. 꽃받침에 털이 없다.

❹ **털갯완두**(콩과) *Lathyrus japonicus* v. *aleuticus* 여러해살이풀(높이 20~60㎝)
중부 이북의 바닷가. 갯완두의 변종으로 갯완두와 비슷하지만 꽃받침에 털이 있는 것이 특징이다. 갯완두와 같은 종으로도 본다.

기타

❶ 자운영 ❷ 둥근베치 ❸ 애기자운 ❹ 자주개자리

❶ 자운영(콩과) *Astragalus sinicus* 두해살이풀(높이 10~25㎝)
중국 원산. 논밭에 심고 저절로 퍼져 나가 자란다. 줄기는 모여나고 잎은 깃꼴겹잎이다. 4~5월에 잎겨드랑이에서 나온 긴 꽃대 끝의 우산꽃차례에 붉은색 꽃이 둥글게 모여 핀다.

❷ 둥근베치(콩과) *Securigera varia* 한해살이덩굴풀(높이 30~120㎝)
유럽 원산. 서울과 목포의 길가나 빈터. 전체에 털이 없고 기는줄기는 가지가 갈라진다. 잎은 어긋나고 깃꼴겹잎이며 작은잎은 타원형이고 15~25장이다. 5~8월에 잎겨드랑이의 머리모양꽃차례에 20여 개의 연한 홍자색 꽃이 촘촘히 모여 핀다.

❸ 애기자운/털새동부(콩과) *Gueldenstaedtia verna* 여러해살이풀(높이 5~20㎝)
대구와 낭림산 이북. 뿌리에서 모여나는 홀수깃꼴겹잎은 작은잎이 4~9쌍이다. 작은잎은 피침형~타원형이고 끝이 둔하거나 뾰족하며 가장자리가 밋밋하고 털이 많다. 4~5월에 뿌리에서 나온 꽃줄기 끝에 1~4개의 홍자색 꽃이 핀다. 열매는 원통형이며 털이 있다.

❹ 자주개자리(콩과) *Medicago sativa* 여러해살이풀(높이 30~90㎝)
유럽 원산. 빈터. 잎은 어긋나고 세겹잎이며 작은잎은 긴 타원형~거꿀피침형이고 가장자리에 톱니가 있다. 턱잎은 가는 피침형이다. 5~7월에 잎겨드랑이의 송이꽃차례에 홍자색~청자색 꽃이 모여 핀다. 꼬투리열매는 나선 모양으로 2~3회 말리며 털이 있다.

봄에 피는 붉은색 풀꽃

❶ 붉은토끼풀
붉은토끼풀 꽃차례 단면
붉은토끼풀 잎
❷ 진홍토끼풀
❸ 선토끼풀
선토끼풀 잎
❹ 자란초

❶ **붉은토끼풀**(콩과) *Trifolium pratense* 여러해살이풀(높이 30~60㎝)
 유럽 원산. 풀밭이나 길가. 술기에 퍼진털이 있다. 잎은 어긋나고 세겹잎이며 앞면에 무늬가 있다. 5~7월에 줄기 끝의 머리모양꽃차례에 꽃자루가 거의 없는 붉은색 꽃이 모여 핀다.

❷ **진홍토끼풀**(콩과) *Trifolium incarnatum* 여러해살이풀(높이 20~45㎝)
 유럽 원산. 밭에서 재배하며 전남 이남의 풀밭에서도 자란다. 줄기는 곧게 서고 잎은 어긋나며 세겹잎이다. 작은잎은 거꿀달걀형~거꿀하트형이다. 5~7월에 줄기 끝에 달리는 원기둥 모양의 이삭꽃차례는 3~5㎝ 길이이고 진홍색 꽃이 촘촘히 모여 핀다.

❸ **선토끼풀**(콩과) *Trifolium hybridum* 여러해살이풀(높이 30~50㎝)
 유럽과 서아시아 원산. 풀밭. 줄기는 윗부분이 비스듬히 선다. 잎은 어긋나고 세겹잎이며 작은잎은 거꿀달걀형이고 가장자리에 잔톱니가 있다. 5~9월에 잎겨드랑이에서 자란 꽃대 끝의 머리모양꽃차례는 지름 1~2㎝이며 연홍색 꽃이 둥글게 모여 핀다.

❹ **자란초**(꿀풀과) *Ajuga spectabilis* 여러해살이풀(높이 30~50㎝)
 중부 이남의 숲속. 줄기는 곧게 자라고 털이 거의 없으며 뿌리줄기가 옆으로 벋는다. 잎은 마주나고 넓은 달걀형이며 끝이 길게 뾰속하고 가장자리에 크고 거친 톱니가 있다. 5~6월에 줄기 끝의 송이꽃차례에 입술 모양의 청자색 꽃이 촘촘히 돌려 가며 핀다.

기타

❶ 금창초 ❶ 금창초 꽃 모양 ¹⁾내장금창초
❷ 조개나물 조개나물 꽃 모양 ¹⁾붉은조개나물

❶ **금창초**(꿀풀과) *Ajuga decumbens* 여러해살이풀(높이 10~30㎝)

남부 지방의 산기슭이나 들. 줄기는 땅바닥을 기며 사방으로 벋고 전체에 긴 흰색 털이 나 있다. 뿌리잎은 로제트형으로 퍼지며 넓은 거꿀피침형이고 끝이 둔하며 4~6㎝ 길이이다. 뿌리잎은 진녹색이지만 자줏빛이 돌기도 하고 가장자리에 둔한 물결 모양의 톱니가 있다. 줄기잎은 마주나고 긴 타원형이다. 4~6월에 잎겨드랑이에 여러 개의 입술 모양의 자주색 꽃이 모여 핀다. 꽃부리는 1㎝ 정도 길이이다. 4개가 모여 있는 열매는 둥근 달걀형이다. ¹⁾**내장금창초**(v. *rosa*)는 금창초의 변종으로 잎겨드랑이에 입술 모양의 분홍색 꽃이 모여 피는 것이 특징이다. 근래에는 금창초와 같은 종으로 본다.

❷ **조개나물**(꿀풀과) *Ajuga multiflora* 여러해살이풀(높이 8~30㎝)

산과 들의 양지쪽 풀밭. 줄기는 곧게 서고 긴 흰색 털이 빽빽하다. 뿌리잎은 좁은 달걀형이며 15㎝ 정도 길이이고 잎자루가 길다. 줄기잎은 마주나고 타원형~달걀형이며 가장자리에 물결 모양의 톱니가 있고 털이 점차 없어진다. 4~5월에 잎겨드랑이에 청자색 꽃이 층층으로 돌려 가며 핀다. 윗입술꽃잎은 짧고 아랫입술꽃잎은 크며 3갈래로 갈라진다. ¹⁾**붉은조개나물**(f. *rosea*)은 조개나물의 품종으로 잎겨드랑이에 입술 모양의 분홍색 꽃이 모여 피는 것이 특징이다. 근래에는 조개나물과 같은 종으로 본다.

기타

봄에 피는 붉은색 풀꽃

❶ 골무꽃 ❷ 광릉골무꽃
❸ 벌깨덩굴 1)붉은벌깨덩굴 ❹ 긴병꽃풀

❶ **골무꽃**(꿀풀과) *Scutellaria indica* 여러해살이풀(높이 20~30㎝)
　산기슭과 숲 가장자리. 잎은 마주나고 둥근 하트형이며 둔한 톱니가 있다. 5~6월에 줄기 윗부분에 한쪽 방향을 보고 다닥다닥 달리는 입술 모양의 자주색 꽃은 18~22㎜ 길이이다.

❷ **광릉골무꽃**(꿀풀과) *Scutellaria insignis* 여러해살이풀(높이 40~70㎝)
　중부 이남의 숲속. 잎은 마주나고 타원형~달걀형이며 끝이 뾰족하고 톱니가 있다. 5~6월에 줄기 윗부분에 달리는 입술 모양의 자주색 꽃은 35㎜ 정도 길이이고 털과 샘털이 있다.

❸ **벌깨덩굴**(꿀풀과) *Meehania urticifolia* 여러해살이풀(높이 15~30㎝)
　산의 숲속. 4~5월에 윗부분의 잎겨드랑이에 달리는 입술 모양의 자주색 꽃은 4~5㎝ 길이이다. 아랫입술꽃잎에 반점과 긴 흰색 털이 있다. 꽃이 진 후에 줄기는 길게 벋는다.
　1)**붉은벌깨덩굴**(f. *rubra*)은 벌깨덩굴의 품종으로 입술 모양의 붉은색 꽃이 핀다. 근래에는 벌깨덩굴과 같은 종으로 본다.

❹ **긴병꽃풀**(꿀풀과) *Glechoma grandis* 여러해살이풀(높이 10~20㎝)
　산기슭의 풀밭. 잎은 마주나고 둥근 콩팥형이며 가장자리에 둔한 톱니가 있다. 4~5월에 잎겨드랑이에 연자주색 꽃이 1~3개씩 날려 한쪽을 보고 핀다. 아랫입술꽃잎은 3갈래로 갈라지고 윗입술꽃잎보다 2배쯤 길다. 꽃이 진 후에 줄기가 길게 벋고 뿌리를 내린다.

기타

❶ 꿀풀 ❷ 붉은꿀풀 ❸ 자주광대나물 ❹ 광대나물

❶ **꿀풀**(꿀풀과) *Prunella vulgaris* ssp. *asiatica* 여러해살이풀(높이 20~40㎝)
산과 들의 풀밭. 전체에 짧은 흰색 털이 있다. 잎은 마주나고 긴 달걀형이며 가장자리가 거의 밋밋하다. 5~7월에 줄기 끝에 달리는 원통형 꽃이삭에 입술 모양의 자주색 꽃이 촘촘히 돌려 가며 달린다. 아랫입술꽃잎은 3갈래로 갈라지며 가운데 갈래조각은 톱니가 있다.

❷ **붉은꿀풀**(꿀풀과) *Prunella vulgaris* f. *lilacina* 여러해살이풀(높이 20~40㎝)
산과 들의 풀밭. 꿀풀의 품종으로 5~7월에 꽃이 핀다. 원통형 꽃이삭에 촘촘히 돌려 가며 달리는 입술 모양의 꽃이 붉은색인 점이 꿀풀과 다르다. 근래에는 꿀풀과 같은 종으로 본다.

❸ **자주광대나물**(꿀풀과) *Lamium purpureum* 한두해살이풀(높이 10~25㎝)
유럽 원산. 경기도 이남의 들. 잎은 마주나고 넓은 달걀형이며 털이 있고 가장자리에 둔한 톱니가 있다. 잎은 위로 갈수록 자줏빛이 돈다. 4~5월에 줄기 위쪽의 잎겨드랑이에 층층이 피는 입술 모양의 홍자색 꽃은 10~15㎜ 길이이며 꽃받침 가장자리에 털이 있다.

❹ **광대나물**(꿀풀과) *Lamium amplexicaule* 두해살이풀(높이 20~30㎝)
풀밭과 길가. 잎은 마주나며 줄기 밑부분의 잎은 잎자루가 있고 윗부분의 반원형 잎은 잎자루가 없다. 잎 가장자리에 톱니가 있고 잎맥 위에 털이 있다. 3~5월에 잎겨드랑이에 달리는 입술 모양의 홍자색 꽃은 2㎝ 정도 길이이다. 꽃받침에 잔털이 있다.

기타

봄에 피는 붉은색 풀꽃

❶ 배암차즈기　❷ 개종용　배암차즈기 뿌리잎
❸ 초종용　❹ 갯메꽃　갯메꽃 열매

❶ 배암차즈기(꿀풀과) *Salvia plebeia* 두해살이풀(높이 30~70㎝)
들의 습한 곳. 줄기는 네모지고 밑을 향한 잔털이 있다. 잎은 마주나고 긴 타원형~넓은 피침형이며 가장자리에 둔한 톱니가 있고 주름이 진다. 5~7월에 줄기 윗부분과 잎겨드랑이의 송이꽃차례에 달리는 입술 모양의 연자주색 꽃은 4~5㎜ 길이로 작다.

❷ 개종용(열당과) *Lathraea japonica* 여러해살이풀(높이 5~20㎝)
울릉도의 숲속. 나무뿌리에 기생한다. 4~5월에 짧은 뿌리줄기에서 나온 꽃줄기는 곧게 서고 연갈색이다. 줄기 끝의 이삭꽃차례에 연홍색 꽃이 촘촘히 돌려 가며 피어 올라간다. 꽃부리는 통 모양이고 12~17㎜ 길이이며 끝은 입술 모양이다.

❸ 초종용(열당과) *Orobanche coerulescens* 한해살이풀(높이 15~20㎝)
바닷가나 개울가의 모래땅. 사철쑥(p.363)의 뿌리에 기생한다. 5~7월에 다육질의 뿌리줄기에서 나온 꽃줄기는 곧게 서고 비늘잎이 달리며 전체에 흰색 털이 있다. 줄기 끝의 이삭꽃차례에 촘촘히 달리는 입술 모양의 청자색 꽃은 2㎝ 정도 길이이다.

❹ 갯메꽃(메꽃과) *Calystegia soldanella* 여러해살이덩굴풀(높이 15~30㎝)
바닷가 모래땅. 잎은 어긋나고 둥근 콩팥형이며 광택이 있고 잎자루가 길다. 5~7월에 잎겨드랑이에 나팔 모양의 분홍색 꽃이 피는데 꽃부리에 5개의 희미한 줄무늬가 있다.

기타

❶ 주름잎 ❷ 누운주름잎   누운주름잎 꽃 모양
❸ 미치광이풀   미치광이풀 꽃 모양   ❹ 뻐꾹채

❶ 주름잎(파리풀과|현삼과) *Mazus pumilus* 한해살이풀(높이 5~20㎝)
밭이나 빈터. 뿌리에서 몇 개의 줄기가 나와 자라고 전체에 털이 있다. 잎은 마주나고 거꿀달걀형~주걱형이며 가장자리에 둔한 톱니가 약간 있고 주름이 진다. 5~8월에 줄기 끝의 송이꽃차례에 연자주색 꽃이 핀다. 넓은 아랫입술꽃잎에 노란색 반점이 있다.

❷ 누운주름잎(파리풀과|현삼과) *Mazus miquelii* 여러해살이풀(높이 5~15㎝)
습한 밭이나 빈터. 줄기 밑부분에서 기는 가지가 사방으로 벋어 번식한다. 5~8월에 줄기 끝의 송이꽃차례에 홍자색 꽃이 핀다. 넓은 아랫입술꽃잎에 반점이 있다.

❸ 미치광이풀(가지과) *Scopolia japonica* 여러해살이풀(높이 30~60㎝)
깊은 산의 숲속. 잎은 어긋나고 달걀 모양의 타원형이며 끝이 뾰족하고 가장자리는 밋밋하지만 톱니가 있는 것도 있다. 4~5월에 잎겨드랑이에 종 모양의 흑자색 꽃이 고개를 숙이고 핀다. 꽃부리 안쪽은 연자주색이고 수술은 5개이다. 둥근 열매는 꽃받침에 싸인다.

❹ 뻐꾹채(국화과) *Rhaponticum uniflorum* 여러해살이풀(높이 40~70㎝)
산기슭의 풀밭. 전체에 거미줄 같은 흰색 털이 있다. 잎은 어긋나고 긴 타원형이며 깃꼴로 깊게 갈라지고 갈래조각은 6~8쌍이다. 5~7월에 줄기 끝에 달리는 붉은색 꽃송이는 지름 6~9㎝로 큼직하다. 총포는 반구형이고 갈색 총포조각은 주걱 모양이며 6줄로 붙는다.

❶ 지느러미엉겅퀴 ❷ 조뱅이 ❸ 지칭개

지느러미엉겅퀴 뿌리잎　　조뱅이 열매　　지칭개 꽃송이

❶ 지느러미엉겅퀴(국화과) *Carduus crispus* 두해살이풀(높이 70~100㎝)

밭이나 길가. 뿌리잎은 넓은 피침형이며 가장자리가 톱처럼 갈라지고 로제트형으로 퍼진다. 줄기에 세로로 날카로운 가시가 달린 지느러미 모양의 날개가 있다. 줄기잎은 어긋나고 피침형이며 가장자리에 가시 모양의 톱니가 많다. 5~8월에 가지 끝에 자주색 꽃송이가 달리며 꽃송이 밑부분에 7~8줄로 붙는 총포조각은 가시 모양이다.

❷ 조뱅이(국화과) *Breea segeta* 한두해살이풀(높이 25~50㎝)

밭이나 빈터. 뿌리줄기가 옆으로 벋으면서 군데군데에서 새싹이 나와 자란다. 잎은 어긋나고 타원형이며 가장자리에 가시 같은 털이 있다. 암수딴그루로 5~7월에 줄기와 가지 끝에 위를 향해 달리는 분홍색 꽃송이는 지름 3㎝ 정도이다. 꽃송이를 받치는 원통형의 총포는 흰색 털로 덮여 있고 총포조각은 8줄로 붙는다. 씨앗 한쪽에는 털이 있다.

❸ 지칭개(국화과) *Hemistepta lyrata* 두해살이풀(높이 60~80㎝)

밭이나 들. 줄기는 곧고 윗부분에서 가지가 잘 갈라진다. 잎은 어긋나고 좁은 타원형이며 깃꼴로 깊게 갈라지고 뒷면은 흰색 솜털로 덮여 있다. 5~7월에 줄기와 가지 끝에 달리는 홍자색 꽃송이는 지름 25㎜ 정도이며 위를 향한다. 꽃송이 밑부분의 총포는 단지 모양이며 총포조각은 닭볏 같은 돌기가 있다. 씨앗은 긴 타원형이며 세로줄이 여럿 있다.

기타

❶ **백두산떡쑥/화태떡쑥**(국화과) *Antennaria dioica* 여러해살이풀(높이 6~25㎝)
백두산의 풀밭. 전체에 흰색 솜털이 많다. 뿌리잎은 주걱형이며 뒷면에 흰색 솜털이 많고 줄기잎은 점차 작아지며 가늘어진다. 암수딴그루로 6월에 줄기 끝에 흰색~분홍색 꽃송이가 고른꽃차례처럼 모여 달린다. 총포는 종 모양이고 총포조각은 선형~넓은 선형이다.

❷ **쥐오줌풀**(인동과|마타리과) *Valeriana fauriei* 여러해살이풀(높이 40~80㎝)
산의 풀밭. 줄기는 곧게 서며 줄기 마디 밑에 털이 있다. 잎은 마주나고 깃꼴겹잎이며 작은잎은 좁은 타원형이고 가장자리에 둔한 톱니가 있다. 5~6월에 줄기와 가지 끝에 연한 홍자색 꽃이 촘촘히 모여 핀다. 꽃부리는 통 모양이고 5갈래로 갈라져서 벌어지며 지름 3~4㎜이다.

❸ **넓은잎쥐오줌풀**(인동과|마타리과) *Valeriana sambucifolia f. dageletiana* 여러해살이풀(높이 40~90㎝)
울릉도와 북부 지방. 잎은 어긋나고 깃꼴겹잎이며 작은잎은 타원형~달걀형이고 가장자리에 날카로운 톱니가 있다. 5~7월에 줄기와 가지 끝에 연한 홍자색 꽃이 촘촘히 모여 핀다. 꽃부리는 통 모양이고 5갈래로 갈라져서 벌어지며 지름 3~4㎜이다.

❹ **붉은참반디**(미나리과) *Sanicula rubriflora* 여러해살이풀(높이 20~50㎝)
깊은 산. 3갈래로 갈라진 줄기잎은 2장이 마주나고 잎자루가 없다. 5~6월에 줄기 끝에서 자란 1~5개의 꽃자루 끝에 자잘한 흑자색 꽃이 둥글게 모여 피고 기다란 총포조각은 녹색이다.

봄에 피는 노란색 풀꽃

꽃잎 3~4장

봄에 피는 노란색 풀꽃

❶ 금붓꽃　❷ 노랑붓꽃　❸ 노랑꽃창포
❹ 피나물　❺ 매미꽃　매미꽃 꽃차례

---

❶ 금붓꽃(붓꽃과) *Iris minutoaurea* 여러해살이풀(높이 10~15㎝)

중부 지방의 산. 뿌리줄기가 옆으로 벋으며 칼 모양의 잎이 모여난다. 4~5월에 꽃줄기 끝에 1개의 노란색 꽃이 핀다. 3장의 겉꽃덮이는 거의 수평으로 퍼지고 3장의 속꽃덮이는 작다.

❷ 노랑붓꽃(붓꽃과) *Iris koreana* 여러해살이풀(높이 5~20㎝)

남부 지방의 건조한 숲속. 금붓꽃에 비해 잎이 더욱 크며 너비는 13㎜ 정도로 2~3배나 넓다. 4~6월에 줄기에 노란색 꽃이 2개씩 핀다. 속꽃덮이는 끝이 파이고 곧게 선다.

❸ 노랑꽃창포(붓꽃과) *Iris pseudacorus* 여러해살이풀(높이 50~120㎝)

유럽 원산. 물가. 칼 모양의 잎은 2줄로 얼싸안는다. 5~6월에 자란 꽃줄기는 3~4회 갈라진 후 그 끝에 노란색 꽃이 달린다. 겉꽃덮이 안쪽에 황갈색 줄무늬가 있다.

❹ 피나물(양귀비과) *Hylomecon vernalis* 여러해살이풀(높이 20~30㎝)

산의 숲속. 줄기를 자르면 황적색 즙이 나온다. 줄기에 1개의 깃꼴겹잎이 달린다. 4~5월에 줄기 끝에 1~3개의 노란색 꽃이 핀다. 꽃은 지름 3㎝ 정도이고 4장의 꽃잎은 광택이 있다.

❺ 매미꽃(양귀비과) *Hylomecon hylomeconoides* 여러해살이풀(높이 20~40㎝)

남부 지방의 숲속. 줄기를 자르면 피 같은 붉은색 즙이 나온다. 뿌리잎은 깃꼴겹잎이다. 피나물과 달리 꽃줄기에는 잎이 없다. 5~7월에 꽃줄기 끝에 1~10개의 노란색 꽃이 달린다.

❶ 애기똥풀 ❷ 한계령풀 ❸ 나도범의귀 ❹ 노란장대 / 애기똥풀 열매 / 노란장대 열매

❶ **애기똥풀**(양귀비과) *Chelidonium asiaticum* 두해살이풀(높이 30~80cm)
마을 주변의 풀밭이나 길가. 흰빛이 도는 줄기를 자르면 노란색 즙이 나온다. 잎은 어긋나고 1~2회 깃꼴로 깊게 갈라진다. 5~8월에 가지 끝의 우산꽃차례에 달리는 노란색 꽃은 지름 25~35mm이며 꽃잎은 4장이다. 열매는 가느다란 기둥 모양이다.

❷ **한계령풀**(매자나무과) *Gymnospermium microrrhynchum* 여러해살이풀(높이 30~50cm)
중부 이북의 깊은 산. 줄기에 1장의 2회세겹잎이 달린다. 5월에 줄기 끝의 송이꽃차례에 노란색 꽃이 모여 핀다. 둥근 포는 잎처럼 보이고 밑의 것은 1cm 정도 크기이다.

❸ **나도범의귀**(범의귀과) *Mitella nuda* 여러해살이풀(높이 15~25cm)
강원도 이북의 숲속. 기는줄기가 있다. 뿌리잎은 둥근 하트형이며 얕게 갈라지기도 하고 가장자리에 톱니가 있다. 5~7월에 꽃줄기 끝의 송이꽃차례에 황록색 꽃이 드문드문 달린다. 꽃받침통은 5갈래로 갈라지며 5장의 꽃잎은 깃처럼 가늘게 갈라진다.

❹ **노란장대**(겨자과) *Sisymbrium luteum* 여러해살이풀(높이 70~120cm)
산의 양지. 전체에 털이 있다. 잎은 어긋나고 긴 달걀형이며 끝이 뾰족하고 불규칙한 톱니가 있으며 줄기 밑부분에 달린 잎만 깃꼴로 갈라진다. 5~6월에 줄기 끝에 달리는 송이꽃차례에 십자 모양의 노란색 꽃이 핀다. 선형 열매는 8~10cm 길이이고 밑으로 처진다.

꽃잎 4장

봄에 피는 노란색 풀꽃

❶ 배추

❷ 유채 / 유채 줄기잎

❸ 갓

❹ 유럽장대

유럽장대 잎

❶ **배추**(겨자과) *Brassica rapa* ssp. *pekinensis* 두해살이풀(높이 40~80㎝)
밭과 들. 잎은 거꿀달걀형이고 주맥이 희고 넓으며 가장자리에 불규칙한 톱니가 있다. 4~5월에 줄기와 가지 끝의 송이꽃차례에 십자 모양의 노란색 꽃이 모여 핀다.

❷ **유채**(겨자과) *Brassica napus* 두해살이풀(높이 1m 정도)
밭과 들. 뿌리잎은 넓은 거꿀달걀형이다. 줄기잎은 깃처럼 갈라지고 뒷면은 흰빛이 돈다. 줄기 윗부분의 잎은 밑부분이 귀처럼 처져서 줄기를 감싼다. 3~5월에 줄기와 가지 끝의 송이꽃차례에 십자 모양의 노란색 꽃이 모여 핀다. 열매는 뾰족한 원기둥 모양이다.

❸ **갓**(겨자과) *Brassica juncea* 두해살이풀(높이 50~100㎝)
밭과 들. 잎은 어긋나고 타원형이지만 위로 갈수록 가늘어지고 주맥이 가늘며 가장자리에 불규칙한 톱니가 있다. 잎은 흔히 진자주색으로 변하기도 한다. 4~6월에 줄기와 가지 끝의 송이꽃차례에 십자 모양의 노란색 꽃이 모여 피는데 꽃잎은 주걱 모양이다.

❹ **유럽장대**(겨자과) *Sisymbrium officinale* 한두해살이풀(높이 40~80㎝)
유럽 원산. 들. 뿌리잎은 깃꼴겹잎이다. 줄기잎은 어긋나고 창 모양이며 잎자루가 없다. 5~7월에 줄기와 가지 끝의 송이꽃차례에 십자 모양의 노란색 꽃이 모여 피는데 꽃잎은 주걱 모양이며 3㎜ 정도 길이이다. 기다란 열매는 털로 빽빽이 덮여 있고 위를 향한다.

꽃잎 4장

봄에 피는 노란색 풀꽃

❶ 민유럽장대   민유럽장대 열매

❷ 재쑥

❸ 나도냉이   나도냉이 잎

❹ 유럽나도냉이

❶ **민유럽장대**(겨자과) *Sisymbrium officinale* v. *leiocarpum* 한두해살이풀(높이 40~80㎝)
유럽 원산. 남해안 이남. 잎은 어긋나고 깃꼴겹잎이며 톱니가 있다. 5~7월에 송이꽃차례에 노란색 꽃이 달린다. 기다란 열매는 털이 없고 위를 향한다. 유럽장대(p.54)와 같은 종으로 본다.

❷ **재쑥**(겨자과) *Descurainia sophia* 두해살이풀(높이 30~70㎝)
밭이나 빈터. 전체에 흰색 털이 있다. 잎은 어긋나고 2~3회 깃꼴로 갈라지며 갈래조각은 거꿀피침형이고 가장자리가 거의 밋밋하다. 5~6월에 줄기와 가지 끝의 송이꽃차례에 자잘한 노란색 꽃이 모여 핀다. 선형 열매는 15~25㎜ 길이이며 비스듬히 위를 향한다.

❸ **나도냉이**(겨자과) *Barbarea orthoceras* 두해살이풀(높이 50~100㎝)
산과 들의 냇가나 습지. 가지가 갈라지고 전체에 털이 없다. 잎은 어긋나고 깃꼴로 갈라지며 밑부분이 줄기를 반쯤 감싼다. 잎 뒷면은 자줏빛이 돈다. 5~6월에 줄기와 가지 끝의 송이꽃차례에 십자 모양의 노란색 꽃이 핀다. 열매는 선형이며 3㎝ 정도 길이이고 곧게 선다.

❹ **유럽나도냉이**(겨자과) *Barbarea vulgaris* 여러해살이풀(높이 30~80㎝)
유럽 원산. 중부 지방. 잎은 어긋나고 깃꼴로 갈라지며 털이 없고 밑부분이 줄기를 반쯤 감싼다. 5~7월에 줄기와 가지 끝의 송이꽃차례에 피는 십자 모양의 노란색 꽃은 지름 6~8㎜이다. 열매는 선형이며 2~3㎝ 길이이고 비스듬히 벌어진다.

꽃잎 4장

❶ 개갓냉이(겨자과) *Rorippa indica* 여러해살이풀(높이 20~50㎝)
들. 뿌리잎은 깃꼴로 갈라지기도 한다. 줄기잎은 어긋나고 피침형~긴 타원형이며 가장자리에 톱니가 있고 잎자루가 없다. 5~6월에 줄기와 가지 끝의 송이꽃차례에 자잘한 노란색 꽃이 핀다. 열매는 좁은 선형이며 15~22㎜ 길이이고 약간 안으로 구부러진다.

❷ 속속이풀(겨자과) *Rorippa palustris* 두해살이풀(높이 30~60㎝)
논이나 들. 전체에 털이 없으며 윗부분에서 가지가 갈라진다. 뿌리잎과 줄기잎은 대부분 깃꼴로 갈라지고 가장자리에 톱니가 있다. 5~6월에 줄기와 가지 끝의 송이꽃차례에 자잘한 노란색 꽃이 모여 핀다. 열매는 긴 타원형이며 4~6㎜ 길이로 짧다.

❸ 구슬갓냉이(겨자과) *Rorippa globosa* 한두해살이풀(높이 40~60㎝)
중부 이북의 산기슭과 냇가. 줄기 밑부분의 잎은 깃꼴로 갈라지고 밑이 날개 모양이 되며 윗부분의 잎은 점차 가늘어지고 가장자리에 톱니가 있다. 5~6월에 줄기와 가지 끝의 송이꽃차례에 자잘한 노란색 꽃이 모여 핀다. 열매는 구슬 모양이며 지름 2.5㎜ 정도이다.

❹ 꽃다지(겨자과) *Draba nemorosa* 두해살이풀(높이 10~25㎝)
들과 밭. 잎은 어긋나고 긴 타원형이며 톱니가 약간 있다. 4~5월에 줄기와 가지 끝의 송이꽃차례에 노란색 꽃이 모여 핀다. 열매는 납작한 긴 타원형이며 기다란 자루 끝에 달린다.

꽃잎 4~5장

봄에 피는 노란색 풀꽃

❶ 쑥부지깽이

❷ 꽃무
꽃무 꽃송이
꽃무 꽃받침

❸ 개구리자리
암술
개구리자리 꽃 모양

❹ 왜미나리아재비

❶ **쑥부지깽이**(겨자과) *Erysimum cheiranthoides* **두해살이풀**(높이 30~80㎝)
경북 이북의 산과 들. 줄기에 누운털이 있다. 잎은 어긋나고 좁은 피침형이며 잔톱니가 있거나 없고 양면에 별모양털이 있다. 5~6월에 줄기 끝의 송이꽃차례에 노란색 꽃이 피며 꽃차례에 잔털이 있다. 기다란 원통형 열매는 둔하게 네모지고 누운털이 있다.

❷ **꽃무**(겨자과) *Erysimum × cheiri* **여러해살이풀**(높이 30~45㎝)
유럽 원산. 화초로 재배하며 저절로 퍼져 자란다. 잎은 어긋나고 피침형이며 톱니가 있거나 없다. 5~6월에 줄기 끝의 송이꽃차례에 노란색, 주황색, 자주색 등의 꽃이 핀다.

❸ **개구리자리**(미나리아재비과) *Ranunculus sceleratus* **두해살이풀**(높이 30~60㎝)
습지. 전체에 털이 없다. 잎은 어긋나고 둥근 콩팥형이며 3갈래로 깊게 갈라지고 둔한 톱니가 있으며 광택이 있다. 5~6월에 가지마다 노란색 꽃이 피는데 꽃잎은 광택이 있다. 둥그스름한 암술은 연녹색이고 둘레에 수술이 많다. 열매는 긴 타원형이고 매끄럽다.

❹ **왜미나리아재비**(미나리아재비과) *Ranunculus franchetii* **여러해살이풀**(높이 15~30㎝)
강원도 이북의 높은 산. 줄기에는 털이 약간 있다. 뿌리잎은 둥근 하트형이며 3갈래로 깊게 갈라진다. 줄기잎은 잎자루가 거의 없고 3갈래로 깊게 갈라진다. 4~5월에 줄기 끝에 1~3개의 노란색 꽃이 피는데 꽃잎은 5장이다. 둥그스름한 열매는 돌기가 있고 털이 있다.

꽃잎 5장

봄에 피는 노란색 풀꽃

❶ 미나리아재비 / 미나리아재비 꽃 모양 / ❷ 기는미나리아재비
❸ 왜젓가락나물 / ❹ 털개구리미나리 / ❺ 젓가락나물

- ❶ **미나리아재비**(미나리아재비과) *Ranunculus japonicus* 여러해살이풀(높이 30~70㎝)
  습한 풀밭. 뿌리잎은 둥근 오각형이며 3갈래로 깊게 갈라지고 갈래조각은 다시 갈라진다. 5~6월에 광택이 있는 노란색 꽃이 핀다. 동그스름한 열매는 돌기가 있고 털이 없다.

- ❷ **기는미나리아재비**(미나리아재비과) *Ranunculus repens* 여러해살이풀(높이 20~50㎝)
  습한 풀밭. 땅 위로 길게 벋는 줄기가 있다. 5~7월에 가지 끝에 1개씩 달리는 노란색 꽃은 지름 15~22㎜이며 꽃잎은 거꿀달걀형이다. 꽃받침은 5개이고 수평으로 퍼진다.

- ❸ **왜젓가락나물**(미나리아재비과) *Ranunculus quelpaertensis* 두해살이풀(높이 15~80㎝)
  남부 지방의 습지 주변. 줄기는 털이 거의 없다. 잎은 어긋나고 세겹잎이며 작은잎 가장자리에 불규칙한 톱니가 있다. 5~7월에 노란색 꽃이 핀다. 열매는 둥글며 조각 끝이 구부러진다.

- ❹ **털개구리미나리**(미나리아재비과) *Ranunculus cantoniensis* 여러해살이풀(높이 30~80㎝)
  남부 지방의 습한 풀밭. 줄기에 퍼진털과 누운털이 있다. 잎은 어긋나고 1~2회세겹잎이다. 5~7월에 가지 끝에 노란색 꽃이 핀다. 열매는 둥글며 암술대가 거의 젖혀지지 않는다.

- ❺ **젓가락나물**(미나리아재비과) *Ranunculus chinensis* 두해~여러해살이풀(높이 40~60㎝)
  습한 들. 전체에 퍼진털이 있다. 세겹잎은 다시 2~3갈래로 갈라진다. 6월에 가지 끝에 노란색 꽃이 핀다. 열매는 긴 타원형이다. 털개구리미나리와 같은 종으로도 본다.

꽃잎 5장

봄에 피는 노란색 풀꽃

❶ 개구리미나리 ❷ 바위미나리아재비 ❸ 돌나물 ❹ 돌채송화 ❺ 땅채송화

❶ **개구리미나리**(미나리아재비과) *Ranunculus tachiroei* 두해살이풀(높이 50~100㎝)
습한 양지. 잎은 2회세겹잎이며 젓가락나물(p.58)과 비슷하지만 잎이 가늘고 털이 적다.
5~7월에 가지 끝에 노란색 꽃이 핀다. 열매는 둥글며 조각 끝이 거의 구부러지지 않는다.

❷ **바위미나리아재비**(미나리아재비과) *Ranunculus crucilobus* 여러해살이풀(높이 10~20㎝)
한라산의 높은 지대. 뿌리잎은 3갈래로 갈라지고 결각이나 거친 톱니가 있다. 5~7월에
줄기 끝에 노란색 꽃이 1개가 피며 광택이 있다. 열매는 둥글며 돌기는 끝이 뾰족하다.

❸ **돌나물**(돌나물과) *Sedum sarmentosum* 여러해살이풀(높이 15㎝ 정도)
산과 들의 축축한 땅. 전체가 통통한 육질이다. 잎은 보통 3장씩 돌려나며 긴 타원형이고
끝이 뾰족하며 가장자리가 밋밋하다. 5~6월에 갈래꽃차례에 별 모양의 노란색 꽃이 핀다.

❹ **돌채송화**(돌나물과) *Sedum japonicum* 여러해살이풀(높이 10~15㎝)
남부 지방의 건조한 바위틈. 잎은 어긋나고 원기둥 모양이며 5~12㎜ 길이이고 중앙 윗부분이
가장 넓다. 5~6월에 줄기 끝에서 3~4갈래로 갈라진 갈래꽃차례에 노란색 꽃이 핀다.

❺ **땅채송화**(돌나물과) *Sedum oryzifolium* 여러해살이풀(높이 7~12㎝)
바닷가 바위틈. 줄기에 촘촘히 어긋나는 잎은 원통형이고 3~6㎜ 길이이며 끝이 뭉툭하다.
5~7월에 곁가지 끝에 달리는 꽃차례는 3갈래로 갈라지기도 하며 노란색 꽃이 핀다.

꽃잎 5장

봄에 피는 노란색 풀꽃

❶ 괭이밥   괭이밥 열매   ❷ 선괭이밥
❸ 노랑제비꽃   ❹ 장백제비꽃   ❺ 가락지나물

❶ **괭이밥**(괭이밥과) *Oxalis corniculata* 여러해살이풀(높이 10~30㎝)
길가나 빈터. 땅을 기거나 비스듬히 서는 줄기에 세겹잎이 어긋나고 턱잎이 있다. 5~8월에 꽃자루 끝에 모여 피는 노란색 꽃은 꽃잎이 5장이다. 기둥 모양의 열매는 위를 향한다.

❷ **선괭이밥**(괭이밥과) *Oxalis stricta* 여러해살이풀(높이 10~20㎝)
길가나 빈터. 줄기는 곧게 서고 가지가 거의 갈라지지 않는다. 잎은 어긋나고 세겹잎이며 턱잎이 없다. 5~8월에 잎겨드랑이에서 자란 꽃자루 끝에 노란색 꽃이 모여 핀다.

❸ **노랑제비꽃**(제비꽃과) *Viola orientalis* 여러해살이풀(높이 10~20㎝)
산. 줄기는 곧게 선다. 뿌리잎은 하트형이고 끝이 뾰족하며 줄기잎은 잎자루가 거의 없다. 4~5월에 잎겨드랑이에서 나온 꽃자루 끝에 피는 노란색 꽃은 곁꽃잎 안쪽에 털이 있다.

❹ **장백제비꽃**(제비꽃과) *Viola biflora* 여러해살이풀(높이 5~20㎝)
설악산 이북의 높은 산. 뿌리잎은 둥근 콩팥형이고 끝이 둔하다. 6~7월에 줄기 위쪽의 잎겨드랑이에서 나온 꽃자루 끝에 피는 노란색 꽃은 곁꽃잎 안쪽에 털이 없다.

❺ **가락지나물**(장미과) *Potentilla kleiniana* 여러해살이풀(높이 10~30㎝)
산기슭과 길가의 습지. 뿌리잎은 5장의 작은잎을 가진 손꼴겹잎이다. 줄기는 비스듬히 땅을 기고 세겹잎은 어긋난다. 5~7월에 가지 끝의 갈래꽃차례에 노란색 꽃이 모여 핀다.

봄에 피는 노란색 풀꽃

❶ 세잎양지꽃　❷ 양지꽃　❸ 제주양지꽃
❹ 민눈양지꽃　❺ 솜양지꽃　솜양지꽃 잎 뒷면

❶ **세잎양지꽃**(장미과) *Potentilla freyniana* 여러해살이풀(높이 15~30㎝)
　산과 들의 양지. 줄기는 비스듬히 벋고 털이 있다. 뿌리잎과 줄기잎은 세겹잎이지만 뿌리잎이 훨씬 크다. 4~5월에 가지 끝에 여러 개의 노란색 꽃이 피는데 지름 10~15㎜이다.

❷ **양지꽃**(장미과) *Potentilla fragarioides* 여러해살이풀(높이 20~50㎝)
　산과 들의 양지. 전체에 털이 많으며 기는줄기가 없다. 뿌리잎은 깃꼴겹잎이며 끝 쪽의 3장이 특히 크고 나머지는 작다. 4~6월에 가지 끝에 여러 개의 노란색 꽃이 핀다.

❸ **제주양지꽃**(장미과) *Potentilla stolonifera* 여러해살이풀(높이 5~15㎝)
　한라산의 양지쪽 풀밭. 사방으로 퍼지는 기는줄기는 털이 있으며 자줏빛이 돈다. 뿌리잎은 깃꼴겹잎이고 작은잎은 3~7장이다. 4~6월에 가지 끝에 1~3개의 노란색 꽃이 핀다.

❹ **민눈양지꽃**(장미과) *Potentilla rosulifera* 여러해살이풀(높이 10~20㎝)
　중부 이남의 산 숲속. 줄기는 땅을 기며 벋고 전체에 털이 있다. 뿌리잎과 줄기잎은 세겹잎이며 크기가 비슷하다. 작은잎은 네모진 달걀형이고 톱니가 날카롭다. 봄에 꽃이 핀다.

❺ **솜양지꽃**(장미과) *Potentilla discolor* 여러해살이풀(높이 15~40㎝)
　산기슭이나 바닷가의 양지. 줄기는 비스듬히 자란다. 잎 앞면 이외에는 솜털이 빽빽이 나 있다. 뿌리잎은 깃꼴겹잎이고 어긋나는 줄기잎은 세겹잎이다. 4~8월에 노란색 꽃이 핀다.

꽃잎 5장

봄에 피는 노란색 풀꽃

❶ 개소시랑개비 ❷ 좀개소시랑개비 좀개소시랑개비 꽃 모양
❸ 나도양지꽃 ❹ 뱀딸기 ❺ 아욱메풀

❶ **개소시랑개비**(장미과) *Potentilla supina* 두해살이풀(높이 20~50㎝)
유럽 원산. 길가나 빈터. 잎은 어긋나고 깃꼴겹잎이며 작은잎은 5~9장이다. 5~7월에 잎겨드랑이에 모여 피는 노란색 꽃은 지름 8~9㎜로 작다. 5장의 꽃잎은 사이가 벌어진다.

❷ **좀개소시랑개비**(장미과) *Potentilla supina* v. *ternata* 한해살이풀(높이 5~30㎝)
모래땅. 잎은 어긋나고 세겹잎이지만 밑의 잎이 갈라져서 깃꼴겹잎처럼 보인다. 5~7월에 피는 노란색 꽃은 꽃잎이 거꿀달걀형이며 지름 1㎜ 정도이고 꽃잎 사이가 넓게 벌어진다.

❸ **나도양지꽃**(장미과) *Waldsteinia ternata* 여러해살이풀(높이 10~15㎝)
중부 이북의 깊은 산. 뿌리잎은 세겹잎이며 작은잎은 넓은 거꿀달걀형이고 상반부에 큰 톱니가 있다. 5~6월에 꽃줄기 끝에 피는 1~3개의 노란색 꽃은 지름 2㎝ 정도이다.

❹ **뱀딸기**(장미과) *Duchesnea chrysantha* 여러해살이풀(높이 10~15㎝)
풀숲이나 길가. 기는줄기에는 긴털이 있고 세겹잎이 어긋난다. 4~7월에 잎겨드랑이의 긴 꽃대 끝에 노란색 꽃이 핀다. 꽃턱이 자란 둥근 헛열매는 붉은색이며 속살은 해면질이다.

❺ **아욱메풀**(메꽃과) *Dichondra repens* 여러해살이풀(높이 5~10㎝)
남부 지방의 길가나 빈터. 줄기가 땅 위로 벋으며 사방으로 퍼진다. 잎은 어긋나고 둥근 콩팥형이며 가장자리가 밋밋하고 광택이 있다. 5~6월에 잎겨드랑이에 작은 노란색 꽃이 핀다.

꽃잎 5~6장

봄에 피는 노란색 풀꽃

❶ **좀가지풀**(앵초과) *Lysimachia japonica* 여러해살이풀(높이 5~10㎝)
남부 지방의 산과 들. 줄기는 처음에는 비스듬히 서지만 나중에 옆으로 길게 벋는다. 잎은 마주나고 넓은 달걀형이다. 5~6월에 잎겨드랑이에 노란색 꽃이 1개씩 달린다.

❷ **씀바귀**(국화과) *Ixeridium dentatum* 여러해살이풀(높이 20~50㎝)
산과 들. 뿌리잎은 거꿀피침형이며 잎자루가 있고 줄기잎은 밑부분이 줄기를 감싼다. 5~6월에 가지 끝에 달리는 노란색 꽃송이는 5~7장의 혀꽃만으로 이루어져 있다.

❸ **중의무릇**(백합과) *Gagea lutea* 여러해살이풀(높이 15~25㎝)
중부 이북의 산 풀밭. 선형 잎은 안쪽으로 조금 말리며 비스듬히 휘어진다. 4~5월에 꽃줄기 끝에 3~10개의 노란색 꽃이 모여 피는데 꽃자루의 길이가 서로 다르다.

❹ **노랑할미꽃**(미나리아재비과) *Pulsatilla cernua f. flava* 여러해살이풀(높이 25~40㎝)
도봉산에서 발견되었다. 봄에 잎보다 먼저 종 모양의 연노란색 꽃이 고개를 숙이고 핀다. 뿌리잎은 깃꼴로 갈라지며 누른빛이 약간 돈다. 가는잎할미꽃(p.31)과 같은 종으로 본다.

❺ **동의나물**(미나리아재비과) *Caltha palustris* 여러해살이풀(높이 50㎝ 정도)
산의 습지나 물가. 잎은 둥근 콩팥형이고 심장저이며 가장자리에 물결 모양의 둔한 톱니가 있거나 없다. 4~5월에 줄기 끝에 노란색 꽃이 보통 2개씩 피며 많은 수술도 노란색이다.

꽃잎 6~7장 이상

봄에 피는 노란색 풀꽃

❶ 붉은괭이밥 ❷ 솜방망이 솜방망이 꽃봉오리
❸ 물솜방망이 ❹ 그늘보리뺑이 ❺ 개보리뺑이

❶ **붉은괭이밥**(괭이밥과) *Oxalis corniculata* f. *rubrifolia* 여러해살이풀(높이 10~20㎝)
길가나 빈터. 줄기는 비스듬히 긴다. 괭이밥(p.60)과 비슷하지만 세겹잎은 크기가 작고 줄기와 함께 붉은빛이 돈다. 5~8월에 꽃자루 끝에 노란색 꽃이 핀다. 괭이밥과 같은 종으로 본다.

❷ **솜방망이**(국화과) *Tephroseris kirilowii* 여러해살이풀(높이 20~60㎝)
산기슭이나 들. 전체에 거미줄 같은 털이 많다. 뿌리잎은 타원형이며 솜털로 덮이고 위로 갈수록 작아진다. 4~5월에 노란색 꽃이 모여 핀다. 총포는 통 모양이며 6~8㎜ 길이이다.

❸ **물솜방망이**(국화과) *Tephroseris pseudosonchus* 여러해살이풀(높이 55~65㎝)
습지. 줄기는 처음에 거미줄 같은 털이 있다. 뿌리잎은 피침형이며 위로 갈수록 선형이 된다. 5~6월에 줄기 끝에 노란색 꽃이 모여 핀다. 총포는 컵 모양이며 4~7㎜ 길이이다.

❹ **그늘보리뺑이**(국화과) *Lapsanastrum humile* 두해살이풀(높이 9~50㎝)
제주도의 그늘. 줄기는 여러 대가 모여나고 털이 없어진다. 뿌리잎은 민들레(p.65)처럼 결각이 진다. 5~7월에 노란색 꽃이 핀다. 안쪽의 총포조각은 8개이고 꽃이 핀 다음 두꺼워진다.

❺ **개보리뺑이**(국화과) *Lapsanastrum apogonoides* 두해살이풀(높이 4~20㎝)
전라도와 제주도의 논밭. 뿌리잎은 민들레(p.65)처럼 결각이 지고 줄기잎은 어긋난다. 3~5월에 줄기와 가지 끝에 노란색 꽃송이가 달린다. 안쪽의 총포조각은 5개이고 가장자리가 얇다.

꽃잎 7장 이상

봄에 피는 노란색 풀꽃

❶ 민들레
민들레 총포
❷ 서양민들레
❸ 산민들레
산민들레 총포
❹ 흰노랑민들레

❶ **민들레**(국화과) *Taraxacum platycarpum* 여러해살이풀(높이 10~15cm)
  산과 들. 뿌리잎은 거꿀피침형이며 깃꼴로 깊게 갈라지고 톱니가 있다. 3~5월에 꽃줄기 끝에 노란색 꽃송이가 1개씩 달린다. 총포는 종 모양이며 총포조각은 곧게 서고 끝에는 작은 돌기가 있으며 바깥조각이 안쪽조각보다 약간 작다. 씨앗 끝에는 갓털이 있다.

❷ **서양민들레**(국화과) *Taraxacum officinale* 여러해살이풀(높이 10~20cm)
  산과 들. 뿌리잎은 거꿀피침형이며 깃꼴로 깊게 갈라지고 톱니가 있다. 3~9월에 꽃줄기 끝에 노란색 꽃송이가 1개씩 달린다. 꽃송이는 지름 2~5cm이다. 총포는 종 모양이며 총포조각은 녹색~녹자색이고 안쪽조각은 곧게 서며 바깥조각은 뒤로 완전히 젖혀진다.

❸ **산민들레**(국화과) *Taraxacum ussuriense* 여러해살이풀(높이 10~20cm)
  산. 뿌리잎은 거꿀피침형이며 깃꼴로 깊게 갈라지고 톱니가 있으며 양면에 털이 있다. 4~6월에 꽃줄기 끝에 노란색 꽃송이가 1개씩 달린다. 총포는 종 모양이며 총포조각은 곧게 서고 끝이 뾰족하며 돌기가 없고 안쪽조각이 바깥조각보다 2배 이상 길다.

❹ **흰노랑민들레**(국화과) *Taraxacum coreanum* v. *flavescens* 여러해살이풀(높이 10~20cm)
  들. 뿌리잎은 깃꼴로 깊게 갈라진다. 4~6월에 꽃줄기 끝에 연노란색 꽃송이가 1개씩 달린다. 총포는 종 모양이며 총포조각 끝에는 작은 돌기가 있고 끝부분은 검은 자줏빛이 돈다.

꽃잎 7장 이상

봄에 피는 노란색 풀꽃

❶ 서양금혼초　❷ 멱쇠채　❸ 쇠채
❹ 쑥갓　쑥갓 꽃송이　❺ 좀씀바귀

❶ **서양금혼초**(국화과) *Hypochaeris radicata* 여러해살이풀(높이 30~50㎝)
　유럽 원산. 남부 지방의 들. 뿌리잎은 거꿀피침형이며 민들레(p.65)처럼 갈라지고 양면에 거친 털이 빽빽하다. 5~9월에 줄기 끝에 달리는 노란색 꽃송이는 지름 3㎝ 정도이며 혀꽃뿐이다.

❷ **멱쇠채**(국화과) *Scorzonera austriaca* ssp. *glabra* 여러해살이풀(높이 6~25㎝)
　산기슭이나 들. 방석처럼 퍼지는 뿌리잎은 좁은 피침형이고 너비 5~30㎜이다. 4~6월에 꽃줄기 끝에 1개만 달리는 노란색 꽃송이는 지름 3~4㎝이며 혀꽃만으로 이루어져 있다.

❸ **쇠채**(국화과) *Scorzonera albicaulis* 여러해살이풀(높이 23~100㎝)
　산기슭이나 바닷가 풀밭. 잎은 어긋나고 좁은 피침형이며 가장자리가 밋밋하다. 5~9월에 줄기와 가지 끝에 여러 개가 모여 달리는 노란색 꽃송이는 지름 15~30㎜이며 혀꽃뿐이다.

❹ **쑥갓**(국화과) *Glebionis coronaria* 한두해살이풀(높이 30~60㎝)
　지중해 원산. 밭과 들. 잎은 어긋나고 깃꼴로 깊게 갈라진다. 5~6월에 줄기와 가지 끝에 달리는 납작한 꽃송이는 지름 3㎝ 정도이며 혀꽃과 대롱꽃이 모두 노란색이다.

❺ **좀씀바귀**(국화과) *Ixeris stolonifera* 여러해살이풀(높이 8~15㎝)
　산과 들. 가지는 땅 위를 기며 퍼져 나간다. 잎은 어긋나고 둥근 달걀형이며 7~20㎜ 길이로 작고 가장자리가 거의 밋밋하다. 5~6월에 꽃줄기 끝에 1~3개의 노란색 꽃송이가 달린다.

꽃잎 7장 이상

봄에 피는 노란색 풀꽃

❶ 벋음씀바귀
벋음씀바귀 뿌리잎
❷ 노랑선씀바귀
벌씀바귀 열매
❸ 벌씀바귀
뽀리뱅이 꽃 모양
❹ 뽀리뱅이

❶ **벋음씀바귀**(국화과) *Ixeris debilis* 여러해살이풀(높이 10~35㎝)
논두렁과 습한 풀밭. 옆으로 벋는 뿌리줄기에서 나오는 잎은 거꿀피침형이고 6~20㎝ 길이이며 밑부분에 톱니가 약간 있기도 하다. 5~7월에 꽃줄기 끝에 1~6개의 노란색 꽃송이가 달린다. 총포는 통 모양이고 12㎜ 정도 길이이다. 줄기나 잎을 자르면 흰색 즙이 나온다.

❷ **노랑선씀바귀**(국화과) *Ixeris chinensis* 여러해살이풀(높이 20~50㎝)
풀밭. 뿌리잎은 거꿀피침형이며 잎자루가 분명하지 않고 가장자리에 톱니가 있거나 깃꼴로 깊게 갈라진다. 줄기잎은 밑부분이 줄기를 감싼다. 5~6월에 줄기 끝의 고른꽃차례에 노란색 꽃송이가 달린다. 총포는 9~10㎜ 길이이고 총포 바깥조각은 1~1.5㎜ 길이이다.

❸ **벌씀바귀**(국화과) *Ixeris polycephala* 두해살이풀(높이 15~50㎝)
들. 곧게 서는 줄기를 자르면 흰색 즙이 나온다. 잎은 어긋나고 피침형이며 양쪽 밑부분이 귀 모양으로 줄기를 감싼다. 5~7월에 가지마다 달리는 노란색 꽃송이는 꽃이 피면 처진다.

❹ **뽀리뱅이**(국화과) *Youngia japonica* 두해살이풀(높이 15~100㎝)
들. 전체에 털이 있다. 뿌리잎은 거꿀피침형이고 무 잎처럼 깃꼴로 깊게 갈라지며 끝의 갈래조각이 더 크다. 줄기잎도 깃꼴로 갈라지며 1~4장이 어긋나고 위로 갈수록 작아진다. 5~6월에 줄기 끝에 모여 피는 노란색 꽃송이는 지름 7~8㎜로 작고 활짝 벌어지지 않는다.

꽃잎 7장 이상~기타

봄에 피는 노란색 풀꽃

❶ 복수초 ❷ 세복수초 ❸ 가지복수초 ❹ 노랑앉은부채

❶ **복수초**(미나리아재비과) *Adonis amurensis* 여러해살이풀(높이 10~25㎝)
깊은 산. 잎은 어긋나고 3~4회깃꼴겹잎이며 꽃보다 늦게 나온다. 최종 갈래조각은 선형이다. 3~4월에 줄기 끝에 피는 노란색 꽃은 지름 28~35㎜이다. 꽃잎은 10~30장이며 한낮에만 활짝 벌어진다. 꽃받침조각은 보통 8~9개이고 꽃잎과 길이가 비슷하거나 길다.

❷ **세복수초**(미나리아재비과) *Adonis multiflora* 여러해살이풀(높이 10~30㎝)
제주도의 숲속. 줄기는 가지가 거의 없다. 잎은 어긋나고 3~4회깃꼴겹잎이며 갈래조각은 매우 가늘다. 2~4월에 줄기 끝에 피는 노란색 꽃은 지름 3~4㎝이고 한낮에만 활짝 벌어진다. 꽃받침조각은 보통 5~6개이고 꽃잎보다 많이 짧다.

❸ **가지복수초**(미나리아재비과) *Adonis ramosa* 여러해살이풀(높이 15~30㎝)
숲속. 줄기는 가지가 갈라진다. 잎은 어긋나고 3~4회깃꼴겹잎이며 최종 갈래조각은 선형이다. 1~4월에 줄기 끝에 피는 노란색 꽃은 지름 3~4㎝이다. 꽃받침조각은 대부분 5~6개이며 꽃잎과 비슷하거나 짧다. **개복수초**(*A. pseudoamurensis*)는 가지복수초와 같은 종이다.

❹ **노랑앉은부채**(천남성과) *Symplocarpus renifolius* f. *pallidiflora* 여러해살이풀(높이 10~40㎝)
중부 지방의 산. 이른 봄에 잎보다 먼저 피는 꽃은 앉은부채(p.32)와 닮았지만 꽃덮개가 노란색인 점이 다르다. 잎은 하트 모양이다. 앉은부채와 같은 종으로 본다.

기타

봄에 피는 노란색 풀꽃

❶ 창포
창포 꽃이삭
❷ 석창포
❸ 비비추난초
비비추난초 잎
❹ 금난초

● **창포**(창포과 | 천남성과) *Acorus calamus* 여러해살이풀(높이 70~100㎝)
 연못가나 개울가처럼 습한 곳. 육질의 뿌리줄기에서 무더기로 나오는 칼 모양의 잎은 밑부분이 서로 얼싸안으며 2줄로 포개진다. 5~7월에 꽃줄기 끝에 달리는 기다란 살이삭꽃차례는 연노란색이며 5㎝ 정도 길이이다. 꽃이삭 밑의 포는 잎처럼 길게 자란다.

❷ **석창포**(창포과 | 천남성과) *Acorus gramineus* 늘푸른여러해살이풀(높이 10~30㎝)
 남부 지방의 냇가. 잎은 선형이고 주맥이 없다. 5~7월에 꽃줄기 옆에 달리는 살이삭꽃차례는 5~10㎝ 길이이며 연노란색이다. 꽃이삭 밑의 포는 꽃이삭과 길이가 비슷하다.

❸ **비비추난초**(난초과) *Tipularia japonica* 여러해살이풀(높이 20~30㎝)
 남부 지방의 숲속. 길쭉한 달걀형으로 굵어진 헛알줄기에서 1장의 잎과 꽃줄기가 자란다. 잎은 좁은 달걀형이며 주맥이 뚜렷하고 잎자루가 길다. 잎몸은 끝이 뾰족하고 얕은 심장저이다. 5~6월에 줄기 끝의 송이꽃차례에 5~15개의 자잘한 황록색 꽃이 달린다.

❹ **금난초**(난초과) *Cephalanthera falcata* 여러해살이풀(높이 40~60㎝)
 경기도 이남의 산 숲속. 잎은 어긋나고 긴 타원형이며 끝이 뾰족하고 주름이 지며 밑부분은 줄기를 감싼다. 4~6월에 줄기 윗부분의 이삭꽃차례에 3~12개의 노란색 꽃이 촘촘히 피는데 꽃잎은 활짝 벌어지지 않는다. 입술꽃잎은 3갈래로 갈라진다.

기타

봄에 피는 노란색 풀꽃

❶ **금새우난**(난초과) *Calanthe striata* 여러해살이풀(높이 30~50㎝)
　남부 지방의 숲속. 잎은 넓은 타원형이고 세로로 주름이 지며 뿌리에서 2~3장이 모여나 서로 얼싸안는다. 5월경에 꽃줄기 윗부분의 송이꽃차례에 노란색 꽃이 촘촘히 옆을 보고 핀다. 입술꽃잎은 3갈래로 갈라지고 꿀주머니는 5~7㎜ 길이로 꽃잎보다 짧다.

❷ **한라새우난초**(난초과) *Calanthe × bicolor* 여러해살이풀(높이 30~60㎝)
　제주도의 숲속. 새우난초(p.35)와 금새우난의 자연 잡종으로 추정한다. 줄기는 짧은털이 많다. 잎은 긴 타원형이고 세로로 깊은 주름이 지며 뿌리에서 2~3장이 모여나 서로 얼싸안는다. 4~5월에 꽃줄기 윗부분의 송이꽃차례에 황갈색~노란색 등 다양한 색깔의 꽃이 핀다.

❸ **감자난**(난초과) *Oreorchis patens* 여러해살이풀(높이 30~50㎝)
　산의 숲속. 땅속의 감자처럼 생긴 둥근 헛비늘줄기에서 1~2장의 잎이 나와 비스듬히 자란다. 잎은 피침형~긴 타원형이며 20~40㎝ 길이이고 진녹색이다. 5~6월에 가느다란 꽃줄기 윗부분의 송이꽃차례에 황갈색 꽃이 달린다. 입술꽃잎은 흰색 바탕에 갈색 반점이 있다.

❹ **윤판나물**(콜키쿰과|백합과) *Disporum uniflorum* 여러해살이풀(높이 30~50㎝)
　산의 숲속. 줄기는 모가 진다. 잎은 어긋나고 긴 타원형이며 끝이 뾰족하고 잎자루가 없다. 4~5월에 윗부분의 가지 끝에 통 모양의 노란색 꽃이 2~3개씩 밑을 향해 매달린다.

기타

봄에 피는 노란색 풀꽃

❶ 염주괴불주머니　염주괴불주머니 꽃 모양　¹⁾갯괴불주머니

❷ 산괴불주머니

산괴불주머니 열매이삭

❸ 노랑매발톱꽃

❶ **염주괴불주머니**(양귀비과 | 현호색과) *Corydalis heterocarpa* 두해살이풀(높이 40~60㎝)
바닷가. 줄기를 자르면 불쾌한 냄새가 난다. 잎은 어긋나고 2~3회깃꼴겹잎이며 갈래조각은 달걀형이고 깊게 갈라진다. 4~5월에 줄기 끝의 송이꽃차례에 노란색 꽃이 촘촘히 달린다. 기다란 열매는 25~35㎜ 길이이며 불규칙한 염주처럼 올록볼록해진다. ¹⁾**갯괴불주머니**(v. *japonica*)는 염주괴불주머니의 변종으로 울릉도와 남쪽 바닷가에서 자란다. 잎은 어긋나고 2~3회깃꼴겹잎이다. 4~5월에 줄기 끝의 송이꽃차례에 노란색 꽃이 촘촘히 달린다. 기다란 열매는 거의 염주 모양이고 씨앗은 거의 2줄로 배열한다.

❷ **산괴불주머니**(양귀비과 | 현호색과) *Corydalis speciosa* 두해살이풀(높이 30~50㎝)
산과 들. 연약한 줄기에 잎이 어긋난다. 잎은 2회깃꼴겹잎이며 작은잎이 다시 갈라져서 가늘게 된다. 4~6월에 줄기 끝의 송이꽃차례는 3~10㎝ 길이이며 기다란 입술 모양의 노란색 꽃이 촘촘히 달린다. 기다란 열매는 염주처럼 규칙적으로 올록볼록해진다.

❸ **노랑매발톱꽃**(미나리아재비과) *Aquilegia buergeriana* f. *pallidiflora* 여러해살이풀(높이 50~70㎝)
산의 풀밭. 뿌리잎은 2회세겹잎이다. 5~7월에 가지 끝에 달리는 꽃은 전체가 연노란색이며 꽃잎 끝에 매의 발톱처럼 구부러진 꿀주머니가 있다. 5개가 모여 달리는 열매는 위를 향하며 표면에 털이 있다. 매발톱꽃(p.18)과 같은 종으로 본다.

기타

❶ 발톱꿩의다리

❷ 회리바람꽃 회리바람꽃 꽃송이

❸ 삼지구엽초 삼지구엽초 꽃 모양

❹ 애기괭이눈

❶ **발톱꿩의다리**(미나리아재비과) *Thalictrum sparsiflorum* 여러해살이풀(높이 50~100㎝)
북부 지방. 잎은 어긋나고 1~2회세겹잎~깃꼴겹잎이다. 작은잎은 거꿀달걀형이며 3갈래로 갈라진다. 6~7월에 줄기 끝의 고른꽃차례 모양의 원뿔꽃차례에 자잘한 연노란색 꽃이 모여 핀다. 열매는 배의 옆모습을 닮았으며 열매자루는 2~3㎜ 길이이고 밑으로 구부러진다.

❷ **회리바람꽃**(미나리아재비과) *Anemone reflexa* 여러해살이풀(높이 20~30㎝)
강원도 이북의 숲속. 뿌리잎은 3~5갈래로 갈라진다. 4~6월에 줄기 끝에서 자란 1~2개의 긴 꽃자루 끝에 연노란색 꽃이 모여 핀다. 연녹색 꽃받침조각은 뒤로 젖혀진다.

❸ **삼지구엽초**(매자나무과) *Epimedium koreanum* 여러해살이풀(높이 20~30㎝)
산의 숲속. 줄기 끝에서 3개로 갈라진 가지마다 잎이 3장씩 달리기 때문에 '삼지구엽초'라고 한다. 잎몸은 달걀형이며 가장자리의 톱니는 날카롭다. 4~5월에 줄기 끝의 송이꽃차례에 연노란색 꽃이 매달린다. 꽃잎은 4장이고 기다란 꿀주머니가 있다.

❹ **애기괭이눈**(범의귀과) *Chrysosplenium flagelliferum* 여러해살이풀(높이 5~15㎝)
산의 습지. 줄기에 긴털이 약간 있으며 기는 가지는 끝에서 뿌리가 내린다. 줄기잎은 어긋나고 부채꼴이며 가장자리에 5~7개의 둥근 톱니가 있다. 4~5월에 줄기 끝에 연노란색 꽃이 모여 피고 수술은 8개이다. 포는 좁은 달걀형이고 녹색이며 톱니가 크다.

기타

봄에 피는 노란색 풀꽃

❶ 흰털괭이눈 ❷ 천마괭이눈 ❸ 누른괭이눈
❹ 산괭이눈 산괭이눈 열매 ❺ 선괭이눈

❶ **흰털괭이눈**(범의귀과) *Chrysosplenium pilosum* v. *fulvum* 여러해살이풀(높이 3~15㎝)
산의 습지. 줄기와 잎에 털이 있으며 벋는 줄기가 없다. 둥근 잎은 마주나고 고른 톱니가 있다. 4~5월에 줄기 끝에 노란색 꽃이 모여 피며 그 밑의 포는 연녹색이다.

❷ **천마괭이눈/금괭이눈**(범의귀과) *Chrysosplenium pilosum* v. *valdepilosum* 여러해살이풀(높이 5~15㎝)
습한 산. 4~5월에 줄기 끝에 연노란색 꽃이 모여 핀다. 꽃차례 밑의 포는 가장자리에 굵고 무딘 톱니가 있으며 거의 전체가 노란색으로 물든다.

❸ **누른괭이눈**(범의귀과) *Chrysosplenium flaviflorum* 여러해살이풀(높이 3~10㎝)
중부 이북의 산. 줄기에 털이 많다. 꽃이 피지 않는 줄기의 잎에는 무늬가 있다. 4~5월에 연노란색 꽃이 핀다. 포는 가장자리에 굵고 무딘 톱니가 있으며 반쯤 노란색으로 물든다.

❹ **산괭이눈**(범의귀과) *Chrysosplenium japonicum* 여러해살이풀(높이 8~15㎝)
산. 벋는 가지가 있다. 잎은 둥근 하트형이며 얕은 톱니가 있다. 5월에 노란색 꽃이 피고 포는 연녹색이며 무딘 톱니가 있다. 꽃이 시들면 땅 위 가까이에 살눈이 생긴다.

❺ **선괭이눈**(범의귀과) *Chrysosplenium sinicum* 여러해살이풀(높이 8~15㎝)
중부 이북의 산. 전체에 털이 거의 없고 벋는 가지가 있으며 뿌리잎이 모여난다. 5월에 노란색 꽃이 피고 꽃 바로 밑의 포는 날카로운 톱니가 있으며 일부가 노란빛이 돈다.

기타

봄에 피는 노란색 풀꽃

❶ **갯활량나물**(콩과) *Thermopsis lupinoides* 여러해살이풀(높이 40~80㎝)
강원도 이북의 바닷가 모래땅. 잎은 어긋나고 세겹잎이며 큰 턱잎은 달걀형이다. 5~8월에 줄기 끝의 송이꽃차례에 나비 모양의 노란색 꽃이 피어 올라간다. 납작한 꼬투리열매가 열린다.

❷ **개자리**(콩과) *Medicago polymorpha* 한해살이풀(높이 5~15㎝)
유럽 원산. 길가나 빈터. 세겹잎은 어긋나고 턱잎은 빗살처럼 잘게 갈라진다. 5~7월에 잎겨드랑이에서 자란 꽃대 끝의 머리모양꽃차례에 4~8개의 노란색 꽃이 모여 핀다. 열매는 나선형으로 둥글게 말리고 갈고리 모양의 가시가 있다.

❸ **잔개자리**(콩과) *Medicago lupulina* 한두해살이풀(높이 5~15㎝)
유럽 원산. 길가나 빈터. 전체에 짧은털이 있고 세겹잎은 어긋난다. 작은잎은 둥근 달걀형이고 턱잎은 뾰족하다. 5~7월에 잎겨드랑이에서 자란 꽃대 끝의 머리모양꽃차례에 10~30개의 노란색 꽃이 모여 핀다. 열매는 콩팥 모양이며 약간 구부러지고 털로 덮여 있다.

❹ **좀개자리**(콩과) *Medicago minima* 한해살이풀(높이 5~15㎝)
유럽 원산. 서남해안. 줄기는 눕고 전체에 털이 많다. 세겹잎은 어긋난다. 5~8월에 잎겨드랑이에서 자란 꽃대 끝의 머리모양꽃차례에 2~8개의 노란색 꽃이 핀다. 열매는 나선형으로 둥글게 말리고 갈고리 모양의 가시로 덮여 있다.

봄에 피는 노란색 풀꽃

❶ **인디안전동싸리**(콩과) *Melilotus indicus* 한해살이풀(높이 40~100cm)
유럽과 서아시아 원산. 울릉도의 바닷가. 잎은 어긋나고 세겹잎이며 톱니가 있다. 5~8월에 잎겨드랑이에서 자란 꽃대 끝의 송이꽃차례에 노란색 꽃이 촘촘히 모여 핀다.

❷ **노랑토끼풀**(콩과) *Trifolium campestre* 한해살이풀(높이 10~25cm)
지중해 원산. 남부 지방의 바닷가. 잎은 어긋나고 세겹잎이다. 5~6월에 달리는 머리모양꽃차례는 원형~타원형이며 30개 정도의 노란색 꽃이 촘촘히 모여 핀다.

❸ **머위**(국화과) *Petasites japonicus* 여러해살이풀(높이 10~40cm)
산과 들의 습한 곳. 암수딴그루로 4월에 잎보다 먼저 나오는 꽃줄기 끝에 연노란색 꽃이 둥글게 모여 피는데 커다란 포로 싸여 있다. 뿌리잎은 둥근 콩팥형이며 너비 15~30cm이고 양면에 털이 있으며 가장자리에 불규칙한 치아 모양의 톱니가 있다. [1] **무늬잎머위**('Variegatus')는 머위의 품종으로 잎에 연노란색 얼룩무늬가 있다.

❹ **개머위**(국화과) *Petasites rubellus* 여러해살이풀(높이 10~30cm)
강원도 이북의 높은 산. 뿌리잎은 둥근 콩팥형이고 너비 5~9cm이며 가장자리에 치아 모양의 톱니가 있고 양면에 꼬부라진 털이 있다. 5~7월에 꽃줄기 끝의 둥근 송이꽃차례에 연노란색 꽃이 모여 피는데 5~6개의 작은 포로 싸여 있다.

기타

봄에 피는 노란색 풀꽃

- ① 떡쑥
- ② 개쑥갓 / 개쑥갓 꽃송이
- ③ 족제비쑥
- ④ 노랑미치광이풀
- ⑤ 애기참반디

① 떡쑥(국화과) *Pseudognaphalium affine* 두해살이풀(높이 15~40㎝)
길가나 밭둑. 전체가 흰색 털로 덮여 있다. 잎은 주걱 모양이다. 5~7월에 작은 연노란색 꽃송이가 달린다. 총포는 둥근 종 모양이고 누런색의 달걀형 총포조각은 3줄로 붙는다.

② 개쑥갓(국화과) *Senecio vulgaris* 한두해살이풀(높이 10~30㎝)
길가나 빈터. 잎은 어긋나고 깃꼴로 깊게 갈라지며 밑부분이 줄기를 감싼다. 4~10월에 가지 끝에서 위를 향하는 원통형 꽃이삭은 대롱꽃뿐이며 끝부분이 노란색이다.

③ 족제비쑥(국화과) *Matricaria matricarioides* 한해살이풀(높이 12~30㎝)
들이나 길가. 잎은 어긋나고 2~3회 깃꼴로 갈라지며 마지막 갈래조각은 선형이다. 5~8월에 가지 끝에 달리는 노란색 꽃송이는 달걀형이고 대롱꽃뿐이며 둘레에 혀꽃이 없다.

④ 노랑미치광이풀(가지과) *Scopolia lutescens* 여러해살이풀(높이 30~60㎝)
깊은 산의 숲속. 잎은 어긋나고 달걀 모양의 타원형이다. 4~5월에 잎겨드랑이에 종 모양의 노란색 꽃이 고개를 숙이고 핀다. 꽃부리 안쪽도 노란색이고 수술은 5개이다.

⑤ 애기참반디(미나리과) *Sanicula tuberculata* 여러해살이풀(높이 8~20㎝)
산의 숲속. 5갈래로 갈라진 줄기잎은 2장이 마주나고 잎자루가 없으며 뿌리잎보다 작다. 4~5월에 줄기 끝에 달리는 1~4개의 우산꽃차례에 자잘한 흰색~연노란색 꽃이 모여 핀다.

봄에 피는 흰색 풀꽃

꽃잎 3장

봄에 피는 흰색 풀꽃

❶ 연령초 / 연령초 꽃 모양

❷ 큰연령초

❸ 흰각시붓꽃

❹ 노랑무늬붓꽃

노랑무늬붓꽃 꽃 모양

❶ **연령초**(여로과|백합과) *Trillium camschatcense* **여러해살이풀**(높이 20~40㎝)
중부 이북의 깊은 산 숲속. 줄기 끝에 3장의 잎이 돌려나는데 잎자루가 없다. 잎몸은 네모진 넓은 달걀형이며 가장자리가 밋밋하다. 5~6월에 줄기 끝에 1개의 흰색 꽃이 핀다. 3장의 꽃잎은 달걀형~타원형이고 꽃밥은 수술대보다 2배 정도 길며 씨방은 연노란색이다.

❷ **큰연령초**(여로과|백합과) *Trillium tschonoskii* **여러해살이풀**(높이 20~30㎝)
울릉도와 강원도 이북의 깊은 산 숲속. 줄기 끝에 3장의 잎이 돌려나는데 잎자루가 없다. 잎몸은 네모진 넓은 달걀형이며 가장자리가 밋밋하다. 5~6월에 줄기 끝에 1개의 흰색 꽃이 핀다. 3장의 꽃잎은 달걀형이고 꽃밥은 수술대와 길이가 비슷하며 씨방은 흑자색이다.

❸ **흰각시붓꽃**(붓꽃과) *Iris rossii* f. *alba* **여러해살이풀**(높이 10~30㎝)
산의 풀밭. 선형 잎은 꽃이 진 후에 길게 자란다. 4~5월에 꽃줄기 끝에 흰색 꽃이 핀다. 겉꽃덮이 안쪽에 연노란색과 연자주색의 그물 무늬가 있다. 각시붓꽃(p.13)과 같은 종으로 본다.

❹ **노랑무늬붓꽃**(붓꽃과) *Iris odaesanensis* **여러해살이풀**(높이 20~25㎝)
태백산맥의 높은 산. 뿌리줄기가 옆으로 벋으면서 잎이 모여난다. 칼 모양의 잎은 줄기 밑부분에서 2줄로 얼싸안으며 서로 어긋난다. 4~5월에 꽃줄기 끝에 2개의 흰색 붓꽃이 위를 향해 핀다. 겉꽃덮이 안쪽에는 노란색 무늬가 있다. 꽃줄기에는 잎이 없다.

꽃잎 3~4장

봄에 피는 흰색 풀꽃

❶ 흰붓꽃

❷ 흰노랑꽃창포

흰노랑꽃창포 꽃 모양

❸ 두루미꽃 　 두루미꽃 꽃차례

❹ 큰두루미꽃

❶ **흰붓꽃**(붓꽃과) *Iris sanguinea* f. *albiflora* 여러해살이풀(높이 30~60㎝)
산과 들의 풀밭. 무리 지어 자란다. 5~6월에 줄기 끝에 2~3개의 흰색 꽃이 핀다. 속꽃덮이는 거꿀달걀형~거꿀피침형이며 위로 곧게 선다. 붓꽃(p.13)과 같은 종으로 본다.

❷ **흰노랑꽃창포**(붓꽃과) *Iris pseudoacorus* 'Alba' 여러해살이풀(높이 30~60㎝)
유럽 원산. 연못가에 관상용으로 심으며 저절로도 자란다. 잎은 칼 모양의 선형이고 줄기 밑부분에서 2줄로 얼싸안는다. 5~6월에 3~4회로 갈라진 꽃줄기 끝에 흰색 꽃이 달린다. 겉꽃덮이 안쪽에 황갈색 줄무늬가 있다. 꽃 밑에 2개의 큰 포가 있다.

❸ **두루미꽃**(아스파라거스과|백합과) *Maianthemum bifolium* 여러해살이풀(높이 8~15㎝)
높은 산의 숲속. 줄기에 2장의 세모진 하트형 잎이 어긋난다. 잎은 2~5㎝ 길이이며 끝이 뾰족하고 앞면은 광택이 있다. 5~6월에 줄기 끝의 송이꽃차례에 10~24개의 흰색 꽃이 촘촘히 달린다. 4장의 꽃잎은 뒤로 젖혀져 말린다. 둥근 열매는 붉게 익는다.

❹ **큰두루미꽃**(아스파라거스과|백합과) *Maianthemum dilatatum* 여러해살이풀(높이 8~25㎝)
울릉도와 북부 지방의 높은 산. 줄기에 2장의 세모진 하트형 잎이 어긋난다. 잎은 3~10㎝ 길이이며 끝은 뾰족하고 앞면은 광택이 있다. 5~6월에 줄기 끝의 송이꽃차례에 5~38개의 흰색 꽃이 촘촘히 달린다. 4장의 꽃잎은 뒤로 젖혀져 말린다.

꽃잎 4장

봄에 피는 흰색 풀꽃

❶ 약모밀 ❷ 만주바람꽃 만주바람꽃 열매
❸ 말냉이 말냉이 열매 ❹ 고추냉이

❶ **약모밀**(삼백초과) *Houttuynia cordata* 여러해살이풀(높이 20~50㎝)
그늘진 습지. 잎은 어긋나고 달걀형이며 끝이 뾰족하고 밑부분이 심장저이다. 5~7월에 줄기 끝의 이삭꽃차례에 자잘한 노란색 꽃이 달리고 꽃이삭 밑에 꽃잎처럼 생긴 4장의 커다란 흰색 포가 있다. 전체에서 생선 비린내가 나서 '어성초(魚腥草)'라고도 한다.

❷ **만주바람꽃**(미나리아재비과) *Isopyrum manshuricum* 여러해살이풀(높이 20㎝ 정도)
산의 숲속. 보리알 같은 덩이뿌리가 있다. 뿌리잎은 2회세겹잎이고 줄기잎은 3갈래로 갈라진다. 어린잎은 자줏빛이 돌기도 한다. 턱잎은 달걀형이다. 4~5월에 잎겨드랑이에 누른빛이 도는 흰색 꽃이 핀다. 열매는 일그러진 넓은 거꿀달걀형이며 2개씩 달린다.

❸ **말냉이**(겨자과) *Thlaspi arvense* 두해살이풀(높이 20~50㎝)
유럽 원산. 밭이나 빈터. 잎은 어긋나고 긴 타원형이며 가장자리에 톱니가 있고 잎자루가 없이 줄기를 감싼다. 4~5월에 가지 끝의 송이꽃차례에 십자 모양의 흰색 꽃이 촘촘히 달린다. 열매는 둥글넓적하고 둘레에는 넓은 날개가 있으며 끝이 오목하다.

❹ **고추냉이**(겨자과) *Eutrema japonicum* 여러해살이풀(높이 20~40㎝)
울릉도의 산골짜기. 뿌리잎과 줄기잎은 둥근 하트형이며 가장자리에 불규칙한 잔톱니가 있다. 5~6월에 줄기 끝에 달리는 송이꽃차례에 십자 모양의 자잘한 흰색 꽃이 모여 핀다.

봄에 피는 흰색 풀꽃

❶ 다닥냉이
다닥냉이 열매이삭
❷ 좀다닥냉이
❸ 콩다닥냉이
콩다닥냉이 꽃이삭
❹ 산꽃다지

❶ **다닥냉이**(겨자과) *Lepidium apetalum* 두해살이풀(높이 30~60㎝)
　북아메리카 원산. 들. 뿌리잎은 깃꼴로 갈라진다. 줄기잎은 어긋나고 거꿀피침형이며 가장자리에 톱니가 없다. 5~7월에 가지 끝의 송이꽃차례에 작은 흰색 꽃이 다닥다닥 모여 핀다.

❷ **좀다닥냉이**(겨자과) *Lepidium ruderale* 한두해살이풀(높이 20~30㎝)
　유럽 원산. 들. 뿌리잎은 2회 깃꼴로 갈라진다. 줄기잎은 어긋나고 피침형이며 가장자리에 톱니가 거의 없다. 5~6월에 가지와 줄기 끝의 송이꽃차례에 피는 자잘한 꽃은 꽃잎이 거의 없다. 작은 열매는 둥글납작하며 끝이 오목하고 표면에 그물 무늬가 있으며 자루가 길다.

❸ **콩다닥냉이**(겨자과) *Lepidium virginicum* 한두해살이풀(높이 30~50㎝)
　북아메리카 원산. 들. 사방으로 퍼지는 뿌리잎은 깃꼴겹잎이다. 줄기잎은 어긋나고 거꿀피침형이며 가장자리에 크기가 다른 톱니가 있다. 5~7월에 가지와 줄기 끝의 송이꽃차례에 작은 흰색 꽃이 핀다. 열매는 둥글납작하며 지름 3㎜ 정도이고 끝이 오목하다.

❹ **산꽃다지**(겨자과) *Draba glabella* 두해살이풀(높이 7㎝ 정도)
　함경도의 높은 산. 전체에 짧은털이 빽빽이 난다. 뿌리잎은 모여나고 피침형이며 잎자루가 없다. 줄기잎은 어긋나고 길쭉한 달걀형이며 잎자루가 없다. 6~7월에 줄기 끝의 송이꽃차례에 십자 모양의 흰색 꽃이 모여 핀다. 열매는 긴 타원형이며 비스듬히 벌어진다.

꽃잎 4장

봄에 피는 흰색 풀꽃

❶ 황새냉이
황새냉이 잎
❷ 꽃황새냉이
❸ 는쟁이냉이
❹ 싸리냉이
❺ 미나리냉이

❶ **황새냉이**(겨자과) *Cardamine flexuosa* 두해살이풀(높이 10~30㎝)
  논밭 주변과 습지. 잎은 어긋나고 깃꼴겹잎이다. 작은잎은 3~17장이고 끝의 작은잎이 크며 3갈래로 갈라지기도 한다. 잎자루와 잎 가장자리에 털이 있다. 4~5월에 흰색 꽃이 모여 핀다.

❷ **꽃황새냉이**(겨자과) *Cardamine amaraeformis* 두해살이풀(높이 15~50㎝)
  산의 습한 곳. 뿌리잎은 깃꼴겹잎이며 작은잎은 5~7장이고 큰 톱니가 있다. 5~6월에 줄기 끝의 송이꽃차례에 모여 피는 흰색 꽃은 지름 15㎜ 정도로 큰 편이다.

❸ **는쟁이냉이**(겨자과) *Cardamine komarovii* 여러해살이풀(높이 30~50㎝)
  깊은 산의 그늘진 곳과 물가. 잎은 어긋나고 둥근 달걀형이며 불규칙한 톱니가 있고 잎자루는 귓불처럼 줄기를 감싼다. 4~6월에 가지 끝의 송이꽃차례에 흰색 꽃이 촘촘히 모여 핀다.

❹ **싸리냉이**(겨자과) *Cardamine impatiens* 두해살이풀(높이 40~50㎝)
  산의 습한 곳. 뿌리잎은 깃꼴겹잎이며 5~11장의 작은잎은 2~3갈래로 깊게 갈라진다. 5~6월에 흰색 꽃이 핀다. 선형 열매는 위로 말려 올라가는 탄력으로 씨앗을 튕겨 낸다.

❺ **미나리냉이**(겨자과) *Cardamine leucantha* 여러해살이풀(높이 30~70㎝)
  산의 물가나 습한 곳. 잎은 어긋나고 깃꼴겹잎이다. 5~6장의 작은잎은 기다란 달걀형이고 끝이 뾰족하며 가장자리에 톱니가 있다. 4~6월에 송이꽃차례에 흰색 꽃이 촘촘히 핀다.

꽃잎 4장

봄에 피는 흰색 풀꽃

❶ 털장대 ❷ 갯장대 갯장대 뿌리잎
❸ 참장대나물 ❹ 섬장대 섬장대 잎

❶ 털장대(겨자과) *Arabis hirsuta* 두해살이풀(높이 20~80㎝)
산과 들의 양지. 장대처럼 곧은 줄기와 잎에 털이 많다. 잎은 어긋나고 달걀형이며 가장자리에 톱니가 약간 있고 밑부분이 줄기를 감싼다. 4~6월에 줄기 끝의 송이꽃차례에 십자 모양의 흰색 꽃이 모여 핀다. 선형 열매는 4~6㎝ 길이이고 줄기와 나란히 달린다.

❷ 갯장대(겨자과) *Arabis stelleri* 두해살이풀(높이 20~40㎝)
바닷가. 줄기에 2~4갈래로 갈라진 털이 많다. 잎은 긴 타원형이며 두껍고 톱니가 약간 있으며 양면에 별모양털이 많다. 4~5월에 흰색 꽃이 핀다. 선형 열매는 4~6㎝ 길이이며 곧게 선다.

❸ 참장대나물(겨자과) *Arabis columnaris* 여러해살이풀(높이 30㎝ 정도)
산의 양지. 곧은 줄기와 잎에 갈라진 털이 있다. 줄기잎은 어긋나고 피침형이며 가장자리에 톱니가 있고 잎자루가 없으며 밑부분이 줄기를 감싼다. 5~7월에 줄기 끝의 송이꽃차례에 흰색 꽃이 모여 핀다. 선형 열매는 2㎝ 정도 길이이며 줄기와 평행하게 달린다.

❹ 섬장대(겨자과) *Arabis takesimana* 두해살이풀(높이 20~30㎝)
울릉도. 줄기는 곧게 서고 털이 거의 없다. 뿌리잎은 주걱 모양이고 털이 많다. 줄기잎은 어긋나고 달걀 모양의 긴 타원형이며 톱니와 별모양털이 있다. 5~6월에 줄기 끝의 송이꽃차례에 흰색 꽃이 모여 핀다. 선형 열매는 6~7㎝ 길이이다. 바위장대와 같은 종으로 본다.

꽃잎 4장

봄에 피는 흰색 풀꽃

❶ 장대나물 ❷ 큰산장대 큰산장대 잎
❸ 애기장대 ❹ 묏장대 묏장대 잎

❶ 장대나물(겨자과) *Turritis glabra* 두해살이풀(높이 40~70㎝)
산과 들의 양지쪽 풀밭. 장대 같은 줄기에 어긋나는 잎은 피침형~긴 타원형이며 털이 없고 밑부분이 화살 밑처럼 줄기를 감싼다. 잎 가장자리는 밋밋하다. 4~6월에 줄기 끝의 송이꽃차례에 연한 백황색 꽃이 모여 핀다. 선형 열매는 4~6㎝ 길이이고 줄기와 나란히 달린다.

❷ 큰산장대(겨자과) *Arabidopsis halleri* ssp. *gemmifera* 여러해살이풀(높이 15~30㎝)
깊은 산. 줄기는 잘 넘어지며 땅에 닿은 줄기에서 새싹이 자란다. 뿌리잎은 타원형이며 깃꼴로 얕게 갈라진다. 5~6월에 흰색 꽃이 핀다. 선형 열매는 희미한 염주 모양이다.

❸ 애기장대(겨자과) *Arabidopsis thaliana* 두해살이풀(높이 15~35㎝)
전라도의 들. 전체에 털이 거의 없고 가지가 갈라진다. 뿌리잎은 거꿀피침형이다. 줄기잎은 어긋나며 선형~피침형이고 잎자루가 없다. 4~5월에 가지 끝의 송이꽃차례에 십자 모양의 흰색 꽃이 모여 핀다. 선형 열매는 1~2㎝ 길이이며 비스듬히 퍼지거나 곧게 선다.

❹ 묏장대(겨자과) *Arabidopsis lyrata* ssp. *kamchatica* 여러해살이풀(높이 15~35㎝)
높은 산. 줄기는 밑에서 가지가 갈라진다. 뿌리잎은 거꿀피침형이며 깃꼴로 갈라지고 끝의 갈래조각이 크다. 줄기잎은 넓은 피침형~선형이며 위로 갈수록 가장자리가 밋밋해진다. 4~7월에 가지 끝의 송이꽃차례에 흰색 꽃이 핀다. 선형 열매는 3~4㎝ 길이이다.

꽃잎 4장

봄에 피는 흰색 풀꽃

❶ 냉이 ❷ 물냉이 ❸ 대성쓴풀 ❹ 문모초 ❺ 물칭개나물

● **냉이**(겨자과) *Capsella bursa-pastoris* 두해살이풀(높이 10~50㎝)
들과 밭. 뿌리잎은 깃꼴겹잎이고 방석처럼 둘러난다. 줄기잎은 어긋나고 피침형이다. 4~5월에 송이꽃차례에 흰색 꽃이 모여 핀다. 납작한 열매는 역삼각형 모양이다.

❷ **물냉이**(겨자과) *Nasturtium officinale* 여러해살이풀(높이 30~90㎝)
남부 지방의 물가. 줄기 밑부분은 땅을 긴다. 잎은 깃꼴겹잎이며 끝의 작은잎이 가장 크다. 5~6월에 흰색 꽃이 핀다. 기다란 열매는 화살처럼 구부러지고 씨앗은 2줄로 배열된다.

❸ **대성쓴풀**(용담과) *Swertia dichotoma* 여러해살이풀(높이 7~15㎝)
강원도 이북의 산. 잎은 마주나고 달걀형이며 5개의 잎맥이 있다. 5~6월에 잎겨드랑이에 흰색 꽃이 핀다. 꽃부리는 4갈래로 갈라지며 갈래조각 안쪽에는 점선 모양의 무늬가 있다.

❹ **문모초**(질경이과 | 현삼과) *Veronica peregrina* 한두해살이풀(높이 5~20㎝)
중부 이남의 논밭과 냇가. 잎은 마주나고 주걱형~선형이며 톱니가 희미하다. 4~5월에 잎겨드랑이에 붉은빛이 도는 흰색 꽃이 1개씩 핀다. 편원형 열매는 끝이 오목하게 들어간다.

❺ **물칭개나물**(질경이과 | 현삼과) *Veronica undulata* 두해살이풀(높이 30~60㎝)
물가나 습지. 잎은 마주나고 피침형이며 밑부분이 줄기를 조금 감싼다. 5~6월에 송이꽃차례에 달리는 흰색 꽃은 연홍자색 줄무늬가 있다. 꽃자루와 꽃받침에 샘털이 있다.

꽃잎 5장

봄에 피는 흰색 풀꽃

❶ 세바람꽃 ❷ 홀아비바람꽃 홀아비바람꽃 꽃봉오리
홀아비바람꽃 시드는 꽃
❸ 가래바람꽃 ❹ 모데미풀 모데미풀 시드는 꽃

❶ **세바람꽃**(미나리아재비과) *Anemone stolonifera* 여러해살이풀(높이 10~20cm)
한라산의 높은 지대. 뿌리잎은 여러 개이며 세겹잎이고 갈래조각은 다시 갈라지며 잎자루가 길다. 잎처럼 생긴 3개의 총포조각은 깊게 갈라진다. 5~6월에 1~3개의 꽃자루 끝에 흰색 꽃이 1개씩 달린다. 꽃은 지름 1~2cm이고 흰색 꽃받침조각은 5~8장이다.

❷ **홀아비바람꽃**(미나리아재비과) *Anemone koraiensis* 여러해살이풀(높이 7~20cm)
중부 이북의 숲속. 뿌리잎은 잎자루가 길고 손바닥처럼 5갈래로 갈라진다. 잎처럼 생긴 3개의 총포조각은 자루가 없고 3개로 갈라진다. 4~5월에 털이 있는 긴 꽃자루 끝에 1개의 꽃이 달린다. 꽃은 지름 12mm 정도이며 흰색 꽃받침조각은 보통 5장이고 수술대가 짧다.

❸ **가래바람꽃**(미나리아재비과) *Anemone dichotoma* 여러해살이풀(높이 30~50cm)
북쪽의 국경 지대. 줄기는 윗부분이 둘로 갈라진다. 줄기잎은 마주나고 잎자루가 없으며 3갈래로 깊게 갈라진다. 6~7월에 3~7cm 길이의 꽃자루 끝에 1개의 흰색 꽃이 달린다.

❹ **모데미풀**(미나리아재비과) *Megaleranthis saniculifolia* 여러해살이풀(높이 10~25cm)
깊은 산. 뿌리잎은 3갈래로 완전히 갈라지고 갈래조각은 다시 갈라진다. 꽃을 받치는 잎 모양의 총포조각은 5~6장이며 불규칙하게 갈라지고 뿌리잎과 크기가 비슷하다. 4~5월에 꽃자루 끝에 흰색 꽃이 피는데 꽃잎처럼 보이는 꽃받침조각은 4~6장이며 끝이 얕게 갈라진다.

꽃잎 5장

봄에 피는 흰색 풀꽃

❶ 개구리발톱 ❷ 너도바람꽃 너도바람꽃 열매
❸ 나도바람꽃 ❹ 변산바람꽃 변산바람꽃 암수술

❶ **개구리발톱**(미나리아재비과) *Semiaquilegia adoxoides* 여러해살이풀(높이 10~30㎝)
남부 지방의 산기슭. 세겹잎 뒷면은 흰빛이 돈다. 4~5월에 가지 끝에 피는 흰색 꽃은 지름 5㎜ 정도이고 밑을 향한다. 꼬투리열매는 피침형이며 3~4개가 별 모양으로 달린다.

❷ **너도바람꽃**(미나리아재비과) *Eranthis stellata* 여러해살이풀(높이 10~15㎝)
중부 이북의 산. 뿌리잎은 3갈래로 깊게 갈라진다. 꽃을 받치는 총포조각은 불규칙한 선형으로 갈라진다. 3~4월에 지름 2㎝ 정도의 흰색 꽃이 피는데 꽃잎처럼 보이는 꽃받침조각은 보통 5장이다. 9~15장의 꽃잎은 수술처럼 보이고 끝이 2갈래로 갈라져 노란색 꿀샘이 된다.

❸ **나도바람꽃**(미나리아재비과) *Enemion raddeanum* 여러해살이풀(높이 20~40㎝)
중부 이북의 산 숲속. 줄기 중앙에 달리는 1개의 세겹잎은 잎자루가 길다. 작은잎도 잎자루가 있으며 다시 3갈래로 깊게 갈라지고 톱니가 있다. 5~6월에 줄기 끝의 우산꽃차례에 흰색 꽃이 모여 달린다. 타원형 열매는 3~5개가 모여 달리고 털이 없다.

❹ **변산바람꽃**(미나리아재비과) *Eranthis pinnatifida* 여러해살이풀(높이 10㎝ 정도)
산의 숲속. 꽃을 받치는 총포조각은 2개이며 3~5갈래로 갈라지고 갈래조각은 선형이다. 2~4월에 꽃자루 끝에 흰색 꽃이 피는데 꽃잎처럼 보이는 꽃받침조각은 5~7장이다. 4~14장의 꽃잎은 깔때기 모양이며 노란색~황록색이다. 꽃밥은 담자색을 띤다.

꽃잎 5장

봄에 피는 흰색 풀꽃

❶ 매화마름 ❷ 바위취 바위취 꽃 모양

❸ 헐떡이풀 헐떡이풀 꽃차례

❹ 제비꿀

❶ **매화마름**(미나리아재비과) *Ranunculus trichophyllus* v. *kazusensis* 여러해살이풀(길이 50㎝ 정도)
늪이나 연못. 잎은 3~4회 갈라지며 실처럼 된다. 5~7월에 꽃자루에 1개의 흰색 꽃이 물 위로 피는데 지름 1㎝ 정도이다. 꽃잎은 5장이며 안쪽은 노란빛이 돈다.

❷ **바위취**(범의귀과) *Saxifraga stolonifera* 늘푸른여러해살이풀(높이 20~40㎝)
중부 이남의 습한 곳. 화초로 심는다. 전체에 적갈색의 긴털이 있다. 뿌리잎은 콩팥형이며 3~5㎝ 길이이고 얕게 갈라지며 앞면에 회녹색 얼룩무늬가 있다. 5~6월에 꽃줄기 윗부분의 원뿔꽃차례에 흰색 꽃이 피는데 5장의 꽃잎 중 밑의 2장이 더 길다.

❸ **헐떡이풀**(범의귀과) *Tiarella polyphylla* 여러해살이풀(높이 10~40㎝)
울릉도의 계곡. 뿌리잎은 둥근 하트형이며 5갈래로 얕게 갈라지고 둔한 톱니가 있으며 양면에 털이 있다. 5~6월에 줄기 끝의 송이꽃차례에 흰색 꽃이 밑을 보며 핀다. 꽃받침은 종 모양이고 5갈래로 갈라지며 5장의 꽃잎은 바늘처럼 가늘고 꽃받침보다 길다.

❹ **제비꿀**(단향과) *Thesium chinense* 여러해살이풀(높이 15~35㎝)
산기슭의 풀밭. 줄기는 흰빛이 돈다. 잎은 어긋나고 가느다란 선형이다. 5~6월에 잎겨드랑이에 피는 작은 흰색 꽃은 꽃잎이 없다. 꽃받침은 밑부분이 통처럼 생겼으며 윗부분은 4~5갈래로 갈라져 벌어진다. 둥근 열매는 그물 무늬와 자루가 있다.

꽃잎 5장

봄에 피는 흰색 풀꽃

❶ 벼룩이자리 벼룩이자리 꽃 모양 ❷ 큰개미자리
❸ 개미자리 개미자리 꽃과 어린 열매 ❹ 가는잎개별꽃

❶ **벼룩이자리**(석죽과) *Arenaria serpyllifolia* 한두해살이풀(높이 10~25㎝)
밭과 들. 전체에 밑을 향하는 짧은털이 있고 가지가 많이 갈라진다. 잎은 마주나고 달걀형이며 주맥만 있다. 4~5월에 잎겨드랑이에서 자란 꽃자루 끝에 흰색 꽃이 핀다. 꽃은 지름 6~8㎜로 작으며 5장의 꽃잎은 꽃받침보다 짧다. 열매는 달걀형이다.

❷ **큰개미자리**(석죽과) *Sagina maxima* 한두해살이풀(높이 5~25㎝)
바닷가. 꽃자루와 잎에 샘털이 있다. 잎은 마주나고 선형이며 개미자리보다 넓고 두껍다. 5~8월에 잎겨드랑이에 흰색 꽃이 1개씩 피고 꽃잎은 4~6장이며 수술은 5~10개이다. 열매는 달걀형~원형이다. 씨앗은 넓은 달걀형이며 돌기가 거의 없다.

❸ **개미자리**(석죽과) *Sagina japonica* 한두해살이풀(높이 2~20㎝)
밭이나 길가. 모여나는 줄기 위쪽에 샘털이 있다. 잎은 마주나고 짧은 바늘 모양이며 너비 0.8~1.5㎜로 좁다. 5~8월에 잎겨드랑이에 흰색 꽃이 1개씩 피고 꽃잎은 5장이다. 둥근 달걀형 열매는 5갈래로 갈라진다. 씨앗은 넓은 달걀형이며 작은 돌기가 있다.

❹ **가는잎개별꽃/숲개별꽃**(석죽과) *Pseudostellaria sylvatica* 여러해살이풀(높이 15~30㎝)
강원도 이북. 줄기는 네모지며 털이 2줄로 난다. 잎은 마주나고 선형~좁은 피침형이다. 5~7월에 긴 꽃자루 끝에 흰색 꽃이 1개씩 달린다. 5장의 꽃잎은 끝이 2갈래로 갈라진다.

꽃잎 5장

봄에 피는 흰색 풀꽃

❶ 개별꽃
❷ 덩굴개별꽃   덩굴개별꽃 꽃 모양
❸ 긴개별꽃
❹ 개벼룩   개벼룩 꽃 모양

❶ **개별꽃**(석죽과) *Pseudostellaria heterophylla* 여러해살이풀(높이 10~15㎝)
산의 숲속. 덩이뿌리는 사각뿔 모양이다. 줄기에는 줄지어 돋은 털이 있다. 잎은 마주나고 거꿀피침형이며 윗부분의 잎이 특히 커지지 않는다. 4~5월에 줄기 끝에 1~5개의 흰색 꽃이 핀다. 5장의 꽃잎은 끝이 갈라지며 꽃자루에는 털이 줄지어 돋는다.

❷ **덩굴개별꽃**(석죽과) *Pseudostellaria davidii* 여러해살이풀(높이 10~25㎝)
산의 숲속. 덩이뿌리는 원기둥 모양이다. 꽃이 핀 다음에 가지가 덩굴처럼 길게 벋는다. 잎은 마주나고 주걱형~달걀형이며 가장자리 밑부분에 긴털이 있다. 6~7월에 윗부분의 잎겨드랑이에서 자란 꽃자루에 1개의 흰색 꽃이 피는데 꽃잎은 5장이며 끝이 둥글다.

❸ **긴개별꽃**(석죽과) *Pseudostellaria japonica* 여러해살이풀(높이 15~30㎝)
강원도의 숲속. 줄기에 털이 2줄로 돋는다. 줄기에 4~5쌍의 잎이 마주난다. 잎몸은 달걀형~긴 달걀형이며 끝이 뾰족하고 양면에 털이 있다. 4~5월에 줄기 끝과 윗부분의 잎겨드랑이에서 나오는 꽃자루에 1개의 흰색 꽃이 핀다. 5장의 꽃잎은 끝이 2갈래로 갈라진다.

❹ **개벼룩**(석죽과) *Moehringia lateriflora* 여러해살이풀(높이 10~20㎝)
중부 이북의 산. 잎은 마주나고 타원형이며 측맥이 있다. 5~7월에 꽃대에 1~3개의 흰색 꽃이 핀다. 꽃은 지름 1㎝ 정도이며 5장의 꽃잎은 꽃받침보다 2배 정도 길다.

꽃잎 5장

봄에 피는 흰색 풀꽃

❶ 점나도나물   점나도나물 꽃 모양   ❷ 유럽점나도나물
❸ 큰점나도나물   ❹ 벼룩나물   벼룩나물 꽃 모양

❶ **점나도나물**(석죽과) *Cerastium fontanum v. angustifolium* 두해살이풀(높이 15~25㎝)
길가나 밭. 잎은 마주나고 달걀형이다. 5~6월에 줄기 끝의 갈래꽃차례에 흰색 꽃이 핀다. 꽃자루는 꽃받침보다 길고 샘털과 털이 적으며 꽃잎과 꽃받침의 길이는 비슷하다.

❷ **유럽점나도나물**(석죽과) *Cerastium glomeratum* 두해살이풀(높이 10~30㎝)
유럽 원산. 밭이나 빈터. 전체에 샘털이 많아서 약간 끈적거린다. 잎은 마주나고 타원형이며 양면에 털이 빽빽하다. 3~5월에 가지 끝에 흰색 꽃이 모여 핀다. 5장의 꽃잎은 끝이 약간 갈라지며 꽃자루가 꽃받침의 길이보다 짧거나 비슷하다.

❸ **큰점나도나물**(석죽과) *Cerastium fischerianum* 여러해살이풀(높이 15~60㎝)
바닷가 암석 지대. 줄기에 퍼진털과 샘털이 있다. 잎은 마주나고 달걀형~긴 타원형이며 가장자리가 밋밋하고 잎자루가 없으며 양면에 털이 있다. 5~6월에 줄기 끝의 갈래꽃차례에 흰색 꽃이 핀다. 5장의 꽃잎은 끝이 2갈래로 갈라지며 꽃받침보다 2배 정도 길다.

❹ **벼룩나물**(석죽과) *Stellaria alsine v. undulata* 두해살이풀(높이 15~25㎝)
빈터나 논밭. 전체에 털이 없고 가는 줄기는 가지가 많이 갈라진다. 잎은 마주나고 타원형~좁은 달걀형이며 너비 2.5~4㎜이고 잎자루가 없다. 4~5월에 가지 끝의 갈래꽃차례에 모여 피는 흰색 꽃은 꽃잎이 2갈래로 깊게 갈라져서 10장처럼 보인다.

꽃잎 5장

❶ 양장구채
양장구채 꽃 모양
❷ 흰갯장구채
❸ 애기괭이밥
애기괭이밥 잎
큰괭이밥 잎
❹ 큰괭이밥

❶ **양장구채**(석죽과) *Silene gallica* 한두해살이풀(높이 20~30㎝)
유럽 원산. 제주도의 바닷가. 전체에 털이 많고 가지가 갈라진다. 잎은 마주나고 피침형이다. 4~7월에 줄기 끝의 송이꽃차례에 흰색 꽃이 핀다. 둥근 통 같은 꽃받침은 맥이 뚜렷하고 긴털이 많이 있으며 5장의 꽃잎은 수평으로 벌어진다.

❷ **흰갯장구채**(석죽과) *Silene aprica* f. *album* 한두해살이풀(높이 50㎝ 정도)
바닷가. 줄기에 털이 많고 가지가 비스듬히 벋는다. 잎은 마주나고 피침형이다. 5~6월에 피는 흰색 꽃은 5장의 꽃잎 끝이 2갈래로 갈라진다. 갯장구채(p.19)와 같은 종으로 본다.

❸ **애기괭이밥**(괭이밥과) *Oxalis acetosella* 여러해살이풀(높이 5~15㎝)
깊은 산의 숲속. 뿌리잎은 세겹잎이며 작은잎은 거꾸로 된 하트형이고 털이 있다. 턱잎은 달걀형이다. 5~6월에 꽃줄기 끝에 1개의 흰색 꽃이 피며 해가 지면 꽃잎이 오므라든다. 꽃잎은 5장이고 안쪽에 노란색 무늬가 있다. 열매는 별 모양이며 4~12㎜ 크기이다.

❹ **큰괭이밥**(괭이밥과) *Oxalis obtriangulata* 여러해살이풀(높이 10~20㎝)
산의 숲속. 뿌리잎은 세겹잎이고 작은잎은 거꿀삼각형이며 상단 중앙부가 팬다. 4~5월에 잎이 돋을 때 꽃도 함께 핀다. 꽃줄기 끝에 1개의 흰색 꽃이 옆을 향해 피며 해가 지면 꽃잎이 오므라든다. 꽃잎 안쪽에 붉은색 줄무늬가 있다. 열매는 긴 달걀형이다.

❶ 남산제비꽃 ❷ 태백제비꽃 ¹⁾단풍제비꽃 ❸ 잔털제비꽃

❶ 남산제비꽃(제비꽃과) *Viola chaerophylloides* 여러해살이풀(높이 5~15㎝)
산과 들. 뿌리잎은 3갈래로 완전히 갈라지며 옆의 갈래조각은 다시 2개씩 갈라져서 5개로 갈라진 것처럼 보이며 갈래조각은 다시 2~3개로 깊게 갈라져서 선처럼 가늘어진다. 4~5월에 뿌리에서 나온 꽃줄기 끝에 피는 흰색 꽃은 꽃잎 안쪽에 자주색 맥이 있다.

❷ 태백제비꽃(제비꽃과) *Viola albida* 여러해살이풀(높이 6~15㎝)
산의 숲속. 뿌리잎은 세모진 달걀형이며 털이 없고 끝이 뾰족하며 심장저이고 가장자리에 조금 안쪽으로 꼬부라진 톱니가 있다. 잎자루에는 좁은 날개가 약간 있다. 4~5월에 뿌리에서 나온 꽃줄기 끝에 피는 흰색 꽃은 곁꽃잎 안쪽에 털이 있다. 열매는 타원형이다. ¹⁾**단풍제비꽃**(v. *takahashii*)은 태백제비꽃의 변종으로 중부 이남의 산에서 자란다. 뿌리잎은 달걀형~긴 달걀형이며 끝이 뾰족하고 가장자리는 얕게 갈라지거나 깊게 파인 톱니가 있다. 잎자루는 길고 날개가 거의 없다. 4~5월에 피는 흰색 꽃은 곁꽃잎 안쪽에 털이 있다.

❸ 잔털제비꽃(제비꽃과) *Viola keiskei* 여러해살이풀(높이 5~12㎝)
산. 전체에 털이 있다. 뿌리잎은 둥그스름한 달걀형이고 끝이 둔하며 밑부분은 심장저이고 가장자리에 물결 모양의 톱니가 있다. 4~5월에 뿌리에서 나온 꽃줄기 끝에 피는 흰색 꽃은 곁꽃잎 안쪽에 털이 있다. 아래쪽 꽃잎 안쪽에 보라색 줄무늬가 있다.

꽃잎 5장

봄에 피는 흰색 풀꽃

① 금강제비꽃 금강제비꽃 잎 ② 민둥뫼제비꽃

③ 흰젖제비꽃 ④ 흰제비꽃 흰제비꽃 꽃 모양 흰제비꽃 잎

① **금강제비꽃**(제비꽃과) *Viola diamantiaca* 여러해살이풀(높이 7~20㎝)
중부 이북의 깊은 산. 뿌리잎은 둥근 하트형이며 끝이 뾰족하고 털이 있으며 가장자리에 잔톱니가 있다. 꽃이 필 때는 잎 양쪽 가장자리가 안으로 말려 있다. 4~5월에 뿌리에서 나온 꽃줄기 끝에 피는 흰색 꽃은 곁꽃잎 안쪽에 털이 없다. 꽃은 닫힌꽃이다.

② **민둥뫼제비꽃**(제비꽃과) *Viola tokubuchiana* v. *takedana* 여러해살이풀(높이 5~10㎝)
산. 뿌리잎은 세모진 달걀형~넓은 달걀형이며 끝이 뾰족하고 밑부분은 심장저이며 가장자리에 물결 모양의 톱니가 있다. 잎 뒷면은 대부분 자줏빛이 돈다. 4~5월에 뿌리에서 나온 꽃줄기 끝에 피는 흰색 꽃은 곁꽃잎 안쪽에 털이 있다. 열매는 달걀 모양의 타원형이다.

③ **흰젖제비꽃**(제비꽃과) *Viola lactiflora* 여러해살이풀(높이 10~15㎝)
산과 들의 풀밭. 뿌리잎은 긴 삼각형~세모진 긴 타원형이며 심장저이고 가장자리에 톱니가 있다. 잎 양면에 털이 없으며 잎자루에 날개가 없다. 4~5월에 흰색 꽃이 핀다.

④ **흰제비꽃**(제비꽃과) *Viola patrinii* 여러해살이풀(높이 10~15㎝)
높은 산의 습한 풀밭. 뿌리잎은 세모진 피침형~긴 타원 모양의 피침형이며 얕은 톱니가 있고 잎자루에 좁은 날개가 있다. 잎 양면에 털이 없다. 잎자루 위쪽에 날개가 있다. 4~5월에 뿌리에서 나온 꽃줄기 끝에 피는 흰색 꽃은 곁꽃잎 안쪽에 털이 약간 있다.

꽃잎 5장

봄에 피는 흰색 풀꽃

❶ 왕제비꽃 왕제비꽃 꽃 모양 ❷ 콩제비꽃
❸ 눈개승마 눈개승마 꽃송이 ❹ 흰땃딸기

❶ **왕제비꽃**(제비꽃과) *Viola websteri* 여러해살이풀(높이 40~60㎝)
 충북 이북의 산 숲속. 곧게 자라는 줄기에 털이 있다. 잎은 어긋나고 피침형~달걀 모양의 긴 타원형이며 양 끝이 좁고 가장자리에 뾰족한 톱니가 있다. 턱잎은 깃꼴로 가늘게 갈라진다. 4~5월에 잎겨드랑이에서 자란 꽃자루 끝에 흰색 꽃이 핀다.

❷ **콩제비꽃**(제비꽃과) *Viola arcuata* 여러해살이풀(높이 7~15㎝)
 산과 들의 습한 곳. 줄기가 비스듬히 서고 털이 없다. 잎은 어긋나고 콩팥 모양이며 가장자리에 둔한 톱니가 있고 양쪽 밑부분이 안으로 말린다. 턱잎은 가장자리가 거의 밋밋하다. 4~5월에 잎겨드랑이에서 나오는 흰색 꽃은 진자주색 줄무늬가 있다.

❸ **눈개승마**(장미과) *Aruncus dioicus v. kamtschaticus* 여러해살이풀(높이 30~100㎝)
 깊은 산. 잎은 어긋나고 2~3회세겹잎이며 작은잎은 달걀형이고 가장자리에 결각과 톱니가 있다. 암수딴그루로 5~7월에 줄기 끝의 원뿔꽃차례에 자잘한 연한 백황색 꽃이 촘촘히 핀다.

❹ **흰땃딸기**(장미과) *Fragaria nipponica* 여러해살이풀(높이 10~30㎝)
 높은 산의 풀밭. 뿌리잎은 세겹잎이며 작은잎은 달걀형~타원형이고 톱니가 있다. 5~7월에 줄기 끝에 1~5개의 흰색 꽃이 달린다. 꽃은 지름 15~20㎜이다. 꽃턱이 자란 헛열매는 달걀형이다. **땃딸기**(*F. yezoensis*)도 흰땃딸기와 같은 종으로 본다.

꽃잎 5장

봄에 피는 흰색 풀꽃

❶ **딸기**(장미과) *Fragaria × ananassa* 여러해살이풀(높이 10~20㎝)
 남아메리카 원산. 밭에 재배하며 들에서 저절로 자란다. 뿌리잎은 세겹잎이며 작은잎은 네모진 달걀형이고 톱니가 있다. 4~5월에 꽃줄기의 갈래꽃차례에 달리는 흰색 꽃은 지름 3㎝ 정도이다. 꽃턱이 자란 헛열매는 달걀형이며 맛이 달다. 여러 품종이 있다.

❷ **흰앵초**(앵초과) *Primula sieboldii* f. *albiflora* 여러해살이풀(높이 15~40㎝)
 산기슭의 습지나 냇가. 뿌리잎은 달걀형~타원형이며 주름이 지고 긴 흰색 털로 덮여 있다. 4~5월에 우산꽃차례에 흰색 꽃이 모여 핀다. 앵초(p.27)와 같은 종으로 본다.

❸ **애기봄맞이**(앵초과) *Androsace filiformis* 한두해살이풀(높이 7~15㎝)
 습지나 논. 뿌리잎은 긴 타원형이며 가장자리에 둔한 잔톱니가 있다. 4~5월에 가느다란 꽃줄기 끝에서 우산 모양으로 갈라지는 가느다란 꽃자루는 길이가 각각 다르며 끝마다 흰색 꽃이 핀다. 꽃부리는 5갈래로 갈라져 벌어지며 지름 3㎜ 정도로 작다.

❹ **봄맞이**(앵초과) *Androsace umbellata* 한두해살이풀(높이 10~20㎝)
 들과 산기슭의 양지. 뿌리잎은 반원형이며 4~15㎜ 길이이고 가장자리에 톱니가 있으며 퍼진털이 있다. 4~5월에 가느다란 꽃줄기 끝의 우산꽃차례에 4~10개의 흰색 꽃이 핀다. 꽃부리는 5갈래로 갈라져 벌어지며 지름 4~5㎜이고 중심부는 노란색이다.

꽃잎 5장

봄에 피는 흰색 풀꽃

❶ 갯까치수영 ❷ 모래지치 ❸ 매화노루발

갯까치수영 열매 모래지치 꽃 모양 매화노루발 꽃 모양

❶ **갯까치수영**(앵초과) *Lysimachia mauritiana* **두해살이풀**(높이 10~40㎝)
　주로 남부 지방의 바닷가. 잎은 어긋나고 주걱 모양의 피침형이며 끝이 둥글고 2~5㎝ 길이이며 두꺼운 육질이다. 5~7월에 줄기와 가지 끝의 송이꽃차례에 흰색 꽃이 촘촘히 모여 핀다. 꽃은 지름 10~12㎜이고 꽃받침과 꽃부리는 5갈래로 깊게 갈라진다. 꽃자루는 1~2㎝ 길이이며 비스듬히 퍼진다. 둥근 열매는 지름 4~6㎜이며 끝에 암술대가 남아 있다.

❷ **모래지치**(지치과) *Tournefortia sibirica* **여러해살이풀**(높이 25~35㎝)
　바닷가 모래땅. 땅속줄기가 옆으로 벋으면서 군데군데에서 나온 줄기가 곧게 서며 가지는 비스듬히 퍼진다. 잎은 촘촘히 어긋나고 주걱 모양이며 4~10㎝ 길이이고 양면에 누운털이 있으며 잎자루가 없다. 5~7월에 가지 끝과 위쪽 잎겨드랑이에서 나오는 갈래꽃차례에 흰색 꽃이 모여 핀다. 꽃부리는 별처럼 5~7갈래로 갈라지며 안쪽에 노란색 무늬가 있다.

❸ **매화노루발**(진달래과|노루발과) *Chimaphila japonica* **늘푸른여러해살이풀**(높이 5~10㎝)
　바닷가의 숲속. 줄기는 곧게 서며 가지가 갈라지기도 한다. 잎은 줄기에 2~3장씩 층층이 돌려나며 넓은 피침형으로 두껍고 가장자리에 낮고 날카로운 톱니가 있다. 5~6월에 줄기 끝에 지름 1㎝ 정도의 흰색 꽃이 1~2개씩 밑을 향해 피며 꽃부리는 5갈래로 갈라진다. 꽃대에 털 같은 작은 돌기가 있다. 수술은 10개이고 암술머리는 둥글납작하다.

꽃잎 5~6장

봄에 피는 흰색 풀꽃

❶ 민백미꽃 민백미꽃 꽃 모양 ❷ 흰씀바귀
❸ 홍노도라지 ❹ 쥐꼬리풀 쥐꼬리풀 꽃차례

- ❶ **민백미꽃**(협죽도과 | 박주가리과) *Cynanchum ascyrifolium* 여러해살이풀(높이 30~60㎝)
  산의 풀밭. 잎은 마주나고 타원형이며 끝이 뾰족하고 가장자리가 밋밋하다. 5~7월에 줄기 끝과 윗부분의 잎겨드랑이에서 나온 우산꽃차례에 흰색 꽃이 피는데 꽃자루는 2㎝ 정도 길이이다. 5갈래로 갈라진 꽃부리는 털이 없고 중심부의 부꽃부리는 갈래조각이 세모꼴이다.

- ❷ **흰씀바귀**(국화과) *Ixeridium dentatum* f. *albiflora* 여러해살이풀(높이 20~50㎝)
  산과 들. 뿌리잎은 거꿀피침형이며 잎자루가 있고 줄기잎은 밑부분이 줄기를 감싼다. 5~6월에 가지 끝에 달리는 흰색 꽃송이는 5~7장의 혀꽃만으로 이루어져 있다.

- ❸ **홍노도라지**(초롱꽃과) *Peracarpa carnosa* 여러해살이풀(높이 5~15㎝)
  제주도의 숲속. 잎은 어긋나고 둥근 달걀형이며 둔한 톱니가 있고 잎자루가 길다. 4~8월에 잎겨드랑이에서 나온 긴 꽃자루 끝에 1개의 흰색 꽃이 핀다. 종 모양의 꽃부리는 지름 4~8㎜이고 4~5갈래로 깊게 갈라지며 위를 향한다. 열매는 자라면서 밑으로 처진다.

- ❹ **쥐꼬리풀**(금광화과 | 백합과) *Aletris spicata* 여러해살이풀(높이 30~50㎝)
  주로 전남의 산기슭. 뿌리잎은 선형이며 길이 15~30㎝, 너비 3~7㎜이고 3개의 잎맥이 뚜렷하다. 곧게 자라는 줄기에는 몇 장의 작은 잎이 달린다. 5~7월에 줄기 끝에 달리는 이삭꽃차례에 붉은빛이 도는 흰색 항아리 모양의 꽃이 촘촘히 모여 달린다.

❶ 애기나리 ❷ 큰애기나리 ❸ 산자고 ❹ 나도옥잠화

❶ 애기나리 (콜키쿰과 | 백합과) *Disporum smilacinum* 여러해살이풀(높이 15~30㎝)
산의 숲속. 줄기는 휘어지며 가지가 거의 갈라지지 않는다. 잎은 어긋나고 긴 타원형이며 끝이 뾰족하고 밋밋하다. 4~5월에 줄기 끝에 작은 나리꽃 모양의 흰색 꽃이 보통 1개씩 고개를 숙이고 핀다. 수술대는 꽃밥 길이의 2배이고 암술대는 씨방 길이의 2배이다.

❷ 큰애기나리 (콜키쿰과 | 백합과) *Disporum viridescens* 여러해살이풀(높이 30~70㎝)
산의 숲속. 줄기는 약간 휘어지며 가지가 여러 개로 갈라진다. 잎은 어긋나고 긴 타원형이며 끝이 뾰족하고 밋밋하다. 5~6월에 가지 끝에 작은 나리꽃 모양의 흰색 꽃이 1~3개가 고개를 숙이고 핀다. 수술대는 꽃밥 길이와 비슷하고 암술대는 씨방 길이와 비슷하다.

❸ 산자고 (백합과) *Amana edulis* 여러해살이풀(높이 20㎝ 정도)
중부 이남의 양지쪽 풀밭. 2장의 뿌리잎은 선형이며 흰빛이 돌고 털이 없다. 4~5월에 1쌍의 포가 있는 꽃줄기 끝에 1개씩 피는 흰색 꽃은 지름 4~6㎝로 큼직하다. 6장의 꽃잎 바깥쪽에는 진자주색 줄무늬가 있다. 세모진 열매는 끝이 뾰족하다.

❹ 나도옥잠화 (백합과) *Clintonia udensis* 여러해살이풀(높이 20~70㎝)
깊은 산. 2~5장의 타원형 뿌리잎은 가장자리가 밋밋하다. 5~7월에 잎 사이에서 자란 꽃줄기 끝의 송이꽃차례에 흰색 꽃이 모여 핀다. 꽃덮이조각은 6장이며 옆으로 퍼진다.

꽃잎 6장

봄에 피는 흰색 풀꽃

❶ 나도개감채 ❷ 흰얼레지 ❸ 산마늘 ❹ 수선화

- ❶ **나도개감채**(백합과) *Gagea triflora* 여러해살이풀(높이 10~25㎝)

  중부 이북의 산. 뿌리잎과 줄기잎은 세모진 선형으로 위로 올라갈수록 작아진다. 4~5월에 줄기 윗부분에 2~4개의 흰색 꽃이 핀다. 꽃덮이조각은 선형~거꿀피침형이며 6장이고 뒷면에 연녹색 줄이 있다. 수술도 6개이다. 열매는 세모진 거꿀달걀형이다.

- ❷ **흰얼레지**(백합과) *Erythronium japonicum* f. *album* 여러해살이풀(높이 10~20㎝)

  산의 숲속. 잎은 타원형이고 앞면에는 얼룩무늬가 있다. 흰색 꽃은 밑을 보고 피며 꽃잎은 활짝 뒤로 젖혀지고 안쪽에 W자형 무늬가 있다. 얼레지(p.29)와 같은 종으로 본다.

- ❸ **산마늘**(수선화과 | 백합과) *Allium ochotense* 여러해살이풀(높이 40~70㎝)

  산의 숲속. 2~3장의 타원형 뿌리잎은 가장자리가 밋밋하며 밑부분이 잎집으로 되어 서로 둘러싼다. 5~7월에 꽃줄기 끝의 우산꽃차례에 흰색 꽃이 둥글게 모여 핀다. 울릉도에서 자라는 잎이 큰 종을 '울릉산마늘'이라고 하지만 산마늘과 같은 종으로 본다.

- ❹ **수선화**(수선화과) *Narcissus tazetta* ssp. *chinensis* 여러해살이풀(높이 20~40㎝)

  지중해 원산. 화초로 심고 남해안 이남에서 저절로 퍼져 나가 자란다. 늦가을에 비늘줄기에서 선형 잎이 모여난다. 잎은 끝이 둔하고 흰빛이 돈다. 12~3월에 꽃줄기 끝에 5~6개의 꽃이 옆을 향해 피는데 흰색 꽃잎 가운데에 종지 모양의 노란색 부꽃부리가 있다.

❶ 풀솜대 ❷ 풀솜대 꽃 모양 ❸ 흰등심붓꽃
❸ 연등심붓꽃 연등심붓꽃 꽃 모양 ❹ 백작약

❶ **풀솜대**(아스파라거스과 | 백합과) *Maianthemum japonicum* 여러해살이풀(높이 20~50㎝)
산의 숲속. 전체에 털이 많다. 줄기는 윗부분이 비스듬히 휘어지고 긴 타원형 잎이 양쪽으로 어긋난다. 잎 끝은 뾰족하며 잎자루가 짧다. 5~6월에 줄기 끝의 원뿔꽃차례에 자잘한 흰색 꽃이 모여 핀다. 꽃덮이조각은 6장이며 긴 타원형이다. 둥근 열매는 붉게 익는다.

❷ **흰등심붓꽃**(붓꽃과) *Sisyrinchium angustifolium* 'Alba' 여러해살이풀(높이 10~20㎝)
제주도의 풀밭. 잎은 칼 모양의 선형이고 너비 1~2.5㎜이다. 5~6월에 줄기 끝에 피는 2~5개의 흰색 꽃은 중심부가 노란색이다. 등심붓꽃(p.30)과 같은 종으로 본다.

❸ **연등심붓꽃**(붓꽃과) *Sisyrinchium micranthum* 한해~여러해살이풀(높이 10~60㎝)
중남미 원산. 제주도의 풀밭. 잎은 어긋나고 선형이며 너비 3~6㎜로 등심붓꽃(p.30)보다 넓다. 5~6월에 피는 흰색 꽃은 안쪽에 연자주색과 노란색 무늬가 있으며 밑부분은 긴 항아리 모양이어서 종 모양인 등심붓꽃과 구분이 된다.

❹ **백작약**(작약과 | 미나리아재비과) *Paeonia japonica* 여러해살이풀(높이 40~50㎝)
깊은 산의 숲속. 줄기에 3~4장의 잎이 어긋나고 2회세겹잎이다. 작은잎은 가장자리가 밋밋하고 뒷면은 흰빛이 돌며 털이 없다. 5~6월에 줄기 끝에 1개의 흰색 꽃이 피는데 꽃잎은 5~7장이고 암술머리는 밖으로 구부러진다. 반달 모양의 열매는 뒤로 젖혀진다.

꽃잎 6장

봄에 피는 흰색 풀꽃

❶ 섬노루귀   ❷ 태백바람꽃   태백바람꽃 꽃 모양
❸ 돌단풍   ❹ 털개별꽃   털개별꽃 꽃 모양

❶ **섬노루귀**(미나리아재비과) *Anemone maxima*   여러해살이풀(높이 10~30㎝)
   울릉도의 숲속. 4~5월에 잎보다 먼저 나온 꽃줄기 끝에 흰색~연한홍색 꽃이 1개씩 핀다. 꽃받침 모양의 녹색 포는 3㎝ 정도 길이이다. 잎은 꽃이 질 때쯤 돋으며 길이 8㎝ 정도, 너비 15㎝ 정도로 큼직하고 잎몸이 3갈래로 갈라지며 끝이 둔하고 털은 점차 없어진다.

❷ **태백바람꽃**(미나리아재비과) *Anemone pendulisepala*   여러해살이풀(높이 15~20㎝)
   강원도의 숲속. 5월에 줄기 끝에서 자란 털이 있는 긴 꽃자루 끝에 1개의 흰색 꽃이 달린다. 꽃잎을 닮은 흰색 꽃받침조각은 6~7장이고 밑으로 처진다. 잎처럼 생긴 3개의 총포조각은 3갈래로 깊게 갈라지고 갈래조각은 결각이 진다. 뿌리잎은 총포와 비슷한 모양이다.

❸ **돌단풍**(범의귀과) *Mukdenia rossii*   여러해살이풀(높이 30㎝ 정도)
   개울가 바위틈. 뿌리잎은 단풍잎처럼 가장자리가 5~7갈래로 깊게 갈라지고 잔톱니가 있다. 4~6월에 뿌리에서 나온 꽃줄기 끝의 갈래꽃차례에 흰색 꽃이 촘촘히 모여 핀다.

❹ **털개별꽃**(석죽과) *Pseudostellaria setulosa*   여러해살이풀(높이 15~30㎝)
   강원도의 산 숲속. 덩이뿌리와 잔뿌리가 발달한다. 잎은 마주나고 달걀형~긴 달걀형이며 양면에 털이 있다. 4~5월에 위쪽의 잎겨드랑이에서 나온 꽃자루 끝에 1~2개의 흰색 꽃이 핀다. 거꿀달걀형 꽃잎은 6~8장이며 끝이 2갈래로 약간 갈라진다.

꽃잎 7장 이상

봄에 피는 흰색 풀꽃

❶ 흰깽깽이풀   ❷ 노루귀   노루귀 새로 돋은 잎
❸ 새끼노루귀   ❹ 꿩의바람꽃   꿩의바람꽃 꽃 모양

❶ **흰깽깽이풀**(매자나무과) *Plagiorhegma dubium*   여러해살이풀(높이 10~20㎝)
산의 숲속. 자홍색 꽃이 피는 깽깽이풀(p.32)과 같은 종으로 이른 봄에 잎보다 먼저 흰색 꽃이 위를 향해 핀다. 둥그스름한 뿌리잎은 심장저이며 가장자리에 물결 모양의 굴곡이 있다.

❷ **노루귀**(미나리아재비과) *Anemone hepatica* v. *japonica*   여러해살이풀(높이 6~12㎝)
산의 숲속. 3~4월에 잎보다 먼저 나온 꽃줄기 끝에 흰색, 분홍색, 보라색 꽃이 1개씩 핀다. 잎은 꽃이 질 때쯤 돋으며 잎몸이 3갈래로 갈라지고 끝이 뾰족하며 털은 점차 없어진다. 꽃받침 모양의 포는 3개이며 8㎜ 정도 길이이고 꽃줄기와 함께 털이 많다.

❸ **새끼노루귀**(미나리아재비과) *Anemone hepatica* v. *insularis*   여러해살이풀(높이 6~12㎝)
남쪽 섬의 숲속. 3~4월에 잎보다 먼저 나온 꽃줄기 끝에 흰색 꽃이 1개씩 핀다. 잎은 꽃이 질 때쯤 돋으며 잎몸이 3갈래로 갈라지고 털은 점차 없어진다. 3개의 포는 달걀형이며 1㎝ 정도 길이이고 털이 있다. 근래에는 노루귀와 같은 종으로 본다.

❹ **꿩의바람꽃**(미나리아재비과) *Anemone raddeana*   여러해살이풀(높이 10~25㎝)
중부 이북의 숲속. 4~5월에 잎보다 먼저 흰색 꽃이 피는데 꽃자루에 털이 없고 8~13장의 흰색 꽃받침조각은 낮에만 벌어진다. 꽃송이 밑을 받치는 잎처럼 생긴 3개의 포는 3갈래로 깊게 갈라진다. 뿌리잎은 2회세겹잎이며 작은잎은 긴 타원형이다.

꽃잎 7장 이상

❶ 들바람꽃 　　❷ 쇠별꽃 　　쇠별꽃 꽃 모양

❸ 별꽃 　　별꽃 꽃 모양 　　❹ 큰개별꽃

❶ **들바람꽃**(미나리아재비과) *Anemone amurensis* 여러해살이풀(높이 20~30㎝)
　경기도와 강원도 이북의 숲속. 뿌리잎은 1~2장이 나온다. 잎처럼 생긴 3개의 총포조각은 긴 자루에 날개가 있고 3갈래로 깊게 갈라지며 갈래조각은 깊은 톱니가 있다. 4~5월에 털이 있는 긴 꽃자루 끝에 피는 1개의 꽃은 꽃잎 같은 흰색 꽃받침조각이 5~10장이다.

❷ **쇠별꽃**(석죽과) *Stellaria aquatica* 두해~여러해살이풀(높이 20~50㎝)
　습한 곳. 줄기와 가지는 비스듬히 선다. 잎은 마주나고 달걀형이다. 가지 밑부분의 잎은 잎자루가 있고 윗부분의 잎은 심장저로 줄기를 둘러싼다. 4~5월에 가지 끝과 잎겨드랑이에 피는 흰색 꽃은 꽃잎이 10장처럼 보이고 암술대는 5개이다. 열매는 5갈래로 갈라진다.

❸ **별꽃**(석죽과) *Stellaria media* 두해살이풀(높이 10~20㎝)
　길가나 밭둑. 줄기나 가지는 비스듬히 선다. 잎은 마주나고 달걀형이다. 밑부분의 잎은 잎자루가 있고 윗부분의 잎은 밑부분이 둥글다. 4~6월에 가지 끝과 잎겨드랑이에 피는 흰색 꽃은 꽃잎이 2갈래로 깊게 갈라져서 10장처럼 보이며 암술대는 3개이다. 열매는 6갈래로 갈라진다.

❹ **큰개별꽃**(석죽과) *Pseudostellaria palibiniana* 여러해살이풀(높이 10~20㎝)
　산. 십자 모양으로 마주나는 잎은 주걱형~넓은 피침형이다. 4~6월에 줄기 끝에 피는 1~4개의 흰색 꽃은 꽃자루에 털이 없다. 넓은 피침형 꽃잎은 5~8장이며 6~8㎜ 길이이다.

꽃잎 7장 이상

봄에 피는 흰색 풀꽃

❶ 흰민들레
❷ 선씀바귀
❸ 솜나물
흰민들레 꽃송이
선씀바귀 꽃송이
솜나물 뿌리잎
솜나물 열매송이 단면

- ❶ **흰민들레**(국화과) *Taraxacum coreanum* 여러해살이풀(높이 7~25㎝)
  양지쪽 들과 밭. 로제트형으로 모여나는 뿌리잎은 거꿀피침형이며 깃꼴로 깊게 갈라지고 가장자리에 톱니가 있다. 4~6월에 잎 사이에서 자란 1개~여러 개의 꽃줄기 끝에 흰색 꽃송이가 1개씩 달린다. 총포는 종 모양이며 총포조각 끝에는 작은 돌기가 있고 안쪽조각은 곧게 서며 바깥조각은 윗부분이 뒤로 젖혀진다. 씨앗은 갓털이 있어 바람에 날린다.

- ❷ **선씀바귀**(국화과) *Ixeris chinensis* ssp. *strigosa* 여러해살이풀(높이 20~50㎝)
  길가나 풀밭. 뿌리잎은 로제트형으로 퍼진다. 뿌리잎은 거꿀피침형이며 잎자루가 분명하지 않고 가장자리에 톱니가 있거나 깃꼴로 깊게 갈라진다. 줄기잎은 밑부분이 원줄기를 살짝 감싼다. 꽃차례에 달린 잎은 피침형이다. 5~6월에 줄기 끝의 고른꽃차례에 흰색~연자주색 꽃송이가 달린다. 총포조각은 매우 작다. 꽃잎 뒷부분은 자주색이 더 진해진다.

- ❸ **솜나물**(국화과) *Leibnitzia anandria* 여러해살이풀(높이 10~60㎝)
  산과 들의 건조한 풀밭. 뿌리잎은 달걀형이며 뒷면에 흰색 털이 빽빽하다. 봄에 10~20㎝ 높이의 꽃줄기 끝에 피는 흰색 꽃송이는 해가 지면 꽃잎이 오므라든다. 총포는 원통형이고 총포조각은 3줄로 붙는다. 가을형은 꽃자루가 30~60㎝로 키가 훨씬 크고 꽃송이는 꽃잎이 벌어지지 않는 닫힌꽃이다. 길쭉한 씨앗에 달린 갓털은 연갈색이다.

기타

❶ 홀아비꽃대 ❷ 옥녀꽃대 ❸ 윤판나물아재비

홀아비꽃대 꽃차례 옥녀꽃대 꽃차례 윤판나물아재비 꽃송이

❶ **홀아비꽃대**(홀아비꽃대과) *Chloranthus japonicus* 여러해살이풀(높이 20~30㎝)
산의 숲속. 타원형 잎은 줄기 끝에 2장씩 마주나는데 마디 사이가 짧아서 4장이 돌려난 것처럼 보인다. 잎몸은 달걀형~타원형이며 끝이 뾰족하고 가장자리에 톱니가 있으며 광택이 있다. 4~5월에 줄기 끝에 우뚝 서는 솔 모양의 흰색 꽃이삭은 2~3㎝ 길이이다. 꽃은 꽃잎이 없고 3개의 수술은 흰색 바늘 모양이며 4~5㎜ 길이로 옥녀꽃대보다 짧다.

❷ **옥녀꽃대**(홀아비꽃대과) *Chloranthus fortunei* 여러해살이풀(높이 15~35㎝)
경기도 이남의 숲속. 타원형 잎은 줄기 끝에 4장이 돌려난 것처럼 보이며 홀아비꽃대보다 톱니가 얕다. 4~5월에 줄기 끝에 솔 모양의 흰색 꽃이삭이 달린다. 꽃이삭에는 홀아비꽃대보다 꽃이 덜 촘촘하게 달린다. 꽃은 꽃잎이 없고 3개의 수술은 흰색 바늘 모양이며 1~2㎝ 길이로 길고 가늘다. 거제도 옥녀봉에서 처음 발견되어서 '옥녀꽃대'라고 부른다.

❸ **윤판나물아재비**(콜키쿰과|백합과) *Disporum sessile* 여러해살이풀(높이 30~60㎝)
울릉도와 남쪽 섬의 숲속. 줄기는 윗부분이 비스듬히 휘어지고 위쪽에서 가지가 갈라진다. 잎은 어긋나고 긴 타원형~넓은 타원형이며 끝은 뾰족하고 잎자루가 없다. 5~6월에 줄기나 가지 끝에 통 모양의 백록색 꽃이 1~3개씩 매달린다. 꽃은 20~25㎜ 길이이이다. 타원형 열매는 검게 익는다. 윤판나물(p.70)과 생김새가 비슷하지만 꽃이 백록색이다.

❶ 은방울꽃 ❷ 은난초 은방울꽃 꽃 모양 ❸ 꼬마은난초 ❹ 은대난초 은대난초 꽃차례

❶ **은방울꽃**(아스파라거스과|백합과) *Convallaria keiskei* 여러해살이풀(높이 20~30㎝)
산의 숲속. 2장의 뿌리잎은 긴 타원형이며 끝이 뾰족하고 밑부분이 서로 얼싸안는다. 5월에 비스듬히 휘어지는 꽃줄기 윗부분에 은방울 모양의 흰색 꽃이 조롱조롱 매달려 핀다.

❷ **은난초**(난초과) *Cephalanthera erecta* 여러해살이풀(높이 40~60㎝)
산과 들의 숲속. 줄기 중간 위쪽에 어긋나는 3~6장의 타원형 잎은 끝이 뾰족하며 가장자리가 밋밋하고 밑부분이 줄기를 감싼다. 5월에 줄기 윗부분의 이삭꽃차례에 달리는 3~10개의 흰색 꽃은 활짝 벌어지지 않는다. 포는 좁은 삼각형으로 꽃보다 짧다.

❸ **꼬마은난초**(난초과) *Cephalanthera erecta v. subalphyla* 여러해살이풀(높이 10~20㎝)
주로 남부 지방의 숲속. 줄기 중간 위쪽에 어긋나는 1~2장의 긴 타원형 잎은 17~30㎜ 길이로 작으며 줄기를 감싼다. 4~5월에 줄기 끝의 이삭꽃차례에 달리는 2~6개의 흰색 꽃은 서로 떨어져 있으며 꽃잎이 반쯤 벌어진다. 꽃받침과 곁꽃잎은 끝이 오목하게 팬다.

❹ **은대난초**(난초과) *Cephalanthera longibracteata* 여러해살이풀(높이 30~50㎝)
산의 숲속. 줄기 전체에 어긋나는 긴 타원형 잎은 밋밋하고 밑부분이 좁아져서 줄기를 감싼다. 5~6월에 줄기 윗부분의 이삭꽃차례에 달리는 흰색 꽃은 꽃잎이 반쯤 벌어진다. 입술꽃잎은 흰색이고 3갈래로 갈라진다. 포는 선형이며 꽃차례 밑의 것은 꽃보다 길다.

기타

봄에 피는 흰색 풀꽃

❶ 갈매기난초　갈매기난초 꽃차례　❷ 백화자란
❸ 흰금낭화　❹ 섬현호색　섬현호색 꽃 모양

❶ **갈매기난초**(난초과) *Platanthera japonica* 여러해살이풀(높이 40~60cm)
강원도, 경남, 제주도의 습한 풀밭. 줄기에 3~5장의 긴 타원형 잎이 어긋난다. 5~7월에 줄기 끝의 이삭꽃차례에 흰색 꽃이 많이 핀다. 포는 좁은 피침형이며 꽃보다 약간 길다. 입술꽃잎은 넓은 선형이고 가는 원통형 꿀주머니는 2~3cm로 길며 밑으로 처진다.

❷ **백화자란**(난초과) *Bletilla striata* f. *gebina* 여러해살이풀(높이 30~50cm)
전남의 바닷가 산기슭. 잎은 긴 타원형이고 세로로 많은 주름이 있으며 5~6장이 서로 감싸면서 줄기처럼 된다. 5~6월에 꽃줄기 윗부분의 송이꽃차례에 모여 피는 흰색 꽃은 지름 3cm 정도이다. 자란(p.35)과 같은 종으로 본다.

❸ **흰금낭화**(양귀비과 | 현호색과) *Lamprocapnos spectabilis* f. *albiflorum* 여러해살이풀(높이 30~60cm)
산골짜기. 잎은 2회깃꼴겹잎이다. 5~6월에 줄기 끝의 송이꽃차례는 비스듬히 휘어지며 납작한 하트 모양의 흰색 꽃이 조롱조롱 매달린다. 금낭화(p.39)와 같은 종으로 본다.

❹ **섬현호색**(양귀비과 | 현호색과) *Corydalis filistipes* 여러해살이풀(높이 20~50cm)
울릉도의 숲속. 잎은 어긋나고 3장씩 3회 갈라지며 갈래조각은 선형이다. 5월에 줄기 끝의 송이꽃차례에 5~20개의 연자주색~흰색 입술 모양의 기다란 꽃이 모여 핀다. 포는 거꿀피침형이고 1~3cm 길이이며 끝이 얕게 갈라지고 위로 갈수록 작아진다.

❶ 대황　❷ 토끼풀　❸ 흰자운영　❹ 노루삼　노루삼 꽃 모양

❶ 대황(마디풀과) *Rheum rhabarbarum* 여러해살이풀(높이 60~150㎝)
시베리아 원산. 산골짜기에서 심는다. 뿌리잎은 달걀형~세모진 달걀형이며 30~70㎝ 길이고 가장자리가 구불거린다. 5~6월에 곧게 서는 줄기 끝의 커다란 원뿔꽃차례에 자잘한 연노란색 꽃이 모여 핀다. 꽃덮이조각은 6개이고 암술대는 3개이다.

❷ 토끼풀(콩과) *Trifolium repens* 여러해살이풀(높이 20~30㎝)
유럽 원산. 풀밭. 줄기는 땅바닥을 긴다. 잎은 어긋나고 세겹잎이며 작은잎은 거꿀하트형이다. 5~7월에 잎겨드랑이에서 나온 긴 꽃대 끝의 머리모양꽃차례는 지름 2㎝ 정도이고 나비 모양의 흰색 꽃이 둥글게 모여 피는데 꽃잎은 시들어도 계속 남아 있다.

❸ 흰자운영(콩과) *Astragalus sinicus* f. *albiflora* 두해살이풀(높이 10~25㎝)
들. 줄기는 모여나고 가지가 많이 갈라진다. 잎은 어긋나고 깃꼴겹잎이다. 4~5월에 잎겨드랑이의 우산꽃차례에 흰색 꽃이 둥글게 모여 핀다. 자운영(p.42)과 같은 종으로 본다.

❹ 노루삼(미나리아재비과) *Actaea asiatica* 여러해살이풀(높이 40~70㎝)
산의 숲속. 줄기에 어긋나는 2~3장의 잎은 2~4회세겹잎이다. 작은잎은 달걀형이며 끝이 뾰족하고 톱니가 있다. 5~6월에 줄기 끝에 달리는 둥근 솔 모양의 송이꽃차례는 3~5㎝ 길이이고 자잘한 흰색 꽃이 촘촘히 핀다. 동그스름한 열매는 검게 익으며 자루가 길다.

기타

❶ 나도수정초 ❷ 흰그늘용담 흰그늘용담 꽃 모양
광대수염 잎
❸ 광대수염 섬광대수염 잎 뒷면 ❹ 섬광대수염

❶ **나도수정초**(진달래과|노루발과) *Monotropastrum humile* 여러해살이풀(높이 8~15cm)
  산의 숲속. 부생식물이며 전체가 흰색이다. 5~7월에 줄기 끝에 1개의 종 모양 꽃이 고개를 숙이고 핀다. 암술머리는 진한 청자색이고 둥근 달걀형의 물열매가 열린다.

❷ **흰그늘용담**(용담과) *Gentiana chosenica* 두해살이풀(높이 5~7cm)
  한라산의 높은 곳 풀밭. 줄기는 모여난다. 뿌리잎은 달걀형이며 끝이 뾰족하고 가장자리에 작은 돌기가 있다. 줄기잎은 마주나고 밑부분이 합쳐져서 잎집으로 된다. 5~6월에 가지 끝에 깔때기 모양의 흰색 꽃이 1개씩 위를 향해 핀다. 5갈래로 갈라진 꽃받침조각은 피침형이다.

❸ **광대수염**(꿀풀과) *Lamium album v. barbatum* 여러해살이풀(높이 30~50cm)
  산. 네모진 줄기는 털이 있다. 잎은 마주나고 달걀형이며 끝이 뾰족하고 밑은 심장저이거나 둥글며 가장자리에는 톱니가 있다. 5~6월에 윗부분의 잎겨드랑이마다 입술 모양의 연노란색~흰색 꽃이 층층으로 돌려 가며 핀다. 윗입술꽃잎은 지붕처럼 덮인다.

❹ **섬광대수염**(꿀풀과) *Lamium takesimense* 여러해살이풀(높이 50~100cm)
  울릉도. 네모진 줄기는 털이 없다. 잎은 마주나고 달걀형이며 끝이 뾰족하고 밑부분은 둥글며 가장자리에는 굵은 톱니가 있다. 5~6월에 윗부분의 잎겨드랑이마다 입술 모양의 흰색 꽃이 층층으로 돌려 가며 핀다. 광대수염과 같은 종으로 본다.

❶ 흰꿀풀 ❷ 창질경이 창질경이 꽃차례
❸ 유럽큰고추풀 ❹ 흰지느러미엉겅퀴 흰지느러미엉겅퀴 꽃차례

❶ **흰꿀풀**(꿀풀과) *Prunella vulgaris* f. *albiflora* 여러해살이풀(높이 20~40cm)
산과 들의 풀밭. 잎은 마주나고 긴 달걀형이다. 5~7월에 줄기 끝에 달리는 원통형 꽃이삭에 입술 모양의 흰색 꽃이 촘촘히 돌려 가며 달린다. 꿀풀(p.46)과 같은 종으로 본다.

❷ **창질경이**(질경이과) *Plantago lanceolata* 여러해살이풀(높이 30~60cm)
유럽 원산. 들이나 길가. 뿌리잎은 피침형~좁은 달걀형이며 가장자리가 밋밋하고 털이 있다. 4~6월에 꽃줄기 끝의 이삭꽃차례에 흰색 꽃이 촘촘히 달리는데 4개의 수술은 밖으로 길게 벋고 꽃밥은 자주색이다. 열매는 긴 타원형이다.

❸ **유럽큰고추풀**(질경이과|현삼과) *Gratiola officinalis* 여러해살이풀(높이 15~40cm)
유럽 원산. 들의 습지. 네모진 줄기에 마주나는 잎은 가는 피침형이며 3개의 잎맥이 나란하고 거의 밋밋하다. 5~6월에 가지 위쪽의 잎겨드랑이에서 나오는 흰색 꽃은 꽃자루가 길다. 꽃부리는 트럼펫 모양이며 10~18mm 길이이고 끝이 4갈래로 갈라진다.

❹ **흰지느러미엉겅퀴**(국화과) *Carduus crispus* v. *albus* 두해살이풀(높이 70~100cm)
밭이나 길가. 줄기에 세로로 날카로운 가시가 달린 지느러미 모양의 날개가 있다. 잎은 어긋나고 피침형이며 깃꼴로 갈라지고 갈래조각 끝은 가시로 된다. 5~8월에 가지 끝에 피는 흰색 꽃송이의 총포조각은 가시 모양이다. 지느러미엉겅퀴(p.49)와 같은 종으로 본다.

기타

봄에 피는 흰색 풀꽃

❶ 흰지칭개 ❷ 유럽전호 유럽전호 잎
전호 열매
❸ 전호 개사상자 열매 ❹ 개사상자

❶ **흰지칭개**(국화과) *Hemistepta lyrata* f. *alba* **두해살이풀**(높이 60∼80㎝)
들. 깃꼴겹잎의 뒷면은 흰색 솜털로 덮여 있다. 5∼7월에 피는 흰색 꽃송이의 밑부분은 단지 모양이며 총포조각은 닭 볏 같은 돌기가 있다. 지칭개(p.49)와 같은 종으로 본다.

❷ **유럽전호**(미나리과) *Anthriscus caucalis* **한해살이풀**(높이 15∼80㎝)
유럽 원산. 들이나 산기슭. 잎은 어긋나고 3회깃꼴겹잎이며 작은잎은 다시 깃꼴로 잘게 갈라진다. 5∼6월에 잎겨드랑이의 겹우산꽃차례에 지름 2㎜ 정도의 흰색 꽃이 모여 핀다. 5장의 꽃잎은 크기가 비슷하다. 달걀형 열매는 굽은털이 빽빽하다.

❸ **전호**(미나리과) *Anthriscus sylvestris* **여러해살이풀**(높이 50∼100㎝)
산의 숲 가장자리. 잎은 어긋나고 2∼3회깃꼴겹잎이며 작은잎은 다시 깃꼴로 잘게 갈라진다. 5∼6월에 줄기 끝과 잎겨드랑이의 겹우산꽃차례에 자잘한 흰색 꽃이 모여 핀다. 5장의 꽃잎은 크기가 제각각이다. 피침형 열매는 밋밋하거나 돌기가 약간 있다.

❹ **개사상자**(미나리과) *Caucalis scabra* **두해살이풀**(높이 30∼60㎝)
산과 들의 풀밭. 잎은 어긋나고 2∼3회깃꼴겹잎이다. 6∼7월에 줄기와 가지 끝의 겹우산꽃차례에 자잘한 흰색∼연분홍색 꽃이 핀다. 작은꽃자루는 2∼6개이고 꽃은 각각 2∼7개씩 모여 달린다. 달걀형 열매는 자루가 있고 짧은 가시 모양의 털이 있다.

봄에 피는 녹색 풀꽃

꽃잎 3~5장

❶ 청개족도리
❷ 갈퀴덩굴
❸ 연복초
청개족도리 꽃 모양
갈퀴덩굴 열매
연복초 꽃 모양

❶ **청개족도리**(쥐방울덩굴과) *Asarum maculatum* f. *viride* 여러해살이풀(높이 5~20㎝)
제주도를 비롯한 남쪽 섬의 숲속. 뿌리에서 나오는 하트 모양의 잎은 8㎝ 정도 길이이며 가장자리가 밋밋하고 잎자루는 2.5~13㎝ 길이이다. 잎몸은 두껍고 앞면에 연한 색 얼룩무늬가 있다. 4~5월에 짧은 꽃줄기 끝에 족두리 모양의 연두색 꽃이 피는데 갈래조각 안쪽에 갈색 반점이 있다. 개족도리(p.12)와 같은 종으로 본다.

❷ **갈퀴덩굴**(꼭두서니과) *Galium spurium* 두해살이덩굴풀(길이 60~90㎝)
길가나 빈터. 줄기는 네모지고 가시털이 있다. 잎은 좁은 거꿀피침형이며 6~8장씩 돌려난다. 잎 가장자리와 뒷면의 잎맥 위에 잔가시가 있고 잎자루가 없다. 5~6월에 잎겨드랑이의 갈래꽃차례에 자잘한 황록색 꽃이 모여 핀다. 꽃부리는 4갈래로 깊게 갈라지며 수술은 4개이고 암술머리는 둥글다. 2개씩 달리는 둥근 열매는 표면에 갈고리 같은 털이 있다.

❸ **연복초**(연복초과) *Adoxa moschatellina* 여러해살이풀(높이 8~15㎝)
산의 숲속. 뿌리잎은 2~3회세겹잎이고 잎자루가 길다. 작은잎은 넓은 달걀형~원형이며 결각이 진다. 1쌍의 줄기잎은 잎몸이 3갈래로 깊게 갈라진다. 4~5월에 줄기 끝에 꽃자루가 없는 4~5개의 황록색 꽃이 머리모양꽃차례처럼 촘촘히 달린다. 꽃부리는 지름 5㎜ 정도이고 4~5갈래로 갈라진다. 복수초를 채집할 때 함께 딸려 나와서 '연복초'라고 한다.

꽃잎 5~6장

봄에 피는 녹색 풀꽃

❶ 밀나물 ❷ 선밀나물 ❸ 수영
밀나물 수꽃 선밀나물 암꽃 수영 뿌리잎

❶ **밀나물**(청미래덩굴과 | 백합과) *Smilax riparia* **여러해살이덩굴풀**(길이 2~3m)
  산과 들. 잎은 어긋나고 달걀형이며 가장자리가 밋밋하고 5~7개의 잎맥이 있다. 잎겨드랑이에 턱잎이 변한 1쌍의 덩굴손이 있다. 암수딴그루로 5~7월에 잎겨드랑이의 우산꽃차례에 자잘한 황록색 꽃이 모여 핀다. 수꽃의 꽃덮이조각은 6개이고 뒤로 젖혀지며 수술도 6개이다. 둥근 열매는 가을에 검은색으로 익으며 흰색 가루로 덮여 있다.

❷ **선밀나물**(청미래덩굴과 | 백합과) *Smilax nipponica* **여러해살이풀**(높이 1m 정도)
  산과 들. 줄기는 곧게 자라지만 윗부분에서 약간 덩굴진다. 잎은 어긋나고 타원형이며 뒷면은 연녹색이다. 잎겨드랑이에 덩굴손이 없다. 암수딴그루로 5~6월에 잎겨드랑이의 우산꽃차례에 자잘한 연녹색 꽃이 둥글게 모여 핀다. 암꽃의 꽃덮이조각은 6개이고 뒤로 젖혀지며 둥근 연녹색 씨방 끝에 3개의 암술대가 있다. 둥근 열매는 검게 익는다.

❸ **수영**(마디풀과) *Rumex acetosa* **여러해살이풀**(높이 30~80㎝)
  들과 산기슭의 풀밭. 뿌리잎은 긴 타원형이며 심장저이다. 줄기잎은 어긋나고 넓은 피침형이며 가장자리가 밋밋하고 위로 갈수록 잎자루가 없어진다. 암수딴그루로 5~6월에 줄기 끝의 원뿔꽃차례에 녹색 또는 녹자색의 자잘한 꽃이 모여 핀다. 암꽃의 꽃받침조각은 꽃이 지면 자라서 열매를 둘러싼다. 꽃이 지면 동글납작한 열매가 가득 매달린다.

115

꽃잎 6장~기타

봄에 피는 녹색 풀꽃

❶ 애기수영 애기수영 잎 ❷ 검은삿갓나물
❸ 삿갓나물 삿갓나물 꽃차례 ❹ 큰반하

❶ **애기수영**(마디풀과) *Rumex acetosella* 여러해살이풀(높이 20~50㎝)
유럽 원산. 중부 이남의 길가나 풀밭. 뿌리잎과 줄기잎은 피침형~긴 타원형이며 밑부분은 창검 같은 모양이고 가장자리가 밋밋하다. 4~6월에 가지 윗부분의 원뿔꽃차례에 녹색~녹자색의 작은 꽃이 모여 핀다. 둥근 타원형 열매는 3개의 모서리가 있다.

❷ **검은삿갓나물**(여로과ㅣ백합과) *Paris verticillata* v. *nigra* 여러해살이풀(높이 30~40㎝)
한라산과 지리산. 5~6월에 꽃자루 끝에 녹황색 꽃이 하늘을 보고 핀다. 삿갓나물과 비슷하지만 전체가 검붉은 자주색을 띠는 점이 다르다. 삿갓나물과 같은 종으로 본다.

❸ **삿갓나물**(여로과ㅣ백합과) *Paris verticillata* 여러해살이풀(높이 30~40㎝)
깊은 산. 줄기 끝에 6~8장의 타원형 잎이 원을 이루며 수평으로 돌려난다. 잎몸은 끝이 뾰족하고 밋밋하다. 5~6월에 잎 사이에서 자란 기다란 꽃자루 끝에 녹황색 꽃이 하늘을 보고 핀다. 4장의 겉꽃덮이조각은 잎처럼 보이고 4장의 노란색 속꽃덮이조각은 실처럼 가늘다.

❹ **큰반하/대반하**(천남성과) *Pinellia tripartita* 여러해살이풀(높이 20~50㎝)
경남의 숲속. 뿌리잎은 3갈래로 깊이 갈라지고 갈래조각은 넓은 타원형~달걀형이며 10~20㎝ 길이로 반하(p.117)보다 큰 편이다. 4~7월에 뿌리에서 나온 꽃줄기는 50㎝ 정도 높이이고 끝에 연녹색 꽃덮개 속에 들어 있는 꽃이삭이 채찍처럼 길게 벋는다.

❶ 반하 ❷ 둥근잎천남성
❸ 천남성 천남성 열매 ❹ 점박이천남성

❶ 반하(천남성과) *Pinellia ternata* 여러해살이풀(높이 20~40㎝)
밭이나 길가. 뿌리잎은 세겹잎이며 살눈이 생긴다. 작은잎은 타원형~좁은 피침형이며 끝이 뾰족하다. 5~6월에 뿌리에서 나온 꽃줄기 끝에 꽃이 피는데 기다란 꽃덮개 속에 들어 있는 꽃이삭은 채찍처럼 꽃덮개 밖으로 길게 벋고 꽃덮개 안쪽은 자주색을 띠기도 한다.

❷ 둥근잎천남성(천남성과) *Arisaema amurense* 여러해살이풀(높이 20~35㎝)
숲속. 줄기에 달리는 1장의 잎은 3~5장의 작은잎이 손바닥처럼 돌려나고 가장자리가 밋밋하다. 암수딴그루로 4~6월에 꽃이 핀다. 연녹색 꽃덮개 속에 들어 있는 꽃이삭은 둥근 막대 모양이다. 열매이삭은 붉게 익는다. 넓은잎천남성(*A. robustum*)도 본 종과 같은 종으로 본다.

❸ 천남성(천남성과) *Arisaema amurense* v. *serratum* 여러해살이풀(높이 20~35㎝)
산의 숲속. 줄기에 달리는 1장의 잎은 3~5장의 작은잎이 손바닥처럼 돌려나고 가장자리에 톱니가 있다. 4~6월에 연녹색 꽃이 핀다. 둥근잎천남성과 같은 종으로 본다.

❹ 점박이천남성(천남성과) *Arisaema serratum* 여러해살이풀(높이 30~80㎝)
산의 숲속. 줄기에 밤색의 얼룩무늬가 있다. 줄기에 달리는 2장의 잎은 각각 5~14장의 작은잎이 모여 달린다. 작은잎은 긴 타원형이며 끝이 뾰족하다. 4~6월에 꽃이 핀다. 연녹색의 꽃덮개는 자줏빛이 돌기도 하며 속에 들어 있는 꽃이삭은 둥근 막대 모양이다.

기타

봄에 피는 녹색 풀꽃

❶ 두루미천남성 ❷ 큰천남성 ❸ 개구리밥 개구리밥 뿌리 ❹ 좀개구리밥

❶ **두루미천남성**(천남성과) *Arisaema heterophyllum* 여러해살이풀(높이 50~100cm)
산의 풀밭. 줄기 위쪽에 달리는 1장의 잎에 13~19장의 작은잎이 새발 모양으로 모여 달린 모습이 두루미가 날개를 편 것처럼 보인다. 5~6월에 잎 사이에서 꽃줄기가 곧게 자란다. 녹색의 꽃덮개 속에 들어 있는 꽃이삭은 채찍처럼 꽃덮개 밖으로 길게 벋는다.

❷ **큰천남성**(천남성과) *Arisaema ringens* 여러해살이풀(높이 50cm 정도)
남부 지방의 숲속. 2장이 마주나는 잎은 세겹잎이다. 작은잎은 넓은 달걀형이고 8~30cm 길이이며 끝이 뾰족하고 앞면은 광택이 있으며 뒷면은 흰빛이 돈다. 4~6월에 꽃이 피는데 꽃덮개는 가장자리가 뒤로 말리고 속에 둥근 막대 모양의 꽃이삭이 들어 있다.

❸ **개구리밥**(천남성과|개구리밥과) *Spirodela polyrhiza* 여러해살이풀(높이 1~1.5cm)
논이나 연못의 물 위에 떠서 산다. 물 위에 뜨는 잎은 넓은 거꿀달걀형이며 지름 1cm 정도이고 5~11개의 잎맥이 있으며 광택이 난다. 자줏빛이 도는 잎 뒷면에서 5~11개의 가느다란 뿌리가 물속으로 내린다. 5~8월에 잎 뒷면에 흰색 꽃이 간혹 핀다.

❹ **좀개구리밥**(천남성과|개구리밥과) *Lemna perpusilla* 여러해살이풀(높이 5~10mm)
논이나 연못. 물 위에 뜨는 잎은 타원형이고 3~5mm 길이이며 3개의 잎맥이 있다. 잎 뒷면에서 1개의 가느다란 뿌리가 물속으로 내린다. 5~8월에 간혹 흰색 꽃이 핀다.

*개구리밥과 좀개구리밥은 주로 물 위에 떠 있는 잎의 모양을 보고 구분한다.

❶ 민솜대 ❷ 비짜루 / 비짜루 꽃 모양
❸ 방울비짜루 / 방울비짜루 꽃 모양 ❹ 천문동

❶ **민솜대**(아스파라거스과|백합과) *Maianthemum dahuricum* 여러해살이풀(높이 40㎝ 정도)
강원도 이북의 숲속. 줄기 양쪽으로 어긋나는 4~6장의 잎은 타원형이며 밑부분은 좁아져서 줄기를 반쯤 얼싸안는다. 5~7월에 줄기 끝의 송이꽃차례에 자잘한 연녹색 꽃이 핀다.

❷ **비짜루**(아스파라거스과|백합과) *Asparagus schoberioides* 여러해살이풀(높이 50~100㎝)
산과 들의 풀밭. 줄기는 가지가 많이 갈라진다. 3~7개씩 모여나는 바늘 모양의 잔가지가 잎처럼 보인다. 암수딴그루로 5~6월에 잎겨드랑이에 3~4개씩 모여 피는 백록색 꽃은 2~3㎜ 길이이며 꽃잎이 활짝 벌어지지 않고 꽃자루가 짧다. 둥근 열매는 붉은색으로 익는다.

❸ **방울비짜루**(아스파라거스과|백합과) *Asparagus oligoclonos* 여러해살이풀(높이 50~100㎝)
산과 들의 풀밭. 줄기는 보통 곧게 서고 잔가지는 세모진다. 잎은 퇴화되었고 1~8개씩 모여나는 바늘 모양의 잔가지가 잎처럼 보인다. 잔가지는 10~35㎜ 길이이다. 암수딴그루로 5~6월에 피는 꽃은 적갈색~황록색이고 6~9㎜ 길이이며 긴 꽃대에 2개씩 달린다.

❹ **천문동**(아스파라거스과|백합과) *Asparagus cochinchinensis* 여러해살이덩굴풀(길이 1~2m)
바닷가. 줄기는 다른 물체를 감고 자란다. 잎은 퇴화되었고 1~3개씩 모여나는 바늘 모양의 잔가지가 잎처럼 보인다. 5~6월에 잎겨드랑이에 3㎜ 정도 길이의 연한 녹황색 꽃이 1~3개씩 달린다. 꽃잎은 수평으로 벌어진다. 둥근 열매는 흰색으로 익는다.

기타

봄에 피는 녹색 풀꽃

❶ 둥굴레 ❷ 왕둥굴레 ❸ 각시둥굴레
둥굴레 꽃 단면 ¹⁾무늬둥굴레 각시둥굴레 꽃 모양

❶ **둥굴레**(아스파라거스과 | 백합과) *Polygonatum odoratum* v. *pluriflorum* 여러해살이풀(높이 30~70㎝)
산과 들. 다육질의 굵은 뿌리줄기가 옆으로 벋는다. 줄기는 비스듬히 휘어지고 윗부분은 모가 진다. 잎은 양쪽으로 어긋나고 긴 타원형이며 끝이 뾰족하고 잎자루가 없다. 5~6월에 잎겨드랑이에서 나온 꽃대에 원통형의 백록색 꽃이 1~2개씩 매달려 핀다. 꽃부리는 15~20㎜ 길이이며 끝부분은 녹색이 돈다. 둥근 열매는 가을에 검게 익는다. ¹⁾**무늬둥굴레**(f. *variegatum*)는 둥굴레의 품종으로 줄기 양쪽으로 어긋나는 잎에 연노란색 얼룩무늬가 있다. 원예용으로 화단에 심어 기르기도 한다. 둥굴레와 같은 종으로 본다.

❷ **왕둥굴레**(아스파라거스과 | 백합과) *Polygonatum robustum* 여러해살이풀(높이 75㎝ 정도)
산과 들의 양지. 줄기는 비스듬히 휘어지고 모가 지지 않는다. 잎은 줄기 양쪽으로 어긋나고 좁은 타원형~달걀형이며 뒷면은 흰빛이 돌고 0.8㎜ 정도의 아주 짧은 잎자루가 있다. 5~6월에 잎겨드랑이에 원통형의 백록색 꽃이 2~5개씩 매달려 핀다.

❸ **각시둥굴레**(아스파라거스과 | 백합과) *Polygonatum humile* 여러해살이풀(높이 15~30㎝)
산과 들의 풀밭. 줄기는 곧게 자란다. 잎은 줄기 양쪽으로 어긋나며 긴 타원형이고 잎자루가 없다. 잎 뒷면 잎맥 위와 가장자리에는 작은 돌기 같은 털이 있다. 5~6월에 잎겨드랑이에 기다란 종 모양의 백록색 꽃이 1~2개씩 매달려 핀다. 둥근 열매는 검게 익는다.

기타

봄에 피는 녹색 풀꽃

❶ 퉁둥굴레

❷ 용둥굴레 / 용둥굴레 꽃 모양

❸ 목포용둥굴레 / 목포용둥굴레 꽃봉오리

❹ 안면용둥굴레

❶ **퉁둥굴레**(아스파라거스과 | 백합과) *Polygonatum inflatum* 여러해살이풀(높이 40~80㎝)
산의 숲속. 줄기는 비스듬히 휘어지고 잎은 줄기 양쪽으로 어긋나며 긴 타원형이고 양면에 털이 없다. 5~6월에 잎겨드랑이에서 나온 꽃대에 3~7개의 원통형의 연녹색 꽃이 매달린다. 꽃송이에는 꽃과 같은 수의 피침형 포가 있는데 열매를 맺을 무렵에는 떨어진다.

❷ **용둥굴레**(아스파라거스과 | 백합과) *Polygonatum involucratum* 여러해살이풀(높이 20~40㎝)
산의 나무 그늘. 줄기는 윗부분에서 비스듬히 휘어진다. 잎은 줄기 양쪽으로 어긋나며 긴 타원형이고 뒷면은 회백색이다. 5~6월에 잎겨드랑이에서 나온 꽃대에 달리는 2개의 백록색 꽃은 2개의 달걀형 포에 싸여 있다. 포는 열매를 맺을 때까지 남아 있다.

❸ **목포용둥굴레**(아스파라거스과 | 백합과) *Polygonatum cryptanthum* 여러해살이풀(높이 20~60㎝)
주로 남서해안의 산기슭. 줄기는 윗부분에서 비스듬히 휘어진다. 잎은 줄기 양쪽으로 어긋나며 긴 타원형이고 밋밋하다. 5~6월에 잎겨드랑이에서 나온 꽃대에 달리는 2~6개의 녹백색 꽃은 같은 수의 달걀형 포에 완전히 싸여 있다. 포는 끝까지 남아 있다.

❹ **안면용둥굴레**(아스파라거스과 | 백합과) *Polygonatum desoulavyi* 여러해살이풀(높이 30㎝ 정도)
주로 남서해안의 산기슭. 5~6월에 잎겨드랑이에서 나온 꽃대에 1~2개의 녹백색 꽃이 달린다. 피침형 포는 작은꽃자루 윗부분에 달리지만 변이가 심하다.

기타

❶ 죽대 ❷ 진황정 진황정 꽃 모양
❸ 층층둥굴레 층층둥굴레 꽃 모양 ❹ 층층갈고리둥굴레

❶ **죽대**(아스파라거스과|백합과) *Polygonatum lasianthum* 여러해살이풀(높이 30~60cm)
산의 숲속. 줄기는 비스듬히 서고 세로줄이 있다. 잎은 줄기 양쪽으로 어긋나고 긴 타원형이며 가장자리가 밋밋하다. 잎 뒷면은 회백색이고 돌기가 없다. 5~7월에 잎겨드랑이에서 나온 기다란 꽃대는 좌우로 번갈아 배열되며 원통형의 백록색 꽃이 1~2개씩 달린다.

❷ **진황정**(아스파라거스과|백합과) *Polygonatum falcatum* 여러해살이풀(높이 50~80cm)
산의 숲 가장자리. 뿌리줄기는 마디가 짧으며 염주 모양이 된다. 둥근 줄기는 비스듬히 휘어진다. 5~6월에 잎겨드랑이에서 나온 꽃대에 2~5개의 원통형 꽃이 매달린다.

❸ **층층둥굴레**(아스파라거스과|백합과) *Polygonatum stenophyllum* 여러해살이풀(높이 30~90cm)
산. 잎은 줄기에 3~5장씩 돌려나며 선형~넓은 선형이고 뒷면은 분백색이다. 6월경에 잎겨드랑이에 백록색 꽃이 돌려 가며 달린다. 잎겨드랑이에서 나온 짧은 꽃대에 2개의 원통형 꽃이 늘어지고 피침형 포도 2개씩이다. 둥근 열매는 검은색으로 익는다.

❹ **층층갈고리둥굴레**(아스파라거스과|백합과) *Polygonatum sibiricum* 여러해살이풀(높이 40~120cm)
북부 지방의 양지쪽 풀밭. 잎은 줄기에 3~8장씩 돌려나고 좁은 피침형~넓은 선형이며 끝은 갈고리처럼 말린다. 5~6월에 잎겨드랑이에서 나온 4~6개의 기다란 꽃대에 각각 2~3개의 백록색 꽃이 매달린다. 포는 피침형이며 꽃이 피면 떨어진다.

봄에 피는 녹색 풀꽃

❶ 보춘화   ❷ 대극   대극 꽃 모양
❸ 붉은대극   붉은대극 꽃 모양   ❹ 낭독

❶ **보춘화/춘란**(난초과) *Cymbidium goeringii* 늘푸른여러해살이풀(높이 10~25㎝)
남부 지방의 숲속. 뿌리에서 모여나는 선형 잎은 가장자리에 돌기 같은 톱니가 있다. 3~4월에 잎 사이에서 자란 꽃줄기 끝에 1~2개의 연한 황록색 꽃이 옆을 보고 핀다.

❷ **대극**(대극과) *Euphorbia pekinensis* 여러해살이풀(높이 20~70㎝)
산기슭의 풀밭. 잎은 어긋나고 피침형이며 작은 잔톱니가 있고 뒷면은 백록색이다. 잎자루가 없다. 줄기 위쪽에는 5장의 잎이 포조각처럼 돌려난다. 5~6월에 가지 끝의 등잔모양꽃차례에 황록색 꽃이 핀다. 세모진 둥근 열매는 사마귀 같은 돌기가 있다.

❸ **붉은대극**(대극과) *Euphorbia ebracteolata* 여러해살이풀(높이 40~50㎝)
산의 숲속. 어릴 때는 줄기와 잎이 홍자색이다. 잎은 어긋나고 긴 타원형이며 가장자리는 밋밋하고 측맥이 보인다. 4~5월에 가지 끝의 등잔모양꽃차례에 황록색 꽃이 핀다. 총포조각과 소총포는 각각 2개씩이다. 둥근 열매는 밋밋하고 6개의 세로줄이 있다.

❹ **낭독**(대극과) *Euphorbia fischeriana* 여러해살이풀(높이 40~60㎝)
중부 이북의 깊은 산. 새순은 붉은색이다. 줄기 밑에서는 피침형 잎이 어긋나고 위에서는 5장씩 돌려난다. 잎 뒷면은 연녹색이며 주맥이 뚜렷하다. 5~6월에 줄기 끝이나 잎겨드랑이의 등잔모양꽃차례에 녹색 꽃이 핀다. 총포조각과 소총포는 각각 2개씩이다.

기타

❶ 개감수(대극과) *Euphorbia sieboldiana* 여러해살이풀(높이 20~40㎝)
산의 숲속. 잎은 어긋나고 거꿀피침형~긴 타원형이며 잎자루가 없고 주맥은 뒷면으로 튀어나온다. 줄기 끝에는 5장의 잎이 포조각처럼 돌려난다. 4~5월에 가지 끝의 등잔모양꽃차례에 황록색 꽃이 핀다. 꿀샘덩이는 초승달 모양이다. 3갈래로 갈라진 달걀형 열매는 표면이 밋밋하다.

❷ 암대극(대극과) *Euphorbia jolkinii* 여러해살이풀(높이 40~80㎝)
바닷가의 바위 지대. 줄기 밑부분은 목질화된다. 잎은 촘촘히 어긋나고 좁은 피침형이며 가장자리가 밋밋하다. 4~5월에 줄기 끝의 등잔모양꽃차례에 황록색 꽃이 핀다. 꽃이 필 때 꽃을 받치는 총포조각은 노란색을 띤다. 달걀형 열매는 사마귀 같은 돌기가 있다.

❸ 흰대극(대극과) *Euphorbia esula* 여러해살이풀(높이 20~40㎝)
바닷가. 꽃이 달리지 않는 줄기나 가지에는 작은잎이 빽빽이 달린다. 잎은 어긋나고 거꿀피침형이며 밋밋하다. 5~7월에 줄기 끝이나 잎겨드랑이의 등잔모양꽃차례에 황록색 꽃이 핀다. 꽃이 필 때 꽃을 받치는 총포조각은 노란색을 띤다. 열매는 밋밋하다.

❹ 등대풀(대극과) *Euphorbia helioscopia* 두해살이풀(높이 25~35㎝)
경기도 이남의 풀밭과 길가. 잎은 어긋나고 거꿀달걀형이며 잔톱니가 있다. 5월에 가지 끝에 등잔모양꽃차례가 달린다. 둥근 달걀형 열매는 표면이 매끈하고 3갈래로 갈라진다.

봄에 피는 녹색 풀꽃

❶ 산쪽풀 ❷ 나도물통이 ❸ 냄새냉이 ❹ 인삼 / 인삼 열매 ❺ 주걱잎풀솜나물

❶ **산쪽풀**(대극과) *Mercurialis leiocarpa* 여러해살이풀(높이 25~50㎝)
남쪽 섬의 숲속. 네모진 줄기에 잎은 마주나고 긴 타원형~좁은 달걀형이며 끝이 뾰족하다. 암수한그루로 3~5월에 연녹색 이삭꽃차례가 선다. 암꽃차례는 꽃이삭 위쪽에 달린다.

❷ **나도물통이**(쐐기풀과) *Nanocnide japonica* 여러해살이풀(높이 10~20㎝)
전라도와 제주도의 산. 암수한그루로 4~5월에 줄기 윗부분의 잎겨드랑이에서 나오는 긴 꽃자루 끝에 피는 수꽃은 안쪽으로 말려 있던 수술이 바깥쪽으로 튕기면서 꽃가루를 뿌린다.

❸ **냄새냉이/미륵냉이**(겨자과) *Lepidium didymum* 두해살이풀(높이 10~20㎝)
유럽 원산. 남해안 이남. 고약한 냄새가 난다. 잎은 어긋나고 1~2회 깃꼴로 갈라진다. 5~9월에 잎과 마주나는 송이꽃차례에 자잘한 연노란색 꽃이 피고 열매는 2개의 구슬 모양이다.

❹ **인삼**(미나리과) *Panax ginseng* 여러해살이풀(높이 60㎝ 정도)
산의 숲속. 줄기 끝에 손꼴겹잎이 3~4장씩 모여나는데 5장의 작은잎은 달걀형이다. 4~6월에 꽃줄기 끝의 우산꽃차례에 자잘한 연녹색 꽃이 달린다. 둥근 열매는 붉게 익는다.

❺ **주걱잎풀솜나물**(국화과) *Gnaphalium pensylvanicum* 한두해살이풀(높이 10~30㎝)
열대 아메리카 원산. 제주도의 풀밭. 뿌리잎과 줄기잎은 주걱형이며 뒷면에 흰색 털이 더욱 많다. 5~9월에 줄기 끝과 윗부분의 잎겨드랑이에 여러 개의 연한 녹갈색 꽃이삭이 붙는다.

기타

봄에 피는 녹색 풀꽃

❶ 선풀솜나물 선풀솜나물 열매 ❷ 자주풀솜나물

❸ 왜떡쑥 ❹ 풀솜나물 풀솜나물 열매

❶ **선풀솜나물**(국화과) *Gnaphalium calviceps* 한두해살이풀(높이 15~60㎝)
북아메리카 원산. 제주도의 풀밭. 전체가 솜털로 덮여 있다. 잎은 어긋나고 주걱형~거꿀피침형이다. 5~9월에 잎겨드랑이에 작은 꽃이삭이 모여 달리며 전체적으로 원뿔형의 꽃차례 모양이 된다. 포조각은 5~7줄로 붙고 달걀형~피침형이다.

❷ **자주풀솜나물**(국화과) *Gnaphalium purpureum* 한해살이풀(높이 20~40㎝)
북아메리카 원산. 제주도의 풀밭. 전체에 긴 흰색 솜털이 있다. 잎은 촘촘히 어긋나고 주걱형이며 끝이 둥글고 뒷면에 흰색 털이 더욱 많다. 4~6월에 줄기 끝에 여러 개의 갈색 꽃이삭이 촘촘히 붙는다. 총포 밑부분에 부드러운 긴털이 모여 달린다.

❸ **왜떡쑥**(국화과) *Gnaphalium uliginosum* 한해살이풀(높이 15~30㎝)
습한 밭과 들. 전체가 흰색 털로 덮여 있고 줄기는 여러 대가 모여난다. 잎은 어긋나고 위가 넓은 선형이며 가장자리가 밋밋하고 꽃차례까지 달린다. 5~7월에 가지 끝과 줄기 끝에 꽃이삭이 둥글게 모여 달린다. 총포는 반구형이며 총포조각은 3줄로 붙는다.

❹ **풀솜나물**(국화과) *Euchiton japonicus* 여러해살이풀(높이 8~20㎝)
양지쪽 풀밭. 뿌리잎은 좁은 거꿀피침형이고 줄기잎은 선형이다. 5~7월에 줄기 끝에 여러 개의 녹갈색 꽃이삭이 모여 달린다. 꽃차례 밑부분에 3~4개의 피침형 포조각이 돌려난다.

*풀솜나물 종류는 비교하기 쉽도록 함께 모아 실었다.

❶ 괭이사초 꽃이삭
❷ 산괭이사초
❸ 나도별사초   나도별사초 열매이삭   ❹ 타래사초

❶ 괭이사초(사초과) *Carex neurocarpa* 여러해살이풀(높이 30~60㎝)
들과 산기슭. 모여나는 줄기 끝에 기다란 원뿔형의 꽃이삭이 위를 향해 달린다. 꽃이삭 밑에는 잎처럼 생긴 포가 사방으로 퍼지는데 꽃이삭보다 3~5배 길다. 5~6월에 꽃이 핀다.

❷ 산괭이사초(사초과) *Carex leiorhyncha* 여러해살이풀(높이 20~60㎝)
양지쪽 습지. 잎은 어긋나고 납작한 선형이다. 모여나는 줄기 끝에 달리는 기다란 원통형 꽃이삭은 비스듬히 휘어진다. 꽃이삭 밑에는 가시나 잎 같은 2~3개의 포가 있다. 5~7월에 꽃이 핀다. 열매주머니는 납작한 좁은 달걀형이며 밑부분은 둥글고 윗부분에는 잔점이 있다.

❸ 나도별사초(사초과) *Carex gibba* 여러해살이풀(높이 30~70㎝)
경기도 이남의 풀밭. 뿌리줄기는 짧고 줄기는 여러 대가 모여난다. 잎은 줄기보다 짧다. 5~6월에 줄기 윗부분에 5~8개의 작은꽃이삭이 달리는데 각각 윗부분에는 암꽃, 밑부분에는 수꽃이 약간 핀다. 작은꽃이삭 밑부분에는 기다란 포가 있다. 암술머리는 3개이다.

❹ 타래사초(사초과) *Carex maackii* 여러해살이풀(높이 40~60㎝)
경기도 이북의 습지. 뿌리줄기는 짧고 줄기는 여러 대가 모여난다. 5~6월에 줄기 윗부분에 6~14개의 작은꽃이삭이 달리는데 각각 윗부분에는 암꽃, 밑부분에는 수꽃이 약간 핀다. 암술머리는 2개이다. 작은꽃이삭 밑부분에 포가 자라지 않는다.

기타

❶ **통보리사초**(사초과) *Carex kobomugi* 여러해살이풀(높이 10~20㎝)
바닷가 모래땅. 잎은 억세고 너비 4~6㎜이며 가장자리에 잔톱니가 있다. 암수딴그루로 4~6월에 줄기 끝에 달리는 꽃이삭은 긴 타원형이며 4~6㎝ 길이이고 곧게 선다. 꽃이삭 밑에 달리는 2~3개의 포는 잎 같으며 꽃이삭보다 작다. 열매주머니는 위로 선다.

❷ **한라사초**(사초과) *Carex erythrobasis* 여러해살이풀(높이 10~40㎝)
깊은 산의 숲속. 줄기는 엉성하게 모여나고 밑부분의 잎집은 약간 붉은빛이 돈다. 잎은 편평하며 너비 2~4㎜이다. 5~6월에 꽃이 핀다. 줄기 끝에는 기다란 수꽃이삭이 달리고 그 밑에 달리는 2~4개의 암꽃이삭은 짧은 원기둥 모양이며 암꽃이 성글게 달린다.

❸ **산거울**(사초과) *Carex humilis* 여러해살이풀(높이 6~10㎝)
산의 숲속. 뿌리에서 모여나는 잎은 기다란 실 같으며 너비 1㎜ 정도이고 털이 있어서 거칠다. 4~5월에 여러 대가 모여나는 꽃이 달린 줄기는 흔히 잎 틈에 가려진다.

❹ **그늘사초**(사초과) *Carex lanceolata* 여러해살이풀(높이 10~40㎝)
산의 건조한 풀밭. 뿌리에서 모여나는 잎은 기다란 실 같으며 너비 1~2㎜이다. 4~5월에 모여나는 줄기는 잎보다 길다. 줄기 윗부분에 3~6개의 작은꽃이삭이 달리는데 끝에는 기다란 수꽃이삭이 달리고 나머지는 암꽃이삭이다. 잎은 꽃이 진 다음에 길게 자란다.

기타

봄에 피는 녹색 풀꽃

❶ 밀사초

❷ 애기바늘사초 / 애기바늘사초 열매이삭

❸ 바늘사초

❹ 솔잎사초 / 솔잎사초 뿌리잎

❶ 밀사초(사초과) *Carex boottiana* 여러해살이풀(높이 30~40cm)
 남부 지방의 바닷가. 3~5월에 줄기에 3~6개의 작은꽃이삭이 달린다. 끝에는 원통형의 수꽃이삭이 곧게 서고 그 밑의 작은꽃이삭 밑부분에는 암꽃, 윗부분에는 수꽃이 달린다.

❷ 애기바늘사초(사초과) *Carex hakonensis* 여러해살이풀(높이 10~30cm)
 산의 습한 곳. 실 모양의 잎은 너비 1mm 정도이며 가장자리가 약간 까끌거리고 안쪽으로 말린다. 5~6월에 줄기 끝에 달리는 1개의 꽃이삭은 3~5mm 크기이며 끝에는 수꽃이 피고 그 밑에는 암꽃이 촘촘히 핀다. 열매주머니는 달걀형이며 2mm 정도 크기이다.

❸ 바늘사초(사초과) *Carex onoei* 여러해살이풀(높이 15~30cm)
 산의 그늘진 습지. 줄기보다 짧은 잎은 너비 1.5~3mm이며 말리지 않는다. 5~6월에 줄기 끝에 달리는 1개의 꽃이삭은 4~6mm 길이이며 끝에는 수꽃이 피고 그 밑에는 암꽃이 촘촘히 핀다. 열매주머니는 세모진 달걀형이며 2.5~3mm 길이이고 가는 맥이 있다.

❹ 솔잎사초(사초과) *Carex rara* 여러해살이풀(높이 10~40cm)
 습지. 잎은 편평하거나 약간 말리고 너비 1mm 정도이다. 5~6월에 줄기 끝에 달리는 1개의 꽃이삭은 1~2cm 길이이며 끝에는 수꽃이 피고 그 밑에는 암꽃이 촘촘히 핀다. 열매주머니는 넓은 달걀형이며 1.5~2mm 길이이고 여러 개의 맥이 있다.

기타

❶ 잔솔잎사초
❷ 개찌버리사초
개찌버리사초 열매이삭
❸ 무늬사초
❹ 참삿갓사초
참삿갓사초 꽃이삭

❶ **잔솔잎사초**(사초과) *Carex capillacea* **여러해살이풀(높이 10~30cm)**
습한 곳. 잎은 납작하거나 약간 안쪽으로 말리며 너비 1mm 정도이다. 4~5월에 줄기 끝에 달리는 1개의 꽃이삭은 5~12mm 길이이며 끝에는 3~5개의 수꽃이 달리고 그 밑에는 5~10개의 암꽃이삭이 달린다. 열매주머니는 2.5~4mm 길이이다.

❷ **개찌버리사초**(사초과) *Carex japonica* **여러해살이풀(높이 20~40cm)**
그늘진 풀밭. 뿌리줄기에서 가는 줄기가 모여난다. 5~6월에 줄기 윗부분에 2~4개의 작은꽃이삭이 달리는데 끝의 이삭은 수꽃이삭이다. 밑부분의 암꽃이삭은 타원형이고 1~2cm 길이이다. 열매주머니는 달걀형이며 맥이 있고 끝이 2개로 갈라진다.

❸ **무늬사초**(사초과) *Carex maculata* **여러해살이풀(높이 20~60cm)**
제주도와 목포의 습지. 잎은 납작하며 회녹색이고 너비 3~6mm이며 3개의 잎맥이 뚜렷하다. 4~5월에 줄기 윗부분에 3~4개의 작은꽃이삭이 곧게 선다. 끝에 달리는 수꽃이삭은 암꽃이 섞이기도 한다. 열매주머니는 3~5개의 맥이 있고 작은 돌기가 빽빽하다.

❹ **참삿갓사초**(사초과) *Carex jaluensis* **여러해살이풀(높이 40~70cm)**
하구의 모래땅. 5~6월에 줄기 윗부분에 4~6개의 작은꽃이삭이 위를 향하는데 끝의 1~2개는 수꽃이삭으로 원기둥 모양이고 나머지는 암꽃이삭이다. 열매이삭은 끝이 처진다.

❶ 삿갓사초 ❷ 애기흰사초　애기흰사초 열매이삭
❸ 골사초　골사초 시든 꽃이삭　❹ 낚시사초

❶ 삿갓사초(사초과) *Carex dispalata* 여러해살이풀(높이 40~100㎝)
습지. 잎은 두껍고 너비 4~8mm이다. 4~6월에 줄기 윗부분에 4~7개의 작은꽃이삭이 위를 향하는데 끝의 이삭은 수꽃이삭이고 나머지는 암꽃이삭이다. 열매주머니는 세모진 달걀형이며 비스듬히 퍼지고 맥은 중간 이하에 있다. 열매이삭은 끝부분이 조금 휘어진다.

❷ 애기흰사초(사초과) *Carex mollicula* 여러해살이풀(높이 15~30㎝)
산의 숲속. 세모진 줄기는 모서리가 날카롭고 1장의 잎이 달린다. 잎은 편평하고 너비 4~8mm이며 부드럽다. 4~5월에 줄기 끝에 3~6개의 작은꽃이삭이 모여 달린다. 끝의 수꽃이삭은 선형이며 곧게 선다. 옆에 달리는 암꽃이삭은 짧은 원통형이며 15~30mm 길이이다.

❸ 골사초(사초과) *Carex aphanolepis* 여러해살이풀(높이 20~40㎝)
그늘진 풀밭. 5~7월에 줄기 윗부분에 3~4개의 작은꽃이삭이 달린다. 끝의 수꽃이삭은 선형이며 곧게 선다. 옆에 달리는 암꽃이삭은 구형~타원형이며 자루가 없다.

❹ 낚시사초(사초과) *Carex filipes* 여러해살이풀(높이 30~50㎝)
산의 숲속. 전체에 털이 없으며 잎은 너비 6~13mm이고 연한 청록색이며 부드럽다. 4~5월에 줄기 끝에 달리는 수꽃이삭은 곧게 선다. 줄기 중간 부분에 달리는 암꽃이삭은 자루가 길며 암꽃이 성글게 달리고 낚싯대를 드리운 것처럼 밑으로 늘어진다.

기타

❶ 대사초　❷ 곱슬사초　❸ 도깨비사초　❹ 천일사초

❶ **대사초**(사초과) *Carex siderosticta* 여러해살이풀(높이 10~40㎝)

숲속. 잎은 피침형이고 너비 1~3㎝이며 3개의 잎맥이 뚜렷하고 가장자리가 깔깔하다. 4~5월에 꽃줄기 윗부분에 4~8개의 작은꽃이삭이 달린다. 작은꽃이삭의 윗부분에는 수꽃이 달리고 밑부분에는 암꽃이 달린다. 열매주머니는 세모진 타원형이고 털이 없다.

❷ **곱슬사초**(사초과) *Carex glabrescens* 여러해살이풀(높이 30~70㎝)

모래땅이나 습지. 잎은 회녹색이고 너비 3.5~4㎜이며 딱딱하다. 5~6월에 줄기 끝에 곧게 서는 1~3개의 선형 수꽃이삭은 2~4㎝ 길이이고 그 밑에 붙는 2~3개의 암꽃이삭은 원기둥 모양이며 4~5㎝ 길이이고 짧은 자루가 있다. 열매주머니는 맥이 많고 털이 있다.

❸ **도깨비사초**(사초과) *Carex dickinsii* 여러해살이풀(높이 20~50㎝)

물가나 습지. 5~6월에 줄기 끝에 보통 3개의 작은꽃이삭이 달린다. 끝의 수꽃이삭은 선형이고 옆의 암꽃이삭은 타원형이다. 열매이삭은 도깨비방망이처럼 생겼다.

❹ **천일사초**(사초과) *Carex scabrifolia* 여러해살이풀(높이 30~70㎝)

바닷가 습지. 잎은 너비 1.5~2.5㎜이다. 5~6월에 줄기 끝에 곧게 서는 2~3개의 선형 수꽃이삭은 2~4㎝ 길이이고 밑으로 약간 떨어져 달리는 원기둥 모양의 암꽃이삭은 1~2㎝ 길이이며 1~2개가 떨어져서 달린다. 열매주머니는 세모진 긴 타원형이며 맥이 많다.

❶ 좀보리사초 ❷ 융단사초 ❸ 산뚝사초

좀보리사초 꽃이삭   융단사초 열매이삭   산뚝사초 열매이삭

❶ **좀보리사초**(사초과) *Carex pumila* 여러해살이풀(높이 10~25㎝)
바닷가 모래땅. 가느다란 뿌리줄기가 옆으로 길게 벋는다. 잎은 줄기보다 길거나 거의 같고 너비 3~4㎜이다. 5~6월에 줄기 끝에 곧게 서는 2~3개의 선형 수꽃이삭은 2~3㎝ 길이이다. 수꽃이삭 밑으로 약간 떨어져 달리는 원기둥 모양의 암꽃이삭은 15~30㎜ 길이이며 1~2개가 가깝게 달린다. 열매주머니는 달걀 모양의 원뿔형이며 맥이 있다.

❷ **융단사초**(사초과) *Carex miyabei* 여러해살이풀(높이 30~70㎝)
산의 물가나 습지. 굵은 뿌리줄기가 길게 벋는다. 잎은 줄기보다 길고 너비 3~8㎜이며 가장자리와 뒷면은 까끌거린다. 5~6월에 줄기 윗부분에 3~6개의 작은꽃이삭이 위를 향해 달린다. 줄기 끝에는 2~3개의 선형 수꽃이삭이 달리고 그 밑에 달리는 원기둥 모양의 암꽃이삭에는 몇 개의 수꽃이 달리기도 한다. 열매주머니는 비스듬히 벌어진다.

❸ **산뚝사초**(사초과) *Carex forficula* 여러해살이풀(높이 30~70㎝)
산의 개울가. 줄기는 여러 대가 모여나 포기를 이룬다. 줄기 밑부분의 잎집은 그물 같은 섬유로 덮인다. 잎은 줄기와 길이가 비슷하거나 더 길고 너비 2.5~4㎜이다. 5~6월에 줄기 윗부분에 3~6개의 작은꽃이삭이 위를 향해 달린다. 작은꽃이삭 끝에는 선형 수꽃이삭이 달리고 그 밑에는 원기둥 모양의 암꽃이삭이 달린다. 열매주머니는 긴 부리가 있다.

기타

❶ 이삭사초   이삭사초 열매이삭   ❷ 왕비늘사초

❸ 도루박이   도루박이 꽃이삭   ❹ 산꿩의밥

❶ **이삭사초**(사초과) *Carex dimorpholepis* 여러해살이풀(높이 50~80cm)
습지. 잎은 편평하며 가장자리가 거칠거칠하다. 5~7월에 줄기 윗부분에서 비스듬히 늘어지는 4~6개의 작은꽃이삭은 원기둥 모양이고 3~6cm 길이이다. 맨 끝의 작은꽃이삭은 윗부분에 암꽃, 밑부분에 수꽃이 달리고 밑의 나머지 작은꽃이삭은 모두 암꽃이삭이다.

❷ **왕비늘사초**(사초과) *Carex maximowiczii* 여러해살이풀(높이 40~70cm)
습한 곳. 5~6월에 줄기 윗부분에 2~4개의 작은꽃이삭이 달린다. 줄기 맨 끝에는 선형의 수꽃이삭이 달리고 그 밑에 달리는 암꽃이삭은 짧은 원기둥 모양이며 긴 자루에 매달린다.

❸ **도루박이**(사초과) *Scirpus radicans* 여러해살이풀(높이 70~150cm)
습지나 개울가. 5~7월에 줄기 끝에 지름 10~20cm의 커다란 겹우산꽃차례가 달리고 작은꽃자루에 1개의 작은꽃이삭이 달린다. 꽃이 피지 않는 줄기는 끝이 밑으로 처지면서 땅에 닿으면 뿌리를 내리기 때문에 도로 박는 것처럼 보여서 '도루박이'라고 한다.

❹ **산꿩의밥**(골풀과) *Luzula multiflora* 여러해살이풀(높이 20~40cm)
산기슭의 풀밭. 줄기는 여러 대가 모여나며 전체에 털이 많다. 5월에 꽃줄기 끝에서 우산살처럼 갈라진 5~10개의 가지 끝마다 작은 머리모양꽃차례가 달린다. 머리모양꽃차례는 지름 6mm 정도이고 15개 정도의 꽃이 달린다. 꽃과 열매는 2.5~3mm 길이이다.

기타

봄에 피는 녹색 풀꽃

❶ 꿩의밥 / 꿩의밥 꽃이삭
❷ 띠
❸ 개피 / 개피 열매이삭
❹ 방울새풀

❶ **꿩의밥**(골풀과) *Luzula capitata* 여러해살이풀(높이 10~30㎝)

산과 들의 풀밭. 줄기에 어긋나는 선형 잎은 가장자리에 긴 흰색 털이 있다. 4~5월에 줄기 끝에 보통 1개가 달리는 머리모양꽃차례에 적갈색의 자잘한 꽃이 촘촘히 달린다.

❷ **띠**(벼과) *Imperata cylindrica* 여러해살이풀(높이 30~80㎝)

산과 들의 풀밭. 뿌리줄기가 벋으며 무리 지어 자란다. 선형 잎은 너비 7~12㎜이며 줄기 밑부분에 모여난다. 5~6월에 줄기 끝에 둥근 기둥 모양의 좁은 원뿔꽃차례가 달린다. 씨앗이 여물면 이삭이 솜털 뭉치처럼 되며 솜털이 달린 씨앗은 바람에 날려 퍼진다.

❸ **개피**(벼과) *Beckmannia syzigachne* 한두해살이풀(높이 30~90㎝)

논과 습지. 줄기는 여러 대가 모여나며 털이 없다. 잎혀는 달걀형~삼각형이다. 5~6월에 줄기 끝에 곧게 서는 원뿔꽃차례는 15~35㎝ 길이이며 짧은 꽃가지가 촘촘히 달린다. 꽃가지마다 2줄로 촘촘히 달리는 작은꽃이삭은 연녹색이며 1~2개의 꽃이 들어 있다.

❹ **방울새풀**(벼과) *Briza minor* 한해살이풀(높이 30~40㎝)

유럽 원산. 제주도의 들. 5~6월에 가는 줄기 끝에 달리는 원뿔꽃차례에서 꽃가지가 옆으로 퍼진다. 작은꽃이삭은 실 같은 가지 끝에 매달려 밑으로 처진다. 작은꽃이삭은 세모진 달걀형이며 3~4㎜ 길이이고 3~6개의 꽃이 들어 있다.

기타

❶ 호밀풀 ❶ 호밀풀 꽃이삭 ❷ 새포아풀
❸ 잔디 잔디 기는줄기 ❹ 향모

❶ 호밀풀(벼과) *Lolium perenne* 여러해살이풀(높이 30~60㎝)
유럽 원산. 들. 줄기는 모여나며 전체에 털이 없다. 5~6월에 줄기 끝의 이삭꽃차례에 2줄로 어긋나게 붙는 선형의 작은꽃이삭은 자루가 없다. 작은꽃이삭은 납작하며 15~18㎜ 길이이고 6~10개의 꽃이 들어 있으며 밑에 가시 같은 털이 있다.

❷ 새포아풀(벼과) *Poa annua* 한두해살이풀(높이 10~25㎝)
들. 모여나는 줄기는 곧게 서거나 땅을 기고 매끈하다. 잎혀는 반원형이다. 4~9월에 줄기 끝에 달리는 원뿔꽃차례는 달걀형이며 3~8㎝ 길이이고 밋밋하며 가지가 2개씩 달려서 수평으로 퍼진다. 작은꽃이삭에는 3~6개의 꽃이 들어 있으며 속깍지에는 털이 있다.

❸ 잔디(벼과) *Zoysia japonica* 여러해살이풀(높이 10~15㎝)
양지쪽 풀밭. 땅 위를 벋는 줄기의 마디에서 뿌리가 내리고 잎의 너비 2~5㎜이다. 5~6월에 줄기 끝에 달리는 이삭꽃차례는 곧게 서고 작은꽃이삭이 다닥다닥 달린다.

❹ 향모(벼과) *Hierochloe odorata* 여러해살이풀(높이 20~40㎝)
산과 들의 양지쪽 풀밭. 뿌리줄기가 벋으면서 무리 지어 자란다. 뿌리줄기는 향기가 있다. 4~5월에 줄기 끝에 곧게 서는 원뿔꽃차례는 꽃가지가 2~3개씩 엉성하게 달린다. 작은꽃이삭은 넓은 거꿀달걀형이고 약간 편평하며 4~6㎜ 길이이고 까끄라기가 없다.

기타

봄에 피는 녹색 풀꽃

❶ 뚝새풀 ❷ 쇠돌피 ❸ 메귀리 ❹ 귀리

❶ **뚝새풀**(벼과) *Alopecurus aequalis* 두해살이풀(높이 20~40cm)
  논밭. 4~5월에 줄기 끝에서 곧게 서는 원통형의 꽃이삭은 3~8cm 길이이다. 작은꽃이삭은 꽃이 1개이며 납작하고 짧은 자루가 있다. 연두색 꽃밥은 점차 갈색으로 변한다.

❷ **쇠돌피**(벼과) *Polypogon fugax* 한두해살이풀(높이 20~50cm)
  남부 지방의 습지. 줄기는 밑부분에서 가지가 많이 갈라진다. 피침형 잎은 분백색이다. 5~6월에 줄기 끝에서 곧게 서는 원뿔꽃차례는 3~8cm 길이이며 녹자색이다. 작은꽃이삭은 2mm 정도 길이이며 1개의 꽃이 들어 있다. 포의 까끄라기는 깍지와 길이가 비슷하다.

❸ **메귀리**(벼과) *Avena fatua* 두해살이풀(높이 60~100cm)
  들. 1포기에서 3~4개의 줄기가 나온다. 잎은 10~25cm 길이이다. 5~6월에 줄기 윗부분에 층층으로 4~5개의 가지가 돌려나고 가지 끝마다 늘어지는 연녹색 작은꽃이삭은 2cm 정도 길이이다. 작은꽃이삭에는 2개의 까끄라기가 있으며 3~4개의 꽃이 들어 있다.

❹ **귀리**(벼과) *Avena sativa* 두해살이풀(높이 1m 정도)
  밭에서 재배하며 드물게 풀밭에서 자란다. 줄기는 여러 대가 모여난다. 잎은 15~30cm 길이이며 잎집이 길다. 5~6월에 줄기 윗부분에 층층으로 돌려나는 가지 끝마다 늘어지는 연녹색 작은꽃이삭에는 1개의 까끄라기가 있으며 2개의 꽃이 들어 있다.

II 여름에 피는 풀꽃

식물이 왕성하게 자라는 여름은 1년 중 가장 많은 꽃들이 피는 계절이다.
들에서는 빨간 패랭이꽃을 시작으로 파란 달개비, 노란 달맞이꽃, 하얀 개망초가 지천으로 피어난다.
여름에 뜨거운 햇빛 아래에서 황홀한 꽃 잔치가 벌어지는 한라산, 지리산, 덕유산, 태백산, 설악산 등의 높은 산은 '고산화원(高山花園)'으로 불린다. 같은 꽃이라도 높은 산에서 피는 꽃은 낮은 지대에서 피는 꽃보다 색깔과 향기가 더 진하고 아름답다. 아침저녁 선선한 바람이 불면서 더위가 한풀 꺾이면 하얀 구절초와 노란 산국이 가을이 오는 것을 알려 준다.
낮의 길이가 점점 짧아지는 하지부터 가을까지 꽃이 피는 식물을 '단일식물(短日植物)'이라고 하는데, 여름과 가을에 꽃이 피는 식물은 여기에 해당한다.

해국

이질풀

여름에 피는 붉은색 풀꽃

꽃잎 1~3장

❶ 송이풀 ❶ 송이풀 열매 1)마주송이풀
❷ 달개비 달개비 열매 ❸ 사마귀풀

❶ **송이풀**(열당과|현삼과) *Pedicularis resupinata* 여러해살이풀(높이 30~70㎝)
깊은 산. 잎은 어긋나고 좁은 달걀형이며 끝이 뾰족하고 가장자리에 겹톱니가 있으며 잎자루가 짧다. 8~9월에 원줄기 끝에 촘촘히 달리는 포처럼 생긴 잎 사이에 홍자색 꽃이 핀다. 아랫입술꽃잎은 둥글게 퍼지고 윗입술꽃잎은 새부리처럼 꼬부라진다. 1)**마주송이풀**(v. *oppositifolia*)은 송이풀의 변종으로 잎은 줄기 윗부분에서 마주나고 좁은 달걀형이며 가장자리에 겹톱니가 있고 잎자루가 짧다. 8~9월에 줄기 끝에 촘촘히 달리는 포처럼 생긴 잎 사이에 홍자색 꽃이 핀다. 송이풀과 같은 종으로 본다.

❷ **달개비/닭의장풀**(달개비과) *Commelina communis* 한해살이풀(높이 15~50㎝)
길가나 빈터. 잎은 어긋나고 달걀 모양의 피침형이며 끝이 뾰족하고 밑부분이 줄기를 감싼다. 7~8월에 잎겨드랑이에서 나온 꽃자루 끝에 진한 하늘색 꽃이 피는데 밑에 주걱 같은 포가 있다. 2장의 하늘색 꽃잎은 크고 1장의 흰색 꽃잎은 작다. 열매는 타원형이다.

❸ **사마귀풀**(달개비과) *Murdannia keisak* 한해살이풀(높이 10~30㎝)
논이나 습지. 가지가 비스듬히 벋으면서 마디마다 뿌리가 내린다. 잎은 어긋나고 좁은 피침형이며 밑부분은 잎집으로 되어 줄기를 감싼다. 8~9월에 잎겨드랑이에 1개씩 피는 연한 홍자색 꽃은 지름 13㎜ 정도이고 꽃잎이 3장이다. 수술은 3개이고 수술대에 털이 있다.

꽃잎 3~4장

여름에 피는 붉은색 풀꽃

❶ 꽃창포 ❷ 이삭여뀌 이삭여뀌 꽃 모양
❸ 금꿩의다리 ❹ 마디꽃 마디꽃 꽃 모양

❶ **꽃창포**(붓꽃과) *Iris ensata* 여러해살이풀(높이 60~120㎝)
  산과 들의 습지나 물가. 칼 모양의 선형 잎은 주맥이 뚜렷하다. 6~7월에 꽃이 핀다. 적자색 겉꽃덮이 가운데에는 노란색 무늬가 있고 속꽃덮이는 피침형이며 곧게 선다.

❷ **이삭여뀌**(마디풀과) *Antenoron filiforme* 여러해살이풀(높이 40~80㎝)
  산. 마디가 굵고 전체에 거친털이 있다. 잎은 어긋나고 타원형~달걀형이며 끝이 뾰족하고 가장자리가 밋밋하며 검은색 반점이 있는 것도 있다. 7~8월에 줄기에서 갈라지는 가늘고 긴 이삭꽃차례에 자잘한 붉은색 꽃이 성기게 달린다. 암술대는 2개이며 뒤로 젖혀진다.

❸ **금꿩의다리**(미나리아재비과) *Thalictrum rochebrunianum* 여러해살이풀(높이 30~120㎝)
  중부 이북의 산골짜기. 잎은 어긋나고 3~4회세겹잎이다. 작은잎은 거꿀달걀형이고 끝에 3개의 톱니가 있으며 뒷면은 흰빛이 돈다. 7~8월에 줄기 끝의 커다란 원뿔꽃차례에 자주색 꽃이 촘촘히 달리며 꽃밥은 노란색이다. 열매는 거꿀달걀형이며 자루가 있다.

❹ **마디꽃**(부처꽃과) *Rotala indica* 한해살이풀(높이 12~15㎝)
  논이나 습지. 줄기는 비스듬히 자라며 마디에서 뿌리가 내린다. 잎은 마주나고 긴 타원형~거꿀달걀형이며 끝이 둔하고 잎자루가 없다. 7~9월에 잎겨드랑이에 지름 2㎜ 정도의 작은 연홍색 꽃이 1개씩 핀다. 꽃잎, 꽃받침, 수술은 각각 4개씩이다. 열매는 타원형이다.

꽃잎 4장

❶ 바늘꽃 ❷ 버들바늘꽃 ❸ 돌바늘꽃 ❹ 큰바늘꽃
바늘꽃 꽃 모양 돌바늘꽃 꽃 모양

❶ **바늘꽃**(바늘꽃과) *Epilobium pyrricholophum* 여러해살이풀(높이 30~90cm)
 냇가나 습지. 땅속줄기가 옆으로 벋는다. 잎은 마주나고 긴 달걀형이며 불규칙한 톱니가 있고 밑부분이 줄기를 조금 감싼다. 7~8월에 잎겨드랑이에 연한 홍자색 꽃이 핀다. 꽃은 지름 1cm 정도이고 꽃잎은 4장이며 암술머리는 곤봉 모양이고 씨방은 바늘 모양이다.

❷ **버들바늘꽃**(바늘꽃과) *Epilobium palustre* 여러해살이풀(높이 10~60cm)
 강원도 정선 이북. 잎은 마주나고 선형~피침형이며 희미한 톱니가 있고 잎자루가 거의 없다. 7~8월에 잎겨드랑이에 연분홍색 꽃이 핀다. 꽃잎은 4장이고 거꿀달걀형이며 5~8mm 길이이고 끝이 오목하게 팬다. 암술머리는 곤봉 모양이고 씨방은 바늘 모양이다.

❸ **돌바늘꽃**(바늘꽃과) *Epilobium amurense* ssp. *cephalostigma* 여러해살이풀(높이 15~60cm)
 산의 습지. 잎은 마주나고 긴 타원형~피침형이며 끝이 뾰족하고 가장자리에 잔톱니가 있으며 잎자루가 매우 짧다. 7~8월에 잎겨드랑이에 연한 홍자색 꽃이 핀다. 꽃은 지름 5~8mm로 작고 꽃잎은 4장이며 암술머리는 둥글고 씨방은 바늘처럼 길다.

❹ **큰바늘꽃**(바늘꽃과) *Epilobium hirsutum* 여러해살이풀(높이 1m 정도)
 울릉도와 강원도 이북의 풀밭. 잎은 마주나지만 위에서는 어긋나고 긴 타원형이다. 7~8월에 피는 분홍색 꽃은 지름 15~25mm이고 꽃잎은 4장이며 암술머리는 4개로 갈라진다.

꽃잎 4장

여름에 피는 붉은색 풀꽃

❶ 분홍바늘꽃　분홍바늘꽃 꽃 모양　❷ 낮달맞이꽃
❸ 장대냉이　장대냉이 꽃과 잎　❹ 네귀쓴풀

❶ **분홍바늘꽃**(바늘꽃과) *Epilobium angustifolium* 여러해살이풀(높이 1~1.5m)
　중부 이북의 높은 산 풀밭. 잎은 어긋나고 피침형이며 끝이 뾰족하고 가장자리가 뒤로 약간 말린다. 7~8월에 줄기 윗부분의 송이꽃차례에 분홍색 꽃이 피어 올라간다. 꽃은 지름 2~3cm로 크고 꽃잎은 4장이며 암술머리는 4개로 갈라지고 씨방은 바늘처럼 길다.

❷ **낮달맞이꽃/분홍달맞이꽃**(바늘꽃과) *Oenothera speciosa* 여러해살이풀(높이 30~60cm)
　북아메리카 원산. 화초로 심고 저절로 자라기도 한다. 잎은 어긋나고 넓은 피침형이며 물결 모양의 톱니가 있다. 5~8월의 낮에 잎겨드랑이에 피는 분홍색 꽃은 지름 4~5cm이다.

❸ **장대냉이**(겨자과) *Berteroella maximowiczii* 한해살이풀(높이 50~80cm)
　산과 들. 전체에 별모양털이 있다. 잎은 어긋나고 위가 넓은 긴 타원형이며 가장자리는 밋밋하고 잎자루가 없다. 6~7월에 줄기나 가지 끝의 송이꽃차례에 연자주색 꽃이 모여 핀다. 선형 열매는 1cm 정도 길이이며 끝이 점차 뾰족해지고 털로 덮여 있다.

❹ **네귀쓴풀**(용담과) *Swertia tetrapetala* 한해살이풀(높이 10~30cm)
　높은 산의 풀밭. 줄기는 네모지고 털이 없다. 잎은 마주나고 좁은 달걀형이며 끝이 뾰족하고 가장자리가 밋밋하며 잎자루가 없다. 7~9월에 가지 끝에 연보라색 꽃이 모여 핀다. 꽃은 지름 8~12mm이고 4장의 타원형 꽃잎에는 흑자색 점이 많다. 열매는 달걀형이다.

꽃잎 4~5장

❶ 백령풀   백령풀 열매   ❷ 방패꽃
❸ 미국물칭개   ❹ 고마리   고마리 잎

❶ **백령풀**(꼭두서니과) *Diodella teres* 한해살이풀(높이 20~50㎝)
  북아메리카 원산. 산기슭이나 길가. 잎은 마주나고 피침형이며 밑부분이 합쳐져서 줄기를 감싼다. 잎 사이에 털이 줄을 이루며 돋는다. 7~9월에 잎겨드랑이에 피는 연자주색 꽃은 꽃자루가 없다. 열매를 둘러싼 꽃받침 표면에 잔털이 있다.

❷ **방패꽃**(질경이과|현삼과) *Veronica serpyllifolia* ssp. *humifusa* 여러해살이풀(높이 10~25㎝)
  북부 지방의 높은 산. 옆으로 벋는 줄기는 가지가 갈라져서 곧게 서며 잔털이 흩어져 난다. 잎은 마주나고 달걀형이며 가장자리에 희미한 톱니가 있다. 6~8월에 줄기 끝의 송이꽃차례에 청자색 꽃이 핀다. 꽃부리는 4갈래로 갈라지고 진한 색 줄무늬가 있다.

❸ **미국물칭개**(질경이과|현삼과) *Veronica americana* 여러해살이풀(높이 10~35㎝)
  북아메리카 원산. 물가나 습지. 줄기는 모여나며 전체에 털이 없다. 잎은 마주나고 긴 타원형~넓은 피침형이며 짧은 잎자루가 있다. 7~9월에 잎겨드랑이에서 나온 송이꽃차례에 청자색 꽃이 모여 핀다. 꽃부리는 6㎜ 정도 크기이다.

❹ **고마리**(마디풀과) *Persicaria thunbergii* 한해살이풀(높이 60~80㎝)
  물가. 줄기에 갈고리 같은 털이 있다. 잎은 화살촉 모양이며 잎집 모양의 턱잎은 톱니가 희미하다. 8~9월에 가지 끝의 머리모양꽃차례에 5~20개의 분홍색~흰색 꽃이 모여 핀다.

❶ 며느리밑씻개 ❷ 꿩의비름 / 꿩의비름 꽃 모양
❸ 큰꿩의비름 / 큰꿩의비름 꽃 모양 ❹ 둥근잎꿩의비름

❶ **며느리밑씻개**(마디풀과) *Polygonum senticosum* 한해살이덩굴풀(길이 1~2m)
들이나 길가. 줄기와 잎자루에 밑으로 꼬부라진 잔가시가 있다. 잎은 어긋나고 세모꼴이며 가장자리가 밋밋하고 작은 턱잎이 있다. 7~8월에 가지 끝에 연분홍색 꽃이 둥글게 모여 피는데 꽃대에 잔털과 샘털이 있다. 꽃잎은 없고 꽃잎 같은 꽃받침은 5갈래로 갈라진다.

❷ **꿩의비름**(돌나물과) *Hylotelephium erythrostichum* 여러해살이풀(높이 30~60㎝)
산과 들. 줄기는 분백색이 돈다. 잎은 마주나거나 어긋나고 타원형이며 둔한 톱니가 있다. 잎몸은 육질이며 짧은 잎자루가 있다. 8~9월에 줄기 끝에 달리는 동그스름한 갈래꽃차례에 연분홍색 꽃이 빽빽이 달린다. 꽃잎과 수술은 4~5개씩이며 길이가 비슷하다.

❸ **큰꿩의비름**(돌나물과) *Hylotelephium spectabile* 여러해살이풀(높이 30~70㎝)
산과 들의 양지. 몇 개가 모여나는 줄기는 녹백색이다. 잎은 마주나거나 돌려나고 달걀형~주걱형이며 가장자리가 밋밋하거나 물결형의 톱니가 있고 잎자루가 없다. 8~9월에 줄기 끝의 고른꽃차례에 홍자색 꽃이 모여 핀다. 5장의 꽃잎은 수술보다 짧다.

❹ **둥근잎꿩의비름**(돌나물과) *Hylotelephium ussuriense* 여러해살이풀(높이 15~25㎝)
경북 주왕산 계곡의 바위틈. 비스듬히 눕는 줄기에 마주나는 잎은 둥근 달걀형이며 가장자리에 둔한 톱니가 있고 잎자루가 없다. 7~9월에 피는 홍자색 꽃은 꽃잎이 4~6장이다.

꽃잎 5장

여름에 피는 붉은색 풀꽃

❶ 패랭이꽃
❷ 갯패랭이꽃
갯패랭이꽃 꽃 모양
❸ 술패랭이꽃
❹ 별패랭이
별패랭이 꽃 모양

❶ **패랭이꽃**(석죽과) *Dianthus chinensis* 여러해살이풀(높이 30㎝ 정도)
　풀밭이나 냇가 모래땅. 잎은 마주나고 선형이다. 잎몸은 가장자리가 밋밋하고 밑부분이 합쳐져서 마디를 둘러싼다. 6∼8월에 가지 끝에 피는 붉은색 꽃은 지름 25㎜ 정도이다. 꽃잎은 5장이며 수평으로 퍼지고 끝이 얕게 갈라지며 가운데에 진한 색 무늬가 있다.

❷ **갯패랭이꽃**(석죽과) *Dianthus japonicus* 여러해살이풀(높이 20∼50㎝)
　부산 주변의 바닷가. 뿌리잎은 방석처럼 퍼진다. 줄기잎은 마주나고 넓은 피침형이며 밑부분이 합쳐져서 통처럼 된다. 7∼8월에 줄기 끝이나 윗부분의 잎겨드랑이에서 나온 가지 끝에 홍자색 꽃이 모여 달린다. 꽃은 지름 15㎜ 정도이고 5장의 꽃잎은 끝이 얕게 갈라진다.

❸ **술패랭이꽃**(석죽과) *Dianthus longicalyx* 여러해살이풀(높이 30∼80㎝)
　산과 들의 풀밭. 잎은 마주나고 좁은 피침형이며 밑부분이 합쳐져서 마디를 싼다. 6∼8월에 가지 끝에 피는 패랭이 모양의 연한 홍자색 꽃은 꽃잎 가장자리가 술처럼 잘게 갈라진다.

❹ **별패랭이**(석죽과) *Dianthus armeria* 한해살이풀(높이 50㎝ 정도)
　유럽 원산. 제주도의 바닷가. 뿌리잎은 주걱형이며 자루가 있다. 줄기잎은 마주나고 선형이며 양면에 짧은털이 있다. 5∼8월에 가지 끝에 모여 피는 별 모양의 붉은색 꽃은 지름 1㎝ 정도이고 흰색 반점이 있으며 자루가 없고 포에는 가는 털이 있다.

- ❶ 동자꽃
- 동자꽃 꽃받침
- ❷ 제비동자꽃
- ❸ 털동자꽃
- 털동자꽃 꽃봉오리
- ❹ 우단동자꽃

● **동자꽃**(석죽과) *Lychnis cognata* 여러해살이풀(높이 40~90㎝)
　산의 숲속. 잎은 마주나고 긴 타원형~달걀 모양의 타원형이며 가장자리가 밋밋하고 잎자루가 없다. 7~8월에 줄기 끝과 잎겨드랑이에 커다란 주황색 꽃이 모여 핀다. 5장의 꽃잎은 끝부분이 2갈래로 얕게 갈라지고 꽃받침은 2~3㎝ 길이이다. 열매는 긴 달걀형이다.

❷ **제비동자꽃**(석죽과) *Lychnis wilfordii* 여러해살이풀(높이 50㎝ 정도)
　중부 이북의 산 습지. 잎은 마주나고 긴 달걀형~피침형이다. 6~8월에 주홍색 꽃이 모여 핀다. 5장의 꽃잎은 끝부분이 여러 갈래로 깊게 갈라진 모습이 제비 꽁지를 닮았다.

❸ **털동자꽃**(석죽과) *Lychnis fulgens* 여러해살이풀(높이 50~100㎝)
　중부 이북의 산. 잎은 마주나고 긴 달걀형이며 끝이 뾰족하고 가장자리가 밋밋하며 잎자루가 없다. 6~8월에 줄기 끝과 잎겨드랑이에 커다란 주홍색 꽃이 모여 핀다. 5장의 꽃잎은 끝부분이 2갈래로 깊게 갈라진다. 꽃받침은 15~17㎜ 길이이며 대부분 털이 많다.

❹ **우단동자꽃**(석죽과) *Lychnis coronaria* 여러해살이풀(높이 50~70㎝)
　유럽과 서아시아 원산. 화초로 심고 밭 근처에서 자라기도 한다. 줄기와 잎에 흰색 털이 많다. 잎은 마주나고 피침형~넓은 거꿀피침형이며 밋밋하고 잎자루가 있다. 5~6월에 가지 끝에 피는 진홍색 꽃은 지름 2~3㎝이고 꽃잎은 5장이다. 여러 색깔의 재배 품종이 있다.

꽃잎 5장

❶ 분홍장구채 ❷ 꽃장구채 ❸ 끈끈이대나물 ❹ 갯개미자리

- ❶ **분홍장구채**(석죽과) *Silene capitata* 여러해살이풀(높이 20~30㎝)

  중부 이북의 바위틈. 전체에 꼬부라진 털이 많다. 잎은 마주나고 긴 달걀형~피침형이며 끝이 뾰족하고 밑부분은 좁아져서 잎자루처럼 되며 가장자리가 밋밋하다. 8~11월에 가지 끝에 분홍색 꽃이 모여 핀다. 꽃받침은 통 모양이고 5장의 꽃잎은 끝이 2갈래로 갈라진다.

- ❷ **꽃장구채**(석죽과) *Silene dioica* 두해~여러해살이풀(높이 30~90㎝)

  유라시아 원산. 화초로 기르며 꽃밭 근처에 퍼져 자란다. 전체에 짧은털이 있다. 잎은 마주나고 달걀형~넓은 피침형이며 끝이 뾰족하다. 암수딴그루로 5~7월에 지름 18~25㎜의 붉은색 꽃이 모여 핀다. 꽃받침은 항아리 모양이고 꽃잎은 5장이다.

- ❸ **끈끈이대나물**(석죽과) *Silene armeria* 한두해살이풀(높이 50㎝ 정도)

  유럽 원산. 화초로 심고 들에서 자란다. 줄기의 마디 밑에서 끈끈한 진이 나온다. 잎은 마주나고 달걀형~넓은 피침형이다. 6~8월에 가지 끝의 갈래꽃차례에 붉은색 꽃이 모여 달린다.

- ❹ **갯개미자리**(석죽과) *Spergularia marina* 한두해살이풀(높이 10~20㎝)

  바닷가 갯벌 근처. 줄기 윗부분과 꽃받침에 샘털이 있다. 잎은 마주나고 선형이며 끝이 뾰족하고 둥근 세모꼴의 턱잎이 있다. 5~8월에 잎겨드랑이에서 나온 꽃자루 끝에 연분홍색 꽃이 핀다. 꽃잎은 5장이며 암술머리는 3개이다. 달걀형 열매는 3개로 갈라진다.

꽃잎 5장

여름에 피는 붉은색 풀꽃

❶ 선옹초　❷ 개아마　개아마 어린 열매

❸ 물고추나물　❹ 지리터리풀　❺ 단풍터리풀

❶ **선옹초**(석죽과) *Agrostemma githago* 한해살이풀(높이 60~90㎝)
유럽과 서아시아 원산. 화초로 심고 밭 근처에서 자란다. 6~7월에 윗부분의 잎겨드랑이에서 나온 긴 꽃자루 끝에 자주색 꽃이 핀다. 꽃은 지름 3㎝ 정도이고 꽃잎은 5장이다.

❷ **개아마**(아마과) *Linum stelleroides* 한해살이풀(높이 40~60㎝)
건조한 풀밭. 잎은 어긋나고 선형이며 가장자리가 밋밋하고 3개의 잎맥이 있으며 잎자루가 없다. 6~10월에 가지 위쪽의 잎겨드랑이에 피는 연한 홍자색 꽃은 지름 1㎝ 정도이다.

❸ **물고추나물**(물레나물과) *Triadenum japonicum* 여러해살이풀(높이 30~70㎝)
습지. 잎은 마주나고 긴 타원형이다. 8~9월에 윗부분의 잎겨드랑이에 1~3개의 연홍색 꽃이 모여 핀다. 꽃은 지름 1㎝ 정도이며 꽃잎은 5장이고 좁은 거꿀달걀형이다.

❹ **지리터리풀**(장미과) *Filipendula formosa* 여러해살이풀(높이 40~100㎝)
지리산의 숲속. 잎은 어긋나고 깃꼴겹잎이며 끝의 작은잎이 매우 크고 5갈래로 깊게 갈라지며 곁의 작은잎은 6~11쌍이고 아주 작다. 7~8월에 고른꽃차례에 진분홍색 꽃이 핀다.

❺ **단풍터리풀**(장미과) *Filipendula palmata* 여러해살이풀(높이 80~100㎝)
중부 이북의 산. 잎은 어긋나고 깃꼴겹잎이며 끝의 작은잎은 매우 크고 5~7갈래로 깊게 갈라지며 갈래조각은 피침형이고 뒷면은 흰색이다. 곁의 작은잎은 3~6쌍이며 아주 작다.

꽃잎 5장

여름에 피는 붉은색 풀꽃

❶ 이질풀　❷ 털쥐손이
이질풀 꽃 모양
❸ 세잎쥐손이　세잎쥐손이 꽃 모양　❹ 둥근이질풀

❶ **이질풀**(쥐손이풀과) *Geranium thunbergii* 여러해살이풀(높이 30~50㎝)
　산과 들. 잎은 마주나고 손바닥처럼 3~5갈래로 갈라지며 퍼진털이 있다. 갈래조각은 3개로 얕게 갈라지며 톱니가 있다. 8~9월에 잎겨드랑이에서 자란 꽃자루 끝에 2개의 분홍색 또는 흰색 꽃이 피는데 지름 10~15㎜이다. 꽃자루에 옆을 향한 털과 샘털이 있다.

❷ **털쥐손이**(쥐손이풀과) *Geranium platyanthum* 여러해살이풀(높이 30~50㎝)
　높은 산의 풀밭. 전체에 밑을 향한 털이 빽빽하다. 잎은 마주나고 5갈래로 갈라진다. 6~7월에 원줄기 끝에 붉은 보라색 꽃이 3~10개씩 달리며 작은꽃자루에 샘털이 있다.

❸ **세잎쥐손이**(쥐손이풀과) *Geranium wilfordii* 여러해살이풀(높이 40~80㎝)
　숲 가장자리. 잎은 마주나고 3갈래로 깊게 갈라지며 끝이 뾰족하고 누운털이 있다. 갈래조각은 마름모 모양의 피침형이고 크고 불규칙한 톱니가 있다. 8~9월에 가지 끝이나 잎겨드랑이에서 자란 꽃자루 끝에 2개의 연홍색 꽃이 피는데 지름 10~15㎜이다.

❹ **둥근이질풀**(쥐손이풀과) *Geranium koreanum* 여러해살이풀(높이 60~100㎝)
　산의 풀밭. 줄기는 네모지며 털이 없다. 잎은 마주나고 3~5갈래로 갈라지며 갈래조각 끝은 뾰족하고 큰 톱니가 있다. 턱잎은 달걀형이며 붙어 있다. 6~8월에 잎겨드랑이에서 나온 꽃자루에 분홍색 꽃이 2개씩 달리며 꽃은 지름 2~3㎝이고 수술 밑부분에 잔털이 있다.

꽃잎 5장

여름에 피는 붉은색 풀꽃

❶ 선이질풀 ❷ 삼쥐손이 ❸ 접시꽃
❹ 불암초   불암초 꽃과 열매   ❺ 꽃고비

❶ **선이질풀**(쥐손이풀과) *Geranium krameri* 여러해살이풀(높이 60~80㎝)
산과 들. 잎은 마주나고 3~7갈래로 깊게 갈라지며 결각과 톱니가 있다. 턱잎은 달걀형이고 떨어진다. 7~8월에 연홍자색 꽃이 2개씩 달리며 지름 25~30㎜이고 수술에 긴털이 있다.

❷ **삼쥐손이**(쥐손이풀과) *Geranium soboliferum* 여러해살이풀(높이 60~80㎝)
강원도 이북의 습한 풀밭. 잎은 마주나고 둥근 오각형이며 5~7갈래로 깊게 갈라진다. 갈래조각은 다시 갈라진다. 8~9월에 잎겨드랑이에 달리는 홍자색 꽃은 지름 3~4㎝이다.

❸ **접시꽃**(아욱과) *Alcea rosea* 두해살이풀(높이 2m 정도)
중국 원산. 화초로 심고 저절로 자라기도 한다. 잎은 어긋나고 둥글며 5~7갈래로 얕게 갈라진다. 6월에 잎겨드랑이에 둥글납작한 붉은색, 분홍색, 흰색 꽃이 피며 겹꽃이 피는 품종도 있다.

❹ **불암초**(아욱과|벽오동과) *Melochia corchorifolia* 한해살이풀(높이 30~60㎝)
서남해안의 산기슭과 바닷가. 잎은 어긋나고 넓은 달걀형~긴 달걀형이며 가장자리에 톱니가 있다. 7~9월에 가지 끝에 연홍색 꽃이 모여 피는데 5장의 꽃잎 안쪽은 노란색이다.

❺ **꽃고비**(꽃고비과) *Polemonium racemosum* 여러해살이풀(높이 60~90㎝)
북부 지방의 높은 산. 잎은 어긋나고 깃꼴겹잎이며 작은잎은 6~12쌍이다. 6~8월에 줄기 끝의 원뿔꽃차례에 자주색 꽃이 핀다. 꽃부리는 끝이 5갈래로 갈라진다.

꽃잎 5장

❶ 왜지치 ❷ 자주쓴풀 자주쓴풀 꽃받침
❸ 비로용담 ❹ 방울꽃 방울꽃 꽃 모양

❶ **왜지치**(지치과) *Myosotis sylvatica* 여러해살이풀(높이 20~40㎝)
　북부 지방의 깊은 산. 뿌리잎은 주걱형이고 줄기에 어긋나는 잎은 거꿀피침형이며 잎자루가 없다. 6~7월에 줄기와 가지 끝의 송이꽃차례는 흔히 밑부분에서 2개로 갈라지고 여러 개의 하늘색 꽃이 달린다. 꽃부리는 5갈래로 갈라져서 벌어지고 중심부는 노란색이다.

❷ **자주쓴풀**(용담과) *Swertia pseudochinensis* 두해살이풀(높이 15~30㎝)
　산의 풀밭. 잎은 마주나고 피침형이다. 9~10월에 줄기 윗부분의 잎겨드랑이에 피는 보라색 꽃은 지름 2~3㎝이며 꽃잎은 5장이다. 줄기, 꽃받침, 꽃자루에 작은 돌기가 있다.

❸ **비로용담**(용담과) *Gentiana jamesii* 여러해살이풀(높이 5~10㎝)
　강원도 이북의 높은 산. 줄기는 네모지고 적자색이 돈다. 잎은 마주나고 긴 타원형~넓은 피침형이며 가장자리가 흰색이고 잎자루가 없다. 7~9월에 가지 끝에 달리는 청자색 꽃은 통처럼 생긴 꽃부리가 5갈래로 갈라져 벌어지고 건드리면 갈래조각이 오므라든다.

❹ **방울꽃**(쥐꼬리망초과) *Strobilanthes oliganthus* 여러해살이풀(높이 30~60㎝)
　제주도의 숲속. 잎은 마주나고 넓은 달걀형이며 끝이 뾰족하고 가장자리에 둔한 톱니가 있다. 7~8월에 윗부분의 잎겨드랑이에 연자주색 꽃이 피는데 꽃자루가 없다. 꽃부리는 종 모양이며 3㎝ 정도 길이이고 끝이 5갈래로 얕게 갈라지며 흰색 털이 있다.

꽃잎 5장

여름에 피는 붉은색 풀꽃

❶ 개정향풀 ❷ 정향풀
개정향풀 꽃 모양
❸ 박주가리 박주가리 쪼개진 열매 ❹ 흑박주가리

● **개정향풀**(협죽도과) *Trachomitum lancifolium* 여러해살이풀(높이 40~120㎝)
단양 이북의 산과 들. 줄기는 흔히 자줏빛이 돈다. 잎은 어긋나지만 가지에서는 마주나고 피침형~타원형이며 자르면 흰색 즙이 나온다. 5~8월에 줄기 끝의 원뿔꽃차례에 홍자색 꽃이 핀다. 꽃부리는 6~7㎜ 길이이며 끝부분이 5갈래로 갈라지고 갈래조각은 뒤로 살짝 젖혀진다.

❷ **정향풀**(협죽도과) *Amsonia elliptica* 여러해살이풀(높이 40~80㎝)
완도와 대청도의 풀밭. 잎은 어긋나지만 가지에서는 마주나고 피침형이며 자르면 흰색 즙이 나온다. 5~6월에 줄기 끝의 갈래꽃차례에 연하늘색 꽃이 핀다. 5갈래로 갈라진 꽃부리는 지름 13㎜ 정도이며 갈래조각은 가늘다. 꽃부리 안쪽에 기다란 털이 있다.

❸ **박주가리**(협죽도과|박주가리과) *Metaplexis japonica* 여러해살이덩굴풀(길이 2~3m)
산기슭이나 들. 잎은 마주나고 긴 하트형이며 밋밋하고 끝이 뾰족하며 자르면 흰색 즙이 나온다. 7~8월에 잎겨드랑이의 송이꽃차례에 연보라색~흰색 꽃이 모여 핀다. 넓은 종 모양의 꽃부리는 안쪽에 털이 빽빽하다. 긴 달걀형 열매는 익으면 세로로 갈라진다.

❹ **흑박주가리**(협죽도과|박주가리과) *Vincetoxicum nipponicum v. glabrum* 여러해살이풀(높이 60~100㎝)
중부 이남의 산. 줄기 윗부분은 덩굴성이다. 잎은 마주나고 긴 달걀형이며 밋밋하고 약간 두껍다. 7~8월에 잎겨드랑이의 갈래꽃차례에 피는 흑자색 꽃은 꽃부리에 털이 없다.

꽃잎 5장

여름에 피는 붉은색 풀꽃

❶ 백미꽃   백미꽃 꽃 모양   ❷ 왜박주가리
❸ 검은솜아마존   검은솜아마존 꽃 모양   ❹ 좁은잎배풍등

❶ **백미꽃**(협죽도과|박주가리과) *Cynanchum atratum* 여러해살이풀(높이 50㎝ 정도)
산과 들의 건조한 풀밭. 잎은 마주나고 타원형이며 가장자리가 밋밋하고 뒷면에 짧은털이 빽빽하다. 5~7월에 잎겨드랑이의 우산꽃차례에 흑자색 꽃이 모여 핀다. 5갈래로 갈라진 꽃부리는 표면에 털이 있고 안쪽에는 털이 없다. 길쭉한 타원형 열매는 털이 빽빽하다.

❷ **왜박주가리**(협죽도과|박주가리과) *Tylophora floribunda* 여러해살이덩굴풀
중부 지방의 산. 줄기에 털이 없다. 잎은 마주나고 길쭉한 세모꼴이며 밋밋하고 끝은 뾰족하며 심장저이다. 잎자루는 길이 1~2㎝이다. 6~7월에 잎겨드랑이에서 나온 갈래꽃차례에 흑자색 꽃이 피는데 꽃차례는 잎보다 길다. 5갈래로 갈라진 꽃부리는 지름 4~6㎜로 작다.

❸ **검은솜아마존**(협죽도과|박주가리과) *Cynanchum amplexicaule* f. *castaneum* 여러해살이풀(높이 40~60㎝)
주로 남부 지방의 물가. 잎은 마주나고 긴 타원형이며 가장자리가 밋밋하고 잎자루가 없다. 6~7월에 잎겨드랑이의 갈래꽃차례에 흑자색 꽃이 핀다. 솜아마존(p.239)과 같은 종으로 본다. **수궁초**(*Apocynum sibiricum*)도 솜아마존(p.239)과 같은 종으로 본다.

❹ **좁은잎배풍등**(가지과) *Solanum japonense* 여러해살이덩굴풀(길이 30~200㎝)
산. 잎은 어긋나고 긴 달걀형이며 끝이 뾰족하고 밑부분이 갈라지기도 한다. 6~8월에 마디 사이에서 나온 꽃대에 매달리는 연보라색 꽃은 꽃잎이 뒤로 젖혀진다.

꽃잎 5장

여름에 피는 붉은색 풀꽃

❶ 도깨비가지
도깨비가지 꽃 모양
❷ 누린내풀
❸ 벌레잡이제비꽃
벌레잡이제비꽃 뿌리잎
❹ 도라지

❶ **도깨비가지**(가지과) *Solanum carolinense* 여러해살이풀(높이 40~70cm)
북아메리카 원산. 들. 줄기와 잎자루, 잎 뒷면의 중심부의 잎맥을 따라 가시가 있다. 잎은 어긋나고 긴 타원형이며 끝이 뾰족하고 물결 모양의 큰 톱니가 있다. 5~9월에 마디 사이에서 자란 꽃대에 연자주색~흰색 꽃이 모여 피며 꽃부리는 5갈래로 갈라진다.

❷ **누린내풀**(꿀풀과|마편초과) *Tripora divaricata* 여러해살이풀(높이 1m 정도)
산. 줄기는 네모지고 전체에 짧은털이 있다. 잎은 마주나고 달걀형이며 가장자리에 톱니가 있고 끝이 뾰족하며 누린내가 난다. 7~8월에 윗부분의 잎겨드랑이에서 나오는 엉성한 갈래꽃차례에 자주색 꽃이 달린다. 기다란 암술대와 수술대는 활 모양으로 둥글게 휘어진다.

❸ **벌레잡이제비꽃**(통발과) *Pinguicula vulgaris v. macroceras* 여러해살이풀(높이 5~15cm)
북부 지방의 높은 산 습한 곳. 사방으로 퍼지는 뿌리잎은 긴 타원형~좁은 달걀형이며 연녹색이고 가장자리가 밋밋하다. 잎은 점액을 분비해서 벌레를 잡아먹는다. 7월에 꽃줄기 끝에 제비꽃을 닮은 홍자색 꽃이 1개씩 피며 꿀주머니는 가늘고 끝이 둔하다.

❹ **도라지**(초롱꽃과) *Platycodon grandiflorus* 여러해살이풀(높이 40~80cm)
산과 들. 잎은 어긋나고 긴 달걀형~넓은 피침형이며 날카로운 톱니가 있고 뒷면은 회청색이다. 7~8월에 피는 종 모양의 보라색 꽃은 지름 4~5cm이고 끝이 5갈래로 갈라진다.

꽃잎 5장

❶ 영아자 ❷ 애기도라지 ❸ 숫잔대 ❹ 수염가래꽃

❶ **영아자**(초롱꽃과) *Asyneuma japonicum* 여러해살이풀(높이 50~100㎝)
산. 잎은 어긋나고 긴 달걀형이며 끝이 뾰족하고 가장자리에 톱니가 있다. 7~9월에 줄기와 가지 끝의 송이꽃차례에 보라색 꽃이 핀다. 꽃부리는 5갈래로 깊게 갈라지며 갈래조각은 피침형이고 약간 뒤로 젖혀진다. 1개의 암술은 길게 벋고 수술은 5개이다.

❷ **애기도라지**(초롱꽃과) *Wahlenbergia marginata* 여러해살이풀(높이 20~40㎝)
남쪽 섬의 풀밭. 잎은 어긋나고 피침형~거꿀피침형이며 가장자리는 물결 모양이고 두껍다. 5~8월에 줄기 끝에 1개가 달리는 하늘색 꽃은 5~8㎜ 길이이며 5갈래로 갈라진다.

❸ **숫잔대**(초롱꽃과|숫잔대과) *Lobelia sessilifolia* 여러해살이풀(높이 50~100㎝)
습지 주변. 줄기에 촘촘히 어긋나는 피침형 잎은 가장자리에 얕은 톱니가 있고 잎자루가 없다. 7~9월에 줄기 윗부분의 송이꽃차례에 달리는 청자색 꽃은 윗입술꽃잎이 2갈래로 갈라지고 아랫입술꽃잎은 3갈래로 갈라져 전체가 5갈래로 갈라진 것처럼 보인다.

❹ **수염가래꽃**(초롱꽃과|숫잔대과) *Lobelia chinensis* 여러해살이풀(높이 3~15㎝)
논두렁이나 습지 주변. 줄기는 땅바닥을 기면서 옆으로 벋고 마디에서 뿌리가 내린다. 잎은 어긋나고 2줄로 배열한다. 잎몸은 피침형~좁은 타원형이며 둔한 톱니가 있다. 6~9월에 잎겨드랑이에 피는 연분홍색 꽃은 전체가 5갈래로 갈라진 것처럼 보이며 수염 모양이다.

꽃잎 6장

여름에 피는 붉은색 풀꽃

❶ 하늘말나리
하늘말나리 꽃 모양 
¹⁾지리산하늘말나리 
❷ 말나리 
말나리 줄기잎 
❸ 하늘나리 

❶ **하늘말나리**(백합과) *Lilium tsingtauense* 여러해살이풀(높이 1m 정도)
    산의 풀밭이나 숲 가장자리. 땅속의 비늘줄기에서 곧게 자라는 줄기 중간 부분에 6~12장의 피침형 잎이 돌려난다. 줄기 윗부분에는 작은잎이 어긋난다. 7~8월에 줄기 끝에서 갈라진 가지마다 피는 적황색 꽃은 하늘을 향한다. 꽃덮이조각은 약간 뒤로 구부러지며 자주색 반점이 있다. 열매는 둥근 거꿀달걀형이며 22mm 정도 길이이고 6개의 골이 진다. ¹⁾**지리산하늘말나리**(v. *carneum*)는 하늘말나리의 변종으로 황적색 꽃덮이조각 안쪽에 자주색 반점이 없는 것이 다른 점이다. 하늘말나리와 같은 종으로 본다.

❷ **말나리**(백합과) *Lilium distichum* 여러해살이풀(높이 80㎝ 정도)
    높은 산의 풀밭이나 숲속. 줄기 중간 부분에 4~9장의 타원형 잎이 돌려나며 줄기 윗부분에는 작은잎이 어긋난다. 7~8월에 줄기 끝에 1~10개의 주황색 나리꽃이 옆을 보고 피는데 지름 5㎝ 정도이다. 꽃덮이조각은 뒤로 젖혀지며 안쪽에 갈자색 반점이 있다.

❸ **하늘나리**(백합과) *Lilium concolor* 여러해살이풀(높이 30~80㎝)
    산과 들의 풀밭. 줄기에 촘촘히 어긋나는 넓은 선형 잎은 가장자리에 작은 돌기가 있고 잎자루가 없다. 6~7월에 줄기와 가지 끝에 1~5개의 진한 주홍색 꽃이 하늘을 보고 핀다. 꽃덮이조각은 약간 젖혀지고 안쪽에 검붉은 반점이 있지만 희미한 꽃도 있다.

꽃잎 6장

여름에 피는 붉은색 풀꽃

❶ 날개하늘나리
❷ 솔나리
솔나리 꽃 모양
❸ 털중나리
털중나리 꽃 모양
❹ 땅나리

❶ **날개하늘나리**(백합과) *Lilium pensylvanicum* 여러해살이풀(높이 20~90㎝)

강원도 이북의 산. 줄기에 능선이 있다. 잎은 촘촘히 어긋나며 줄기 끝에서는 모여난다. 잎몸은 좁은 피침형이다. 7~8월에 1~6개의 나리꽃이 하늘을 보고 핀다. 6장의 황적색 꽃덮이조각 안쪽에는 자주색 반점이 있으며 꽃덮이조각 밑부분끼리는 간격이 벌어진다.

❷ **솔나리**(백합과) *Lilium cernuum* 여러해살이풀(높이 70㎝ 정도)

강원도 이북의 산. 솔잎처럼 가느다란 잎은 줄기에 촘촘히 어긋난다. 7~8월에 줄기 끝에 1~4개의 분홍색~홍자색 꽃이 밑을 향해 피는데 꽃덮이조각 안쪽에 자주색 반점이 있다.

❸ **털중나리**(백합과) *Lilium amabile* 여러해살이풀(높이 50~100㎝)

산의 풀밭. 전체에 잔털이 있다. 잎은 촘촘히 어긋나고 피침형이며 가장자리가 밋밋하고 잎자루가 없다. 6~8월에 줄기 끝에 1~6개의 진한 적황색 꽃이 밑을 보고 핀다. 꽃덮이조각은 뒤로 말리고 안쪽에 자주색 반점이 있다. 거꿀달걀형 열매는 세로로 얕은 골이 진다.

❹ **땅나리**(백합과) *Lilium callosum* 여러해살이풀(높이 60~100㎝)

중부 이남의 산. 잎은 어긋나고 선형~넓은 선형이며 밋밋하고 잎자루가 없다. 7~8월에 1~9개의 적황색 꽃이 땅을 보고 핀다. 꽃덮이조각은 3~4㎝ 길이로 작은 편이며 뒤로 거의 완전히 말리고 희미한 반점이 있다. 열매는 긴 타원형이며 3갈래로 갈라진다.

여름에 피는 붉은색 풀꽃

❶ 중나리 ❷ 참나리 참나리 살눈
뻐꾹나리 꽃 모양
❸ 뻐꾹나리 순채 꽃 모양 ❹ 순채

❶ **중나리**(백합과) *Lilium leichtlinii* v. *maximowiczii* 여러해살이풀(높이 1m 정도)
산의 풀밭. 줄기와 잎에 털이 거의 없다. 잎은 어긋나고 선형~넓은 선형이며 가장자리가 밋밋하고 작은 돌기가 있다. 7~8월에 줄기와 가지 끝에 2~10개가 달리는 황적색 꽃은 아래를 향한다. 꽃덮이조각은 6~8㎝ 길이로 큰 편이며 자주색 반점이 많다.

❷ **참나리**(백합과) *Lilium lancifolium* 여러해살이풀(높이 1~2m)
산과 들의 풀밭. 줄기는 흑자색이 돌고 진한 흑자색 점이 있으며 털이 없다. 잎은 어긋나고 피침형이며 잎자루가 없다. 잎겨드랑이에 둥근 흑갈색 살눈이 달린다. 7~8월에 황적색 꽃이 밑을 향해 피며 꽃덮이조각은 7~10㎝ 길이로 크고 흑자색 반점이 많다.

❸ **뻐꾹나리**(백합과) *Tricyrtis macropoda* 여러해살이풀(높이 50㎝ 정도)
중부 이남의 숲속. 잎은 어긋나고 타원형이며 5~15㎝ 길이이고 가장자리가 밋밋하며 밑부분이 줄기를 둘러싼다. 7~8월에 줄기와 가지 끝에 고른꽃차례가 달린다. 연자주색 꽃덮이조각은 뒤로 젖혀지고 반점이 있다. 암술은 3개로 갈라진 다음 다시 2개씩 갈라진다.

❹ **순채**(어항마름과|수련과) *Brasenia schreberi* 여러해살이풀(높이 5~15㎝)
연못의 얕은 물속. 뿌리줄기에서 나오는 둥근 타원형 잎은 6~10㎝ 길이이며 물 위에 뜬다. 5~8월에 물 위로 나온 꽃자루 끝에 지름 2㎝ 정도의 적갈색 꽃이 1개씩 핀다.

꽃잎 6장

❶ 여로 ❷ 참여로 ❸ 백양꽃 ❹ 제주상사화

❶ **여로**(여로과|백합과) *Veratrum maackii* v. *japonicum* 여러해살이풀(높이 40~60㎝)
산의 풀밭. 줄기 아래쪽에 어긋나는 3~4장의 좁은 피침형 잎은 줄기를 완전히 둘러싸고 윗부분은 뒤로 젖혀진다. 7~8월에 줄기 끝의 원뿔꽃차례에 피는 진자주색 꽃은 지름 1㎝ 정도이며 점차 녹자색으로 변한다. 꽃덮이조각은 6장이고 꽃자루는 8~12㎜ 길이이다.

❷ **참여로**(여로과|백합과) *Veratrum nigrum* 여러해살이풀(높이 1.5m 정도)
산의 숲속. 줄기 아래쪽에 어긋나는 잎은 긴 타원형~피침형이며 40㎝ 정도 길이이다. 잎의 밑부분은 잎집으로 되어 줄기를 감싼다. 8~9월에 줄기 끝의 원뿔꽃차례에 지름 1㎝ 정도의 적자색 꽃이 촘촘히 달린다. 박새(p.297)처럼 크지만 꽃은 여로와 비슷하다.

❸ **백양꽃**(수선화과) *Lycoris koreana* 여러해살이풀(높이 30㎝ 정도)
전남 백양산의 숲속. 봄에 비늘줄기에서 돋는 선형 잎은 주맥을 따라 흰빛이 돈다. 잎은 여름에 말라 죽는다. 9월이 되면 꽃줄기가 나와 자라고 그 끝의 우산꽃차례에 4~6개의 황적색 꽃이 모여 핀다. 6장의 꽃덮이조각은 46~52㎜ 길이이며 주름이 거의 없다.

❹ **제주상사화**(수선화과) *Lycoris chejuensis* 여러해살이풀(높이 50~60㎝)
제주도의 숲속. 선형 잎은 50~60㎝ 길이이며 여름에 말라 죽는다. 8월에 꽃줄기 끝에 5~8개의 주황색~노란색 꽃이 모여 달리며 꽃덮이조각은 뒤로 말리지 않는다.

여름에 피는 붉은색 풀꽃

❶ 석산 ❷ 두메부추 ❸ 산파 ❹ 한라부추

❶ 석산/꽃무릇(수선화과) *Lycoris radiata* 여러해살이풀(높이 30~50㎝)
남부 지방의 산기슭. 선형 잎은 골이 지며 여름에 마른다. 9~10월에 꽃줄기 끝의 우산꽃차례에 모여 달리는 붉은색 꽃은 6장의 꽃덮이조각이 뒤로 많이 말리며 주름이 진다.

❷ 두메부추(수선화과 | 백합과) *Allium senescens* 여러해살이풀(높이 20~30㎝)
울릉도와 강원도 이북의 풀밭. 달걀형 비늘줄기에서 모여나는 선형 잎은 살찐 부추 잎 같으며 향기가 있다. 8~9월에 꽃줄기 끝의 우산꽃차례는 지름 3㎝ 정도이며 홍자색 꽃이 촘촘히 모여 핀다. 꽃줄기는 약간 납작하고 양쪽에 날개가 있으며 잎이 달리지 않는다.

❸ 산파(수선화과 | 백합과) *Allium maximowiczii* 여러해살이풀(높이 20~50㎝)
북부 지방의 높은 산. 줄기 밑부분에 달리는 2~3장의 선형 잎은 반원통형이며 흰빛이 도는 녹색이고 꽃줄기보다 짧다. 7~8월에 꽃줄기 끝의 우산꽃차례에 많은 적자색 꽃이 둥글게 모여 달린다. 꽃부리는 좁은 종 모양이고 꽃덮이조각과 수술은 각각 6개이다.

❹ 한라부추(수선화과 | 백합과) *Allium taquetii* 여러해살이풀(높이 15~35㎝)
높은 산의 풀밭. 줄기 밑부분에서 어긋나는 2~4장의 잎은 선형이며 꽃줄기보다 짧다. 8~9월에 줄기 끝의 우산꽃차례에 많은 홍자색 꽃이 둥글게 모여 달린다. 꽃덮이조각은 3.5㎜ 정도 길이이고 작은꽃자루는 길이 5~9㎜로 꽃잎보다 2배 정도 길다.

꽃잎 6장

❶ 산부추   ❷ 참산부추   참산부추 뿌리잎

❸ 비비추   ❹ 일월비비추   일월비비추 꽃차례

❶ **산부추**(수선화과|백합과) *Allium thunbergii* 여러해살이풀(높이 30~60㎝)
산의 풀밭. 비늘줄기는 긴 달걀형이다. 줄기 밑부분에 2~3장의 선형 잎이 어긋나며 밑부분이 줄기를 감싼다. 8~9월에 줄기 끝의 우산꽃차례에 많은 홍자색 꽃이 둥글게 모여 달린다. 꽃덮이조각은 4~5㎜ 길이이고 작은꽃자루는 10~15㎜ 길이로 꽃잎보다 2배 이상 길다.

❷ **참산부추**(수선화과|백합과) *Allium sacculiferum* 여러해살이풀(높이 60㎝ 정도)
산의 풀밭. 비늘줄기에서 나오는 2~3장의 선형 잎은 밑부분이 줄기를 감싼다. 잎의 하반부 뒷면에 주맥이 튀어나온다. 꽃줄기에는 잎이 달리지 않는다. 7~9월에 둥근 꽃줄기 끝에 달리는 우산꽃차례는 지름 3~4㎝이며 많은 홍자색 꽃이 둥글게 모여 달린다.

❸ **비비추**(아스파라거스과|백합과) *Hosta longipes* 여러해살이풀(높이 30~40㎝)
산의 냇가. 뿌리잎은 타원 모양의 달걀형이며 잎맥은 7~9쌍이다. 잎몸은 가죽질이고 두껍다. 7~8월에 꽃줄기의 송이꽃차례에 연자주색 꽃이 한쪽으로 치우쳐서 달린다. 수술과 암술은 꽃부리 밖으로 길게 나온다. 포는 얇은 막질로 꽃이 핀 후에 곧 떨어진다.

❹ **일월비비추**(아스파라거스과|백합과) *Hosta capitata* 여러해살이풀(높이 50~60㎝)
산. 뿌리잎은 넓은 달걀형이며 밑부분은 심장저이고 잎자루가 길다. 7~8월에 꽃줄기 끝에 연자주색 꽃이 머리 모양으로 촘촘히 모여 달린다. 수술은 꽃잎과 길이가 비슷하다.

꽃잎 6장

여름에 피는 붉은색 풀꽃

❶ 주걱비비추 ❷ 좀비비추 ❸ 흑산도비비추 ❹ 무릇 무릇 새싹과 비늘줄기

❶ 주걱비비추(아스파라거스과 | 백합과) *Hosta clausa* 여러해살이풀(높이 20~50㎝)
산. 뿌리잎은 긴 타원형이며 잎맥은 4~7쌍이고 잎자루에 좁은 날개가 있다. 7~8월에 꽃줄기의 송이꽃차례에 연자주색 꽃이 한쪽으로 치우쳐서 달린다. 꽃부리는 5㎝ 정도 길이이며 수술과 암술은 꽃부리 밖으로 길게 나온다. 포는 달걀형이며 뚜렷한 맥이 있다.

❷ 좀비비추(아스파라거스과 | 백합과) *Hosta minor* 여러해살이풀(높이 10~35㎝)
중부 이남의 산. 뿌리잎은 넓은 달걀형이며 8~10㎝ 길이로 작은 편이다. 잎 밑부분은 얕은 심장저이며 잎자루로 흐른다. 7~8월에 꽃줄기의 송이꽃차례에 연자주색 꽃이 한쪽으로 치우쳐 달리며 암수술은 꽃부리 밖으로 길게 나온다. 포는 피침형이며 녹색이다.

❸ 흑산도비비추(아스파라거스과 | 백합과) *Hosta yingeri* 늘푸른여러해살이풀(높이 20~30㎝)
전남의 섬. 뿌리잎은 타원형~넓은 달걀형이며 앞면은 광택이 있다. 잎맥은 4~5쌍이다. 7~8월에 꽃줄기의 송이꽃차례에 10~20개의 연자주색 꽃이 달린다. 수술과 암술은 꽃잎 밖으로 나온다. 6개의 수술 중에 3개가 길다. '홍도비비추'라고도 한다.

❹ 무릇(아스파라거스과 | 백합과) *Barnardia japonica* 여러해살이풀(높이 20~50㎝)
산과 들의 풀밭. 땅속의 달걀형 비늘줄기에서 2장의 선형 잎이 나온다. 7~9월에 잎 사이에서 자란 꽃줄기 윗부분의 송이꽃차례에 자잘한 연분홍색 꽃이 모여 핀다.

꽃잎 6장

❶ **맥문동**(아스파라거스과|백합과) *Liriope muscari* 늘푸른여러해살이풀(높이 30~50㎝)
산과 들의 그늘진 곳. 뿌리에서 모여나는 선형 잎은 길이 30~50㎝, 너비 8~12㎜이고 11~15개의 잎맥이 있다. 6~8월에 잎 사이에서 자란 꽃줄기의 송이꽃차례에 자잘한 자주색 꽃이 촘촘히 달린다. 꽃덮이조각은 6장이고 4㎜ 정도 길이이다. 둥근 열매는 검게 익는다. 1)**황금무늬맥문동**('Gold Band')은 맥문동의 원예 품종으로 화단에 심으며 주변에서 저절로 자라기도 한다. 맥문동과 비슷하지만 선형 잎의 가장자리에 노란색의 줄무늬가 있어서 매우 아름답다. 맥문동처럼 6~8월에 자주색 꽃송이가 자란다.

❷ **개맥문동**(아스파라거스과|백합과) *Liriope spicata* 늘푸른여러해살이풀(높이 8~12㎝)
산과 들의 그늘진 곳. 뿌리에서 모여나는 선형 잎은 길이 30~40㎝, 너비 4~7㎜이고 7~11개의 잎맥이 있다. 6~8월에 잎 사이에서 자란 꽃줄기의 송이꽃차례에 자잘한 연자주색 꽃이 성글게 달린다. 꽃덮이조각은 6장이고 4㎜ 정도 길이이다. 둥근 열매는 가을에 검게 익는다.

❸ **홑왕원추리**(크산토로이아과|백합과) *Hemerocallis fulva* 여러해살이풀(높이 1m 정도)
중국 원산. 관상용으로 심고 저절로 자라기도 한다. 뿌리잎은 선형이고 2줄로 마주나서 밑부분은 서로 얼싸안는다. 뿌리잎은 60~80㎝ 길이이고 끝이 활처럼 뒤로 휜다. 7~8월에 꽃줄기에서 갈라진 가지마다 나팔 모양의 주황색 홑꽃이 핀다. 꽃자루는 1~2㎝ 길이이다.

꽃잎 6장

여름에 피는 붉은색 풀꽃

❶ 대청부채 대청부채 꽃 모양 ❷ 범부채
❸ 부레옥잠 부레옥잠 잎자루 단면 물옥잠 꽃 모양 ❹ 물옥잠

❶ **대청부채**(붓꽃과) *Iris dichotoma* 여러해살이풀(높이 45~90㎝)
백령도와 대청도의 산과 들. 칼 모양의 잎은 줄기에 2줄로 어긋나 부챗살처럼 퍼진다. 꽃 줄기는 가지가 계속 둘로 갈라진다. 8~9월에 가지 끝에 연한 홍자색 꽃이 핀다. 3장의 겉꽃덮이 안쪽에는 흰색 바탕에 보라색 그물 무늬가 있고 3장의 속꽃덮이는 약간 작다.

❷ **범부채**(붓꽃과) *Iris domestica* 여러해살이풀(높이 50~100㎝)
산과 바닷가의 풀밭. 칼 모양의 선형 잎은 줄기에 2줄로 어긋난다. 7~8월에 줄기 윗부분에서 갈라진 가지마다 꽃이 피는데 6장의 꽃잎은 주홍색 바탕에 진한 색 반점이 있다.

❸ **부레옥잠**(물옥잠과) *Eichhornia crassipes* 여러해살이풀(높이 20~30㎝)
열대 아메리카 원산. 연못이나 강에 퍼져 자란다. 잎은 둥근 달걀형이며 광택이 있다. 긴 잎자루는 가운데가 부풀어 마치 물고기의 부레처럼 물 위에 뜬다. 수염뿌리는 물속에 잠긴다. 8~9월에 줄기 윗부분의 송이꽃차례에 보라색 꽃이 촘촘히 모여 핀다.

❹ **물옥잠**(물옥잠과) *Monochoria korsakowii* 한해살이풀(높이 20~40㎝)
논이나 얕은 물가. 잎은 하트형이며 밋밋하고 끝이 뾰족하다. 기다란 잎자루는 많이 부풀지 않는다. 줄기와 잎자루 속은 스펀지처럼 구멍이 많다. 9월에 줄기 윗부분의 송이꽃차례에 달리는 청보라색 꽃은 지름 25~30㎜이다. 6장의 꽃덮이조각은 활짝 벌어진다.

꽃잎 6~7장 이상

❶ 물달개비 ❷ 털부처꽃 털부처꽃 꽃 모양
❸ 부처꽃 ❹ 가시연꽃 가시연꽃 꽃 모양

❶ **물달개비**(물옥잠과) *Monochoria vaginalis* 한해살이풀(높이 10~25㎝)

논이나 얕은 물가. 줄기에 달리는 1장의 세모진 달걀형 잎은 끝이 뾰족하고 가장자리가 밋밋하며 광택이 있다. 8~9월에 줄기 끝의 짧은 송이꽃차례에 4~6개의 보라색 꽃이 촘촘히 모여 피는데 꽃잎이 잘 벌어지지 않는다. 꽃송이는 잎보다 아래쪽에 위치한다.

❷ **털부처꽃**(부처꽃과) *Lythrum salicaria* 여러해살이풀(높이 1m 정도)

습지. 곧게 서는 줄기는 사각형이고 잔털이 있다. 잎은 마주나고 피침형~넓은 피침형이며 가장자리가 밋밋하고 밑부분이 줄기를 반쯤 감싼다. 7~9월에 가지 윗부분에 홍자색 꽃이 촘촘히 달린다. 꽃잎은 6장이고 7~8㎜ 길이이며 약간 주름이 있고 서로 떨어져 있다.

❸ **부처꽃**(부처꽃과) *Lythrum anceps* 여러해살이풀(높이 1m 정도)

습지. 곧게 서는 줄기는 사각형이고 전체에 털이 거의 없다. 잎은 마주나고 피침형이며 가장자리가 밋밋하고 잎자루가 거의 없다. 6~8월에 가지 윗부분의 잎겨드랑이에 3~5개의 붉은색 꽃이 피는데 6장의 꽃잎은 서로 떨어진다. 털부처꽃과 같은 종으로 본다.

❹ **가시연꽃**(수련과) *Euryale ferox* 한해살이풀(높이 5~15㎝)

연못. 물 위에 뜨는 둥근 잎은 지름 20~120㎝이며 주름이 많고 양면 잎맥 위에 날카로운 가시가 많이 있다. 8~9월에 물 밖으로 올라온 가시 돋친 꽃자루에 자주색 꽃이 핀다.

꽃잎 7장 이상

여름에 피는 붉은색 풀꽃

❶ 왕원추리 ❷ 연꽃 연꽃 암술과 수술
❸ 수레국화 수레국화 분홍색 꽃 ❹ 벌개미취

❶ **왕원추리**(크산토로이아과 | 백합과) *Hemerocallis fulva v. kwanso* 여러해살이풀(높이 50~100㎝)
　중국 원산. 관상용으로 심고 저절로 자라기도 한다. 뿌리잎은 선형이고 2줄로 배열한다.
　7~8월에 꽃줄기에서 갈라진 가지마다 나팔 모양의 주황색 겹꽃이 핀다.

❷ **연꽃**(연꽃과 | 수련과) *Nelumbo nucifera* 여러해살이풀(높이 1~2m)
　연못이나 늪. 뿌리줄기는 굵고 마디가 많다. 가시가 있는 잎자루는 1~2m 높이로 자라 물
　밖으로 나오며 그 끝에 커다란 둥근 잎이 달린다. 7~8월에 물 밖으로 나오는 긴 꽃자루 끝
　에 커다란 연분홍색 꽃이 핀다. 꽃잎은 16~24장이고 꽃턱은 물뿌리개 주둥이처럼 생겼다.

❸ **수레국화**(국화과) *Cyanus segetum* 한두해살이풀(높이 30~90㎝)
　유럽 원산. 화초로 기르며 들로 퍼져 자란다. 줄기는 흰색 솜털로 덮여 있다. 잎은 어긋나고
　거꿀피침형이며 깃꼴로 깊게 갈라지고 위로 올라가면서 선형이 된다. 6~7월에 가지
　끝에 달리는 푸른색, 붉은색, 흰색 꽃송이는 수레바퀴 모양이다. 꽃은 모두 대롱꽃이다.

❹ **벌개미취**(국화과) *Miyamayomena koraiensis* 여러해살이풀(높이 50~90㎝)
　논두렁이나 습지. 줄기에 홈과 줄이 있다. 잎은 어긋나고 피침형이며 잔톱니가 있고 위로
　갈수록 선형으로 작아진다. 6~9월에 줄기와 가지 끝에 달리는 연자주색 꽃송이는 지름
　4~5㎝로 큼직하다. 길쭉한 열매는 4㎜ 정도 길이이고 털뿐만 아니라 갓털도 없다.

꽃잎 7장 이상

여름에 피는 붉은색 풀꽃

❶ 갯개미취
❷ 쑥부쟁이
쑥부쟁이 꽃 모양
쑥부쟁이 잎
❸ 가새쑥부쟁이
❹ 개미취
개미취 뿌리잎

❶ **갯개미취**(국화과) *Tripolium pannonicum* ssp. *tripolium* 두해살이풀(높이 25~100㎝)
서남해안의 바닷가 습지. 줄기잎은 어긋나고 좁은 피침형이며 털이 없고 가장자리가 밋밋하다. 9~10월에 가지의 고른꽃차례에 달리는 자주색 꽃송이는 지름 16~22㎜이다.

❷ **쑥부쟁이**(국화과) *Aster yomena* 여러해살이풀(높이 30~100㎝)
약간 습한 곳. 잎은 어긋나고 타원형~피침형이며 6~10㎝ 길이이고 가장자리에 굵은 톱니가 있다. 7~10월에 가지 끝에 피는 자주색 꽃송이는 지름 2~3㎝이고 총포는 반구형이다. 납작한 긴 달걀형 열매는 3㎜ 정도 길이이고 갓털은 0.5㎜ 정도 길이이다.

❸ **가새쑥부쟁이**(국화과) *Aster incisus* 여러해살이풀(높이 1~1.5m)
약간 습한 곳. 잎은 어긋나고 넓은 피침형~피침형이며 털이 없고 깃꼴로 갈라지는데 톱니는 잎 너비만큼 크다. 8~9월에 가지 끝에 피는 자주색 꽃은 지름 30~35㎜이고 총포는 반구형이다. 거꿀달걀형 열매는 3~3.5㎜ 길이이고 적갈색 갓털은 0.5~1㎜ 길이이다.

❹ **개미취**(국화과) *Aster tataricus* 여러해살이풀(높이 1~1.5m)
깊은 산의 숲속. 잎은 어긋나고 달걀형~긴 타원형이며 밑부분은 잎자루의 날개처럼 되고 가장자리에 날카로운 톱니가 있다. 8~9월에 가지마다 지름 25~33㎜의 연자주색 꽃이 모여 달려 고른꽃차례를 만든다. 총포는 반구형이고 총포조각은 뾰족하다.

꽃잎 7장 이상

여름에 피는 붉은색 풀꽃

❶ 좀개미취 ❷ 갯쑥부쟁이 갯쑥부쟁이 군락
❸ 왕갯쑥부쟁이 ❹ 해국 ¹⁾왕해국

● **좀개미취**(국화과) *Aster maackii* 여러해살이풀(높이 45~85㎝)
강원도 이북의 높은 산. 잎은 어긋나고 피침형이며 톱니가 드문드문 있고 양면에 털이 있다. 8~10월에 줄기 끝의 고른꽃차례에 몇 개가 모여 피는 연자주색 꽃은 지름 4㎝ 정도이다. 총포는 반구형이고 총포조각은 3줄로 붙으며 끝부분은 둥글다.

● **갯쑥부쟁이**(국화과) *Aster hispidus* 두해살이풀(높이 30~100㎝)
바닷가. 뿌리잎은 거꿀피침형이고 가장자리가 밋밋하다. 8~11월에 가지 끝에 달리는 자주색 꽃송이는 지름 3~5㎝이다. 혀꽃에서 자란 갓털은 짧고 대롱꽃은 길다.

● **왕갯쑥부쟁이**(국화과) *Aster magnus* 여러해살이풀(높이 30~60㎝)
제주도의 남쪽 바닷가. 뿌리잎은 주걱형이고 줄기잎은 어긋나며 피침형이고 위로 갈수록 작아진다. 8~12월에 가지 끝에 달리는 자주색 꽃은 지름 5~7㎝로 큼직하다.

● **해국**(국화과) *Aster spathulifolius* 여러해살이풀(높이 30~60㎝)
바닷가. 전체에 부드러운 털이 있다. 잎은 촘촘히 어긋나고 주걱형~거꿀달걀형이며 두껍고 가장자리에 톱니가 있거나 없으며 샘털이 많아서 끈적거린다. 7~11월에 가지 끝마다 연자주색 꽃이 피는데 지름 35~40㎜이다. ¹⁾**왕해국**(v. *oharae*)은 해국의 변종으로 울릉도에서 자란다. 잎은 얇고 가장자리에 톱니가 드물며 샘털이 적다. 해국과 같은 종으로 본다.

꽃잎 7장 이상

여름에 피는 붉은색 풀꽃

❶ 눈개쑥부쟁이 ❷ 구름국화 구름국화 뿌리잎
❸ 단양쑥부쟁이 ❹ 코스모스 코스모스 분홍색 꽃

❶ **눈개쑥부쟁이**(국화과) *Aster hayatae* 여러해살이풀(높이 15~25cm)
한라산의 높은 지대. 줄기는 눕다가 윗부분이 선다. 뿌리잎은 주걱형이고 둔한 톱니가 있다. 줄기잎은 어긋나고 피침형~선형이며 12~20mm로 작고 톱니가 없다. 가지 끝에 피는 남자색 꽃송이는 지름 3~4cm이다. 거꿀달걀형 열매의 갓털은 긴 편이고 붉은빛이 돈다.

❷ **구름국화**(국화과) *Erigeron thunbergii* ssp. *glabratus* 여러해살이풀(높이 10~35cm)
백두산. 잎은 어긋나고 주걱형이지만 위로 올라갈수록 선형이 되며 가장자리가 거의 밋밋하다. 6~8월에 줄기 끝에 피는 자주색 꽃송이는 지름 3~4cm이고 총포는 반구형이다.

❸ **단양쑥부쟁이**(국화과) *Heteropappus altaicus* 여러해살이풀(높이 30~100cm)
경기도와 충북의 냇가 모래땅. 잎은 어긋나고 선형이며 가장자리가 밋밋하고 털이 약간 있으며 잎자루가 없다. 8~10월에 줄기와 가지 끝에 피는 연보라색 꽃은 지름 4cm 정도이고 꽃자루에 좁은 잎이 많이 달린다. 총포는 반구형이고 총포조각은 2줄로 붙는다.

❹ **코스모스**(국화과) *Cosmos bipinnatus* 한해살이풀(높이 1~2m)
멕시코 원산. 화초로 심고 들에서 자란다. 잎은 마주나고 2회깃꼴겹잎이며 갈래조각은 선형이다. 7~10월에 가지 끝에 달리는 붉은색, 분홍색, 흰색 꽃은 지름 5~6cm이다. 둘레의 혀꽃은 7~9장이며 끝부분에 3~5개의 뭉툭한 톱니가 있다. 대롱꽃은 꽃밥이 진갈색이다.

꽃잎 7장 이상

여름에 피는 붉은색 풀꽃

❶ 우선국　❷ 큰비짜루국화　큰비짜루국화 꽃 모양
❸ 치커리　치커리 꽃 모양　❹ 겹도라지

❶ **우선국**(국화과) *Symphyotrichum novi-belgii* 여러해살이풀(높이 30~70㎝)
북아메리카 원산. 화초로 심던 것이 들꽃이 되었다. 잎은 어긋나고 타원 모양의 피침형~가는 피침형이며 톱니가 있거나 없다. 8~10월에 줄기와 가지 끝에 달리는 자주색 꽃송이는 지름 25㎜ 정도이다. 총포는 반구형이고 총포조각은 3~4줄로 붙는다.

❷ **큰비짜루국화**(국화과) *Aster subulatus v. sandwicensis* 한해살이풀(높이 50~120㎝)
아메리카 원산. 빈터. 잎은 어긋나고 좁고 긴 타원형이며 가장자리에 톱니가 있고 위로 갈수록 작아지며 톱니가 없어진다. 8~10월에 가지 끝에 달리는 꽃송이는 지름 1㎝ 정도이며 혀꽃은 보라색이다. 꽃이 진 뒤에도 갓털이 총포 밖으로 나오지 않는다.

❸ **치커리**(국화과) *Cichorium intybus* 여러해살이풀(높이 30~100㎝)
북유럽 원산. 채소로 기르며 들에서 자란다. 뿌리잎은 깃꼴로 갈라지고 어긋나는 줄기잎은 가장자리가 밋밋하다. 7~10월에 가지 끝이나 잎겨드랑이에 푸른색 꽃송이가 달린다. 쓴맛이 나는 어린잎을 샐러드로 먹거나 말린 뿌리를 가루로 내어 차로 마신다.

❹ **겹도라지**(초롱꽃과) *Platycodon grandiflorus f. duplex* 여러해살이풀(높이 40~80㎝)
산과 들. 잎은 어긋나고 긴 달걀형~넓은 피침형이며 뒷면은 회청색이다. 7~8월에 가지 끝에 종 모양의 보라색 겹꽃이 핀다. 도라지(p.157)와 같은 종으로 본다.

꽃잎 7장 이상~기타

❶ 솔체꽃 솔체꽃 개화 1)구름체꽃

❷ 애기앉은부채 애기앉은부채 뿌리잎 ❸ 손바닥난초

❶ 솔체꽃(인동과|산토끼꽃과) *Scabiosa tschiliensis* 두해살이풀(높이 50~90㎝)
깊은 산. 줄기는 가지가 갈라지고 뿌리잎은 꽃이 필 때 없어진다. 잎은 마주나고 긴 타원형이며 큰 톱니가 있고 위로 갈수록 깃꼴로 갈라진다. 8~9월에 줄기와 가지 끝에 납작한 청자색 꽃송이가 위를 보고 핀다. 가장자리의 꽃부리는 바깥쪽 갈래조각이 가장 크다.
1)**구름체꽃**(f. *alpina*)은 솔체꽃의 품종으로 한라산에서 자라며 가지가 갈라지지 않는다. 뿌리잎은 꽃이 필 때까지도 남아 있다. 잎은 마주나고 깃꼴로 갈라진다. 8~9월에 줄기 끝에 납작한 청자색 꽃송이가 위를 보고 핀다. 꽃받침은 가장자리의 가시털이 약간 길다.

❷ 애기앉은부채(천남성과) *Symplocarpus nipponicus* 여러해살이풀(높이 5~10㎝)
습한 산. 뿌리에서 모여나는 잎은 기다란 하트형으로 10~20㎝ 길이이다. 7~8월에 잎이 말라 죽은 다음에 뿌리에서 꽃이삭이 나온다. 도깨비방망이 모양의 살이삭꽃차례를 받치고 있는 꽃덮개는 3~5㎝ 길이이며 진한 자갈색이다.

❸ 손바닥난초(난초과) *Gymnadenia conopsea* 여러해살이풀(높이 30~60㎝)
높은 산의 풀밭. 뿌리는 손바닥 모양으로 굵어진다. 잎은 4~6장이 어긋나고 넓은 선형이며 끝이 뾰족하고 밑부분이 줄기를 감싼다. 7~8월에 줄기 윗부분의 이삭꽃차례에 많은 자홍색 꽃이 촘촘히 돌려 가며 달린다. 꿀주머니는 아래로 처지고 씨방보다 길다.

기타

여름에 피는 붉은색 풀꽃

❶ 병아리난초 ❷ 구름병아리난초
❸ 큰방울새란 ❹ 방울새란

❶ 병아리난초(난초과) *Amitostigma gracile* 여러해살이풀(높이 8~20㎝)
산의 그늘진 바위틈. 줄기 아래쪽에 1장의 긴 타원형 잎이 달리며 밑부분이 줄기를 약간 감싼다. 6~7월에 줄기 끝의 송이꽃차례에 3~15개의 연한 홍자색 꽃이 옆을 보고 핀다. 입술꽃잎은 3갈래로 갈라지며 끝이 둥글다. 꿀주머니는 씨방과 나란히 뒤로 벋는다.

❷ 구름병아리난초(난초과) *Neottianthe cucullata* 여러해살이풀(높이 10~20㎝)
높은 산. 줄기 밑부분에 2장의 긴 타원형 잎이 달리고 그 위에 몇 개의 포가 붙는다. 7~8월에 줄기 윗부분의 송이꽃차례에 10~20개의 연홍색 꽃이 옆을 보고 달린다. 입술꽃잎은 3갈래로 갈라지고 자주색 점이 있다. 가는 꿀주머니는 꽃잎보다 길고 앞쪽으로 구부러진다.

❸ 큰방울새란(난초과) *Pogonia japonica* 여러해살이풀(높이 15~30㎝)
습지. 5~7월에 줄기 끝에 1개가 달리는 꽃은 홍자색이고 15~25㎜ 크기이며 꽃잎이 반쯤 벌어진다. 입술꽃잎은 가장자리에 불규칙한 톱니가 있고 톱니에는 잔털이 있다.

❹ 방울새란(난초과) *Pogonia minor* 여러해살이풀(높이 10~25㎝)
산의 풀밭. 잎은 거꿀피침형~긴 타원형이며 줄기 가운데에 1장이 달린다. 6~8월에 줄기 끝에 1개가 달리는 연한 홍자색 꽃은 10~15㎜ 크기이며 위를 향하고 꽃잎이 거의 벌어지지 않는다. 꽃술대는 5㎜ 정도 길이이고 입술꽃잎과 곁꽃잎은 길이가 비슷하다.

기타

❶ 타래난초(난초과) *Spiranthes sinensis* 여러해살이풀(높이 10~40cm)
산과 들의 양지쪽 풀밭. 줄기 윗부분의 이삭꽃차례에 분홍색 꽃이 한쪽 방향을 보고 피는데 꽃이삭은 실타래처럼 꼬인다. 입술꽃잎은 흰색이며 가장자리에 잔톱니가 있다.

❷ 나리난초(난초과) *Liparis makinoana* 여러해살이풀(높이 15~30cm)
중부 이남의 숲속. 2장의 타원형 잎은 밑부분이 줄기를 감싸고 가장자리가 물결 모양으로 주름이 진다. 5~7월에 꽃줄기 윗부분의 송이꽃차례에 연녹색이나 자갈색이 도는 꽃이 모여 달린다. 입술꽃잎은 거꿀달걀형이며 끝이 뾰족하고 뒤로 약간 젖혀진다.

❸ 흑난초(난초과) *Liparis nervosa* 여러해살이풀(높이 20~30cm)
전남과 제주도의 숲속. 2~3장의 긴 타원형 잎은 밑부분이 줄기를 감싸고 끝이 뾰족하며 가장자리는 밋밋하다. 6~7월에 꽃줄기 윗부분의 송이꽃차례에 10개 정도의 흑자색 꽃이 핀다. 입술꽃잎은 쐐기 모양의 달걀형이며 끝부분은 잘린 듯 구부러진다.

❹ 여름새우난(난초과) *Calanthe reflexa* 여러해살이풀(높이 40cm 정도)
한라산의 숲속. 긴 타원형 잎은 뿌리에서 3~5장이 모여나며 깊은 주름이 진다. 8월에 꽃줄기 윗부분의 송이꽃차례에 10~20개의 연한 홍자색 꽃이 핀다. 꽃에는 꿀주머니가 없고 꽃잎은 선형이다. 꽃줄기에 1~2개가 달리는 피침형 포는 1~2cm 길이이다.

기타

여름에 피는 붉은색 풀꽃

❶ 지네발란

❷ 나도풍란 / 나도풍란 꽃 모양

❸ 부들

부들 열매이삭

❹ 큰잎부들

❶ **지네발란**(난초과) *Pelatantheria scolopendrifolia* 늘푸른여러해살이풀(높이 1~3cm)
제주도와 목포의 양지쪽 바위나 나무줄기에 붙어 자란다. 기는줄기에 좁은 피침형 잎이 2줄로 어긋난다. 잎은 6~10mm 길이이고 딱딱하며 끝이 둔하고 가죽질이며 앞면에는 골이 있다. 6~7월에 잎집을 뚫고 나오는 꽃자루 끝에 1개의 연한 붉은색 꽃이 핀다.

❷ **나도풍란**(난초과) *Sedirea japonica* 늘푸른여러해살이풀(높이 5~12cm)
남쪽 섬의 나무나 바위에 붙어서 자란다. 굵은 공기뿌리가 있다. 긴 타원형 잎은 두껍고 3~5장이 2줄로 달린다. 6~8월에 꽃줄기 끝의 송이꽃차례에 연한 녹백색 꽃이 모여 달린다. 입술꽃잎은 안쪽에 자주색 반점이 있으며 가장자리에 불규칙한 톱니가 있다.

❸ **부들**(부들과) *Typha orientalis* 여러해살이풀(높이 1~1.5m)
연못가나 습지. 뿌리줄기에서 모여나 곧게 자라는 줄기에 잎이 어긋난다. 칼 모양의 잎은 너비 5~10mm이며 밑부분이 줄기를 둘러싼다. 암수한그루로 6~7월에 꽃이 핀다. 줄기 끝에 달리는 가느다란 수꽃이삭과 밑의 원통형 암꽃이삭은 바짝 붙어 있다. 잎으로 방석을 만든다.

❹ **큰잎부들**(부들과) *Typha latifolia* 여러해살이풀(높이 1~2m)
연못가나 습지. 칼 모양의 잎은 너비 10~20mm이다. 암수한그루로 6~7월에 꽃이 핀다. 줄기 끝에 달리는 가느다란 수꽃이삭과 밑의 원통형 암꽃이삭은 바짝 붙어 있다.

기타

❶ 애기부들 애기부들 꽃차례 ❷ 좀부들
❸ 자주꿩의다리 자주꿩의다리 군락 ❹ 은꿩의다리

❶ **애기부들**(부들과) *Typha angustifolia* 여러해살이풀(높이 1~1.5m)
연못가나 습지. 뿌리줄기에서 모여나는 줄기는 곧게 자란다. 잎은 어긋나고 밑부분이 줄기를 둘러싼다. 암수한그루로 7~8월에 꽃이 핀다. 줄기 끝에 달리는 가느다란 수꽃이삭과 떨어져 있는 밑의 원통형 암꽃이삭은 6~20㎝ 길이이다. 원통형 열매이삭은 적갈색이다.

❷ **좀부들/꼬마부들**(부들과) *Typha laxmannii* 여러해살이풀(높이 80~150㎝)
연못가나 습지. 암수한그루로 6~7월에 꽃이 핀다. 줄기 끝에 달리는 가느다란 수꽃이삭과 떨어져 있는 밑의 원통형 암꽃이삭은 3~6㎝ 길이로 애기부들보다 작다.

❸ **자주꿩의다리**(미나리아재비과) *Thalictrum uchiyamai* 여러해살이풀(높이 50~60㎝)
산. 줄기에 능선이나 줄이 없다. 뿌리잎은 2~3회세겹잎이다. 작은잎은 둥근 하트형~달걀형이고 큰 톱니가 있거나 3갈래로 갈라지고 뒷면은 회청색이 돈다. 6~7월에 엉성한 원뿔꽃차례에 흰빛이 도는 자주색 꽃이 핀다. 열매는 반거꿀달걀형이고 짧은 자루와 6개의 맥이 있다.

❹ **은꿩의다리**(미나리아재비과) *Thalictrum actaefolium* 여러해살이풀(높이 30~60㎝)
산의 숲속. 잎은 어긋나고 2~3회세겹잎이며 뒷면은 분백색이다. 작은잎은 넓은 달걀형이고 가장자리에 결각 모양의 큰 톱니가 있다. 7~9월에 원뿔꽃차례에 흰색~보라색 꽃이 많이 달린다. 열매는 좁은 달걀형이며 자루가 없다. 참꿩의다리도 같은 종이다.

❶ 진범 ❷ 세뿔투구꽃 ❸ 놋젓가락나물 / 놋젓가락나물 덩굴 ❹ 투구꽃

❶ **진범**(미나리아재비과) *Aconitum pseudolaeve* 여러해살이풀(높이 30~80㎝)
산의 숲속이나 풀밭. 줄기 윗부분에 꼬부라진 털이 있다. 잎은 둥근 하트형이며 5~7갈래로 갈라진다. 8~9월에 줄기 끝의 송이꽃차례에 오리 모양의 자주색 꽃이 모여 핀다.

❷ **세뿔투구꽃**(미나리아재비과) *Aconitum austrokoreense* 여러해살이풀(높이 60~80㎝)
경상도와 전라도의 숲속. 잎은 어긋나고 오각형이지만 위로 갈수록 삼각형이 되며 갈래조각 끝이 뾰족하고 가장자리에 톱니가 있다. 9월에 잎겨드랑이에서 자란 송이꽃차례에 투구 모양의 하늘색 꽃이 피는데 그늘에서는 색이 연해진다. 열매는 긴 타원형이며 털이 있다.

❸ **놋젓가락나물**(미나리아재비과) *Aconitum volubile v. pubescens* 여러해살이풀(길이 2m 정도)
산기슭. 줄기는 털이 있으며 윗부분이 덩굴로 된다. 잎은 어긋나고 3~5갈래로 완전히 갈라지며 갈래조각은 다시 갈라진다. 최종 갈래조각은 피침형이며 끝이 뾰족하다. 8~9월에 가지 끝의 송이꽃차례에 자주색 꽃이 피며 꽃자루에 꼬부라진 털이 있다.

❹ **투구꽃**(미나리아재비과) *Aconitum jaluense* 여러해살이풀(높이 1m 정도)
산의 숲속. 잎은 어긋나고 손바닥처럼 3~5갈래로 깊게 갈라지고 갈래조각 가장자리에 톱니가 있으며 잎자루가 길다. 8~9월에 가지 끝의 송이꽃차례에 투구 모양의 보라색 꽃이 피는데 꽃자루에 퍼진털이 많다. 타원형 열매는 3~5개가 붙어 있고 털이 있다.

기타

❶ 한라돌쩌귀
❷ 큰제비고깔 / 큰제비고깔 꽃 모양
❸ 개미탑 / 개미탑 잎줄기
❹ 개맨드라미

❶ **한라돌쩌귀**(미나리아재비과) *Aconitum japonicum* ssp. *napiforme* 여러해살이풀(높이 45~100㎝)
한라산과 남부 지방의 산. 잎은 어긋나고 3갈래로 완전히 갈라지며 작은잎자루가 있는 갈래조각은 다시 갈라지며 양면에 굽은털이 있다. 8~9월에 줄기 끝에 투구 모양의 청자색 꽃이 모여 핀다. 꽃자루에도 굽은털이 있다. 열매는 긴 타원형이고 3개가 달린다.

❷ **큰제비고깔**(미나리아재비과) *Delphinium maackianum* 여러해살이풀(높이 1m 정도)
중부 이북의 산. 잎은 어긋나고 단풍잎처럼 3~7갈래로 깊게 갈라지며 가장자리에 불규칙한 톱니가 있다. 7~8월에 줄기 끝의 송이꽃차례에 깔때기 모양의 진자주색 꽃이 옆을 향해 피며 끝부분은 꿀주머니이다. 꽃대에 털이 있다. 긴 타원형 열매는 3개가 붙어 있다.

❸ **개미탑**(개미탑과) *Gonocarpus micranthus* 여러해살이풀(높이 10~30㎝)
남부 지방의 습한 풀밭. 줄기 밑부분은 기면서 가지가 갈라진다. 잎은 줄기 밑부분에서는 마주나고 윗부분에서는 어긋난다. 잎몸은 둥근 달걀형이고 톱니가 약간 있으며 잎자루가 없다. 7~8월에 줄기 윗부분의 송이꽃차례에 자잘한 황갈색~홍자색 꽃이 밑을 보고 핀다.

❹ **개맨드라미**(비름과) *Celosia argentea* 여러해살이풀(높이 40~80㎝)
열대 아메리카 원산. 들. 잎은 어긋나고 피침형~좁은 달걀형이다. 7~8월에 원기둥 모양의 이삭꽃차례에 자잘한 연홍색~흰색 꽃이 다닥다닥 달린다.

여름에 피는 붉은색 풀꽃

❶ 노루오줌 ❷ 숙은노루오줌 숙은노루오줌 꽃차례

❸ 분꽃 ❹ 범꼬리 범꼬리 군락

❶ **노루오줌**(범의귀과) *Astilbe rubra* 여러해살이풀(높이 30~70㎝)
산. 잎은 어긋나고 2~3회세겹잎이며 전체가 삼각형 모양이다. 작은잎은 긴 달걀형이며 끝이 뾰족하고 가장자리에 커다란 톱니가 있다. 7~8월에 줄기 끝에 달리는 커다란 원뿔꽃차례는 곧게 서며 갈색 털이 있고 자잘한 홍자색 꽃이 다닥다닥 달린다.

❷ **숙은노루오줌**(범의귀과) *Astilbe grandis* 여러해살이풀(높이 60㎝ 정도)
산. 잎은 어긋나고 2~3회세겹잎이며 전체가 삼각형 모양이다. 작은잎은 달걀형~넓은 타원형이며 끝이 뾰족하고 가장자리에 큰 톱니가 있다. 7~8월에 줄기 끝에 달리는 원뿔꽃차례는 비스듬히 휘어지며 샘털이 있고 자잘한 연분홍색 꽃이 다닥다닥 달린다.

❸ **분꽃**(분꽃과) *Mirabilis jalapa* 한해살이풀(높이 60~100㎝)
남아메리카 원산. 화초로 심고 남부 지방의 들에서 저절로 자란다. 잎은 마주나고 달걀형~넓은 달걀형이며 가장자리가 밋밋하다. 7~10월에 가지 끝의 갈래꽃차례에 깔때기 모양의 붉은색 꽃이 저녁에 피었다가 아침에 진다. 노란색, 흰색, 잡색 꽃이 피는 품종도 있다.

❹ **범꼬리**(마디풀과) *Bistorta manshuriensis* 여러해살이풀(높이 50~100㎝)
산의 풀밭. 잎은 어긋나고 긴 타원형이며 심장저이고 잎자루가 있으며 털이 없다. 6~7월에 줄기 끝에서 곧게 서는 이삭꽃차례는 3~8㎝ 길이이고 자잘한 연분홍색 꽃이 촘촘히 핀다.

기타

❶ 가시여뀌
가시여뀌 꽃차례
❷ 나도미꾸리낚시
❸ 넓은잎미꾸리낚시
❹ 기생여뀌
턱잎
기생여뀌 줄기

❶ **가시여뀌**(마디풀과) *Persicaria dissitiflora* 한해살이풀(높이 50~100㎝)
숲속. 줄기는 비스듬히 서고 가지가 많다. 가지와 꽃자루에 가시 같은 붉은색 샘털이 많다. 잎은 어긋나고 긴 타원형이며 밑부분은 얕은 심장저로 양쪽이 화살촉 같다. 잎집의 턱잎에는 가시 같은 털이 있다. 7~9월에 가지마다 좁쌀 모양의 분홍색~붉은색 꽃이 달린다.

❷ **나도미꾸리낚시**(마디풀과) *Persicaria maackiana* 한해살이풀(높이 40~100㎝)
물가. 줄기에 갈고리 같은 가시가 있다. 잎은 어긋나고 피침형이며 밑부분의 양쪽이 화살 귀처럼 길게 돌출하고 잎집 모양의 턱잎에 톱니가 있다. 잎 양면과 꽃차례에 별모양 털이 많다. 7~9월에 가지 끝마다 몇 개씩 모여 달리는 연분홍색 꽃은 4~5㎜ 길이이다.

❸ **넓은잎미꾸리낚시**(마디풀과) *Persicaria muricata* 한해살이풀(높이 50㎝ 정도)
습지. 줄기에 갈고리 같은 작은 가시가 있다. 잎은 어긋나고 긴 타원형이며 끝은 뾰족하고 가장자리는 얕은 심장저이다. 잎집 같은 턱잎은 갈색이고 수평으로 잘린다. 9~10월에 가지 끝의 머리모양꽃차례에 연분홍색 꽃이 모여 달린다. 꽃자루에 샘털이 있다.

❹ **기생여뀌**(마디풀과) *Persicaria viscosa* 여러해살이풀(높이 40~120㎝)
습지. 줄기는 갈색의 긴털과 샘털이 빽빽이 나고 향기가 있다. 잎집 모양의 턱잎에는 털이 있다. 8~9월에 줄기와 가지 끝의 이삭꽃차례에 좁쌀 모양의 홍자색 꽃이 촘촘히 달린다.

❶ 장대여뀌 ❷ 개여뀌 개여뀌 꽃차례
❸ 봄여뀌 ❹ 산여뀌 산여뀌 잎

❶ **장대여뀌**(마디풀과) *Persicaria posumbu* v. *laxiflora* 한해살이풀(높이 30~60㎝)
산의 숲 가장자리. 잎은 어긋나고 긴 달걀형이며 끝이 길게 뾰족하고 가운데에 검은색 무늬가 있으며 양면에 털이 성기게 있고 잎자루가 짧다. 잎집 모양의 턱잎 끝에 긴털이 있다. 7~9월에 가늘고 긴 이삭꽃차례에 연홍색 꽃이 성기게 달린다. 열매는 세모진 넓은 타원형이다.

❷ **개여뀌**(마디풀과) *Persicaria longiseta* 한해살이풀(높이 20~50㎝)
밭이나 빈터. 흔히 줄기는 여러 대가 모여난 것처럼 보이며 털이 없다. 잎은 어긋나고 피침형이며 진녹색이고 끝이 뾰족하며 가장자리에 털이 있다. 잎집 모양의 턱잎은 끝에 수염 같은 긴털이 있다. 7~9월에 가지 끝의 이삭꽃차례에 붉은색 꽃이 촘촘히 달린다.

❸ **봄여뀌**(마디풀과) *Persicaria maculosa* 한해살이풀(높이 20~60㎝)
밭 근처. 줄기는 부드러운 털이 있다. 잎은 어긋나고 넓은 피침형~피침형이며 가운데에 검은색 무늬가 있기도 하고 잎자루가 짧다. 잎 가장자리에는 털이 있다. 잎집 모양의 턱잎 가장자리에 털이 있다. 5~10월에 가지 끝의 이삭꽃차례에 연분홍색 꽃이 촘촘히 달린다.

❹ **산여뀌**(마디풀과) *Persicaria nepalensis* 한해살이풀(높이 20~30㎝)
산. 잎은 어긋나고 세모진 달걀형이며 밑부분이 좁아져서 잎자루의 날개처럼 되고 뒷면에 기름점이 있다. 8~9월에 잎겨드랑이와 가지 끝에 분홍색~흰색 꽃이 둥글게 모여 핀다.

기타

❶ 메밀여뀌 ❷ 미꾸리낚시 미꾸리낚시 꽃차례
❸ 털여뀌 ❹ 흰여뀌 흰여뀌 줄기 마디

❶ **메밀여뀌/개모밀덩굴**(마디풀과) *Persicaria capitata* 여러해살이풀(높이 10~15㎝)
히말라야 원산. 화초로 심고 남쪽 바닷가에서 저절로 자란다. 길게 벋는 줄기는 마디마다 뿌리를 내린다. 잎은 어긋나고 달걀형이며 털이 있고 가운데에 V자형의 자갈색 무늬가 생긴다. 8~10월에 잔가지 끝의 둥근 꽃차례에 흰색이나 연분홍색 꽃이 촘촘히 달린다.

❷ **미꾸리낚시**(마디풀과) *Persicaria sagittata* 한해살이풀(높이 30~100㎝)
도랑이나 냇가. 줄기에 갈고리 같은 억센 털이 있어 다른 물체에 잘 붙는다. 잎은 어긋나고 피침형이며 심장저이고 양쪽 끝이 귓불처럼 줄기를 감싼다. 잎집 모양의 턱잎은 털이 없고 끝이 경사진다. 6~9월에 가지 끝에 자잘한 연분홍색 꽃이 둥글게 모여 달린다.

❸ **털여뀌**(마디풀과) *Persicaria orientalis* 한해살이풀(높이 1~2m)
집 근처. 전체에 긴털이 빽빽이 나 있다. 잎집 모양의 턱잎은 포보다 길이가 짧고 끝에 작은 잎이 달리기도 한다. 7~8월에 가지 끝에 달리는 붉은색 이삭꽃차례는 끝이 처진다.

❹ **흰여뀌**(마디풀과) *Persicaria lapathifolia* 한해살이풀(높이 50~100㎝)
들. 잎은 어긋나고 넓은 달걀형이며 검은색 무늬가 생기기도 한다. 잎자루는 턱잎보다 짧다. 턱잎은 털이 거의 없거나 연한 털이 있다. 7~9월에 가지 끝의 이삭꽃차례는 흰색~연분홍색이고 4~10㎝ 길이이며 밑으로 처진다. **큰개여뀌**(명아주여뀌)도 본종에 포함된다.

❶ 쪽 ❷ 깨풀 깨풀 꽃차례
❸ 여우구슬 여우구슬 꽃 모양 ❹ 자주비수리

❶ **쪽**(마디풀과) *Persicaria tinctoria* 한해살이풀(높이 50~60㎝)

중국 원산. 밭에서 재배하며 들에서 저절로 자라기도 한다. 전체에 털이 없다. 잎은 어긋나고 긴 타원형~달걀형이며 끝이 둥글고 가장자리가 밋밋하다. 턱잎은 칼집 모양이고 끝에 털이 있다. 8~9월에 가지 끝의 이삭꽃차례에 자잘한 분홍색 꽃이 모여 핀다.

❷ **깨풀**(대극과) *Acalypha australis* 한해살이풀(높이 20~40㎝)

길가나 밭둑. 잎은 어긋나고 달걀형이며 끝이 뾰족하고 가장자리에 둔한 톱니가 있다. 8~9월에 줄기 윗부분의 잎겨드랑이에 기다란 수꽃이삭이 달리고 그 밑에 달리는 암꽃은 커다란 총포조각에 둘러싸인다. 총포조각은 세모진 달걀형이며 가장자리에 톱니가 있다.

❸ **여우구슬**(여우주머니과|대극과) *Phyllanthus urinaria* 한해살이풀(높이 15~40㎝)

남부 지방의 길가나 밭둑. 가지에 어긋나는 긴 타원형 잎은 양쪽으로 달려서 깃꼴겹잎처럼 보인다. 잎 뒷면은 흰빛이 돈다. 암수한그루로 7~8월에 잎겨드랑이에 자잘한 적갈색 꽃이 피는데 꽃자루가 거의 없다. 둥근 열매는 붉은색으로 익고 주름이 지며 자루가 없다.

❹ **자주비수리**(콩과) *Lespedeza lichiyuniae* 여러해살이풀(높이 50~120㎝)

중국 원산. 길가. 잎은 어긋나고 세겹잎이다. 9~10월에 잎겨드랑이의 송이꽃차례에 2~4개의 홍자색 꽃이 모여 핀다. 맨 위쪽 꽃잎 가운데에 진보라색 점이 있다.

기타

❶ 매듭풀 ❷ 둥근매듭풀 ❸ 큰도둑놈의갈고리 ❹ 개도둑놈의갈고리

❶ **매듭풀**(콩과) *Kummerowia striata* 한해살이풀(높이 10~40㎝)
길가나 들. 가는 줄기에 밑을 향한 짧은털이 나 있다. 잎은 어긋나고 세겹잎이며 작은잎은 긴 타원형이고 끝이 약간 뭉툭하다. 8~9월에 잎겨드랑이에 1~2개의 나비 모양의 붉은색 꽃이 피며 꽃자루는 짧다. 포에는 5~7개의 맥이 있다. 꼬투리열매는 둥글다.

❷ **둥근매듭풀**(콩과) *Kummerowia stipulacea* 한해살이풀(높이 10~20㎝)
산과 들의 길가나 빈터. 가는 줄기에 위를 향한 털이 나 있다. 잎은 어긋나고 세겹잎이며 작은잎은 거꿀달걀형이고 끝이 오목하게 들어간다. 8~9월에 잎겨드랑이에 1~2개의 나비 모양의 붉은색 꽃이 핀다. 꽃받침은 털이 없고 5갈래로 갈라진다. 포에는 1~3개의 맥이 있다.

❸ **큰도둑놈의갈고리**(콩과) *Hylodesmum oldhamii* 여러해살이풀(높이 1~1.5m)
산의 숲속. 잎은 어긋나고 깃꼴겹잎이며 작은잎은 5~7장이다. 작은잎은 달걀형~긴 타원형이며 끝이 뾰족하고 가장자리가 밋밋하다. 7~8월에 가지 끝의 송이꽃차례에 나비 모양의 분홍색 꽃이 핀다. 꼬투리열매는 1~2개의 마디와 갈고리 모양의 잔털이 있다.

❹ **개도둑놈의갈고리**(콩과) *Hylodesmum podocarpum* 여러해살이풀(높이 60~90㎝)
산기슭의 숲속. 전체에 털이 많다. 잎은 어긋나고 세겹잎이며 작은잎은 거꿀달걀형이고 양면에 털이 있다. 8~9월에 줄기 끝의 겹송이꽃차례에 나비 모양의 분홍색 꽃이 핀다.

기타

여름에 피는 붉은색 풀꽃

❶ 도둑놈의갈고리 / 도둑놈의갈고리 열매

❷ 가는등갈퀴

❸ 각시갈퀴나물

❹ 넓은잎갈퀴 / 넓은잎갈퀴 꽃차례

❶ **도둑놈의갈고리**(콩과) *Hylodesmum podocarpum* ssp. *oxyphyllum* 여러해살이풀(높이 60~90㎝)
숲 가장자리. 잎은 어긋나고 세겹잎이며 작은잎은 네모진 달걀형이다. 7~8월에 가지 끝이나 잎겨드랑이의 송이꽃차례에 나비 모양의 분홍색 꽃이 핀다. 꼬투리열매는 마디가 있다.

❷ **가는등갈퀴**(콩과) *Vicia tenuifolia* 여러해살이덩굴풀(길이 1.5m 정도)
산과 들. 잎은 어긋나고 2~13쌍의 작은잎이 모여 달린 깃꼴겹잎이며 끝은 덩굴손으로 된다. 작은잎은 선형~좁은 피침형이며 작은잎자루가 없다. 6~8월에 잎겨드랑이에서 나오는 송이꽃차례에 나비 모양의 남자색 꽃이 촘촘히 피는데 8㎜ 정도 길이이다.

❸ **각시갈퀴나물**(콩과) *Vicia villosa* ssp. *varia* 한두해살이덩굴풀(길이 60~200㎝)
유럽 원산. 제주도와 울릉도. 전체에 털이 거의 없다. 잎은 어긋나고 10쌍 정도의 작은잎이 모여 달린 깃꼴겹잎이며 끝은 덩굴손으로 된다. 작은잎은 선형이다. 5~8월에 잎겨드랑이의 송이꽃차례에 10~30개가 달리는 나비 모양의 꽃은 10~15㎜ 길이이다.

❹ **넓은잎갈퀴**(콩과) *Vicia japonica* 여러해살이덩굴풀(길이 1m 정도)
들. 잎은 어긋나고 5~7쌍의 작은잎이 모여 달린 깃꼴겹잎이며 끝은 덩굴손으로 된다. 작은잎은 긴 타원형이며 뒷면은 백록색이다. 턱잎은 2갈래로 갈라진다. 5~8월에 잎겨드랑이에서 나오는 송이꽃차례에 한쪽으로 달리는 홍자색 꽃은 12~15㎜ 길이이다.

기타

❶ 벌완두 ／ 벌완두 잎 뒷면 ／ ❷ 등갈퀴나물
❸ 갈퀴나물 ／ 갈퀴나물 턱잎 ／ ❹ 광릉갈퀴

❶ **벌완두**(콩과) *Vicia amurensis* 여러해살이덩굴풀(길이 80~150㎝)
  산과 들의 풀밭. 잎은 어긋나고 깃꼴겹잎이며 작은잎은 5~8쌍이고 끝의 덩굴손은 2~3갈래로 갈라진다. 작은잎은 타원형이며 가장자리가 밋밋하고 측맥은 주맥과 90도로 직각을 이룬다. 6~8월에 잎겨드랑이의 송이꽃차례에 한쪽으로 달리는 남자색 꽃은 1㎝ 정도 길이이다.

❷ **등갈퀴나물**(콩과) *Vicia cracca* 여러해살이덩굴풀(길이 80~150㎝)
  산과 들의 풀밭. 잎은 어긋나고 깃꼴겹잎이며 작은잎은 8~12쌍이고 끝에 덩굴손이 있다. 작은잎은 피침형~선형이며 뒷면은 회녹색이다. 턱잎은 2갈래로 갈라지고 피침형이다. 6~9월에 잎겨드랑이의 송이꽃차례에 한쪽으로 달리는 홍자색 꽃은 10~12㎜ 길이이다.

❸ **갈퀴나물**(콩과) *Vicia amoena* 여러해살이덩굴풀(길이 1~2m)
  들이나 산기슭. 잎은 어긋나고 깃꼴겹잎이며 작은잎은 5~7쌍이고 끝에 덩굴손이 있다. 작은잎은 긴 타원형~피침형이다. 턱잎은 세모진 부채 모양이며 1~2개의 톱니가 있다. 6~9월에 잎겨드랑이의 송이꽃차례에 한쪽으로 달리는 홍자색 꽃은 12~15㎜ 길이이다.

❹ **광릉갈퀴**(콩과) *Vicia venosa* v. *cuspidata* 여러해살이풀(높이 80~100㎝)
  산의 숲속. 비스듬히 휘어지는 줄기에 어긋나는 짝수깃꼴겹잎은 작은잎이 3~7쌍이며 덩굴손이 없다. 작은잎은 피침형이다. 6~7월에 잎겨드랑이의 송이꽃차례에 홍자색 꽃이 핀다.

❶ 나비나물 / 나비나물 꽃 모양 / 나비나물 어린 열매 / ¹⁾긴잎나비나물 / ❷ 애기나비나물 / ❸ 돌콩 / 돌콩 열매

❶ **나비나물**(콩과) *Vicia unijuga* 여러해살이풀(높이 50~100㎝)
산과 들. 잎은 어긋나고 1쌍의 작은잎은 나비처럼 보인다. 작은잎은 달걀형~넓은 피침형이며 끝이 뾰족하고 가장자리가 밋밋하다. 턱잎은 2갈래로 갈라지거나 끝이 뾰족하다. 7~8월에 잎겨드랑이의 송이꽃차례에 나비 모양의 홍자색 꽃이 한쪽으로 달린다. ¹⁾**긴잎나비나물**(v. *angustifolia*)은 나비나물의 변종으로 나비처럼 보이는 1쌍의 작은잎이 피침형이며 끝이 뾰족한 것이 특징이다. 7~8월에 잎겨드랑이의 송이꽃차례에 나비 모양의 홍자색 꽃이 한쪽으로 달린다. 나비나물과 같은 종으로 본다.

❷ **애기나비나물**(콩과) *Vicia unijuga* ssp. *minor* 여러해살이풀(높이 20㎝ 정도)
제주도의 한라산과 경북의 구룡포. 잎은 어긋나고 1쌍의 작은잎은 나비처럼 보인다. 작은잎은 달걀형~달걀 모양의 타원형이다. 6~8월에 잎겨드랑이의 송이꽃차례에 나비 모양의 자주색 꽃이 촘촘히 달린다. 꽃받침은 5갈래로 얕게 갈라진다. 전체가 나비나물보다 작다.

❸ **돌콩**(콩과) *Glycine max* ssp. *soja* 한해살이덩굴풀(길이 2m 정도)
들의 풀밭. 전체에 갈색 털이 있다. 잎은 어긋나고 세겹잎이며 잎자루가 길다. 작은잎은 좁은 타원형이며 가장자리가 밋밋하다. 7~8월에 잎겨드랑이에 모여 피는 연자주색 꽃은 크기가 4~7㎜로 작다. 원통형 꼬투리열매는 약간 납작하고 표면에 갈색 털이 있다.

기타

여름에 피는 붉은색 풀꽃

❶ **새콩**(콩과) *Amphicarpaea bracteata* ssp. *edgeworthii* 한해살이덩굴풀(길이 1~2m)
산과 들의 풀밭. 잎은 어긋나고 세겹잎이며 작은잎은 달걀형이다. 8~9월에 잎겨드랑이의 송이꽃차례에 달리는 나비 모양의 꽃은 15~20mm 길이이며 꽃잎 끝은 자줏빛이 돈다.

❷ **자주황기**(콩과) *Astragalus dahuricus* 여러해살이풀(높이 50~100cm)
중부 이북의 산. 전체에 잔털이 있다. 잎은 어긋나고 홀수깃꼴겹잎이며 작은잎은 5~8쌍이다. 작은잎은 긴 타원형이며 밋밋하다. 6~8월에 잎겨드랑이의 꽃대 윗부분의 송이꽃차례에 자주색 꽃이 핀다. 꽃받침은 6mm 정도 길이이고 꽃받침조각은 3mm 정도 길이이다.

❸ **두메자운**(콩과) *Oxytropis anertii* 여러해살이풀(높이 12cm 정도)
북부 지방의 높은 산. 전체에 명주실 같은 털이 있다. 뿌리에서 짧은 줄기와 홀수깃꼴겹잎이 모여나는데 잎자루가 길다. 작은잎은 피침형이고 끝이 뾰족하다. 6~8월에 잎겨드랑이의 짧은 송이꽃차례에 보라색 꽃이 핀다. 꼬투리열매는 긴 달걀형이고 끝이 뾰족하다.

❹ **활나물**(콩과) *Crotalaria sessiliflora* 한해살이풀(높이 20~70cm)
산과 들의 풀밭. 곧게 서는 줄기는 위를 향한 긴털이 있다. 잎은 어긋나고 넓은 선형~피침형이며 가장자리가 밋밋하고 잎자루가 거의 없다. 7~9월에 줄기와 가지 끝의 이삭꽃차례에 나비 모양의 청자색 꽃이 돌려 가며 달린다. 꽃받침은 갈색 털이 빽빽하다.

❶ 달구지풀
❷ 제주달구지풀   제주달구지풀 꽃차례
               제주달구지풀 열매
❸ 병아리풀   ❹ 오이풀   오이풀 꽃차례

❶ 달구지풀(콩과) *Trifolium lupinaster* 여러해살이풀(높이 20~50㎝)
강원도 이북의 산 풀밭. 잎은 어긋나고 손꼴겹잎이며 작은잎은 3~5장이다. 작은잎은 긴 타원형이고 잔톱니가 있다. 턱잎은 합쳐져서 줄기를 둘러싼다. 6~8월에 줄기 끝이나 잎겨드랑이에 나비 모양의 홍자색 꽃이 머리모양꽃차례처럼 촘촘히 모여 핀다.

❷ 제주달구지풀(콩과) *Trifolium lupinaster* v. *alpinum* 여러해살이풀(높이 10~15㎝)
한라산의 풀밭. 달구지풀보다 전체적으로 크기가 작다. 6~8월에 나비 모양의 홍자색 꽃이 머리모양꽃차례처럼 촘촘히 모여 핀다. 달구지풀과 같은 종으로 본다.

❸ 병아리풀(원지과) *Polygala tatarinowii* 한해살이풀(높이 5~15㎝)
전라도와 중부 이북의 풀밭. 잎은 어긋나고 둥근 달걀형~타원형이며 끝이 뾰족하고 가장자리가 밋밋하다. 8~9월에 줄기와 가지 끝의 송이꽃차례에 홍자색 꽃이 촘촘히 달린다. 꽃받침조각은 5개이고 양쪽의 2개는 꽃잎처럼 보인다. 동글납작한 열매는 털이 없다.

❹ 오이풀(장미과) *Sanguisorba officinalis* 여러해살이풀(높이 30~150㎝)
산과 들의 풀밭. 잎은 어긋나고 깃꼴겹잎이다. 작은잎은 3~11장이고 긴 타원형이며 톱니가 있다. 줄기잎은 위로 갈수록 작아지며 자루가 없어진다. 7~9월에 가지 끝마다 달리는 원통형 이삭꽃차례는 검붉은색이며 길이 10~25㎜이고 위를 향한다. 수술은 4개이다.

기타

여름에 피는 붉은색 풀꽃

❶ 자주가는오이풀
❷ 산오이풀
산오이풀 잎
❸ 가는잎쐐기풀
❹ 거북꼬리
거북꼬리 잎

❶ **자주가는오이풀**(장미과) *Sanguisorba tenuifolia* v. *purpurea* 여러해살이풀(높이 1m 정도)
습지 주변. 잎은 어긋나고 깃꼴겹잎이며 작은잎은 11~15장이다. 7~9월에 가지 끝에 달리는 원통형 이삭꽃차례는 적은색이며 3~6㎝ 길이이고 밑으로 처진다. 수술은 4개이다.

❷ **산오이풀**(장미과) *Sanguisorba hakusanensis* 여러해살이풀(높이 30~80㎝)
높은 산의 풀밭. 잎은 어긋나고 깃꼴겹잎이며 뿌리잎은 잎자루가 길다. 작은잎은 긴 타원형이며 9~13장이고 가장자리에 날카로운 톱니가 있다. 8~9월에 가지 끝에 달리는 원통형 이삭꽃차례는 홍자색이며 길이 4~10㎝이고 밑으로 처진다. 수술은 6~12개이다.

❸ **가는잎쐐기풀**(쐐기풀과) *Urtica angustifolia* 여러해살이풀(높이 80㎝ 정도)
숲 가장자리. 잎은 마주나고 긴 타원형~피침형이며 날카로운 톱니가 있다. 전체에 가시털이 있어 만지면 아프다. 대부분 암수한그루로 7~9월에 잎겨드랑이에서 2개씩 나오는 이삭꽃차례에 자잘한 꽃이 핀다. 줄기 위쪽에 암꽃이삭이, 아래쪽에 수꽃이삭이 달린다.

❹ **거북꼬리**(쐐기풀과) *Boehmeria tricuspis* 여러해살이풀(높이 50~100㎝)
산골짜기. 잎은 마주나고 달걀형이며 끝이 3갈래로 갈라지고 갈라진 가운데 조각은 끝이 갑자기 꼬리처럼 길어진다. 잎몸은 3개의 잎맥이 뚜렷하고 가장자리에 큰 톱니가 있다. 암수한그루로 7~8월에 꽃이 핀다. 줄기 위쪽에 암꽃이삭이, 아래쪽에 수꽃이삭이 달린다.

여름에 피는 붉은색 풀꽃

❶ 풀거북꼬리
풀거북꼬리 수꽃이삭
❷ 가는마디꽃
❸ 물봉선
❹ 컴프리
컴프리 꽃차례

❶ **풀거북꼬리**(쐐기풀과) *Boehmeria tricuspis* v. *unicuspis* 여러해살이풀(높이 50~100㎝)
산골짜기. 잎은 마주나고 달걀형이며 끝이 길게 뾰족하고 가장자리에 큰 톱니가 있다. 암수한그루로 7~8월에 꽃이 핀다. 암꽃이삭은 줄기 윗부분에, 수꽃이삭은 밑부분에 달린다.

❷ **가는마디꽃**(부처꽃과) *Rotala pusilla* 한해살이풀(높이 3~10㎝)
논이나 습지. 붉은색 줄기에서 갈라진 가지는 옆으로 기다가 비스듬히 선다. 잎은 3~4장씩 줄기에 돌려 가며 달린다. 잎몸은 좁은 피침형~넓은 선형이며 가장자리가 밋밋하고 잎자루가 없다. 8~10월에 잎겨드랑이에 지름 1㎜도 안 되는 연홍색 꽃이 1개씩 핀다.

❸ **물봉선**(봉선화과) *Impatiens textori* 한해살이풀(높이 40~70㎝)
산의 냇가나 습한 곳. 잎은 어긋나고 넓은 피침형이며 끝이 뾰족하고 가장자리에 날카로운 톱니가 있다. 8~9월에 가지 윗부분의 잎겨드랑이에서 자란 꽃대 끝의 송이꽃차례에 깔때기 모양의 홍자색 꽃이 피는데 뒷부분의 기다란 꿀주머니는 안으로 말린다.

❹ **컴프리**(지치과) *Symphytum officinale* 여러해살이풀(높이 60~90㎝)
유럽 원산. 들의 풀밭이나 빈터. 전체에 흰색의 거친털이 있다. 잎은 어긋나고 긴 달걀형이며 끝이 뾰족하고 잎이 달린 곳에서 밑으로 흘러서 날개처럼 된다. 6~7월에 가지 끝의 나선모양꽃차례에 종 모양의 담자색 꽃이 고개를 숙이고 핀다.

기타

여름에 피는 붉은색 풀꽃

❶ 용담
❷ 과남풀
과남풀 꽃 모양
❸ 쥐꼬리망초
❹ 개차즈기
개차즈기 꽃 모양

❶ **용담**(용담과) *Gentiana scabra* v. *buergeri* 여러해살이풀(높이 20~60㎝)
산의 풀밭. 잎은 마주나고 피침형이며 가장자리에 돌기가 있고 잎맥은 3개이다. 8~10월에 줄기 끝과 위쪽의 잎겨드랑이에 달리는 종 모양의 자주색 꽃은 45~60㎜ 길이이며 5갈래로 얕게 갈라져 벌어진다. 5개의 꽃받침조각은 피침형이고 수평으로 벌어진다.

❷ **과남풀**(용담과) *Gentiana triflora* 여러해살이풀(높이 50~100㎝)
깊은 산. 7~9월에 줄기 끝에 모여 피는 종 모양의 보라색 꽃은 꽃자루가 없으며 잘 벌어지지 않는다. 꽃받침은 5갈래로 갈라지고 꽃받침조각은 피침형이며 젖혀지지 않는다.

❸ **쥐꼬리망초**(쥐꼬리망초과) *Justicia procumbens* 한해살이풀(높이 10~40㎝)
산기슭이나 길가. 잎은 마주나고 긴 타원형이며 가장자리가 밋밋하다. 7~9월에 줄기와 가지 끝의 원통형 꽃이삭에 작은 입술 모양의 분홍색 꽃이 촘촘히 돌려 가며 핀다. 아랫입술 꽃잎은 3갈래로 얕게 갈라지고 붉은색 반점이 있다. 포와 꽃받침조각은 좁은 피침형이다.

❹ **개차즈기**(꿀풀과) *Amethystea caerulea* 한해살이풀(높이 30~80㎝)
들이나 밭. 잎은 마주나고 3~5갈래로 깊게 갈라지며 갈래조각은 피침형이고 가장자리에 톱니가 있다. 8~9월에 가지와 원줄기 끝의 갈래꽃차례에 자잘한 하늘색 꽃이 피고 꽃자루에 샘털이 있다. 꽃부리는 4㎜ 정도 길이이며 4갈래로 갈라지고 수술은 2개만 발달한다.

❶ 개곽향 ❷ 섬곽향 ❸ 용머리 ❹ 벌깨풀

● **개곽향**(꿀풀과) *Teucrium japonicum* 여러해살이풀(높이 30~70㎝)

산과 들. 줄기는 네모지고 흔히 밑으로 굽은 잔털이 있다. 잎은 마주나고 긴 달걀형이며 가장자리에 불규칙한 톱니가 있다. 7~8월에 잎겨드랑이와 줄기 끝의 송이꽃차례에 입술 모양의 홍자색~연한 홍자색 꽃이 촘촘히 달린다. 꽃받침에 샘털이 없고 벌레집이 생긴다.

❷ **섬곽향**(꿀풀과) *Teucrium viscidum* 여러해살이풀(높이 30~70㎝)

제주도와 울릉도의 그늘진 습지. 잎은 어긋나고 달걀형이며 톱니가 있고 두꺼운 편이다. 7~9월에 줄기 윗부분의 송이꽃차례는 샘털과 잔털이 있고 홍자색 꽃이 모여 핀다.

❸ **용머리**(꿀풀과) *Dracocephalum argunense* 여러해살이풀(높이 15~40㎝)

산과 들. 무더기로 모여나는 줄기는 네모지고 밑을 향한 잔털이 있다. 잎은 마주나고 선형이며 가장자리가 뒤로 말린다. 6~8월에 줄기 윗부분에 모여 달리는 입술 모양의 자주색 꽃은 30~35㎜ 길이이다. 아랫입술꽃잎은 3갈래로 갈라지고 자주색 점이 있다.

❹ **벌깨풀**(꿀풀과) *Dracocephalum rupestre* 여러해살이풀(높이 20~30㎝)

강원도 이북의 산. 줄기는 네모지고 밑을 향한 털이 있다. 잎은 마주나고 하트형이며 끝이 둔하고 가장자리에 둥근 톱니가 있다. 잎몸은 두껍고 뒷면에 긴털이 많다. 6~8월에 줄기 끝에 입술 모양의 청자색 꽃이 층층으로 달린다. 꽃받침과 꽃부리에 잔털이 있다.

기타

❶ 산골무꽃
❷ 참골무꽃
참골무꽃 꽃 모양
❸ 그늘골무꽃
❹ 황금
황금 열매

❶ **산골무꽃**(꿀풀과) *Scutellaria pekinensis* v. *transitra* 여러해살이풀(높이 15~30㎝)
숲속. 네모진 줄기와 잎에 흰색 털이 있다. 잎은 마주나고 세모진 달걀형이며 끝이 둔하고 가장자리에 굵은 톱니가 있다. 5~7월에 달리는 줄기 끝의 송이꽃차례는 3~6㎝ 길이이며 퍼진 샘털이 있기도 하다. 꽃차례 한쪽으로 달리는 입술 모양의 연보라색 꽃은 15~20㎜ 길이이다.

❷ **참골무꽃**(꿀풀과) *Scutellaria strigillosa* 여러해살이풀(높이 10~40㎝)
바닷가 모래땅. 줄기는 네모지고 보통 털이 있다. 잎은 마주나고 타원형~긴 타원형이며 끝이 둥글고 둔한 톱니가 있다. 6~8월에 줄기 위쪽의 잎겨드랑이에 한쪽으로 달리는 입술 모양의 자주색 꽃은 2㎝ 정도 길이이다. 아랫입술꽃잎에 보통 흰색 무늬가 있다.

❸ **그늘골무꽃**(꿀풀과) *Scutellaria fauriei* 여러해살이풀(높이 4~25㎝)
숲속. 잎은 마주나고 달걀형이며 가장자리에 굵은 톱니가 있고 잎자루가 길다. 6~8월에 송이꽃차례에 한쪽으로 달리는 입술 모양의 연자주색 꽃은 15~18㎜ 길이이다.

❹ **황금**(꿀풀과) *Scutellaria baicalensis* 여러해살이풀(높이 20~60㎝)
밭에서 재배하며 주변으로 퍼져 나가 자란다. 줄기는 네모지고 전체에 털이 있다. 잎은 마주나고 피침형이며 가장자리가 밋밋하다. 7~8월에 줄기 끝에서 자라는 송이꽃차례에 잎이 달린다. 꽃차례 한쪽으로 달리는 입술 모양의 자주색 꽃은 25㎜ 정도 길이이다.

여름에 피는 붉은색 풀꽃

❶ 배초향 ❷ 익모초 ❸ 송장풀 ❹ 석잠풀

❶ **배초향**(꿀풀과) *Agastache rugosa* 여러해살이풀(높이 40~100㎝)
　산과 들. 네모진 줄기에 짧은털이 있다. 잎은 마주나고 달걀형이며 둔한 톱니가 있다. 7~9월에 가지 끝의 원통형 꽃이삭에 입술 모양의 자주색 꽃이 촘촘히 돌려 가며 달린다.

❷ **익모초**(꿀풀과) *Leonurus japonicus* 두해살이풀(높이 50~100㎝)
　들. 전체에 흰색 털이 있다. 잎은 마주나고 3갈래로 깊게 갈라지며 갈래조각은 다시 2~3갈래로 가늘게 갈라진다. 7~9월에 윗부분의 잎겨드랑이마다 입술 모양의 연홍자색 꽃이 층층이 돌려 가며 달린다. 꽃부리는 6~7㎜ 길이이며 꽃받침조각은 끝이 가시처럼 뾰족하다.

❸ **송장풀**(꿀풀과) *Leonurus macranthus* 여러해살이풀(높이 60~90㎝)
　산의 풀밭. 잎은 마주나고 달걀형이며 가장자리에 커다란 톱니가 있고 위로 갈수록 작아진다. 8~9월에 윗부분의 잎겨드랑이마다 입술 모양의 연홍색 꽃이 5~6개씩 층층이 돌려 가며 달린다. 꽃부리는 25~32㎜ 길이이다. 꽃받침은 5갈래로 갈라지고 가시처럼 뾰족하다.

❹ **석잠풀**(꿀풀과) *Stachys riederi* v. *japonica* 여러해살이풀(높이 40~70㎝)
　습한 풀밭. 줄기는 네모지고 마디에만 털이 있다. 잎은 마주나고 피침형이며 끝이 뾰족하고 가장자리에 톱니가 있다. 줄기 밑부분의 잎은 잎자루가 있다. 6~9월에 줄기 윗부분의 잎겨드랑이에 6~8개씩 돌려나는 입술 모양의 분홍색 꽃은 12~15㎜ 길이이다.

기타

❶ 둥근배암차즈기 ❷ 쥐깨풀 쥐깨풀 꽃차례
❸ 들깨풀 ❹ 가는잎산들깨 가는잎산들깨 군락

❶ **둥근배암차즈기**(꿀풀과) *Salvia japonica* 여러해살이풀(높이 30㎝ 정도)
전남과 경남의 산. 줄기에 마주나는 잎은 홑잎 또는 겹잎으로 긴 잎자루가 있다. 작은잎은 3장이거나 1~2회깃꼴겹잎으로 넓은 달걀형이며 가장자리에 톱니가 있다. 6~8월에 줄기 윗부분에 입술 모양의 연자주색 꽃이 층층으로 달린다. 꽃부리는 10~13㎜ 길이이다.

❷ **쥐깨풀**(꿀풀과) *Mosla dianthera* 한해살이풀(높이 20~60㎝)
들. 잎은 마주나고 긴 달걀형~네모진 달걀형이며 끝이 뾰족하고 가장자리에 거친 톱니가 있다. 8~9월에 가지 끝의 이삭꽃차례에 입술 모양의 연한 홍자색 꽃이 핀다. 포는 피침형이며 작은꽃자루와 비슷한 길이이고 5갈래로 갈라지는 꽃받침조각은 끝이 약간 둔하다.

❸ **들깨풀**(꿀풀과) *Mosla scabra* 한해살이풀(높이 20~60㎝)
들. 잎은 마주나고 긴 달걀형이며 톱니가 있다. 8~9월에 가지 끝의 이삭꽃차례에 연자주색 꽃이 핀다. 포는 피침형이며 작은꽃자루와 비슷한 길이이고 꽃받침조각은 끝이 뾰족하다.

❹ **가는잎산들깨**(꿀풀과) *Mosla chinensis* 한해살이풀(높이 7~30㎝)
산의 습한 곳. 잎은 마주나고 넓은 선형~피침형이며 가장자리에 희미한 톱니가 있다. 8~9월에 가지 끝의 송이꽃차례에 입술 모양의 연홍색 꽃이 핀다. 포는 넓은 달걀형이며 5~7㎜ 길이로 작은꽃자루보다 훨씬 길다. 줄기와 꽃차례에 잔털이 있다.

기타

여름에 피는 붉은색 풀꽃

❶ 층층이꽃 층층이꽃 꽃차례

❷ 애기탑꽃

❸ 소엽

❹ 전주물꼬리풀 전주물꼬리풀 군락

❶ **층층이꽃**(꿀풀과) *Clinopodium chinense* v. *parviflorum* 여러해살이풀(높이 30~60㎝)
양지쪽 풀밭. 줄기는 네모지고 밑을 향한 흰색 털이 있다. 잎은 마주나고 긴 타원형~달걀형이며 가장자리에 톱니가 있다. 6~8월에 잎겨드랑이마다 층층으로 달리는 입술 모양의 홍자색 꽃은 8~12㎜ 길이이다. 꽃받침은 붉은빛이 돌고 5갈래로 갈라진다.

❷ **애기탑꽃**(꿀풀과) *Clinopodium gracile* 여러해살이풀(높이 15~30㎝)
산의 숲속. 잎은 마주나고 달걀형이며 끝이 둔하고 가장자리에 톱니가 있다. 7~8월에 윗부분의 잎겨드랑이에 연홍색 꽃이 돌려 가며 핀다. 꽃부리는 5~6㎜ 길이이고 꽃받침은 3.5~4㎜ 길이이며 짧은털이 있다. 바늘 같은 포는 작은꽃자루보다 짧다.

❸ **소엽/차즈기**(꿀풀과) *Perilla frutescens* v. *crispa* 한해살이풀(높이 20~80㎝)
중국 원산. 밭에서 재배하며 들에서 자란다. 잎은 마주나고 넓은 달걀형이며 흔히 자줏빛이 돈다. 8~9월에 줄기와 가지 끝의 송이꽃차례에 연자주색 꽃이 촘촘히 달린다.

❹ **전주물꼬리풀**(꿀풀과) *Pogostemon yatabeanus* 여러해살이풀(높이 30~50㎝)
전주와 제주도의 습지 주변. 선형 잎은 마디에 4장씩 돌려나고 3~7㎝ 길이이며 가장자리가 거의 밋밋하다. 8~10월에 줄기 끝에서 곧게 서는 원기둥 모양의 꽃이삭에 연홍색 꽃이 촘촘히 모여 핀다. 꽃부리는 3~4㎜ 길이이고 수술대의 밑부분에 긴털이 빽빽하다.

기타

❶ 박하 ❷ 긴잎박하 ❸ 유럽박하 ❹ 속단

❶ **박하**(꿀풀과) *Mentha canadensis* 여러해살이풀(높이 30~60㎝)
 습한 들판. 잎은 마주나고 긴 타원형이며 가장자리에 톱니가 있다. 잎 양면에 있는 기름점에서 화한 냄새가 나는 기름을 분비한다. 7~10월에 윗부분의 잎겨드랑이마다 연보라색 꽃이 촘촘히 달린다. 입술 모양의 꽃부리는 4~5㎜ 길이이고 꽃받침통은 털이 있다.

❷ **긴잎박하**(꿀풀과) *Mentha longifolia* 여러해살이풀(높이 30~80㎝)
 유라시아 원산. 화초로 기르며 꽃밭 주변에서 자라기도 한다. 가지가 많이 갈라지고 전체에 흰색 털이 있다. 잎은 마주나고 피침형이며 톱니가 있고 부드러운 털이 빽빽하다. 6~9월에 줄기와 가지 끝에 연자주색 꽃이 이삭 모양으로 돌려 가며 핀다.

❸ **유럽박하**(꿀풀과) *Mentha × piperita* 여러해살이풀(높이 30~80㎝)
 유럽 원산. 화초로 심고 꽃밭 주변에서 자라기도 한다. 곧은 줄기는 가지가 많이 갈라지며 전체에 털이 없다. 잎은 마주나고 달걀 모양의 피침형이며 가장자리에 날카로운 톱니가 있다. 7~9월에 줄기와 가지 끝에 연자주색 꽃이 이삭 모양으로 촘촘히 달린다.

❹ **속단**(꿀풀과) *Phlomoides umbrosa* 여러해살이풀(높이 1m 정도)
 산. 잎은 마주나고 하트 모양의 달걀형이며 둔한 톱니가 있다. 7~8월에 잎겨드랑이에 홍자색 꽃이 층층으로 달린다. 꽃부리는 18㎜ 정도 길이이며 윗입술꽃잎은 모자 같고 털이 있다.

여름에 피는 붉은색 풀꽃

❶ 향유 ❷ 꽃향유 ❸ 좀향유 ❹ 방아풀

❶ 향유(꿀풀과) *Elsholtzia ciliata* 한해살이풀(높이 30~60㎝)
산과 들의 풀밭. 잎은 마주나고 긴 타원형~달걀형이며 가장자리에 톱니가 있고 잎자루가 길다. 8~10월에 줄기와 가지 끝에 달리는 이삭꽃차례는 5~10㎝ 길이이며 연한 홍자색 꽃이 한쪽 방향으로만 달린다. 입술 모양의 꽃부리는 5㎜ 정도 길이이고 털이 있다.

❷ 꽃향유(꿀풀과) *Elsholtzia splendens* 한해살이풀(높이 30~60㎝)
산과 들. 잎은 마주나고 달걀형이며 끝이 뾰족하고 둔한 톱니가 있다. 9~10월에 줄기와 가지 끝의 이삭꽃차례에 많은 홍자색 꽃이 한쪽 방향으로만 달린다. 꽃받침은 털이 있다.

❸ 좀향유(꿀풀과) *Elsholtzia minima* 한해살이풀(높이 2~5㎝)
한라산의 높은 지대. 잎은 마주나고 달걀형이며 2~7㎜ 길이이고 톱니가 있으며 뒷면에 기름점이 있다. 9~10월에 줄기와 가지 끝에 달리는 이삭꽃차례는 2~13㎜ 길이이며 홍자색 꽃이 돌려 가며 달린다. 입술 모양의 꽃부리는 2㎜ 정도 길이이고 털이 있다.

❹ 방아풀(꿀풀과) *Isodon japonicus* 여러해살이풀(높이 50~100㎝)
산과 들. 잎은 마주나고 넓은 달걀형이며 6~15㎝ 길이이고 끝이 뾰족하며 톱니가 있다. 8~9월에 줄기 끝과 잎겨드랑이의 갈래꽃차례에 입술 모양의 연자주색 꽃이 핀다. 꽃부리는 5~7㎜ 길이이고 윗입술꽃잎은 4갈래로 갈라지며 수술이 꽃부리 밖으로 나온다.

기타

❶ 산박하 ❷ 오리방풀 오리방풀 꽃 모양 오리방풀 잎 ❸ 외풀 외풀 군락 ❹ 미국외풀

❶ **산박하**(꿀풀과) *Isodon inflexus* 여러해살이풀(높이 40~90㎝)
산의 풀밭. 잎은 마주나고 세모진 달걀형이며 3~6㎝ 길이이고 둔한 톱니가 있다. 6~9월에 줄기 끝과 윗부분의 잎겨드랑이에 달리는 갈래꽃차례에 자주색 꽃이 핀다. 꽃부리는 5~7㎜ 길이이고 윗입술꽃잎은 4갈래로 갈라지며 암수술은 대부분 꽃잎 안에 묻혀 있다.

❷ **오리방풀**(꿀풀과) *Isodon excisus* 여러해살이풀(높이 40~80㎝)
깊은 산의 숲속. 잎은 마주나고 둥근 달걀형이며 끝이 3갈래로 갈라지고 길게 뾰족해진다. 7~9월에 잎겨드랑이에 보라색 꽃이 모여 핀다. 암수술은 대부분 꽃부리 안에 묻혀 있다.

❸ **외풀**(밭뚝외풀과│현삼과) *Lindernia crustacea* 한해살이풀(높이 7~15㎝)
논밭이나 들. 잎은 마주나고 달걀형이며 가장자리에 둔한 톱니가 있다. 7~9월에 잎겨드랑이에 피는 연자주색 꽃은 꽃자루가 길어서 잎보다 길게 나온다. 꽃받침은 약간 모가 지고 5갈래로 갈라진다. 꽃부리는 1㎝ 정도 길이이다. 작은 참외 모양의 열매는 꽃받침에 싸여 있다.

❹ **미국외풀**(밭뚝외풀과│현삼과) *Lindernia dubia* 한해살이풀(높이 10~30㎝)
북아메리카 원산. 논밭이나 습한 곳. 잎은 마주나고 거꿀달걀형이며 2~3쌍의 톱니가 뚜렷하고 잎맥은 깃꼴맥이다. 7~9월에 잎겨드랑이에 피는 입술 모양의 연자주색 꽃은 꽃자루가 길지 않아서 잎보다 짧다. 아랫입술꽃잎은 3갈래로 갈라진다.

❶ 이삭귀개 ❷ 자주땅귀개 ❸ 나도송이풀 ❹ 한라송이풀 ❺ 야고

❶ **이삭귀개**(통발과) *Utricularia caerulea* 여러해살이풀(높이 10~30㎝)
양지쪽 습지. 8~9월에 꽃줄기 끝에 4~10개의 입술 모양의 자주색 꽃이 옆을 보고 피는데 꽃은 꽃자루가 없이 줄기에 바로 붙는다. 꽃부리보다 긴 꿀주머니는 앞을 향한다.

❷ **자주땅귀개**(통발과) *Utricularia uliginosa* 여러해살이풀(높이 8㎝ 정도)
양지쪽 습지. 8~9월에 꽃줄기 끝의 송이꽃차례에 자주색 입술 모양의 꽃이 옆을 보고 피며 꽃자루가 있다. 뾰족한 꿀주머니는 아래를 향하며 꽃부리와 길이가 비슷하다.

❸ **나도송이풀**(열당과|현삼과) *Phtheirospermum japonicum* 한해살이풀(높이 30~60㎝)
산과 들. 잎은 마주나고 세모진 달걀형이며 깃꼴로 깊게 갈라진다. 8~9월에 피는 연한 홍자색 꽃은 윗입술꽃잎이 뒤로 젖혀지고 아랫입술꽃잎 안쪽에 2개의 흰색 점이 있다.

❹ **한라송이풀**(열당과|현삼과) *Pedicularis hallaisanensis* 한해살이풀(높이 5~30㎝)
한라산의 높은 지대 풀밭. 마디마다 2~6장씩 돌려나는 잎은 깃꼴로 얕게 갈라진다. 7~9월에 가지 끝에 홍자색 꽃이 촘촘히 돌려가며 핀다. 입술 모양의 꽃잎은 3갈래로 갈라진다.

❺ **야고**(열당과) *Aeginetia indica* 한해살이풀(높이 5~7㎝)
제주도, 억새 뿌리에 기생하며 갈색을 띤다. 8~9월에 꽃자루 끝에 비스듬히 밑을 향해 피는 원통 모양의 적자색 꽃은 끝이 얕게 5갈래로 갈라진다. 큼직한 꽃받침은 뾰족한 배 모양이다.

기타

❶ 꽃며느리밥풀 ❷ 알며느리밥풀 ❸ 수염며느리밥풀 ❹ 새며느리밥풀

❶ **꽃며느리밥풀**(열당과|현삼과) *Melampyrum roseum* 한해살이풀(높이 30~50㎝)
산의 숲 가장자리. 잎은 마주나고 좁은 달걀형이며 끝이 뾰족하고 가장자리가 밋밋하다. 7~8월에 가지 끝의 이삭꽃차례에 홍자색 꽃이 모여 달린다. 아랫입술꽃잎 안쪽에 2개의 밥풀 모양의 흰색 무늬가 있다. 잎 모양의 녹색 포는 밑부분에만 가시 같은 톱니가 있다.

❷ **알며느리밥풀**(열당과|현삼과) *Melampyrum roseum* v. *ovalifolium* 한해살이풀(높이 30~70㎝)
산의 숲 가장자리. 잎은 마주나고 달걀형~좁은 달걀형이며 끝이 뾰족하고 가장자리가 밋밋하다. 8~9월에 가지 끝의 이삭꽃차례에 입술 모양의 홍자색 꽃이 모여 달린다. 아랫입술꽃잎에 2개의 흰색 무늬가 있다. 잎 모양의 녹색 포는 가장자리에 가시 같은 톱니가 있다.

❸ **수염며느리밥풀**(열당과|현삼과) *Melampyrum roseum* v. *japonicum* 한해살이풀(높이 30~70㎝)
산. 잎은 마주나고 긴 달걀형이며 끝이 뾰족하고 가장자리가 밋밋하다. 8~9월에 가지 끝의 이삭꽃차례에 입술 모양의 홍자색 꽃이 모여 달린다. 아랫입술꽃잎에 2개의 흰색 무늬가 있다. 꽃받침과 포에 털이 있다. 포는 가장자리에 가시 같은 톱니가 있다.

❹ **새며느리밥풀**(열당과|현삼과) *Melampyrum setaceum* v. *nakaianum* 한해살이풀(높이 50㎝ 정도)
산의 숲 가장자리. 잎은 마주나고 피침형~넓은 피침형이다. 8~9월에 가지 끝에 홍자색 꽃이 모여 달린다. 잎 모양의 포는 흔히 적자색이 돌고 가장자리에 가시 같은 톱니가 많다.

❶ 파리풀 ❷ 냉초 ❸ 넓은잎꼬리풀 ❹ 봉래꼬리풀

❶ **파리풀**(파리풀과) *Phryma leptostachya* v. *oblongifolia* 여러해살이풀(높이 30~70㎝)
산과 들의 그늘진 곳. 줄기의 마디 윗부분이 특히 굵어진다. 잎은 마주나고 달걀형이며 끝이 뾰족하고 가장자리에 톱니가 있다. 7~9월에 줄기와 가지 끝의 이삭꽃차례에 입술 모양의 연자주색 꽃이 핀다. 밑을 향하는 좁은 타원형 열매는 끝이 갈고리 모양이다.

❷ **냉초**(질경이과|현삼과) *Veronicastrum sibiricum* 여러해살이풀(높이 50~90㎝)
산의 습한 풀밭. 줄기에 3~8장씩 여러 층으로 돌려나는 긴 타원형 잎은 끝이 뾰족하고 톱니가 있으며 잎자루가 없다. 7~8월에 줄기 끝의 송이꽃차례에 홍자색 꽃이 촘촘히 달린다. 원통형 꽃부리는 7~8㎜ 길이이고 끝부분이 4갈래로 약간 갈라진다.

❸ **넓은잎꼬리풀**(질경이과|현삼과) *Pseudolysimachion kiusianum* 여러해살이풀(높이 50~70㎝)
산. 잎은 마주나고 세모진 좁은 달걀형이며 톱니는 규칙적이고 잎자루는 10~25㎜ 길이이다. 7~8월에 송이꽃차례에 하늘색 꽃이 핀다. 작은꽃자루는 꽃받침보다 길다.

❹ **봉래꼬리풀**(질경이과|현삼과) *Pseudolysimachion kiusianum* v. *diamantiacum* 여러해살이풀(높이 15~20㎝)
설악산 이북의 높은 산. 잎은 마주나고 달걀형이며 가장자리에 겹톱니가 있고 잎자루가 길다. 잎 뒷면은 붉은빛이 돌고 털이 있다. 7~8월에 줄기와 가지 끝의 송이꽃차례에 연보라색 꽃이 촘촘히 달린다. 꽃부리는 4갈래로 갈라지고 갈래조각은 달걀형이다.

기타

❶ 산꼬리풀 ❷ 구와꼬리풀 구와꼬리풀 잎
❸ 부산꼬리풀 부산꼬리풀 잎줄기 ❹ 구와말

❶ **산꼬리풀**(질경이과|현삼과) *Pseudolysimachion rotundum v. subintegrum* 여러해살이풀(높이 40~80㎝)
산. 곧은 줄기는 모여나고 굽은털이 있다. 잎은 마주나고 좁은 달걀형이며 끝이 뾰족하고 가장자리에 불규칙한 톱니가 있다. 8월에 줄기와 가지 끝의 송이꽃차례에 청자색 꽃이 촘촘히 달린다. 꽃부리는 통 부분이 짧고 4갈래로 깊게 갈라진다.

❷ **구와꼬리풀**(질경이과|현삼과) *Pseudolysimachion dahuricum* 여러해살이풀(높이 40~50㎝)
산. 전체에 꼬부라진 털이 많다. 잎은 마주나고 달걀형이며 국화 잎처럼 깃꼴로 얕게 갈라지고 끝이 뾰족하다. 7~9월에 줄기와 가지 끝의 송이꽃차례에 하늘색 꽃이 촘촘히 달린다. 꽃부리는 4갈래로 갈라지고 갈래조각은 피침형이다. 꽃받침은 거의 밑부분까지 4갈래로 갈라진다.

❸ **부산꼬리풀**(질경이과|현삼과) *Pseudolysimachion pusanensis* 여러해살이풀(높이 15~20㎝)
부산의 바닷가. 줄기는 바닥을 기고 전체에 털이 있다. 잎은 마주나고 달걀형이며 둔한 톱니가 있고 잎자루는 5~10㎜ 길이이다. 8~10월에 가지에 흰색~연보라색 꽃이 촘촘히 달린다.

❹ **구와말**(질경이과|현삼과) *Limnophila sessiliflora* 여러해살이풀(높이 10~30㎝)
논밭이나 냇가의 습지. 땅속줄기는 옆으로 벋으며 자란다. 물 밖으로 나온 줄기에는 털이 있고 5~8장의 잎이 돌려나는데 중앙 위쪽에서 깃꼴로 갈라진다. 8~9월에 잎겨드랑이에 홍자색 꽃이 1개씩 핀다. 꽃부리는 통 모양이고 5갈래로 갈라지며 꽃받침에 털이 있다.

❶ 진땅고추풀 ❷ 큰개현삼 큰개현삼 꽃 모양
❸ 섬현삼 섬현삼 꽃차례 ❹ 토현삼

❶ **진땅고추풀**(질경이과 | 현삼과) *Deinostema violacea* 한해살이풀(높이 10~20㎝)
연못이나 습지. 잎은 마주나고 선형이다. 8~9월에 윗부분의 잎겨드랑이의 긴 꽃자루에 입술 모양의 연자주색 꽃이 1개씩 달린다. 꽃부리는 5갈래로 갈라지고 열매는 긴 타원형이다.

❷ **큰개현삼**(현삼과) *Scrophularia kakudensis* 여러해살이풀(높이 1m 정도)
높은 산. 줄기는 네모지고 가지가 갈라진다. 잎은 마주나고 긴 달걀형이며 가장자리에 불규칙한 톱니가 있다. 7~9월에 줄기 끝의 원뿔꽃차례에 피는 흑자색 꽃은 8~10㎜ 길이이며 일그러진 항아리 모양이다. 꽃자루에 샘털이 있고 꽃받침조각은 길이와 너비가 비슷하다.

❸ **섬현삼**(현삼과) *Scrophularia takesimensis* 여러해살이풀(높이 1m 정도)
울릉도의 바닷가. 줄기는 네모지고 모서리가 각이 진다. 잎은 마주나고 달걀형~넓은 달걀형이며 가장자리에 톱니가 있고 광택이 있다. 7~9월에 줄기 끝의 원뿔꽃차례에 피는 흑자색 꽃은 1㎝ 정도 길이이며 일그러진 항아리 모양이다. 꽃자루에 샘털이 있다.

❹ **토현삼**(현삼과) *Scrophularia koraiensis* 여러해살이풀(높이 1~1.5m)
높은 산. 줄기는 네모지고 털이 없다. 잎은 마주나고 달걀 모양의 피침형이며 가장자리에 자잘하고 뾰족한 톱니가 있다. 8~9월에 줄기 위쪽의 잎겨드랑이에서 나오는 갈래꽃차례에 달리는 흑자색 꽃은 일그러진 항아리 모양이다. 꽃받침조각은 가늘고 뾰족하다.

기타

❶ 마편초 / 마편초 꽃차례 / ❷ 버들마편초 / ❸ 애기메꽃 / 애기메꽃 포 / ❹ 메꽃

❶ 마편초(마편초과) *Verbena officinalis* 여러해살이풀(높이 30~100㎝)
남부 지방의 바닷가 풀밭. 잎은 마주나고 달걀형이며 3갈래로 깊게 갈라지고 갈래조각은 다시 깃꼴로 갈라진다. 6~9월에 줄기와 가지 끝의 이삭꽃차례에 연분홍색 꽃이 피어 올라간다. 꽃부리는 지름 4㎜ 정도이며 5갈래로 갈라진다. 4개가 모여 있는 열매는 꽃받침에 싸여 있다.

❷ 버들마편초(마편초과) *Verbena bonariensis* 여러해살이풀(높이 1.5m 정도)
남아메리카 원산. 꽃밭 주변. 전체에 거센털이 있다. 잎은 마주나고 넓은 선형이며 톱니가 있고 밑부분은 줄기를 감싼다. 7~10월에 줄기와 가지 끝의 짧은 이삭꽃차례에 자주색 꽃이 모여 달린다. 깔때기 모양의 꽃부리는 지름 4~6㎜이며 끝은 5갈래로 갈라진다.

❸ 애기메꽃(메꽃과) *Calystegia hederacea* 여러해살이덩굴풀(길이 1~2m)
들이나 길가. 잎은 어긋나고 긴 세모꼴이며 양쪽 밑의 뾰족해진 부분이 2갈래로 갈라진다. 잎자루는 2~5㎝ 길이이다. 6~8월에 잎겨드랑이에 피는 나팔 모양의 분홍색 꽃은 지름 3~4㎝이며 꽃자루 윗부분에 좁은 날개가 있다. 2개의 포는 달걀형이며 끝이 뾰족하다.

❹ 메꽃(메꽃과) *Calystegia pubescens* 여러해살이덩굴풀(길이 수m)
들. 잎은 어긋나고 넓은 피침형이며 밑부분이 화살촉 모양이다. 6~8월에 피는 나팔 모양의 분홍색 꽃은 지름 3~4㎝이며 꽃자루는 날개가 없다. 2개의 포는 달걀형이며 끝이 둔하다.

❶ 큰메꽃　　큰메꽃 포　　❷ 부채갯메꽃
❸ 둥근잎유홍초　　❹ 나팔꽃　　나팔꽃 열매

❶ 큰메꽃(메꽃과) *Calystegia sepium* 여러해살이덩굴풀(길이 2~4m)
들이나 길가. 잎은 어긋나고 세모진 달걀형~삼각형이며 양쪽 밑부분이 퍼지며 다시 2갈래로 갈라져서 심장저로 된다. 6~8월에 잎겨드랑이에 나팔 모양의 연분홍색 꽃이 핀다.

❷ 부채갯메꽃(메꽃과) *Ipomoea pes-caprae* 여러해살이덩굴풀(길이 5m 정도)
열대 원산. 제주도의 바닷가에서 자란 기록이 있다. 줄기는 길게 땅 위를 기며 뿌리를 내린다. 잎은 어긋나고 둥근 타원형이며 양 끝이 오목하게 들어가기도 하고 두껍다. 7~8월에 잎겨드랑이에서 피는 나팔 모양의 홍자색 꽃은 지름 5~6cm이다.

❸ 둥근잎유홍초(메꽃과) *Ipomoea rubriflora* 한해살이덩굴풀(길이 3m 정도)
열대 아메리카 원산. 화초로 심고 들로 퍼져 자란다. 잎은 어긋나고 둥근 하트형이며 5~6cm 길이이고 끝이 갑자기 뾰족해지며 가장자리가 밋밋하다. 8~9월에 잎겨드랑이에서 자란 꽃자루에 깔때기 모양의 붉은색 꽃이 2~5개씩 모여 피며 암수술이 길게 벋는다.

❹ 나팔꽃(메꽃과) *Ipomoea nil* 한해살이덩굴풀(길이 2~3m)
열대 아시아 원산. 화초로 심고 들로 퍼져 자란다. 잎은 어긋나고 둥근 하트형이며 보통 3갈래로 갈라진다. 7~9월에 잎겨드랑이에 나팔 모양의 붉은색 또는 흰색 꽃이 1~3개씩 핀다. 곧게 서는 둥근 열매를 싸고 있는 5개의 기다란 꽃받침조각은 표면에 털이 있다.

기타

❶ 둥근잎나팔꽃   둥근잎나팔꽃 열매   ❷ 별나팔꽃

❸ 미국나팔꽃   미국나팔꽃 열매   1) 둥근잎미국나팔꽃

❶ 둥근잎나팔꽃(메꽃과) *Ipomoea purpurea* 한해살이덩굴풀(길이 3m 이상)

열대 아메리카 원산. 화초로 심고 들로 퍼져 자란다. 잎은 어긋나고 넓은 하트형이며 가장자리가 밋밋하다. 7~10월에 잎겨드랑이에서 나온 긴 꽃대 끝에 4~8개의 나팔 모양의 붉은색, 자주색, 흰색 꽃이 핀다. 열매는 납작한 구형이며 자루가 밑으로 구부러진다.

❷ 별나팔꽃(메꽃과) *Ipomoea triloba* 한해살이덩굴풀(길이 3m 정도)

열대 아메리카 원산. 들. 잎은 어긋나고 하트형이며 밋밋하고 3갈래로 얕게 갈라지기도 한다. 7~9월에 잎겨드랑이에서 나온 갈래꽃차례에 3~8개의 분홍색 나팔꽃이 핀다. 꽃부리 윗부분은 별 모양이며 지름 15mm 정도이고 중심부는 홍자색이다.

❸ 미국나팔꽃(메꽃과) *Ipomoea hederacea* 한해살이덩굴풀(길이 2~3m)

열대 아메리카 원산. 화초로 심고 들로 퍼져 자란다. 줄기에 털이 많다. 잎은 어긋나고 3~5갈래로 깊게 갈라진다. 6~10월에 긴 꽃가지 끝에 나팔 모양의 자주색 꽃이 핀다. 둥근 열매를 싸고 있는 5개의 꽃받침조각은 표면에 털이 있다. 나팔꽃(p.209)과 같은 종으로 본다. 1) **둥근잎미국나팔꽃**(v. *integriuscula*)은 미국나팔꽃의 변종으로 잎은 어긋나고 하트형이며 가장자리가 밋밋하다. 6~10월에 긴 꽃가지 끝에 나팔 모양의 자주색 꽃이 핀다. 둥근 열매는 위를 향한다. 나팔꽃(p.209)과 같은 종으로 본다.

기타

여름에 피는 붉은색 풀꽃

❶ 독말풀

독말풀 열매

페루꽈리 잎

❷ 페루꽈리

❸ 큰절굿대 / 큰절굿대 잎

❹ 절굿대

● **독말풀**(가지과) *Datura stramonium* v. *chalybea* 한해살이풀(높이 1~1.5m)
    열대 아메리카 원산. 들. 줄기는 자줏빛이 돈다. 잎은 어긋나고 달걀형이며 톱니가 드문드문 있다. 8~9월에 잎겨드랑이에 피는 나팔 모양의 연자주색 꽃은 길이 8cm 정도이다. 달걀형 열매는 가시로 덮여 있다. 흰독말풀(p.325)과 같은 종으로 본다.

❷ **페루꽈리**(가지과) *Nicandra physalodes* 한해살이풀(높이 1m 정도)
    남아메리카 원산. 들. 잎은 어긋나고 달걀형이며 굵은 톱니가 드문드문 있다. 7~9월에 잎겨드랑이에 연하늘색 꽃이 1개씩 핀다. 꽃부리는 넓은 종 모양이며 5갈래로 얕게 갈라진다.

❸ **큰절굿대**(국화과) *Echinops latifolius* 여러해살이풀(높이 60~80cm)
    산. 줄기와 잎 뒷면은 흰색 솜털로 덮여 있다. 잎은 어긋나고 깃꼴로 깊게 갈라지며 갈래조각은 다시 갈라지고 톱니는 날카로운 가시로 된다. 위쪽으로 갈수록 잎자루가 없어진다. 7~9월에 줄기와 가지 끝에 둥근 남자색 꽃송이가 달린다. 꽃송이는 모두 대롱꽃이다.

❹ **절굿대**(국화과) *Echinops setifer* 여러해살이풀(높이 60~100cm)
    산. 줄기와 잎 뒷면은 흰색 솜털로 덮여 있다. 잎은 어긋나고 깃꼴로 깊게 갈라지며 톱니는 날카로운 가시로 된다. 7~9월에 줄기와 가지 끝에 둥근 남자색 꽃송이가 달린다. 꽃송이는 모두 대롱꽃뿐이다. 대롱꽃의 꽃부리는 5갈래로 갈라지고 갈래조각은 뒤로 젖혀진다.

기타

여름에 피는 붉은색 풀꽃

❶ 우엉 ❷ 흰무늬엉겅퀴 ❸ 큰엉겅퀴 ❹ 도깨비엉겅퀴

❶ 우엉(국화과) *Arctium lappa* 여러해살이풀(높이 1.5m 정도)

유럽 원산. 밭에서 재배하며 주변으로 퍼졌다. 줄기는 가지가 많이 갈라지고 거미줄 같은 털로 덮여 있다. 잎은 어긋나고 하트형이며 톱니가 있고 뒷면은 흰빛이 돈다. 7월에 가지 끝에 달리는 자주색 꽃송이는 굽은 바늘 모양의 녹색 총포조각으로 덮여 있다.

❷ 흰무늬엉겅퀴/밀크티슬(국화과) *Silybum marianum* 두해살이풀(높이 1~2m)

남부 유럽과 아시아 원산. 화초로 심고 꽃밭 주변에서 저절로 자란다. 잎은 어긋나고 깃꼴로 깊게 갈라지며 잎맥을 따라 흰색 무늬가 있고 갈래조각 끝은 가시로 된다. 6월에 가지 끝에 달리는 홍자색 꽃송이는 밑부분에 가시 모양의 커다란 총포조각이 촘촘히 붙는다.

❸ 큰엉겅퀴(국화과) *Cirsium pendulum* 여러해살이풀(높이 1~2m)

산기슭과 들. 잎은 어긋나고 타원형이며 깃꼴로 깊게 갈라지고 톱니는 날카로운 가시로 된다. 7~10월에 줄기 중간 부분부터 갈라진 많은 가지마다 몇 개의 붉은색 꽃송이가 고개를 숙이고 핀다. 꽃송이는 지름 3~4cm이며 밑부분의 총포는 달걀형이고 자줏빛이 돈다.

❹ 도깨비엉겅퀴(국화과) *Cirsium schantarense* 여러해살이풀(높이 50~150cm)

깊은 산. 잎은 어긋나고 타원형이며 깃꼴로 갈라지고 톱니는 날카로운 가시로 된다. 7~9월에 가지 끝에 자주색 꽃송이가 고개를 숙이고 핀다. 꽃송이의 총포조각은 6줄로 붙는다.

여름에 피는 붉은색 풀꽃

❶ 바늘엉겅퀴 ❷ 엉겅퀴 ❸ 가시엉겅퀴 ❹ 고려엉겅퀴

❶ **바늘엉겅퀴**(국화과) *Cirsium rhinoceros* 여러해살이풀(높이 50㎝ 정도)
한라산. 잎은 어긋나고 거꿀피침형이며 깃꼴로 갈라지고 갈래조각은 사이가 좁으며 가장자리의 날카로운 가시는 단단하다. 7~9월에 줄기와 가지 끝에 붉은색 꽃송이가 달린다. 총포조각은 7줄로 붙고 바깥쪽 총포조각은 피침형이며 2~3㎝ 길이이고 옆으로 퍼진다.

❷ **엉겅퀴**(국화과) *Cirsium japonicum* 여러해살이풀(높이 50~100㎝)
산과 들. 전체에 털이 있다. 잎은 어긋나고 좁은 타원형이며 깃꼴로 갈라지고 갈래조각은 겹쳐지지 않으며 끝이 가시로 된다. 잎 밑부분은 줄기를 감싼다. 6~8월에 줄기와 가지 끝에 붉은색 꽃송이가 달린다. 총포는 둥글며 총포조각은 7~8줄로 붙는다.

❸ **가시엉겅퀴**(국화과) *Cirsium japonicum* v. *spinosissimum* 여러해살이풀(높이 50㎝ 정도)
제주도. 엉겅퀴와 비슷하지만 키가 작고 다닥다닥 달리는 잎은 갈래조각 가장자리에 깊이 팬 모양의 톱니와 가시가 많다. 가시는 6~10㎜ 길이로 단단하다. 6~8월에 줄기와 가지 끝에 달리는 붉은색 꽃송이는 지름 3~5㎝이다. 엉겅퀴와 같은 종으로 본다.

❹ **고려엉겅퀴**(국화과) *Cirsium setidens* 여러해살이풀(높이 1m 정도)
산. 잎은 어긋나고 긴 타원형~달걀형이며 가시 같은 톱니가 있다. 7~10월에 줄기와 가지 끝에 자주색 꽃송이가 달린다. 총포는 둥근 종 모양이고 총포조각은 7줄로 붙는다.

기타

여름에 피는 붉은색 풀꽃

❶ 캐나다엉겅퀴 ❷ 각시취 각시취 꽃송이 각시취 잎
❸ 빗살서덜취 ❹ 각시서덜취 각시서덜취 꽃송이

❶ **캐나다엉겅퀴**(국화과) *Cirsium arvense* 여러해살이풀(높이 40~130㎝)
유럽 원산. 수도권의 들. 줄기는 위쪽에서 가지를 친다. 잎은 어긋나고 긴 타원형~피침형이며 깃꼴로 불규칙하게 갈라지고 톱니 끝은 가시로 된다. 6~8월에 가지마다 달리는 연보라색 꽃송이는 20~25㎜ 길이이며 총포조각이 6줄로 붙는다.

❷ **각시취**(국화과) *Saussurea pulchella* 두해살이풀(높이 30~150㎝)
산의 풀밭. 잎은 어긋나고 깃꼴로 깊게 갈라지며 털이 있다. 8~10월에 가지마다 둥근 홍자색 꽃송이가 달려서 전체적으로 고른꽃차례 모양이 된다. 꽃송이는 11~13㎜ 길이이며 총포는 넓은 종 모양이고 6~7줄로 붙는 총포조각에는 붉은빛이 도는 둥근 부속체가 있다.

❸ **빗살서덜취**(국화과) *Saussurea odontolepis* 여러해살이풀(높이 60~100㎝)
산의 숲속. 잎은 어긋나고 달걀 모양의 삼각형이며 가장자리가 빗살처럼 갈라지고 양면에 털이 있다. 8~10월에 줄기와 가지 끝에 달리는 자주색 꽃송이는 지름 10~13㎜이다. 총포는 원통형이며 총포조각은 5줄로 붙고 빗살처럼 갈라지며 끝이 뾰족하다.

❹ **각시서덜취**(국화과) *Saussurea macrolepis* 여러해살이풀(높이 30~90㎝)
깊은 산. 잎은 어긋나고 세모진 달걀형이며 끝이 길게 뾰족하고 톱니가 있다. 7~9월에 자주색 꽃송이가 모여 핀다. 총포는 원통형이며 총포조각은 피침형이고 6~7줄로 붙는다.

기타

여름에 피는 붉은색 풀꽃

❶ 금강분취
금강분취 꽃송이
금강분취 잎
❷ 버들분취
❸ 구와취
❹ 북분취
북분취 잎

❶ **금강분취**(국화과) *Saussurea diamantica* 여러해살이풀(높이 30~80cm)
경기도 이북의 산. 뿌리잎은 둥근 달걀형이며 끝이 뾰족하고 가장자리에 잔톱니가 있다. 처음에는 잎 양면이 흰색 털로 덮여 있다. 줄기도 흰색 털로 덮여 있다. 9월에 줄기 끝에 자주색 꽃송이가 달린다. 총포는 종 모양이며 13~18mm 길이이고 총포조각은 2줄로 붙는다.

❷ **버들분취**(국화과) *Saussurea maximowiczii* 여러해살이풀(높이 50~150cm)
산. 잎은 어긋나고 긴 타원형이며 깃꼴로 갈라지고 뒷면에 기름점이 있다. 갈래조각은 4~6쌍이며 서로 떨어진다. 8~9월에 자주색 꽃송이가 고른꽃차례 모양으로 달린다. 총포는 좁은 통 모양이며 거미줄 같은 흰색 털로 덮여 있고 총포조각은 8줄로 붙으며 젖혀지지 않는다.

❸ **구와취**(국화과) *Saussurea ussuriensis* 여러해살이풀(높이 30~120cm)
깊은 산. 잎은 어긋나고 달걀형이며 심장저에 가깝고 깃꼴로 갈라지며 양면이 녹색이다. 8~9월에 줄기 끝에 자주색 꽃송이가 고른꽃차례 모양으로 달린다. 꽃송이는 지름 9~14mm이다. 총포는 통 모양이고 흰색 털이 있으며 자줏빛이 돌고 총포조각은 5~7줄로 붙는다.

❹ **북분취**(국화과) *Saussurea mongolica* 여러해살이풀(높이 1m 정도)
경기도 이북의 산. 줄기는 털이 없다. 밑부분의 잎은 달걀형이며 깃꼴로 갈라진다. 자주색 꽃송이는 지름 1cm 정도이며 총포조각은 5줄로 붙고 바깥조각은 끝이 길게 뾰족하다.

기타

❶ 당분취 ❷ 분취 분취 꽃송이 ❸ 은분취 은분취 꽃송이 ❹ 가야산은분취

❶ **당분취**(국화과) *Saussurea tanakae* 여러해살이풀(높이 50~100㎝)
깊은 산. 줄기 모서리에는 넓은 날개가 있다. 잎은 어긋나고 세모진 달걀형이며 심장저이다. 8~9월에 자주색 꽃송이가 달린다. 총포는 종 모양이고 총포조각은 5~6줄로 붙는다.

❷ **분취**(국화과) *Saussurea seoulensis* 여러해살이풀(높이 20~80㎝)
경기도의 산. 전체에 솜털이 있다. 뿌리잎은 달걀형이며 끝이 뾰족하고 밑부분은 심장저이거나 밋밋하다. 줄기잎은 피침형이다. 7~9월에 줄기 끝에 1~3개의 홍자색 꽃송이가 핀다. 총포는 종 모양이고 지름 15~17㎜이며 흰색 털로 덮여 있고 총포조각은 6줄로 붙는다.

❸ **은분취**(국화과) *Saussurea gracilis* 여러해살이풀(높이 10~30㎝)
산의 풀밭. 줄기의 흰색 털은 점차 없어진다. 뿌리잎은 긴 삼각형이며 밑부분이 심장저~화살 모양이고 뒷면은 흰색 털이 빽빽하며 톱니가 있다. 줄기잎은 위로 갈수록 피침형이 된다. 8~10월에 가지 끝에 연한 홍자색 꽃송이가 달린다. 총포는 통 모양이고 총포조각은 8~11줄로 붙는다.

❹ **가야산은분취**(국화과) *Saussurea prseudo-gracilis* 여러해살이풀(높이 35~70㎝)
경남 가야산. 뿌리잎은 좁은 삼각형이며 심장저이고 뒷면은 흰색 털이 빽빽하며 가장자리에 톱니가 있다. 줄기잎은 위로 갈수록 피침형이 된다. 8~9월에 가지 끝에 연한 홍자색 꽃송이가 달린다. 총포는 둥근 종 모양이고 자줏빛이 돌며 총포조각은 6줄로 붙는다.

기타

여름에 피는 붉은색 풀꽃

❶ 서덜취

❷ 수리취

수리취 잎 뒷면

❸ 산비장이

산비장이 꽃봉오리

❹ 불로화

❶ 서덜취(국화과) *Saussurea grandifolia* 여러해살이풀(높이 30~50㎝)
깊은 산. 잎은 어긋나고 달걀형~세모진 달걀형이며 밑부분이 심장저이거나 밋밋하고 뒷면은 흰빛이 돈다. 잎 가장자리에는 톱니가 있다. 7~10월에 줄기 윗부분에서 갈라진 가지마다 연자주색 꽃이 핀다. 총포는 종 모양이고 7~10줄로 붙는 총포조각은 달걀형이다.

❷ 수리취(국화과) *Synurus deltoides* 여러해살이풀(높이 40~100㎝)
산. 뿌리잎은 세모진 달걀형이며 밑부분은 심장저이거나 밋밋하고 뒷면은 희다. 9~10월에 고개를 숙이고 피는 갈자색 꽃송이는 지름 5㎝ 정도이고 거미줄 같은 털로 덮인다.

❸ 산비장이(국화과) *Serratula coronata v. insularis* 여러해살이풀(높이 30~140㎝)
산의 풀밭. 줄기에 세로줄이 있다. 잎은 어긋나고 깃꼴로 깊게 갈라지며 위로 갈수록 작아진다. 8~10월에 줄기와 가지 끝에 달리는 적자색 꽃송이는 지름 3~4㎝이다. 총포는 단지 모양이고 총포조각은 6~7줄로 붙으며 표면에 거미줄 같은 털이 약간 있다.

❹ 불로화(국화과) *Ageratum houstonianum* 한두해살이풀(높이 30~80㎝)
열대 아메리카 원산. 화초로 심고 꽃밭 주변에서 자란다. 잎은 마주나지만 윗부분에서는 어긋나기도 하고 넓은 달걀형이다. 7~10월에 줄기와 가지 끝의 고른꽃차례에 피는 연자주색~흰색 꽃송이는 지름 1㎝ 정도이다. 총포는 반구형이며 총포조각에 긴털이 있다.

기타

❶ 우산나물
우산나물 꽃송이
❷ 애기우산나물
❸ 비짜루국화
비짜루국화 꽃송이
❹ 주홍서나물

❶ **우산나물**(국화과) *Syneilesis palmata* 여러해살이풀(높이 50~100㎝)
산. 줄기에 어긋나는 2~3장의 잎은 둥글며 7~9갈래로 깊게 갈라진다. 갈래조각은 너비 2~4㎝이며 1~2회 갈라지고 가장자리에 톱니가 있다. 6~9월에 줄기 끝의 원뿔꽃차례에 연홍색 꽃송이가 촘촘히 모여 달린다. 총포는 통 모양이고 7~13개의 대롱꽃이 나온다.

❷ **애기우산나물**(국화과) *Syneilesis aconitifolia* 여러해살이풀(높이 70~120㎝)
깊은 산. 줄기에 어긋나는 2장의 잎은 둥글며 7~9갈래로 깊게 갈라지고 갈래조각은 너비 4~8㎜로 좁으며 2~3회 갈라진다. 7~8월에 줄기 끝의 겹고른꽃차례에 연홍색 꽃송이가 달린다. 꽃송이는 지름 6~7㎜이다. 총포는 통 모양이고 8~10개의 대롱꽃이 나온다.

❸ **비짜루국화**(국화과) *Aster subulatus* 한해살이풀(높이 50~120㎝)
북아메리카 원산. 빈터. 뿌리잎은 주걱형이며 거의 밋밋하고 줄기잎은 위로 갈수록 가늘어지며 끝이 뭉툭하다. 8~10월에 가지 끝에 자잘한 연자주색~흰색 꽃송이가 달리는데 둘레의 혀꽃은 흰색이다. 꽃이 지고 나면 갓털이 자라서 총포 밖으로 밀고 나온다.

❹ **주홍서나물**(국화과) *Crassocephalum crepidioides* 한해살이풀(높이 30~80㎝)
남부 지방의 빈터. 잎은 어긋나고 긴 타원형이며 밑부분이 깃꼴로 갈라진다. 9~10월에 원통형 꽃이삭은 9~10㎜ 길이이고 대롱꽃뿐이며 끝부분은 주홍색이고 밑으로 늘어진다.

❶ 잔대　❷ 털잔대　❸ 층층잔대　❹ 수원잔대　❺ 섬잔대

❶ **잔대**(초롱꽃과) *Adenophora triphylla* v. *japonica*　여러해살이풀(높이 50~100㎝)
산과 들의 양지. 줄기잎은 2~4장이 돌려나고 긴 타원형이며 끝이 뾰족하고 굵은 톱니가 있다. 7~9월에 층층이 달리는 종 모양의 하늘색 꽃은 15~20㎜ 길이이다.

❷ **털잔대**(초롱꽃과) *Adenophora triphylla* v. *hirsuta*　여러해살이풀(높이 50~100㎝)
산. 전체에 털이 많다. 타원형 잎은 돌려나거나 마주난다. 8~9월에 초롱 모양의 하늘색 꽃이 층층이 피는데 꽃부리는 길이 1㎝ 정도이고 암술대가 나오며 꽃받침조각은 선형이다.

❸ **층층잔대**(초롱꽃과) *Adenophora verticillata*　여러해살이풀(높이 1m 정도)
산. 잎은 돌려나고 긴 타원형~긴 달걀형이다. 7~9월에 층층으로 갈라지는 가지마다 연보라색 꽃이 모여 핀다. 꽃부리는 밖으로 암술대가 길게 나온다. 잔대와 같은 종으로 본다.

❹ **수원잔대**(초롱꽃과) *Adenophora polyantha*　여러해살이풀(높이 30~70㎝)
산과 들의 풀밭. 잎은 어긋나고 피침형~선형이며 톱니가 있고 잎자루가 없다. 8~9월에 줄기 끝의 송이꽃차례에 종 모양의 청자색 꽃이 핀다. 꽃부리는 22㎜ 정도 길이이다.

❺ **섬잔대**(초롱꽃과) *Adenophora taquetii*　여러해살이풀(높이 20㎝ 정도)
한라산의 높은 곳. 잎은 어긋나고 거꿀달걀 모양의 타원형이다. 7~9월에 줄기 끝에 1개~몇 개의 종 모양의 하늘색 꽃이 비스듬히 위를 향해 핀다. 꽃부리는 2㎝ 정도 길이이다.

기타

❶ 모시대
❷ 도라지모시대
❸ 진퍼리잔대
❹ 선모시대
선모시대 꽃 모양
❺ 금강초롱꽃

❶ **모시대**(초롱꽃과) *Adenophora remotiflora* 여러해살이풀(높이 40~100㎝)
산. 잎은 어긋나고 달걀형이며 얕은 심장저이고 잎자루가 길다. 7~9월에 줄기 윗부분의 엉성한 원뿔꽃차례에 넓은 종 모양의 자주색 꽃이 핀다. 꽃부리는 2~3㎝ 길이이다.

❷ **도라지모시대**(초롱꽃과) *Adenophora grandiflora* 여러해살이풀(높이 40~70㎝)
산. 잎은 어긋나고 달걀형이며 얕은 심장저이고 불규칙한 톱니가 있으며 잎자루가 길다. 7~9월에 줄기 윗부분의 송이꽃차례에 달리는 넓은 종 모양의 자주색 꽃은 2~3㎝ 길이이다.

❸ **진퍼리잔대**(초롱꽃과) *Adenophora palustris* 여러해살이풀(높이 70㎝ 정도)
습지 주변. 잎은 어긋나고 긴 타원형~달걀형이며 잎자루가 없다. 줄기 끝의 이삭꽃차례에 달리는 넓은 종 모양의 청자색 꽃은 10~15㎜ 길이이며 꽃자루는 매우 짧다.

❹ **선모시대**(초롱꽃과) *Adenophora erecta* 여러해살이풀(높이 30~90㎝)
울릉도. 곧은 줄기에 잎은 어긋나고 달걀형이며 뾰족한 톱니가 있고 밑의 잎은 잎자루가 길다. 7~9월에 줄기 윗부분의 원뿔꽃차례에 넓은 종 모양의 청자색 꽃이 촘촘히 달린다.

❺ **금강초롱꽃**(초롱꽃과) *Hanabusaya asiatica* 여러해살이풀(높이 30~90㎝)
깊은 산. 4~6장의 긴 달걀형 잎은 줄기 가운데에서 촘촘히 어긋나 돌려난 것처럼 보인다. 8~9월에 줄기 윗부분에 달리는 초롱 모양의 자주색 꽃은 45~48㎜ 길이이고 밑을 향한다.

❶ 자주꽃방망이 ❷ 산토끼꽃 산토끼꽃 꽃송이
❸ 바디나물 바디나물 열매 ❹ 참당귀

❶ **자주꽃방망이**(초롱꽃과) *Campanula glomerata* 여러해살이풀(높이 40~100㎝)
산의 풀밭. 곧은 줄기에 어긋나는 잎은 좁은 달걀형~피침형이며 톱니가 있다. 7~9월에 줄기 윗부분의 잎겨드랑이에 꽃자루가 없는 종 모양의 자주색 꽃이 촘촘히 모여 핀다.

❷ **산토끼꽃**(인동과|산토끼꽃과) *Dipsacus japonicus* 두해살이풀(높이 1~2m)
중부 지방의 깊은 산. 줄기에 억센 가시털이 있다. 잎은 마주나고 밑부분의 잎은 깃꼴로 갈라지며 잎자루에 날개가 있다. 8~9월에 긴 꽃자루 끝의 머리모양꽃차례에 자잘한 홍자색 꽃이 둥글게 모여 달린다. 꽃송이는 지름 2~3㎝이고 통 모양의 꽃부리는 4갈래로 얕게 갈라진다.

❸ **바디나물**(미나리과) *Angelica decursiva* 여러해살이풀(높이 70~150㎝)
산의 풀밭이나 냇가. 잎은 어긋나고 깃꼴겹잎이다. 3~5장의 작은잎은 다시 깊게 갈라지며 톱니가 있고 잎자루가 퉁퉁하다. 8~9월에 줄기와 가지 끝에 달리는 겹우산꽃차례는 작은꽃자루가 10~15개이며 진자주색 꽃이 핀다. 납작한 타원형 열매는 세로줄이 있다.

❹ **참당귀**(미나리과) *Angelica gigas* 여러해살이풀(높이 1~2m)
산에서 자라고 밭에서 재배한다. 잎은 어긋나고 1~3회깃꼴겹잎이며 작은잎은 3갈래로 갈라지고 잎자루가 퉁퉁하다. 8~9월에 줄기와 가지 끝의 겹우산꽃차례는 둥그스름하며 진자주색 꽃이 촘촘히 달린다. 납작한 타원형 열매는 세로줄과 날개가 있다.

여름에 피는 노란색 풀꽃

꽃잎 1~3장

여름에 피는 노란색 풀꽃

① 만주송이풀   ② 갯취   ③ 만수국아재비

만주송이풀 잎줄기   갯취 꽃차례   만수국아재비 꽃차례

❶ **만주송이풀**(열당과|현삼과) *Pedicularis mandshurica* 여러해살이풀(높이 20~40㎝)
설악산 이북의 높은 지대. 줄기는 곧게 서고 잔털이 줄지어 난다. 뿌리잎은 뭉쳐나고 줄기 잎은 어긋나며 잎자루와 더불어 15~20㎝ 길이이다. 잎은 긴 달걀형이며 깃꼴로 깊게 갈라진다. 5~7월에 줄기 윗부분의 잎겨드랑이에 노란색 꽃이 핀다. 입술 모양의 꽃부리는 25㎜ 정도 길이이며 윗입술꽃잎이 갈고리처럼 구부러진다. 달걀형 열매는 둘로 갈라진다.

❷ **갯취**(국화과) *Ligularia taquetii* 여러해살이풀(높이 50~100㎝)
제주도와 거제도의 바닷가. 줄기는 곧게 서고 가지가 갈라지지 않는다. 잎은 어긋나고 타원형~긴 타원형이며 밑부분이 잎자루의 날개로 된다. 잎몸은 회청색이고 털이 없으며 가장자리에 톱니도 거의 없다. 5~7월에 줄기 끝의 송이꽃차례에 노란색 꽃이 촘촘히 달린다. 꽃송이는 지름 3~4㎝이며 둘레에 몇 개의 혀꽃이 돌려나고 총포는 통 모양이다.

❸ **만수국아재비**(국화과) *Tagetes minuta* 한해살이풀(높이 20~100㎝)
남아메리카 원산. 길가나 빈터. 잎은 마주나고 깃꼴겹잎이다. 작은잎은 좁은 피침형이고 가장자리에 규칙적인 톱니가 있으며 반투명한 기름점이 있어서 냄새가 난다. 7~10월에 촘촘히 갈라진 가지마다 다닥다닥 모여 달리는 연노란색 꽃송이는 8~14㎜ 길이이다. 가는 원기둥 모양의 총포마다 2~3장의 노란색 혀꽃과 3~5개의 대롱꽃이 있다. 열매는 선형이다.

꽃잎 3~4장

❶ 도깨비바늘   ❷ 금영화   ❸ 두메양귀비   두메양귀비 잎   ❹ 돌꽃

허꽃 3장 / 도깨비바늘 꽃 모양 / 허꽃 5장 / 도깨비바늘 꽃 모양

❶ 도깨비바늘(국화과) *Bidens bipinnata* 한해살이풀(높이 30~100㎝)
산과 들의 빈터. 잎은 마주나며 2회 깃꼴로 깊게 갈라지고 갈래조각은 긴 타원형이며 가장자리에 톱니가 있다. 8~9월에 줄기와 가지 끝에 노란색 꽃이 핀다. 꽃송이 둘레의 혀꽃은 0~5장이다. 바늘 모양의 씨앗 끝에는 갓털이 변한 3~4개의 가시가 있다.

❷ 금영화(양귀비과) *Eschscholzia californica* 한해살이풀(높이 30~50㎝)
북아메리카 원산. 화초로 심고 길가나 빈터에서 저절로 자라기도 한다. 전체가 회청색을 띤다. 잎은 어긋나고 2회 깃꼴로 갈라지며 갈래조각은 선형이다. 5~7월에 줄기 끝에 달리는 진노란색 꽃은 지름 7~10㎝이며 꽃잎은 4장이다. 원예 품종은 꽃 색깔이 여러 가지이다.

❸ 두메양귀비(양귀비과) *Papaver radicatum* 두해살이풀(높이 5~10㎝)
백두산의 높은 곳. 뿌리잎은 긴 달걀형이며 1~2회 깃꼴로 갈라진다. 6~8월에 뿌리잎 사이에서 모여난 꽃줄기 끝에 노란색 꽃이 1개씩 핀다. 꽃은 지름 4~5㎝이고 꽃잎은 4장이다.

❹ 돌꽃(돌나물과) *Sedum roseum* 여러해살이풀(높이 10㎝ 정도)
북부 지방의 높은 산. 줄기는 여러 대가 모여난다. 잎은 돌려 가며 촘촘히 어긋나고 피침형~좁은 거꿀달걀형이며 톱니가 있다. 암수딴그루로 6~8월에 줄기 끝의 갈래꽃차례에 붉은빛이 도는 노란색 꽃이 촘촘히 모여 달린다. 꽃잎과 꽃받침은 4개씩이다.

꽃잎 4장

여름에 피는 노란색 풀꽃

❶ 애기달맞이꽃
애기달맞이꽃 꽃 모양
❷ 달맞이꽃
❸ 긴잎달맞이꽃
긴잎달맞이꽃 꽃 모양
❹ 큰달맞이꽃

❶ **애기달맞이꽃**(바늘꽃과) *Oenothera laciniata* 두해살이풀(높이 20~60㎝)
북아메리카 원산. 제주도와 서남쪽 바닷가. 줄기는 비스듬히 기다가 선다. 잎은 어긋나고 피침형이며 가장자리가 깃꼴로 갈라지거나 물결 모양의 톱니가 있다. 5~10월에 줄기 윗부분의 잎겨드랑이에 피는 노란색 꽃은 지름 3~5㎝이며 주로 밤에 벌어진다.

❷ **달맞이꽃**(바늘꽃과) *Oenothera biennis* 두해살이풀(높이 60~100㎝)
아메리카 원산. 길가나 빈터. 잎은 어긋나고 거꿀피침형~긴 타원형이며 물결 모양의 톱니가 있다. 7~9월에 줄기 윗부분의 잎겨드랑이에 피는 노란색 꽃은 지름 3~5㎝이다.

❸ **긴잎달맞이꽃**(바늘꽃과) *Oenothera stricta* 두해살이풀(높이 30~100㎝)
남아메리카 원산. 제주도의 들. 줄기는 곧게 서고 털이 있다. 잎은 어긋나고 좁은 피침형이며 끝이 뾰족하고 둔한 톱니가 있다. 5~6월에 잎겨드랑이에 피는 노란색 꽃은 지름 3~4㎝이며 밤에 핀다. 4장의 꽃잎은 시들면 황적색으로 변한다.

❹ **큰달맞이꽃/왕달맞이꽃**(바늘꽃과) *Oenothera glazioviana* 두해살이풀(높이 80~150㎝)
북아메리카 원산. 길가나 빈터. 곧게 서는 줄기에 기부가 붉게 부푼 거센털이 있다. 잎은 어긋나고 긴 타원형이며 끝이 뾰족하고 주름이 진다. 7~9월에 줄기 윗부분의 잎겨드랑이에 피는 노란색 꽃은 지름 4~7㎝로 큼직하며 밤에 핀다.

꽃잎 4장

여름에 피는 노란색 풀꽃

❶ 여뀌바늘 ❷ 번행초 ❸ 솔나물

여뀌바늘 꽃 모양 번행초 꽃 모양 솔나물 꽃 모양

❶ **여뀌바늘**(바늘꽃과) *Ludwigia epilobioides* 한해살이풀(높이 30~70㎝)
논이나 습지. 줄기는 붉은빛이 돌고 세로줄이 있다. 잎은 어긋나고 피침형이며 끝이 뾰족하고 가장자리가 밋밋하다. 8~9월에 잎겨드랑이에 1개씩 달리는 노란색 꽃은 지름 1㎝ 정도이고 꽃잎은 보통 4장이지만 5장인 것도 있으며 바늘처럼 긴 씨방 끝에 달려 있다. 수술도 꽃잎처럼 4~5개이다. 열매는 원기둥 모양이며 씨앗은 해면질의 껍질로 싸여 있다.

❷ **번행초**(번행초과│석류풀과) *Tetragonia tetragonioides* 여러해살이풀(높이 10~30㎝)
남부 지방의 바닷가 모래땅. 통통한 다육질 줄기에는 사마귀 같은 돌기가 있고 가지가 많이 갈라지며 비스듬히 자란다. 잎은 어긋나고 세모진 달걀형이며 끝이 둔하고 가장자리가 밋밋하며 두껍다. 5~10월에 잎겨드랑이에 노란색 꽃이 1~2개씩 핀다. 노란색 꽃받침통은 끝부분이 4~5갈래로 갈라지고 꽃잎이 없다. 열매는 가시 같은 돌기가 있다.

❸ **솔나물**(꼭두서니과) *Galium verum* v. *asiaticum* 여러해살이풀(높이 50~100㎝)
산과 들의 풀밭. 줄기는 네모지고 털이 없으며 윗부분에서 가지가 갈라진다. 솔잎처럼 가늘고 짧은 바늘 모양의 잎이 줄기 마디마다 6~10장씩 돌려난다. 6~8월에 줄기 윗부분의 원뿔꽃차례에 자잘한 노란색 꽃이 달린다. 꽃부리는 지름 2~2.5㎜이며 4갈래로 갈라지고 수술도 4개이다. 타원형 열매는 2개씩 달리며 털이 없다.

꽃잎 4~5장

여름에 피는 노란색 풀꽃

❶ 애기솔나물 ❷ 개연꽃 개연꽃 열매
❸ 왜개연꽃 ❹ 남개연꽃 남개연꽃 꽃 모양

❶ **애기솔나물**(꼭두서니과) *Galium verum* f. *pusillum* 여러해살이풀(높이 10~20㎝)
한라산의 높은 지대. 솔잎처럼 가늘고 짧은 바늘 모양의 잎은 줄기에서는 8장씩 돌려나고 가지에서는 4~6장씩 돌려난다. 6~8월에 줄기 윗부분의 원뿔꽃차례에 자잘한 노란색 꽃이 모여 핀다. 꽃부리는 4갈래로 갈라지고 수술은 4개이다. 솔나물(p.226)과 같은 종으로 본다.

❷ **개연꽃**(수련과) *Nuphar japonica* 여러해살이풀(높이 20~30㎝)
중부 이남의 개울가나 연못의 얕은 물속. 뿌리줄기에서 나오는 긴 달걀형 잎은 20~30㎝ 길이이고 밑부분이 화살 모양이며 잎자루가 길게 자라 물 밖으로 나온다. 6~8월에 물 밖으로 나오는 긴 꽃자루 끝에 지름 4~5㎝의 노란색 꽃이 피는데 암술머리는 노란색이다.

❸ **왜개연꽃**(수련과) *Nuphar pumila* 여러해살이풀(높이 10~30㎝)
개울가나 연못의 얕은 물속. 뿌리줄기에서 나오는 타원형~넓은 달걀형 잎은 6~8㎝ 길이이며 심장저이고 물 위에 뜬다. 7~9월에 긴 꽃자루 끝에 지름 25㎜ 정도의 노란색 꽃이 피는데 암술머리는 노란색이다. 개연꽃과 비슷하지만 잎이 물 위에 뜨는 점이 다르다.

❹ **남개연꽃**(수련과) *Nuphar pumila* v. *ozeense* 여러해살이풀(높이 10~30㎝)
개울가나 연못. 뿌리줄기에서 나오는 넓은 달걀형 잎은 물 위에 뜬다. 6~8월에 긴 꽃자루 끝에 지름 1~3㎝의 노란색 꽃이 피는데 꽃 가운데의 암술머리는 붉은빛이 돈다.

꽃잎 5장

여름에 피는 노란색 풀꽃

❶ 금매화　❷ 큰금매화　큰금매화 꽃 모양
❸ 애기금매화　❹ 기린초　기린초 군락

❶ **금매화**(미나리아재비과) *Trollius ledebourii* **여러해살이풀**(높이 40~80㎝)
　함경도의 습지. 둥근 하트형 잎은 3갈래로 완전히 갈라지고 양쪽의 작은잎은 다시 갈라지며 톱니가 있다. 7~8월에 가지 끝에 노란색 꽃이 피는데 5~7장의 꽃받침조각이 꽃잎처럼 보인다. 꽃잎은 선형이며 5~10장이고 2㎝ 정도 길이이며 수술보다 조금 길다.

❷ **큰금매화**(미나리아재비과) *Trollius chinensis* **여러해살이풀**(높이 60~80㎝)
　함경도의 높은 산 습지. 잎은 손바닥 모양으로 3~5갈래로 갈라지고 작은잎은 다시 2~3갈래로 갈라진다. 7~8월에 가지 끝에 노란색~주황색 꽃이 피는데 5~7장의 꽃받침조각이 꽃잎처럼 보인다. 꽃잎은 선형이며 8~18장이고 길이 25㎜ 정도로 수술보다 훨씬 길다.

❸ **애기금매화**(미나리아재비과) *Trollius japonicus* **여러해살이풀**(높이 30~60㎝)
　함경도의 높은 산 습지. 잎은 5갈래로 깊게 갈라진다. 7~8월에 줄기와 가지 끝에 노란색 꽃이 핀다. 꽃잎은 선형이며 9장 정도이고 길이 6~9㎜로 수술과 비슷한 길이이다.

❹ **기린초**(돌나물과) *Sedum kamtschaticum* **여러해살이풀**(높이 10~30㎝)
　산과 들. 줄기는 여러 대가 모여나고 아래쪽이 구부러진다. 잎은 어긋나고 거꿀달걀형~타원형이며 2~4㎝ 길이이고 가장자리에 약간 둔한 톱니가 있다. 6~8월에 줄기 끝의 고른꽃차례 모양의 갈래꽃차례에 자잘한 노란색 꽃이 모여 핀다. 5장의 꽃잎은 끝이 뾰족하다.

*애기금매화도 5~7장의 꽃받침조각이 꽃잎처럼 보인다.

꽃잎 5장

여름에 피는 노란색 풀꽃

❶ 섬기린초
섬기린초 군락
❷ 애기기린초
❸ 가는기린초
가는기린초 꽃봉오리
❹ 태백기린초

- ❶ **섬기린초**(돌나물과) *Sedum takesimense* **여러해살이풀**(높이 30~50㎝)
  울릉도의 산. 겨울에도 일부가 살아남는다. 두툼한 잎은 어긋나고 주걱형이며 45~60㎜ 길이이고 가장자리의 둔한 톱니는 6~7쌍이다. 6~7월에 줄기 끝의 고른꽃차례에 자잘한 노란색 꽃이 모여 커다란 꽃송이를 만든다. 꽃잎은 5장이고 열매도 별 모양이다.

- ❷ **애기기린초**(돌나물과) *Sedum middendorffianus* **여러해살이풀**(높이 10~20㎝)
  강원도 이북의 높은 산 바위틈. 겨울에도 일부가 살아남는다. 잎은 어긋나고 좁은 피침형이며 15~20㎜ 길이로 작고 가장자리의 둔한 톱니는 2~3쌍이다. 6~8월에 줄기 끝의 갈래꽃차례에 자잘한 노란색 꽃이 모여 핀다. 꽃잎은 5장이고 열매도 별 모양이다.

- ❸ **가는기린초**(돌나물과) *Sedum aizoon* **여러해살이풀**(높이 20~50㎝)
  산. 1~2개의 줄기가 나와 곧게 선다. 잎은 어긋나고 거꿀피침형~좁은 타원형이며 3~6㎝ 길이이고 둔한 톱니가 있다. 6~8월에 줄기 끝의 꽃차례에 노란색 꽃이 모여 핀다.

- ❹ **태백기린초**(돌나물과) *Sedum latiovalifolium* **여러해살이풀**(높이 20㎝ 정도)
  강원도의 높은 산. 모여나는 줄기는 비스듬히 자란다. 잎은 마주나거나 어긋난다. 줄기 끝에 나는 잎은 넓은 달걀형이며 5~7㎝ 길이이고 간격이 좁아서 로제트 모양으로 된다. 6~7월에 줄기 끝의 갈래꽃차례에 5~7개의 노란색 꽃이 모여 핀다.

꽃잎 5장

❶ 말똥비름 말똥비름 살눈 ❷ 바위채송화
❸ 새끼꿩의비름 ❹ 갯질경 갯질경 꽃차례

❶ **말똥비름**(돌나물과) *Sedum bulbiferum* 두해살이풀(높이 10~20㎝)
논둑이나 산기슭의 습지. 전체가 다육질이며 벋는 줄기의 마디에서 뿌리가 내린다. 주걱 모양의 작은잎은 줄기 밑에서는 마주나고 위에서는 어긋난다. 6~8월에 줄기 끝에서 갈라진 갈래꽃차례에 별 모양의 노란색 꽃이 모여 핀다. 잎겨드랑이에 2쌍의 잎이 달린 살눈이 있다.

❷ **바위채송화**(돌나물과) *Sedum polytrichoides* 여러해살이풀(높이 10㎝ 정도)
산의 바위틈. 줄기 밑부분이 옆으로 벋는다. 잎은 어긋나고 선형이며 6~15㎜ 길이이고 납작한 다육질이다. 7~8월에 2~3갈래로 갈라진 가지 끝에 달리는 갈래꽃차례에 별 모양의 노란색 꽃이 핀다. 꽃잎은 꽃받침보다 2배 이상 크다. 비가 온 후에 잘 자란다.

❸ **새끼꿩의비름**(돌나물과) *Hylotelephium viviparum* 여러해살이풀(높이 30~60㎝)
산. 넓은 피침형 잎은 마주나거나 3장씩 돌려난다. 8~9월에 줄기 윗부분에 달리는 겹고른꽃차례에 자잘한 연노란색 꽃이 모여 핀다. 잎겨드랑이와 꽃차례에 둥근 살눈이 생긴다.

❹ **갯질경**(갯질경이과) *Limonium tetragonum* 두해살이풀(높이 30~60㎝)
바닷가의 모래땅. 뿌리잎은 주걱 모양이며 가장자리가 밋밋하다. 9~10월에 뿌리잎 사이에서 나온 꽃줄기는 가지가 많이 갈라지고 갈라진 가지마다 자잘한 노란색 꽃이 이삭꽃차례로 달린다. 꽃부리는 5갈래로 깊게 갈라지고 갈래조각 끝이 약간 팬다.

꽃잎 5장

여름에 피는 노란색 풀꽃

❶ 쇠비름   쇠비름 꽃 모양   쇠비름 열매   ❷ 애기고추나물

❸ 좀고추나물   ❹ 고추나물   고추나물 열매

❶ **쇠비름**(쇠비름과) *Portulaca oleracea* 한해살이풀(높이 5~30㎝)
밭이나 빈터. 전체가 통통한 다육질이다. 주걱 모양의 잎은 줄기에 어긋나거나 마주난다. 7~8월에 잎겨드랑이의 노란색 꽃은 낮에만 벌어진다. 꽃잎은 5장이며 끝이 약간 팬다.

❷ **애기고추나물**(물레나물과) *Hypericum japonicum* 한해살이풀(높이 15~50㎝)
습지. 잎은 마주나고 달걀형이며 밑부분이 줄기를 반쯤 감싼다. 잎에 투명한 기름점이 있다. 꽃차례에 달린 잎은 피침형~선형이며 반투명한 기름점이 있다. 7~8월에 가지 끝마다 노란색 꽃이 핀다. 꽃은 지름 6~8㎜이며 꽃잎은 5장이고 암술대는 3개이다.

❸ **좀고추나물**(물레나물과) *Hypericum laxum* 한해살이풀(높이 5~30㎝)
습지. 줄기는 네모진다. 잎은 마주나고 꽃차례에 달린 잎은 달걀형~좁은 달걀형이며 기름점이 없다. 잎몸은 줄기를 반쯤 감싼다. 7~8월에 가지 끝에 노란색 꽃이 핀다. 꽃은 지름 5~7㎜이며 꽃잎은 5장이고 암술대는 3개이다. 애기고추나물과 같은 종으로 본다.

❹ **고추나물**(물레나물과) *Hypericum erectum* 여러해살이풀(높이 20~60㎝)
산과 들. 잎은 마주나고 잎자루가 없으며 밑부분은 합쳐져서 줄기를 감싼다. 피침형 잎은 가장자리가 밋밋하고 앞면에 검은색 잔점이 많다. 7~8월에 가지 끝에 달리는 노란색 꽃은 지름 15~20㎜이고 암술대는 3개이다. 둥근 달걀형 열매는 붉은색으로 익는다.

꽃잎 5장

❶ 진주고추나물 ❷ 서양고추나물 서양고추나물 열매
물레나물 암수술
❸ 물레나물 ¹⁾큰물레나물 암수술 ¹⁾큰물레나물

❶ **진주고추나물**(물레나물과) *Hypericum oliganthum* 여러해살이풀(높이 20~60㎝)
남부 지방의 양지쪽 습지. 둥근 줄기는 옆으로 자라다가 비스듬히 서고 가지가 많다. 잎은 마주나고 긴 타원형이며 양 끝이 둔하고 검은색 점과 투명한 기름점이 있다. 7~9월에 가지 끝에 피는 노란색 꽃은 지름 10~13㎜이며 암술대는 3개이다. 열매는 달걀형이다.

❷ **서양고추나물**(물레나물과) *Hypericum perforatum* 여러해살이풀(높이 20~70㎝)
유럽 원산. 들. 줄기는 가지가 많이 갈라지고 가지에 세로로 2개의 좁은 날개가 발달한다. 잎은 마주나고 피침형이며 잎자루가 없다. 잎몸에 기름점과 검은색 점이 흩어져 난다. 7~8월에 줄기 끝의 갈래꽃차례에 노란색 꽃이 피는데 암술대는 3개이다.

❸ **물레나물**(물레나물과) *Hypericum ascyron* 여러해살이풀(높이 50~100㎝)
산과 들의 양지쪽 풀밭. 줄기는 네모지며 곧게 서고 가지가 갈라진다. 잎은 마주나고 피침형이며 5~10㎝ 길이이고 끝이 뾰족하며 가장자리가 밋밋하다. 잎몸에는 투명한 점이 있으며 잎자루가 없다. 6~8월에 가지 끝에서 위를 향해 피는 노란색 꽃은 지름 4~6㎝이고 꽃잎은 바람개비처럼 구부러진다. 5갈래로 깊게 갈라지는 암술은 수술과 길이가 비슷하다. ¹⁾**큰물레나물**(v. *longistylum*)은 물레나물의 변종으로 모든 생김새가 물레나물과 비슷하지만 암술이 수술보다 길이가 긴 것이 다른 점이다. 물레나물과 같은 종으로 본다.

꽃잎 5장

여름에 피는 노란색 풀꽃

❶ 호박 ❷ 참외 ❸ 오이 ❹ 수세미오이

❶ **호박**(박과) *Cucurbita moschata* 한해살이덩굴풀(길이 8~10m)
밭에서 재배하며 들에서도 자란다. 덩굴손은 잎과 마주난다. 잎은 어긋나고 콩팥형이며 5갈래로 얕게 갈라지고 잎맥을 따라 흰색 반점이 있다. 암수한그루로 6~10월에 피는 종 모양의 노란색 꽃은 크직하며 끝부분이 5갈래로 갈라져 벌어진다. 열매는 타원형~원형이다.

❷ **참외**(박과) *Cucumis melo* 한해살이덩굴풀(길이 1~4m)
밭에서 재배하며 들에서도 자란다. 잎은 어긋나고 손바닥 모양으로 얕게 갈라지며 심장저이다. 잎과 마주나는 덩굴손은 끝이 갈라지지 않는다. 암수한그루로 6~7월에 잎겨드랑이에 노란색 꽃이 피는데 씨방에 돌기가 없다. 타원형 열매는 노랗게 익는다.

❸ **오이**(박과) *Cucumis sativus* 한해살이덩굴풀(길이 1.5~2.5m)
밭과 들. 잎은 어긋나고 손바닥 모양으로 얕게 갈라진다. 암수한그루로 6~8월에 잎겨드랑이에 피는 노란색 꽃은 씨방에 가시 같은 돌기가 있다. 원기둥 모양의 열매는 누렇게 익는다.

❹ **수세미오이**(박과) *Luffa cylindrica* 한해살이덩굴풀(길이 12m 정도)
열대아시아 원산. 밭에서 재배한다. 덩굴손으로 감고 오른다. 잎은 어긋나고 손바닥처럼 3~7갈래로 얕게 갈라진다. 암수한그루로 8~9월에 송이꽃차례에 노란색 수꽃이 달리며 암꽃은 1개씩 핀다. 원통형 열매는 속에 있는 그물 모양의 섬유 조직을 수세미로 쓴다.

꽃잎 5장

여름에 피는 노란색 풀꽃

❶ 수박 ❷ 왕과
❸ 차풀 ❹ 긴강남차

❶ **수박**(박과) *Citrullus lanatus* 한해살이덩굴풀(길이 1.5~3m)
밭에서 재배하며 들에서도 자란다. 잎은 어긋나고 깃꼴로 갈라지며 톱니가 있다. 잎과 마주나는 덩굴손은 끝이 2~3갈래로 갈라진다. 암수한그루로 6~7월에 잎겨드랑이에 노란색 꽃이 핀다. 열매는 원형~타원형이며 대부분 암녹색 세로줄이 있고 속살은 붉은색이다.

❷ **왕과**(박과) *Thladiantha dubia* 여러해살이덩굴풀(길이 2.5m 정도)
산기슭과 들. 줄기와 잎에 털이 빽빽하다. 잎은 덩굴손과 마주나고 하트형이며 가장자리에 톱니가 있다. 암수딴그루로 7~8월에 잎겨드랑이에 피는 종 모양의 노란색 꽃은 털이 있으며 5갈래로 갈라진 꽃잎이 뒤로 젖혀진다. 타원형 열매는 주황색으로 익는다.

❸ **차풀**(콩과) *Chamaecrista nomame* 한해살이풀(높이 30~60cm)
냇가 주변이나 빈터. 잎은 어긋나고 깃꼴겹잎이며 15~35쌍의 작은잎은 좁은 타원형이고 밋밋하다. 밤에는 마주보는 두 잎씩 포개진다. 7~10월에 잎겨드랑이에 1~2개씩 노란색 꽃이 핀다. 5장의 꽃잎은 거꿀달걀형이다. 납작한 긴 타원형 열매는 표면에 털이 있다.

❹ **긴강남차**(콩과) *Senna tora* 한해살이풀(높이 1m 정도)
밭과 들. 잎은 어긋나고 깃꼴겹잎이며 작은잎은 2~4쌍이다. 6~8월에 잎겨드랑이에 노란색 꽃이 1~2개씩 달린다. 가늘고 긴 꼬투리열매는 15cm 정도 길이이며 활처럼 구부러진다.

꽃잎 5장

여름에 피는 노란색 풀꽃

❶ 좀딸기
❷ 돌양지꽃
돌양지꽃 열매
❸ 딱지꽃
딱지꽃 잎
❹ 은양지꽃

❶ 좀딸기(장미과) *Potentilla centigrana* 여러해살이풀(높이 20~40㎝)
산의 습한 곳. 줄기는 옆으로 기고 연약해 보이며 퍼진털이 있다. 잎은 어긋나고 세겹잎이다. 작은잎은 달걀형이고 톱니가 있으며 뒷면은 녹백색이다. 5~7월에 잎겨드랑이에서 나온 꽃대에 달리는 노란색 꽃은 지름 1㎝ 미만으로 작은 편이다. 꽃잎은 끝이 팬다.

❷ 돌양지꽃(장미과) *Potentilla ancistrifolia* v. *dickinsii* 여러해살이풀(높이 10~20㎝)
산의 바위틈. 전체에 누운털이 있다. 뿌리잎은 대부분 세겹잎이고 깃꼴겹잎도 있다. 작은잎은 달걀형이며 2㎝ 정도 길이이고 가장자리의 톱니가 날카로우며 뒷면은 분백색이다. 6~8월에 줄기 끝이나 잎겨드랑이의 갈래꽃차례에 달리는 노란색 꽃은 지름 1㎝ 정도이다.

❸ 딱지꽃(장미과) *Potentilla chinensis* 여러해살이풀(높이 30~60㎝)
양지. 줄기는 비스듬히 서고 털이 많다. 잎은 어긋나고 깃꼴겹잎이다. 작은잎은 긴 타원형이며 다시 깃꼴로 잘게 갈라지고 뒷면은 흰색 솜털이 빽빽하다. 턱잎은 깃꼴로 갈라진다. 6~7월에 가지 끝의 갈래꽃차례에 피는 노란색 꽃은 지름 1~2㎝이다.

❹ 은양지꽃(장미과) *Potentilla nivea* 여러해살이풀(높이 10~20㎝)
북부 지방의 높은 산. 뿌리잎은 세겹잎이고 작은잎 뒷면은 흰색 솜털이 빽빽하다. 6~7월에 꽃줄기 끝에 2~4개의 노란색 꽃이 달린다. 꽃줄기와 잎자루에도 흰색 솜털이 많다.

꽃잎 5장

여름에 피는 노란색 풀꽃

❶ 물양지꽃
❷ 물싸리풀
물싸리풀 군락
❸ 좀양지꽃
❹ 큰뱀무
큰뱀무 열매

❶ **물양지꽃**(장미과) *Potentilla cryptotaeniae* 여러해살이풀(높이 30~100㎝)
산의 습지나 물가. 줄기는 곧게 서고 전체에 털이 있다. 잎은 어긋나고 세겹잎이다. 작은잎은 타원형이며 끝이 뾰족하고 가장자리에 둔한 겹톱니가 있다. 잎자루는 위로 갈수록 짧아진다. 7~8월에 가지 끝의 갈래꽃차례에 달리는 노란색 꽃은 지름 1㎝ 정도이다.

❷ **물싸리풀**(장미과) *Potentilla bifurca* v. *glabrata* 여러해살이풀(높이 10~20㎝)
모래땅. 잎은 어긋나고 깃꼴겹잎이며 작은잎은 7~11장이다. 작은잎은 선형~피침형이며 가장자리가 밋밋하고 간혹 끝이 2갈래로 갈라지기도 한다. 6월에 가지 끝에 노란색 꽃이 핀다.

❸ **좀양지꽃**(장미과) *Potentilla matsumurae* 여러해살이풀(높이 10~20㎝)
한라산의 높은 지대. 전체에 털이 있다. 뿌리잎은 세겹잎이다. 작은잎은 거꿀달걀형이고 1~2㎝ 길이이며 가장자리에 8~10개의 톱니가 있다. 턱잎은 약간 누른빛이 돈다. 7~8월에 가지 끝에 달리는 노란색 꽃은 지름 2㎝ 정도이며 중심부가 더 진하다.

❹ **큰뱀무**(장미과) *Geum aleppicum* 여러해살이풀(높이 25~100㎝)
산과 들의 습한 풀밭. 뿌리잎은 깃꼴로 갈라지고 곁의 작은잎은 2~5쌍이며 아주 작고 끝의 작은잎은 매우 크다. 작은잎에 불규칙한 톱니가 있다. 6~7월에 가지 끝에 노란색 꽃이 핀다. 작은꽃자루에 퍼진털이 있다. 타원형 열매의 가시 같은 털은 밑으로 눕는다.

꽃잎 5장

여름에 피는 노란색 풀꽃

❶ 짚신나물 ❷ 물앵초 ❸ 고슴도치풀 ❹ 나도공단풀

- ❶ **짚신나물**(장미과) *Agrimonia pilosa* 여러해살이풀(높이 30~100㎝)
  산과 들. 전체에 털이 있다. 잎은 어긋나고 깃꼴겹잎이며 작은잎은 5~7장이고 긴 타원형이다. 턱잎은 긴 달걀형이다. 6~8월에 가지 끝의 송이꽃차례에 노란색 꽃이 피는데 수술은 12개이다. 종 모양의 열매 끝부분에는 갈고리 같은 억센 털이 많아서 잘 달라붙는다.

- ❷ **물앵초**(바늘꽃과) *Ludwigia peploides* 여러해살이풀(길이 2m 이상)
  아메리카 원산의 물풀. 화초로 기르던 것이 개울가로 퍼져 나가 군락을 이루며 자란다. 잎은 어긋나고 긴 타원형~달걀형이다. 5~9월에 잎겨드랑이에 노란색 꽃이 핀다.

- ❸ **고슴도치풀**(아욱과 | 피나무과) *Triumfetta japonica* 한해살이풀(높이 50~100㎝)
  길가나 빈터. 줄기는 곧게 서고 위쪽에 털이 있다. 잎은 어긋나고 달걀형이며 끝이 뾰족하고 가장자리에 톱니가 있다. 8~9월에 잎겨드랑이의 갈래꽃차례에 모여 피는 노란색 꽃은 지름 5㎜ 정도로 작다. 작고 둥근 열매는 표면이 갈고리 같은 가시로 덮여 있다.

- ❹ **나도공단풀**(아욱과) *Sida rhombifolia* 한해살이풀(높이 30~100㎝)
  열대 원산. 제주도의 길가나 빈터. 전체에 별모양털이 있다. 잎은 어긋나고 거꿀달걀형~거꿀피침형이며 뒷면에 별모양털이 빽빽하고 가장자리에 잔톱니가 있다. 8~10월에 잎겨드랑이에서 자란 긴 꽃자루 끝에 지름 15㎜ 정도의 노란색 꽃이 핀다.

꽃잎 5장

여름에 피는 노란색 풀꽃

❶ 어저귀 ❷ 수까치깨 수까치깨 열매
❸ 까치깨 까치깨 열매 ❹ 나도승마

❶ **어저귀**(아욱과) *Abutilon theophrasti* 한해살이풀(높이 50~150㎝)
  인도 원산. 빈터. 줄기는 곧게 서고 전체에 털이 많다. 잎은 어긋나고 둥근 하트형이며 가장자리에 둔한 톱니가 있고 잎자루가 길다. 8~9월에 잎겨드랑이에 지름 1~3㎝의 노란색 꽃이 1개씩 핀다. 종지 모양의 열매는 위쪽 둘레에 뿔 모양의 돌기가 있다.

❷ **수까치깨**(아욱과|벽오동과) *Corchoropsis tomentosa* 한해살이풀(높이 25~60㎝)
  산과 들의 풀밭. 줄기는 별모양털이 있거나 없다. 잎은 어긋나고 달걀형이며 톱니가 있고 양면에 별모양털이 거의 없다. 6~8월에 잎겨드랑이에 노란색 꽃이 1개씩 핀다. 암술머리는 흰색이다. 기다란 열매는 별모양털로 덮여 있고 꽃받침조각은 뒤로 완전히 젖혀진다.

❸ **까치깨**(아욱과|벽오동과) *Corchoropsis tomentosa* v. *psilocarpa* 한해살이풀(높이 30~80㎝)
  산과 들의 풀밭. 줄기는 털이 빽빽하다. 잎은 어긋나고 달걀형이며 톱니가 있고 양면에 별모양털이 있다. 6~8월에 잎겨드랑이에 노란색 꽃이 1개씩 핀다. 꽃잎은 5장이고 암술머리는 붉은색이다. 기다란 열매는 털이 거의 없고 꽃받침조각은 수평으로 퍼진다.

❹ **나도승마**(수국과|범의귀과) *Kirengeshoma koreana* 여러해살이풀(높이 60~100㎝)
  전남. 잎은 마주나고 타원형~원형이며 가장자리가 손바닥처럼 얕게 갈라진다. 7~9월에 줄기와 가지 끝의 송이꽃차례에 노란색 꽃이 핀다. 5장의 꽃잎은 깔때기처럼 벌어진다.

꽃잎 5장

여름에 피는 노란색 풀꽃

❶ 산해박
산해박 꽃 모양
❷ 솜아마존
❸ 선백미꽃
선백미꽃 꽃 모양
우단담배풀 꽃 모양
❹ 우단담배풀

❶ **산해박**(협죽도과|박주가리과) *Cynanchum paniculatum* 여러해살이풀(높이 60~70㎝)
산기슭의 풀밭. 잎은 마주나고 좁은 피침형이며 가장자리가 약간 뒤로 말린다. 잎 뒷면은 녹백색이다. 5~7월에 줄기 끝이나 잎겨드랑이의 갈래꽃차례에 황갈색 꽃이 모여 핀다. 5갈래로 갈라진 꽃부리는 지름 10~15㎜이고 중심부의 부꽃부리는 갈래조각이 달걀형이다.

❷ **솜아마존**(협죽도과|박주가리과) *Cynanchum amplexicaule* 여러해살이풀(높이 40~60㎝)
주로 남부 지방의 물가. 전체에 흰빛이 돈다. 잎은 마주나고 긴 타원형이며 가장자리가 밋밋하고 잎자루가 없으며 밑부분이 줄기를 반쯤 감싼다. 6~7월에 잎겨드랑이의 갈래꽃차례에 연노란색 꽃이 핀다. 5갈래로 갈라진 꽃부리 중심부의 부꽃부리는 갈래조각이 반원형이다.

❸ **선백미꽃**(협죽도과|박주가리과) *Cynanchum inamoenum* 여러해살이풀(높이 30~60㎝)
산의 풀밭. 잎은 마주나고 달걀형~타원형이며 밋밋하고 끝이 뾰족하다. 6~8월에 잎겨드랑이의 우산꽃차례에 달리는 노란색 꽃은 지름 7㎜ 정도이고 꽃자루가 짧다. 5갈래로 갈라진 꽃부리 중심부의 부꽃부리는 갈래조각이 넓은 삼각형이다. 열매는 기다란 뿔 모양이다.

❹ **우단담배풀**(현삼과) *Verbascum thapsus* 두해살이풀(높이 1~2m)
유럽 원산. 길가나 빈터. 전체에 회백색 솜털이 빽빽하다. 잎은 어긋나고 긴 타원형이며 밑부분이 날개로 된다. 7~9월에 가지 끝의 이삭꽃차례에 노란색 꽃이 촘촘히 달린다.

꽃잎 5장

여름에 피는 노란색 풀꽃

❶ 좁쌀풀
❷ 참좁쌀풀 참좁쌀풀 꽃 모양
물꽈리아재비 꽃 모양
❸ 물꽈리아재비 애기물꽈리아재비 꽃 모양 ❹ 애기물꽈리아재비

❶ **좁쌀풀**(앵초과) *Lysimachia davurica* 여러해살이풀(높이 30~90㎝)
양지쪽 습지의 풀밭. 줄기에 2장씩 마주나거나 3~4장씩 돌려나는 잎은 피침형이며 가장자리가 밋밋하고 검은색 점이 있다. 6~8월에 줄기 윗부분의 원뿔꽃차례에 촘촘히 달리는 노란색 꽃은 지름 12~15㎜이다. 둥근 열매는 긴 암술대가 남아 있고 꽃받침조각이 짧다.

❷ **참좁쌀풀**(앵초과) *Lysimachia coreana* 여러해살이풀(높이 50~100㎝)
깊은 산. 줄기는 약간 모가 진다. 줄기에 2장씩 마주나거나 3장씩 돌려나는 잎은 타원형이며 가장자리가 밋밋하다. 6~8월에 윗부분의 잎겨드랑이에 피는 노란색 꽃은 샘털이 있고 안쪽에 붉은색 무늬가 있다. 둥근 열매는 암술대가 남아 있고 꽃받침조각이 길다.

❸ **물꽈리아재비**(파리풀과|현삼과) *Mimulus tenellus* v. *nepalensis* 여러해살이풀(높이 10~30㎝)
산의 습한 곳. 잎은 마주나고 달걀형이며 가장자리에 톱니가 드문드문 있다. 6~8월에 잎겨드랑이에 노란색 꽃이 1개씩 피는데 꽃자루는 잎보다 길거나 비슷하다.

❹ **애기물꽈리아재비**(파리풀과|현삼과) *Mimulus tenellus* 여러해살이풀(높이 10~25㎝)
산의 습한 곳. 가지가 땅에 닿으면 뿌리를 내린다. 잎은 마주나고 달걀형~타원형이며 톱니가 있다. 7~8월에 잎겨드랑이에 노란색 꽃이 1개씩 피며 꽃자루는 잎보다 짧다. 원통형 꽃받침은 5~8㎜로 작고 5개의 좁은 날개가 있다. 나팔 모양의 꽃부리는 끝부분이 5갈래로 갈라진다.

꽃잎 5장

여름에 피는 노란색 풀꽃

❶ 긴뚝갈 ❷ 금마타리 금마타리 열매 금마타리 잎
❸ 돌마타리 돌마타리 열매 마타리 열매 ❹ 마타리

❶ **긴뚝갈**(인동과|마타리과) *Patrinia monandra* **여러해살이풀**(높이 80~100㎝)
전남의 길가. 잎은 마주나고 긴 타원형이며 줄기 중간 이하는 깃꼴로 갈라진다. 잎 양면에 흰색 털이 있다. 8~10월에 줄기와 가지 끝의 고른꽃차례에 자잘한 연노란색 꽃이 촘촘히 달린다. 꽃부리는 5갈래로 갈라진다. 꽃차례 밑부분에 있는 가는 피침형 포는 13~20㎜ 길이이다.

❷ **금마타리**(인동과|마타리과) *Patrinia saniculaefolia* **여러해살이풀**(높이 30㎝ 정도)
산. 뿌리잎은 둥그스름하고 손바닥처럼 5~7갈래로 갈라지며 줄기잎은 위로 갈수록 작아진다. 5~6월에 줄기와 가지 끝의 고른꽃차례에 자잘한 노란색 꽃이 달린다. 꽃부리는 종 모양이고 5갈래로 깊게 갈라지며 4개의 수술이 길게 벋는다. 열매에 날개 같은 포가 있다.

❸ **돌마타리**(인동과|마타리과) *Patrinia rupestris* **여러해살이풀**(높이 20~60㎝)
충북 이북의 산. 줄기는 윗부분에서 가지가 갈라진다. 잎은 마주나고 긴 타원형~피침형이며 깃꼴로 갈라지고 앞면에 털이 없으며 젖꼭지 같은 돌기가 있다. 7~9월에 줄기와 가지 끝의 고른꽃차례에 자잘한 노란색 꽃이 핀다. 열매는 긴 타원형이며 날개 같은 포가 있다.

❹ **마타리**(인동과|마타리과) *Patrinia scabiosifolia* **여러해살이풀**(높이 60~150㎝)
산과 들의 풀밭. 잎은 마주나고 깃꼴로 깊게 갈라지며 누운털이 있다. 7~9월에 줄기와 가지 끝의 고른꽃차례에 자잘한 노란색 꽃이 모여 핀다. 열매는 세 모서리가 있다.

꽃잎 5~6장

여름에 피는 노란색 풀꽃

❶ 까치고들빼기　❷ 노랑어리연꽃　❸ 섬말나리

까치고들빼기 꽃 모양　노랑어리연꽃 잎 뒷면　섬말나리 잎줄기

❶ **까치고들빼기**(국화과) *Crepidiastrum chelidoniifolium* 한두해살이풀(높이 20~50㎝)
산의 숲 가장자리. 줄기와 가지가 매우 연하다. 잎은 어긋나고 깃꼴로 완전히 갈라지며 갈래조각은 3~6쌍이고 서로 떨어지며 톱니가 있다. 잎몸은 1~2㎝ 길이이고 잎자루는 줄기를 감싸며 위로 갈수록 짧아진다. 9~10월에 가지 끝의 고른꽃차례에 달리는 노란색 꽃송이는 지름 1㎝ 정도이며 5장의 혀꽃이 모여 있다. 총포는 좁은 통 모양이다.

❷ **노랑어리연꽃**(조름나물과|용담과) *Nymphoides peltata* 여러해살이풀(높이 3~12㎝)
늪이나 연못. 줄기는 실처럼 가늘고 길게 자란다. 넓은 타원형 잎은 마주나며 물 위에 뜨고 5~10㎝ 길이이며 심장저이고 잎자루가 길다. 잎 앞면은 광택이 있고 뒷면은 갈색이다. 7~9월에 잎겨드랑이에서 여러 개의 꽃자루가 물 밖으로 자라 그 끝에 노란색 꽃이 핀다. 꽃부리는 지름 3~4㎝이고 5갈래로 깊게 갈라지며 갈래조각 가장자리에 털이 있다.

❸ **섬말나리**(백합과) *Lilium hansonii* 여러해살이풀(높이 50~100㎝)
울릉도의 산. 잎은 줄기에 6~10장씩 2~4층으로 돌려나며 줄기 윗부분에는 작은잎이 어긋난다. 잎은 긴 타원형이고 10~15㎝ 길이이며 가장자리가 밋밋하고 앞면에 광택이 있다. 6~7월에 줄기와 가지 끝에 4~12개의 붉은빛이 도는 노란색 나리꽃이 고개를 숙이고 핀다. 6장의 꽃덮이조각은 3~4㎝ 길이이며 뒤로 둥글게 말리고 암술은 1개, 수술은 6개이다.

꽃잎 6장

여름에 피는 노란색 풀꽃

❶ 누른하늘말나리 | 누른하늘말나리 꽃 모양

❷ 노랑땅나리

❸ 개상사화

❹ 큰원추리 | 큰원추리 꽃차례

❶ **누른하늘말나리**(백합과) *Lilium tsingtauense* v. *flvaum* 여러해살이풀(높이 1m 정도)
산. 줄기 중간 부분에 6~12장의 피침형 잎이 돌려난다. 모든 형태가 하늘말나리(p.159)와 비슷하지만 진노란색 꽃이 피는 것이 다른 점이다. 하늘말나리와 같은 종으로 본다.

❷ **노랑땅나리**(백합과) *Lilium callosum* v. *flaviflorum* 여러해살이풀(높이 60~100㎝)
전남 이남의 섬. 잎은 촘촘히 어긋나고 선형~넓은 선형이며 5~10㎝ 길이이고 잎자루가 거의 없다. 7~8월에 1~9개의 노란색 꽃이 땅을 보고 핀다. 꽃덮이조각은 6장이고 3~4㎝ 길이로 작은 편이며 뒤로 거의 완전히 말리고 꽃잎 안쪽에 희미한 반점이 있다.

❸ **개상사화/붉노랑상사화**(수선화과) *Lycoris flavescens* 여러해살이풀(높이 60㎝ 정도)
남부 지방의 숲속. 봄에 뭉쳐나는 선형 잎은 30~60㎝ 길이이고 회청색이며 여름에 말라 죽는다. 8~9월에 꽃줄기 끝의 우산꽃차례에 달리는 5~10개의 연노란색 꽃은 윗부분이 뒤로 젖혀진다. 열매를 맺지 못하며 땅속의 둥근 달걀형 비늘줄기로 번식한다.

❹ **큰원추리**(크산토로이아과 | 백합과) *Hemerocallis middendorfii* 여러해살이풀(높이 40~70㎝)
산. 뿌리잎은 선형이고 2줄로 배열되며 너비 13~21㎜이고 골이 지며 끝이 활처럼 뒤로 휜다. 6월에 잎 사이에서 자란 꽃줄기 끝의 꽃차례는 짧고 녹색 포 안에 2~4개의 진노란색 꽃이 모여 핀다. 속꽃덮이는 너비 13~15㎜이다. 열매는 둥근 타원형이다.

꽃잎 6장

여름에 피는 노란색 풀꽃

❶ 노랑원추리　❷ 백운산원추리
노랑원추리 꽃 모양
❸ 홍도원추리　홍도원추리 꽃 모양　❹ 버들까치수영

- ❶ **노랑원추리**(크산토로이아과 | 백합과) *Hemerocallis thunbergii* 여러해살이풀(높이 1m 이상)
  산과 들. 뿌리잎은 선형이고 2줄로 배열되며 너비 2~4cm이고 끝이 활처럼 뒤로 휜다. 7~8월에 잎 사이에서 자란 꽃줄기 끝의 송이꽃차례에 황록색 꽃이 저녁에 핀다. 작은꽃자루는 길이 1~2cm이다. 수술대는 4~5cm 길이이고 꽃밥은 6~10mm 길이이다.

- ❷ **백운산원추리**(크산토로이아과 | 백합과) *Hemerocallis hakuunensis* 여러해살이풀(높이 80~120cm)
  산과 들. 뿌리잎은 선형이고 2줄로 배열되며 너비 18~20mm이고 끝이 활처럼 뒤로 휜다. 7~8월에 잎 사이에서 자란 꽃줄기 끝의 송이꽃차례는 2~3회 가지가 갈라지고 진노란색 꽃이 핀다. 꽃자루는 5cm 이상으로 길다. 포는 달걀형~피침형이다.

- ❸ **홍도원추리**(크산토로이아과 | 백합과) *Hemerocallis hongdoensis* 여러해살이풀(높이 1m 정도)
  남부 지방의 바닷가. 뿌리잎은 선형이고 2줄로 배열되며 너비 14~30mm이고 끝이 활처럼 뒤로 휜다. 주맥은 뒷면에서 튀어나온다. 7~9월에 잎 사이에서 자란 꽃줄기 끝의 송이꽃차례에 진노란색 꽃이 핀다. 꽃자루는 2~4cm 길이이고 지름 4.7~5mm이다.

- ❹ **버들까치수영**(앵초과) *Lysimachia thyrsiflora* 여러해살이풀(높이 30~60cm)
  북부 지방의 높은 산 습지. 잎은 마주나고 거꿀피침형~넓은 거꿀피침형이다. 6~7월에 잎겨드랑이에서 나오는 짧은 송이꽃차례에 자잘한 노란색 꽃이 둥글게 모여 달린다.

여름에 피는 노란색 풀꽃

❶ 선인장 　　선인장 열매　　❷ 전의금불초
❸ 금불초　　금불초 총포／금불초 열매 단면　　❹ 버들금불초

❶ **선인장/손바닥선인장**(선인장과) *Opuntia ficus-indica* 여러해살이풀(높이 1~2m)
중앙아메리카 원산. 제주도의 바닷가. 잎처럼 변한 타원형의 납작한 줄기는 가지가 많이 갈라지고 잎은 날카로운 가시로 바뀌었다. 7~9월에 타원형 가지의 위쪽 가장자리에 노란색 꽃이 핀다. 거꿀달걀형 열매는 늦가을에 홍자색으로 익는다.

❷ **전의금불초**(국화과) *Inula salicina* v. *minipetala* 여러해살이풀(높이 30~60cm)
들. 잎은 어긋나고 넓은 피침형이며 가장자리에 자잘한 톱니가 있다. 7~9월에 가지마다 노란색 꽃이 핀다. 꽃송이 가장자리의 혀꽃은 8~9mm 길이로 금불초의 절반 정도로 짧다.

❸ **금불초**(국화과) *Inula japonica* 여러해살이풀(높이 30~60cm)
산과 들. 전체에 털이 난다. 잎은 어긋나고 긴 타원형~피침형이며 5~10cm 길이이고 자잘한 톱니와 누운털이 있다. 7~9월에 줄기 끝에서 갈라진 가지마다 노란색 꽃이 핀다. 혀꽃은 16~19mm 길이이다. 총포조각은 5줄로 붙고 피침형이다. 열매는 짧은털이 있다.

❹ **버들금불초**(국화과) *Inula salicina* 여러해살이풀(높이 60~80cm)
산기슭. 잎은 어긋나고 넓은 피침형이며 두껍고 끝이 뾰족하며 가장자리에 점 같은 톱니가 있다. 7~9월에 줄기 끝에서 갈라진 가지마다 노란색 꽃이 위를 보고 핀다. 혀꽃은 좁고 길며 35~70장이다. 총포조각은 4줄로 붙고 넓은 피침형이다. 열매는 털이 없다.

꽃잎 7장 이상

여름에 피는 노란색 풀꽃

❶ 미역취
미역취 꽃 모양
❷ 울릉미역취
미국미역취 꽃송이
미국미역취 잎
❸ 미국미역취
❹ 양미역취

❶ **미역취**(국화과) *Solidago virgaurea* ssp. *asiatica* 여러해살이풀(높이 30~80cm)
산과 들의 풀밭. 잎은 어긋나고 긴 타원형~피침형이다. 8~10월에 줄기나 가지 끝에 노란색 꽃송이가 촘촘히 달려 커다란 이삭 모양이 된다. 열매는 털이 없고 위쪽에 갓털이 있다.

❷ **울릉미역취**(국화과) *Solidago virgaurea* ssp. *gigantea* 여러해살이풀(높이 15~70cm)
울릉도. 잎은 어긋나고 긴 타원형~달걀형이며 뾰족한 톱니가 있고 밑부분은 잎자루의 날개로 된다. 8~9월에 줄기나 가지 끝에 노란색 꽃송이가 촘촘히 달려 전체적으로 커다란 원뿔 모양이 된다. 꽃송이는 지름 12~15mm이다. 열매는 털이 있고 위쪽에 갓털이 있다.

❸ **미국미역취**(국화과) *Solidago gigantea* 여러해살이풀(높이 50~150cm)
북아메리카 원산. 길가나 빈터. 잎은 어긋나고 피침형이며 끝이 뾰족하고 상반부에 톱니가 있다. 7~9월에 줄기 윗부분의 커다란 원뿔꽃차례에 자잘한 노란색 꽃송이가 다닥다닥 달린다. 총포는 원통형이며 암술머리는 혀꽃부리 밖으로 조금 나온다.

❹ **양미역취**(국화과) *Solidago altissima* 여러해살이풀(높이 1~2.5m)
북아메리카 원산. 빈터. 줄기에 잔털이 있다. 잎은 어긋나고 피침형이며 끝이 뾰족하고 잔톱니가 있다. 9~10월에 줄기 윗부분의 커다란 원뿔꽃차례에 자잘한 노란색 꽃송이가 다닥다닥 달린다. 총포는 원통형이며 암술머리는 혀꽃부리 밖으로 길게 나온다.

꽃잎 7장 이상

여름에 피는 노란색 풀꽃

❶ 털머위　　❷ 곰취　　곰취 꽃차례

❸ 곤달비　곤달비 뿌리잎　　❹ 금방망이

❶ **털머위**(국화과) *Farfugium japonicum* 늘푸른여러해살이풀(높이 30~70㎝)
　남부 지방의 바닷가. 둥글넓적한 뿌리잎은 4~30㎝ 길이이고 두껍고 광택이 있으며 뒷면은 회백색이다. 어린잎은 안으로 말린다. 9~10월에 꽃줄기 끝의 고른꽃차례에 지름 4~6㎝의 노란색 꽃송이가 모여 달린다. 열매는 원통형이며 위를 향한 털이 많다.

❷ **곰취**(국화과) *Ligularia fischeri* 여러해살이풀(높이 50~200㎝)
　깊은 산의 습지. 줄기에는 보통 3장의 하트형 잎이 어긋난다. 7~9월에 줄기 끝의 송이꽃차례에 노란색 꽃이 촘촘히 모여 피는데 가장자리의 혀꽃은 5~9장이다. 총포는 종 모양이다.

❸ **곤달비**(국화과) *Ligularia stenocephala* 여러해살이풀(높이 1m 정도)
　깊은 산. 뿌리잎은 하트형이며 양쪽 밑이 화살형이 된다. 줄기잎은 보통 3장이 어긋나고 잎자루 밑부분이 줄기를 감싼다. 8~9월에 줄기 끝의 송이꽃차례에 노란색 꽃이 모여 피는데 가장자리의 혀꽃은 보통 1~3개이다. 총포는 좁은 통형이고 총포조각은 5개이다.

❹ **금방망이**(국화과) *Senecio nemorensis* 여러해살이풀(높이 45~100㎝)
　한라산과 서해의 섬. 전체에 털이 없다. 잎은 어긋나고 피침형이며 가장자리에 불규칙한 잔톱니가 있다. 7~8월에 줄기 끝에 밝은 노란색 꽃이 모여 달린다. 꽃은 지름 17~25㎜이고 총포는 통 모양이며 총포조각은 9~12개가 1줄로 붙는다. 원뿔형 열매는 털이 없다.

꽃잎 7장 이상

여름에 피는 노란색 풀꽃

❶ 산솜방망이 산솜방망이 꽃봉오리 1)민솜방망이

❷ 쑥방망이

❸ 원추천인국 원추천인국 꽃송이

❶ 산솜방망이(국화과) *Tephroseris flammea* 여러해살이풀(높이 15~30㎝)

깊은 산. 전체에 거미줄 같은 흰색 털이 빽빽이 나 있어 회백색을 띤다. 잎은 어긋나고 거꿀피침형이며 불규칙한 톱니가 있다. 7~8월에 가지마다 피는 황적색 꽃은 지름 25~32㎜이며 가장자리의 혀꽃은 꽃잎이 밑으로 젖혀진다. 총포는 컵 모양이고 총포조각이 없다. 1)민솜방망이(v. *glabrifolia*)는 산솜방망이의 변종으로 산솜방망이와 생김새가 거의 비슷하지만 전체에 털이 거의 없는 것이 특징이다. 산솜방망이처럼 7~8월에 피는 황적색 꽃은 가장자리의 혀꽃이 밑으로 젖혀진다. 산솜방망이와 같은 종으로 본다.

❷ 쑥방망이(국화과) *Jacobaea argunensis* 여러해살이풀(높이 60~160㎝)

산의 풀밭. 잎은 어긋나고 긴 달걀형이며 잎자루가 없고 깃꼴로 깊게 갈라지는 것이 쑥(p.365) 잎과 비슷하다. 잎 뒷면에 털이 있다. 8~10월에 가지 끝마다 지름 2~3㎝의 노란색 꽃이 위를 향해 달린다. 총포는 반구형이고 총포조각은 1줄로 붙으며 가장자리가 얇은 막질이다.

❸ 원추천인국(국화과) *rudbeckia bicolor* 여러해살이풀(높이 30~50㎝)

북아메리카 원산. 화초로 심고 저절로 퍼져 나가 자란다. 전체에 거친털이 있다. 잎은 어긋나고 긴 타원형이며 가장자리가 밋밋하고 두껍다. 7~8월에 긴 꽃자루 끝에 달리는 노란색 꽃송이는 둘레의 혀꽃 안쪽이 자갈색이고 가운데 통꽃은 암적색이다.

꽃잎 7장 이상

여름에 피는 노란색 풀꽃

❶ 검은눈천인국 검은눈천인국 꽃송이 ❷ 천인국아재비

❸ 삼잎국화 삼잎국화 꽃송이 ¹⁾겹꽃삼잎국화

● **❶ 검은눈천인국**(국화과) *Rudbeckia hirta* 두해~여러해살이풀(높이 50~90㎝)
북아메리카 원산. 화초로 심고 저절로 퍼져 나가 자란다. 전체에 거친털이 있다. 잎은 어긋나고 긴 타원형이며 가장자리에 톱니가 있다. 7~9월에 긴 꽃자루 끝에 달리는 꽃송이 둘레의 노란색 혀꽃은 14장 정도이고 가운데 통꽃은 흑자색이다.

● **❷ 천인국아재비**(국화과) *Rudbeckia amplexicaulis* 한해살이풀(높이 30~60㎝)
북아메리카 원산. 빈터. 잎은 어긋나고 긴 타원형~달걀형이며 가장자리가 밋밋하고 심장저로 줄기를 둘러싼다. 6~8월에 줄기나 가지 끝에 노란색 꽃이 1개씩 피는데 가장자리의 혀꽃은 꽃잎이 뒤로 젖혀지고 가운데에 촘촘히 모인 대롱꽃은 갈색을 띤다.

● **❸ 삼잎국화**(국화과) *Rudbeckia laciniata* 여러해살이풀(높이 50~200㎝)
북아메리카 원산. 꽃밭 주변으로 퍼져 나가 자란다. 잎은 어긋나고 삼(p.357) 잎처럼 3~7갈래로 갈라지며 가장자리가 밋밋하다. 7~9월에 가지 끝에 달리는 노란색 꽃송이는 지름 6~8㎝이고 가장자리의 혀꽃이 점차 밑으로 처진다. 중심부에 모여 있는 대롱꽃은 녹황색이다. ¹⁾**겹꽃삼잎국화**('Hortensia')는 삼잎국화의 품종으로 화초로 심으며 꽃밭 주변으로 퍼져 나가 자란다. 삼잎국화와 모든 생김새가 비슷하지만 7~9월에 가지 끝에 달리는 노란색 꽃송이는 중심부의 대롱꽃이 혀꽃으로 변한 겹꽃이며 지름 6~10㎝이다.

꽃잎 7장 이상

여름에 피는 노란색 풀꽃

❶ 진득찰 ❷ 제주진득찰 ❸ 털진득찰 ❹ 갯금불초

❶ **진득찰**(국화과) *Sigesbeckia glabrescens* 한해살이풀(높이 40~100cm)
들이나 밭. 줄기에 짧은 누운털이 난다. 잎은 마주나고 세모진 달걀형이며 가장자리에 불규칙한 톱니가 있다. 8~9월에 줄기와 가지 끝에 노란색 꽃송이가 달리는데 가장자리의 혀꽃은 3갈래로 갈라진다. 둥근 꽃송이를 받치는 5개의 가는 주걱형 총포조각은 샘털이 많다.

❷ **제주진득찰**(국화과) *Sigesbeckia orientalis* 한해살이풀(높이 20~55cm)
제주도의 풀밭. 가지는 2개씩 갈라지며 짧은털이 빽빽이 난다. 잎은 마주나고 세모진 달걀형이며 가장자리는 거의 밋밋하다. 8~9월에 줄기와 가지 끝에 노란색 꽃송이가 달리며 혀꽃은 3갈래로 갈라진다. 둥근 꽃송이를 받치는 5개의 가는 주걱형 총포조각은 샘털이 많다.

❸ **털진득찰**(국화과) *Sigesbeckia pubescens* 한해살이풀(높이 40~100cm)
들이나 밭. 전체에 긴털이 많다. 잎은 마주나고 세모진 달걀형이며 가장자리에 불규칙한 톱니가 있고 양면에 털이 많다. 8~9월에 줄기와 가지 끝에 노란색 꽃송이가 달리며 혀꽃은 2~3갈래로 갈라진다. 둥근 꽃송이를 받치는 5개의 가는 주걱형 총포조각은 샘털이 많다.

❹ **갯금불초**(국화과) *Wedelia prostrata* 여러해살이풀(높이 5~60cm)
제주도의 바닷가. 줄기는 비스듬히 벋는다. 잎은 마주나고 달걀형이며 두껍고 여러 개의 톱니가 있으며 양면에 거센털이 있다. 7~10월에 가지 끝에 노란색 꽃송이가 핀다.

꽃잎 7장 이상

여름에 피는 노란색 풀꽃

❶ 긴갯금불초
❷ 뚱딴지
뚱딴지 알뿌리
❸ 하늘바라기
❹ 노랑코스모스
노랑코스모스 노란색 꽃

❶ **긴갯금불초**(국화과) *Sphagneticola calendulacea* 여러해살이풀(높이 10~50cm)
제주도의 바닷가. 줄기는 비스듬히 벋는다. 잎은 마주나고 피침형~긴 타원형이며 두껍고 얕은 톱니가 있으며 누운털이 있다. 6~10월에 긴 꽃자루 끝에 노란색 꽃송이가 위를 향해 핀다. 꽃송이는 지름 20~25mm이고 총포는 8~9mm 길이이다. 갯금불초(p.250)에 비해 잎이 길다.

❷ **뚱딴지**(국화과) *Helianthus tuberosus* 여러해살이풀(높이 1.5~3m)
북아메리카 원산. 빈터. 긴 타원형 잎은 줄기 밑부분에서는 2장씩 마주나고 위에서는 어긋난다. 9~10월에 가지마다 지름 8cm 정도의 노란색 꽃이 위를 향해 피는데 혀꽃은 10장이 넘는다. 땅속의 덩이줄기를 식용하거나 사료로 이용하며 '돼지감자'라고도 한다.

❸ **하늘바라기**(국화과) *Heliopsis helianthoides* 여러해살이풀(높이 50~150cm)
북아메리카 원산. 화초로 심고 화단 주변에서 자란다. 잎은 마주나고 달걀형이며 끝이 뾰족하고 날카로운 톱니가 있다. 7~8월에 가지마다 지름 4cm 정도의 노란색 꽃이 위를 향해 피는데 혀꽃은 8~20장이며 대롱꽃도 노란색이다. 열매는 5mm 정도 길이이며 갓털이 없다.

❹ **노랑코스모스**(국화과) *Cosmos sulphureus* 한해살이풀(높이 70~110cm)
멕시코 원산. 화초로 심고 들에서 자란다. 잎은 마주나고 2회깃꼴겹잎이며 갈래조각은 피침형이다. 7~10월에 피는 코스모스(p.172)를 닮은 노란색이나 주황색 꽃은 지름 5~6cm이다.

꽃잎 7장 이상

여름에 피는 노란색 풀꽃

❶ 큰금계국 ❷ 기생초 ❸ 주홍조밥나물 ❹ 나래가막사리 나래가막사리 꽃송이

❶ 큰금계국(국화과) *Coreopsis lanceolata* 여러해살이풀(높이 30~100㎝)
북아메리카 원산. 화초로 심고 들로 퍼져 나가 자란다. 잎은 마주나고 주걱형이며 밑에서는 3~5갈래로 갈라지기도 하고 가장자리가 밋밋하다. 6~8월에 가지 끝에 1개씩 피는 꽃은 지름 5~7㎝이고 혀꽃과 대롱꽃이 모두 노란색이다. 혀꽃은 8장이고 끝이 톱니 모양이다.

❷ 기생초(국화과) *Coreopsis tinctoria* 한해살이풀(높이 30~100㎝)
북아메리카 원산. 화초로 심고 주변으로 퍼져 나가 자란다. 잎은 마주나고 2회깃꼴겹잎이며 갈래조각은 선형이다. 6~9월에 가지 끝에 1개씩 피는 꽃송이는 지름 3~4㎝이다. 중심부의 대롱꽃은 자갈색이고 둘레의 혀꽃은 안쪽은 자갈색, 바깥쪽은 노란색이다.

❸ 주홍조밥나물(국화과) *Pilosella aurantiaca* 여러해살이풀(높이 30~60㎝)
유럽 원산. 화초로 심고 꽃밭 주변에서 저절로 자란다. 전체에 거센털이 많다. 뿌리잎은 긴 타원형이며 가장자리가 밋밋하다. 줄기잎은 어긋나고 주걱형이다. 6~8월에 줄기 끝에 모여 피는 주홍색 꽃은 지름 1~2㎝이다. 솜털이 달린 씨앗은 익으면 전체가 공처럼 벌어진다.

❹ 나래가막사리(국화과) *Verbesina alternifolia* 여러해살이풀(높이 1~2.5m)
북아메리카 원산. 빈터. 줄기에 좁은 날개가 있다. 잎은 어긋나고 긴 타원형이다. 8~9월에 피는 노란색 꽃송이 둘레의 혀꽃은 4~10장이며 크기가 다르고 밑으로 처진다.

꽃잎 7장 이상

여름에 피는 노란색 풀꽃

❶ 산국

❷ 감국   감국 꽃송이

❸ 쇠채아재비   쇠채아재비 꽃송이

❹ 쇠서나물

❶ **산국**(국화과) *Dendranthema boreale* 여러해살이풀(높이 60~90cm)
풀밭. 줄기에 흰색 털이 있다. 잎은 어긋나고 달걀형이며 깃꼴로 갈라지고 가장자리에 날카로운 톱니가 있다. 9~10월에 가지마다 우산꽃차례처럼 모여 달리는 노란색 꽃송이는 지름 15㎜ 정도이며 향기가 강하다. 총포는 반구형이고 총포조각은 3~4줄로 붙는다.

❷ **감국**(국화과) *Dendranthema indicum* 여러해살이풀(높이 60~90cm)
바닷가. 전체에 짧은털이 있다. 잎은 어긋나고 둥근 달걀형이며 두꺼운 편이고 깃꼴로 갈라지며 톱니가 있다. 9~10월에 가지마다 우산꽃차례처럼 모여 달리는 노란색 꽃송이는 지름 2~3cm이며 향기가 있다. 총포는 종 모양이고 총포조각은 4줄로 붙는다.

❸ **쇠채아재비**(국화과) *Tragopogon dubius* 한두해살이풀(높이 30~100cm)
유럽 원산. 중부 지방의 들. 잎은 어긋나고 가는 피침형이며 줄기를 반쯤 둘러싼다. 5~8월에 줄기 끝에 달리는 노란색 꽃송이는 지름 4~6cm이며 꽃잎보다 긴 8~13개의 피침형 총포조각이 밑을 받치고 있다. 열매 끝에는 긴 갓털이 있다.

❹ **쇠서나물**(국화과) *Picris hieracioides* v. *koreana* 두해살이풀(높이 70~90cm)
산과 들. 줄기와 잎에 거센털이 많다. 잎은 어긋나고 피침형이다. 6~9월에 피는 연노란색 꽃송이는 지름 25~30㎜이며 모두 혀꽃이다. 총포는 종 모양이고 총포조각은 2줄로 붙는다.

꽃잎 7장 이상

여름에 피는 노란색 풀꽃

❶ 나도민들레   나도민들레 꽃송이

❷ 조밥나물

❸ 께묵   께묵 꽃송이

❹ 왕씀배

❶ 나도민들레(국화과) *Crepis tectorum* 한해살이풀(높이 20~100cm)
유럽 원산. 빈터. 잎은 어긋나고 피침형이며 밑은 줄기를 감싸고 위로 갈수록 작아지며 가장자리가 밋밋해진다. 5~7월에 가지 끝마다 달리는 노란색 꽃송이는 지름 3~4cm이며 모두 혀꽃이다. 꽃대와 총포조각에 털과 샘털이 있다.

❷ 조밥나물(국화과) *Hieracium umbellatum* 여러해살이풀(높이 30~100cm)
산과 들의 습한 곳. 잎은 어긋나고 피침형이며 가장자리에 뾰족한 톱니가 약간 있다. 7~10월에 가지 끝에 달리는 노란색 꽃송이는 지름 25~35mm이고 모두 혀꽃이며 꽃자루에 짧은털이 약간 있다. 총포는 종 모양이며 총포조각은 3~4줄로 붙는다.

❸ 께묵(국화과) *Hololeion maximowiczii* 여러해살이풀(높이 50~100cm)
습지. 뿌리잎은 가는 피침형이며 밋밋하고 뒷면은 분백색이다. 줄기잎은 어긋나며 점차 작아진다. 8~10월에 가지 끝에 달리는 연노란색 꽃송이는 지름 2~3cm이고 모두 혀꽃이다.

❹ 왕씀배(국화과) *Nabalus ochroleucus* 여러해살이풀(높이 70~90cm)
한라산과 경기도의 숲속. 줄기 밑부분의 잎은 대부분 3갈래로 갈라져 화살 모양이 되며 긴 잎자루에 날개가 있다. 9~10월에 줄기 윗부분의 원뿔꽃차례에 달리는 노란색 꽃송이는 지름 2~3cm이고 모두 혀꽃이며 꽃이 핀 다음 약간 밑으로 처진다.

꽃잎 7장 이상

여름에 피는 노란색 풀꽃

❶ 갯씀바귀

❷ 사데풀

사데풀 꽃송이

❸ 방가지똥

방가지똥 열매

❹ 큰방가지똥

❶ **갯씀바귀**(국화과) *Ixeris repens* 여러해살이풀(높이 3~15㎝)
바닷가 모래땅. 뿌리줄기가 옆으로 길게 벋으면서 마디에서 나오는 잎은 손바닥처럼 3~5갈래로 깊게 갈라지고 갈래조각은 다시 얕게 갈라진다. 5~7월에 노란색 꽃송이가 달린다.

❷ **사데풀**(국화과) *Sonchus brachyotus* 여러해살이풀(높이 30~100㎝)
바닷가의 풀밭. 줄기는 모여나 곧게 선다. 잎은 어긋나고 긴 타원형이며 끝이 둔하고 뒷면은 회청색이며 밑부분이 좁아져서 줄기를 감싼다. 8~10월에 줄기 끝의 우산꽃차례에 달리는 노란색 꽃송이는 지름 3~4㎝로 큼직하고 모두 혀꽃이다. 총포는 넓은 통 모양이다.

❸ **방가지똥**(국화과) *Sonchus oleraceus* 한두해살이풀(높이 30~100㎝)
길가나 빈터. 속이 빈 줄기를 자르면 흰색 즙이 나온다. 잎은 어긋나고 깃꼴로 깊게 갈라지며 가장자리에 불규칙한 톱니가 있고 밑부분이 귀 모양으로 줄기를 둘러싼다. 5~9월에 줄기와 가지 끝에 달리는 노란색 꽃송이는 지름 2㎝ 정도이며 모두 혀꽃이다.

❹ **큰방가지똥**(국화과) *Sonchus asper* 한두해살이풀(높이 40~120㎝)
유럽 원산. 길가나 빈터. 속이 빈 줄기를 자르면 흰색 즙이 나온다. 잎은 어긋나고 깃꼴로 얕게 갈라지기도 하고 가장자리에 불규칙한 날카로운 톱니가 있으며 밑부분이 둥글고 줄기를 감싼다. 잎몸은 두껍고 광택이 있다. 5~10월에 가지 끝에 노란색 꽃송이가 달린다.

꽃잎 7장 이상

여름에 피는 노란색 풀꽃

❶ 가시상추 ❷ 산씀바귀 산씀바귀 꽃송이
❸ 두메고들빼기 두메고들빼기 잎 왕고들빼기 잎 ❹ 왕고들빼기

❶ **가시상추**(국화과) *Lactuca serriola* 한두해살이풀(높이 1m 정도)
유럽 원산. 들. 줄기를 자르면 흰색 즙이 나온다. 잎은 어긋나고 넓은 피침형이며 깃꼴로 갈라지기도 하고 가장자리에 가시 같은 톱니가 있다. 7~9월에 줄기와 가지의 원뿔꽃차례에 달리는 노란색 꽃송이는 지름 12㎜ 정도이며 모두 혀꽃이다.

❷ **산씀바귀**(국화과) *Lactuca raddeana* 한두해살이풀(높이 60~150㎝)
산의 습한 곳. 줄기를 자르면 흰색 즙이 나온다. 잎은 어긋나고 세모진 달걀형이며 줄기 아래쪽에서는 깃꼴로 갈라지고 가장자리에 톱니가 있다. 긴 잎자루에 날개가 있지만 줄기를 감싸지 않는다. 8~10월에 줄기의 원뿔꽃차례에 피는 노란색 꽃송이는 모두 혀꽃이다.

❸ **두메고들빼기**(국화과) *Lactuca triangulata* 두해살이풀(높이 1m 정도)
깊은 산. 잎은 어긋나고 세모진 하트형~삼각형이며 날개가 있는 잎자루 밑부분이 줄기를 감싼다. 잎은 위로 갈수록 좁아지고 잎자루가 없어지며 줄기를 감싸지 않는다. 7~9월에 줄기의 원뿔꽃차례에 달리는 노란색 꽃송이는 지름 1~2㎝이며 모두 혀꽃이다.

❹ **왕고들빼기**(국화과) *Lactuca indica* 한두해살이풀(높이 1~2m)
산과 들. 잎은 어긋나고 깃꼴로 깊게 갈라지며 뒷면은 분백색이고 자르면 흰색 즙이 나온다. 8~9월에 줄기의 원뿔꽃차례에 피는 연노란색 꽃송이는 지름 2㎝ 정도이며 모두 혀꽃이다.

꽃잎 7장 이상~기타

여름에 피는 노란색 풀꽃

❶ 가는잎왕고들빼기   ❷ 이고들빼기
❸ 고들빼기   고들빼기 뿌리잎   ❹ 닭의난초

❶ **가는잎왕고들빼기**(국화과) *Lactuca indica* f. *indivisa* 한두해살이풀(높이 1~2m)
산과 들. 왕고들빼기(p.256)의 품종으로 왕고들빼기와 생김새가 비슷하지만 잎이 피침형이며 갈라지지 않는 점이 다르다. 왕고들빼기와 같은 종으로 본다.

❷ **이고들빼기**(국화과) *Crepidiastrum denticulatum* 한두해살이풀(높이 30~70㎝)
산. 잎은 어긋나고 주걱형이며 가장자리에 톱니가 있고 잎자루가 없다. 잎몸 밑부분은 귀처럼 되어 줄기를 반쯤 감싸기도 한다. 8~9월에 가지 끝마다 모여 달리는 노란색 꽃송이는 지름 15㎜ 정도이며 13~15장의 혀꽃이 모여 있다. 총포는 좁은 통 모양이다.

❸ **고들빼기**(국화과) *Crepidiastrum sonchifolium* 두해살이풀(높이 30~80㎝)
산과 들의 풀밭. 줄기는 자줏빛이 돌며 털이 없다. 뿌리잎은 긴 타원형이며 빗살처럼 갈라진다. 줄기잎은 긴 달걀형이며 위로 갈수록 작아지고 밑부분이 줄기를 감싼다. 5~9월에 가지 끝에 여러 개의 노란색 꽃송이가 달린다. 꽃송이는 지름 15㎜ 정도이고 모두 혀꽃이다.

❹ **닭의난초**(난초과) *Epipactis thunbergii* 여러해살이풀(높이 30~70㎝)
중부 이남의 습지. 잎은 어긋나고 좁은 달걀형이며 6~12㎝ 길이이고 끝이 길게 뾰족하며 밑부분은 잎집이 되어 줄기를 감싼다. 6~8월에 줄기 윗부분의 잎겨드랑이에 노란색 꽃이 옆을 보고 피는데 포는 꽃보다 짧다. 입술꽃잎 안쪽은 흰색 바탕에 홍자색 반점이 있다.

기타

여름에 피는 노란색 풀꽃

❶ 흑삼릉 흑삼릉 열매 붕어마름 꽃송이 ❷ 붕어마름
❸ 선괴불주머니 ❹ 긴잎꿩의다리 긴잎꿩의다리 잎

❶ **흑삼릉**(부들과 | 흑삼릉과) *Sparganium erectum* 여러해살이풀(높이 70~100㎝)
연못가나 습지. 뿌리잎은 선형이고 너비 7~12㎜이며 서로 감싸면서 자란다. 7~8월에 꽃줄기 윗부분에 둥근 수꽃이삭들이 모여 달리고 그 밑에 수꽃이삭보다 조금 큰 암꽃이삭이 달린다. 철퇴 모양의 열매송이에 모여 달리는 열매는 거꿀달걀형이며 끝이 뾰족하다.

❷ **붕어마름**(붕어마름과) *Ceratophyllum demersum* 여러해살이풀(길이 20~40㎝)
연못이나 개울의 물속. 줄기의 마디마다 실처럼 갈라진 가는 잎이 빽빽하게 돌려난다. 잎은 15~25㎜ 길이이며 철사처럼 딱딱하고 가장자리에 가시 같은 톱니가 있다. 7~8월에 잎겨드랑이에 꽃잎이 없는 작은 꽃이 달리는데 암꽃과 수꽃이 따로 핀다.

❸ **선괴불주머니**(양귀비과 | 현호색과) *Corydalis pauciovulata* 두해살이풀(높이 50~100㎝)
숲 가장자리의 그늘진 습지. 줄기는 비스듬히 서고 가지가 많이 갈라진다. 잎은 어긋나고 2~3회세겹잎이며 잎자루에 날개가 있다. 작은잎은 3갈래로 갈라진다. 7~9월에 송이꽃차례에 기다란 입술 모양의 노란색 꽃이 핀다. 그동안 '눈괴불주머니'로 잘못 알려졌었다.

❹ **긴잎꿩의다리**(미나리아재비과) *Thalictrum simplex* 여러해살이풀(높이 60~100㎝)
산과 들. 줄기는 예리하게 모가 진다. 잎은 어긋나고 2~3회깃꼴겹잎이며 작은잎은 피침형~거꿀달걀형이다. 7~8월에 줄기 끝의 커다란 원뿔꽃차례에 연노란색 꽃이 모여 핀다.

여름에 피는 노란색 풀꽃

❶ 좀꿩의다리 　좀꿩의다리 잎 　❷ 백부자
낙지다리 꽃차례
❸ 낙지다리 　고삼 꽃 모양 　❹ 고삼

❶ **좀꿩의다리**(미나리아재비과) *Thalictrum minus v. hypoleucum* 여러해살이풀(높이 50~150㎝)
산과 들. 잎은 어긋나고 2~3회세겹잎~깃꼴겹잎이다. 작은잎은 거꿀달걀형~타원형이며 끝이 2~3갈래로 갈라지고 뒷면은 분백색이 돈다. 7~8월에 줄기 끝의 커다란 원뿔꽃차례에 자잘한 연노란색 꽃이 핀다. 열매는 반달 모양이며 그물맥이 있고 자루가 없다.

❷ **백부자**(미나리아재비과) *Aconitum coreanum* 여러해살이풀(높이 1m 정도)
산골짜기나 숲속. 잎은 어긋나고 3~5갈래로 깊게 갈라지며 갈래조각은 다시 가늘게 갈라진다. 잎자루는 위로 갈수록 짧아진다. 7~9월에 줄기 끝과 잎겨드랑이의 송이꽃차례에 연노란색 꽃이 피는데 자줏빛이 돌기도 한다. 꽃자루에 털이 있다. 3개의 열매는 털이 없다.

❸ **낙지다리**(낙지다리과|돌나물과) *Penthorum chinense* 여러해살이풀(높이 30~70㎝)
개울가나 습지. 잎은 어긋나고 좁은 피침형이며 잔톱니가 있다. 7~8월에 줄기 끝에서 갈라진 가지마다 작은 연노란색 꽃이 송이꽃차례로 달린 모습이 낙지다리와 비슷하다.

❹ **고삼**(콩과) *Sophora flavescens* 여러해살이풀(높이 80~100㎝)
산기슭과 들의 풀밭. 잎은 어긋나고 깃꼴겹잎이며 작은잎은 15~41장이다. 작은잎은 긴 타원형이며 밋밋하다. 6~8월에 줄기와 가지 끝의 송이꽃차례에 나비 모양의 연노란색 꽃이 한쪽을 보고 촘촘히 달린다. 가늘고 긴 원통형의 꼬투리열매는 염주처럼 올록볼록하다.

기타

여름에 피는 노란색 풀꽃

❶ 자귀풀
❷ 노랑갈퀴 노랑갈퀴 꽃차례
❸ 활량나물 활량나물 꽃차례 ❹ 여우팥

❶ **자귀풀**(콩과) *Aeschynomene indica* 한해살이풀(높이 50~60㎝)

논이나 습지. 잎은 어긋나고 깃꼴겹잎이며 20~30쌍의 작은잎이 마주 붙는다. 작은잎은 좁은 타원형이고 끝이 둥글며 뒷면은 흰빛이 돈다. 7~10월에 잎겨드랑이의 꽃자루에 2~3개의 나비 모양의 연노란색 꽃이 핀다. 길고 납작한 선형 열매와 줄기에 털이 없다.

❷ **노랑갈퀴**(콩과) *Vicia chosenensis* 여러해살이풀(높이 80㎝ 정도)

경북 이북의 산기슭. 잎은 어긋나고 짝수깃꼴겹잎이며 작은잎이 2~4쌍이고 덩굴손이 없다. 작은잎은 긴 달걀형이고 끝이 뾰족하다. 5~6월에 송이꽃차례에 노란색 꽃이 핀다.

❸ **활량나물**(콩과) *Lathyrus davidii* 여러해살이덩굴풀(길이 80~120㎝)

산기슭의 풀밭. 잎은 어긋나고 깃꼴겹잎이며 작은잎은 2~4쌍이고 끝은 덩굴손으로 된다. 작은잎은 타원형~달걀 모양의 타원형이며 양 끝이 둔하고 뒷면은 분백색이다. 7~8월에 잎겨드랑이에서 2개씩 나오는 송이꽃차례에 피는 노란색 꽃은 황갈색으로 변한다.

❹ **여우팥**(콩과) *Dunbaria villosa* 여러해살이덩굴풀(길이 50~200㎝)

남부 지방의 산과 들. 전체에 털이 빽빽하다. 잎은 어긋나고 세겹잎이며 작은잎은 마름모꼴이다. 7~8월에 잎겨드랑이에 달리는 송이꽃차례 윗부분에 3~8개의 나비 모양의 노란색 꽃이 모여 핀다. 꼬투리열매는 납작한 선형이며 털이 있고 6~8개의 씨앗이 들어 있다.

기타

여름에 피는 노란색 풀꽃

❶ 여우콩 여우콩 열매 ❷ 큰여우콩
❸ 새팥 새팥 결각잎 ❹ 좀돌팥

❶ **여우콩**(콩과) *Rhynchosia volubilis* 여러해살이덩굴풀(길이 80~200㎝)
  남부 지방의 산기슭이나 들. 줄기에 털이 있다. 잎은 어긋나고 세겹잎이다. 끝의 작은잎은 위쪽이 넓은 마름모꼴이고 두꺼우며 털이 있다. 8~9월에 잎겨드랑이의 송이꽃차례에 나비 모양의 연노란색 꽃이 핀다. 타원형 꼬투리열매는 갈라진 채 검은색 씨앗이 오래 달려 있다.

❷ **큰여우콩**(콩과) *Rhynchosia acuminatifolia* 여러해살이덩굴풀(길이 80~200㎝)
  남부 지방의 산기슭이나 들. 잎은 어긋나고 세겹잎이다. 끝의 작은잎은 달걀형~긴 달걀형이고 얇으며 끝이 뾰족하고 뒷면에 기름점이 있다. 8~9월에 연노란색 꽃이 핀다.

❸ **새팥**(콩과) *Vigna angularis v. nipponensis* 한해살이덩굴풀(길이 1m 정도)
  들의 풀밭. 잎은 어긋나고 세겹잎이며 잎자루가 길다. 작은잎은 달걀형이며 가장자리가 밋밋하고 3갈래로 얕게 갈라지기도 한다. 8~9월에 잎겨드랑이에 나비 모양의 노란색 꽃이 2~3개씩 모여 핀다. 꼬투리열매는 가는 원기둥 모양이고 씨앗은 배꼽 부분이 희미하다.

❹ **좀돌팥**(콩과) *Vigna minima* 한해살이덩굴풀(길이 1m 정도)
  들의 풀밭. 잎은 어긋나고 세겹잎이며 잎자루가 길다. 끝의 작은잎은 피침형~달걀형으로 모양의 변이가 심하며 갈라지지 않고 가장자리가 밋밋하다. 8~9월에 잎겨드랑이에 나비 모양의 노란색 꽃이 2~3개씩 모여 핀다. 씨앗은 배꼽 부분이 흰색으로 도드라진다.

기타

❶ 벌노랑이 ❷ 서양벌노랑이 서양벌노랑이 꽃받침

❸ 황기 황기 열매 ❹ 제주황기

❶ **벌노랑이**(콩과) *Lotus corniculatus* v. *japonicus* 여러해살이풀(높이 30㎝ 정도)
산과 들의 풀밭. 줄기는 비스듬히 서거나 눕는다. 잎은 어긋나고 깃꼴겹잎이며 작은잎은 5장인데 2장은 줄기 가까이 붙는다. 5~8월에 잎겨드랑이에서 자란 꽃자루 끝에 1~4개의 나비 모양의 노란색 꽃이 모여 핀다. 꽃받침조각은 꽃받침통보다 긴 편이며 털이 없다.

❷ **서양벌노랑이**(콩과) *Lotus corniculatus* 여러해살이풀(높이 10~40㎝)
유럽 원산. 들. 줄기와 잎 뒷면과 꽃받침에 털이 있다. 잎은 어긋나고 깃꼴겹잎이며 작은잎은 5장인데 2장은 줄기 가까이 붙는다. 잎겨드랑이에서 자란 꽃자루 끝에 3~8개의 나비 모양의 노란색 꽃이 모여 핀다. 꽃받침조각은 꽃받침통보다 짧거나 같다.

❸ **황기**(콩과) *Astragalus propinquus* 여러해살이풀(높이 40~70㎝)
산과 밭. 줄기는 곧게 서고 전체에 잔털이 있다. 잎은 어긋나고 깃꼴겹잎이다. 작은잎은 달걀 모양의 긴 타원형이며 15~17장이다. 피침형 턱잎은 서로 떨어져 있다. 8~9월에 잎겨드랑이의 송이꽃차례에 연노란색 꽃이 달린다. 꼬투리열매는 통통하게 부푼다.

❹ **제주황기**(콩과) *Astragalus adsurgens* v. *alpina* 여러해살이풀(높이 10~30㎝)
한라산의 풀밭. 줄기는 비스듬히 선다. 잎은 어긋나고 깃꼴겹잎이다. 넓은 피침형 턱잎은 밑부분이 반쯤 붙는다. 8~9월에 송이꽃차례에 연노란색 꽃이 달린다.

기타

여름에 피는 노란색 풀꽃

❶ 갯황기   갯황기 열매

❷ 노랑꽃알팔파

❸ 전동싸리

❹ 환삼덩굴   환삼덩굴 암꽃차례

❶ 갯황기/정선황기(콩과) *Astragalus sikokianus* 여러해살이풀(높이 30~50㎝)
남쪽 바닷가와 강원도와 경북의 냇가. 줄기는 비스듬히 눕는다. 잎은 어긋나고 깃꼴겹잎이다. 작은잎은 타원형이며 15~21장이다. 6~8월에 잎겨드랑이에서 나온 꽃대 끝의 짧은 송이꽃차례에 연노란색 꽃이 촘촘히 달린다. 꼬투리열매는 원통형이며 통통하게 부푼다.

❷ 노랑꽃알팔파(콩과) *Medicago falcata* 여러해살이풀(높이 20~60㎝)
유럽 원산. 빈터. 줄기에 짧은털이 있다. 잎은 어긋나고 세겹잎이며 작은잎은 거꿀피침형이고 가장자리에 톱니가 있다. 6~9월에 잎겨드랑이에서 나온 꽃대 윗부분의 송이꽃차례에 노란색 꽃이 모여 핀다. 꼬투리열매는 둥글게 말리며 털로 덮인다.

❸ 전동싸리(콩과) *Melilotus suaveolens* 두해살이풀(높이 60~90㎝)
중국 원산. 들이나 길가. 줄기는 가지가 많이 갈라지고 마르면 향기가 난다. 잎은 어긋나고 세겹잎이며 작은잎은 긴 타원형이다. 7~8월에 잎겨드랑이에 달리는 꽃대의 송이꽃차례에 자잘한 노란색 꽃이 모여 달린다. 열매는 달걀형이며 털이 없다.

❹ 환삼덩굴(삼과) *Humulus scandens* 한해살이덩굴풀(길이 2~4m)
길가나 빈터. 줄기에 밑을 향한 잔가시가 있다. 잎은 마주나고 손바닥처럼 5~7갈래로 갈라진다. 암수딴그루로 7~9월에 황록색 수꽃은 원뿔꽃차례에 달리고 암꽃은 이삭꽃차례에 달린다.

기타

여름에 피는 노란색 풀꽃

❶ 노랑물봉선화 ❷ 닻꽃 닻꽃 꽃봉오리 닻꽃 잎
❸ 구상난풀 ❹ 참배암차즈기 참배암차즈기 꽃 모양

- ❶ **노랑물봉선화**(봉선화과) *Impatiens noli-tangere* 한해살이풀(높이 40~70㎝)

  산의 냇가나 습한 곳. 전체에 털이 없다. 잎은 어긋나고 긴 타원형이며 가장자리에 잔톱니가 있다. 7~9월에 가지 윗부분의 잎겨드랑이에서 자란 꽃대 끝의 송이꽃차례에 1~3개의 깔때기 모양의 노란색 꽃이 피는데 뒷부분의 기다란 꿀주머니는 안으로 말린다.

- ❷ **닻꽃**(용담과) *Halenia corniculata* 한해살이풀(높이 10~60㎝)

  강원도 이북의 산 풀밭. 잎은 마주나고 긴 타원형~좁은 달걀형이며 끝이 뾰족하고 3~5개의 잎맥이 있다. 7~8월에 줄기 끝이나 잎겨드랑이에 연노란색 꽃이 핀다. 4장의 꽃부리 갈래조각 밑부분에 꿀주머니가 벋은 모양이 전체적으로 닻과 비슷하다.

- ❸ **구상난풀**(진달래과 | 노루발과) *Monotropa hypopitys* 여러해살이풀(높이 10~20㎝)

  산의 숲속. 부생식물이다. 원통형 줄기는 곧게 서고 연노란색이며 잔털이 있다. 잎은 퇴화되었다. 5~7월에 줄기 끝의 송이꽃차례에 1~8개의 종 모양 꽃이 고개를 숙이고 핀다.

- ❹ **참배암차즈기**(꿀풀과) *Salvia chanryoenica* 여러해살이풀(높이 50㎝ 정도)

  깊은 산. 줄기는 네모지고 전체에 털이 많다. 잎은 마주나고 타원형~긴 달걀형이며 얕은 심장저이고 가장자리에 톱니가 있다. 뿌리잎은 잎자루가 길다. 7~8월에 줄기 윗부분의 마디마다 모여 달리는 입술 모양의 노란색 꽃은 3㎝ 정도 길이이며 표면에 털이 있다.

기타

여름에 피는 노란색 풀꽃

❶ 땅귀개 ❷ 참통발 참통발 벌레잡이주머니
❸ 절국대 ❹ 현삼 현삼 꽃차례

❶ **땅귀개**(통발과) *Utricularia bifida* 여러해살이풀(높이 7~15㎝)

중부 이남의 습지. 뿌리줄기에 벌레잡이주머니가 달리며 작은 주걱형 잎이 무더기로 나온다. 8~9월에 꽃줄기 끝의 송이꽃차례에 2~7개의 입술 모양의 노란색 꽃이 옆을 보고 피는데 꽃자루가 있다. 꽃부리는 너비 3~5㎜이고 뾰족한 꿀주머니는 밑을 향한다.

❷ **참통발**(통발과) *Utricularia australis* 여러해살이풀(높이 15㎝ 정도)

연못이나 습지. 잎은 어긋나고 깃꼴로 여러 차례 갈라지며 갈래조각은 실처럼 가늘고 벌레잡이주머니가 달린다. 8~9월에 잎겨드랑이에서 물 밖으로 자란 속이 찬 꽃줄기 끝의 송이꽃차례에 4~7개의 노란색 꽃이 옆을 보고 핀다. 꿀주머니는 원뿔형이고 꽃부리보다 짧다.

❸ **절국대**(열당과|현삼과) *Siphonostegia chinensis* 한해살이풀(높이 30~60㎝)

산과 들의 양지쪽에서 자라는 반기생식물이다. 줄기에 마주나거나 어긋나는 잎은 긴 달걀형이며 깃꼴로 깊게 갈라진다. 7~9월에 줄기 윗부분의 잎겨드랑이에 노란색 꽃이 핀다. 꽃받침은 긴 원통형이고 꽃부리는 2갈래로 갈라지며 위쪽에 긴털이 있다.

❹ **현삼**(현삼과) *Scrophularia buergeriana* 여러해살이풀(높이 80~150㎝)

산. 잎은 마주나고 긴 달걀형이다. 7~9월에 줄기 끝의 원뿔꽃차례는 좁아서 이삭꽃차례처럼 보이며 연노란색 꽃이 달린다. 꽃부리는 일그러진 항아리 모양이며 6~7㎜ 길이이다.

기타

여름에 피는 노란색 풀꽃

❶ 해란초 ❷ 좁은잎해란초 ❸ 땅꽈리 ❹ 토마토꽈리
해란초 잎줄기 / 땅꽈리 꽃 모양 / 토마토꽈리 꽃 모양

❶ **해란초**(질경이과 | 현삼과) *Linaria japonica* 여러해살이풀(높이 15~40㎝)
바닷가의 모래땅. 줄기는 비스듬히 선다. 잎은 줄기에 마주나거나 3~4장씩 돌려나지만 윗부분에서는 어긋난다. 잎몸은 긴 타원형이며 밋밋하고 두툼하다. 7~8월에 줄기나 가지 끝의 송이꽃차례에 달리는 입술 모양의 노란색 꽃은 뒷부분이 기다란 꿀주머니로 된다.

❷ **좁은잎해란초**(질경이과 | 현삼과) *Linaria vulgaris* 여러해살이풀(높이 20~80㎝)
북부 지방의 모래땅. 화초로도 기른다. 윗부분의 잎은 좁은 피침형이며 3장씩 돌려난다. 6~9월에 모여 피는 입술 모양의 노란색 꽃은 뒷부분이 기다란 꿀주머니로 된다.

❸ **땅꽈리**(가지과) *Physalis angulata* 한해살이풀(높이 30~40㎝)
열대 아메리카 원산. 들. 잎은 어긋나고 달걀형~타원형이며 끝이 뾰족하다. 7~9월에 잎겨드랑이에 지름 8㎜ 정도의 5각이 진 노란색 꽃이 1개씩 밑을 향해 피며 중심부는 흑자색 무늬가 있다. 열매는 꽈리(p.326)처럼 꽃받침으로 둘러싸이며 익어도 연녹색이다.

❹ **토마토꽈리**(가지과) *Physalis philadelphica* 한해살이풀(높이 60㎝ 정도)
북아메리카 원산. 들. 잎은 어긋나고 달걀형이며 가장자리에 불규칙한 톱니가 있다. 7~9월에 잎겨드랑이에 노란색 꽃이 핀다. 꽃부리는 접시처럼 활짝 벌어지고 꽃잎 안쪽에 흑갈색 무늬가 있다. 꽃받침에 싸여서 자라는 둥근 열매는 식용으로 한다.

여름에 피는 노란색 풀꽃

❶ 알꽈리 알꽈리 열매 ❷ 황금톱풀
❸ 잇꽃 잇꽃 꽃송이 ❹ 탠지

❶ **알꽈리**(가지과) *Tubocapsicum anomalum* 여러해살이풀(높이 60~90cm)
산의 나무 그늘. 잎은 어긋나고 타원형~긴 타원형이며 끝이 뾰족하고 가장자리는 거의 밋밋하다. 7~8월에 잎겨드랑이에 노란색 꽃이 1~5개씩 모여 달린다. 종 모양의 꽃부리는 5갈래로 갈라져서 젖혀진다. 둥근 열매는 지름 7~10㎜이며 붉게 익고 자루 끝이 굵다.

❷ **황금톱풀**(국화과) *Achillea filipendulina* 여러해살이풀(높이 50~150cm)
러시아 원산. 화초로 심고 꽃밭 근처에서 저절로 자란다. 잎은 깃꼴로 깊게 갈라지고 작은잎에 톱니가 있다. 6~8월에 줄기 끝의 고른꽃차례에 노란색 꽃송이가 촘촘히 달린다.

❸ **잇꽃**(국화과) *Carthamus tinctorius* 두해살이풀(높이 50~100cm)
이집트 원산. 밭 근처. 잎은 어긋나고 넓은 피침형이며 끝이 뾰족하고 가장자리의 톱니 끝이 가시처럼 된다. 6~7월에 가지 끝에 달리는 노란색 꽃송이는 점차 붉은빛으로 변한다. 총포는 단지 모양이며 가시가 있는 커다란 총포조각으로 싸여 있다.

❹ **탠지**(국화과) *Tanacetum vulgare* 여러해살이풀(높이 50~150cm)
유럽 원산. 꽃밭 주변. 잎은 어긋나고 깃꼴겹잎이며 작은잎은 10쌍 정도이고 톱니처럼 잘게 갈라진다. 겹잎자루에 날개가 있다. 7~10월에 줄기 끝에서 갈라진 가지마다 노란색 꽃송이가 달린다. 꽃송이는 지름 1cm 정도이며 대롱꽃뿐이다.

기타

여름에 피는 노란색 풀꽃

① 갯국화　② 가막사리　③ 미국가막사리
④ 울산도깨비바늘　⑤ 회향　회향 꽃차례

① **갯국화**(국화과) *Dendranthema pacificum* 여러해살이풀(높이 30㎝ 정도)
일본 원산. 제주도에서 화단에 심으며 저절로 퍼져 자란다. 국화 모양의 잎은 가장자리와 뒷면에 흰색 털이 빽빽하다. 10~11월에 줄기 끝에 노란색 꽃송이가 모여 달린다.

② **가막사리**(국화과) *Bidens tripartita* 한해살이풀(높이 30~150㎝)
습지. 잎은 마주나고 긴 타원형이며 잎자루에 날개가 약간 있고 3~5갈래로 갈라지기도 한다. 8~10월에 노란색 꽃송이 밑에 돌려나는 5~10개의 거꿀피침형 총포조각은 끝이 둥글다.

③ **미국가막사리**(국화과) *Bidens frondosa* 한해살이풀(높이 50~150㎝)
북아메리카 원산. 빈터. 잎은 마주나고 깃꼴겹잎이며 잎자루에 날개가 없다. 7~10월에 가지 끝에 달리는 노란색 꽃송이 밑에 돌려나는 6~10개의 녹색 총포조각은 거꿀피침형이다.

④ **울산도깨비바늘**(국화과) *Bidens pilosa* 한해살이풀(높이 50~100㎝)
열대 아메리카 원산. 빈터. 잎은 마주나고 깃꼴겹잎이며 작은잎은 3~5장이다. 6~9월에 피는 노란색 꽃송이는 대롱꽃만 있다. 털이 있는 씨앗 끝에는 3~4개의 가시가 있다.

⑤ **회향**(미나리과) *Foeniculum vulgare* 여러해살이풀(높이 1~2m)
유럽 원산. 녹색 줄기에 어긋나는 잎은 3~4회 깃꼴로 갈라지고 갈래조각은 실처럼 가늘며 밑부분은 잎집처럼 된다. 7~8월에 겹우산꽃차례에 자잘한 노란색 꽃이 달린다.

❶ 시호 ❷ 개시호 / 개시호 잎
❸ 섬시호 / 섬시호 잎 ❹ 등대시호

❶ 시호(미나리과) *Bupleurum falcatum* 여러해살이풀(높이 40~80㎝)
산의 풀밭. 잎은 어긋나고 피침형이며 가장자리가 밋밋하고 밑부분은 좁아져서 줄기에 붙는다. 8~9월에 가지 끝의 겹우산꽃차례에 자잘한 노란색 꽃이 모여 달린다. 작은꽃자루는 2~7개이고 꽃은 각각 5~10개씩 모여 달린다. 열매는 타원형이며 35㎜ 정도 길이이다.

❷ 개시호(미나리과) *Bupleurum longiradiatum* 여러해살이풀(높이 40~100㎝)
깊은 산. 잎은 어긋나고 긴 타원형이며 가장자리는 밋밋하고 밑부분이 귀처럼 줄기를 감싼다. 잎 뒷면은 흰빛이 약간 돈다. 7~8월에 줄기 끝과 잎겨드랑이의 겹우산꽃차례에 자잘한 노란색 꽃이 모여 핀다. 작은꽃자루는 5~10개이고 꽃은 각각 10~15개씩 모여 달린다.

❸ 섬시호(미나리과) *Bupleurum latissimum* 여러해살이풀(높이 60~100㎝)
울릉도의 바위 지대. 뿌리잎은 넓은 달걀형이다. 줄기잎은 점차 작아지고 잎자루가 짧아지면서 줄기를 감싼다. 5~6월에 줄기 끝과 잎겨드랑이의 겹우산꽃차례에 자잘한 노란색 꽃이 모여 핀다. 작은꽃자루는 8~10개이고 총포와 소총포는 각각 5개씩이다.

❹ 등대시호(미나리과) *Bupleurum euphorbioides* 여러해살이풀(높이 8~40㎝)
덕유산 이북의 높은 산. 잎은 어긋나고 선형이며 밑부분이 줄기를 감싼다. 7~8월에 연노란색 꽃이 핀다. 작은 꽃차례를 받치는 꽃받침 모양의 총포는 4~6개이고 꽃차례보다 크다.

여름에 피는 흰색 풀꽃

꽃잎 1~3장

여름에 피는 흰색 풀꽃

❶ 산부채　❷ 흰송이풀　❸ 흰달개비
❹ 택사　택사 꽃 모양　❺ 질경이택사

❶ 산부채(천남성과) *Calla palustris* 여러해살이풀(높이 15~30㎝)
북부 지방의 높은 산 습지. 뿌리잎은 하트형이다. 6~7월에 꽃줄기 끝에 커다란 흰색 꽃덮개에 싸인 살이삭꽃차례가 달린다. 흰색 꽃덮개는 5~6㎝ 길이이며 끝이 길게 뾰족하다.

❷ 흰송이풀(열당과|현삼과) *Pedicularis resupinata* f. *albiflora* 여러해살이풀(높이 30~70㎝)
깊은 산. 잎은 어긋나거나 마주나고 좁은 달걀형이다. 8~9월에 원줄기 끝에 촘촘히 달리는 포처럼 생긴 잎 사이에 흰색 꽃이 핀다. 송이풀(p.142)과 같은 종으로 본다.

❸ 흰달개비(달개비과) *Commelina communis* f. *alba* 한해살이풀(높이 15~50㎝)
길가나 빈터. 잎은 어긋나고 달걀 모양의 피침형이며 밑부분이 줄기를 감싼다. 7~8월에 잎겨드랑이에 흰색 꽃이 피는데 밑에 주걱 같은 포가 있다. 달개비(p.142)와 같은 종으로 본다.

❹ 택사(택사과) *Alisma canaliculatum* 여러해살이풀(높이 40~130㎝)
논이나 연못가. 뿌리잎은 넓은 피침형이며 밑부분은 좁아져서 잎자루로 흐른다. 7~8월에 뿌리에서 나온 꽃줄기 윗부분에 가지가 층층이 돌려나며 흰색 꽃이 엉성하게 달린다.

❺ 질경이택사(택사과) *Alisma plantagoaquatica* v. *orientale* 여러해살이풀(높이 60~90㎝)
논이나 물가. 뿌리잎은 긴 달걀형이며 10~20㎝ 길이이다. 7~8월에 꽃줄기는 엉성하게 갈라지고 가지마다 자잘한 흰색 꽃이 달린다. 꽃잎과 꽃받침은 각각 3장씩이다.

꽃잎 3장

여름에 피는 흰색 풀꽃

❶ 올미 ❷ 벗풀 벗풀 암꽃 소귀나물 수꽃 포 물질경이 꽃자루 ❸ 소귀나물 ❹ 물질경이

❶ 올미(택사과) *Sagittaria pygmaea* 여러해살이풀(높이 10~25㎝)

논이나 연못의 가장자리. 뿌리잎은 선형이며 10~18㎝ 길이이고 가장자리가 밋밋하며 밑부분이 서로 감싸면서 모여나 비스듬히 선다. 암수한그루로 7~9월에 꽃줄기에 흰색 꽃이 1~2층으로 달리는데 밑에 암꽃이 있고 위에 수꽃이 있다. 꽃잎은 3장이다.

❷ 벗풀(택사과) *Sagittaria trifolia* 여러해살이풀(높이 20~80㎝)

논이나 습지 주변. 뿌리잎은 화살촉 모양이고 윗부분은 피침형~달걀형이며 5~15㎝ 길이이고 가장자리는 밋밋하다. 암수한그루로 8~10월에 꽃줄기에 흰색 꽃이 층층으로 돌려 가며 피는데 암꽃이 밑부분에 달리고 수꽃은 윗부분에 달린다. 꽃잎은 3장이다.

❸ 소귀나물(택사과) *Sagittaria trifolia* v. *edulis* 여러해살이풀(높이 50~70㎝)

논이나 습지 주변. 뿌리잎은 화살촉 모양이며 50~70㎝ 길이이고 윗부분은 넓은 달걀형이며 가장자리는 밋밋하다. 암수한그루로 8~9월에 꽃줄기에 흰색 꽃이 피는데 암꽃이 밑부분에 달리고 수꽃은 윗부분에 달린다. 벗풀과 같은 종으로 보기도 한다.

❹ 물질경이(자라풀과) *Ottelia alismoides* 한해살이풀(높이 10~20㎝)

논이나 연못가. 뿌리에서 모여나는 잎은 거꿀피침형으로 질경이(p.324)와 비슷하다. 8~10월에 꽃줄기 끝에 1개의 흰색~연분홍색 꽃이 핀다. 꽃줄기의 포는 구불거리는 날개 모양이다.

❶ 자라풀 ❷ 자라풀 잎 뒷면 ❷ 나사말
❸ 검정말 ❹ 아나카리스 아나카리스 꽃봉오리

❶ **자라풀**(자라풀과) *Hydrocharis dubia* 여러해살이풀(높이 5~10㎝)
연못가나 도랑. 물 위에 뜨는 둥근 하트 모양의 잎은 앞면에 광택이 있고 뒷면에는 거북 등처럼 생긴 그물눈이 있다. 8~10월에 꽃줄기 끝에 1개의 흰색 꽃이 핀다.

❷ **나사말**(자라풀과) *Vallisneria natans* 여러해살이풀(높이 30~70㎝)
물가. 뿌리줄기의 마디에서 모여나는 선형 잎은 30~70㎝ 길이이며 물속에 잠겨 있다. 암수딴그루로 8~9월에 물 위로 나온 긴 꽃줄기 끝에 백황색 암꽃이 핀다. 수꽃은 물속에 잠겨 있다가 꽃이 피면 떨어져 물 위로 올라온다. 꽃이 지면 꽃줄기가 나사처럼 꼬인다.

❸ **검정말**(자라풀과) *Hydrilla verticillata* 여러해살이풀(높이 30~60㎝)
연못이나 도랑의 물속. 물속에 잠긴 줄기의 마디마다 3~8장의 선형 잎이 돌려난다. 잎은 10~15㎜ 길이이고 끝이 뾰족하며 가장자리에 잔톱니가 있고 잎자루가 없다. 암수딴그루로 8~9월에 잎겨드랑이에 반투명한 담자색~흰색 꽃이 1개씩 나와 물 위에 떠서 핀다.

❹ **아나카리스**(자라풀과) *Egeria densa* 여러해살이풀(길이 2m 정도)
남아메리카 원산. 연못 등에 수생식물로 심은 것이 퍼지고 있다. 물속에 잠긴 줄기의 마디마다 3~5장의 넓은 선형 잎이 돌려난다. 잎은 15~40㎜ 길이이고 너비 2~4.5㎜이다. 암수딴그루로 6~10월에 잎겨드랑이에서 흰색 꽃이 물 밖으로 나와 핀다.

꽃잎 3~4장

❶ 흰꽃창포
❷ 흰두메양귀비
흰두메양귀비 꽃 모양

❸ 마름

❹ 느러진장대
느러진장대 열매

❶ **흰꽃창포**(붓꽃과) *Iris ensata* f. *alba* 여러해살이풀(높이 60~120㎝)
산과 들의 습지. 칼 모양의 선형 잎은 줄기 밑부분에서 2줄로 얼싸안는다. 6~7월에 피는 꽃은 흰색 겉꽃덮이 가운데에 노란색 무늬가 있다. 꽃창포(p.143)와 같은 종으로 본다.

❷ **흰두메양귀비**(양귀비과) *Papaver radicatum* f. *albiflorum* 두해살이풀(높이 5~10㎝)
백두산의 높은 곳. 뿌리잎은 긴 달걀형이며 1~2회 깃꼴로 갈라진다. 6~8월에 뿌리잎 사이에서 모여난 꽃줄기 끝에 흰색 꽃이 1개씩 핀다. 두메양귀비(p.224)와 같은 종으로 본다.

❸ **마름**(부처꽃과|마름과) *Trapa japonica* 한해살이풀(높이 3~5㎝)
연못. 물 밖으로 자란 줄기 끝에 마름모꼴 모양의 삼각형 잎이 모여나 물 위에 뜬다. 가운데가 볼록한 잎자루 속은 스펀지처럼 되어 있다. 잎몸은 끝이 뾰족하고 가장자리에 불규칙한 치아 모양의 잔톱니가 있으며 앞면은 광택이 있다. 7~8월에 잎겨드랑이에서 나온 꽃자루 끝에 피는 흰색 꽃은 지름 1㎝ 정도이며 꽃잎은 4장이다. 열매는 납작한 거꿀삼각형이다.

❹ **느러진장대**(겨자과) *Catolobus pendulus* 두해살이풀(높이 50~100㎝)
충북 이북의 산. 잎은 어긋나고 긴 타원형이며 가장자리에 톱니가 있고 위로 갈수록 작아진다. 7~8월에 줄기와 가지 끝의 송이꽃차례에 모여 피는 흰색 꽃은 지름 3㎜ 정도이다. 기다란 선형 열매는 7~10㎝ 길이로 길고 비스듬히 휘어진 줄기에서 아래로 늘어진다.

꽃잎 4장

여름에 피는 흰색 풀꽃

❶ 풍선덩굴

❷ 큰벼룩아재비 / 큰벼룩아재비 꽃차례

❸ 호자덩굴 / 호자덩굴 꽃 모양

❹ 흰솔나물

- ❶ **풍선덩굴**(무환자나무과) *Cardiospermum halicacabum* 한해살이덩굴풀(길이 2~3m)
남아메리카 원산. 화초로 기른다. 잎은 어긋나고 2회세겹잎~2회깃꼴겹잎이다. 작은잎은 좁은 달걀형이며 가장자리에 톱니가 있다. 8~9월에 잎겨드랑이에서 자란 긴 꽃대 끝에 자잘한 흰색 꽃이 모여 핀다. 4장의 꽃잎은 크기가 다르다. 열매는 둥근 꽈리 모양이다.

- ❷ **큰벼룩아재비**(마전과) *Mitrasacme pygmaea* 한해살이풀(높이 5~20cm)
양지쪽 풀밭. 잎은 줄기에 마주나고 밑부분에서는 모여난다. 잎몸은 달걀형~긴 타원형이며 7~15mm 길이이다. 7~9월에 줄기 끝에서 우산살 모양으로 갈라진 꽃가지마다 작은 흰색 꽃이 핀다. 꽃부리는 4mm 정도 길이이며 종 모양이고 끝이 4갈래로 갈라져 벌어진다.

- ❸ **호자덩굴**(꼭두서니과) *Mitchella undulata* 늘푸른여러해살이풀(높이 5~30cm)
울릉도와 남쪽 섬의 숲속. 잎은 마주나고 달걀형이다. 6~7월에 가지 끝에 흰색 꽃이 2개씩 피는데 꽃부리는 가는 통 모양이며 끝이 4갈래로 갈라지고 안쪽에 털이 있다.

- ❹ **흰솔나물**(꼭두서니과) *Galium verum* f. *nikkoense* 여러해살이풀(높이 50~100cm)
산과 들의 풀밭. 줄기는 네모지고 털이 없다. 솔잎처럼 가늘고 짧은 바늘 모양의 잎이 줄기의 마디마다 6~10장씩 돌려난다. 6~8월에 줄기 윗부분의 원뿔꽃차례에 모여 달리는 자잘한 흰색 꽃은 지름 2.5mm 정도이고 4개로 갈라진다. 솔나물(p.226)과 같은 종으로 본다.

꽃잎 4장

여름에 피는 흰색 풀꽃

❶ 민둥갈퀴
❷ 선갈퀴 / 선갈퀴 꽃 모양
❸ 두메갈퀴
❹ 좀어리연꽃 / 좀어리연꽃 꽃 모양

❶ 민둥갈퀴(꼭두서니과) *Galium kinuta* 여러해살이풀(높이 30~60㎝)
산의 숲속. 네모진 줄기에 4장씩 돌려나는 달걀 모양의 피침형 잎은 끝이 길게 뾰족하고 3개의 잎맥이 있다. 잎 가장자리는 밋밋하고 털이 있다. 6~8월에 가지 끝의 갈래꽃차례에 자잘한 흰색 꽃이 피며 전체적으로 원뿔꽃차례가 된다. 둥근 열매는 1~2개씩 달리고 털이 없다.

❷ 선갈퀴(꼭두서니과) *Galium odoratum* 여러해살이풀(높이 25~40㎝)
숲속. 식물체가 마르면 진녹색으로 변한다. 줄기에 6~10장이 돌려나는 긴 타원형 잎은 주맥이 뚜렷하다. 5~6월에 줄기 끝의 갈래꽃차례에 지름 4~5㎜ 크기의 흰색 꽃이 모여 핀다. 꽃부리는 깔때기 모양이고 윗부분이 4갈래로 갈라진다. 둥근 열매는 갈고리 모양의 털이 있다.

❸ 두메갈퀴(꼭두서니과) *Galium paradoxum* 여러해살이풀(높이 10~25㎝)
깊은 산의 숲속. 줄기 밑에서는 잎이 마주나고 중간부터는 4장씩 돌려난다. 잎몸은 달걀형이고 끝이 뾰족하며 잎자루는 1~4㎝ 길이로 길다. 6~7월에 줄기 끝에 몇 개의 흰색 꽃이 모여 핀다. 둥그스름한 열매는 2개씩 붙어 있으며 갈고리 모양의 털이 있다.

❹ 좀어리연꽃(조름나물과|용담과) *Nymphoides coreana* 여러해살이풀(높이 2~10㎝)
연못. 물 위에 뜨는 달걀형 잎은 심장저이다. 7~9월에 피는 흰색 꽃은 지름 8㎜ 정도이고 4~5갈래로 깊게 갈라지며 갈래조각 가장자리에 흰색 털이 있고 중심부는 연노란색이다.

꽃잎 4장

여름에 피는 흰색 풀꽃

❶ 큰땅빈대
❷ 애기땅빈대
❸ 땅빈대
큰땅빈대 꽃과 열매
애기땅빈대 줄기 단면의 즙
땅빈대 열매가지

❶ 큰땅빈대(대극과) *Euphorbia maculata* 한해살이풀(높이 20~60cm)

북미 원산. 밭이나 길가. 곧게 서거나 비스듬히 서는 줄기는 붉은빛이 돌고 가지가 갈라지며 자르면 흰색 즙이 나온다. 잎은 마주나고 긴 타원형이며 1~3cm 길이로 땅빈대나 애기땅빈대보다 크다. 잎 가장자리에 둔한 톱니가 있다. 8~9월에 가지 끝의 등잔모양꽃차례에 자잘한 붉은빛이 도는 흰색 꽃이 핀다. 달걀형 열매는 3개의 모가 지고 털이 없다.

❷ 애기땅빈대(대극과) *Euphorbia supina* 한해살이풀(높이 10~25cm)

북미 원산. 밭이나 길가. 줄기는 가지가 갈라지며 흔히 땅 위를 기고 흰색 털이 빽빽하며 자르면 흰색 즙이 나온다. 잎은 마주나고 긴 타원형이며 5~10mm 길이이고 가장자리에 둔한 톱니가 있으며 중앙부에 적갈색 반점이 있다. 6~9월에 잎겨드랑이의 등잔모양꽃차례에 자잘한 홍백색 꽃이 핀다. 달걀형 열매는 3개의 모가 지고 부드러운 털로 빽빽이 덮여 있다.

❸ 땅빈대(대극과) *Euphorbia humifusa* 한해살이풀(높이 3~15cm)

밭이나 길가. 줄기는 흔히 땅 위를 기고 가지가 둘로 갈라지며 붉은빛이 돌고 자르면 흰색 즙이 나온다. 잎은 마주나고 긴 타원형이며 윗부분이 넓고 7~15mm 길이이다. 잎몸은 앞면에 반점이 없고 뒷면은 회녹색이다. 턱잎은 선형이고 8갈래로 갈라진다. 8~9월에 잎겨드랑이의 등잔모양꽃차례에 자잘한 붉은색 꽃이 핀다. 달걀형 열매는 3개의 모가 지고 털이 거의 없다.

*땅빈대 종류는 꽃이 아주 작아서 비교하기 쉽도록 함께 모아 실었다.

꽃잎 5장

여름에 피는 흰색 풀꽃

❶ 바람꽃 ❷ 바위솔 바위솔 뿌리잎
❸ 연화바위솔 연화바위솔 뿌리잎 ❹ 정선바위솔

❶ **바람꽃**(미나리아재비과) *Anemone narcissiflora* 여러해살이풀(높이 20~40㎝)
점봉산 이북의 높은 산. 잎자루가 긴 뿌리잎은 둥근 하트형이고 3갈래로 완전히 갈라지며 갈래조각은 다시 잘게 갈라진다. 줄기 끝에는 3장의 잎이 달린다. 7~8월에 2~3개의 꽃줄기 끝에 여러 개의 흰색 꽃이 우산꽃차례 모양으로 달린다. 꽃받침조각은 5~7장이다.

❷ **바위솔**(돌나물과) *Orostachys japonica* 여러해살이풀(높이 30㎝ 정도)
바위나 기와지붕. 줄기에 촘촘히 붙는 피침형 잎은 흔히 자줏빛이 돌고 끝이 뾰족하며 통통한 다육질이다. 9~10월에 줄기 끝의 이삭꽃차례에 자루가 없는 흰색 꽃이 촘촘히 달린다. 5장의 꽃잎은 피침형이고 끝이 뾰족하다. 꽃이 피고 열매를 맺으면 죽는다.

❸ **연화바위솔**(돌나물과) *Orostachys iwarenge* 여러해살이풀(높이 5~20㎝)
강원도와 제주도의 바닷가. 방석처럼 퍼지는 뿌리잎은 긴 주걱 모양으로 납작하고 끝이 뭉툭하며 흰빛이 돈다. 줄기잎은 어긋난다. 9~10월에 줄기 끝의 송이꽃차례에 짧은 꽃자루가 있는 흰색 꽃이 다닥다닥 달린다. 5장의 꽃잎은 거꿀피침형이고 수술은 10개이다.

❹ **정선바위솔**(돌나물과) *Orostachys chongsunensis* 여러해살이풀(높이 10~20㎝)
경북과 강원도의 바위 지대. 잎은 주걱 모양이며 끝이 뾰족하고 앞면에 연자주색 점무늬가 있으며 분녹색이다. 9~11월에 줄기 끝의 이삭꽃차례에 백황색 꽃이 촘촘히 달린다.

꽃잎 5장

여름에 피는 흰색 풀꽃

❶ 둥근바위솔
둥근바위솔 꽃봉오리
❷ 난쟁이바위솔
❸ 도깨비부채
❹ 개병풍
개병풍 꽃차례

❶ **둥근바위솔**(돌나물과) *Orostachys malacophylla* 여러해살이풀(높이 20~30㎝)
동해안. 줄기에 촘촘히 붙는 잎은 타원형~거꿀달걀 모양의 피침형이고 끝이 둥글거나 뾰족하며 통통한 다육질이다. 9~11월에 줄기 끝의 송이꽃차례에 짧은 꽃자루가 있는 흰색 꽃이 촘촘히 달린다. 5장의 꽃잎은 긴 타원형~둥근 달걀형이며 5~7㎜ 길이이다.

❷ **난쟁이바위솔**(돌나물과) *Orostachys sikokiana* 여러해살이풀(높이 5~10㎝)
깊은 산의 바위틈. 줄기에 뭉쳐나는 잎은 선형~거꿀피침형이고 통통한 다육질이며 끝이 가시처럼 뾰족하다. 8~9월에 줄기 끝의 갈래꽃차례에 흰색 또는 홍백색 꽃이 모여 핀다. 피침형 꽃잎은 5장이고 활짝 벌어지지 않으며 수술은 10개이다. 열매는 달걀형이다.

❸ **도깨비부채**(범의귀과) *Rodgersia podophylla* 여러해살이풀(높이 1m 정도)
중부 이북의 깊은 산 숲속. 뿌리잎은 손꼴겹잎이고 5장의 작은잎은 윗부분이 3~5갈래로 갈라지며 톱니가 있다. 6~7월에 줄기 끝의 원뿔꽃차례에 자잘한 흰색~연노란색 꽃이 핀다.

❹ **개병풍**(범의귀과) *Astilboides tabularis* 여러해살이풀(높이 1m 정도)
강원도 이북의 깊은 산. 뿌리잎은 둥근 방패 모양이고 지름 20~80㎝이며 가장자리가 얕게 갈라지고 잔톱니가 있다. 줄기잎은 매우 작다. 6~7월에 줄기 끝에 달리는 커다란 원뿔꽃차례는 끝부분이 약간 처지며 자잘한 흰색 꽃이 촘촘히 달린다.

꽃잎 5장

❶ 바위떡풀 ❷ 참바위취 ❸ 구실바위취 ❹ 벼룩이울타리

❶ 바위떡풀(범의귀과) *Saxifraga fortunei* v. *incisolobata* 여러해살이풀(높이 10~30㎝)
산의 습한 바위틈. 뿌리잎은 잎자루가 길고 둥근 하트형이며 가장자리가 얕게 갈라지고 톱니가 있다. 8~9월에 피는 흰색 꽃은 5장의 꽃잎 중 밑의 2장이 더 크다.

❷ 참바위취(범의귀과) *Saxifraga oblongifolia* 여러해살이풀(높이 20~30㎝)
깊은 산의 습한 바위틈. 뿌리잎은 잎자루가 길고 둥근 타원형이며 털이 없고 가장자리에 치아 모양의 톱니가 있다. 7~9월에 꽃줄기 끝의 원뿔꽃차례에 자잘한 흰색 꽃이 모여 달린다. 5장의 꽃잎은 긴 타원형이고 크기가 비슷하며 수평으로 벌어진다.

❸ 구실바위취(범의귀과) *Saxifraga octopetala* 여러해살이풀(높이 25~30㎝)
강원도 이북의 깊은 산. 뿌리줄기가 짧게 옆으로 벋는다. 뿌리잎은 콩팥형이며 가장자리에 치아 모양의 큰 톱니가 있다. 7~8월에 뿌리잎 사이에서 자란 꽃줄기는 샘털이 있고 원뿔꽃차례에 흰색 꽃이 모여 달린다. 꽃잎은 피침형이며 5장 정도이다.

❹ 벼룩이울타리(석죽과) *Eremogone juncea* 여러해살이풀(높이 50㎝ 정도)
북부 지방의 산. 줄기는 모여나고 뿌리잎은 긴 선형이다. 마주나는 줄기잎도 선형이며 밑부분이 맞붙어 줄기를 감싼다. 7~8월에 줄기 끝과 잎겨드랑이에서 나오는 갈래꽃차례에 흰색 꽃이 핀다. 줄기 윗부분과 꽃차례에 샘털이 있다. 꽃잎은 5장이고 꽃받침보다 길다.

꽃잎 5장

여름에 피는 흰색 풀꽃

❶ 나도개미자리 ❷ 너도개미자리 ❸ 흰패랭이꽃
❹ 흰술패랭이꽃 ❺ 대나물 대나물 꽃송이

❶ **나도개미자리**(석죽과) *Minuartia arctica* 여러해살이풀(높이 5cm 정도)
  북부 지방의 높은 산. 바늘 모양의 잎은 마주나고 1개의 잎맥이 있으며 털이 없다. 7~8월에 가지 끝이나 잎겨드랑이에 1개의 흰색 꽃이 핀다. 5장의 꽃잎은 넓은 거꿀피침형이다.

❷ **너도개미자리**(석죽과) *Minuartia laricina* 여러해살이풀(높이 10cm 정도)
  백두산의 높은 지대. 바늘 모양의 잎은 마주나고 1개의 잎맥이 있으며 긴털이 있다. 7~8월에 가지 끝에 1~2개의 흰색 꽃이 핀다. 5장의 꽃잎은 긴 타원형이다.

❸ **흰패랭이꽃**(석죽과) *Dianthus chinensis* f. *albiflora* 여러해살이풀(높이 30cm 정도)
  풀밭이나 냇가. 잎은 마주나고 선형이며 밑부분이 합쳐져서 줄기를 싼다. 6~8월에 가지 끝에 피는 흰색 꽃은 5장의 꽃잎 끝이 얕게 갈라진다. 패랭이꽃(p.148)과 같은 종으로 본다.

❹ **흰술패랭이꽃**(석죽과) *Dianthus longicalyx* f. *albiflorus* 여러해살이풀(높이 30~80cm)
  산과 들의 풀밭. 잎은 마주나고 좁은 피침형이다. 6~8월에 가지 끝에 피는 패랭이 모양의 흰색 꽃은 꽃잎 가장자리가 술처럼 잘게 갈라진다. 술패랭이꽃(p.148)과 같은 종으로 본다.

❺ **대나물**(석죽과) *Gypsophila oldhamiana* 여러해살이풀(높이 70~100cm)
  산기슭이나 바닷가. 잎은 마주나고 피침형이며 3개의 잎맥이 뚜렷하다. 6~7월에 줄기 끝의 갈래꽃차례에 자잘한 흰색 꽃이 촘촘히 모여 핀다. 꽃잎은 5장이고 암술대는 2개이다.

꽃잎 5장

여름에 피는 흰색 풀꽃

❶ 가는대나물 ❷ 장구채 장구채 꽃 모양
❸ 가는장구채 ❹ 가는다리장구채 가는다리장구채 꽃차례

❶ 가는대나물(석죽과) *Gypsophila pacifica* 여러해살이풀(높이 80~100㎝)
강원도 이북의 산. 줄기가 대나물(p.281)에 비해 가늘고 전체에 털이 거의 없다. 잎은 마주나고 달걀 모양의 피침형이며 대나물보다 넓다. 잎의 밑부분은 맞붙어 줄기를 감싼다. 7~9월에 줄기 끝의 갈래꽃차례에 흰색 꽃이 모여 핀다. 꽃잎은 5장이고 암술대는 2개이다.

❷ 장구채(석죽과) *Silene firma* 두해살이풀(높이 30~80㎝)
산과 들. 곧게 서는 줄기는 털이 거의 없고 자주색 반점이 있다. 잎은 마주나고 긴 타원형~넓은 피침형이며 털이 약간 있고 가장자리가 밋밋하다. 7~9월에 잎겨드랑이의 갈래꽃차례에 흰색 꽃이 핀다. 꽃받침은 둥근 통 모양이고 5장의 꽃잎은 끝부분이 2갈래로 갈라진다.

❸ 가는장구채(석죽과) *Silene seoulensis* 한해살이풀(높이 60㎝ 정도)
중부 이남의 산. 가지가 많이 갈라지고 비스듬히 자라거나 엉키며 전체에 털이 있다. 잎은 마주나고 달걀형이며 가장자리가 밋밋하다. 7~8월에 줄기 끝의 갈래꽃차례에 피는 흰색 꽃은 지름 12㎜ 정도이다. 꽃받침은 종 모양이고 5장의 꽃잎은 끝이 2갈래로 갈라진다.

❹ 가는다리장구채(석죽과) *Silene jenisseensis* 여러해살이풀(높이 25㎝ 정도)
강원도 이북의 산. 줄기는 녹색이고 털이 없다. 뿌리잎은 모여나고 줄기잎은 마주나며 좁은 피침형~선형이다. 7~8월에 줄기 끝과 위쪽 잎겨드랑이에 1~2개의 백황색 꽃이 핀다.

❶ 끈끈이장구채 ❷ 오랑캐장구채 오랑캐장구채 꽃 모양

달맞이장구채 시든 꽃

❸ 달맞이장구채 덩굴별꽃 열매 ❹ 덩굴별꽃

❶ 끈끈이장구채(석죽과) *Silene koreana* 한해살이풀(높이 30~100㎝)
강원도 이북의 산. 윗부분의 마디 사이와 작은꽃자루에 끈끈한 진이 나온다. 잎은 마주나고 피침형~선형이며 위로 갈수록 작아진다. 7~8월에 위쪽 잎겨드랑이의 갈래꽃차례에 흰색 꽃이 핀다. 꽃받침은 가는 통 모양이고 5장의 가는 꽃잎은 끝이 2갈래로 갈라진다.

❷ 오랑캐장구채(석죽과) *Silene repens* 여러해살이풀(높이 10~60㎝)
중부 이북의 산. 가지에 밑을 향한 털이 있다. 잎은 마주나고 피침형이며 끝이 뾰족하고 양면에 털이 있다. 6~7월에 줄기 끝의 갈래꽃차례에 피는 백홍색 꽃은 지름 15㎜ 정도이다. 꽃받침통은 보통 적갈색이고 짧은털이 촘촘하다. 꽃잎은 5장이고 끝이 2갈래로 갈라진다.

❸ 달맞이장구채(석죽과) *Silene latifolia* ssp. *alba* 두해~여러해살이풀(높이 30~70㎝)
유럽 원산. 대관령과 울릉도. 줄기에 털과 샘털이 있다. 잎은 마주나고 피침형이며 양면에 털이 있다. 6~9월에 잎겨드랑이에서 자란 꽃자루 끝에 흰색 꽃이 핀다. 둥글게 부푼 꽃받침은 10~20개의 맥이 있으며 털이 많고 5장의 꽃잎은 2갈래로 갈라진다.

❹ 덩굴별꽃(석죽과) *Silene baccifera* 여러해살이덩굴풀(길이 50~200㎝)
산과 들. 잎은 마주나고 달걀형이다. 7~8월에 가지 끝에 흰색 꽃이 1개씩 옆을 향해 핀다. 원통형 꽃받침은 활짝 벌어지고 5장의 꽃잎은 긴 거꿀피침형이며 끝이 2갈래로 갈라진다.

꽃잎 5장

여름에 피는 흰색 풀꽃

❶ 비누풀 ❷ 끈끈이주걱 끈끈이주걱 꽃차례
❸ 긴잎끈끈이주걱 긴잎끈끈이주걱 꽃차례 ❹ 석류풀

❶ **비누풀**(석죽과) *Saponaria officinalis* 여러해살이풀(높이 50~90㎝)
유럽 원산. 화초로 심고 빈터에 퍼져 자란다. 전체에 털이 없다. 잎은 마주나고 좁은 타원형이며 끝이 뾰족하고 주맥은 3개이다. 7~9월에 줄기 끝에 흰색이나 연분홍색 꽃이 모여 핀다. 꽃받침은 긴 원통형이고 꽃잎은 5장이다. 잎줄기를 비누 대신 사용했다.

❷ **끈끈이주걱**(끈끈이귀개과) *Drosera rotundifolia* 여러해살이풀(높이 6~30㎝)
양지쪽 습지. 주걱 모양의 뿌리잎 앞면에 나 있는 붉은색 털에는 끈끈한 액체가 묻어 있어 벌레를 잡아먹는다. 7~8월에 잎 사이에서 자란 꽃줄기 끝의 송이꽃차례에 흰색 꽃이 한쪽을 보고 모여 핀다. 꽃잎은 5장이고 4~6㎜ 길이이며 햇볕이 비칠 때만 벌어진다.

❸ **긴잎끈끈이주걱**(끈끈이귀개과) *Drosera anglica* 여러해살이풀(높이 10~25㎝)
북부 지방의 습지. 모여나는 뿌리잎은 좁은 거꿀피침형이고 5~15㎝ 길이이며 끝이 둔하고 앞면과 가장자리에 끈적거리는 털이 있다. 7~8월에 잎 사이에서 자란 꽃줄기 끝의 송이꽃차례에 흰색 꽃이 한쪽으로 치우쳐서 핀다. 꽃잎은 주걱 모양이며 5장이다.

❹ **석류풀**(석류풀과) *Mollugo pentaphylla* 한해살이풀(높이 10~25㎝)
길가나 빈터. 잎은 거꿀피침형이며 밑부분에서는 3~5장씩 돌려나고 윗부분에서는 어긋난다. 7~10월에 가지 끝의 갈래꽃차례에 자잘한 흰색 꽃이 모여 핀다. 열매는 둥글다.

꽃잎 5장

여름에 피는 흰색 풀꽃

❶ 미국자리공

❷ 자리공 / 자리공 꽃차례

¹⁾섬자리공 / ¹⁾섬자리공 꽃차례

❸ 마디풀

❶ **미국자리공**(자리공과) *Phytolacca americana* 여러해살이풀(높이 1~1.5m)
북아메리카 원산. 길가나 빈터. 잎은 어긋나고 긴 타원형이며 밋밋하다. 6~9월에 줄기에서 나오는 송이꽃차례에 붉은빛이 도는 흰색 꽃이 촘촘히 달린다. 작은꽃자루는 7~10㎜ 길이이다. 수술과 씨방은 각각 10개씩이고 열매이삭은 밑으로 처진다.

❷ **자리공**(자리공과) *Phytolacca esculenta* 여러해살이풀(높이 1~1.5m)
마을 주변. 잎은 어긋나고 타원형이며 끝이 뾰족하고 가장자리가 밋밋하다. 6~7월에 잎과 마주나는 송이꽃차례는 곧게 서고 흰색~연분홍색 꽃이 촘촘히 달린다. 수술과 씨방은 각각 8개씩이며 꽃밥은 분홍색이다. 열매이삭은 보통 곧게 서고 열매는 검은색이다.
¹⁾**섬자리공**(*P. insularis*)은 울릉도에서 자라는 종으로 자리공과 비슷하지만 꽃이삭에 젖꼭지 모양의 잔돌기가 있고 꽃밥이 흰색인 점이 다른 것으로 분류했지만 실제로 울릉도에서 찾아 볼 수가 없다. 현재 울릉도에서 자라는 것은 자리공과 같은 종으로 보고 있다.

❸ **마디풀**(마디풀과) *Polygonum aviculare* 한해살이풀(높이 10~40㎝)
길가나 빈터. 줄기는 옆으로 비스듬히 선다. 잎은 어긋나고 긴 타원형이다. 턱잎은 2갈래로 크게 갈라진다. 잎집 같은 턱잎 끝에는 털이 있다. 6~8월에 잎겨드랑이에 홍백색 꽃이 핀다. 꽃잎은 없고 꽃잎 같은 꽃받침은 5갈래로 갈라진다. 세모진 열매는 꽃덮이보다 짧다.

꽃잎 5장

여름에 피는 흰색 풀꽃

❶ 고마리　❷ 민고마리　민고마리 꽃과 열매
❸ 싱아　싱아 꽃차례　❹ 메밀

❶ **고마리**(마디풀과) *Persicaria thunbergii* 한해살이풀(높이 60~80㎝)
물가. 줄기에 갈고리 같은 털이 있다. 잎은 화살촉 모양이며 잎집 모양의 턱잎은 톱니가 희미하다. 8~9월에 가지 끝의 머리모양꽃차례에 5~20개의 흰색~분홍색 꽃이 모여 핀다.

❷ **민고마리/덩굴모밀**(마디풀과) *Persicaria chinensis* 여러해살이덩굴풀(길이 1m 정도)
제주도의 바닷가. 덩굴지는 줄기에 어긋나는 잎은 넓은 달걀형이며 밑부분은 一자 모양이거나 약간 화살 모양이고 가장자리는 밋밋하다. 9~10월에 잔가지 끝에 흰색이나 연분홍색 꽃이 둥글게 모여 핀다. 둥근 열매는 검은색이며 반투명한 꽃받침에 싸인다.

❸ **싱아**(마디풀과) *Aconogonon alpinum* 여러해살이풀(높이 1m 정도)
산기슭. 잎은 어긋나고 피침형~긴 타원형이며 가장자리에 물결 모양의 톱니가 있다. 잎자루는 위로 올라갈수록 짧아진다. 6~8월에 줄기 끝의 원뿔꽃차례에 자잘한 흰색 꽃이 촘촘히 달린다. 꽃덮이는 5개로 깊게 갈라지고 3㎜ 정도 길이이다. 열매는 5㎜ 정도 길이이다.

❹ **메밀**(마디풀과) *Fagopyrum esculentum* 한해살이풀(높이 60~90㎝)
밭에서 재배하며 들로 퍼져 나가 자란다. 잎은 어긋나고 하트형~좁은 하트형이며 가장자리가 밋밋하다. 7~10월에 잎겨드랑이와 가지 끝에 달리는 송이꽃차례에 자잘한 흰색 꽃이 모여 피는데 꽃에는 꿀이 많다. 세모진 열매는 진갈색으로 익는다.

꽃잎 5장

여름에 피는 흰색 풀꽃

❶ 왕호장
❷ 호장근
호장근 꽃차례
❸ 감절대
❹ 물매화
물매화 헛수술
물매화 꽃봉오리

❶ 왕호장(마디풀과) *Reynoutria sachalinensis* 여러해살이풀(높이 2~3m)
 울릉도와 북부 지방의 산기슭. 잎은 어긋나고 달걀형이며 15~30㎝ 길이로 큼직하고 밑부분은 얕은 심장저이며 뒷면은 흰빛이 돈다. 암수딴그루로 8~9월에 가지 끝과 잎겨드랑이의 송이꽃차례에 자잘한 흰색 꽃이 모여 핀다. 꽃덮이조각은 5장이며 2㎜ 정도 길이이다.

❷ 호장근(마디풀과) *Reynoutria japonica* 여러해살이풀(높이 1m 정도)
 산과 들. 잎은 어긋나고 넓은 달걀형이며 밑부분은 거의 一자 모양이고 끝은 짧게 뾰족하다. 대부분 암수딴그루로 6~8월에 가지 끝과 잎겨드랑이의 송이꽃차례에 자잘한 흰색 꽃이 핀다. 꽃과 열매가 붉은색인 것을 '붉은호장근'이라고 하지만 같은 종으로 본다.

❸ 감절대(마디풀과) *Reynoutria forbesii* 여러해살이풀(높이 1~2.5m)
 산과 들. 잎은 어긋나고 넓은 달걀형~원형이며 밑부분은 둥근 모양이다. 암수딴그루로 7~9월에 가지 끝의 원뿔꽃차례에 자잘한 흰색 꽃이 핀다. 호장근과 같은 종으로 본다.

❹ 물매화(노박덩굴과|범의귀과) *Parnassia palustris* 여러해살이풀(높이 10~35㎝)
 산의 습한 풀밭. 뿌리잎과 1장의 줄기잎은 둥근 하트형이며 가장자리가 밋밋하고 밑부분은 줄기를 감싼다. 7~10월에 줄기 끝에 매실나무(p.471) 꽃을 닮은 흰색 꽃 1개가 위를 보고 핀다. 꽃잎은 보통 5장이다. 5개의 헛수술은 끝이 12~22개로 갈라지고 갈래 끝마다 꿀샘이 있다.

꽃잎 5장

여름에 피는 흰색 풀꽃

❶ 하늘타리 ❷ 노랑하늘타리 노랑하늘타리 열매

❸ 박 박 열매 ❹ 새박

❶ **하늘타리**(박과) *Trichosanthes kirilowii* 여러해살이덩굴풀(길이 10m 정도)
중부 이남의 산기슭. 줄기에 덩굴손이 있다. 잎은 어긋나고 넓은 달걀형이며 심장저이고 5~7갈래로 깊게 갈라지며 갈래조각에 톱니가 있다. 암수딴그루로 7~8월에 잎겨드랑이에 피는 흰색 꽃은 가장자리가 실처럼 잘게 갈라진다. 열매는 주황색으로 익는다.

❷ **노랑하늘타리**(박과) *Trichosanthes kirilowii* v. *japonica* 여러해살이덩굴풀(길이 10m 정도)
남부 지방의 산기슭. 뿌리는 고구마처럼 굵어지며 줄기에 덩굴손이 있다. 잎은 어긋나고 3~5갈래로 얕게 갈라지며 가장자리가 밋밋하다. 암수딴그루로 7~8월에 잎겨드랑이에 피는 흰색 꽃은 가장자리가 실처럼 잘게 갈라진다. 열매는 노란색으로 익는다.

❸ **박**(박과) *Lagenaria siceraria* 한해살이덩굴풀(길이 10m 정도)
밭과 들. 잎은 어긋나고 하트형~콩팥형이며 얕게 갈라진다. 암수한그루로 7~9월에 잎겨드랑이의 흰색 꽃은 저녁에 피고 아침에 시든다. 둥그스름한 열매는 지름 30㎝ 이상이다.

❹ **새박**(박과) *Zehneria japonica* 한해살이덩굴풀(길이 2m 정도)
남부 지방의 습한 곳. 덩굴손은 잎과 마주난다. 잎은 어긋나고 세모진 달걀형이며 심장저이고 끝이 뾰족하며 가장자리에 얕은 톱니가 있다. 암수한그루로 7~8월에 잎겨드랑이에 흰색 꽃이 1개씩 핀다. 새알 모양의 둥근 열매는 지름 1㎝ 정도이며 회백색으로 익는다.

여름에 피는 흰색 풀꽃

❶ 산외 ❷ 한라개승마 ❸ 터리풀 ❹ 이질풀

❶ **산외**(박과) *Schizopepon bryoniifolius* 한해살이덩굴풀(길이 2~3m)
깊은 산. 잎과 마주나는 덩굴손은 둘로 갈라진다. 잎은 어긋나고 세모진 달걀형이며 5~7갈래로 얕게 갈라지고 끝이 뾰족하며 심장저이다. 암수한그루로 8~9월에 수꽃은 송이꽃차례에 달리고 암수한꽃은 잎겨드랑이에 1개씩 달린다. 열매는 찌그러진 달걀형이다.

❷ **한라개승마**(장미과) *Aruncus dioicus* v. *aethusifolius* 여러해살이풀(높이 10~40cm)
한라산의 높은 지대 습한 곳. 잎은 어긋나고 2회깃꼴겹잎이며 갈래조각은 결각 모양으로 깊게 갈라진다. 6~8월에 줄기 끝에 곧추 서는 원뿔꽃차례는 흰색 털이 있으며 자잘한 흰색 꽃이 촘촘히 달린다. 꽃잎은 5장이고 거꿀피침형이며 1mm 정도 길이이고 수술은 많다.

❸ **터리풀**(장미과) *Filipendula glaberrima* 여러해살이풀(높이 1m 정도)
산의 습한 곳. 잎은 어긋나고 깃꼴겹잎으로 끝의 작은잎은 매우 크며 5갈래로 절반 정도 갈라지고 갈래조각은 달걀형이다. 곁의 작은잎은 6~9쌍이며 크고 작은잎이 번갈아가며 달린다. 7~8월에 줄기 끝의 고른꽃차례에 자잘한 흰색~백홍색 꽃이 달린다.

❹ **이질풀**(쥐손이풀과) *Geranium thunbergii* 여러해살이풀(높이 30~50cm)
산과 들. 잎은 마주나고 손바닥처럼 3~5갈래로 갈라진다. 8~9월에 꽃자루 끝에 2개의 흰색 또는 분홍색 꽃이 피는데 지름 10~15mm이다. 꽃자루에 옆을 향한 털과 샘털이 있다.

꽃잎 5장

여름에 피는 흰색 풀꽃

❶ 쥐손이풀   쥐손이풀 꽃 모양   ❷ 흰둥근이질풀
❸ 접시꽃   ❹ 난쟁이아욱   난쟁이아욱 꽃 모양

❶ **쥐손이풀**(쥐손이풀과) *Geranium sibiricum* 여러해살이풀(높이 30~80㎝)
  산기슭이나 들. 잎은 마주나고 손바닥처럼 3~5갈래로 깊게 갈라지며 누운털이 있다. 갈래조각은 3갈래로 갈라지고 톱니가 있다. 7~9월에 가지 끝이나 잎겨드랑이의 꽃자루 끝에 1~2개의 연홍색 꽃이 피는데 지름 1㎝ 정도이다. 꽃자루에 밑을 향한 털이 빽빽하다.

❷ **흰둥근이질풀**(쥐손이풀과) *Geranium koreanum* f. *albidum* 여러해살이풀(높이 60~100㎝)
  산의 풀밭. 줄기는 네모지며 털이 없다. 잎은 마주나고 3~5갈래로 갈라지며 갈래조각은 끝이 뾰족하고 가장자리에 큰 톱니가 있다. 6~8월에 잎겨드랑이에서 나온 꽃자루에 달리는 흰색 꽃은 지름 2~3㎝이다. 둥근이질풀(p.152)과 같은 종으로 본다.

❸ **접시꽃**(아욱과) *Alcea rosea* 두해살이풀(높이 2m 정도)
  중국 원산. 화초로 심고 저절로도 자란다. 잎은 어긋나고 둥글며 5~7갈래로 얕게 갈라진다. 6월에 잎겨드랑이에 흰색, 붉은색, 분홍색 꽃이 피며 겹꽃이 피는 품종도 있다.

❹ **난쟁이아욱**(아욱과) *Malva neglecta* 두해살이풀(높이 50㎝ 정도)
  유럽 원산. 남부 지방의 들. 줄기는 땅 위를 비스듬히 긴다. 잎은 어긋나고 원형~콩팥형이며 잎자루가 길고 가장자리가 5~7갈래로 얕게 갈라진다. 6~9월에 잎겨드랑이에 3~6개가 모여 피는 흰색~담홍색 꽃은 지름 10~15㎜이다. 열매는 동글납작하다.

❶ 수박풀(아욱과) *Hibiscus trionum* 한해살이풀(높이 30~60cm)
지중해 원산. 화초로 심고 들로 퍼져 나가 자란다. 어린 줄기는 흰색 털이 난다. 잎은 어긋나고 새발처럼 3~5갈래로 깊게 갈라진 것이 수박(p.234) 잎과 비슷하며 가장자리에 톱니가 있다. 7~8월에 잎겨드랑이나 가지 끝에 피는 백황색 꽃의 중심부는 진자주색이다.

❷ 노루발(진달래과|노루발과) *Pyrola japonica* 늘푸른여러해살이풀(높이 10~20cm)
산의 숲속. 뿌리잎은 두껍고 넓은 타원형이며 가장자리에 얕은 톱니가 있고 뒷면은 자줏빛이 돈다. 6~7월에 뿌리에서 나온 꽃줄기 윗부분의 송이꽃차례에 백황색 꽃이 밑을 향해 핀다. 꽃잎은 5장이고 10개의 수술은 각각 2갈래로 갈라지며 암술대는 길게 벋는다.

❸ 흰꽃고비(꽃고비과) *Polemonium racemosum* f. *albiflorum* 여러해살이풀(높이 60~90cm)
북부 지방의 높은 산. 잎은 어긋나고 깃꼴겹잎이며 작은잎은 6~12쌍이다. 6~8월에 줄기 끝의 원뿔꽃차례에 흰색 꽃이 모여 핀다. 꽃고비(p.153)와 같은 종으로 본다.

❹ 금강봄맞이(앵초과) *Androsace cortusifolia* 여러해살이풀(높이 5~15cm)
설악산과 금강산의 그늘진 암벽. 뿌리잎은 둥근 콩팥형이며 심장저이고 가장자리는 5~7갈래로 갈라진다. 5~6월에 가느다란 꽃줄기 끝의 우산꽃차례에 흰색 꽃이 모여 핀다. 꽃부리는 5갈래로 갈라져 벌어지며 지름 4~5mm이고 중심부는 연노란색이며 꽃밥도 노란색이다.

꽃잎 5장

❶ 진퍼리까치수영(앵초과) *Lysimachia fortunei* 여러해살이풀(높이 40~70㎝)
남부 지방의 습지 주변. 잎은 어긋나고 거꿀피침형이며 너비 10~15㎜이고 가장자리는 밋밋하며 기름점이 있다. 7~8월에 줄기 끝에서 곧게 서는 송이꽃차례에 흰색 꽃이 모여 핀다. 꽃받침과 꽃부리는 5갈래로 깊게 갈라진다. 꽃받침 뒷면에 검은색 점이 있다.

❷ 까치수영(앵초과) *Lysimachia barystachys* 여러해살이풀(높이 50~100㎝)
양지쪽 습한 풀밭. 전체에 잔털이 있다. 잎은 어긋나고 좁은 타원형이며 끝이 약간 뾰족하고 너비 1~2㎝로 좁으며 가장자리가 밋밋하다. 6~8월에 줄기 끝에서 한쪽으로 휘어지는 송이꽃차례에 흰색 꽃이 촘촘히 모여 핀다. 꽃받침과 꽃부리는 5갈래로 깊게 갈라진다.

❸ 큰까치수영(앵초과) *Lysimachia clethroides* 여러해살이풀(높이 50~100㎝)
양지쪽 풀밭. 줄기와 잎에 털이 거의 없다. 잎은 어긋나고 긴 타원형이며 끝이 뾰족하고 너비 2~5㎝이며 가장자리가 밋밋하다. 6~8월에 줄기 끝에서 한쪽으로 휘어지는 송이꽃차례에 흰색 꽃이 촘촘히 모여 핀다. 꽃받침과 꽃부리는 5갈래로 깊게 갈라진다.

❹ 홍도까치수영(앵초과) *Lysimachia pentapetala* 여러해살이풀(높이 30~80㎝)
홍도의 풀밭. 잎은 어긋나고 선형~좁은 피침형이며 가장자리는 밋밋하다. 7~8월에 줄기 끝에서 곧게 서는 송이꽃차례에 흰색 꽃이 모여 피는데 꽃자루가 긴 편이다.

꽃잎 5장

여름에 피는 흰색 풀꽃

❶ 지치   지치 꽃 모양   ❷ 개쓴풀
❸ 꼭두서니   꼭두서니 꽃차례   ❹ 까마중

❶ **지치**(지치과) *Lithospermum erythrorhizon* 여러해살이풀(높이 30~70cm)
산과 들의 풀밭. 줄기와 잎에 털이 있다. 잎은 어긋나고 피침형이며 밑이 좁아진다. 5~7월에 줄기 끝의 송이꽃차례에 피는 흰색 꽃은 지름 4~5mm이다. 달걀형 열매는 매끈하다.

❷ **개쓴풀**(용담과) *Swertia diluta* 두해살이풀(높이 5~30cm)
산과 들의 습지. 잎은 마주나고 긴 타원형~피침형이며 가장자리가 밋밋하고 잎자루가 없다. 9~10월에 줄기와 가지 끝마다 흰색 꽃이 피어서 전체적으로 원뿔꽃차례가 된다. 꽃부리는 4~5갈래로 깊게 갈라지고 안쪽에 곱슬거리는 긴털이 있는 2개의 꿀샘덩이가 있다.

❸ **꼭두서니**(꼭두서니과) *Rubia argyi* 여러해살이덩굴풀(길이 80~100cm)
숲 가장자리. 네모진 줄기에 짧은 가시가 있다. 마디마다 4장씩 돌려나는 하트형~긴 달걀형 잎은 잎자루가 길다. 7~8월에 줄기 끝과 잎겨드랑이에서 나온 꽃대에 종 모양의 자잘한 흰색 꽃이 모여 피는데 지름 3.5~4mm이다. 2개씩 달리는 둥근 열매는 검게 익는다.

❹ **까마중**(가지과) *Solanum nigrum* 한해살이풀(높이 30~60cm)
들. 잎은 어긋나고 달걀형이며 밋밋하거나 물결 모양의 톱니가 있다. 6~8월에 마디 사이에서 자란 꽃대 끝에 3~8개의 흰색 꽃이 핀다. 꽃부리는 별처럼 5갈래로 갈라진다. 둥근 열매는 보통 광택이 없으며 검게 익고 씨앗은 2mm 정도이다. 미국까마중(p.294)과 같은 종으로 본다.

꽃잎 5장

여름에 피는 흰색 풀꽃

❶ 미국까마중 ❷ 배풍등 배풍등 꽃 모양 배풍등 잎
❸ 별꽃아재비 ❹ 털별꽃아재비 털별꽃아재비 꽃 모양

- ❶ **미국까마중**(가지과) *Solanum americanum* 한해살이풀(높이 30~60㎝)
  북아메리카 원산. 들. 잎은 어긋나고 달걀형이며 물결 모양의 톱니가 있거나 없다. 6~10월에 마디 사이에서 자란 꽃대 끝에 2~9개의 흰색~연자주색 꽃이 핀다. 둥근 열매는 보통 광택이 있으며 검은색으로 익고 씨앗은 지름 1.2~1.8㎜이다.

- ❷ **배풍등**(가지과) *Solanum lyratum* 여러해살이풀(높이 1~3m)
  산. 줄기는 덩굴처럼 기대며 오른다. 잎은 어긋나고 달걀형~긴 타원형이며 갈라지기도 한다. 8~9월에 잎과 마주나는 꽃대에 모여 피는 흰색 꽃은 꽃잎이 뒤로 젖혀진다.

- ❸ **별꽃아재비**(국화과) *Galinsoga parviflora* 한해살이풀(높이 10~40㎝)
  열대 아메리카 원산. 빈터. 잎은 마주나고 달걀형이며 가장자리에 얕은 톱니가 있다. 6~9월에 가지 끝에 자잘한 꽃송이가 달리는데 바깥쪽에 있는 5~6장의 흰색 혀꽃은 크기가 아주 작다. 총포는 반구형이고 총포조각에는 끈적거리는 샘털이 없다.

- ❹ **털별꽃아재비**(국화과) *Galinsoga quadriradiata* 한해살이풀(높이 10~40㎝)
  열대 아메리카 원산. 빈터. 전체에 털이 많다. 잎은 마주나고 달걀형이며 가장자리에 굵은 톱니가 있다. 6~9월에 가지 끝에 자잘한 꽃송이가 달리는데 바깥쪽에 5~6장의 흰색 혀꽃이 있다. 총포는 반구형이고 총포조각에는 끈적거리는 샘털이 있다.

꽃잎 5장

여름에 피는 흰색 풀꽃

❶ 톱풀 ❷ 서양톱풀
❸ 백도라지 ❹ 흰자주꽃방망이 ❺ 어리연꽃

❶ **톱풀**(국화과) *Achillea alpina* 여러해살이풀(높이 50~120㎝)
산과 들의 풀밭. 잎은 어긋나고 넓은 피침형이며 가장자리가 톱니처럼 갈라진다. 7~10월에 고른꽃차례에 달리는 흰색 꽃송이는 지름 7~9㎜이고 둘레의 혀꽃은 3.5~4.5㎜ 길이이다.

❷ **서양톱풀**(국화과) *Achillea millefolium* 여러해살이풀(높이 60~100㎝)
유럽 원산. 화초로 심고 들로 퍼져 자란다. 잎은 어긋나고 2회깃꼴겹잎이며 갈래조각은 선형이고 양면에 털이 조금 있다. 6~9월에 가지 끝에 흰색 꽃송이가 모여 달린다.

❸ **백도라지**(초롱꽃과) *Platycodon grandiflorus* f. *albiflorus* 여러해살이풀(높이 40~80㎝)
산과 들. 잎은 어긋나고 긴 달걀형~넓은 피침형이다. 7~8월에 가지 끝에 피는 종 모양의 흰색 꽃은 지름 4~5㎝이고 끝이 5갈래로 갈라진다. 도라지(p.157)와 같은 종으로 본다.

❹ **흰자주꽃방망이**(초롱꽃과) *Campanula glomerata* f. *alba* 여러해살이풀(높이 40~100㎝)
산의 풀밭. 잎은 어긋나고 좁은 달걀형~피침형이다. 7~9월에 윗부분의 잎겨드랑이에 꽃자루가 없는 종 모양의 흰색 꽃이 촘촘히 모여 핀다. 자주꽃방망이(p.221)와 같은 종으로 본다.

❺ **어리연꽃**(조름나물과|용담과) *Nymphoides indica* 여러해살이풀(높이 7~20㎝)
중부 이남의 연못. 물 위에 뜨는 둥근 잎은 심장저이다. 7~8월에 꽃자루 끝의 흰색 꽃은 지름 15㎜ 정도이고 5갈래로 깊게 갈라지며 안쪽이 흰색 털로 덮여 있고 중심부는 노란색이다.

295

꽃잎 5~6장

여름에 피는 흰색 풀꽃

❶ 조름나물 조름나물 꽃 모양 ❷ 뚝갈
❸ 돌창포 ❹ 한라돌창포 한라돌창포 꽃송이

- ❶ **조름나물**(조름나물과 | 용담과) *Menyanthes trifoliata* 여러해살이풀(높이 20~40㎝)
  경북 이북의 습지나 연못가. 뿌리줄기 끝에서 잎자루가 긴 세겹잎이 5~6장씩 모여난다. 작은잎은 긴 타원형이다. 4~6월에 꽃줄기 끝의 송이꽃차례에 흰색 꽃이 핀다. 깔때기 모양의 꽃부리는 끝이 5갈래로 갈라져 벌어지고 꽃부리 안쪽에 흰색 긴털이 빽빽이 난다.

- ❷ **뚝갈**(인동과 | 마타리과) *Patrinia villosa* 여러해살이풀(높이 80~100㎝)
  산과 들의 풀밭. 잎은 마주나고 달걀형이며 깃꼴로 3~5갈래로 갈라지기도 하고 톱니가 있다. 7~8월에 줄기와 가지 끝의 고른꽃차례에 자잘한 흰색 꽃이 촘촘히 달린다.

- ❸ **돌창포**(돌창포과 | 백합과) *Tofieldia nuda* 여러해살이풀(높이 14~30㎝)
  깊은 산의 습한 곳. 뿌리잎은 밑에서 안으며 2줄로 배열한다. 굽은 선형 잎은 3~7개의 잎맥이 있고 가장자리가 밋밋하다. 7~8월에 꽃줄기 윗부분의 송이꽃차례에 자잘한 흰색 꽃이 촘촘히 달린다. 가느다란 꽃잎은 6장이고 6개의 수술은 꽃잎과 길이가 비슷하다.

- ❹ **한라돌창포**(돌창포과 | 백합과) *Tofieldia fauriei* 여러해살이풀(높이 5~10㎝)
  한라산 정상. 뿌리잎은 밑에서 서로 안으며 2줄로 배열한다. 굽은 선형 잎은 8~9개의 잎맥이 있고 가장자리에 작은 돌기가 있다. 7~8월에 꽃줄기 윗부분의 송이꽃차례에 자잘한 흰색 꽃이 피는데 꽃잎 끝은 흑자색이다. 숙은돌창포에 비해 작으며 같은 종으로 본다.

여름에 피는 흰색 풀꽃

❶ 흰솔나리 ❶ 흰솔나리 잎줄기 ❷ 개감채
❸ 박새 ❹ 흰여로 흰여로 잎줄기

❶ **흰솔나리**(백합과) *Lilium cernuum* v. *candidum* 여러해살이풀(높이 70cm 정도)
강원도 이북의 깊은 산. 솔잎처럼 가느다란 잎은 줄기에 촘촘히 어긋나며 위로 갈수록 짧아진다. 7~8월에 가지 끝에 흰색 꽃이 밑이나 옆을 향해 피며 꽃덮이조각은 25~40mm 길이이고 뒤로 말린다. 거꿀달걀형 열매는 세로로 골이 진다. 솔나리(p.160)와 같은 종으로 본다.

❷ **개감채**(백합과) *Gagea serotina* 여러해살이풀(높이 7~15cm)
함경도의 높은 산. 원기둥 모양의 비늘줄기에서 돋은 뿌리잎은 선형이며 보통 2장씩 달린다. 꽃줄기에는 2~4장의 작은 선형 잎이 달리는데 위로 갈수록 작아진다. 6~7월에 줄기 끝에 달리는 넓은 종 모양의 흰색 꽃은 지름 15mm 정도이며 보통 1개씩 핀다.

❸ **박새**(여로과|백합과) *Veratrum oxysepalum* 여러해살이풀(높이 60~150cm)
깊은 산. 잎은 어긋나고 타원형이며 30cm 정도 길이이고 주름이 지며 밑부분은 줄기를 감싼다. 6~8월에 줄기 끝의 원뿔꽃차례에 지름 25mm 정도의 백황색 꽃이 핀다.

❹ **흰여로**(여로과|백합과) *Veratrum versicolor* 여러해살이풀(높이 1m 정도)
산의 풀밭. 줄기 밑부분에 촘촘히 어긋나는 3~4장의 잎은 긴 타원형~피침형이고 20~30cm 길이이며 끝이 뾰족하고 밑부분은 좁아져서 잎집과 연결된다. 7~8월에 줄기 윗부분의 원뿔꽃차례에 흰색 꽃이 촘촘히 모여 핀다. 타원형 열매는 황갈색이다.

꽃잎 6장

여름에 피는 흰색 풀꽃

❶ 흰상사화 ❷ 문주란 문주란 꽃 모양
❸ 흰무릇 ❹ 덩굴닭의장풀 덩굴닭의장풀 열매

❶ **흰상사화**(수선화과) *Lycoris albiflora* 여러해살이풀(높이 40~50㎝)
제주도와 나로도의 바닷가. 가을에 비늘줄기에서 뭉쳐나는 선형 잎은 너비 10~15㎜이고 황록색이며 초여름에 말라 죽는다. 9~10월에 꽃줄기 끝의 우산꽃차례에 10여 개의 백황색~백적색 꽃이 모여 달린다. 꽃덮이조각은 거꿀피침형이고 윗부분이 뒤로 젖혀진다.

❷ **문주란**(수선화과) *Crinum asiaticum* v. *japonicum* 늘푸른여러해살이풀(높이 50~80㎝)
제주도 해안의 모래땅. 짧은 원기둥 모양의 비늘줄기 끝에 모여나는 잎은 좁은 피침형이며 두껍고 광택이 있으며 윗부분이 뒤로 처진다. 7~9월에 꽃줄기 끝의 우산꽃차례에 흰색 꽃이 모여 피는데 6개의 가느다란 꽃덮이조각은 뒤로 젖혀지며 향기가 짙다.

❸ **흰무릇**(아스파라거스과 | 백합과) *Barnardia japonica* f. *alba* 여러해살이풀(높이 20~50㎝)
산과 들. 땅속의 비늘줄기에서 2장의 선형 잎이 나온다. 7~9월에 잎 사이에서 자란 꽃줄기 윗부분의 송이꽃차례에 자잘한 흰색 꽃이 모여 핀다. 무릇(p.165)과 같은 종으로 본다.

❹ **덩굴닭의장풀**(달개비과) *Streptolirion volubile* 한해살이덩굴풀(길이 2~3m)
산기슭. 잎은 어긋나고 하트형이며 가장자리가 밋밋하고 잎자루가 길다. 7~8월에 줄기 끝이나 잎겨드랑이에서 자란 꽃자루에 흰색 꽃이 2~3개씩 모여 핀다. 수술은 6개이고 수술대에 꼬불꼬불한 털이 있다. 달걀 모양의 타원형 열매는 3개의 세로줄이 있다.

꽃잎 6~7장 이상

여름에 피는 흰색 풀꽃

❶ 나도생강   나도생강 꽃차례   ❷ 흰털부처꽃
❸ 기생꽃   ❹ 각시수련   ❺ 미국수련

❶ **나도생강**(닭개비과) *Pollia japonica* 여러해살이풀(높이 30~80㎝)
남쪽 섬의 숲속. 잎은 어긋나고 넓은 피침형이다. 8~9월에 줄기 윗부분에서 5~6층으로 돌려나는 가지마다 자잘한 흰색 꽃이 달린다. 둥근 열매는 벽자색으로 익는다.

❷ **흰털부처꽃**(부처꽃과) *Lythrum salicaria* f. *albiflora* 여러해살이풀(높이 1m 정도)
습지. 곧게 서는 줄기는 네모지고 잔털이 있다. 잎은 밑부분이 줄기를 반쯤 감싼다. 7~9월에 가지 윗부분에 흰색 꽃이 촘촘히 달린다. 털부처꽃(p.168)과 같은 종으로 본다.

❸ **기생꽃**(앵초과) *Lysimachia europaea* 여러해살이풀(높이 7~25㎝)
높은 산. 줄기 끝부분에 5~10장이 달리는 잎은 좁은 달걀형이다. 6~7월에 잎겨드랑이에 1~2개씩 달리는 흰색 꽃은 꽃자루가 길고 꽃받침과 꽃부리는 보통 7갈래로 깊게 갈라진다.

❹ **각시수련/애기수련**(수련과) *Nymphaea tetragona* v. *minima* 여러해살이풀(높이 5~10㎝)
연못. 물 위에 뜨는 둥근 달걀형 잎은 20~55㎜ 길이이고 심장저이다. 6~8월에 물 위에 뜨는 꽃자루 끝에 지름 5㎝ 정도의 흰색 꽃이 피는데 꽃잎은 8~15장이다.

❺ **미국수련**(수련과) *Nymphaea odorata* 여러해살이풀(높이 5~12㎝)
북미 원산. 연못. 물 위에 뜨는 둥근 잎은 10~30㎝ 길이이고 심장저이다. 6~8월에 물 위에 뜨는 꽃자루 끝에 지름 7.5~12.5㎝의 흰색 꽃이 피는데 꽃잎은 20~30장이다.

꽃잎 7장 이상

여름에 피는 흰색 풀꽃

❶ 백련 ❷ 뚜껑덩굴 뚜껑덩굴 꽃 모양 뚜껑덩굴 열매
❸ 수레국화 ❹ 단풍취 단풍취 꽃차례

❶ **백련**(연꽃과 | 수련과) *Nelumbo nucifera* 'Alba' 여러해살이풀(높이 1~2m)
연못이나 늪. 물 밖으로 나오는 가시가 있는 잎자루 끝에 달리는 커다란 둥근 잎은 지름 40㎝ 정도이다. 7~8월에 물 밖으로 나오는 긴 꽃자루 끝에 커다란 흰색 꽃이 핀다. 연꽃 (p.169)과 생김새가 같지만 흰색 꽃이 피어서 '백련'이라고 한다. 연꽃과 같은 종으로 본다.

❷ **뚜껑덩굴**(박과) *Actinostemma lobatum* 한해살이덩굴풀(길이 2m 정도)
물가. 덩굴손은 잎과 마주난다. 잎은 어긋나고 긴 삼각형이며 심장저이고 가장자리에 낮은 톱니가 있으며 3~5갈래로 갈라지기도 한다. 8~9월에 잎겨드랑이의 송이꽃차례에 백록색 꽃이 피는데 갈래조각은 뾰족하다. 도토리 모양의 열매는 익으면 가로로 갈라진다.

❸ **수레국화**(국화과) *Cyanus segetum* 한두해살이풀(높이 30~90㎝)
유럽 원산. 화초로 심고 들로 퍼져 자란다. 잎은 어긋나고 거꿀피침형이며 깃꼴로 깊게 갈라진다. 6~7월에 가지 끝에 달리는 흰색, 푸른색, 붉은색 꽃송이는 수레바퀴 모양이다.

❹ **단풍취**(국화과) *Ainsliaea acerifolia* 여러해살이풀(높이 40~60㎝)
산의 숲속. 줄기 가운데에 4~7장이 돌려나는 것처럼 보이는 둥근 잎은 가장자리가 7~11갈래로 얕게 갈라지고 톱니가 있다. 7~9월에 줄기 끝에 흰색 꽃송이가 이삭꽃차례처럼 모여 달린다. 가는 원통형 총포는 총포조각이 많고 3개의 대롱꽃이 나온다.

꽃잎 7장 이상

여름에 피는 흰색 풀꽃

❶ 왜솜다리   왜솜다리 꽃 모양   ❷ 산솜다리
❸ 한련초   한련초 꽃 모양   ❹ 옹굿나물

❶ **왜솜다리**(국화과) *Leontopodium japonicum* 여러해살이풀(높이 25~55㎝)
소백산 이북의 높은 산. 키가 큰 편이다. 잎은 어긋나고 피침형~긴 타원형이며 끝이 뾰족하고 뒷면에 회백색 털이 있다. 8~9월에 줄기 끝에 돌려나는 몇 개의 포는 회백색 털이 있고 그 가운데에 여러 개의 꽃송이가 엉성하게 모여서 위를 향해 핀다.

❷ **산솜다리**(국화과) *Leontopodium leiolepis* 여러해살이풀(높이 7~20㎝)
설악산 이북의 높은 산. 뿌리잎은 꽃이 필 때도 남아 있다. 잎은 어긋나고 거꿀피침형이며 둔한 끝에 뾰족한 돌기가 있고 양면에 회백색 털이 있다. 5~7월에 줄기 끝에 6~9개가 돌려나는 포는 회백색 털이 있고 그 가운데에 여러 개의 연노란색 꽃송이가 촘촘히 모여 핀다.

❸ **한련초**(국화과) *Eclipta prostrata* 한해살이풀(높이 20~60㎝)
논둑이나 습지. 잎은 어긋나고 피침형이며 잔톱니가 있다. 8~9월에 가지 끝에 1개씩 피는 흰색 꽃송이는 지름 1㎝ 정도이다. 가장자리의 혀꽃은 가늘고 총포는 둥근 종 모양이다.

❹ **옹굿나물**(국화과) *Aster fastigiatus* 여러해살이풀(높이 30~100㎝)
약간 습한 곳. 줄기 밑부분의 잎은 좁은 피침형이며 위로 갈수록 가늘어지고 뒷면은 흰빛이 돌며 기름점이 있다. 8~10월에 줄기와 가지 끝의 고른꽃차례에 모여 달리는 흰색 꽃송이는 지름 7~9㎜로 작다. 긴 타원형 열매에 잔털과 기름점이 있다.

꽃잎 7장 이상

여름에 피는 흰색 풀꽃

❶ 섬쑥부쟁이 꽃 모양 ❷ 까실쑥부쟁이 꽃 모양
❶ 섬쑥부쟁이 ❷ 까실쑥부쟁이
❸ 참취 참취 뿌리잎 ❹ 미국쑥부쟁이

❶ **섬쑥부쟁이**(국화과) *Aster glehnii* 여러해살이풀(높이 1~1.5m)
울릉도. 잎은 어긋나고 긴 타원형이며 끝이 뾰족하고 불규칙한 톱니가 있다. 8~10월에 줄기와 가지 끝의 고른꽃차례에 달리는 흰색 꽃송이는 지름 15mm 정도이며 중심부의 대롱꽃은 노란색이다. 총포는 통 모양이고 2~3줄로 붙는 총포조각은 끝이 뾰족하다.

❷ **까실쑥부쟁이**(국화과) *Aster ageratoides* 여러해살이풀(높이 1m 정도)
산과 들. 잎은 어긋나고 좁은 타원형이며 톱니가 드문드문 있다. 8~10월에 고른꽃차례에 피는 연자주색~흰색 꽃은 지름 2cm 정도이다. 총포는 달걀형이고 총포조각은 3줄로 붙는다.

❸ **참취**(국화과) *Doellingeria scabra* 여러해살이풀(높이 1~1.5m)
산의 풀밭. 뿌리잎은 하트형이며 잎자루에 날개가 있고 가장자리에 겹톱니가 있다. 줄기잎은 어긋나고 위로 갈수록 작아진다. 8~10월에 줄기와 가지 끝의 고른꽃차례에 달리는 흰색 꽃송이는 지름 18~24mm이다. 총포는 반구형이고 총포조각은 3줄로 붙는다.

❹ **미국쑥부쟁이**(국화과) *Symphyotrichum pilosum* 여러해살이풀(높이 30~100cm)
북아메리카 원산. 길가나 빈터. 전체에 까칠까칠한 털이 있다. 줄기는 윗부분이 비스듬히 휘어지며 가지가 많이 갈라진다. 잎은 어긋나고 좁은 피침형이며 위로 갈수록 가늘어진다. 9~10월에 가지 끝마다 달리는 흰색 꽃송이는 지름 1~2cm이다.

꽃잎 7장 이상

여름에 피는 흰색 풀꽃

❶ 흰구름국화 ❷ 개망초 개망초 잎
❸ 주걱개망초 주걱개망초 잎줄기 ❹ 봄망초

- ❶ **흰구름국화**(국화과) *Erigeron thunbergii* ssp. *glabratus* f. *albiflorus* 여러해살이풀(높이 10~35㎝)
  백두산. 잎은 어긋나고 주걱형이며 점차 선형이 된다. 6~8월에 피는 흰색 꽃송이는 지름 3~4㎝이고 총포는 반구형이다. 구름국화(p.172)와 같은 종으로 본다.

- ❷ **개망초**(국화과) *Erigeron annuus* 두해살이풀(높이 50~100㎝)
  북아메리카 원산. 길가나 빈터. 줄기는 골속이 차 있고 전체에 거센털이 있다. 잎은 어긋나고 긴 달걀형~피침형이며 가장자리에 몇 개의 톱니가 있다. 7~9월에 줄기와 가지 끝마다 피는 흰색 꽃은 지름 2㎝ 정도이다. 가장자리의 혀꽃은 100장 정도이다.

- ❸ **주걱개망초**(국화과) *Erigeron strigosus* 한두해살이풀(높이 30~100㎝)
  유럽 원산. 길가나 빈터. 줄기는 골속이 차 있고 위를 향한 털이 있다. 잎은 어긋나고 주걱형~좁은 주걱형이며 가장자리에 톱니가 없다. 7~9월에 줄기와 가지 끝마다 피는 흰색 꽃은 지름 14~15㎜이다. 가장자리의 혀꽃은 120장 정도이다.

- ❹ **봄망초**(국화과) *Erigeron philadelphicus* 두해~여러해살이풀(높이 30~80㎝)
  북아메리카 원산. 길가나 빈터. 줄기는 골속이 비었고 연한 털이 있다. 잎은 어긋나고 주걱형이며 가장자리에 몇 개의 톱니가 있다. 7~9월에 줄기와 가지 끝마다 피는 흰색 꽃은 지름 20~25㎜이다. 가장자리의 혀꽃은 실처럼 가늘고 150~400장이다.

꽃잎 7장 이상

❶ 코스모스　❷ 흰도깨비바늘 총포　❷ 흰도깨비바늘
❸ 키큰산국 잎　키큰산국　불란서국화 잎　❹ 불란서국화

❶ **코스모스**(국화과) *Cosmos bipinnatus* **한해살이풀**(높이 1~2m)
　멕시코 원산. 화초로 심고 주변으로 퍼져 나가 자란다. 잎은 마주나고 2회깃꼴겹잎이며 갈래조각은 선형이다. 7~10월에 가지 끝에 달리는 흰색, 붉은색, 분홍색 꽃은 지름 5~6cm이다.

❷ **흰도깨비바늘**(국화과) *Bidens pilosa* v. *minor* **한해살이풀**(높이 20~80cm)
　열대 아메리카 원산. 빈터. 잎은 마주나고 깃꼴겹잎이며 작은잎은 3~5장이다. 가을에 가지 끝에 지름 10~12㎜의 흰색 꽃이 핀다. 꽃송이 둘레에 4~6장의 혀꽃이 있다. 씨앗은 털과 3~4개의 가시가 있다. 울산도깨비바늘(p.268)과 같은 종으로 본다.

❸ **키큰산국**(국화과) *Leucanthemella linearis* **여러해살이풀**(높이 30~100cm)
　경기도와 북부 지방의 습지. 잎은 어긋나고 1~2쌍의 깃꼴로 깊게 갈라지며 갈래조각은 피침형이고 뒷면에 기름점이 있다. 8~11월에 줄기와 가지 끝에 달리는 흰색 꽃송이는 지름 3~6cm이고 위를 향한다. 총포는 반구형이고 총포조각은 3줄로 붙는다.

❹ **불란서국화**(국화과) *Leucanthemum vulgare* **여러해살이풀**(높이 30~50cm)
　유럽 원산. 화초로 심던 것이 들로 퍼져 나가 자란다. 뿌리잎은 거꿀달걀형이며 큰 톱니가 있고 줄기잎은 어긋나며 위로 갈수록 가늘어진다. 5~8월에 줄기 끝에 달리는 흰색 꽃송이는 지름 5cm 정도이다. 둘레의 혀꽃은 20~30장이다. '옥스아이데이지'라고도 한다.

꽃잎 7장 이상

여름에 피는 흰색 풀꽃

❶ 산구절초   ❷ 포천구절초
❸ 구절초 구절초 잎   ❹ 울릉국화

❶ **산구절초**(국화과) *Chrysanthemum zawadskii* 여러해살이풀(높이 10~60㎝)
높은 산. 잎은 어긋나고 넓은 달걀형이며 2회 깃꼴로 깊고 가늘게 갈라진다. 줄기잎은 위로 갈수록 작아지고 가늘어진다. 잎 양면에 기름점이 있다. 8~10월에 줄기와 가지 끝에 1개씩 달리는 흰색 꽃송이는 지름 3~6㎝이다. 총포는 반구형이고 총포조각은 3줄로 붙는다.

❷ **포천구절초**(국화과) *Chrysanthemum zawadskii* v. *tenuisectum* 여러해살이풀(높이 50㎝ 정도)
경기도와 강원도의 강가. 잎은 어긋나고 깃꼴로 완전히 갈라지며 갈래조각은 선형으로 끝이 뾰족하다. 9~10월에 줄기와 가지 끝에 1개씩 피는 흰색 꽃은 지름 5㎝ 정도이다. 처음 피는 꽃은 분홍색이 돌기도 하지만 점차 희게 변한다. 산구절초와 같은 종으로 본다.

❸ **구절초**(국화과) *Chrysanthemum zawadskii* v. *latilobum* 여러해살이풀(높이 50㎝ 정도)
산과 들. 잎은 어긋나고 달걀형~넓은 달걀형이며 밑부분은 심장저로 되기도 하고 가장자리는 깃꼴로 얕게 갈라진다. 9~10월에 가지 끝에 1개씩 피는 흰색~연홍색 꽃송이는 지름 4~8㎝이다. 총포는 반구형이고 총포조각은 3줄로 붙는다. 산구절초와 같은 종으로 본다.

❹ **울릉국화**(국화과) *Chrysanthemum zawadskii* v. *lucidum* 여러해살이풀(높이 30㎝ 정도)
울릉도. 뿌리잎은 2회 깃꼴로 깊게 갈라지며 두껍고 광택이 있다. 9~10월에 줄기와 가지 끝에 1개씩 피는 흰색~연분홍색 꽃은 지름 5~6㎝이다. 산구절초와 같은 종으로 본다.

꽃잎 7장 이상~기타

❶ 카밀레   카밀레 꽃송이   ❷ 꽃족제비쑥
❸ 흰겹도라지   ❹ 삼백초   삼백초 꽃 모양   삼백초 열매이삭

❶ **카밀레**(국화과) *Matricaria chamomilla* 한두해살이풀(높이 30~60㎝)
유럽 원산. 들. 잎은 어긋나고 2~3회깃꼴겹잎이며 갈래조각은 선형이고 밋밋하며 긴털이 약간 있거나 없다. 6~9월에 가지 끝에 피는 꽃은 지름 2㎝ 정도이며 중심부의 노란색 대롱꽃 부분은 점차 솟아 오르고 흰색 혀꽃은 밑으로 젖혀진다.

❷ **꽃족제비쑥**(국화과) *Matricaria inodora* 한두해살이풀(높이 20~60㎝)
유럽 원산. 들이나 길가. 잎은 어긋나고 3~4회 깃꼴로 갈라지며 갈래조각은 선형이다. 6~9월에 가지 끝에 피는 흰색 꽃은 지름 20~35㎜이다. 둘레의 혀꽃은 15~20장이고 길이 2㎝ 정도이며 중심부는 노란색 대롱꽃이 모여 반구형이 된다.

❸ **흰겹도라지**(초롱꽃과) *Platycodon grandiflorus* f. *leucanthus* 여러해살이풀(높이 40~80㎝)
산과 들. 잎은 어긋나고 긴 달걀형~넓은 피침형이며 뒷면은 회청색이다. 7~8월에 가지 끝에 종 모양의 흰색 겹꽃이 핀다. 도라지(p.157)와 같은 종으로 본다.

❹ **삼백초**(삼백초과) *Saururus chinensis* 여러해살이풀(높이 50~100㎝)
제주도의 습지. 잎은 어긋나고 달걀형이며 끝이 뾰족하고 심장저이다. 줄기 끝에 달리는 2~3장의 잎은 흰색을 띤다. 6~8월에 잎과 마주나는 이삭꽃차례는 끝부분이 밑으로 처지며 자잘한 흰색 꽃이 피어 올라간다. 꽃, 잎, 뿌리가 희어서 '삼백초(三白草)'라고 한다.

여름에 피는 흰색 풀꽃

❶ 실꽃풀

❷ 맥문아재비 / 맥문아재비 꽃차례

❸ 흰일월비비추

❹ 해오라비난초 / 해오라비난초 꽃 모양

❶ **실꽃풀**(여로과 | 백합과) *Chionographis japonica* 여러해살이풀(높이 30㎝ 정도)
제주도의 숲속. 줄기는 곧게 선다. 뿌리잎은 거꿀피침형이며 3~8㎝ 길이이다. 줄기잎은 가는 피침형이며 위로 올라갈수록 점차 작아진다. 5~7월에 줄기 끝의 이삭꽃차례에 흰색 꽃이 모여 달리는데 가느다란 꽃덮이조각과 수술은 각각 6개씩이고 암술은 1개이다.

❷ **맥문아재비**(아스파라거스과 | 백합과) *Ophiopogon jaburan* 여러해살이풀(높이 30~50㎝)
남쪽 바닷가의 숲속. 뿌리잎은 기다란 선형이며 길이 30~80㎝, 너비 7~15㎜이고 끝이 뾰족하다. 꽃줄기는 납작하고 좁은 날개가 있다. 7~9월에 꽃줄기 끝의 송이꽃차례에 백자색 꽃이 피는데 꽃덮이조각은 6㎜ 정도 길이이다. 둥근 열매는 늦가을에 벽자색으로 익는다.

❸ **흰일월비비추**(아스파라거스과 | 백합과) *Hosta capitata* f. *albiflora* 여러해살이풀(높이 50~60㎝)
산. 뿌리잎은 넓은 달걀형이며 심장저이고 잎자루가 길다. 7~8월에 꽃줄기 끝에 흰색 꽃이 머리 모양으로 촘촘히 모여 달린다. 일월비비추(p.164)와 같은 종으로 본다.

❹ **해오라비난초**(난초과) *Pecteilis radiata* 여러해살이풀(높이 15~40㎝)
양지쪽 습지. 줄기 밑부분에 3~5장이 어긋나는 잎은 넓은 선형이다. 7~8월에 줄기 끝에 1~2개가 피는 흰색 꽃은 지름 3㎝ 정도이다. 입술꽃잎은 옆갈래조각의 가장자리가 실처럼 잘게 갈라지는데 그 모양이 날개를 편 해오라기처럼 보여서 '해오라비난초'라고 한다.

기타

여름에 피는 흰색 풀꽃

❶ 잠자리난초　❷ 제비난　제비난 꽃차례
❸ 흰제비난　❹ 천마　천마 꽃 모양

❶ 잠자리난초(난초과) *Habenaria linearifolia* 여러해살이풀(높이 40~70㎝)
산의 양지쪽 습지. 줄기에 2~3장이 어긋나는 선형 잎은 10~20㎝ 길이이며 끝이 뾰족하다. 6~8월에 줄기 윗부분의 송이꽃차례에 여러 개의 흰색 꽃이 옆을 향해 핀다. 밑부분의 입술꽃잎은 길게 십자 모양으로 갈라지고 기다란 꿀주머니는 끝부분이 점점 굵어진다.

❷ 제비난(난초과) *Platanthera bifolia* ssp. *extremiorientalis* 여러해살이풀(높이 20~50㎝)
산의 숲속. 뿌리의 일부가 마늘쪽처럼 굵어진다. 줄기 밑부분에 달리는 2장의 타원형 잎은 8~15㎝ 길이이다. 7~8월에 줄기 윗부분의 이삭꽃차례에 흰색 꽃이 모여 달린다. 입술꽃잎은 혀 모양이며 녹색이고 꿀주머니는 가느다란 곤봉 모양이며 밑으로 구부러진다.

❸ 흰제비난(난초과) *Platanthera hologlottis* 여러해살이풀(높이 50~90㎝)
산의 햇볕이 잘 드는 습지. 줄기에 어긋나는 5~12장의 좁은 피침형 잎은 밑부분이 줄기를 감싸며 위로 갈수록 작아진다. 6~7월에 줄기 윗부분의 이삭꽃차례에 흰색 꽃이 촘촘히 달린다. 입술꽃잎은 혀 모양이고 흰색이다. 꿀주머니는 10~12㎜ 길이이며 밑으로 구부러진다.

❹ 천마(난초과) *Gastrodia elata* 여러해살이풀(높이 50~100㎝)
산의 숲속. 줄기에 작은 세모꼴의 잎이 어긋난다. 6~7월에 윗부분의 송이꽃차례에 항아리 모양의 흰색~백록색 꽃이 모여 달린다. 한방에서 타원형 덩이뿌리와 줄기를 강장제로 쓴다.

❶ 사철란 ❷ 붉은사철란 붉은사철란 뿌리잎
❸ 석곡 ❹ 풍란 풍란 군락

❶ 사철란(난초과) *Goodyera schlechtendaliana* 늘푸른여러해살이풀(높이 12~25cm)
남쪽 섬과 울릉도의 숲속. 줄기 밑부분에 4~6장이 촘촘히 어긋나는 좁은 달걀형 잎은 가장자리가 밋밋하고 앞면에 흰색 반점이 있다. 8~9월에 줄기 윗부분의 송이꽃차례에 한쪽을 보고 피는 흰색 꽃은 꽃자루가 길다. 입술꽃잎은 달걀형이며 안쪽에 털이 있다.

❷ 붉은사철란(난초과) *Goodyera biflora* 늘푸른여러해살이풀(높이 4~8cm)
남쪽 섬의 숲속. 줄기 밑부분은 땅바닥을 기고 윗부분은 비스듬히 선다. 줄기에 3~4장이 어긋나는 달걀형 잎은 회색이 도는 진녹색 바탕에 흰색 무늬가 있다. 8~9월에 줄기 윗부분에 1~3개가 달리는 통 모양의 흰색 꽃은 2~3cm 길이로 큰 편이다.

❸ 석곡(난초과) *Dendrobium moniliforme* 늘푸른여러해살이풀(높이 10~20cm)
남부 지방. 숲속 나무나 바위에 붙어 자란다. 줄기는 퉁퉁한 육질이고 마디가 있다. 잎은 어긋나고 피침형이며 7~13cm 길이이고 광택이 있으며 잎집과 연결된다. 5~6월에 오래된 줄기 윗부분의 마디에 옆을 보고 피는 1~2개의 흰색~연분홍색 꽃은 지름 3cm 정도이다.

❹ 풍란(난초과) *Neofinetia falcata* 늘푸른여러해살이풀(높이 5~10cm)
남쪽 섬. 착생란. 넓은 선형 잎은 2줄로 마주 안는다. 7~8월에 송이꽃차례에 3~5개의 흰색 꽃이 달린다. 꿀주머니는 선형이며 끝이 뭉툭하고 길이 4cm 정도로 길며 밑으로 구부러진다.

기타

❶ 연잎꿩의다리 ❷ 산꿩의다리 산꿩의다리 잎
❸ 작은산꿩의다리 ❹ 꿩의다리 꿩의다리 꽃송이

- ❶ **연잎꿩의다리**(미나리아재비과) *Thalictrum ichangense* v. *coreanum* 여러해살이풀(높이 20~80㎝)
 강원도 이북의 산 숲속. 잎은 어긋나고 1~2회세겹잎이다. 작은잎은 둥근 방패 모양이며 고르지 않은 톱니가 있다. 6월에 줄기 끝의 원뿔꽃차례에 연자주색~흰색 꽃이 핀다.

- ❷ **산꿩의다리**(미나리아재비과) *Thalictrum tuberiferum* 여러해살이풀(높이 30~60㎝)
 산의 숲속. 잎은 1~3회세겹잎이다. 작은잎은 긴 타원형~네모진 달걀형이며 가장자리에 둔한 톱니가 있고 뒷면은 흰빛이 돈다. 6~8월에 줄기 끝의 고른꽃차례에 흰색 꽃이 모여 핀다. 수술대는 위쪽은 굵고 아래쪽은 가늘다. 열매는 달걀형이며 1~4개의 맥과 자루가 있다.

- ❸ **작은산꿩의다리**(미나리아재비과) *Thalictrum raphanorhizon* 여러해살이풀(높이 12~20㎝)
 한라산 남쪽. 잎은 2회세겹잎이다. 작은잎은 찌그러진 달걀형이며 심장저이고 끝에 둔한 톱니가 있다. 7~8월에 줄기 끝의 고른꽃차례에 흰색 꽃이 모여 핀다. 열매는 4개의 능선이 있으며 네모진다. 영양 부족에 걸린 산꿩의다리와 비슷하다.

- ❹ **꿩의다리**(미나리아재비과) *Thalictrum aquilegifolium* v. *sibiricum* 여러해살이풀(높이 50~100㎝)
 산기슭의 풀밭. 잎은 어긋나고 2~4회깃꼴겹잎이다. 작은잎은 거꿀달걀형이며 3~5갈래로 갈라지고 끝이 둥글다. 잎자루의 기부에 턱잎이 있다. 6~8월에 줄기와 가지 끝의 둥근 고른꽃차례에 수술이 많은 흰색 꽃이 핀다. 수술대는 위쪽이 약간 굵어진다.

여름에 피는 흰색 풀꽃

❶ 왜승마

❷ 촛대승마   촛대승마 꽃 모양

❸ 눈빛승마   눈빛승마 꽃 모양

❹ 세잎승마

❶ **왜승마**(미나리아재비과) *Actaea japonica* 여러해살이풀(높이 60~80㎝)
제주도의 숲속. 뿌리잎은 1~2회세겹잎이다. 작은잎은 넓은 달걀형~둥근 하트형이고 가장자리가 얕게 갈라지며 톱니가 있고 심장저이다. 잎 앞면 잎맥 위에 털이 있다. 8~10월에 뿌리에서 나온 꽃줄기 끝에 달리는 송이꽃차례에 자잘한 흰색 꽃이 모여 핀다.

❷ **촛대승마**(미나리아재비과) *Actaea simplex* 여러해살이풀(높이 1~1.5m)
깊은 산. 잎은 어긋나고 2~3회세겹잎이다. 작은잎은 달걀형이며 3갈래로 갈라지기도 한다. 암수한그루로 6~7월에 줄기 끝의 송이꽃차례는 촛대 모양이며 자잘한 흰색 꽃이 모여 핀다.

❸ **눈빛승마**(미나리아재비과) *Actaea dahurica* 여러해살이풀(높이 1.5~2.5m)
깊은 산. 잎은 어긋나고 2~3회세겹잎이다. 작은잎은 달걀형~긴 달걀형이고 끝이 뾰족하며 가장자리에 톱니가 있다. 암수딴그루로 7~8월에 줄기 끝의 큰 원뿔꽃차례에 자잘한 흰색 꽃이 달린다. 암그루에는 암수한꽃이 피고 수그루는 암술이 거의 없어진다.

❹ **세잎승마**(미나리아재비과) *Actaea bifida* 여러해살이풀(높이 80~120㎝)
숲속에서 드물게 자란다. 잎은 어긋나고 세겹잎이며 작은잎은 달걀형~원형이고 윗부분이 다시 3갈래로 갈라지며 가장자리에 고르지 않은 톱니가 있다. 8~9월에 줄기 끝이나 잎겨드랑이의 원뿔꽃차례에 흰색 암수한꽃이 모여 핀다. 꽃송이는 원기둥 모양이다.

기타

❶ 흰진범
❷ 노랑투구꽃
❸ 물수세미
❹ 이삭물수세미

❶ **흰진범**(미나리아재비과) *Aconitum longecassidatum* 여러해살이풀(높이 1m 정도)
산의 숲속. 비스듬한 줄기 윗부분에 짧은털이 촘촘하다. 잎은 어긋나고 손바닥처럼 5~7갈래로 갈라진다. 8~9월에 줄기 끝의 송이꽃차례에 오리 모양의 흰색 꽃이 모여 핀다.

❷ **노랑투구꽃**(미나리아재비과) *Aconitum barbatum* v. *hispidum* 여러해살이풀(높이 1~1.5m)
강원도 이북의 산. 잎은 어긋나고 3~5갈래로 깊게 갈라지며 갈래조각은 다시 얕게 갈라진다. 8~9월에 줄기 끝의 송이꽃차례에 달리는 오리 모양의 백황색~노란색 꽃은 꽃차례와 함께 털이 있고 꿀주머니가 구부러지지 않는다. 달걀 모양의 타원형 열매는 3개이며 털이 없다.

❸ **물수세미**(개미탑과) *Myriophyllum verticillatum* 여러해살이풀(길이 50㎝ 정도)
연못이나 고인 물속. 깃꼴로 잘게 갈라지는 잎은 줄기의 마디마다 4장씩 돌려나고 흰빛이 돈다. 물속에 잠긴 잎은 갈래조각이 실처럼 가늘다. 암수한그루로 7~8월에 물 위로 벋은 줄기의 잎겨드랑이에 누런빛이 도는 자잘한 흰색 꽃이 촘촘히 달린다.

❹ **이삭물수세미**(개미탑과) *Myriophyllum spicatum* 여러해살이풀(길이 1~2m)
도랑이나 연못. 잎은 줄기의 마디마다 4장씩 돌려나며 깃꼴로 잘게 갈라지고 모두 물속에 잠긴다. 갈래조각은 실처럼 가늘고 잎자루가 없다. 암수한그루로 6~10월에 물 위로 나오는 이삭꽃차례에는 각 마디마다 흰색이 도는 꽃이 4개씩 돌려 가며 달린다.

*노랑투구꽃은 모양이 비슷한 흰진범과 비교하기 쉽도록 함께 실었다.

기타

여름에 피는 흰색 풀꽃

❶ 흰꽃여뀌 ❷ 흰여뀌 흰여뀌 꽃 모양
❸ 세뿔여뀌 ❹ 가는범꼬리 가는범꼬리 뿌리잎

❶ 흰꽃여뀌(마디풀과) *Persicaria japonica* 여러해살이풀(높이 60~100㎝)
습지. 뿌리줄기가 길게 벋는다. 잎은 어긋나고 피침형이며 약간 두껍고 턱잎 끝에 수염털이 있다. 7~9월에 가지 끝에 달리는 흰색 이삭꽃차례는 7~12㎝ 길이이다. 꽃덮이는 5갈래로 갈라지며 기름점이 있다. 열매는 둥근 달걀형이고 씨앗은 광택이 있다.

❷ 흰여뀌(마디풀과) *Persicaria lapathifolia* 한해살이풀(높이 50~100㎝)
들. 잎은 어긋나고 피침형이며 검은색 무늬가 있기도 하다. 잎 가장자리와 양면 주맥에 털이 있다. 턱잎은 털이 거의 없거나 있다. 7~9월에 가지 끝의 이삭꽃차례는 흰색~연분홍색이고 4~10㎝ 길이이며 밑으로 처진다. 큰개여뀌(명아주여뀌)도 본종에 포함된다.

❸ 세뿔여뀌(마디풀과) *Persicaria debilis* 한해살이풀(높이 20~40㎝)
한라산과 지리산의 그늘진 곳. 잎은 어긋나고 삼각형이며 중앙에 검은색 반점이 나타난다. 8~9월에 잎겨드랑이의 꽃대 끝에 흰색 꽃이 머리 모양으로 모여 달리며 꽃대에 샘털이 있다.

❹ 가는범꼬리(마디풀과) *Bistorta alopecuroides* 여러해살이풀(높이 15~30㎝)
한라산의 높은 지대. 모여나는 뿌리잎은 피침형~좁은 피침형이며 가장자리가 뒤로 말린다. 줄기잎은 달걀 모양의 긴 타원형이고 잎자루가 없으며 잎집이 길다. 6~7월에 줄기 끝에서 곧게 서는 이삭꽃차례는 5㎝ 정도 길이이며 흰색~연분홍색 꽃이 촘촘히 달린다.

기타

❶ 눈범꼬리
❷ 참개싱아   참개싱아 열매
❸ 나도하수오   나도하수오 꽃 모양   ❹ 삼도하수오

❶ **눈범꼬리**(마디풀과) *Bistorta suffulta* 여러해살이풀(높이 20~40㎝)
한라산의 높은 지대. 잎은 어긋나고 넓은 달걀형이며 심장저이고 잎자루가 길다. 줄기잎은 원줄기를 감싼다. 5~7월에 줄기 끝이나 잎겨드랑이에 흰색 꽃이삭이 달린다.

❷ **참개싱아**(마디풀과) *Aconogonon microcarpum* 여러해살이풀(높이 50㎝ 정도)
중부 이북의 산. 잎은 어긋나고 달걀 모양의 피침형~달걀 모양의 타원형이며 가장자리는 밋밋하다. 7~8월에 줄기 끝의 원뿔꽃차례에 자잘한 흰색 꽃이 달린다. 꽃덮이는 5갈래로 깊게 갈라지고 1.5~2.5㎜ 길이이다. 열매는 모가 진 뿔 모양이며 3㎜ 정도 길이이다.

❸ **나도하수오**(마디풀과) *Reynoutria ciliinervis* 여러해살이풀(길이 2m 정도)
산. 뿌리는 단단해지지만 덩이뿌리는 없다. 잎은 어긋나고 긴 타원형이며 밑부분은 심장저이고 가장자리는 밋밋하며 뒷면 잎맥 위에 잔털이 있다. 6~8월에 가지 끝의 원뿔꽃차례에 자잘한 흰색 꽃이 모여 핀다. 열매는 세모진 달걀형이며 3개의 날개가 있다.

❹ **삼도하수오**(마디풀과) *Reynoutria koreana* 여러해살이풀(길이 1.5~2m)
산의 풀밭. 땅속에 굵은 덩이뿌리가 생긴다. 잎은 어긋나고 하트형이며 5~15㎝ 길이이고 끝이 뾰족하며 가장자리는 거의 밋밋하다. 6~9월에 잎겨드랑이에 달리는 이삭꽃차례에 자잘한 흰색 꽃이 2~3개씩 층층으로 달린다. 세모진 달걀형 열매의 날개는 뒤틀린다.

여름에 피는 흰색 풀꽃

❶ 하수오 ❷ 닭의덩굴 / 닭의덩굴 잎
❸ 큰닭의덩굴 ❹ 나도닭의덩굴 ❺ 괭이싸리

● **하수오**(마디풀과) *Reynoutria multiflora* 여러해살이덩굴풀(길이 3~4m)
중국 원산. 밭에서 재배한다. 잎은 어긋나고 기다란 하트형이며 털이 없다. 8~9월에 원뿔꽃차례에 자잘한 흰색 꽃이 모여 핀다. 열매는 세모진 달걀형이며 3개의 날개가 있다.

❷ **닭의덩굴**(마디풀과) *Fallopia dumetorum* 한해살이덩굴풀(길이 50~200cm)
산과 들. 잎은 어긋나고 달걀형이며 밑부분은 화살밑 같다. 6~9월에 짧은 송이꽃차례에 작은 백록색 꽃이 핀다. 가장자리에 날개가 있는 열매는 타원형~원형이며 5~7mm 길이이다.

❸ **큰닭의덩굴**(마디풀과) *Fallopia dentatoalata* 한해살이덩굴풀(길이 70~180cm)
산과 들. 잎은 어긋나고 밑부분은 양쪽이 화살촉 같다. 9~10월에 잎겨드랑이의 짧은 이삭꽃차례에 자잘한 백록색~황록색 꽃이 뭉쳐 핀다. 긴 거꿀달걀형 열매는 날개 부분이 구불거린다.

❹ **나도닭의덩굴**(마디풀과) *Fallopia convolvulus* 한해살이덩굴풀(길이 40~100cm)
들의 빈터. 잎은 어긋나고 화살 모양의 하트형이다. 6~7월에 짧은 이삭꽃차례에 자잘한 흰색 꽃이 뭉쳐 핀다. 꽃덮이는 5갈래로 갈라지고 돌기 같은 털이 있으며 날개가 없다.

❺ **괭이싸리**(콩과) *Lespedeza pilosa* 여러해살이풀(길이 50~100cm)
산기슭이나 들. 가느다란 줄기는 땅바닥을 기고 전체에 털이 있다. 잎은 어긋나고 세겹잎이다. 8~9월에 잎겨드랑이의 짧은 꽃대에 3~5개의 흰색 꽃이 모여 핀다.

기타

❶ 개싸리
❷ 비수리
❸ 흰벌완두
❹ 흰두메자운

❶ **개싸리**(콩과) *Lespedeza tomentosa* 여러해살이풀(높이 50~100㎝)
산기슭의 풀밭이나 바닷가. 전체에 부드러운 황갈색 털이 빽빽이 나고 가지는 비스듬히 위를 향한다. 잎은 어긋나고 세겹잎이며 작은잎은 타원형~긴 타원형이고 밋밋하며 양 끝이 둥글다. 8~9월에 가지마다 달리는 송이꽃차례에 나비 모양의 흰색 꽃이 촘촘히 핀다.

❷ **비수리**(콩과) *Lespedeza juncea* v. *sericea* 여러해살이풀(높이 50~100㎝)
산기슭이나 강가. 잎은 어긋나고 세겹잎이다. 작은잎은 좁은 거꿀피침형이며 가장자리는 밋밋하고 뒷면에 털이 있다. 8~9월에 잎겨드랑이에 나비 모양의 흰색 꽃이 2~4개씩 모여 피는데 맨 위쪽 꽃잎 중앙에 자주색 줄이 있다. 꽃받침조각에 1개의 맥이 있다.

❸ **흰벌완두**(콩과) *Vicia amurensis* f. *alba* 여러해살이덩굴풀(길이 80~150㎝)
산과 들의 풀밭. 잎은 어긋나고 깃꼴겹잎이며 작은잎은 5~8쌍이고 덩굴손은 2~3갈래로 갈라진다. 작은잎은 타원형이며 가장자리가 밋밋하고 측맥은 주맥과 90도로 직각을 이룬다. 6~8월에 잎겨드랑이의 송이꽃차례에 흰색 꽃이 핀다. 벌완두(p.188)와 같은 종으로 본다.

❹ **흰두메자운**(콩과) *Oxytropis anertii* f.*albiflora* 여러해살이풀(높이 12㎝ 정도)
북부 지방의 높은 산. 뿌리에 깃꼴겹잎이 모여난다. 작은잎은 피침형이며 끝이 뾰족하다. 6~8월에 잎겨드랑이의 짧은 송이꽃차례에 흰색 꽃이 핀다. 두메자운(p.190)과 같은 종으로 본다.

❶ 흰새콩 ❷ 흰꽃자주개자리 ❸ 흰전동싸리 ❹ 가는오이풀 / 가는오이풀 잎
흰새콩 꽃차례

❶ **흰새콩**(콩과) *Amphicarpaea bracteata* ssp. *edgeworthii* 한해살이덩굴풀(길이 1~2m)
　산과 들의 풀밭. 잎은 어긋나고 세겹잎이며 작은잎은 달걀형이다. 8~9월에 잎겨드랑이의 송이꽃차례에 달리는 나비 모양의 흰색 꽃은 15~20mm 길이이다. 새콩(p.190)과 같은 종이다.

❷ **흰꽃자주개자리**(콩과) *Medicago sativa* f. *alba* 여러해살이풀(높이 30~90cm)
　유럽 원산. 빈터. 잎은 어긋나고 세겹잎이며 작은잎은 긴 타원형~거꿀피침형이다. 턱잎은 가는 피침형이다. 5~7월에 잎겨드랑이의 송이꽃차례에 흰색 꽃이 모여 핀다. 열매는 나선 모양으로 말린다. 자주개자리(p.42)와 같은 종으로 본다.

❸ **흰전동싸리**(콩과) *Melilotus albus* 두해살이풀(높이 30~120cm)
　중앙 아시아 원산. 빈터. 잎은 어긋나고 세겹잎이다. 작은잎은 피침형이며 끝이 둔하고 가장자리에 가는 톱니가 있다. 턱잎은 선형이다. 7~8월에 잎겨드랑이에서 나온 꽃대의 송이꽃차례에 나비 모양의 흰색 꽃이 촘촘히 달린다. 꽃은 5~7mm 길이이다.

❹ **가는오이풀**(장미과) *Sanguisorba tenuifolia* 여러해살이풀(높이 1m 정도)
　습지 주변. 잎은 어긋나고 깃꼴겹잎이다. 작은잎은 달걀형~타원형이며 11~15장이고 가장자리에 톱니가 있다. 7~9월에 가지 끝에 달리는 원통형 이삭꽃차례는 흰색이며 3~6cm 길이이고 밑으로 처진다. 꽃잎은 없고 꽃받침조각과 수술은 각각 4개씩이다.

기타

❶ 큰오이풀 ❷ 털이슬 털이슬 열매
❸ 쇠털이슬 ❹ 쥐털이슬 쥐털이슬 꽃차례

❶ 큰오이풀(장미과) *Sanguisorba stipulata* 여러해살이풀(높이 30~80㎝)
백두산 높은 지대. 뿌리잎은 모여나고 깃꼴겹잎이다. 작은잎은 긴 타원형이며 9~15장이고 톱니가 있다. 9월에 가지 끝에 곧게 서는 원통형 이삭꽃차례는 흰색이며 3~8㎝ 길이이다.

❷ 털이슬(바늘꽃과) *Circaea mollis* 여러해살이풀(높이 20~60㎝)
산의 숲속. 전체에 꼬부라진 잔털이 있다. 잎은 마주나고 좁은 달걀형이며 끝이 뾰족하고 밑부분은 둥글며 얕은 톱니가 있다. 8~9월에 줄기 끝과 잎겨드랑이의 송이꽃차례에 자잘한 흰색 꽃이 핀다. 둥근 열매는 갈고리 모양의 털로 덮여 있고 2개의 씨앗이 들어 있다.

❸ 쇠털이슬(바늘꽃과) *Circaea cordata* 여러해살이풀(높이 40~50㎝)
산의 숲속. 전체에 잔털이 있다. 잎은 마주나고 넓은 달걀형이며 밑부분은 보통 얕은 심장저이고 물결 모양의 톱니가 있다. 7~8월에 줄기 끝과 잎겨드랑이에서 나오는 송이꽃차례에 자잘한 흰색 꽃이 핀다. 둥근 열매는 갈고리 모양의 털로 덮여 있고 씨앗은 2개이다.

❹ 쥐털이슬(바늘꽃과) *Circaea alpina* 여러해살이풀(높이 5~15㎝)
깊은 산의 숲속. 가는 줄기 밑부분에 털이 약간 있다. 잎은 마주나고 세모진 하트형이며 뾰족한 톱니가 약간 있고 잎자루는 붉다. 7~8월에 가지 끝의 송이꽃차례에 자잘한 흰색 꽃이 핀다. 곤봉 모양의 열매는 갈고리 모양의 털로 덮여 있고 1개의 씨앗이 들어 있다.

기타

여름에 피는 흰색 풀꽃

❶ 말털이슬
❷ 흰물봉선
흰물봉선 꽃 모양
❸ 흰용담
❹ 흰과남풀
❺ 덩굴용담

- ❶ **말털이슬**(바늘꽃과) *Circaea lutetiana* ssp. *quadrisulcata* 여러해살이풀(높이 30~40㎝)
  산의 숲 가장자리. 잎은 마주나고 좁은 달걀형이며 희미한 톱니가 있다. 7~8월에 줄기 끝과 잎겨드랑이의 송이꽃차례는 짧은 샘털이 있고 자잘한 흰색 꽃이 피며 꽃받침은 붉은색이다.

- ❷ **흰물봉선**(봉선화과) *Impatiens textori* f. *pallescens* 한해살이풀(높이 40~70㎝)
  산의 냇가나 습한 곳. 잎은 어긋나고 넓은 피침형이며 날카로운 톱니가 있다. 8~9월에 잎겨드랑이의 송이꽃차례에 흰색 꽃이 피는데 뒷부분의 기다란 꿀주머니는 안으로 말린다.

- ❸ **흰용담**(용담과) *Gentiana scabra* v. *buergeri* f. *alba* 여러해살이풀(높이 20~60㎝)
  산. 잎은 마주나고 피침형이며 잎맥은 3개이다. 8~10월에 줄기 끝과 위쪽의 잎겨드랑이에 달리는 종 모양의 흰색 꽃은 5갈래로 얕게 갈라져 벌어진다. 용담(p.194)과 같은 종으로 본다.

- ❹ **흰과남풀**(용담과) *Gentiana triflora* f. *albiflora* 여러해살이풀(높이 50~100㎝)
  깊은 산. 잎은 마주나고 피침형이며 가장자리가 밋밋하다. 7~9월에 줄기 끝에 모여 피는 종 모양의 흰색 꽃은 꽃자루가 없으며 잘 벌어지지 않는다. 과남풀(p.194)과 같은 종으로 본다.

- ❺ **덩굴용담**(용담과) *Tripterospermum japonicum* 여러해살이덩굴풀(길이 40~80㎝)
  울릉도와 제주도의 숲속. 9~10월에 줄기 위쪽의 잎겨드랑이에 흰색 꽃이 1개씩 핀다. 꽃부리는 깔때기 모양이고 끝이 5갈래로 얕게 갈라진다. 동그스름한 열매는 붉게 익는다.

기타

여름에 피는 흰색 풀꽃

① 흰참골무꽃 ② 쉽사리 쉽사리 꽃 모양
③ 애기쉽사리 ④ 개쉽사리 ⑤ 흰배초향

- **❶ 흰참골무꽃**(꿀풀과) *Scutellaria strigillosa* f. *albiflora*   여러해살이풀(높이 10~40cm)
  바닷가 모래땅. 잎은 마주나고 긴 타원형이며 둔한 톱니가 있다. 6~8월에 잎겨드랑이에 한쪽으로 달리는 입술 모양의 흰색 꽃은 2cm 정도 길이이다. 참골무꽃(p.196)과 같은 종으로 본다.

- **❷ 쉽사리**(꿀풀과) *Lycopus lucidus*   여러해살이풀(높이 1m 정도)
  습지 주변. 줄기 마디는 검은빛이 돌고 흰색 털이 있다. 잎은 마주나고 넓은 피침형이다. 7~10월에 잎겨드랑이에 촘촘히 달리는 입술 모양의 흰색 꽃부리는 3~5mm 길이이다.

- **❸ 애기쉽사리**(꿀풀과) *Lycopus lucidus* v. *maackianus*   여러해살이풀(높이 30~70cm)
  습지 주변. 잎은 마주나고 좁은 피침형이며 양면에 털이 없고 가장자리에 날카로운 톱니가 있다. 7~9월에 잎겨드랑이마다 5mm 정도 크기의 흰색 꽃이 촘촘히 달린다.

- **❹ 개쉽사리**(꿀풀과) *Lycopus cavaleriei*   여러해살이풀(높이 15~60cm)
  습지 주변. 잎은 마주나고 긴 타원형~거꿀달걀형이며 몇 개의 거친 톱니가 있다. 7~9월에 잎겨드랑이에 모여 피는 입술 모양의 흰색 꽃부리는 3mm 정도 길이이다.

- **❺ 흰배초향**(꿀풀과) *Agastache rugosa* f. *albiflora*   여러해살이풀(높이 40~100cm)
  산과 들. 잎은 마주나고 달걀형이며 둔한 톱니가 있다. 7~9월에 가지 끝에 달리는 원통형 꽃이삭에 입술 모양의 흰색 꽃이 촘촘히 돌려 가며 달린다. 배초향(p.197)과 같은 종으로 본다.

❶ 산층층이 ❷ 두메층층이 ❸ 탑꽃 ❹ 흰용머리 / 흰용머리 군락

❶ **산층층이**(꿀풀과) *Clinopodium chinense* v. *shibetchense* 여러해살이풀(높이 20~80㎝)
중부 이남의 산골짜기. 줄기는 비스듬히 서고 전체에 털이 많다. 잎은 마주나고 달걀형~
긴 달걀형이며 끝이 뾰족하고 가장자리에 톱니가 있다. 6~8월에 줄기 끝과 잎겨드랑이
에 흰색~연홍색 꽃이 촘촘히 달리며 녹색 꽃받침은 5갈래로 갈라지고 털이 많다.

❷ **두메층층이**(꿀풀과) *Clinopodium micranthum* 여러해살이풀(높이 20~50㎝)
남부 지방의 깊은 산. 전체에 털이 있다. 잎은 마주나고 달걀형~달걀 모양의 타원형이며
뒷면에 기름점이 있다. 8월에 줄기 윗부분의 잎겨드랑이에 흰색~연홍색 꽃이 층층으로
돌려 가며 달린다. 꽃받침에 긴털과 샘털이 있다. 꽃받침은 선형 포와 길이가 비슷하다.

❸ **탑꽃**(꿀풀과) *Clinopodium multicaule* 여러해살이풀(높이 10~30㎝)
산의 숲속. 잎은 마주나고 달걀형이며 끝이 뾰족하고 가장자리에 톱니가 있다. 잎 뒷면에
기름점이 있다. 7~8월에 윗부분의 잎겨드랑이에 흰색 꽃이 모여 피는데 입술 모양의
꽃부리는 8~9㎜ 길이이다. 꽃받침은 6㎜ 정도 길이이며 짧은털과 퍼진털이 있다.

❹ **흰용머리**(꿀풀과) *Dracocephalum argunense* f. *alba* 여러해살이풀(높이 15~40㎝)
산과 들. 잎은 마주나고 선형이며 가장자리가 뒤로 말린다. 6~8월에 줄기 윗부분에 모여
달리는 입술 모양의 흰색 꽃은 30~35㎜ 길이이다. 용머리(p.195)와 같은 종으로 본다.

❶ **흰꽃향유**(꿀풀과) *Elsholtzia splendens* f. *albiflora* 한해살이풀(높이 30~60㎝)
산과 들. 잎은 마주나고 달걀형이며 끝이 뾰족하고 톱니가 있다. 9~10월에 가지 끝의 이삭꽃차례에 많은 흰색 꽃이 한쪽 방향으로만 달린다. 꽃향유(p.201)와 같은 종으로 본다.

❷ **흰속단**(꿀풀과) *Phlomoides umbrosa* f. *albiflora* 여러해살이풀(높이 1m 정도)
산. 잎은 마주나고 하트 모양의 달걀형이며 둔한 톱니가 있다. 7~8월에 줄기 윗부분의 잎겨드랑이에 입술 모양의 흰색 꽃이 층층으로 달린다. 속단(p.200)과 같은 종으로 본다.

❸ **논뚝외풀**(밭뚝외풀과 | 현삼과) *Lindernia micrantha* 한해살이풀(높이 8~25㎝)
논밭이나 습한 곳. 잎은 마주나고 피침형이며 톱니는 낮아서 없는 것처럼 보인다. 8~9월에 잎겨드랑이에 피는 흰색~연한 홍자색 꽃은 꽃자루가 길어서 잎보다 길게 나온다.

❹ **밭뚝외풀**(밭뚝외풀과 | 현삼과) *Lindernia procumbens* 한해살이풀(높이 7~15㎝)
논밭이나 습한 곳. 잎은 마주나고 긴 타원형이며 3~5개의 나란히맥이 있고 가장자리는 밋밋하다. 7~9월에 잎겨드랑이의 흰색~연홍색 꽃은 꽃자루가 길어서 잎보다 길게 나온다.

❺ **흰알며느리밥풀**(열당과 | 현삼과) *Melampyrum roseum* f. *albiflorum* 한해살이풀(높이 30~70㎝)
산의 숲 가장자리. 8~9월에 가지 끝의 이삭꽃차례에 흰색 꽃이 모여 달린다. 잎 모양의 녹색 포는 가장자리에 가시 같은 톱니가 있다. 알며느리밥풀(p.204)과 같은 종으로 본다.

❶ 새며느리밥풀 ❷ 앉은좁쌀풀 앉은좁쌀풀 꽃차례

❸ 미국질경이 미국질경이 꽃차례 ❹ 개질경이

❶ **새며느리밥풀**(열당과 | 현삼과) *Melampyrum setaceum v. nakaianum* 한해살이풀(높이 50㎝ 정도)
산의 숲 가장자리. 잎은 마주나고 피침형~넓은 피침형이다. 8~9월에 가지 끝의 이삭꽃차례에 흰색~붉은색 꽃이 모여 핀다. 잎 모양의 포는 가장자리에 가시 같은 톱니가 많다.

❷ **앉은좁쌀풀**(열당과 | 현삼과) *Euphrasia maximowiczii* 한해살이풀(높이 15~30㎝)
높은 산의 풀밭. 잎은 마주나고 넓은 달걀형~둥근 달걀형이며 가장자리에 4~7쌍의 날카로운 톱니가 있다. 6~8월에 윗부분의 잎겨드랑이에 자줏빛이 도는 흰색 꽃이 달리는데 꽃부리는 6~7㎜ 길이이다. 아랫입술꽃잎은 끝이 3갈래로 갈라지며 안쪽에 노란색 반점이 있다.

❸ **미국질경이**(질경이과) *Plantago virginica* 한두해살이풀(높이 10~30㎝)
북아메리카 원산. 남부 지방의 길가나 빈터. 전체에 흰색 털이 많다. 뿌리잎은 주걱형~거꿀달걀형이며 거의 밋밋하다. 5~7월에 뿌리잎보다 긴 꽃줄기 윗부분의 이삭꽃차례에 백황색 꽃이 피는데 꽃부리는 벌어지지 않고 수술이 밖으로 나오지 않는다.

❹ **개질경이**(질경이과) *Plantago camtschatica* 여러해살이풀(높이 15~30㎝)
바닷가. 뿌리잎은 긴 타원형이며 부드러운 흰색 털이 빽빽하고 주름이 지며 가장자리가 거의 밋밋하다. 5~6월에 꽃줄기 윗부분에 달리는 이삭꽃차례에 자잘한 흰색 꽃이 촘촘히 달린다. 수술은 꽃부리 밖으로 길게 나온다. 달걀형 열매 속에 4개의 씨앗이 들어 있다.

기타

❶ 질경이 질경이 꽃차례. ❷ 부산꼬리풀
❸ 흰메꽃 ❹ 서양메꽃 서양메꽃 포

❶ **질경이**(질경이과) *Plantago asiatica* 여러해살이풀(높이 10~50㎝)

길가나 빈터. 전체에 털이 거의 없다. 뿌리잎은 달걀형이며 물결 모양의 톱니가 있고 방석처럼 퍼진다. 6~8월에 꽃줄기 끝의 이삭꽃차례에 자잘한 흰색 꽃이 촘촘히 모여 핀다. 수술은 꽃부리 밖으로 길게 나온다. 달걀형 열매 속에 6~8개의 씨앗이 들어 있다.

❷ **부산꼬리풀**(질경이과|현삼과) *Pseudolysimachion pusanensis* 여러해살이풀(높이 15~20㎝)

부산의 바닷가. 줄기는 바닥을 기고 전체에 털이 있다. 잎은 마주나고 달걀형이며 가장자리에 둔한 톱니가 있고 잎자루는 5~10㎜ 길이이다. 8~10월에 줄기와 가지 끝의 송이꽃차례에 흰색~연보라색 꽃이 촘촘히 달린다.

❸ **흰메꽃**(메꽃과) *Calystegia pubescens* f. *albiflora* 여러해살이덩굴풀(길이 수m)

들. 잎은 어긋나고 넓은 피침형이며 밑부분이 화살촉 모양이다. 6~8월에 피는 나팔 모양의 흰색 꽃은 지름 3~4㎝이며 꽃자루는 날개가 없다. 메꽃(p.208)과 같은 종으로 본다.

❹ **서양메꽃**(메꽃과) *Convolvulus arvensis* 여러해살이덩굴풀(길이 1~2m)

유럽 원산. 들이나 길가. 잎은 어긋나고 달걀형이며 밋밋하고 양쪽 밑부분은 화살촉 모양이다. 7~8월에 잎겨드랑이에 피는 나팔 모양의 흰색~연홍색 꽃은 지름 3㎝ 정도이고 꽃자루 중간에 2개의 가는 포가 달린다. 달걀형 열매는 5~8㎜ 길이이다.

❶ 애기나팔꽃 ❷ 새삼 새삼 열매 애기나팔꽃 열매

❸ 미국실새삼 미국실새삼 꽃과 열매 ❹ 흰독말풀

❶ **애기나팔꽃**(메꽃과) *Ipomoea lacunosa* 한해살이덩굴풀(길이 50~150㎝)

북아메리카 원산. 들과 밭. 잎은 어긋나고 하트형이며 가장자리는 밋밋하지만 모가 지기도 한다. 7~10월에 잎겨드랑이에 달리는 1~2개의 흰색 나팔꽃은 지름 2㎝ 정도이다.

❷ **새삼**(메꽃과) *Cuscuta japonica* 한해살이덩굴풀(길이 수m)

산과 들. 뿌리가 없어진다. 붉은빛을 띠는 줄기는 매우 질기며 다른 식물에 기생해서 양분을 흡수한다. 잎은 퇴화되어 비늘 모양으로 남아 있다. 8~9월에 줄기의 군데군데에 흰색 꽃이 모여 핀다. 꽃부리는 종 모양이고 암술대는 1개이다. 열매는 달걀형~구형이다.

❸ **미국실새삼**(메꽃과) *Cuscuta pentagona* 한해살이덩굴풀(길이 50㎝ 정도)

북아메리카 원산. 들. 실같이 가는 노란색 줄기는 돌기 같은 흡반이 있어 모든 식물에 기생한다. 7~9월에 줄기의 군데군데에 흰색 꽃이 둥글게 모여 핀다. 꽃부리 안의 비늘조각은 크고 가장자리가 빗살처럼 갈라진다. 암술머리는 둥글고 암술대는 2개이다.

❹ **흰독말풀**(가지과) *Datura stramonium* 한해살이풀(높이 1~1.5m)

열대 아메리카 원산. 들. 잎은 어긋나지만 마주난 것같이 되고 달걀형이며 톱니가 드문드문 있다. 8~9월에 잎겨드랑이에 피는 나팔 모양의 흰색 꽃은 길이 8㎝ 정도이고 지름 4㎝ 정도이지만 활짝 피지 않는다. 달걀형 열매는 가시로 덮여 있다.

기타

❶ 털독말풀 ❷ 꽈리 ❸ 삽주 삽주 포 ❹ 흰엉겅퀴

❶ 털독말풀(가지과) *Datura innoxia* 여러해살이풀(높이 1m 정도)
북아메리카 원산. 화초로 심고 꽃밭 주변으로 퍼져 자란다. 잎은 어긋나고 넓은 달걀형이며 가장자리가 밋밋하다. 8~10월에 잎겨드랑이에 피는 나팔 모양의 흰색 꽃은 20cm 정도 길이이며 주로 밤에 활짝 핀다. 둥근 달걀형 열매는 지름 3~4cm이고 가시로 덮여 있다.

❷ 꽈리(가지과) *Physalis alkekengi* v. *francheti* 여러해살이풀(높이 40~90cm)
산과 들. 화초로 기른다. 잎은 어긋나지만 한 군데에서 2장씩 나오며 넓은 달걀형이고 가장자리에 깊게 패인 톱니가 있다. 6~7월에 잎겨드랑이에 피는 흰색 꽃은 지름 15~20mm이며 5개의 각이 진다. 열매는 꽃받침에 싸여서 달걀형이 되고 붉게 익는다.

❸ 삽주(국화과) *Atractylodes ovata* 여러해살이풀(높이 30~100cm)
산. 잎은 어긋나고 타원형이며 가시 같은 톱니가 있다. 암수딴그루로 7~10월에 가지에 흰색 꽃송이가 위를 향해 핀다. 포는 2줄로 돌려 가며 달리고 2회 깃꼴로 가시처럼 갈라진다.

❹ 흰엉겅퀴(국화과) *Cirsium japonicum* f. *alba* 여러해살이풀(높이 50~100cm)
산과 들. 전체에 털이 있다. 잎은 어긋나고 좁은 타원형이며 깃꼴로 갈라지고 갈래조각은 겹쳐지지 않으며 끝이 날카로운 가시로 된다. 6~8월에 줄기와 가지 끝에 흰색 꽃송이가 달리는데 모두 통꽃이다. 총포는 둥글다. 엉겅퀴(p.213)와 같은 종으로 본다.

❶ 정영엉겅퀴 ❷ 정영엉겅퀴 꽃송이 ¹⁾깃잎정영엉겅퀴
❷ 흰고려엉겅퀴 흰고려엉겅퀴 꽃송이 ❸ 흰각시취

❶ **정영엉겅퀴**(국화과) *Cirsium chanroenicum* 여러해살이풀(높이 50~100cm)
강원도 이남의 깊은 산. 잎은 어긋나고 달걀형이며 끝이 뾰족하고 가장자리에 가시처럼 뾰족한 톱니가 있다. 7~8월에 줄기와 가지 끝에 달리는 백황색 꽃송이는 지름 25~30mm이며 모두 대롱꽃이다. 총포는 종 모양이고 거미줄 같은 털이 있으며 총포조각은 6줄로 붙는다. ¹⁾**깃잎정영엉겅퀴**(v. *pinnatifolium*)는 잎몸이 깃꼴로 깊게 갈라지고 가장자리에 가시처럼 뾰족한 톱니가 있는 것이 정영엉겅퀴와 다른 점이다. 7~8월에 줄기와 가지 끝에 백황색 꽃송이가 달린다. 정영엉겅퀴와 같은 종으로 본다. 지리산과 덕유산에서 자란다.

❷ **흰고려엉겅퀴**(국화과) *Cirsium setidens* f. *albiflorum* 여러해살이풀(높이 1m 정도)
산. 잎은 어긋나고 긴 타원형~달걀형이며 끝이 뾰족하고 가장자리에 가시 같은 톱니가 있다. 잎자루는 위로 갈수록 짧아진다. 7~10월에 줄기와 가지 끝에 흰색 꽃송이가 달린다. 총포는 둥근 종 모양이고 총포조각은 7줄로 붙는다. 고려엉겅퀴(p.213)와 같은 종으로 본다.

❸ **흰각시취**(국화과) *Saussurea pulchella* f. *albiflora* 두해살이풀(높이 30~150cm)
산의 풀밭. 잎은 어긋나고 깃꼴로 깊게 갈라지며 털이 있다. 8~10월에 가지마다 둥근 흰색 꽃송이가 달려서 전체적으로 고른꽃차례 모양이 된다. 총포는 넓은 종 모양이고 6~7줄로 붙는 총포조각에는 흰빛이 도는 둥근 부속체가 있다. 각시취(p.214)와 같은 종으로 본다.

기타

❶ 구름떡쑥 구름떡쑥 꽃송이 ❷ 다북떡쑥
❸ 산떡쑥 ❹ 좀딱취 좀딱취 열매

- ❶ **구름떡쑥**(국화과) *Anaphalis sinica* v. *morii* 여러해살이풀(높이 5~20㎝)
  한라산의 높은 지대. 전체에 솜털이 빽빽하다. 줄기에 촘촘히 달리는 잎은 거꿀피침형이며 두껍고 뒷면은 회백색이다. 8~9월에 줄기 끝에 여러 개의 백황색 꽃송이가 고른꽃차례처럼 촘촘히 모여 달린다. 총포는 종 모양이고 흰색 꽃잎 같은 총포조각은 끝이 뾰족하다.

- ❷ **다북떡쑥**(국화과) *Anaphalis sinica* 여러해살이풀(높이 20~50㎝)
  중부 이북의 산. 줄기에 좁은 날개가 발달하고 흰색 털로 덮여 있다. 잎은 어긋나고 넓은 거꿀피침형이며 털이 있다. 7~8월에 줄기 끝에 흰색 꽃송이가 고른꽃차례처럼 모여 달린다. 총포는 종 모양이며 총포조각은 5줄로 붙고 흰색 꽃잎 모양이며 끝이 둔하다.

- ❸ **산떡쑥**(국화과) *Anaphalis margaritacea* 여러해살이풀(높이 20~50㎝)
  중부 이북의 산. 전체에 회백색 솜털이 빽빽하다. 잎은 어긋나고 가는 피침형이며 6~9㎝ 길이이고 가장자리가 밋밋하다. 7~8월에 줄기 끝에 흰색 꽃송이가 고른꽃차례처럼 모여 달린다. 총포는 둥글며 총포조각은 8~12줄로 붙고 흰색 꽃잎 모양이며 끝이 둔하다.

- ❹ **좀딱취**(국화과) *Ainsliaea apiculata* 여러해살이풀(높이 8~30㎝)
  남부 지방의 숲속. 줄기 밑부분에 모여 달리는 잎은 달걀형~하트형이며 5갈래로 얕게 갈라진다. 8~10월에 줄기 끝의 송이꽃차례에 흰색 꽃송이가 달리며 일부는 닫힌꽃이 된다.

❶ 등골나물 (국화과) *Eupatorium chinense* 여러해살이풀(높이 1~2m)
산과 들의 풀밭. 전체에 가는 털이 있다. 잎은 마주나고 긴 타원형이며 톱니가 뾰족하고 잎자루가 짧으며 뒷면에 기름점이 있다. 8~9월에 줄기 끝의 고른꽃차례에 자잘한 흰색 꽃송이가 모여 달린다. 총포는 원통형이고 5~6mm 길이이며 5개의 대롱꽃이 나온다.

❷ 골등골나물 (국화과) *Eupatorium lindleyanum* 여러해살이풀(높이 40~90㎝)
산과 들. 전체에 털이 있다. 잎은 마주나고 피침형이며 3갈래로 깊게 갈라지기도 하고 3개의 잎맥이 벋으며 잎자루가 없다. 7~10월에 줄기 끝의 고른꽃차례에 자잘한 흰색~연분홍색 꽃송이가 모여 핀다. 총포는 원통형이고 4~5mm 길이이며 대롱꽃은 5개이다.

❸ 벌등골나물 (국화과) *Eupatorium fortunei* 여러해살이풀(높이 1~1.5m)
습한 풀밭. 줄기에 꼬부라진 잔털이 있다. 잎은 마주나고 밑의 잎은 보통 3갈래로 갈라지며 톱니가 뾰족하고 짧은 잎자루가 있다. 8~9월에 줄기 끝의 고른꽃차례에 자잘한 흰색~연분홍색 꽃송이가 모여 달린다. 총포는 원통형이고 7~8mm 길이이며 대롱꽃은 5개이다.

❹ 서양등골나물 (국화과) *Ageratina altissima* 여러해살이풀(높이 30~100㎝)
중부 지방의 숲 가장자리. 잎은 마주나고 달걀형이다. 9~10월에 가지 끝의 고른꽃차례에 흰색 꽃송이가 달린다. 총포는 원통형이고 15~25개의 대롱꽃이 나오며 총포조각은 1줄로 붙는다.

기타

❶ 등골나물아재비 ❷ 망초 ❸ 큰망초 ❹ 실망초

● **등골나물아재비**(국화과) *Ageratum conyzoides* 한해살이풀(높이 30~80㎝)
길가. 잎은 달걀형~긴 타원형이다. 7~10월에 줄기와 가지 끝의 고른꽃차례에 피는 흰색~연자주색 꽃송이는 지름 6㎜ 정도이다. 총포는 종 모양이며 총포조각은 털이 거의 없다.

❷ **망초**(국화과) *Erigeron canadensis* 두해살이풀(높이 50~150㎝)
북아메리카 원산. 길가나 빈터. 줄기는 가지를 많이 치며 원뿔형이 된다. 전체에 거센털이 있다. 잎은 어긋나고 거꿀피침형이며 2~4쌍의 톱니가 있고 점차 가늘어진다. 7~9월에 가지마다 흰색 꽃송이가 달리는데 작은 혀꽃이 돌려난다.

❸ **큰망초**(국화과) *Erigeron sumatrensis* 두해살이풀(높이 80~180㎝)
북아메리카 원산. 빈터. 줄기는 거센털이 있다. 잎은 어긋나고 피침형이며 5~9쌍의 톱니가 있고 위로 갈수록 가늘어지며 톱니도 없다. 7~9월에 가지마다 흰색 꽃송이가 달리는데 둘레의 혀꽃은 아주 작다. 달걀형 총포는 4㎜ 정도 길이로 작다.

❹ **실망초**(국화과) *Erigeron bonariensis* 한두해살이풀(높이 30~90㎝)
남아메리카 원산. 남부 지방. 전체에 회백색 털이 촘촘하다. 뿌리잎은 가는 피침형이고 깃꼴로 갈라진다. 줄기잎은 어긋나고 선형이며 거의 밋밋하다. 7~9월에 가지마다 흰색 꽃송이가 달리는데 혀꽃이 거의 없다. 총포는 종 모양이며 5~6㎜ 길이이다.

❶ 게박쥐나물(국화과) *Parasenecio adenostyloides* 여러해살이풀(높이 60~100㎝)

깊은 산의 나무 그늘. 잎은 어긋나고 콩팥형이며 7~9갈래로 얕게 갈라지고 가장자리에 불규칙한 톱니가 있다. 6~9월에 줄기 끝의 원뿔꽃차례에 달리는 흰색 꽃송이는 지름 3~4㎜이다. 총포는 좁은 통 모양이고 총포조각은 3개이며 대롱꽃은 3~5개가 나온다.

❷ 민박쥐나물(국화과) *Parasenecio hastatus* ssp. *orientalis* 여러해살이풀(높이 1~2m)

깊은 산골짜기. 잎은 어긋나고 삼각형~창 모양이며 얕은 심장저이고 가장자리에 톱니가 있으며 잎자루에 날개가 있다. 7~9월에 줄기 끝의 원뿔꽃차례에 백록색 꽃이 모여 달린다. 총포는 좁은 통 모양이고 총포조각은 5~8개이며 대롱꽃은 6~9개가 나온다.

❸ 귀박쥐나물(국화과) *Parasenecio auriculatus* 여러해살이풀(높이 35~60㎝)

높은 산의 숲속. 잎은 어긋나고 삼각형~오각형이며 심장저이고 불규칙한 톱니가 있으며 잎자루 밑부분의 날개가 귀 모양으로 줄기를 감싼다. 7~9월에 줄기 끝의 송이꽃차례에 백자색 꽃이 모여 달린다. 박쥐나물과 나래박쥐나물도 모두 귀박쥐나물과 같은 종으로 본다.

❹ 병풍쌈(국화과) *Parasenecio firmus* 여러해살이풀(높이 1~2m)

깊은 산의 숲속. 둥근 잎은 지름 35~100㎝이며 11~15갈래로 갈라지고 불규칙한 치아 모양의 톱니가 있다. 줄기잎은 작다. 7~9월에 원뿔꽃차례에 자잘한 흰색 꽃송이가 달린다.

기타

여름에 피는 흰색 풀꽃

❶ 어리병풍   ❷ 멸가치   멸가치 시드는 꽃송이
❸ 참반디   참반디 꽃차례   ❹ 파드득나물

❶ **어리병풍**(국화과) *Koyamacalia pseudotaimingasa*   여러해살이풀(높이 60~100cm)
전남과 전북의 깊은 산 숲속. 뿌리잎은 꽃이 필 때 마르며 1장의 줄기잎은 둥글고 지름 27~32cm이며 가장자리가 손바닥 모양으로 갈라지고 불규칙한 톱니가 있다. 짧은 잎자루는 줄기를 둘러싼다. 7~9월에 줄기 끝의 겹송이꽃차례에 자잘한 흰색 꽃이 달린다.

❷ **멸가치**(국화과) *Adenocaulon himalaicum*   여러해살이풀(높이 50~100cm)
습한 숲속. 잎은 어긋나고 콩팥형~세모진 콩팥형이며 뒷면은 흰빛이 돈다. 8~9월에 줄기와 가지 끝에 흰색 꽃이 달린다. 곤봉 모양의 열매에는 끈끈한 액체가 나오는 털이 있다.

❸ **참반디**(미나리과) *Sanicula chinensis*   여러해살이풀(높이 15~100cm)
산의 숲속. 뿌리잎은 5갈래로 갈라진 것처럼 보인다. 줄기잎은 어긋나고 세겹잎이며 가장자리에 겹톱니가 있다. 7~8월에 가지 끝의 겹우산꽃차례에 자잘한 흰색 꽃이 모여 피며 씨방에는 갈고리 모양의 털이 많다. 둥그스름한 열매 표면에는 꼬부라진 가시가 있다.

❹ **파드득나물**(미나리과) *Cryptotaenia japonica*   여러해살이풀(높이 30~60cm)
산의 숲속. 전체에 털이 없다. 잎은 어긋나고 세겹잎이며 가장자리에 날카로운 톱니가 있다. 6~7월에 줄기에 겹우산꽃차례가 달리는데 길이가 서로 다른 가지마다 자잘한 흰색 꽃이 피어서 우산꽃차례처럼 보이지 않는다. 타원형 열매는 3~4mm 길이이며 매끈하다.

여름에 피는 흰색 풀꽃

❶ 사상자   사상자 씨방   ❷ 당근
❸ 긴사상자   긴사상자 어린 열매   ❹ 참나물

❶ **사상자**(미나리과) *Torilis japonica* 두해살이풀(높이 30~70㎝)
  산과 들의 풀밭. 잎은 어긋나고 2~3회깃꼴겹잎이며 잎자루는 넓어져서 줄기를 감싼다. 6~7월에 줄기와 가지 끝의 겹우산꽃차례에 자잘한 흰색 꽃이 핀다. 작은꽃자루는 5~11개이고 꽃은 각각 6~20개씩 모여 달린다. 달걀형 열매는 자루가 짧고 짧은 가시털이 있다.

❷ **당근**(미나리과) *Daucus carota* ssp. *sativus* 두해~여러해살이풀(높이 1m 정도)
  지중해 연안 원산. 밭에서 기르고 주변에서 저절로 자란다. 잎은 어긋나고 3회깃꼴겹잎이다. 6~7월에 가지 끝의 겹우산꽃차례에 흰색 꽃이 모여 피는데 총포는 잎같이 생기고 갈라지며 뒤로 젖혀진다. 긴 타원형 열매는 가시 모양의 털이 있다. 붉은색 뿌리는 채소로 이용한다.

❸ **긴사상자**(미나리과) *Osmorhiza aristata* 여러해살이풀(높이 40~60㎝)
  산의 숲속. 잎은 어긋나고 2~3회깃꼴겹잎이며 털이 있다. 5~6월에 잎과 마주나는 겹우산꽃차례에 자잘한 흰색 꽃이 핀다. 작은꽃자루는 2~5개이고 꽃은 각각 3~9개씩 모여 달린다. 좁고 긴 거꿀피침형 열매는 자루가 있고 짧은 가시 모양의 털이 있다.

❹ **참나물**(미나리과) *Pimpinella brachycarpa* 여러해살이풀(높이 50~80㎝)
  산의 숲속. 잎은 어긋나고 세겹잎이며 작은잎은 달걀형이고 끝이 뾰족하며 톱니가 있다. 6~9월에 겹우산꽃차례에 흰색 꽃이 핀다. 열매는 납작한 넓은 타원형이며 털이 없다.

기타

여름에 피는 흰색 풀꽃

❶ 노루참나물   노루참나물 잎   ❷ 가는참나물
❸ 미나리   ❹ 왜방풍   왜방풍 어린 열매

❶ **노루참나물**(미나리과) *Pimpinella gustavohegiana* 여러해살이풀(높이 30~80㎝)
산의 숲속. 잎은 어긋나고 2회세겹잎이며 작은잎은 5~9장이고 넓은 달걀형이며 가장자리에 큰 톱니가 있다. 6~9월에 줄기와 가지 끝의 겹우산꽃차례에 자잘한 흰색 꽃이 모여 핀다. 꽃잎은 5장이고 안쪽으로 말린다. 열매는 납작한 좁은 달걀형이며 털이 없다.

❷ **가는참나물**(미나리과) *Pimpinella koreana* 여러해살이풀(높이 50~100㎝)
산의 숲속. 잎은 어긋나고 세겹잎이며 작은잎은 빗살처럼 가늘게 갈라진다. 6~9월에 가지 끝의 겹우산꽃차례에 흰색 꽃이 모여 핀다. 열매는 납작한 넓은 타원형이며 털이 없다.

❸ **미나리**(미나리과) *Oenanthe javanica* 여러해살이풀(높이 20~50㎝)
습지. 줄기 밑부분은 옆으로 기다가 곧게 선다. 잎은 어긋나고 1~2회깃꼴겹잎이며 작은잎은 달걀형이고 가장자리에 톱니가 있다. 7~9월에 윗부분의 잎과 마주나는 겹우산꽃차례에 자잘한 흰색 꽃이 둥글게 모여 달린다. 열매는 타원형이며 세로로 모가 진다.

❹ **왜방풍**(미나리과) *Aegopodium alpestre* 여러해살이풀(높이 30~70㎝)
강원도 이북의 습지. 원줄기는 속이 비고 마디가 굵어진다. 잎은 어긋나고 2~3회깃꼴겹잎이며 작은잎은 달걀형이고 불규칙한 깊은 톱니가 있다. 6~8월에 줄기와 가지 끝의 겹우산꽃차례에 자잘한 흰색 꽃이 모여 핀다. 열매는 긴 달걀형이며 단면이 오각형이다.

① 개발나물　② 개발나물 꽃송이　② 감자개발나물　③ 독미나리 열매　③ 독미나리　고수 꽃 모양　④ 고수

❶ 개발나물(미나리과) *Sium suave* 여러해살이풀(높이 50~100㎝)

물가. 잎은 어긋나고 깃꼴겹잎이며 잎자루가 길다. 7~17장의 작은잎은 좁은 피침형이며 날카로운 톱니가 있다. 7~9월에 줄기와 가지 끝의 겹우산꽃차례에 자잘한 흰색 꽃이 모여 핀다. 작은꽃자루는 10~20개이다. 타원형 열매는 능선이 있고 털이 없다.

❷ 감자개발나물(미나리과) *Sium ninsi* 여러해살이풀(높이 30~80㎝)

물가나 습지. 잎은 어긋나고 깃꼴겹잎이며 밑부분의 작은잎은 5~7장이고 윗부분은 3장이다. 줄기와 가지 끝의 겹우산꽃차례에 자잘한 흰색 꽃이 모여 핀다. 작은꽃자루는 10개 정도이다. 열매는 둥근 달걀형이고 2㎜ 정도 길이이다. 잎겨드랑이에 살눈이 생긴다.

❸ 독미나리(미나리과) *Cicuta virosa* 여러해살이풀(높이 1m 정도)

습지. 잎은 어긋나고 2~3회깃꼴겹잎이며 갈래조각은 좁은 피침형이다. 6~8월에 겹우산꽃차례에 자잘한 흰색 꽃이 둥글게 모여 달린다. 둥근 달걀형 열매는 세로로 둔한 능선이 있다.

❹ 고수(미나리과) *Coriandrum sativum* 한해살이풀(높이 30~60㎝)

지중해 원산. 밭에서 기르고 주변에서 자란다. 잎은 어긋나고 1~3회깃꼴겹잎이며 갈래조각은 선형이고 빈대 냄새가 난다. 잎자루 밑부분은 잎집이 된다. 6~7월에 줄기와 가지 끝의 겹우산꽃차례에 자잘한 흰색 꽃이 달린다. 열매는 둥글며 10개의 능선이 있고 털이 없다.

❶ 누룩치 ❷ 갯사상자 / 갯사상자 열매
❸ 벌사상자 / 벌사상자 열매 ❹ 천궁

❶ **누룩치**(미나리과) *Pleurospermum uralense* 여러해살이풀(높이 50~100㎝)
깊은 산. 잎은 어긋나고 2~3회세겹잎이다. 작은잎은 달걀형이며 큰 톱니가 있다. 6~7월에 줄기와 가지 끝의 겹우산꽃차례에 자잘한 흰색 꽃이 모여 달린다. 꽃은 지름 3㎜ 정도이고 꽃잎은 5장이다. 달걀형 열매는 6~7㎜ 길이이며 돌기가 있고 세로로 능선이 있다.

❷ **갯사상자**(미나리과) *Cnidium japonicum* 두해살이풀(높이 10~30㎝)
바닷가. 잎은 어긋나고 깃꼴겹잎이다. 5~7장의 작은잎은 다시 깃꼴로 갈라지며 광택이 있고 털이 없다. 8~10월에 흰색 꽃이 핀다. 둥글납작한 열매는 세로로 몇 개의 능선이 있다.

❸ **벌사상자**(미나리과) *Cnidium monnieri* 두해살이풀(높이 1m 정도)
산과 들의 풀밭. 줄기는 세로줄이 있고 속이 빈다. 잎은 어긋나고 3회깃꼴겹잎이며 잎자루 밑부분은 넓어져서 줄기를 감싼다. 5~8월에 줄기와 가지 끝의 겹우산꽃차례에 자잘한 흰색 꽃이 달린다. 5장의 꽃잎은 끝이 깊게 팬다. 타원형 열매는 세로로 10개의 능선이 있다.

❹ **천궁**(미나리과) *Cnidium officinale* 여러해살이풀(높이 30~60㎝)
중국 원산. 밭에서 재배한다. 뿌리는 염주 모양이다. 잎은 어긋나고 2회깃꼴겹잎이며 작은잎은 달걀형~피침형이고 날카로운 톱니가 있으며 밑부분은 잎집처럼 된다. 8월에 줄기와 가지 끝의 겹우산꽃차례에 자잘한 흰색 꽃이 둥글게 모여 핀다. 열매는 익지 않는다.

①개회향　개회향 열매　갯방풍 꽃송이　②갯방풍
③털기름나물　④어수리　어수리 꽃송이

❶ 개회향(미나리과) *Ligusticum tachiroei* 여러해살이풀(높이 25~30㎝)
깊은 산. 잎은 어긋나고 3~4회 깃꼴로 갈라지며 갈래조각은 실처럼 가늘고 잎자루는 밑부분이 넓어져서 줄기를 감싼다. 7~8월에 줄기와 가지 끝의 겹우산꽃차례에 자잘한 흰색 꽃이 모여 핀다. 포는 줄 모양이다. 긴 타원형 열매는 세로로 10개의 능선이 있다.

❷ 갯방풍(미나리과) *Glehnia littoralis* 여러해살이풀(높이 10~20㎝)
바닷가 모래땅. 전체에 긴 흰색 털이 있다. 잎은 어긋나고 3장씩 1~2회 갈라지는 깃꼴겹잎이며 톱니가 있고 광택이 나며 두껍다. 6~7월에 흰색 꽃이 핀다. 열매는 달걀형이다.

❸ 털기름나물(미나리과) *Libanotis seseloides* 여러해살이풀(높이 30~90㎝)
한라산과 백두산. 줄기와 잎에 흰색 털이 있다. 잎은 어긋나고 2회깃꼴겹잎이며 갈래조각은 피침형이고 가장자리에 잔털이 있다. 7~9월에 줄기와 가지 끝의 겹우산꽃차례에 자잘한 흰색 꽃이 둥글게 모여 달린다. 둥근 달걀형의 열매에는 털 같은 돌기가 있다.

❹ 어수리(미나리과) *Heracleum moellendorffii* 여러해살이풀(높이 70~150㎝)
산. 잎은 어긋나고 깃꼴겹잎이며 3~5장의 작은잎이 붙는다. 잎자루는 줄기를 감싼다. 6~8월에 줄기와 가지 끝의 겹우산꽃차례에 흰색 꽃이 피는데 꽃잎은 깊게 갈라져 V자 모양이 되고 바깥쪽의 꽃잎이 안쪽 꽃잎보다 훨씬 더 크다. 열매는 납작한 거꿀달걀형이다.

기타

여름에 피는 흰색 풀꽃

❶ 섬바디 ❷ 강활 ❸ 신감채 신감채 꽃송이 신감채 열매 ❹ 흰꽃바디나물

❶ **섬바디**(미나리과) *Dystaenia takeshimana* 여러해살이풀(높이 2m 정도)
  울릉도. 잎은 어긋나고 2~3회깃꼴겹잎이며 잎자루는 밑부분이 넓어져서 줄기를 감싼다. 6~8월에 줄기와 가지 끝의 겹우산꽃차례에 자잘한 흰색 꽃이 모여 달린다. 5장의 꽃잎은 크기가 비슷하고 끝이 팬다. 타원형 열매는 세로로 능선이 있다.

❷ **강활**(미나리과) *Angelica reflexa* 여러해살이풀(높이 60~150㎝)
  산. 줄기는 윗부분에서 가지가 갈라진다. 잎은 어긋나고 2회세겹잎이며 작은잎은 넓은 타원형~달걀형이고 깊은 톱니가 있으며 뒷면 잎맥 위에 털이 약간 있다. 8~9월에 가지 끝의 겹우산꽃차례에 자잘한 흰색 꽃이 모여 달린다. 열매는 타원형이며 날개가 있다.

❸ **신감채**(미나리과) *Angelica grosseserrata* 여러해살이풀(높이 60~130㎝)
  산. 잎은 어긋나고 3장씩 여러 번 갈라지는 겹잎이며 작은잎은 좁은 달걀형이고 깊게 갈라진다. 8~9월에 가지 끝의 겹우산꽃차례에 자잘한 흰색 꽃이 모여 달린다. 작은꽃자루는 10개 정도이고 꽃은 각각 10~20개씩 모여 달린다. 열매는 타원형이며 넓은 날개가 있다.

❹ **흰꽃바디나물**(미나리과) *Angelica decursiva* f. *albiflora* 여러해살이풀(높이 70~150㎝)
  산의 풀밭. 잎은 어긋나고 깃꼴겹잎이며 3~5장의 작은잎은 다시 깊게 갈라지고 잎자루가 통통하다. 8~9월에 겹우산꽃차례에 흰색 꽃이 핀다. 바디나물(p.221)과 같은 종으로 본다.

여름에 피는 흰색 풀꽃

❶ 흰바디나물 ❶ 흰바디나물 열매 ❷ 갯강활
❸ 궁궁이 궁궁이 열매 궁궁이 잎 뒷면 ❹ 고본

❶ **흰바디나물**(미나리과) *Angelica distans* 여러해살이풀(높이 1m 정도)
산. 전체에 털이 없다. 잎은 어긋나고 깃꼴겹잎이다. 작은잎은 3~5쌍이고 가장자리에 톱니가 있으며 첫째 쌍과 둘째 쌍의 간격이 넓게 벌어진다. 8~9월에 줄기와 가지 끝의 겹우산꽃차례에 자잘한 흰색 꽃이 모여 핀다. 열매는 거의 구형이며 세로줄이 있다.

❷ **갯강활**(미나리과) *Angelica japonica* 여러해살이풀(높이 50~100㎝)
남쪽 바닷가. 줄기에 암자색 줄이 있다. 잎은 어긋나고 3장씩 1~3회 갈라지는 겹잎이다. 작은잎은 두껍고 광택이 있으며 날카로운 톱니가 있다. 7~8월에 줄기와 가지 끝의 겹우산꽃차례에 흰색 꽃이 모여 달린다. 열매는 납작한 타원형이며 둘레의 날개는 두껍다.

❸ **궁궁이**(미나리과) *Angelica polymorpha* 여러해살이풀(높이 80~150㎝)
산골짜기. 뿌리잎과 줄기 밑부분의 잎은 잎자루가 길고 3장씩 3~4회 갈라진다. 작은잎은 달걀형이며 크고 뾰족한 톱니가 있고 잎자루는 퉁퉁하며 줄기를 감싼다. 8~9월에 가지 끝의 겹우산꽃차례에 자잘한 흰색 꽃이 모여 핀다. 긴 타원형 열매는 양쪽에 날개가 있다.

❹ **고본**(미나리과) *Angelica tenuissima* 여러해살이풀(높이 30~80㎝)
깊은 산. 잎은 어긋나고 3회깃꼴겹잎이며 갈래조각은 선형이다. 8~9월에 겹우산꽃차례에 흰색 꽃이 핀다. 열매는 납작한 타원형이며 3개의 능선이 있고 둘레에 날개가 있다.

기타

❶ 구릿대
구릿대 열매
갯기름나물 열매 ❷ 갯기름나물
❸ 기름나물
기름나물 꽃차례
기름나물 잎
❹ 솔잎미나리

❶ **구릿대**(미나리과) *Angelica dahurica* 여러해살이풀(높이 1~2m)
습한 곳. 잎은 어긋나고 3장씩 3~4회 갈라지는 깃꼴겹잎이며 잎자루는 통통하다. 작은잎은 긴 타원형이며 톱니 끝에 돌기가 있다. 7~8월에 달리는 겹우산꽃차례는 작은꽃자루가 20~40개이고 자잘한 흰색 꽃이 둥글게 모여 달린다. 납작한 타원형 열매는 날개가 있다.

❷ **갯기름나물**(미나리과) *Peucedanum japonicum* 여러해살이풀(높이 60~100cm)
남부 지방의 바닷가. 잎은 어긋나고 3장씩 2~3회 갈라지는 겹잎이며 두껍고 분백색이 돌며 털이 없다. 잎자루는 밑부분이 줄기를 감싼다. 6~8월에 줄기와 가지 끝의 겹우산꽃차례에 자잘한 흰색 꽃이 모여 달린다. 열매는 타원형이며 잔털이 있고 세로로 가는 능선이 있다.

❸ **기름나물**(미나리과) *Peucedanum terebinthaceum* 여러해살이풀(높이 30~90cm)
산의 양지. 줄기는 가지가 많고 자줏빛이 돌기도 한다. 잎은 어긋나고 2회세겹잎이다. 작은잎은 깃꼴로 갈라지고 뾰족한 톱니가 있으며 광택이 있다. 7~9월에 줄기와 가지 끝의 겹우산꽃차례에 자잘한 흰색 꽃이 모여 달린다. 열매는 납작한 타원형이며 털이 없다.

❹ **솔잎미나리**(미나리과) *Cyclospermum leptophyllum* 한해살이풀(높이 15~70cm)
열대 아메리카 원산. 제주도의 들. 잎은 어긋나고 2~4회 깃꼴로 갈라지며 갈래조각은 실처럼 가늘고 잎자루는 줄기를 감싼다. 7~9월에 2~3개의 우산꽃차례에 8~12개의 흰색 꽃이 모여 핀다.

여름에 피는 녹색 풀꽃

꽃잎 4~5장

❶ 거지덩굴　❷ 큰꼭두서니　❸ 갈퀴꼭두서니
❹ 개솔나물　❺ 며느리배꼽　며느리배꼽 열매

❶ 거지덩굴(포도과) *Cayratia japonica* 여러해살이덩굴풀(길이 3~5m)
남쪽 섬의 풀밭. 잎은 어긋나고 손꼴겹잎이며 5장의 작은잎이 새발 모양으로 달린다. 6~8월에 잎과 마주나는 꽃자루의 갈래꽃차례에 연녹색 꽃이 모여 핀다. 꽃잎은 4장이다.

❷ 큰꼭두서니(꼭두서니과) *Rubia chinensis* 여러해살이풀(높이 30~60cm)
깊은 산의 숲속. 줄기에 가시가 없다. 잎은 4장씩 돌려나고 달걀형이며 5~7개의 잎맥이 있다. 5~6월에 줄기 끝과 잎겨드랑이의 원뿔꽃차례에 자잘한 백록색 꽃이 모여 핀다.

❸ 갈퀴꼭두서니(꼭두서니과) *Rubia cordifolia* 여러해살이덩굴풀(높이 50~150cm)
산과 들. 네모진 줄기에 짧은 가시가 있다. 줄기에 6~10장씩 돌려나는 긴 달걀형 잎은 잎자루가 길다. 7~8월에 원뿔꽃차례에 종 모양의 자잘한 백록색 꽃이 모여 핀다.

❹ 개솔나물(꼭두서니과) *Galium verum* f. *intermedium* 여러해살이풀(높이 50~100cm)
산과 들의 풀밭. 줄기에 바늘 모양의 잎이 6~10장씩 돌려난다. 6~8월에 원뿔꽃차례에 촘촘히 모여 피는 연한 황록색 꽃은 지름 2.5mm 정도이다. 솔나물(p.226)과 같은 종으로 본다.

❺ 며느리배꼽(마디풀과) *Persicaria perfoliata* 한해살이덩굴풀(길이 2m 정도)
길가나 빈터. 줄기에 가시가 있다. 잎은 어긋나고 세모꼴이며 잎자루가 잎몸 안쪽으로 다소 올라붙는다. 7~9월에 이삭꽃차례에 연녹색 꽃이 모여 핀다. 둥근 열매는 점차 검게 익는다.

꽃잎 5~6장

여름에 피는 녹색 풀꽃

❶ 돌외　❷ 가시박　가시박 열매

❸ 큰조롱　큰조롱 열매

❹ 왕죽대아재비

❶ **돌외**(박과) *Gynostemma pentaphyllum* 여러해살이덩굴풀(길이 2~4m)
울릉도와 충남 이남. 잎은 어긋나고 손꼴겹잎이며 작은잎은 보통 5장이다. 작은잎은 좁은 달걀형이며 톱니가 있다. 암수딴그루로 8~9월에 잎겨드랑이의 원뿔꽃차례에 자잘한 황록색 꽃이 핀다. 꽃부리는 5갈래로 갈라진다. 둥근 열매는 지름 6~8mm이며 1개의 가로줄이 있다.

❷ **가시박**(박과) *Sicyos angulatus* 한해살이덩굴풀(길이 4~8m)
북아메리카 원산. 물가. 잎은 어긋나고 둥그스름한 잎몸은 손바닥처럼 5~7갈래로 얕게 갈라지며 심장저이다. 암수한그루로 6~9월에 암꽃은 둥근 머리모양꽃차례에 모여 피고 연한 황록색 수꽃은 송이꽃차례에 달린다. 둥글게 뭉쳐나는 열매는 가느다란 가시로 덮여 있다.

❸ **큰조롱**(협죽도과|박주가리과) *Cynanchum wilfordii* 여러해살이덩굴풀(길이 1~3m)
산기슭의 풀밭이나 바닷가. 잎은 마주나고 하트형이다. 7~8월에 잎겨드랑이의 우산꽃차례에 연한 황록색 꽃이 모여 달린다. 5갈래로 갈라진 꽃부리는 활짝 벌어지지 않는다.

❹ **왕죽대아재비**(백합과) *Streptopus koreanus* 여러해살이풀(높이 15~30cm)
지리산 이북의 깊은 산. 줄기는 비스듬히 휘어지고 잎은 양쪽으로 어긋나며 달걀형~긴 타원형이고 잎자루가 없다. 6~7월에 잎겨드랑이에 달리는 넓은 종 모양의 황록색 꽃은 꽃덮이조각 끝이 뒤로 젖혀진다. 죽대아재비에 비해 꽃자루에 관절이 없고 암술대가 없다.

꽃잎 6장~기타

여름에 피는 녹색 풀꽃

❶ 푸른박새　❷ 푸른여로　푸른여로 꽃 모양
꿩의다리아재비 꽃 모양
❸ 꿩의다리아재비　쥐방울덩굴 열매　❹ 쥐방울덩굴

❶ **푸른박새**(여로과 | 백합과) *Veratrum dolichopetalum* 여러해살이풀(높이 1.5m 정도)
중부 이북의 깊은 산. 잎은 어긋나고 타원형이며 30㎝ 정도 길이이고 밑부분은 잎집이 되어 줄기를 감싼다. 7~8월에 줄기 끝의 원뿔꽃차례에 황록색~녹색 꽃이 촘촘히 핀다.

❷ **푸른여로**(여로과 | 백합과) *Veratrum versicolor* f. *viride* 여러해살이풀(높이 1m 정도)
산의 풀밭. 줄기 밑부분에 촘촘히 어긋나는 잎은 긴 타원형~피침형이고 길이 20~30㎝이며 끝이 뾰족하고 줄기 위로 올라갈수록 선형이 된다. 잎 밑부분은 줄기를 감싼다. 7~8월에 줄기 윗부분의 원뿔꽃차례에 피는 꽃은 지름 1㎝ 정도이며 전체가 연녹색이다.

❸ **꿩의다리아재비**(매자나무과) *Caulophyllum robustum* 여러해살이풀(높이 40~80㎝)
중부 이북의 깊은 산 숲속. 전체에 털이 없다. 회청색 줄기에 어긋나는 1~2장의 잎은 3장씩 2~3회 갈라진다. 5~7월에 줄기 끝의 원뿔꽃차례에 자잘한 녹황색 꽃이 핀다. 6장의 꽃받침조각은 녹황색이며 꽃잎처럼 보이고 6장의 작은 꽃잎은 꿀샘처럼 된다.

❹ **쥐방울덩굴**(쥐방울덩굴과) *Aristolochia contorta* 여러해살이덩굴풀(길이 1~5m)
숲 가장자리. 잎은 어긋나고 하트형이며 가장자리가 밋밋하고 잎자루가 길다. 7~8월에 잎겨드랑이에 기다란 나팔 모양의 연녹색 꽃이 핀다. 꽃부리 밑부분은 둥글고 끝부분은 나팔처럼 벌어진다. 둥근 열매는 익으면 6갈래로 갈라지며 길게 매달려 낙하산 같은 모양이 된다.

❶ **지채**(지채과) *Triglochin maritimum* 여러해살이풀(높이 15~40cm)
갯벌이나 바닷가. 모여나는 뿌리잎은 선형이며 밑부분은 잎집이 된다. 8~9월에 잎 사이에서 나온 꽃줄기 끝의 이삭꽃차례에 자잘한 자줏빛이 도는 녹색 꽃이 촘촘히 모여 핀다.

❷ **가래**(가래과) *Potamogeton distinctus* 여러해살이풀(높이 4~5cm)
연못. 물속에 잠긴 잎은 피침형이고 잎자루가 3~4cm 길이이다. 물 위에 뜬 잎은 긴 타원형이며 잎자루가 6~10cm 길이이다. 6~8월에 나온 원기둥 모양의 꽃이삭에 황록색 꽃이 핀다.

❸ **애기가래**(가래과) *Potamogeton octandrus* 여러해살이풀(높이 1~2cm)
연못에서 자라며 땅속줄기가 거의 없다. 물속에 잠겨 있는 잎은 실처럼 가늘고 물 위에 뜬 잎은 긴 타원형이다. 6~9월에 나온 원기둥 모양의 꽃이삭에 황록색 꽃이 모여 핀다.

❹ **선가래**(가래과) *Potamogeton fryeri* 여러해살이풀(높이 1~2cm)
논이나 연못. 물속에 잠긴 잎은 어긋나고 피침형이다. 물 위에 뜬 잎은 긴 타원형~넓은 타원형이다. 5~8월에 나온 원기둥 모양의 이삭꽃차례는 자잘한 황록색 꽃이 모여 핀다.

❺ **대가래**(가래과) *Potamogeton wrightii* 여러해살이풀(길이 1m 정도)
흐르는 물속. 잎은 대부분 어긋나고 좁은 타원형~피침형이며 8~12cm 길이이고 2~7cm 길이의 잎자루가 있으며 대부분이 물속에 잠긴다. 6~9월에 이삭꽃차례에 자잘한 꽃이 달린다.

기타

❶ 말즘 | 말즘 잎줄기 | ❷ 톱니나자스말
❸ 마 | 마 잎과 암꽃이삭 | ❹ 참마

❶ **말즘**(가래과) *Potamogeton crispus* 여러해살이풀(길이 30~70cm)
연못이나 흐르는 물속. 물속에 잠긴 줄기에 어긋나는 선형~넓은 선형 잎은 길이 3~5cm, 너비 4~7mm이며 가장자리에 잔톱니가 있고 주름이 진다. 6~9월에 줄기 끝에서 물 밖으로 자란 2~5cm 길이의 꽃이삭에 녹황색 꽃이 모여 핀다. 열매는 넓은 달걀형이다.

❷ **톱니나자스말**(자라풀과 | 나자스말과) *Najas minor* 한해살이풀(길이 30cm 정도)
연못이나 도랑. 가지는 2개씩 갈라진다. 가늘고 긴 바늘 모양의 잎은 1~2cm 길이이며 마주나지만 촘촘히 모여난 것처럼 보인다. 7~9월에 잎겨드랑이에 자잘한 꽃이 1개씩 핀다.

❸ **마**(마과) *Dioscorea polystachya* 여러해살이덩굴풀(길이 2~3m)
산과 들. 밭에서도 재배한다. 잎은 마주나거나 돌려나고 세모진 달걀형이며 밑부분은 심장저이고 귀가 발달한다. 잎겨드랑이에 살눈이 생긴다. 암수딴그루로 6~7월에 이삭꽃차례에 연한 황록색~흰색 꽃이 핀다. 열매는 3개의 날개가 있다. 덩이뿌리는 식용한다.

❹ **참마**(마과) *Dioscorea japonica* 여러해살이덩굴풀(길이 1~2m)
제주도. 잎은 마주나지만 드물게 어긋나고 긴 달걀형이며 심장저이고 귀가 발달하지 않으며 털이 없다. 잎겨드랑이에 살눈이 생긴다. 암수딴그루로 6~7월에 이삭꽃차례에 황록색~흰색 꽃이 핀다. 열매는 3개의 날개가 있으며 중심부가 복잡하고 지름 25~28mm이다.

여름에 피는 녹색 풀꽃

❶ 도꼬로마(마과) *Dioscorea tokoro* 여러해살이덩굴풀(길이 2~3m)
산과 들. 잎은 어긋나지만 밑부분에서는 돌려나고 하트형이며 털이 있고 가장자리가 밋밋하다. 암수딴그루로 6~7월에 이삭꽃차례에 연녹색 꽃이 핀다. 수꽃은 꽃잎이 종 모양으로 벌어진다. 열매는 3개의 날개가 있으며 씨앗은 한쪽에만 날개가 있다.

❷ 각시마(마과) *Dioscorea tenuipes* 여러해살이덩굴풀(길이 2~3m)
남부의 산. 잎은 어긋나고 하트형이며 털이 없고 잎자루 밑에 작은 돌기가 있다. 암수딴그루로 6~7월에 피는 수꽃은 꽃잎이 뒤로 젖혀진다. 씨앗은 둘레에 날개가 있다.

❸ 둥근마(마과) *Dioscorea bulbifera* 여러해살이덩굴풀(길이 5m 정도)
중국 원산. 밭에서 재배한다. 잎은 어긋나고 하트형이며 털이 없고 잎겨드랑이에 지름 2㎝ 정도의 살눈이 생긴다. 암수딴그루로 6~7월에 달리는 이삭꽃차례는 밑으로 처진다. 열매는 거의 보기가 힘들다고 한다. 덩이뿌리는 둥글납작하고 식용한다.

❹ 단풍마(마과) *Dioscorea quinquelobata* 여러해살이덩굴풀
산과 들. 잎은 어긋나고 손바닥처럼 5~7갈래로 갈라지며 뒷면의 잎맥은 두드러지지 않고 털이 약간 있다. 잎자루 밑에 작은 돌기가 있다. 암수딴그루로 6~7월에 이삭꽃차례에 노란색 꽃이 핀다. 수꽃의 꽃잎은 종 모양으로 벌어진다. 씨앗은 둘레에 날개가 있다.

*마 종류는 비교하기 쉽도록 꽃 색깔을 고려하지 않고 함께 모아 실었다.

기타

❶ 부채마(마과) *Dioscorea nipponica* 여러해살이덩굴풀(길이 3~10m)
산과 들. 잎은 어긋나고 달걀형~넓은 달걀형이며 3갈래로 갈라진다. 잎 뒷면은 잎맥이 두드러지고 털이 촘촘하다. 암수딴그루로 6~7월에 이삭꽃차례에 연녹색 꽃이 핀다. 수꽃의 꽃잎은 수평으로 벌어진다. 긴 타원형 열매는 3갈래로 갈라지며 씨앗은 한쪽에만 날개가 있다.

❷ 산제비난(난초과) *Platanthera mandarinorum* 여러해살이풀(높이 20~40㎝)
산의 양지쪽 풀밭. 잎은 어긋나고 피침형~긴 타원형이며 줄기를 약간 감싼다. 잎은 위로 갈수록 작아진다. 5~7월에 줄기 윗부분의 이삭꽃차례에 연녹색 꽃이 돌려 가며 핀다. 혀 모양의 입술꽃잎은 갈라지지 않는다. 꿀주머니는 입술꽃잎보다 길며 보통 아래를 향한다.

❸ 넓은잎잠자리난(난초과) *Platanthera fuscescens* 여러해살이풀(높이 20~60㎝)
깊은 산의 숲속. 줄기 밑부분에 2장의 큰 잎이 달린다. 6~8월에 이삭꽃차례에 연녹색 꽃이 핀다. 입술꽃잎은 밑에서 3갈래로 갈라진다. 꿀주머니는 밑으로 둥글게 휘어진다.

❹ 나나벌이난초(난초과) *Liparis krameri* 여러해살이풀(높이 10~15㎝)
중부 이남의 숲속. 2장의 타원형 잎은 끝이 갑자기 뾰족해지며 밑부분이 줄기를 감싸고 가장자리는 주름이 진다. 6~7월에 꽃줄기 윗부분의 송이꽃차례에 연녹색이나 자갈색이 도는 꽃이 모여 달린다. 입술꽃잎은 끝이 꼬리처럼 뾰족하고 아래로 젖혀진다.

❶ 옥잠난초 　옥잠난초 꽃 모양 　한란 꽃 모양 　❷ 한란

❸ 쇠무릎 　쇠무릎 줄기 마디 　❹ 털쇠무릎

❶ **옥잠난초**(난초과) *Liparis kumokiri* 여러해살이풀(높이 15~30㎝)
　산의 숲속. 2장의 타원형 잎은 밑부분이 줄기를 감싸고 가장자리는 주름이 진다. 6~7월에 꽃줄기 윗부분의 송이꽃차례에 연녹색이나 자줏빛이 도는 꽃이 모여 달린다. 입술꽃잎은 너비 5㎜ 정도로 좁은 편이고 윗부분에서 뒤로 젖혀진다. 열매는 원통형이다.

❷ **한란**(난초과) *Cymbidium kanran* 늘푸른여러해살이풀(높이 25~60㎝)
　한라산 남쪽의 상록수림. 뿌리에서 모여나는 선형 잎은 가장자리가 거의 밋밋하고 가죽질이며 광택이 있다. 10~1월에 잎 사이에서 자란 꽃줄기 끝에 5~12개의 황록색~홍자색이 도는 꽃이 옆을 보고 피는데 향기가 있다. 입술꽃잎은 흰색 바탕에 자주색 반점이 있다.

❸ **쇠무릎**(비름과) *Achyranthes bidentata* 여러해살이풀(높이 50~100㎝)
　산과 들의 그늘. 녹색 줄기는 마디가 두드러지게 튀어나오고 털이 적다. 잎은 마주나고 긴 타원형~거꿀달걀형이며 가장자리가 밋밋하다. 8~9월에 줄기와 가지 끝의 이삭꽃차례에 연녹색 꽃이 모여 핀다. 열매는 긴 타원형이며 뾰족한 털이 있어서 잘 달라 붙는다.

❹ **털쇠무릎**(비름과) *Achyranthes fauriei* 여러해살이풀(높이 60~100㎝)
　길가나 빈터. 쇠무릎과 비슷하지만 전체에 부드러운 털이 빽빽하고 줄기는 적갈색을 띤다. 8~9월에 이삭꽃차례에 연녹색 꽃이 모여 핀다. 쇠무릎과 같은 종으로 본다.

기타

❶ 가는털비름, 가는털비름 꽃이삭
❷ 개비름
❸ 청비름
❹ 긴이삭비름, 긴이삭비름 꽃이삭

❶ **가는털비름**(비름과) *Amaranthus hybridus* 한해살이풀(높이 60~120㎝)
남아메리카 원산. 길가나 빈터. 줄기는 녹색이지만 붉은색이 돌기도 한다. 잎은 어긋나고 마름모 모양의 달걀형이며 톱니가 없고 잎자루가 길다. 7~10월에 줄기와 가지 끝에 이삭꽃차례가 달린다. 털비름에 비해 꽃이삭이 가늘고 길며 너비가 좁다.

❷ **개비름**(비름과) *Amaranthus blitum* ssp. *oleraceus* 한해살이풀(높이 30~80㎝)
밭이나 빈터. 전체에 털이 없다. 잎은 어긋나고 네모진 달걀형이며 끝이 오목하게 들어간다. 6~7월에 잎겨드랑이와 줄기 끝에 달리는 연녹색 이삭꽃차례는 3~8㎝ 길이로 짧다.

❸ **청비름**(비름과) *Amaranthus viridis* 한해살이풀(높이 50~80㎝)
빈터. 전체에 털이 거의 없다. 잎은 어긋나고 세모진 달걀형이며 끝이 둔하거나 오목하고 가장자리가 밋밋하다. 7~9월에 꽃이 핀다. 줄기나 가지 끝에 달리는 이삭꽃차례는 처음에는 짧지만 점차 자라서 개비름보다 훨씬 길어진다. 열매의 표면은 주름이 진다.

❹ **긴이삭비름**(비름과) *Amaranthus palmeri* 한해살이풀(높이 1~2m)
북아메리카 원산. 길가나 빈터. 잎은 어긋나고 마름모 모양의 달걀형이며 주맥 끝은 튀어나온다. 8~9월에 줄기 끝과 잎겨드랑이에 달리는 기다란 꽃이삭은 20~50㎝ 길이로 가는털비름보다 더 가늘고 길다. 포는 끝이 가시로 되기 때문에 찔리면 아프다.

기타

여름에 피는 녹색 풀꽃

❶ 명아주 ❷ 흰명아주 ❸ 좀명아주 ❹ 가는명아주
명아주 새싹 · 좀명아주 꽃송이 · 좀명아주 잎 뒷면

❶ **명아주**(비름과|명아주과) *Chenopodium giganteum* 한해살이풀(높이 50~200㎝)
밭이나 빈터. 잎은 어긋나고 세모진 달걀형이며 가장자리에 물결 모양의 톱니가 있다. 어린잎은 양면에 가루 모양의 붉은색 돌기가 있어서 붉은색이 돌고 성숙하면 모두 없어진다. 6~8월에 줄기 끝의 원뿔꽃차례에 자잘한 연녹색 꽃이 모여 달린다.

❷ **흰명아주**(비름과|명아주과) *Chenopodium album* 한해살이풀(높이 50~200㎝)
밭이나 빈터. 잎은 어긋나고 세모진 달걀형이며 가장자리에 물결 모양의 톱니가 있다. 어린잎은 양면에 가루 모양의 흰색 돌기가 있어서 흰색이 돌고 성숙하면 뒷면만 남는다. 6~8월에 줄기 끝의 원뿔꽃차례에 자잘한 연녹색 꽃이 모여 달린다.

❸ **좀명아주**(비름과|명아주과) *Chenopodium ficifolium* 한해살이풀(높이 30~60㎝)
밭이나 빈터. 흰빛이 도는 잎은 어긋나고 세모진 긴 타원형이며 가장자리에 물결 모양의 톱니가 있는데 가장 밑의 톱니는 갈래조각처럼 크다. 흰명아주보다 잎의 너비가 좁다. 6~8월에 줄기 끝의 원뿔꽃차례에 자잘한 연녹색 꽃이 모여 달린다.

❹ **가는명아주**(비름과|명아주과) *Chenopodium stenophyllum* 한해살이풀(높이 30~60㎝)
들이나 바닷가. 잎은 어긋나고 피침형이며 두껍고 가장자리가 거의 밋밋하다. 어린잎은 분백색 가루로 덮인다. 6~7월에 윗부분의 원뿔꽃차례에 자잘한 황록색 꽃이 핀다.

기타

❶ 취명아주
❷ 양명아주 / 양명아주 꽃이삭
❸ 가는갯능쟁이 / 가는갯능쟁이 열매이삭
❹ 창명아주

❶ **취명아주**(비름과 | 명아주과) *Chenopodium glaucum* 한해살이풀(높이 15~30㎝)
들의 빈터나 바닷가. 전체에 털이 없다. 줄기는 비스듬히 자라고 약간 통통한 다육질이다. 잎은 어긋나고 긴 달걀형~넓은 피침형이며 가장자리에 물결 모양의 깊은 톱니가 있고 뒷면은 흰빛이 돈다. 7~8월에 줄기 끝의 원뿔꽃차례에 자잘한 연녹색 꽃이 모여 달린다.

❷ **양명아주**(비름과 | 명아주과) *Dysphania ambrosioides* 한해살이풀(높이 30~80㎝)
남아메리카 원산. 남해안 이남. 전체에서 냄새가 나고 가지를 많이 친다. 잎은 어긋나고 긴 타원형이며 끝이 뾰족하고 가장자리에 톱니가 있다. 잎 뒷면에 노란색 기름점이 있다. 6~9월에 잎겨드랑이에서 나오는 이삭꽃차례에 자잘한 녹색 꽃이 덩어리져서 달린다.

❸ **가는갯능쟁이**(비름과 | 명아주과) *Atriplex gmelinii* 한해살이풀(높이 30~50㎝)
바닷가. 잎은 어긋나고 선형~피침형이며 밋밋하거나 2~3개의 톱니가 있고 두꺼우며 처음에는 흰색 가루로 덮여 있다. 7~8월에 잎겨드랑이에 작은 연녹색 꽃이삭이 모여 달린다.

❹ **창명아주**(비름과 | 명아주과) *Atriplex hastata* 한해살이풀(높이 20~80㎝)
주로 서해안의 바닷가. 전체가 분백색이 돌고 가지는 비스듬히 선다. 잎은 줄기 밑부분에서는 마주나고 윗부분에서는 어긋난다. 잎몸은 세모꼴로 가장자리에 물결 모양의 톱니가 있다. 잎자루는 점차 짧아진다. 암수한그루로 7~9월에 이삭꽃차례에 자잘한 녹색 꽃이 달린다.

여름에 피는 녹색 풀꽃

❶ 댑싸리 ❷ 갯댑싸리 ❸ 시금치 시금치 수꽃 시금치 열매 ❹ 퉁퉁마디

❶ **댑싸리**(비름과 | 명아주과) *Bassia scoparia* 한해살이풀(높이 1m 정도)
빈터나 길가. 줄기는 많은 가지가 갈라져 위쪽으로 퍼진다. 잎은 어긋나고 피침형~좁은 피침형이며 가장자리가 밋밋하다. 잎몸은 얇고 부드럽다. 7~8월에 윗부분의 잎겨드랑이에 자잘한 황록색 꽃이 몇 개씩 모여 달린다. 원반형 열매 끝에는 암술대가 남아 있다.

❷ **갯댑싸리**(비름과 | 명아주과) *Bassia scoparia* v. *littorea* 한해살이풀(높이 50~100㎝)
바닷가. 붉은빛이 도는 줄기는 가지가 비스듬히 퍼진다. 잎은 어긋나고 피침형~좁은 피침형이며 가장자리가 밋밋하고 댑싸리보다 두껍다. 9~10월에 윗부분의 잎겨드랑이에 자잘한 황록색 꽃이 1~3개씩 모여 달린다. 열매 속에는 1개의 씨앗이 들어 있다.

❸ **시금치**(비름과 | 명아주과) *Spinacia oleracea* 한두해살이풀(높이 50㎝ 정도)
밭에서 재배하며 들에서 저절로 자라기도 한다. 속이 빈 줄기에 어긋나는 잎은 긴 삼각형~달걀형이며 밑부분이 깃처럼 갈라지기도 한다. 암수딴그루로 5월에 수꽃은 원뿔꽃차례에 달리고 암꽃은 잎겨드랑이에 3~5개씩 달린다. 열매는 2개의 가시가 있다.

❹ **퉁퉁마디**(비름과 | 명아주과) *Salicornia europaea* 한해살이풀(높이 10~30㎝)
바닷가. 줄기는 다육질이며 곧게 서고 마디마다 가지가 2개씩 나온다. 마디가 특히 퉁퉁하게 튀어나와 '퉁퉁마디'라고 한다. 8~9월에 마디 사이에 3개의 작은 녹색 꽃이 핀다.

기타

여름에 피는 녹색 풀꽃

❶ 칠면초 ❷ 나문재 / 나문재 열매
❸ 해홍나물 / 해홍나물 열매 ❹ 수송나물

❶ **칠면초**(비름과 | 명아주과) *Suaeda japonica* 한해살이풀(높이 15~50㎝)
바닷가의 개펄. 줄기는 윗부분에서 가지가 많이 갈라지며 털이 없다. 잎은 어긋나고 통통한 선형으로 곤봉 모양이며 잎자루가 없다. 잎은 녹색이지만 가을에는 홍자색으로 변한다. 8~9월에 윗부분의 잎겨드랑이에 자잘한 녹색 꽃이 피는데 점차 자주색으로 변한다.

❷ **나문재**(비름과 | 명아주과) *Suaeda glauca* 한해살이풀(높이 50~100㎝)
서남쪽 바닷가. 잎은 어긋나고 좁은 선형이며 위쪽 잎에는 잎자루가 있다. 7~9월에 자잘한 황록색 꽃이 이삭꽃차례처럼 달린다. 자루가 있는 꽃덮이와 열매는 별 모양이다.

❸ **해홍나물**(비름과 | 명아주과) *Suaeda maritima* 한해살이풀(높이 30~60㎝)
바닷가. 곧게 서는 줄기는 가지가 많이 갈라지고 무리 지어 자란다. 잎은 어긋나고 좁은 선형이며 1~3㎝ 길이이고 끝이 뾰족하며 잎자루가 없다. 8~10월에 줄기 위쪽에서 나오는 짧은 자루에 3~5개의 황록색 꽃이 핀다. 둥근 원반형 열매는 울퉁불퉁하고 자루가 없다.

❹ **수송나물**(비름과 | 명아주과) *Salsola komarovii* 한해살이풀(높이 10~40㎝)
바닷가 모래땅. 줄기는 가지가 많이 갈라져 비스듬히 자라며 전체에 털이 없다. 잎은 어긋나고 통통한 선형이며 끝이 뾰족하고 나중에는 줄기와 함께 딱딱해진다. 7~9월에 잎겨드랑이에 연녹색 꽃이 1개씩 피며 밑에 2개의 작은 포가 있다. 열매는 달걀형이다.

여름에 피는 녹색 풀꽃

❶ 긴화살여뀌

❷ 끈끈이여뀌 / 끈끈이여뀌 줄기

❸ 여뀌 / 여뀌 꽃이삭

❹ 나도수영

❶ **긴화살여뀌**(마디풀과) *Persicaria breviochreata* 한해살이풀(높이 30~50㎝)
산의 숲속. 잎은 어긋나고 긴 타원형~피침형이며 끝이 뾰족하고 밑부분은 얕은 심장저이다. 잎집 같은 턱잎은 3~4mm 길이이며 털이 있다. 8~10월에 갈라진 가지마다 1~3개의 연한 홍록색 꽃이 달려 이삭꽃차례 모양이 된다. 꽃자루에 털과 샘털이 있다.

❷ **끈끈이여뀌**(마디풀과) *Persicaria viscofera* 한해살이풀(높이 40~80㎝)
산과 들. 줄기는 곧게 서고 비스듬히 퍼진털이 있다. 줄기의 마디 밑이나 꽃자루에 끈끈한 액체가 있다. 잎은 어긋나고 피침형이며 잎자루가 거의 없다. 턱잎 가장자리에 털이 있다. 7~9월에 줄기와 가지 끝에 달리는 이삭꽃차례에 자잘한 녹백색 꽃이 모여 핀다.

❸ **여뀌**(마디풀과) *Persicaria hydropiper* 한해살이풀(높이 40~100㎝)
냇가나 습지. 줄기에 털이 없다. 잎은 어긋나고 피침형이며 가장자리가 밋밋하고 잎자루가 없으며 씹으면 매운맛이 난다. 잎집같이 생긴 턱잎 가장자리에 털이 있다. 7~9월에 가지 끝의 이삭꽃차례는 5~10㎝이며 이삭 모양으로 늘어지고 꽃은 분홍빛을 띠는 연녹색이다. 열매는 렌즈형이다.

❹ **나도수영**(마디풀과) *Oxyria digyna* 여러해살이풀(높이 10~30㎝)
백두산의 높은 지대. 뿌리잎은 둥근 콩팥형이며 가장자리는 밋밋하거나 물결 모양의 톱니가 있고 잎자루가 길다. 6~8월에 줄기 끝의 겹송이꽃차례에 녹색~홍록색 꽃이 핀다.

기타

① 참소리쟁이　참소리쟁이 열매　소리쟁이 열매　② 소리쟁이
③ 돌소리쟁이　돌소리쟁이 열매　④ 금소리쟁이

❶ **참소리쟁이**(마디풀과)　*Rumex japonicus*　여러해살이풀(높이 40~100㎝)
　들의 습한 곳. 뿌리잎은 달걀 모양의 긴 타원형이며 심장저이고 가장자리가 물결 모양이다. 줄기잎은 어긋나고 위로 갈수록 작아진다. 5~7월에 곧게 서는 줄기 끝에 달리는 원뿔꽃차례에 자잘한 연녹색 꽃이 돌려 가며 달린다. 열매의 속꽃덮이에는 톱니가 약간 있다.

❷ **소리쟁이**(마디풀과)　*Rumex crispus*　여러해살이풀(높이 30~80㎝)
　들의 습한 곳. 뿌리잎은 피침형~긴 타원형이며 밑부분이 둥글고 가장자리가 물결 모양이다. 줄기잎은 어긋나고 위로 갈수록 작아진다. 6~7월에 곧게 서는 줄기 끝의 원뿔꽃차례에 자잘한 연녹색 꽃이 돌려 가며 달린다. 열매의 속꽃덮이에는 톱니가 거의 없다.

❸ **돌소리쟁이**(마디풀과)　*Rumex obtusifolius*　여러해살이풀(높이 60~120㎝)
　유라시아 원산. 풀밭. 뿌리잎은 달걀 모양의 긴 타원형이며 심장저이고 잎자루가 길다. 밑부분의 줄기잎도 심장저이다. 6~8월에 줄기와 가지의 송이꽃차례에 자잘한 연녹색 꽃이 돌려 가며 달린다. 열매의 속꽃덮이에는 가시 같은 톱니가 있다.

❹ **금소리쟁이**(마디풀과)　*Rumex maritimus*　한두해살이풀(높이 30~60㎝)
　바닷가나 들. 뿌리잎은 피침형이고 양 끝이 좁으며 잎자루가 있다. 6~8월에 층층으로 달리는 연녹색 꽃차례에는 잎이 있다. 열매의 속꽃덮이는 가장자리에 가는 가시가 있다.

여름에 피는 녹색 풀꽃

❶ 지리대극 ❷ 지리대극 꽃차례 ❸ 여우주머니 ❹ 삼 ❺ 삼 잎줄기 ❻ 뽕모시풀

❶ **지리대극**(대극과) *Euphorbia togakusensis* 여러해살이풀(높이 40~100㎝)
지리산의 숲속. 잎은 어긋나고 긴 타원 모양의 피침형이며 3~7㎝ 길이이고 분백색이 돈다. 줄기 끝에는 몇 장의 타원형 잎이 포조각처럼 돌려난다. 6~7월에 줄기 끝의 등잔모양꽃차례에 황록색 꽃이 핀다. 2~3개의 총포조각은 꽃이 필 때 노란색이다.

❷ **여우주머니**(여우주머니과|대극과) *Phyllanthus ussuriensis* 한해살이풀(높이 10~40㎝)
길가나 밭둑. 줄기는 비스듬히 서고 가지가 갈라진다. 잎은 어긋나고 넓은 피침형~긴 타원형이며 가장자리가 밋밋하고 뒷면은 분백색이다. 암수한그루로 6~7월에 잎겨드랑이에 자잘한 황록색 꽃이 핀다. 동글납작한 열매는 황록색이며 밋밋하고 자루가 있다.

❸ **삼**(삼과) *Cannabis sativa* 한해살이풀(높이 1~3m)
중앙아시아 원산. 밭에서 재배하던 것이 퍼져 나갔다. 잎은 마주나고 손꼴겹잎이며 5~9갈래로 깊게 갈라진다. 암수딴그루로 7~8월에 꽃이 핀다. 줄기껍질로 베를 짠다.

❹ **뽕모시풀**(뽕나무과) *Fatoua villosa* 한해살이풀(높이 30~80㎝)
숲 가장자리나 그늘진 빈터. 줄기는 곧게 서고 전체에 털이 있다. 잎은 어긋나고 넓은 달걀형이며 끝이 뾰족하고 가장자리에 둔한 톱니가 있다. 암수한그루로 7~10월에 잎겨드랑이의 갈래꽃차례에 자잘한 녹색~자주색 꽃이 모여 피는데 암꽃은 수꽃과 섞여 달린다.

기타

여름에 피는 녹색 풀꽃

❶ 모시물통이 모시물통이 꽃차례 ❷ 큰물통이
❸ 제주큰물통이 ❹ 산물통이 산물통이 꽃차례

❶ **모시물통이**(쐐기풀과) *Pilea pumila* 한해살이풀(높이 30~50㎝)

그늘진 습지. 곧게 서는 줄기는 물기가 많고 연약하며 털이 없다. 잎은 마주나고 마름모꼴의 달걀형이며 끝이 꼬리처럼 길고 가장자리에 톱니가 있다. 암수한그루로 7~9월에 잎겨드랑이에서 자란 꽃가지는 1~3㎝ 길이이고 자잘한 연녹색 꽃이 촘촘히 모여 달린다.

❷ **큰물통이**(쐐기풀과) *Pilea pumila* v. *hamaoi* 한해살이풀(높이 20~40㎝)

산의 그늘진 곳이나 물가. 잎은 마주나고 네모진 달걀형이며 끝이 뾰족하고 굵은 톱니가 있으며 3~6㎝ 길이이다. 암수한그루로 7~9월에 잎겨드랑이에서 자란 꽃가지는 5~20㎜ 길이이고 자잘한 연녹색 꽃이 촘촘히 모여 달린다. 열매는 넓은 달걀형이고 적갈색 반점이 있다.

❸ **제주큰물통이**(쐐기풀과) *Pilea taquetii* 한해살이풀(높이 10㎝ 정도)

제주도와 지리산. 줄기는 연약하다. 잎은 마주나고 네모진 넓은 달걀형이며 가장자리에 굵은 톱니가 있고 잎자루는 2~17㎜ 길이이다. 잎 뒷면은 연녹색이고 3개의 잎맥이 있다. 암수한그루로 7~9월에 잎겨드랑이에 자잘한 연녹색 꽃이 뭉쳐 달린다. 열매에 갈색 반점이 있다.

❹ **산물통이**(쐐기풀과) *Achudemia japonica* 한해살이풀(높이 10~20㎝)

산의 그늘. 잎은 마주나고 달걀형~넓은 달걀형이며 톱니가 있다. 암수한그루로 8~10월에 잎겨드랑이에서 자란 1~3㎝ 길이의 긴 꽃대 끝에 자잘한 꽃이 둥글게 모여 달린다.

여름에 피는 녹색 풀꽃

❶ 모시풀
❷ 섬모시풀
섬모시풀 잎줄기
❸ 왕모시풀
❹ 왜모시풀
왜모시풀 열매이삭

❶ **모시풀**(쐐기풀과) *Boehmeria nivea* 여러해살이풀(높이 1.5~2m)
밭에서 재배하며 들로 퍼져 나가 자란다. 잎은 어긋나고 둥근 달걀형이며 가지와 잎자루에 털이 있다. 줄기 밑부분의 잎까지 뒷면은 흰빛이 돈다. 암수한그루로 7~9월에 잎겨드랑이에 꽃이삭이 달리는데 암꽃이삭은 줄기의 윗부분에, 수꽃이삭은 아랫부분에 달린다.

❷ **섬모시풀**(쐐기풀과) *Boehmeria nivea v. nipononivea* 여러해살이풀(높이 1.5~2m)
남쪽 섬. 잎은 넓은 달걀형이며 뒷면은 흰빛이 돈다. 가지와 잎자루에 털이 빽빽하다. 암수한그루로 7~9월에 잎겨드랑이에 꽃이삭이 달린다. 모시풀과 같은 종으로 본다.

❸ **왕모시풀**(쐐기풀과) *Boehmeria pannosa* 여러해살이풀(높이 1~1.5m)
남부 지방의 바닷가 주변. 전체에 짧은털이 있다. 잎은 마주나고 넓은 달걀형~둥근 하트형이며 두껍고 톱니가 고르며 뒷면에 털이 많다. 암수한그루로 7~9월에 잎겨드랑이에 꽃이삭이 달리는데 암꽃이삭은 줄기의 윗부분에, 수꽃이삭은 아랫부분에 달린다.

❹ **왜모시풀**(쐐기풀과) *Boehmeria japonica* 여러해살이풀(높이 80~100㎝)
중부 이남의 산. 가지가 갈라지지 않는다. 잎은 마주나고 둥근 달걀형이며 끝이 꼬리처럼 길고 가장자리의 톱니는 위로 갈수록 커진다. 암수한그루로 7~9월에 잎겨드랑이에 꽃이삭이 달리는데 암꽃이삭은 줄기의 윗부분에, 수꽃이삭은 아랫부분에 달린다.

기타

❶ 개모시풀　❷ 큰쐐기풀　❸ 혹쐐기풀　혹쐐기풀 꽃이삭　❹ 추분취

❶ **개모시풀**(쐐기풀과) *Boehmeria platanifolia* 여러해살이풀(높이 1m 정도)
숲 가장자리. 줄기와 잎에 짧은털이 난다. 잎은 마주나고 둥근 달걀형~원형이며 끝이 꼬리처럼 길고 가장자리 톱니는 위로 갈수록 커져서 끝부분은 3갈래로 크게 갈라진다. 암수한그루로 7~8월에 잎겨드랑이에 가는 꽃이삭이 달리는데 밑은 수꽃이삭, 위는 암꽃이삭이다.

❷ **큰쐐기풀**(쐐기풀과) *Girardinia diversifolia* ssp. *suborbiculata* 여러해살이풀(높이 50~120㎝)
숲 가장자리나 숲속. 잎은 어긋나고 달걀형~원형이며 가장자리에 큼직한 톱니가 있고 줄기와 함께 날카로운 가시털이 있다. 잎 뒷면은 회녹색이다. 암수한그루로 8~9월에 잎겨드랑이의 이삭꽃차례에 연녹색 꽃이 핀다. 보통 암꽃이삭이 위쪽에 달린다.

❸ **혹쐐기풀**(쐐기풀과) *Laportea bulbifera* 여러해살이풀(높이 50~60㎝)
숲 가장자리나 숲속. 줄기와 잎에 가시털이 있다. 잎은 어긋나고 긴 달걀형이며 잎겨드랑이에 살눈이 달린다. 암수한그루로 7~9월에 수꽃이삭은 줄기 밑부분에, 암꽃이삭은 위쪽에 달린다.

❹ **추분취**(국화과) *Rhynchospermum verticillatum* 여러해살이풀(높이 50~100㎝)
한라산의 숲속. 잎은 어긋나고 거꿀피침형이며 끝이 뾰족하고 가장자리에 톱니가 약간 있으며 위로 갈수록 작아진다. 8~10월에 잎겨드랑이에 달리는 백록색 꽃송이는 지름 4~5㎜이다. 총포는 넓은 종 모양이고 총포조각은 3줄로 붙는다. 열매는 납작한 타원형이다.

기타

여름에 피는 녹색 풀꽃

❶ 담배풀
담배풀 꽃송이
좀담배풀 꽃송이
❷ 좀담배풀
❸ 긴담배풀
❹ 두메담배풀
두메담배풀 꽃송이

❶ **담배풀**(국화과) *Carpesium abrotanoides* 두해살이풀(높이 50~100㎝)
 산의 숲속. 잎은 어긋나고 타원형이며 톱니가 있고 밑부분이 잎자루로 흘러서 날개가 된다. 8~9월에 잎겨드랑이에 꽃자루가 없는 녹황색 꽃송이가 달리는데 모두 대롱꽃이다.

❷ **좀담배풀**(국화과) *Carpesium cernuum* 여러해살이풀(높이 40~100㎝)
 산. 잎은 어긋나고 주걱 모양의 긴 타원형이며 밑부분은 잎자루의 날개로 된다. 잎 가장자리에 톱니가 있다. 위쪽의 잎은 긴 타원형이다. 8~9월에 줄기와 가지 끝에 달리는 긴 꽃대 끝에 달리는 녹황색 꽃송이는 지름 15~18㎜이다. 꽃송이 밑에 좁은 피침형 포가 많다.

❸ **긴담배풀**(국화과) *Carpesium divaricatum* 여러해살이풀(높이 25~150㎝)
 산의 숲속. 줄기에 부드러운 털이 빽빽하다. 잎은 어긋나고 달걀형~달걀 모양의 긴 타원형이며 가장자리에 불규칙한 톱니가 있고 잎자루에 날개가 거의 없다. 8~9월에 줄기와 가지 끝에 달리는 녹황색 꽃송이는 지름 6~8㎜이며 밑에 2~4개의 기다란 포가 있다.

❹ **두메담배풀**(국화과) *Carpesium triste* 여러해살이풀(높이 40~100㎝)
 산. 잎은 어긋나고 달걀형~긴 달걀형이며 밑부분이 급히 좁아지고 잎자루에 날개가 있다. 잎 가장자리에 톱니가 있다. 잎은 위로 갈수록 작아진다. 7~9월에 잎겨드랑이에서 나온 긴 꽃대 끝에 달리는 녹황색 꽃송이는 지름 6~10㎜이다. 꽃송이 밑에 선형 포가 많다.

기타

❶ 천일담배풀 ❷ 여우오줌 여우오줌 꽃송이 ❸ 붉은서나물 붉은서나물 꽃송이 중대가리풀 꽃송이 ❹ 중대가리풀

❶ **천일담배풀**(국화과) *Carpesium glossophyllum* 여러해살이풀(높이 25~50㎝)
건조한 숲속. 줄기에 드문드문 어긋나는 넓은 피침형 잎은 위로 가면 좁은 피침형으로 되고 작아진다. 잎몸은 양면에 털이 많다. 8~9월에 줄기나 가지 끝에 달리는 황록색 꽃송이는 반구형이고 지름 8~15㎜이며 밑을 향해 핀다. 포는 총포보다 약간 길다.

❷ **여우오줌**(국화과) *Carpesium macrocephalum* 여러해살이풀(높이 1m 정도)
중부 이북의 산. 잎은 어긋나고 달걀형이며 끝이 뾰족하고 밑부분은 잎자루의 날개로 된다. 잎 가장자리에 겹톱니가 있다. 8~9월에 가지 끝에 달리는 황록색 꽃송이는 지름 25~35㎜로 큼직하다. 꽃송이를 받치는 포는 피침형이며 3~5㎝ 길이로 잎처럼 크고 톱니가 있다.

❸ **붉은서나물**(국화과) *Erechtites hieracifolia* 한해살이풀(높이 1~2m)
북아메리카 원산. 빈터. 잎은 어긋나고 긴 타원형~피침형이며 끝이 뾰족하고 날카로운 톱니가 있으며 털이 없다. 9~10월에 가지 끝에 달리는 원통형 꽃이삭은 15㎜ 정도 길이이고 대롱꽃뿐이며 끝부분은 노란색이다. 긴 타원형 열매 끝에는 14㎜ 정도 길이의 흰색 갓털이 있다.

❹ **중대가리풀**(국화과) *Centipeda minima* 한해살이풀(높이 10~20㎝)
밭이나 길가. 기는줄기에 어긋나는 주걱형 잎은 윗부분에 톱니가 약간 있고 뒷면에 기름점이 있다. 7~8월에 잎겨드랑이에 달리는 둥근 녹색~녹자색 꽃송이는 지름 3~4㎜이다.

여름에 피는 녹색 풀꽃

❶ 큰비쑥

❷ 사철쑥   사철쑥 열매송이

❸ 개사철쑥   개사철쑥 꽃차례

❹ 섬쑥

❶ **큰비쑥**(국화과) *Artemisia fukudo* 두해살이풀(높이 30~90cm)
바닷가의 모래땅. 잎은 어긋나고 1~3회깃꼴겹잎이며 갈래조각은 선형이고 끝이 둔하다. 9~10월에 원뿔꽃차례에서 처지는 꽃송이는 거꿀원뿔형이며 지름 5~7mm이다.

❷ **사철쑥**(국화과) *Artemisia capillaris* 여러해살이풀(높이 30~100cm)
냇가나 바닷가의 모래땅. 줄기잎은 어긋나고 2~3회깃꼴겹잎이며 갈래조각은 실처럼 가늘며 비단털로 덮여 있다. 8~9월에 줄기 끝의 원뿔꽃차례에 자잘한 녹황색 꽃송이가 모여 달린다. 꽃송이는 지름 1.5~2mm로 작고 총포는 둥글며 총포조각은 3~4줄로 붙는다.

❸ **개사철쑥**(국화과) *Artemisia apiacea* 두해살이풀(높이 40~150cm)
냇가의 모래땅. 전체에 털이 없으며 가지가 많다. 잎은 어긋나고 2회 깃꼴로 완전히 갈라지며 갈래조각은 깊은 톱니가 있다. 7~9월에 줄기와 가지 끝의 송이꽃차례에 매달리는 녹황색 꽃송이는 반구형이며 지름 5~6mm이다. 총포조각은 긴 타원형이고 3줄로 붙는다.

❹ **섬쑥/섬제비쑥**(국화과) *Artemisia hallaisanensis* 여러해살이풀(높이 20~40cm)
한라산. 잎은 어긋나고 20~35mm 길이이며 2회 깃꼴로 깊게 갈라진다. 갈래조각은 피침형~선형이며 너비 0.8mm 정도이고 가장자리가 밋밋하다. 8~9월에 줄기 끝의 원뿔꽃차례에 달리는 연한 황갈색 꽃송이는 지름 1.5mm 정도이며 달걀형~둥근 달걀형이다.

*쑥 종류는 비교하기 쉽도록 함께 모아 실었다.

기타

여름에 피는 녹색 풀꽃

❶ 제비쑥 ❷ 맑은대쑥 맑은대쑥 꽃송이
❸ 개똥쑥 ❹ 뺑쑥 뺑쑥 잎줄기

❶ 제비쑥(국화과) *Artemisia japonica* 여러해살이풀(높이 30~90㎝)
산. 잎은 어긋나고 거꿀달걀형이며 윗부분은 끝이 여러 갈래로 얕게 갈라지고 밑부분은 점차 좁아진다. 7~9월에 줄기 끝의 원뿔꽃차례에 달리는 꽃송이는 2㎜ 정도 길이이다.

❷ 맑은대쑥(국화과) *Artemisia keiskeana* 여러해살이풀(높이 30~80㎝)
산. 잎은 어긋나고 넓은 주걱형이며 상반부에 굵은 톱니가 있다. 잎 앞면은 잔털이 있고 뒷면은 기름점과 명주실 같은 털이 있다. 7~9월에 가지의 송이꽃차례에 달리는 둥그스름한 녹황색 꽃송이는 지름 3~3.5㎜이다. 총포는 털이 없고 총포조각은 3~4줄로 붙는다.

❸ 개똥쑥(국화과) *Artemisia annua* 한해살이풀(높이 1m 정도)
길가나 빈터. 전체에 털이 없고 특이한 냄새가 난다. 잎은 어긋나고 달걀형이며 2~3회 깃꼴로 가늘게 갈라진다. 6~8월에 줄기와 가지 끝에서 처지는 녹황색 꽃송이가 이삭처럼 달린다. 꽃송이는 지름 1.5㎜ 정도이고 총포조각은 털이 없으며 2~3줄로 붙는다.

❹ 뺑쑥(국화과) *Artemisia feddei* 여러해살이풀(높이 1m 정도)
산과 들. 흔히 자줏빛이 도는 줄기는 거미줄 같은 털이 있다. 잎은 어긋나고 깃꼴로 깊게 갈라지며 갈래조각은 2~3쌍이고 선형이며 가장자리가 밋밋하다. 8~9월에 줄기 끝의 원뿔꽃차례에 달리는 타원형 꽃송이는 길이 2㎜ 정도, 지름 1㎜ 정도이며 자루가 없다.

기타

여름에 피는 녹색 풀꽃

- **❶ 쑥**(국화과) *Artemisia princeps* 여러해살이풀(높이 60~120㎝)
  산과 들의 풀밭. 적자색 줄기는 세로줄이 있고 거미줄 같은 털로 덮여 있다. 잎은 어긋나고 타원형이며 깃꼴로 깊게 갈라지고 갈래조각은 2~4쌍이며 헛턱잎이 있다. 7~9월에 줄기 끝의 원뿔꽃차례에 달리는 꽃송이는 달걀형이며 홍자색이고 2.5~3.5㎜ 길이이다.

- **❷ 물쑥**(국화과) *Artemisia selengensis* 여러해살이풀(높이 1~2m)
  냇가. 잎은 어긋나고 3갈래로 깊게 갈라지며 갈래조각은 선형이고 얕은 톱니가 있으며 뒷면은 흰빛이 돈다. 8~9월에 원뿔꽃차례에 달리는 종 모양의 꽃송이는 지름 2~2.5㎜이다.

- **❸ 참쑥**(국화과) *Artemisia dubia* 여러해살이풀(높이 1.5~2m)
  산과 들. 줄기는 거미줄 같은 털로 덮여 있다. 잎은 어긋나고 2회 깃꼴로 깊게 갈라지며 갈래조각은 좁은 피침형이고 서로 떨어져 있다. 잎자루 밑부분에 헛턱잎이 8개까지 있다. 8~10월에 줄기의 원뿔꽃차례에 달리는 꽃송이는 둥근 종 모양이며 지름 3㎜ 정도이다.

- **❹ 덤불쑥**(국화과) *Artemisia rubripes* 여러해살이풀(높이 1.5~2m)
  산. 잎은 어긋나고 2회 깃꼴로 깊게 갈라지며 뒷면에 거미줄 같은 흰색 털이 빽빽하다. 갈래조각은 피침형이고 몇 개의 톱니가 있다. 중앙부의 잎은 헛턱잎이 있다. 8~9월에 줄기의 원뿔꽃차례에 달리는 꽃송이는 둥근 종 모양이고 지름 2~2.5㎜이며 털이 있다.

기타

❶ 넓은잎외잎쑥
❷ 돼지풀
❸ 단풍잎돼지풀
❹ 도꼬마리

❶ **넓은잎외잎쑥**(국화과) *Artemisia stolonifera* 여러해살이풀(높이 50~100cm)
산. 줄기는 홍자색을 띤다. 잎은 어긋나고 달걀형이며 얕게 또는 중간 정도로 갈라지고 뒷면은 회백색이며 2~5개의 헛턱잎이 있다. 8~9월에 줄기의 원뿔꽃차례에 달리는 꽃송이는 달걀형이며 거미줄 같은 털이 있고 4~4.5mm 길이이다. 총포조각은 3줄로 붙는다.

❷ **돼지풀**(국화과) *Ambrosia artemisiifolia* 한해살이풀(높이 30~150cm)
북아메리카 원산. 들. 전체에 짧은털이 있다. 잎은 마주나거나 어긋나고 2~3회 깃꼴로 갈라지고 뒷면에 부드러운 털이 많다. 암수한그루로 8~9월에 줄기나 가지 끝의 송이꽃차례에 자잘한 연녹색 꽃송이가 모여 달린다. 총포는 반구형이며 지름 3~4mm이다.

❸ **단풍잎돼지풀**(국화과) *Ambrosia trifida* 한해살이풀(높이 1~3m)
북아메리카 원산. 들. 잎은 마주나고 단풍잎처럼 3~5갈래로 깊게 갈라진다. 암수한그루로 7~9월에 송이꽃차례에 연녹색 꽃송이가 달린다. 총포는 접시형이며 지름 5mm 정도이다.

❹ **도꼬마리**(국화과) *Xanthium strumarium* 한해살이풀(높이 40~90cm)
길가나 빈터. 잎은 어긋나고 넓은 삼각형이며 흔히 3갈래로 갈라지고 가장자리에 불규칙한 톱니가 있다. 잎자루가 길다. 암수한그루로 8~9월에 연노란색~연녹색 머리모양꽃차례가 모여 달린다. 수꽃은 위쪽에, 암꽃은 그 밑에 달린다. 타원형 열매는 1~2mm 길이의 짧은 가시로 덮여 있다.

❶ 큰도꼬마리 ❷ 가시도꼬마리 ❸ 더덕 ❹ 만삼

- ❶ **큰도꼬마리**(국화과) *Xanthium canadense* 한해살이풀(높이 50~200㎝)
  북아메리카 원산. 길가나 빈터. 잎은 어긋나고 넓은 달걀형이며 흔히 3갈래로 얕게 갈라지고 가장자리에 뾰족한 톱니가 있다. 암수한그루로 8~9월에 머리모양꽃차례가 모여 달린다. 타원형 열매는 표면에 돌기가 있고 길이 3~6㎜의 가시가 많다.

- ❷ **가시도꼬마리**(국화과) *Xanthium orientale* ssp. *italicum* 한해살이풀(높이 40~120㎝)
  길가나 빈터. 세모진 잎은 흔히 3갈래로 얕게 갈라지고 얕은 톱니가 있다. 암수한그루로 7~9월에 머리모양꽃차례가 모여 달린다. 타원형 열매는 샘털과 4~7㎜ 길이의 가시가 많다.

- ❸ **더덕**(초롱꽃과) *Codonopsis lanceolata* 여러해살이덩굴풀(길이 2m 정도)
  산의 숲속. 잎은 어긋나고 짧은 피침형~긴 타원형이며 짧은가지 끝에서는 4장의 잎이 모여 달린 것처럼 보인다. 잎 가장자리는 밋밋하다. 8~9월에 짧은가지 끝에 피는 종 모양의 연녹색 꽃은 끝이 5갈래로 얕게 갈라져서 뒤로 젖혀지며 안쪽에 진갈색 반점이 있다.

- ❹ **만삼**(초롱꽃과) *Codonopsis pilosula* 여러해살이덩굴풀(길이 1.5~2m)
  깊은 산의 숲속. 잎은 어긋나지만 짧은가지에서는 마주난다. 잎몸은 달걀형이며 양면에 잔털이 있고 뒷면은 흰색이다. 7~9월에 잎겨드랑이에서 나온 긴 꽃자루 끝에 1개씩 달리는 종 모양의 백록색 꽃은 끝이 5갈래로 얕게 갈라져서 살짝 벌어지고 안쪽에 반점이 없다.

기타

❶ 소경불알 ❷ 초롱꽃 초롱꽃 꽃받침 초롱꽃 뿌리잎
❸ 섬초롱꽃 ❹ 독활 독활 열매

❶ **소경불알**(초롱꽃과) *Codonopsis ussuriensis* 여러해살이덩굴풀(길이 3m 정도)
깊은 산의 숲속. 덩이뿌리는 둥근 모양이다. 줄기에 어긋나는 긴 달걀형 잎은 가지 끝에서는 4장이 모여난 것처럼 보인다. 7~9월에 짧은가지 끝에 피는 종 모양의 녹백색 꽃은 끝이 5갈래로 얕게 갈라져서 활짝 벌어지고 갈래조각 안쪽에 녹백색 반점이 있다.

❷ **초롱꽃**(초롱꽃과) *Campanula punctata* 여러해살이풀(높이 30~80㎝)
산과 들. 전체에 퍼진털이 촘촘히 난다. 잎은 어긋나고 세모진 달걀형이며 불규칙한 톱니가 있다. 5~7월에 줄기 끝과 잎겨드랑이에 초롱 모양의 녹백색 꽃이 밑을 향해 핀다.

❸ **섬초롱꽃**(초롱꽃과) *Campanula takesimana* 여러해살이풀(높이 30~100㎝)
울릉도. 전체에 털이 거의 없다. 뿌리잎은 달걀형이고 심장저이다. 잎은 어긋나고 긴 타원형이며 톱니가 있다. 6~7월에 줄기 끝에 송이꽃차례 모양으로 매달리는 초롱 모양의 꽃은 3~5㎝ 길이이며 자주색 바탕에 진한 반점이 있다. 초롱꽃과 같은 종으로 본다.

❹ **독활**(두릅나무과) *Aralia continentalis* 여러해살이풀(높이 1~2m)
산. 잎은 어긋나고 2~3회깃꼴겹잎이며 작은잎은 달걀형이고 가장자리에 톱니가 있다. 7~9월에 줄기나 가지 끝에 원뿔형으로 모여 달리는 우산꽃차례마다 자잘한 연녹색 꽃이 둥글게 모여 달린다. 둥근 열매는 지름 3㎜ 정도이며 늦가을에 흑자색으로 익는다.

*섬초롱꽃은 초롱꽃과 꽃 모양이 비슷하고 색깔만 조금 달라서 비교하기 쉽도록 함께 실었다.

- ❶ 큰피막이 ❷ 선피막이 ❸ 피막이풀 ❹ 감둥사초

❶ **큰피막이**(두릅나무과 | 미나리과) *Hydrocotyle ramiflora* 여러해살이풀(높이 10~15㎝)
산과 들의 습한 곳. 잎은 어긋나고 둥그스름하며 7갈래 정도로 얕게 갈라지는데 잎 밑의 갈라진 부분은 겹치는 것이 있다. 잎 가장자리에 둔한 톱니가 있다. 6~8월에 잎과 마주나는 우산꽃차례는 자루가 잎보다 길고 10여 개의 자잘한 백록색 꽃이 둥글게 모여 달린다.

❷ **선피막이**(두릅나무과 | 미나리과) *Hydrocotyle maritima* 여러해살이풀(높이 7~15㎝)
남부 지방의 도랑 주변. 잎은 어긋나고 둥그스름하며 5~7갈래로 갈라지는데 잎 밑의 갈라진 부분은 서로 겹쳐지지 않고 톱니가 약간 있다. 6~8월에 잎과 마주나는 우산꽃차례는 잎보다 짧고 백록색 꽃이 둥글게 모여 핀다. 큰피막이와 같은 종으로 보기도 한다.

❸ **피막이풀**(두릅나무과 | 미나리과) *Hydrocotyle sibthorpioides* 늘푸른여러해살이풀(높이 10~15㎝)
제주도의 습한 곳. 전체에 털이 없다. 잎은 어긋나고 둥그스름하며 7~9갈래로 갈라지는데 잎 밑의 갈라진 부분은 약간 벌어진다. 6~8월에 잎과 마주나는 우산꽃차례는 자루가 5~35㎜ 길이로 잎보다 짧고 5~10개의 자잘한 백록색 꽃이 둥글게 모여 달린다.

❹ **감둥사초**(사초과) *Carex atrata* 여러해살이풀(높이 20~50㎝)
북부 지방의 높은 산. 7~8월에 줄기 끝의 작은꽃이삭은 3~5개이며 비스듬히 처진다. 끝의 작은꽃이삭은 암수꽃이 섞여 있고 나머지는 암꽃이삭이다. 열매이삭은 검은색을 띤다.

기타

여름에 피는 녹색 풀꽃

❶ 양뿔사초   양뿔사초 열매이삭   ❷ 남방개
❸ 올방개   올방개 시든 열매이삭   ❹ 바늘골

❶ 양뿔사초(사초과) *Carex capricornis* 여러해살이풀(높이 40~70㎝)
철원 이북의 물가. 세모진 줄기는 모여나고 잎은 두껍다. 6~7월에 줄기 끝의 수꽃이삭은 선형이고 옆의 암꽃이삭은 긴 달걀형이다. 열매주머니는 끝이 깊게 갈라져 양뿔처럼 된다.

❷ 남방개(사초과) *Eleocharis dulcis* 여러해살이풀(높이 40~80㎝)
남부 지방의 얕은 물속. 뿌리줄기가 옆으로 벋는다. 7~10월에 꽃이 핀다. 꽃줄기는 둥글며 속에 가름막이 있다. 원기둥 모양의 꽃이삭은 길이 2~4㎝이며 꽃줄기와 비슷한 굵기이다. 비늘조각은 넓은 타원형이며 5~6㎜ 길이이고 백록색이며 끝은 싹둑 자른 모양이다.

❸ 올방개(사초과) *Eleocharis kuroguwai* 여러해살이풀(높이 40~90㎝)
연못. 뿌리줄기가 옆으로 벋는다. 7~10월에 꽃이 핀다. 꽃줄기는 둥글며 지름 3~4㎜이고 속에 가름막이 있다. 꽃이삭은 길이 2~4㎝이며 꽃줄기와 비슷한 굵기이다. 비늘조각은 좁은 타원형이며 6~8㎜ 길이이고 황록색~볏짚색이며 끝이 둥글고 뾰족하다.

❹ 바늘골(사초과) *Eleocharis pellucida* v. *japonica* 한해살이풀(높이 5~20㎝)
논밭이나 연못가. 줄기는 여러 대가 뭉쳐나며 모가 진 줄이 있다. 둥근 꽃줄기는 지름 0.2~0.4㎜로 실처럼 가늘다. 6~10월에 꽃줄기 끝에 달리는 피침형~좁은 달걀형 꽃이삭은 2~4㎜ 길이로 작고 지름 1.5~2.5㎜로 꽃줄기보다 굵다. 비늘조각은 불그스름하다.

여름에 피는 녹색 풀꽃

❶ 네모골

❷ 물꼬챙이골
물꼬챙이골 군락

❸ 까락골
까락골 군락

❹ 바람하늘지기

❶ **네모골**(사초과) *Eleocharis tetraquetra* 여러해살이풀(높이 20~55cm)
산과 들의 양지쪽 습지. 뿌리줄기는 짧고 수염뿌리가 내린다. 네모진 꽃줄기는 지름 1~2mm로 가늘며 여러 대가 뭉쳐난다. 7~9월에 꽃줄기 끝에 달리는 긴 달걀형~타원형 꽃이삭은 10~25mm 길이이고 꽃줄기보다 굵다. 꽃덮이조각에 깃 같은 털이 있다.

❷ **물꼬챙이골**(사초과) *Eleocharis ussuriensis* 여러해살이풀(높이 30~60cm)
연못가. 기는줄기가 옆으로 퍼진다. 둥근 꽃줄기는 밝은 녹색이고 지름 2~5mm이며 마르면 납작하게 된다. 7~10월에 꽃줄기 끝에 달리는 원기둥 모양의 꽃이삭은 1~3cm 길이이고 꽃줄기보다 굵다. 꽃이삭 밑부분에 달린 2~3개의 비늘조각은 꽃이 없다.

❸ **까락골**(사초과) *Eleocharis mitracarpa* 두해살이풀(높이 30~50cm)
모래 습지. 뿌리줄기가 길게 벋으며 퍼진다. 둥근 꽃줄기는 회녹색이고 지름 1~2mm이며 말라도 납작해지지 않는다. 7~10월에 꽃줄기 끝에 달리는 좁은 달걀형~피침형 꽃이삭은 7~15mm 길이이고 꽃줄기보다 굵다. 꽃이삭 밑부분에 달린 2개의 비늘조각은 꽃이 없다.

❹ **바람하늘지기**(사초과) *Fimbristylis quinquangularis* 한해살이풀(높이 10~40cm)
논둑이나 습지. 잎은 너비 0.3mm 정도이다. 8~10월에 갈라지는 꽃줄기 끝에 달리는 작은꽃이삭은 적갈색이고 2.5~4mm 길이이다. 암술대는 끝이 3개로 갈라진다. 열매는 흰빛이 돈다.

기타

여름에 피는 녹색 풀꽃

❶ 갯하늘지기 ❷ 솔방울고랭이 솔방울고랭이 꽃차례
❸ 방울고랭이 ❹ 큰매자기 큰매자기 꽃송이

❶ **갯하늘지기**(사초과) *Fimbristylis ferruginea* v. *sieboldii* 여러해살이풀(높이 20~40㎝)
남쪽 바닷가. 꽃줄기 밑부분에 잎이 없는 잎집이 있다. 8~9월에 꽃줄기에 1~5개의 꽃이삭이 달리며 포는 꽃이삭보다 길다. 꽃이삭은 넓은 피침형이고 비늘조각에 1개의 맥이 뚜렷하다.

❷ **솔방울고랭이**(사초과) *Scirpus karuizawensis* 여러해살이풀(높이 80~150㎝)
양지쪽 습지. 선형 잎은 너비 3~6mm이다. 7~9월에 세모진 줄기 끝의 잎겨드랑이에 2~5개의 꽃차례가 달리는데 꽃차례마다 다시 갈라진 가지에 5~10개의 작은꽃이삭이 촘촘히 달린다. 1~4개의 포는 꽃차례보다 길게 위로 벋는다. 작은꽃이삭은 달걀형이며 흑갈색이다.

❸ **방울고랭이**(사초과) *Scirpus wichurae* 여러해살이풀(높이 1~1.5m)
습지나 물가. 선형 잎은 너비 5~15mm이다. 7~10월에 세모진 줄기 끝에서 우산살 모양으로 갈라진 가지 중에는 다시 2~3회 갈라지는 것이 있으며 가지마다 여러 개의 작은꽃이삭이 달린다. 포는 2~3개이며 꽃가지보다 길거나 짧다. 작은꽃이삭은 달걀형이며 적갈색이다.

❹ **큰매자기**(사초과) *Bolboschoenus fluviatilis* 여러해살이풀(높이 1~1.5m)
습지나 연못가. 잎은 가장자리가 까끌거린다. 5~7월에 줄기 끝에서 3~8개의 가지가 갈라지며 가지마다 1~4개의 갈색 작은꽃이삭이 모여 달린다. 암술머리는 3개이다. 포는 2개 정도이며 꽃차례보다 길다. 열매는 세모진 긴 타원형이고 길이 3~4mm이다.

기타

여름에 피는 녹색 풀꽃

❶ 올챙이고랭이 올챙이고랭이 꽃차례

❷ 좀올챙이골

❸ 좀송이고랭이 좀송이고랭이 꽃차례

❹ 물고랭이

❶ **올챙이고랭이**(사초과) *Schoenoplectiella juncoides* 한해살이풀(높이 20~70㎝)
습지. 모여나는 둥그스름한 줄기는 5~6개이며 약간 모가 진다. 잎집은 연녹색이며 5~15㎜ 길이이다. 7~9월에 줄기 끝에 모여 달리는 3~9개의 작은꽃이삭은 긴 타원형이며 8~17㎜ 길이이고 끝이 약간 뾰족하다. 꽃차례 위로 포가 줄기처럼 길게 벋는다.

❷ **좀올챙이골**(사초과) *Schoenoplectiella hotarui* 한해살이풀(높이 30~40㎝)
습지. 모여나는 둥그스름한 줄기는 거의 모가 지지 않는다. 7~9월에 줄기 끝에 모여 달리는 3~5개의 작은꽃이삭은 달걀형이며 6~14㎜ 길이이고 끝이 약간 뭉툭한 편이다.

❸ **좀송이고랭이**(사초과) *Schoenoplectiella mucronata* 여러해살이풀(높이 70~100㎝)
물가. 모여나는 줄기는 예리하게 세모진다. 7~9월에 줄기 끝에 4~20개의 작은꽃이삭이 둥글게 모여 달린다. 작은꽃이삭은 긴 타원형이며 1~2㎝ 길이이고 모가 지지 않는다. 꽃차례 위로 포가 줄기처럼 벋는다. 송이고랭이도 본종과 같은 종으로 본다.

❹ **물고랭이**(사초과) *Schoenoplectus nipponicus* 여러해살이풀(높이 40~60㎝)
연못가와 개울가. 줄기는 세모지고 밑부분에 달리는 3~5장의 선형 잎도 세모지는데 줄기보다 긴 것도 있다. 7~9월에 꽃줄기 옆에 달리는 꽃차례는 1~3회 갈라져서 고른꽃차례로 되며 작은꽃이삭은 5~9개이고 긴 타원형이며 10~17㎜ 길이이다.

기타

❶ 세모고랭이　❷ 큰고랭이　❸ 층층고랭이　❹ 방동사니대가리

❶ 세모고랭이(사초과) *Schoenoplectus triqueter* 여러해살이풀(높이 50~120cm)
습지. 줄기는 예리하게 세모진다. 7~9월에 줄기 끝에서 자란 3~4개의 가지 끝에 2~3개의 작은꽃이삭이 달린다. 작은꽃이삭은 달걀형이다. 꽃차례 위로 포가 2~5cm 길이로 벋는다.

❷ 큰고랭이(사초과) *Schoenoplectus tabernaemontani* 여러해살이풀(높이 1~2m)
물가. 줄기는 둥글고 잎집은 비스듬히 잘리며 짧은 잎몸을 가진 것도 있다. 7~9월에 줄기 끝에서 갈라진 길이가 다른 4~7개의 가지는 다시 갈라져 작은꽃이삭이 1개씩 달린다. 포는 줄기에 이어지며 보통 꽃차례보다 짧다. 열매이삭은 긴 달걀형이며 점차 밑으로 처진다.

❸ 층층고랭이(사초과) *Cladium chinense* 여러해살이풀(높이 1~2m)
제주도의 바닷가. 잎은 꽃줄기 밑에서 모여나지만 꽃줄기에도 달린다. 8~10월에 줄기에 층층으로 달리는 고른꽃차례에 작은꽃이삭이 촘촘히 모여 달린다. 작은꽃이삭은 긴 타원형이며 3mm 정도 길이이다. 잎 모양의 포는 위로 갈수록 짧아진다. 열매는 코르크질이다.

❹ 방동사니대가리(사초과) *Pycreus sanguinolentus* 한해살이풀(높이 10~40cm)
습지. 줄기는 여러 대가 빽빽이 모여난다. 7~9월에 줄기 끝에 꽃자루가 짧은 2~10개의 작은꽃이삭이 우산 모양으로 달려서 둥글게 되는데 지름 15~35mm이고 밑부분에 잎처럼 보이는 2~3개의 포가 있다. 작은꽃이삭은 긴 타원형~피침형이며 납작하고 적갈색이다.

기타

여름에 피는 녹색 풀꽃

❶ 드렁방동사니
드렁방동사니 열매이삭
❷ 방동사니아재비
❸ 왕골
왕골 꽃이삭
❹ 물방동사니

❶ 드렁방동사니(사초과) *Pycreus flavidus* 한해살이풀(높이 20~40cm)
습지. 뭉쳐나는 줄기는 둔하게 세모진다. 잎처럼 보이는 포는 2~4개이다. 8~9월에 줄기 끝에 여러 개가 모여 달리는 꽃차례는 길이가 서로 다르며 각각 5~10개의 작은꽃이삭이 달린다. 작은꽃이삭은 좁은 피침형이며 납작하고 10~25mm 길이이며 진한 황갈색이다.

❷ 방동사니아재비(사초과) *Cyperus cyperoides* 여러해살이풀(높이 30~60cm)
남쪽 섬의 풀밭. 8~9월에 줄기 끝에 5~15개가 모여 달리는 짧은 원기둥 모양의 꽃이삭은 15~30mm 길이이다. 꽃차례 밑부분에 잎처럼 보이는 4~5개의 포가 있다.

❸ 왕골(사초과) *Cyperus exaltatus* 한해살이풀(높이 1~1.5m)
논밭. 뿌리줄기는 짧고 기는줄기가 없다. 잎은 거의 줄기만큼 자란다. 9~10월에 줄기 끝에서 우산살 모양으로 10여 개의 가지가 갈라지고 그 가지 끝에서 다시 갈라진 가지마다 10~15개의 황록색 작은꽃이삭이 달린다. 꽃차례 밑에 4~5개의 잎 같은 포가 있다.

❹ 물방동사니(사초과) *Cyperus glomeratus* 한해살이풀(높이 30~90cm)
습지. 줄기는 성글게 모여난다. 줄기 끝의 겹우산꽃차례는 길이가 다른 가지가 3~5개이며 꽃이삭은 긴 달걀형이고 3~4cm 길이이다. 작은꽃이삭은 촘촘히 달리고 납작한 선형이며 적갈색이고 10~20개의 꽃이 달린다. 꽃이삭 밑에 잎처럼 보이는 3~4개의 포가 있다.

기타

❶ 쇠방동사니
쇠방동사니 열매이삭

❷ 참방동사니

❸ 알방동사니

❹ 금방동사니
금방동사니 열매이삭

❶ **쇠방동사니**(사초과) *Cyperus orthostachyus* 한해살이풀(높이 20~60㎝)
논둑이나 습지. 줄기 밑쪽에 잎이 모여난다. 8~10월에 줄기 끝에서 5~7개의 길이가 다른 가지 끝마다 꽃이삭이 달린다. 꽃이삭에는 작은꽃이삭이 약간 촘촘히 달린다. 작은꽃이삭은 납작한 선형이며 끝이 둥글고 검은 적갈색이다. 꽃이삭 밑에 3~5개의 잎 같은 포가 있다.

❷ **참방동사니**(사초과) *Cyperus iria* 한해살이풀(높이 20~30㎝)
습지. 세모진 줄기 밑부분에 2~3장의 잎이 어긋난다. 7~9월에 줄기 끝에서 비스듬히 퍼지는 3~5개의 가지는 다시 갈라져서 꽃이삭이 성기게 달린다. 꽃이삭은 대부분 옆으로 기울고 노란색의 작은꽃이삭이 많이 달린다. 꽃차례 가지나 작은꽃이삭의 자루에 날개가 없다.

❸ **알방동사니**(사초과) *Cyperus difformis* 한해살이풀(높이 25~60㎝)
습지. 8~9월에 꽃이 핀다. 줄기 끝에 잎처럼 보이는 2~3개의 포 사이에서 2~6개의 길이가 다른 가지가 벋는다. 가지 끝마다 달리는 둥근 꽃이삭은 지름 8~15㎜이다.

❹ **금방동사니**(사초과) *Cyperus microiria* 한해살이풀(높이 20~30㎝)
밭이나 물가. 줄기 아래쪽에 몇 장의 잎이 달린다. 8~9월에 줄기 끝에서 나온 5~10개의 가지에 10~20개의 작은꽃이삭이 모여 달린다. 꽃차례 가지나 작은꽃이삭의 자루에 날개가 있다. 비늘조각은 넓은 거꿀달걀형이고 연노란색~황갈색이며 끝의 돌기는 짧고 곧다.

❶ 방동사니 ❷ 우산방동사니 ❸ 병아리방동사니 ❹ 나도방동사니

❶ 방동사니(사초과) *Cyperus amuricus* 한해살이풀(높이 20~60cm)
들이나 밭 주변. 줄기 밑부분에 몇 장의 잎이 난다. 8~9월에 줄기 끝에서 벋은 9~15개의 길이가 서로 다른 가지에 10~30개의 작은꽃이삭이 달린다. 비늘조각은 넓은 거꿀달걀형이고 적갈색이며 끝의 돌기는 바깥쪽으로 젖혀진다. 꽃이삭 밑에는 잎 같은 포가 돌려난다.

❷ 우산방동사니(사초과) *Cyperus tenuispica* 한해살이풀(높이 10~25cm)
습지. 8~9월에 줄기 끝에서 나온 5~10개의 가지는 다시 우산살처럼 5~7개로 갈라지고 작은꽃이삭이 달린다. 작은꽃이삭은 좁고 길며 길이 3~8mm로 작고 납작하다.

❸ 병아리방동사니(사초과) *Cyperus hakonensis* 한해살이풀(높이 5~20cm)
습지. 세모지는 줄기는 성글게 모여난다. 8~9월에 줄기 끝에서 나온 3~5개의 가지 끝마다 2~6개의 작은꽃이삭이 손바닥처럼 달린다. 작은꽃이삭은 좁고 긴 타원형이며 5~12mm 길이이고 납작하다. 꽃차례 밑에서 1개의 포가 잎처럼 길게 비스듬히 자란다.

❹ 나도방동사니(사초과) *Cyperus nipponicus* 한해살이풀(높이 10~20cm)
습지. 세모지는 줄기는 촘촘히 모여난다. 8~9월에 줄기 끝에 2~3개의 머리모양꽃차례가 달리는데 꽃자루가 있거나 없으며 지름 10~25mm이다. 꽃차례에 촘촘히 달리는 작은꽃이삭은 피침형이며 납작하고 3~7mm 길이이다. 꽃차례 밑에 2~3개의 잎 같은 포가 있다.

기타

① 서울방동사니　② 파대가리　파대가리 열매이삭
③ 세대가리　④ 골풀　골풀 열매이삭

❶ 서울방동사니/흰방동사니(사초과) *Cyperus pacificus* 한해살이풀(높이 3~20㎝)

서울 주변의 습지. 세모진 줄기는 촘촘히 모여난다. 8~9월에 줄기 끝에 둥근 머리모양꽃차례가 달리는데 지름 5~15㎜이며 꽃차례에 자루가 없다. 작은꽃이삭은 좁은 달걀형이며 3~5㎜ 길이이고 약간 납작하며 백록색이다. 꽃차례 밑에 3~6개의 잎 같은 포가 있다.

❷ 파대가리(사초과) *Kyllinga gracillima* 여러해살이풀(높이 10~30㎝)

습지. 줄기는 곧게 서고 밑부분에 잎이 난다. 7~9월에 줄기 끝에 달리는 1개의 둥근 꽃이삭은 지름 7~10㎜이다. 촘촘히 달리는 작은꽃이삭은 긴 타원 모양의 피침형이고 녹색이며 4개의 비늘조각과 1개의 꽃으로 구성된다. 꽃이삭 밑에는 2~3개의 잎 같은 포가 있다.

❸ 세대가리(사초과) *Lipocarpha microcephala* 한해살이풀(높이 5~30㎝)

습지. 줄기는 무디게 세모지며 여러 대가 뭉쳐난다. 8~9월에 줄기 끝에 보통 3개가 촘촘히 달리는 둥근 꽃이삭은 지름 8㎜ 정도이며 밑부분에 잎처럼 보이는 2개의 포가 있다.

❹ 골풀(골풀과) *Juncus decipiens* 여러해살이풀(높이 50~100㎝)

물가나 습지. 뿌리줄기는 옆으로 벋는다. 잎집은 비늘 모양이고 줄기 밑부분을 감싼다. 5~6월에 줄기 끝에서 나온 송이꽃차례에 작은 녹갈색 꽃이삭이 모여 달린다. 꽃이삭 위로 줄기처럼 생긴 포가 길게 벋어서 꽃차례가 줄기 중간에 달린 것처럼 보인다.

❶ 길골풀 ❷ 날개골풀 / 날개골풀 줄기
❸ 별날개골풀 / 별날개골풀 열매이삭 ❹ 푸른갯골풀

❶ 길골풀(골풀과) *Juncus tenuis* 여러해살이풀(높이 30~60㎝)
풀밭. 뿌리줄기에서 줄기가 뭉쳐난다. 가느다란 줄기잎은 줄기보다 짧으며 위로 조금 말린다. 5~7월에 줄기 끝에서 갈라진 가지마다 작은 연녹색 꽃이 달리는데 첫째 포는 잎 같으며 5~20㎝로 꽃이삭보다 길다. 꽃덮이조각은 피침형이며 열매 길이와 비슷하거나 길다.

❷ 날개골풀(골풀과) *Juncus alatus* 여러해살이풀(높이 25~40㎝)
습지. 줄기는 납작해지고 넓은 날개가 있으며 잎은 너비 2~5mm이다. 6~7월에 가지 끝의 머리모양꽃차례에 4~7개의 꽃이 피며 수술은 6개이다. 열매는 세모진 긴 달걀형이다.

❸ 별날개골풀(골풀과) *Juncus diastrophanthus* 여러해살이풀(높이 20~40㎝)
습지. 원줄기는 납작하고 약간 좁은 날개가 있으며 보통 3장의 잎이 달린다. 납작한 선형 잎은 너비 2~5mm이다. 6~7월에 가지 끝의 머리모양꽃차례에 7~40개의 꽃이 모여 핀다. 수술은 3개이다. 열매는 끝이 점차 뾰족해진다. 꽃과 열매는 모두 5~6mm 길이이다.

❹ 푸른갯골풀(골풀과) *Juncus setchuensis* 여러해살이풀(높이 25~50㎝)
습지. 모여나는 줄기는 세로줄이 뚜렷하며 백록색이 돈다. 6~8월에 줄기 끝에 달리는 꽃차례는 한쪽으로 치우쳐 연녹색 꽃이삭이 달린다. 꽃자루 밑의 포가 줄기처럼 길게 자라서 꽃차례가 줄기 중간에 달린 것처럼 보인다. 수술은 3개이고 열매는 연한 황갈색이다.

기타

❶ 청비녀골풀
청비녀골풀 꽃이삭
❷ 참비녀골풀
❸ 넓은잎개수염
❹ 조개풀
조개풀 꽃이삭과 잎

● ❶ **청비녀골풀**(골풀과) *Juncus papillosus* 여러해살이풀(높이 20~40㎝)
  습지. 둥근 줄기가 촘촘히 모여나며 2~3장의 잎이 달린다. 잎은 납작한 원통형이며 꽃차례보다 짧다. 7~8월에 갈래꽃차례 모양으로 갈라진 가지 끝마다 2~3개의 꽃이 머리 모양으로 모여 달린다. 피침형 열매는 3.5~4㎜ 길이이며 꽃덮이조각보다 2배 정도 길다.

● ❷ **참비녀골풀**(골풀과) *Juncus prismatocarpus* ssp. *leschenaultii* 여러해살이풀(높이 20~40㎝)
  습지. 여러 대가 모여나는 줄기는 납작하고 약간 좁은 날개가 있다. 납작한 선형 잎은 너비 2~3㎜이다. 6~8월에 가지 끝의 머리모양꽃차례에 3~8개의 꽃이 모여 핀다. 꽃받침조각은 피침형이다. 열매는 끝이 급히 뾰족해진다. 꽃과 열매는 모두 4~5㎜ 길이이다.

● ❸ **넓은잎개수염**(곡정초과) *Eriocaulon alpestre* 한해살이풀(높이 4~25㎝)
  논밭과 습지. 뿌리에서 모여나 사방으로 퍼지는 선형 잎은 길이 9~10㎝, 밑부분의 너비 5~10㎜이며 9~17개의 맥이 있다. 8~9월에 꽃줄기 끝에 달리는 머리모양꽃차례는 반구형이며 지름 4~5㎜이고 많은 꽃이 달리며 연갈색이다. 총포조각은 10~12개이다.

● ❹ **조개풀**(벼과) *Arthraxon hispidus* 한해살이풀(높이 20~50㎝)
  산의 습지. 대나무 잎을 닮은 좁은 달걀형 잎은 밑부분이 줄기를 감싼다. 8~10월에 줄기 끝에 달리는 꽃차례는 3~20개의 가느다란 꽃가지가 갈라진다. 작은꽃이삭은 1개씩 달린다.

❶ 억새 ❷ 억새 열매이삭 ❷ 자주억새
❸ 가는잎억새 ❹ 물억새 / 물억새 군락

❶ 억새/참억새(벼과) *Miscanthus sinensis* 여러해살이풀(높이 1~2m)
산과 들의 풀밭. 무리 지어 자란다. 줄기는 여러 대가 촘촘히 모여난다. 선형 잎은 너비 1~2cm이고 억세다. 8~9월에 줄기 끝의 원뿔꽃차례는 가느다란 꽃가지가 많이 갈라진다. 작은꽃이삭은 2개씩 달리고 까끄라기가 있으며 밑부분의 털은 황갈색이다.

❷ 자주억새(벼과) *Miscanthus sinensis v. purpurascens* 여러해살이풀(높이 1~2m)
산과 들의 풀밭. 무리 지어 자란다. 선형 잎은 너비 1~2cm이고 억세다. 8~9월에 줄기 끝의 원뿔꽃차례는 가느다란 꽃가지가 많이 갈라진다. 작은꽃이삭은 2개씩 달리고 까끄라기가 있으며 밑부분의 털은 자주색이다. 억새와 같은 종으로 본다.

❸ 가는잎억새(벼과) *Miscanthus sinensis f. gracillimus* 여러해살이풀(높이 1~2m)
산과 들의 풀밭. 선형 잎은 너비 5mm 정도로 가늘다. 8~9월에 줄기 끝의 원뿔꽃차례는 가느다란 꽃가지가 많이 갈라진다. 억새와 같은 종으로 본다. 관상용으로도 많이 심는다.

❹ 물억새(벼과) *Miscanthus sacchariflorus* 여러해살이풀(높이 1.5~2.5m)
물가. 가늘고 긴 뿌리줄기의 마디에서 줄기가 1개씩 나와 무리 지어 자란다. 선형 잎은 가장자리가 억세다. 8~9월에 줄기 끝에 달리는 원뿔꽃차례는 기다란 꽃가지가 많이 갈라진다. 작은꽃이삭은 2개씩 달리고 까끄라기가 거의 없으며 밑부분의 털은 은백색이다.

기타

❶ 기름새 ❷ 큰기름새 ❸ 개솔새 ❹ 솔새 (기름새 꽃이삭, 개솔새 꽃이삭, 솔새 열매이삭)

❶ **기름새**(벼과) *Spodiopogon cotulifer* 여러해살이풀(높이 80~120㎝)
 산의 풀밭. 둥근 줄기는 모여나 곧게 서고 기름 냄새가 난다. 8~9월에 줄기 끝에 달리는 커다란 원뿔꽃차례는 20~30㎝ 길이이며 4개의 가느다란 가지가 돌려나 밑으로 처진다. 작은꽃이삭은 5~6㎜ 길이이며 익으면 자루는 남고 이삭만 떨어진다.

❷ **큰기름새**(벼과) *Spodiopogon sibiricus* 여러해살이풀(높이 80~120㎝)
 산의 건조한 숲 가장자리. 둥근 줄기는 모여나고 곧게 선다. 잎은 털이 있거나 없다. 8월에 줄기 끝에서 곧게 서는 원뿔꽃차례에 갈색 작은꽃이삭이 모여 달리며 밑으로 처지지 않는다. 작은꽃이삭은 좁은 달걀형이고 까끄라기가 있으며 익으면 이삭과 자루는 함께 떨어진다.

❸ **개솔새**(벼과) *Cymbopogon goeringii* 여러해살이풀(높이 60~100㎝)
 산의 풀밭. 줄기는 흰색 가루로 덮인다. 8~9월에 줄기 윗부분의 잎겨드랑이에 여러 개의 꽃이삭이 달리는데 길이 15~25㎜이다. 밑부분의 자루가 없는 작은꽃이삭은 까끄라기가 없으며 수꽃이고 윗부분의 자루가 있는 작은꽃이삭은 까끄라기가 있으며 암수한꽃이다.

❹ **솔새**(벼과) *Themeda triandra* 여러해살이풀(높이 70~100㎝)
 산과 들. 8~9월에 줄기 끝과 윗부분의 잎겨드랑이에 꽃차례가 달려서 전체적으로 원뿔형이 된다. 작은꽃이삭은 밑부분에 포조각이 부챗살 모양으로 퍼지며 밑으로 처진다.

❶ 쇠풀 ❷ 쇠치기풀 　쇠치기풀 꽃이삭
❸ 쇠보리 ❹ 새 　새 군락

❶ **쇠풀**(벼과) *Schizachyrium brevifolium* 한해살이풀(높이 10~30㎝)

산과 들의 풀밭. 줄기는 가늘고 연약하며 가지가 많이 갈라지고 곧추 서거나 기다가 선다. 8~9월에 줄기 끝과 잎겨드랑이에 달리는 꽃차례는 밑에 포가 있으며 1~2㎝ 길이이다. 작은꽃이삭은 붉은빛이 돌고 각 마디에 2개씩 달리며 까끄라기가 있다.

❷ **쇠치기풀**(벼과) *Hemarthria sibirica* 한해살이풀(높이 50~120㎝)

산기슭과 들. 줄기는 모여나고 윗부분에서 가지가 갈라지며 마디가 뚜렷하다. 7~9월에 윗부분의 잎겨드랑이에서 나오는 이삭꽃차례는 5~8㎝ 길이이며 밑부분에 잎집 같은 포가 있다. 꽃차례 마디마다 작은꽃이삭이 2개씩 달리며 1개는 자루가 없다.

❸ **쇠보리**(벼과) *Ischaemum aristatum* 여러해살이풀(높이 30~70㎝)

바닷가의 모래땅이나 산기슭. 줄기는 모여나고 비스듬히 자라며 털이 없다. 7월에 줄기 끝에 달리는 꽃차례는 원기둥 모양이며 4~7㎝ 길이이다. 작은꽃이삭은 1마디에 2개씩 달리며 그중 1개는 자루가 있고 1개는 자루가 없으며 까끄라기가 거의 없다.

❹ **새**(벼과) *Arundinella hirta* 여러해살이풀(높이 80~120㎝)

산과 들의 풀밭. 8~9월에 줄기 끝에서 곧게 서는 원뿔꽃차례는 8~30㎝ 길이이며 가지는 길이가 불규칙하다. 작은꽃이삭은 보통 2개씩 달리며 3.5~4.5㎜ 길이이고 자루가 있다.

기타

여름에 피는 녹색 풀꽃

❶ 가을강아지풀
가을강아지풀 열매
❷ 강아지풀
❸ 수강아지풀
❹ 금강아지풀
금강아지풀 꽃이삭

❶ 가을강아지풀(벼과) *Setaria faberii* 한해살이풀(높이 50~100㎝)
밭이나 길가. 잎은 밑부분이 점차 좁아지며 길이 30㎝, 너비 15㎜ 정도이고 잎집과 잎혀에 털이 있다. 8~10월에 줄기 끝에 달리는 원통형 꽃이삭은 5~10㎝ 길이이며 끝이 비스듬히 처진다. 작은꽃이삭은 3㎜ 정도 길이이고 밑에 긴 가시 같은 뻣뻣한 털이 3개가 있다.

❷ 강아지풀(벼과) *Setaria viridis* 한해살이풀(높이 40~70㎝)
밭이나 길가. 잎은 밑부분이 둥글며 잎집과 잎혀에 털이 있다. 7~9월에 줄기 끝에 달리는 원통형 꽃이삭은 7㎝ 정도 길이이며 곧게 선다. 꽃차례에 촘촘히 돌려나는 작은꽃이삭은 2㎜ 정도 길이이며 밑에 긴 가시 같은 뻣뻣한 털이 3개가 있다.

❸ 수강아지풀(벼과) *Setaria* × *pycnocoma* 한해살이풀(높이 40~150㎝)
빈터. 조와 강아지풀의 잡종으로 크게 자란다. 8~9월에 줄기 끝에 달리는 원통형 꽃이삭은 10~15㎝ 길이로 강아지풀보다 훨씬 길며 비스듬히 선다. 강아지풀과 같은 종으로 본다.

❹ 금강아지풀(벼과) *Setaria glauca* 한해살이풀(높이 20~50㎝)
밭이나 길가. 가는 줄기는 뭉쳐나고 밑부분이 누웠다가 바로 선다. 잎집과 잎혀에 털이 없다. 8~9월에 줄기 끝의 원통형 꽃이삭은 황금색이고 3~10㎝ 길이이며 곧게 선다. 작은꽃이삭은 2.5~3㎜ 길이이며 밑에 긴 가시 같은 뻣뻣한 털은 5~8개이고 노란색~황갈색이다.

기타

여름에 피는 녹색 풀꽃

❶ 수크령 ❷ 좀물뚝새 ❸ 개기장 ❹ 미국개기장 / 수크령 꽃이삭 / 미국개기장 열매이삭

❶ **수크령**(벼과) *Pennisetum alopecuroides* 여러해살이풀(높이 30~80cm)
들이나 길가. 줄기는 뭉쳐나고 잎은 질기며 억세다. 8~10월에 줄기 끝에서 곧게 서는 원기둥 모양의 꽃이삭은 15~25cm 길이이며 흑자색이다. 작은꽃이삭은 5mm 정도 길이이고 짧은 자루가 있으며 밑의 총포는 가시 같은 털이 많이 있고 25~28mm 길이이다.

❷ **좀물뚝새**(벼과) *Sacciolepis indica* 한해살이풀(높이 20~35cm)
습지. 6~8월에 줄기 끝에 달리는 원뿔꽃차례는 1~6cm 길이이며 연녹색이다. 작은꽃자루는 끝이 약간 굵어진다. 작은꽃이삭은 3mm 정도 길이이며 털이 있다.

❸ **개기장**(벼과) *Panicum bisulcatum* 한해살이풀(높이 30~120cm)
습한 풀밭이나 숲 가장자리. 줄기는 밑부분의 마디에서 뿌리를 내린다. 잎은 너비 4~10mm, 길이 5~20cm이다. 8~9월에 줄기 끝에 달리는 원뿔꽃차례는 가지가 몇 번씩 갈라져서 비스듬히 퍼진다. 작은꽃이삭은 타원형이며 1.8~2mm 길이이고 자루가 있으며 밑으로 처진다.

❹ **미국개기장**(벼과) *Panicum dichotomiflorum* 한해살이풀(높이 40~100cm)
북아메리카 원산. 들. 줄기는 윗부분이 곧게 선다. 잎은 너비 8~15mm, 길이 20~40cm이다. 8~9월에 줄기 끝에 달리는 원뿔꽃차례는 촘촘히 가지가 벌어지며 작은 돌기가 있다. 작은꽃이삭은 달걀 모양의 긴 타원형이며 2~2.5mm 길이이고 자루가 있다.

기타

❶ 바랭이　❷ 민바랭이　민바랭이 꽃이삭
❸ 주름조개풀　❹ 참새피　참새피 꽃이삭

❶ **바랭이**(벼과) *Digitaria sanguinalis* 한해살이풀(높이 30~70㎝)
　밭이나 길가. 줄기는 밑부분이 땅을 기며 마디에서 뿌리가 내리고 윗부분은 곧게 선다. 잎집에 퍼진털이 있다. 7~8월에 줄기 끝에 달리는 꽃이삭은 3~8개의 꽃가지가 사방으로 퍼진다. 작은꽃이삭은 피침형이며 3㎜ 정도 길이이고 중앙 이하가 가장 넓다.

❷ **민바랭이**(벼과) *Digitaria violascens* 한해살이풀(높이 20~50㎝)
　밭이나 길가. 줄기는 밑부분이 비스듬히 서면서 가지가 갈라진다. 잎은 편평하고 앞면은 분백색이 돈다. 잎집에 털이 없다. 8~9월에 줄기 끝에 달리는 꽃이삭은 4~10개의 꽃가지가 사방으로 퍼진다. 작은꽃이삭은 타원형이며 1.5~2㎜ 길이이고 중앙이 가장 넓다.

❸ **주름조개풀**(벼과) *Oplismenus undulatifolius* 여러해살이풀(높이 20~30㎝)
　산의 숲속. 가는 줄기는 비스듬히 퍼지다가 곧게 선다. 줄기에 어긋나는 잎은 대나무 잎을 닮았다. 8~10월에 줄기 끝에 달리는 이삭꽃차례는 6~12㎝ 길이이며 꽃줄기에 털이 있다. 작은꽃이삭에 있는 기다란 까끄라기는 열매가 익을 때면 끈적거리는 액체를 분비한다.

❹ **참새피**(벼과) *Paspalum thunbergii* 여러해살이풀(높이 40~90㎝)
　들. 줄기는 모여나고 잎집과 잎에 흰색 털이 있다. 7~8월에 줄기 끝에서 퍼지는 3~5개의 꽃가지 밑부분에 털이 다발로 난다. 꽃가지에는 작은꽃이삭이 2줄로 아래를 향해 달린다.

❶ 나도개피 ❷ 돌피 돌피 꽃이삭
❸ 겨풀 ❹ 줄 줄 꽃이삭

❶ 나도개피(벼과) *Eriochloa villosa* 여러해살이풀(높이 40~90㎝)
산과 들의 풀밭. 7~8월에 줄기 윗부분에서 4~7개의 꽃가지가 한쪽 방향으로 달린다. 꽃가지는 2~5㎝ 길이이고 흰색 털이 빽빽하며 황록색 작은꽃이삭이 2줄로 달린다.

❷ 돌피(벼과) *Echinochloa crus-galli* 한해살이풀(높이 80~100㎝)
논이나 습지. 줄기는 모여나 비스듬히 서고 가지가 갈라진다. 잎은 편평하고 잎혀가 없다. 7~8월에 줄기 끝에 달리는 원뿔꽃차례는 10~25㎝ 길이이며 가지는 위로 갈수록 짧아진다. 작은꽃이삭은 달걀형이며 2.5~4㎜ 길이이고 가시 같은 털이 있다.

❸ 겨풀(벼과) *Leersia oryzoides* 여러해살이풀(높이 40~60㎝)
물가나 습지. 가냘픈 줄기 밑부분은 땅을 기다가 위로 선다. 잎집에 밑으로 난 가시털이 있다. 8~10월에 줄기 끝에 달리는 원뿔꽃차례는 가지가 옆으로 퍼지며 다시 갈라진다. 작은꽃이삭은 5~6.5㎜ 길이이며 황록색이고 가장자리에 짧은털이 있다. 수술은 3개이다.

❹ 줄(벼과) *Zizania latifolia* 여러해살이풀(높이 1~2m)
연못. 뿌리줄기가 벋으면서 번식한다. 선형 잎은 50~100㎝ 길이이고 밑부분의 잎집은 둥글다. 암수한그루로 8~9월에 줄기 끝의 원뿔꽃차례는 30~50㎝ 길이이고 가지는 대부분 돌려나며 갈라지는 곳에 털이 있다. 암꽃이삭은 윗부분에, 수꽃이삭은 밑부분에 달린다.

기타

여름에 피는 녹색 풀꽃

❶ 드렁새　❷ 왕바랭이　왕바랭이 꽃이삭
❸ 각시그령　❹ 그령　그령 꽃이삭

❶ **드렁새**(벼과) *Leptochloa chinensis* 여러해살이풀(높이 30~70cm)

논둑. 줄기는 가지가 갈라지고 털이 없다. 잎은 편평하며 분록색이고 가장자리에 작은 돌기가 있다. 8~10월에 줄기 끝에 달리는 원뿔꽃차례는 15~30cm 길이이고 가느다란 꽃가지가 엉성하게 달린다. 작은꽃이삭은 3mm 정도 길이이며 5~7개의 작은꽃이 들어 있다.

❷ **왕바랭이**(벼과) *Eleusine indica* 한해살이풀(높이 30~60cm)

길가. 줄기와 잎이 매우 질기다. 7~9월에 줄기 끝의 꽃이삭은 3~7개의 꽃가지가 우산꽃차례 비슷하게 사방으로 갈라진다. 가지 한쪽에 작은꽃이삭이 2줄로 촘촘히 달린다.

❸ **각시그령**(벼과) *Eragrostis japonica* 한해살이풀(높이 30~100cm)

남부 지방의 들. 곧게 서는 줄기는 가지가 많이 갈라진다. 8~10월에 줄기 끝에 달리는 원뿔꽃차례는 20~60cm 길이이고 마디에 1개씩 달리는 가지는 가늘고 다시 갈라진다. 작은꽃이삭은 달걀형이며 약간 납작하고 1~1.5mm 길이이며 자홍색이라서 눈에 잘 띈다.

❹ **그령**(벼과) *Eragrostis ferruginea* 여러해살이풀(높이 30~80cm)

길가. 줄기는 여러 대가 뭉쳐나 커다란 포기를 만들고 털이 없다. 줄기와 잎이 매우 질기다. 7~9월에 줄기 끝에 달리는 원뿔꽃차례는 20~40cm 길이이고 가느다란 꽃가지가 빙 돌려 가며 달린다. 작은꽃이삭은 피침형~긴 타원형이며 6~10mm 길이이고 납작하다.

❶ 능수참새그령 ❷ 나도바랭이 나도바랭이 열매이삭

❸ 왕미꾸리광이 왕미꾸리광이 열매이삭

❹ 우산잔디

❶ 능수참새그령(벼과) *Eragrostis curvula* 여러해살이풀(높이 60~120㎝)
남아메리카 원산. 사방용으로 심은 것이 들꽃이 되었다. 뿌리에서 촘촘히 모여나는 잎은 길이 40~60㎝, 너비 1.5~2㎜이며 건조하면 말려서 머리카락처럼 보인다. 6~7월에 줄기 끝에 달리는 원뿔꽃차례는 꽃가지가 갈라지는 부분이 부풀고 긴털이 촘촘하다.

❷ 나도바랭이(벼과) *Chloris virgata* 한해살이풀(높이 20~50㎝)
경기도 이북의 산. 줄기는 모여나 포기를 이룬다. 8~9월에 줄기 끝에 달리는 꽃이삭에는 10개 정도의 꽃가지가 손바닥 모양으로 퍼진다. 꽃가지는 3~8㎝ 길이이며 작은꽃이삭이 한쪽으로만 달린다. 작은꽃이삭은 자루가 없고 납작하며 기다란 까그라기가 있다.

❸ 왕미꾸리광이(벼과) *Glyceria leptolepis* 여러해살이풀(높이 80~150㎝)
산의 습지. 줄기는 가지가 없고 매끈하다. 잎은 너비 5~12㎜이고 잎집은 원통형이다. 6~7월에 줄기 끝에 달리는 원뿔꽃차례는 20~30㎝ 길이이며 끝이 밑으로 처지고 꽃가지가 대부분 돌려난다. 작은꽃이삭은 6~8㎜ 길이이며 4~6개의 꽃이 들어 있고 대부분 연녹색이다.

❹ 우산잔디(벼과) *Cynodon dactylon* 여러해살이풀(높이 15~40㎝)
남부 지방의 바닷가. 6~8월에 줄기 끝에 달리는 꽃이삭에는 2~7개의 꽃가지가 손바닥 모양으로 퍼진다. 꽃가지는 25~50㎜ 길이이며 작은꽃이삭이 2줄로 촘촘히 달린다.

기타

❶ 왕잔디 ❷ 왕쌀새 왕쌀새 열매이삭
❸ 쌀새 ❹ 오리새 오리새 꽃이삭

❶ **왕잔디**(벼과) *Zoysia macrostachya* 여러해살이풀(높이 10~25cm)
중부 이남의 바닷가 모래땅. 뿌리줄기는 땅속으로 길게 벋으며 땅 위를 기는 줄기는 없다. 6~8월에 줄기 끝에 달리는 이삭꽃차례는 곧게 서고 작은꽃이삭이 다닥다닥 달린다.

❷ **왕쌀새**(벼과) *Melica nutans* 여러해살이풀(높이 20~50cm)
산의 풀밭. 가는 뿌리줄기가 옆으로 벋고 줄기는 모여난다. 잎은 편평하며 너비 2~5mm이다. 6~7월에 줄기 끝에 달리는 송이꽃차례는 8~15cm 길이이고 5~15개의 작은꽃이삭이 달린다. 작은꽃이삭은 타원형이며 6~8mm 길이이고 밑으로 처지며 2개의 꽃이 들어 있다.

❸ **쌀새**(벼과) *Melica onoei* 여러해살이풀(높이 90~120cm)
산의 숲속. 줄기는 가지가 없고 잎은 너비 4~10mm이며 약간 안으로 말린다. 8~9월에 줄기 끝의 원뿔꽃차례는 25~50cm 길이이고 가지는 대부분 돌려난다. 작은꽃이삭은 7~10mm 길이이다. 첫째 깍지는 좁은 달걀형이고 1개의 맥이 있으며 둘째 깍지는 3개의 맥이 있다.

❹ **오리새**(벼과) *Dactylis glomerata* 여러해살이풀(높이 1m 정도)
유럽 원산. 목초로 심고 산과 들의 풀밭에서 자란다. 잎은 편평하고 너비 5~10mm이며 백록색이고 잎혀는 삼각형이다. 6~7월에 줄기 끝에 달리는 원뿔꽃차례는 곧게 서고 꽃가지가 갈라지며 가지에 작은 돌기가 있다. 작은꽃이삭은 가지 끝에 모여 달린다.

❶ 김의털 ❷ 갈풀 갈풀 꽃이삭
❸ 산조풀 산조풀 꽃이삭 ❹ 좀새풀

❶ **김의털**(벼과) *Festuca ovina* 여러해살이풀(높이 30~50cm)
건조한 곳. 가는 줄기는 모여난다. 잎은 5~20cm 길이이며 안으로 말려서 지름 0.4~0.6mm로 아주 가늘게 되고 백록색이다. 6~8월에 곧게 자라는 줄기 끝에 달리는 원뿔꽃차례는 10cm 정도 길이로 곧게 서고 너비가 좁으며 작은꽃이삭은 약간 촘촘히 달린다.

❷ **갈풀**(벼과) *Phalaris arundinacea* 여러해살이풀(높이 70~180cm)
양지쪽 물가. 뿌리줄기가 옆으로 벋으며 무리 지어 자란다. 5~6월에 줄기 끝에서 곧게 서는 원뿔꽃차례는 7~18cm 길이이며 꽃가지가 1~2개씩 비스듬히 달리거나 곧게 선다.

❸ **산조풀**(벼과) *Calamagrostis epigeios* 여러해살이풀(높이 60~150cm)
산기슭이나 바닷가의 모래땅. 뿌리줄기가 길게 벋으며 무리 지어 자란다. 납작한 잎은 안쪽으로 말린다. 6~7월에 줄기 끝에 달리는 원뿔꽃차례는 15~20cm 길이이며 곧게 서거나 약간 휘어진다. 2개의 깍지는 작은꽃이삭과 길이가 같으며 겉깍지 등쪽에 까끄라기가 있다.

❹ **좀새풀**(벼과) *Deschampsia caespitosa* 여러해살이풀(높이 15~70cm)
한라산과 북부 지방의 높은 산. 줄기는 가늘며 모여난다. 잎은 너비 1~3mm이고 안으로 오그라들거나 편평하다. 7~8월에 줄기 끝에 달리는 원뿔꽃차례는 곧게 서거나 끝이 비스듬히 처진다. 작은꽃이삭은 5~7mm 길이이고 까끄라기는 겉깍지 중앙 이하에서 돋는다.

기타

① 큰조아재비　② 실새풀　③ 용수염
④ 나래새　⑤ 참새귀리　참새귀리 열매이삭

① **큰조아재비**(벼과) *Phleum pratense* 여러해살이풀(높이 50~100㎝)

유럽 원산. 산과 들의 풀밭. 촘촘히 모여나는 줄기는 곧게 자란다. 6~7월에 줄기 끝에서 곧게 서는 꽃차례는 원기둥 모양이며 10~20㎝ 길이이고 작은꽃이삭이 촘촘히 달린다.

② **실새풀**(벼과) *Calamagrostis arundinacea* 여러해살이풀(높이 60~150㎝)

산의 숲속이나 풀밭. 8~9월에 줄기 끝에서 서는 원뿔꽃차례는 10~50㎝ 길이이고 가지는 돌려난다. 작은꽃이삭은 넓은 피침형이며 까끄라기는 겉깍지보다 길고 중간에서 꺾어진다.

③ **용수염**(벼과) *Diarrhena japonica* 여러해살이풀(높이 50~80㎝)

산의 숲속. 7~8월에 줄기 끝의 꽃차례는 10~20㎝ 길이이며 마디에서 1~2개씩 꽃가지가 옆으로 퍼진다. 겉깍지는 3~4㎜ 길이이고 속깍지는 이보다 약간 짧으며 능선은 밋밋하다.

④ **나래새**(벼과) *Stipa pekinensis* 여러해살이풀(높이 90~120㎝)

산과 들의 풀밭. 잎은 너비 3~5㎜이며 안으로 말린다. 8월에 줄기 끝에서 끝이 약간 휘어지는 원뿔꽃차례는 20~40㎝ 길이이고 꽃가지는 돌려난다. 깍지는 3개의 맥이 있고 털이 없다.

⑤ **참새귀리**(벼과) *Bromus japonicus* 한해살이풀(높이 30~70㎝)

들. 6~7월에 줄기 끝에 달리는 원뿔꽃차례는 약간 밑으로 처지고 각 마디에 가지가 4~6개씩 달린다. 작은꽃이삭은 긴 타원형이고 첫째 깍지는 까끄라기가 없으며 3개의 맥이 있다.

여름에 피는 녹색 풀꽃

❶ 개밀
개밀 꽃이삭
❷ 달뿌리풀
❸ 갈대
갈대 열매이삭
❹ 조릿대풀

❶ **개밀**(벼과) *Elymus tsukushiensis* 여러해살이풀(높이 40~100㎝)
들. 6~7월에 줄기 끝에 달리는 녹색이나 자주색 이삭꽃차례는 끝이 비스듬히 휘어진다. 작은꽃이삭은 피침형이고 옆으로 납작하며 까끄라기는 2~3㎝ 길이로 길며 곧다.

❷ **달뿌리풀**(벼과) *Phragmites japonicus* 여러해살이풀(높이 1.5~3m)
산골짜기의 물가. 땅 위로 벋는 줄기는 털이 있는 마디에서 뿌리를 내린다. 잎집은 윗부분이 자줏빛이 돈다. 8~9월에 줄기 끝에 달리는 원뿔꽃차례는 25~35㎝ 길이이며 자주색이고 꽃가지는 대부분 돌려난다. 작은꽃이삭은 7~12㎜ 길이이며 3~4개의 꽃이 들어 있다.

❸ **갈대**(벼과) *Phragmites australis* 여러해살이풀(높이 1~3m)
물가. 땅 위로 벋는 줄기가 없고 마디에 털이 없다. 잎은 가장자리가 거칠다. 8~9월에 줄기 끝에 달리는 커다란 원뿔꽃차례는 15~40㎝ 길이이며 자주색에서 자갈색으로 변한다. 작은꽃이삭은 10~17㎜ 길이이며 2~4개의 꽃이 들어 있는데 첫째 수꽃은 1㎝ 정도 길이이다.

❹ **조릿대풀**(벼과) *Lophatherum gracile* 여러해살이풀(높이 40~80㎝)
남쪽 지방의 숲속. 줄기는 모여나 곧게 자란다. 8~10월에 줄기 끝의 원뿔꽃차례는 20~30㎝ 길이이고 가지는 1~2개씩 옆으로 퍼진다. 가지에 한쪽으로만 달리는 작은꽃이삭은 좁은 피침형이며 7~8㎜ 길이이고 밑부분에 다발털이 있다. 둘째 깍지에는 5개의 맥이 있다.

III 봄에 피는 나무꽃

겨울의 끝자락, 봄이 채 기지개를 켜기도 전에 남쪽으로부터 매화꽃 향기가 전해지면서 꽃 잔치가 시작된다. 이어서 구례의 산수유가 노란 꽃망울을 터뜨리면서 봄소식을 몰고 올라오면 뒷산의 생강나무 가지에도 노란 꽃송이가 피어난다. 연이어 남쪽 바닷가 진해에서 시작되는 벚꽃 축제 소식이 봄바람을 타고 하얀 꽃길을 따라 여의도에 도착한다.

동네에서는 앵두꽃, 살구꽃, 복숭아꽃, 배꽃이 연달아 피어나고 뒷산에는 진달래와 철쭉이 차례대로 산기슭을 붉게 물들이면서 봄이 절정으로 치닫는다.

풀은 생장이 왕성한 여름철에 꽃이 피는 종류가 많지만 나무는 오히려 봄에 많은 꽃을 피운다. 특히 나무는 5~6월에 꽃이 피는 종류가 전체의 절반 이상을 차지하며 색깔별로는 흰색 꽃이 가장 많다.

백목련 암술과 수술

동백나무

봄에 피는 붉은색 나무꽃

꽃잎 3~4장

❶ **으름덩굴**(으름덩굴과) *Akebia quinata* 갈잎덩굴나무(길이 5~6m)
  황해도 이남의 산. 잎은 어긋나고 손꼴겹잎이며 작은잎은 5~8장이다. 작은잎은 타원형~거꿀달걀형이며 끝은 오목하게 들어간다. 암수한그루로 4~5월에 짧은가지 끝의 잎 사이에서 자란 송이꽃차례에 연자주색 꽃이 고개를 숙이고 피는데 암꽃이 더 크다.

❷ **새덕이/흰새덕이**(녹나무과) *Neolitsea aciculata* 늘푸른큰키나무(높이 10m 정도)
  전남과 제주도의 산. 잎은 어긋나고 긴 타원형이며 뒷면은 흰빛이 돌고 3개의 잎맥이 뚜렷하다. 암수딴그루로 3~4월에 잎겨드랑이의 자루가 없는 우산꽃차례에 붉은색 꽃이 촘촘히 모여 핀다. 암그루는 수그루보다 꽃이 성기게 달린다. 타원형 열매는 흑자색으로 익는다.

❸ **서향/천리향**(팥꽃나무과) *Daphne odora* 늘푸른떨기나무(높이 1m 정도)
  중국 원산. 남부 지방에서 관상수로 심는다. 잎은 어긋나고 긴 타원형~거꿀피침형이며 끝이 뾰족하고 가장자리가 밋밋하며 두껍다. 암수딴그루로 3~4월에 가지 끝에 홍자색 꽃이 둥글게 모여 피는데 향기가 매우 강하다. 꽃받침은 통 모양이고 끝이 4갈래로 갈라진다.

❹ **팥꽃나무**(팥꽃나무과) *Daphne genkwa* 갈잎떨기나무(높이 30~100㎝)
  전라도의 바닷가. 잎은 대부분 마주나고 피침형~긴 타원형이며 뒷면은 회녹색이다. 3~5월에 잎이 돋기 전에 가지 끝에 홍자색 꽃이 3~7개씩 우산 모양으로 모여 달린다.

꽃잎 4장

봄에 피는 붉은색 나무꽃

❶ 붉은꽃삼지닥나무
❷ 붉은꽃서양산딸나무
붉은꽃서양산딸나무 꽃차례
❸ 식나무
식나무 암꽃차례
¹⁾금식나무

❶ **붉은꽃삼지닥나무**(팥꽃나무과) *Edgeworthia tomentosa* 'Red Dragon' 갈잎떨기나무(높이 1~2m)
중국 원산. 남부 지방에서 기른다. 가지는 굵으며 흔히 3개로 갈라진다. 잎은 어긋나고 긴 타원형~피침형이며 끝이 뾰족하고 가장자리가 밋밋하다. 잎이 나기 전에 가지 끝의 머리모양꽃차례에 붉은색 꽃이 모여 피는데 꽃차례자루가 밑으로 처진다.

❷ **붉은꽃서양산딸나무**(층층나무과) *Cornus florida* 'Rubra' 갈잎큰키나무(높이 20m 정도)
북아메리카 원산. 관상수로 심는다. 잎은 마주나고 달걀형~타원형이며 가장자리는 밋밋하다. 3~5월에 가지 끝에 황록색 꽃이 피는데 十자 모양으로 된 4장의 붉은색 총포조각은 끝이 오목하게 들어가고 타원형 열매는 2~10개가 촘촘히 모여 달린다.

❸ **식나무**(가리야과|층층나무과) *Aucuba japonica* 늘푸른떨기나무(높이 2~3m)
울릉도와 전남, 제주도의 산. 잎은 마주나고 긴 타원형~달걀 모양의 긴 타원형이며 끝이 뾰족하고 가장자리에 날카로운 톱니가 있다. 암수딴그루로 3~5월에 가지 끝의 원뿔꽃차례에 자갈색 꽃이 모여 핀다. 꽃은 지름 1㎝ 정도이며 꽃잎은 4장이다. ¹⁾**금식나무**('Variegata')는 식나무의 원예 품종으로 식나무와 비슷하지만 잎에 황금색 얼룩무늬가 있는 것이 특징이며 남부 지방에서 정원수로 심는다. 암수딴그루로 3~5월에 가지 끝의 원뿔꽃차례에 자갈색 꽃이 모여 핀다. 타원형 열매는 15~20㎜ 길이이고 붉게 익는다.

꽃잎 4~5장

봄에 피는 붉은색 나무꽃

❶ 털개회나무 ❷ 라일락 털개회나무 열매 라일락 열매
❸ 분홍미선 ❹ 복숭아나무 복숭아나무 열매

❶ **털개회나무**(물푸레나무과) *Syringa pubescens* ssp. *patula* 갈잎떨기나무(높이 2~4m)
깊은 산. 잎은 마주나고 타원형~달걀형이며 뒷면은 연녹색이고 보통 털이 많다. 5월에 2년생 가지 끝에 달리는 원뿔꽃차례는 5~16㎝ 길이이며 연자주색~흰색 꽃이 모여 핀다. 열매는 좁고 긴 타원형이며 끝이 뾰족하고 표면에 사마귀 같은 껍질눈이 흩어져 난다.

❷ **라일락**(물푸레나무과) *Syringa vulgaris* 갈잎떨기나무(높이 2~4m)
유럽 원산. 관상수로 심는다. 잎은 마주나고 넓은 달걀형~달걀형이며 앞면은 광택이 있다. 4~5월에 2년생 가지 끝에 달리는 원뿔꽃차례에 모여 피는 연자주색~흰색 꽃은 좁은 깔때기 모양이고 6~10㎜ 길이이다. 긴 타원형 열매는 끝이 뾰족하고 껍질눈이 없다.

❸ **분홍미선**(물푸레나무과) *Abeliophyllum distichum* f. *lilacinum* 갈잎떨기나무(높이 1~2m)
충북과 전북의 산. 잎은 마주나고 달걀형~타원형이다. 3~4월에 잎보다 먼저 잎겨드랑이의 송이꽃차례에 개나리(p.424) 꽃을 닮은 분홍색 꽃이 모여 핀다. 미선나무(p.467)와 같은 종으로 본다.

❹ **복숭아나무/복사나무**(장미과) *Prunus persica* 갈잎작은키나무(높이 3~6m)
밭이나 산. 잎은 어긋나고 좁은 타원형~거꿀피침형이며 7~16㎝ 길이이고 끝이 뾰족하며 가장자리에 얕은 톱니가 있다. 잎이 나기 전에 또는 잎이 돋을 때 분홍색 꽃도 함께 핀다. 꽃자루는 짧다. 둥근 열매는 지름 3~7㎝이고 노란색~연분홍색으로 익고 과일로 먹는다.

꽃잎 5장

봄에 피는 붉은색 나무꽃

❶ 홍매화 ❷ 시베리아살구나무 시베리아살구나무 열매
풀또기 열매
❸ 풀또기 산옥매 열매 ❹ 산옥매

❶ **홍매화**(장미과) *Prunus mume* 'Beni-chidori' 갈잎작은키나무(높이 5m 정도)
중국 원산인 매실나무의 원예 품종으로 관상수로 심는다. 잔가지는 녹색이고 털이 거의 없다. 이른 봄에 잎이 나기 전에 잎겨드랑이에 피는 붉은색 꽃은 꽃자루가 1~5mm로 짧다.

❷ **시베리아살구나무**(장미과) *Prunus sibirica* 갈잎작은키나무~떨기나무(높이 2~5m)
충북 이북의 건조한 산. 잎은 어긋나고 넓은 타원형~둥근 달걀형이다. 4~5월에 잎이 돋기 전에 먼저 피는 연홍색 꽃은 지름 15~30mm이며 꽃자루는 1~2mm 길이로 짧다. 동글납작한 열매는 지름 2~3cm이다. 동글납작한 씨앗은 한쪽에 날개가 있고 열매에서 잘 떨어진다.

❸ **풀또기**(장미과) *Prunus triloba* 갈잎떨기나무(높이 1~3m)
함북의 산기슭. 잎은 어긋나고 거꿀달걀형이며 끝은 갑자기 뾰족하거나 一자 모양이고 가장자리에 겹톱니가 있다. 4~5월에 잎이 돋기 전에 피는 연분홍색 꽃은 지름 20~25mm이며 잎겨드랑이에 1~2개씩 바짝 붙는다. 둥근 열매는 붉게 익으며 표면에 잔털이 있다.

❹ **산옥매**(장미과) *Prunus glandulosa* 갈잎떨기나무(높이 1~1.5m)
중국 원산. 관상수로 심는다. 잎은 어긋나고 좁은 달걀형~피침형이며 3~9cm 길이이고 끝이 뾰족하다. 4~5월에 잎이 돋을 때 피는 연분홍색 꽃은 지름 15~20mm이고 꽃잎은 5장이다. 꽃자루는 6~8mm 길이이고 털이 있다. 둥근 열매는 지름 10~15mm이고 붉게 익는다.

꽃잎 5장

❶ 복사앵도　❷ 모과나무　❸ 명자나무　❹ 풀명자
복사앵도 열매　모과나무 열매　명자나무 열매

❶ 복사앵도(장미과) *Prunus choreiana* 갈잎떨기나무(높이 2~4m)

경북 이북의 석회암 지대. 잎은 어긋나고 타원형이며 끝이 뾰족하고 잔톱니가 있다. 3~4월에 잎이 돋기 전에 먼저 피는 연분홍색 꽃은 암술대 밑부분에 털이 빽빽하고 씨방에는 털이 없다. 꽃자루는 2~3㎜ 길이로 짧다. 넓은 타원형~구형 열매는 붉게 익는다.

❷ 모과나무(장미과) *Chaenomeles sinensis* 갈잎작은키나무(높이 6~10m)

중국 원산. 관상수로 심는다. 나무껍질은 묵은 껍질조각이 벗겨지며 얼룩을 만든다. 4~5월에 타원형 잎과 함께 분홍색 꽃이 1개씩 달린다. 꽃받침조각은 세모진 피침형이며 가장자리에 톱니가 있고 뒤로 젖혀진다. 울퉁불퉁한 타원형 열매는 지름 8~15㎝이다.

❸ 명자나무/명자꽃(장미과) *Chaenomeles speciosa* 갈잎떨기나무(높이 1~2m)

중국 원산. 관상수로 심는다. 잔가지는 끝이 가시로 변하기도 한다. 잎은 어긋나고 달걀형~긴 타원형이며 끝이 뾰족하고 가장자리에 톱니가 있다. 턱잎은 콩팥형~반원형이며 톱니가 있다. 4~5월에 짧은가지의 잎겨드랑이에 2~3개의 붉은색 꽃이 핀다.

❹ 풀명자(장미과) *Chaenomeles japonica* 갈잎떨기나무(높이 30~70㎝)

일본 원산. 관상수로 심는다. 명자나무보다 크기가 작다. 잎은 어긋나고 거꿀달걀형이며 가장자리에 둔한 톱니가 있다. 턱잎은 부채 모양이며 1㎝ 정도 길이이다.

꽃잎 5장

봄에 피는 붉은색 나무꽃

❶ 멍석딸기 ❷ 줄딸기 ❸ 복분자딸기 ❹ 인가목

❶ 멍석딸기(장미과) *Rubus parvifolius* 갈잎떨기나무(높이 1m 정도)
산과 들. 줄기는 덩굴처럼 길게 벋는다. 잎은 어긋나고 홀수깃꼴겹잎이며 작은잎은 3~5장이고 뒷면은 흰색 털이 빽빽하다. 5~6월에 햇가지 끝이나 잎겨드랑이에 모여 피는 홍자색 꽃은 지름 1㎝ 정도이며 꽃잎이 활짝 벌어지지 않는다. 둥근 열매송이는 붉게 익는다.

❷ 줄딸기(장미과) *Rubus pungens* 갈잎덩굴나무(길이 2~3m)
산과 들. 줄기는 옆으로 비스듬히 벋는다. 잎은 어긋나고 홀수깃꼴겹잎이며 작은잎은 5~7장이고 끝의 작은잎이 가장 크다. 4~5월에 짧은가지 끝에 붉은색 꽃이 1개씩 핀다.

❸ 복분자딸기(장미과) *Rubus coreanus* 갈잎떨기나무(높이 2~3m)
산과 들. 줄기는 분백색 가루로 덮여 있고 굽은 가시가 있다. 잎은 어긋나고 홀수깃꼴겹잎이며 작은잎은 5~9장이다. 5~6월에 가지 끝의 고른꽃차례에 모여 피는 연한 홍자색 꽃은 꽃잎이 꽃받침조각보다 약간 짧고 활짝 벌어지지 않는다. 열매송이는 검게 익는다.

❹ 인가목/민둥인가목(장미과) *Rosa acicularis* 갈잎떨기나무(높이 1~1.5m)
지리산 이북의 높은 산. 줄기에 바늘 모양이 가시가 빽빽이 난다. 잎은 어긋나고 홀수깃꼴겹잎이며 작은잎은 3~7장이다. 5~6월에 가지 끝에 연홍색 꽃이 피는데 꽃자루에 잔털과 샘털이 빽빽하다. 긴 타원형~거꿀달걀형 열매는 1~2㎝ 길이이고 붉게 익는다.

꽃잎 5장

봄에 피는 붉은색 나무꽃

- ❶ 멀구슬나무
- 멀구슬나무 꽃 모양
- 참꽃나무 암수술
- ❷ 참꽃나무
- ❸ 철쭉
- 철쭉 열매
- 산철쭉 잎
- ❹ 산철쭉

❶ **멀구슬나무**(멀구슬나무과) *Melia azedarach* 갈잎큰키나무(높이 5~15m)
남부 지방의 마을 주변. 잎은 어긋나고 2~3회깃꼴겹잎이다. 5~6월에 잎겨드랑이의 원뿔꽃차례에 자잘한 연보라색 꽃이 모여 핀다. 꽃잎과 꽃받침조각은 각각 5~6장씩이다. 10개의 수술은 합쳐져서 원통 모양이 되고 자줏빛이 돈다. 타원형 열매는 누런색으로 익는다.

❷ **참꽃나무**(진달래과) *Rhododendron weyrichii* 갈잎떨기나무(높이 3~6m)
제주도 한라산. 잎은 가지 끝에 3장씩 돌려나고 달걀 모양의 원형~마름모 모양의 원형이며 끝이 뾰족하고 가장자리가 밋밋하다. 4~5월에 잎이 돋을 때 가지 끝에 1~3개가 모여 달리는 진한 주홍색 꽃은 넓은 깔때기 모양이며 5갈래로 갈라진다. 열매는 원통형이다.

❸ **철쭉**(진달래과) *Rhododendron schlippenbachii* 갈잎떨기나무(높이 2~5m)
산. 잎은 어긋나지만 가지 끝에서는 보통 5장씩 모여난다. 잎몸은 거꿀달걀형~넓은 거꿀달걀형이다. 4~5월에 잎과 함께 가지 끝부분에 3~7개의 연분홍색 꽃이 핀다.

❹ **산철쭉**(진달래과) *Rhododendron yedoense* v. *poukhanense* 갈잎떨기나무(높이 1~2m)
산의 능선이나 산골짜기. 잎은 어긋나지만 가지 끝에서는 모여난다. 잎몸은 긴 타원형~거꿀피침형이고 양면에 갈색 털이 있으며 양 끝이 좁고 가장자리가 밋밋하다. 4~5월에 잎이 돋은 후에 가지 끝마다 2~3개의 홍자색 꽃이 모여 핀다. 달걀형 열매는 긴털이 있다.

❶ 진달래(진달래과) *Rhododendron mucronulatum* 갈잎떨기나무(높이 2~3m)

산. 잎은 어긋나지만 가지 끝에서는 모여난다. 잎몸은 긴 타원형~거꿀피침형이며 4~7cm 길이이고 끝이 뾰족하며 가장자리가 밋밋하다. 잎 양면에 흰색과 갈색 비늘조각이 섞여 있다. 4~5월에 잎보다 먼저 가지 끝마다 1~5개의 홍자색~연분홍색 꽃이 핀다. 꽃부리는 넓은 깔때기 모양이고 위쪽 갈래조각 안쪽에 진한 색 반점이 있다. 열매는 원통형이다. [1]털진달래(v. *ciliatum*)는 진달래의 변종으로 높은 산에서 자라며 두꺼운 잎몸 양면에 비늘조각과 털이 있다. 진달래와 같은 종으로 보기도 한다.

❷ 황산차(진달래과) *Rhododendron lapponicum* 갈잎떨기나무(높이 1m 정도)

함경도의 높은 산. 전체가 비늘조각에 덮여 있다. 잎은 어긋나고 긴 타원형이며 5~20mm 길이이고 가장자리는 밋밋하며 뒷면은 갈색 비늘조각으로 덮여 있다. 5~6월에 가지 끝의 우산꽃차례에 2~5개의 넓은 깔때기 모양의 홍자색 꽃이 모여 핀다. 열매는 긴 달걀형이다.

❸ 담자리참꽃나무(진달래과) *Rhododendron lapponicum v. alpinum* 갈잎떨기나무(높이 10~15cm)

함경도의 높은 산. 줄기와 가지가 땅바닥을 긴다. 긴 타원형 잎은 5~10mm 길이로 작다. 6~7월에 가지 끝의 우산꽃차례에 2~5개의 넓은 깔때기 모양의 홍자색 꽃이 모여 핀다. 잎과 꽃은 황산차와 비슷하므로 같은 종으로 보기도 한다.

꽃잎 5장

봄에 피는 붉은색 나무꽃

❶ 영산홍 동백나무 열매 ❷ 동백나무
❸ 참오동 참오동 열매 ❹ 오동나무

❶ 영산홍(진달래과) *Rhododendron indicum* 떨기나무(높이 10~100㎝)
일본 원산. 관상수로 심으며 반상록성이다. 잎은 어긋나고 피침형~넓은 피침형이며 끝이 뾰족하고 두껍다. 5~7월에 피는 붉은 주황색 꽃은 넓은 깔때기 모양이며 꽃부리가 5갈래로 갈라진다. 수술은 5개이고 밑부분에 돌기가 있다. 긴 달걀형 열매는 거친털이 있다.

❷ 동백나무(차나무과) *Camellia japonica* 늘푸른작은키나무(높이 5~7m)
남부 지방의 산과 들. 잎은 어긋나고 타원형이며 5~10㎝ 길이이다. 잎몸은 두꺼운 가죽질이고 앞면은 광택이 있다. 11~4월에 가지 끝이나 잎겨드랑이에 1개씩 피는 붉은색 꽃은 지름 5~7㎝이고 수술은 많으며 흰색 수술대는 하반부가 서로 합쳐져서 원통 모양이 된다.

❸ 참오동(오동나무과│현삼과) *Paulownia tomentosa* 갈잎큰키나무(높이 10~15m)
중국 원산. 산과 들. 잎은 마주나고 넓은 달걀형이며 3~5개의 모가 진다. 5~6월에 가지 끝의 원뿔꽃차례에 달리는 연보라색 꽃부리는 바깥쪽에 끈적거리는 샘털이 있고 안쪽 밑부분에는 자주색 줄무늬가 있다. 달걀형 열매는 갈색으로 익고 씨앗은 얇은 날개가 있다.

❹ 오동나무(오동나무과│현삼과) *Paulownia coreana* 갈잎큰키나무(높이 10~15m)
중부 이남. 잎은 마주나고 넓은 달걀형이며 뒷면에 다갈색 털이 있다. 참오동과 달리 연보라색 꽃부리 안쪽에 자주색 줄무늬가 없는 것으로 구분한다. 참오동과 같은 종으로도 본다.

꽃잎 6~7장 이상

봄에 피는 붉은색 나무꽃

❶ 석류나무 ❷ 자목련 ❸ 모란 ❹ 만첩홍매실

❶ **석류나무**(부처꽃과|석류과) *Punica granatum* 갈잎작은키나무(높이 5~6m)
유라시아 원산. 관상수로 심는다. 잎은 마주나고 긴 타원형이며 가장자리가 밋밋하다. 5~6월에 가지 끝에 붉은색 꽃이 피는데 6장의 꽃잎은 주름이 진다. 꽃받침은 통 모양이며 육질이고 6갈래로 갈라지며 붉은빛이 돌고 광택이 있다. 둥근 열매는 붉게 익는다.

❷ **자목련**(목련과) *Magnolia liliiflora* 갈잎떨기나무~작은키나무(높이 1~5m)
중국 원산. 관상수로 심는다. 잎은 어긋나고 거꿀달걀형이며 끝이 뾰족하고 가장자리는 밋밋하다. 3~4월에 잎보다 먼저 피는 큼직한 자주색 꽃은 활짝 벌어지지 않고 꽃덮이조각은 9~12장이며 안쪽도 자주색이다. 원통형 열매는 7~10㎝ 길이이며 울퉁불퉁하다.

❸ **모란**(작약과|미나리아재비과) *Paeonia suffruticosa* 갈잎떨기나무(높이 1~1.5m)
중국 원산. 관상수로 심고 '목단(牧丹)'이라고도 한다. 잎은 어긋나고 세겹잎~2회세겹잎이며 작은잎은 2~5갈래로 갈라진다. 4~5월에 가지 끝에 지름 10~17㎝의 붉은색 꽃이 위를 보고 핀다. 열매는 긴 달걀형이며 갈색 털로 덮여 있고 2~6개가 모여 달린다.

❹ **만첩홍매실**(장미과) *Prunus mume* f. *alphandii* 갈잎작은키나무(높이 5m 정도)
매실나무의 품종으로 관상수로 심는다. 잎은 어긋나고 타원형~넓은 달걀형이며 끝이 꼬리처럼 길다. 2~4월에 잎이 나기 전에 잎겨드랑이에 붉은색 겹꽃이 1~3개씩 모여 핀다.

꽃잎 7장 이상~기타

봄에 피는 붉은색 나무꽃

❶ 만첩풀또기　❷ 장미　❸ 덩굴장미
❹ 겹산철쭉　❺ 양버즘나무　양버즘나무 열매

❶ **만첩풀또기**(장미과) *Prunus triloba* 'Multiplex' 갈잎떨기나무(높이 1~3m)
　풀또기(p.401)의 원예 품종으로 관상수로 심는다. 잎은 어긋나고 거꿀달걀형이며 끝은 갑자기 뾰족하거나 一자 모양이고 겹톱니가 있다. 4~5월에 분홍색 겹꽃이 가지 가득 핀다.

❷ **장미**(장미과) *Rosa hybrida* 갈잎떨기나무(높이 1~2m)
　유럽에서 개량된 원예 품종을 보통 '장미'라고 하는데 품종이 매우 많다. 줄기와 가지에 납작한 가시가 있다. 잎은 어긋나고 홀수깃겹잎이다. 봄~가을에 여러 색깔의 꽃이 핀다.

❸ **덩굴장미**(장미과) *Rosa multiflora* v. *platyphylla* 갈잎덩굴나무(길이 5m 정도)
　찔레꽃(p.481)의 변종으로 덩굴성이며 여러 재배 품종이 있다. 잎은 어긋나고 홀수깃겹잎이며 작은잎은 5~9장이다. 5~6월에 가지 끝의 원뿔꽃차례에 분홍색~붉은색 겹꽃이 핀다.

❹ **겹산철쭉**(진달래과) *Rhododendron yedoense* 갈잎떨기나무(높이 1~2m)
　산의 능선이나 산골짜기. 잎은 긴 타원형~거꿀피침형이며 양면에 갈색 털이 있다. 4~5월에 잎이 돋은 후에 가지 끝마다 2~3개의 홍자색 겹꽃이 모여 핀다. 산철쭉(p.404)의 기본종이다.

❺ **양버즘나무**(버즘나무과) *Platanus occidentalis* 갈잎큰키나무(높이 20~40m)
　관상수로 심는다. 나무껍질은 얼룩이 진다. 잎은 어긋나고 넓은 달걀형이며 3~5갈래로 갈라진다. 암수한그루로 4~5월에 피는 꽃송이도 둥글고 열매도 둥글며 긴 자루에 매달린다.

봄에 피는 붉은색 나무꽃

❶ 계수나무(계수나무과) *Cercidiphyllum japonicum* 갈잎큰키나무(높이 30m 정도)
일본과 중국 원산. 관상수로 심는다. 잎은 마주나고 하트형이며 가장자리에 물결 모양의 둔한 톱니가 있다. 암수딴그루로 3~5월에 잎보다 먼저 피는 연붉은색 꽃은 꽃잎이 없이 각각 수술과 암술로만 이루어져 있다. 길쭉한 원통형 열매는 3~5개씩 모여 달린다.

❷ 조록나무(조록나무과) *Distylium racemosum* 늘푸른큰키나무(높이 20m 정도)
남쪽 섬. 잎은 어긋나고 긴 타원형이며 가장자리가 밋밋하고 두꺼운 가죽질이다. 잎에는 벌레집이 많이 생긴다. 암수한그루로 4~5월에 잎겨드랑이에서 나온 원뿔꽃차례에 붉은색 꽃이 모여 핀다. 꽃은 꽃잎이 없고 3~6개의 붉은색 꽃받침이 꽃잎처럼 보인다.

❸ 굴거리(굴거리나무과 | 대극과) *Daphniphyllum macropodum* 늘푸른큰키나무(높이 10m 정도)
남부 지방의 산. 잎은 촘촘히 어긋나고 좁고 긴 타원형이며 8~20cm 길이이고 잎자루가 붉다. 암수딴그루로 5~6월에 잎겨드랑이의 송이꽃차례에 꽃잎이 없는 자잘한 꽃이 모여 핀다. 암꽃은 암술머리가 붉은색이다. 열매송이는 밑으로 처지고 씨앗은 울퉁불퉁하다.

❹ 황철나무(버드나무과) *Populus suaveolens* 갈잎큰키나무(높이 30m 정도)
강원도 이북의 산. 잎은 어긋나고 타원형이며 끝이 뾰족하고 밑부분은 심장저이다. 잎 가장자리에 둔한 톱니가 있다. 암수딴그루로 4~5월에 잎보다 먼저 꼬리꽃차례가 늘어진다.

기타

❶ 사시나무   ❷ 은사시나무   ❹ 양버들
사시나무 암꽃이삭   은사시나무 열매
사시나무 열매   ❸ 은백양   양버들 잎가지

❶ **사시나무**(버드나무과) *Populus tremula* v. *davidiana* 갈잎큰키나무(높이 10~25m)
깊은 산. 잎은 어긋나고 원형~세모진 달걀형이며 끝은 짧게 뾰족하고 가장자리에 물결 모양의 얕은 톱니가 있다. 잎 뒷면은 회녹색이고 잎자루는 납작해서 잎몸이 바람에 잘 흔들린다. 암수딴그루로 4~5월에 잎보다 먼저 늘어지는 꼬리꽃차례에 붉은색 꽃이 핀다.

❷ **은사시나무**(버드나무과) *Populus × tomentiglandulosa* 갈잎큰키나무(높이 20m 정도)
사시나무와 은백양 사이에서 생긴 잡종이다. 나무껍질은 회백색으로 매끈하며 껍질눈은 보통 마름모꼴이지만 변화가 심하다. 잎은 어긋나고 달걀형이며 불규칙한 톱니가 있고 뒷면은 털이 있으며 흰색이다. 암수딴그루로 4월에 잎보다 먼저 꼬리꽃차례가 늘어진다.

❸ **은백양**(버드나무과) *Populus alba* 갈잎큰키나무(높이 20m 정도)
유라시아 원산. 산과 들. 잎은 둥근 달걀형이며 3~5갈래로 갈라지고 뒷면은 흰색 솜털이 빽빽하며 잎자루의 단면이 둥글다. 암수딴그루로 4월에 잎보다 먼저 꼬리꽃차례가 늘어진다.

❹ **양버들**(버드나무과) *Populus nigra* v. *italica* 갈잎큰키나무(높이 30m 정도)
유라시아 원산. 들. 이태리포플러(p.411)와 달리 가느다란 가지들이 줄기를 따라 위로 자라 나무 모양이 빗자루처럼 보인다. 잎은 어긋나고 세모꼴~마름모꼴이며 가장자리에 둔한 톱니가 있고 길이보다 너비가 더 넓은 것이 많다. 암수딴그루로 4월에 꼬리꽃차례가 늘어진다.

기타

봄에 피는 붉은색 나무꽃

❶ **이태리포플러**(버드나무과) *Populus × canadensis* 갈잎큰키나무(높이 30m 정도)
미루나무와 양버들(p.410)의 잡종이다. 굵은 가지는 옆으로 퍼진다. 잎은 어긋나고 세모진 달걀형이며 가장자리에 둔한 톱니가 있다. 잎은 어릴 때는 붉은빛이 돈다. 긴 잎자루는 납작하다. 암수딴그루로 4월에 잎보다 먼저 꼬리꽃차례가 늘어지는데 수꽃이삭은 붉은빛이 돌고 암꽃이삭은 황록색이다. 열매는 달걀형이고 씨앗에는 흰색 솜털이 붙어 있다.

❷ **박태기나무**(콩과) *Cercis chinensis* 갈잎떨기나무(높이 2~4m)
중국 원산. 관상수로 심는다. 잎은 어긋나고 하트형이며 5~10㎝ 길이이고 끝이 뾰족하며 밑에서 5개의 잎맥이 발달하고 가장자리는 밋밋하다. 봄에 잎이 돋기 전에 1㎝ 정도 길이의 홍자색 꽃이 7~30개씩 모여 달린다. 꽃받침통은 종 모양이며 적자색이다. 꼬투리열매는 길고 납작하며 5~7㎝ 길이이고 가을에 갈색으로 익으며 겨울에도 매달려 있다.

❸ **등/참등**(콩과) *Wisteria floribunda* 갈잎덩굴나무(길이 10m 정도)
경상도의 숲 가장자리나 산골짜기. 관상수로 심는다. 잎은 어긋나고 홀수깃꼴겹잎이며 작은 잎은 13~19장이다. 4~5월에 잎이 돋을 때 함께 가지 끝에서 나와 늘어지는 송이꽃차례는 20~40㎝ 길이이며 나비 모양의 연자주색 꽃이 촘촘히 모여 핀다. 길고 납작한 꼬투리열매는 10~15㎝ 길이이며 비로드 같은 보드라운 털로 덮여 있고 황갈색~갈색으로 익는다.

기타

봄에 피는 붉은색 나무꽃

❶ 땅비싸리
❷ 민땅비싸리
❸ 오리나무
땅비싸리 꽃 모양
민땅비싸리 꽃 모양
땅비싸리 열매
민땅비싸리 수형
오리나무 열매

❶ **땅비싸리**(콩과) *Indigofera kirilowii* 갈잎떨기나무(높이 30~100㎝)
산. 잎은 어긋나고 홀수깃꼴겹잎이다. 작은잎은 넓은 달걀형~넓은 타원형이며 1~4㎝ 길이이고 가장자리는 밋밋하며 양면에 누운털이 있다. 5~6월에 잎겨드랑이에서 나오는 송이꽃차례는 5~12㎝ 길이로 잎 길이와 비슷하다. 나비 모양의 홍자색 꽃은 12~16㎜ 길이이다. 기다란 원기둥 모양의 꼬투리열매는 35~70㎜ 길이이며 적갈색으로 익는다.

❷ **민땅비싸리/좀땅비싸리**(콩과) *Indigofera koreana* 갈잎떨기나무(높이 1m 정도)
충남과 전라도. 잎은 어긋나고 홀수깃꼴겹잎이다. 작은잎은 넓은 달걀형~넓은 타원형이며 가장자리는 밋밋하고 뒷면에 털이 없다. 5~6월에 잎겨드랑이의 송이꽃차례는 5~12㎝ 길이로 잎 길이와 비슷하다. 나비 모양의 홍자색 꽃은 8~12㎜ 길이로 땅비싸리보다 짧고 꽃받침도 짧다. 기다란 원기둥 모양의 꼬투리열매는 35~55㎜ 길이이다.

❸ **오리나무**(자작나무과) *Alnus japonica* 갈잎큰키나무(높이 10~20m)
산골짜기. 나무껍질은 자갈색~회갈색이며 세로로 불규칙하게 갈라진다. 잎은 어긋나고 달걀 모양의 긴 타원형이며 끝이 뾰족하고 가장자리에 불규칙한 잔톱니가 있다. 암수한그루로 3월에 잎이 돋기 전에 2~5개의 수꽃이삭이 꼬리처럼 늘어진다. 붉은색 암꽃이삭은 긴 달걀형이며 작다. 달걀형 열매는 15~20㎜ 길이이고 진한 적갈색으로 익는다.

기타

봄에 피는 붉은색 나무꽃

❶ 물오리나무　　❷ 잔잎산오리나무　　❸ 소사나무

소사나무 열매

물오리나무 열매　　잔잎산오리나무 열매　　소사나무 포

❶ **물오리나무**(자작나무과) *Alnus hirsuta* 갈잎큰키나무(높이 10~20m)
　산. 잎은 어긋나고 넓은 달걀형이며 8~15㎝ 길이이다. 잎몸은 얕게 갈라지며 끝은 뾰족하고 가장자리에 겹톱니가 있다. 측맥은 6~8쌍이다. 잎 뒷면은 회백색이며 갈색 털이 있다. 암수한그루로 3~4월에 잎보다 먼저 수꽃이삭이 꼬리처럼 늘어진다. 붉은색 암꽃이삭은 긴 달걀형이다. 열매는 둥근 달걀형이며 15~25㎜ 길이이다.

❷ **잔잎산오리나무**(자작나무과) *Alnus inokumae* 갈잎큰키나무(높이 10~15m)
　일본 원산. 산에 심는다. 잎은 어긋나고 세모진 넓은 달걀형이며 끝은 뾰족하고 얕게 갈라지며 겹톱니가 있다. 측맥은 6~8쌍이다. 3~4월에 잎이 나기 전에 수꽃이삭이 늘어진다. 긴 타원형 열매는 열매조각 끝에 작고 뾰족한 돌기가 있다. 물오리나무와 같은 종으로 보기도 한다. 잔잎산오리나무는 북한에서 사용하는 이름을 그대로 쓴 것이다.

❸ **소사나무**(자작나무과) *Carpinus turczaninowii* 갈잎작은키나무(높이 3~10m)
　서남해안의 산. 잎은 어긋나고 달걀형이며 2~5㎝ 길이이고 끝이 뾰족하며 가장자리에 가는 겹톱니가 있다. 암수한그루로 4~5월에 잎보다 먼저 나오는 붉은색 수꽃이삭은 밑으로 늘어진다. 암꽃이삭은 붉은빛이 돌고 위를 향한다. 열매이삭은 3~6㎝ 길이로 짧고 씨앗을 싸고 있는 포가 4~8개이다. 포는 달걀형~일그러진 달걀형이며 드문드문 톱니가 있다.

❶ 서나무　❷ 개서나무　❸ 소귀나무

서나무 열매　개서나무 열매　소귀나무 열매

서나무 포

❶ **서나무/서어나무**(자작나무과) *Carpinus laxiflora* 갈잎큰키나무(높이 10~15m)
중부 이남의 산. 나무껍질은 회색이며 근육처럼 울퉁불퉁해진다. 잎은 어긋나고 타원형이며 끝이 길게 뾰족하고 가는 겹톱니가 있으며 측맥은 10~12쌍이다. 암수한그루로 4~5월에 황갈색 수꽃이삭이 늘어진다. 열매이삭은 4~10㎝ 길이이며 밑으로 늘어진다. 포는 일그러진 달걀형이며 10~18㎜ 길이이고 보통 밑에서 3개로 갈라지고 드문드문 톱니가 있다.

❷ **개서나무/개서어나무**(자작나무과) *Carpinus tschonoskii* 갈잎큰키나무(높이 15m 정도)
남부 지방의 산과 들. 나무껍질은 회색이며 세로로 줄무늬가 생긴다. 잎은 어긋나고 달걀모양의 타원형이며 끝이 뾰족하고 겹톱니가 있다. 측맥은 12~15쌍이다. 암수한그루로 4~5월에 잎이 돋을 때 수꽃이삭이 늘어진다. 열매이삭은 4~12㎝ 길이이며 밑으로 늘어진다. 포는 일그러진 달걀형이며 15~30㎜ 길이이고 한쪽에만 톱니가 있다.

❸ **소귀나무**(소귀나무과) *Myrica rubra* 늘푸른큰키나무(높이 5~15m)
제주도의 산기슭. 잎은 어긋나고 거꿀피침형이며 끝이 뾰족하고 가장자리는 밋밋하거나 상반부에 톱니가 있다. 암수딴그루로 4월에 잎겨드랑이에 원기둥 모양의 꽃이삭이 달리는데 꽃잎이 없다. 수꽃이삭은 2~4㎝ 길이이고 암꽃이삭은 1㎝ 정도 길이이다. 둥근 열매는 지름 15~20㎜이고 표면이 작은 돌기로 덮여 있으며 붉게 익고 새콤달콤한 맛이 난다.

❶ 닥나무 ❷ 꾸지닥나무 ❸ 느릅나무

닥나무 열매 꾸지닥나무 열매 느릅나무 열매 ¹⁾혹느릅나무

❶ **닥나무**(뽕나무과) *Broussonetia kazinoki* 갈잎떨기나무(높이 2~3m)
산기슭. 잎은 어긋나고 달걀형이며 2~3갈래로 갈라지기도 한다. 암수한그루로 4~5월에 잎이 돋을 때 꽃도 함께 핀다. 위쪽 잎겨드랑이에 달리는 암꽃송이는 지름 5~6㎜이고 실 모양의 붉은 암술대로 싸여 있다. 둥근 수꽃송이는 지름 1㎝ 정도이다.

❷ **꾸지닥나무**(뽕나무과) *Broussonetia kazinoki* × *Broussonetia papyrifera* 갈잎떨기나무(높이 2~6m)
꾸지나무(p.453)와 닥나무 사이에서 생긴 교잡종이며 닥나무보다 크게 자란다. 잎은 어긋나고 달걀형이며 갈라지기도 한다. 암수딴그루로 4~5월에 잎겨드랑이에 달리는 암꽃송이는 실 모양의 붉은 암술대로 싸여 있다. 둥근 수꽃송이는 10~15㎜ 길이이다.

❸ **느릅나무**(느릅나무과) *Ulmus davidiana* v. *japonica* 갈잎큰키나무(높이 15~30m)
산. 잎은 어긋나고 거꿀달걀형이며 4~12㎝ 길이이다. 잎 끝은 갑자기 뾰족해지며 밑부분은 좌우가 다른 모양이고 가장자리에 겹톱니가 있다. 3~4월에 잎이 돋기 전에 잎겨드랑이의 갈래꽃차례에 자잘한 꽃이 뭉쳐 달린다. 꽃밥은 적갈색이고 암술대는 끝이 2개로 갈라진다. 납작한 거꿀달걀형 열매는 12~15㎜ 크기이고 가장자리가 날개로 되어 있다. ¹⁾**혹느릅나무**(f. *suberosa*)는 느릅나무의 품종으로 느릅나무와 생김새가 거의 같지만 가지에 코르크질이 발달하는 특징이 있다. 느릅나무와 같은 종으로 본다.

기타

❶ 왕느릅나무 ❷ 난티나무 ❸ 비술나무
왕느릅나무 열매 　난티나무 열매 　비술나무 열매

❶ 왕느릅나무(느릅나무과) *Ulmus macrocarpa* 갈잎큰키나무(높이 10~30m)

단양 이북의 석회암 지대. 잎은 어긋나고 거꿀달걀형~넓은 거꿀달걀형이며 5~11㎝ 길이이다. 잎 끝은 갑자기 뾰족해지며 밑부분은 좌우가 다른 모양이고 가장자리에 겹톱니가 있다. 4월에 잎이 돋기 전에 가지의 갈래꽃차례에 자잘한 꽃이 뭉쳐나며 꽃밥은 적갈색이다. 납작하고 동그스름한 열매는 지름 25~35㎜로 동전만 하고 둘레가 날개로 되어 있다.

❷ 난티나무(느릅나무과) *Ulmus laciniata* 갈잎큰키나무(높이 20~25m)

울릉도와 지리산 이북의 산. 잎은 어긋나고 거꿀달걀형~긴 타원형이며 윗부분이 대부분 3~5갈래로 갈라진다. 잎 끝은 뾰족하며 가장자리에 겹톱니가 있다. 4~5월에 잎이 돋기 전에 가지의 갈래꽃차례에 자잘한 꽃이 뭉쳐 달린다. 수술의 꽃밥은 자홍색이고 암술대는 2개로 갈라진다. 납작한 타원형 열매는 15~25㎜ 길이이고 둘레가 날개로 되어 있다.

❸ 비술나무(느릅나무과) *Ulmus pumila* 갈잎큰키나무(높이 15~20m)

지리산 이북의 산골짜기. 나무껍질은 진회색~회갈색이며 세로로 깊게 갈라진다. 잎은 어긋나고 타원형~피침형이며 2~7㎝ 길이이다. 잎 끝은 길게 뾰족하며 밑부분은 좌우의 모양이 다르고 가장자리에 겹톱니가 있다. 3~4월에 가지의 갈래꽃차례에 자잘한 꽃이 뭉쳐 달린다. 납작한 원형~넓은 거꿀달걀형 열매는 10~20㎜ 길이이고 둘레가 날개로 되어 있다.

❶ 은단풍 ❷ 단풍나무 1)세열단풍
은단풍 열매 단풍나무 열매 2)홍공작단풍

❶ **은단풍**(무환자나무과|단풍나무과) *Acer saccharinum* 갈잎큰키나무(높이 20~25m)
북아메리카 원산. 관상수로 심는다. 잎은 마주나고 둥그스름하며 5갈래로 깊게 갈라지고 갈래조각은 다시 2~3갈래로 얕게 갈라진다. 잎 뒷면은 은백색이다. 암수딴그루로 3~4월에 잎이 돋기 전에 가지 끝에 촘촘히 모여 피는 자잘한 붉은색 꽃은 꽃잎이 없다. 열매는 양쪽 날개가 직각 이내이며 흔히 한쪽 날개만 크게 자라기도 한다.

❷ **단풍나무**(무환자나무과|단풍나무과) *Acer palmatum* 갈잎큰키나무(높이 10~15m)
남부 지방의 산. 정원수로도 심는다. 잎은 마주나고 5~7㎝ 길이이며 손바닥처럼 5~7갈래로 갈라진다. 갈래조각은 폭이 좁고 끝은 길게 뾰족하며 가장자리에 불규칙한 겹톱니가 있다. 잎 뒷면 잎맥겨드랑이에 연갈색 털이 모여 있다. 암수한그루로 4~5월에 잎과 함께 나오는 가지 끝의 고른꽃차례에 작은 붉은색 꽃이 모여 핀다. 열매는 양쪽 날개가 거의 수평으로 벌어진다. 잎자루, 꽃차례, 열매에 털이 없다. 1)**세열단풍/공작단풍**('Dissectum')은 단풍나무의 원예 품종으로 대부분 가지 끝이 밑으로 늘어져서 둥그스름한 수형을 만든다. 잎은 마주나고 7~11갈래로 완전히 갈라지며 좁은 갈래조각은 다시 가늘게 갈라진다. 2)**홍공작단풍**('Dissectum Atropurpureum')은 단풍나무의 원예 품종으로 세열단풍을 닮은 잎이 봄부터 가을까지 계속 붉은색이다. 모두 정원수로 심는다.

기타

❶ 당단풍
❷ 섬단풍나무
❸ 네군도단풍

당단풍 열매   섬단풍나무 열매   네군도단풍 열매

❶ **당단풍**(무환자나무과|단풍나무과) *Acer pseudosieboldianum* 갈잎작은키나무(높이 8m 정도)
산. 나무껍질은 회색이고 가지는 적갈색이 돈다. 잎은 마주나고 7~10㎝ 길이이며 손바닥처럼 7~11갈래로 갈라지며 갈래조각 끝은 뾰족하고 가장자리에 겹톱니가 있다. 잎 뒷면 잎맥겨드랑이와 잎자루에 흰색 털이 빽빽하다. 암수한그루로 4~5월에 가지 끝의 고른꽃차례에 자잘한 붉은색 꽃이 모여 핀다. 꽃잎은 4장이고 수꽃은 수술이 4~8개이며 암수한꽃은 암술과 수술이 모두 있다. 꽃받침은 5~6개로 갈라진다. 열매는 털이 없으며 긴 타원형의 양쪽 날개가 거의 수평으로 벌어진다.

❷ **섬단풍나무**(무환자나무과|단풍나무과) *Acer pseudosieboldianum* ssp. *takesimense* 갈잎작은키나무(높이 8m 정도)
울릉도와 남쪽 섬. 당단풍의 아종으로 잎몸은 손바닥처럼 11~13갈래로 당단풍보다 더 많이 갈라진다. 당단풍과 같은 종으로 본다.

❸ **네군도단풍**(무환자나무과|단풍나무과) *Acer negundo* 갈잎큰키나무(높이 15~20m)
북아메리카 원산. 관상수로 심는다. 1년생 가지는 녹색이고 흰색 가루로 덮여 있다. 잎은 마주나고 홀수깃꼴겹잎이며 작은잎은 3~7장이다. 작은잎은 달걀형~긴 타원형이고 3~5갈래로 얕게 갈라지기도 한다. 암수딴그루로 4월에 잎이 돋기 전에 먼저 꽃이 핀다. 수꽃은 가지 윗부분에 15~20개가 모여서 실처럼 밑으로 늘어지며 꽃밥은 적갈색이다. 암꽃은 처지는 송이꽃차례에 모여 달린다. 열매는 양쪽 날개가 좁게 벌어진다.

기타

봄에 피는 붉은색 나무꽃

❶ 시로미
❷ 정금나무
❸ 산앵도나무
정금나무 꽃 모양
시로미 열매
정금나무 열매
산앵도나무 열매

❶ **시로미**(진달래과 | 시로미과) *Empetrum nigrum* ssp. *asiaticum* 늘푸른떨기나무(높이 10~20cm)
한라산의 고지대. 줄기가 옆으로 긴다. 가지에 촘촘히 달리는 넓은 선형 잎은 5~6mm 길이이며 두껍고 광택이 있으며 가장자리가 뒤로 말린다. 암수딴그루로 5월에 가지 위쪽의 잎겨드랑이에 자잘한 자주색 꽃이 핀다. 수꽃의 꽃밥은 붉은색이고 암꽃의 암술머리는 흑자색이며 6~8개로 갈라진다. 둥근 열매는 지름 5~6mm이고 흑자색으로 익는다.

❷ **정금나무**(진달래과) *Vaccinium oldhamii* 갈잎떨기나무(높이 2~3m)
남부 지방의 바닷가 산. 잎은 어긋나고 타원형~넓은 달걀형이며 끝이 뾰족하고 가장자리는 밋밋하며 털이 있다. 5~6월에 가지 끝에서 수평으로 벋는 송이꽃차례에 5~15개의 붉은색~황록색 꽃이 밑을 보고 핀다. 꽃부리는 짧은 항아리 모양이며 끝이 5갈래로 얕게 갈라져 뒤로 젖혀진다. 둥근 열매는 꽃받침자국이 있고 가을에 검게 익으며 새콤달콤하다.

❸ **산앵도나무**(진달래과) *Vaccinium koreanum* 갈잎떨기나무(높이 1~1.5m)
산의 능선. 잎은 어긋나고 넓은 피침형~달걀형이며 끝이 뾰족하고 가장자리에 날카로운 잔톱니가 있다. 5~6월에 2년생 가지 끝에서 나오는 송이꽃차례에 2~3개의 연노란색~황적색 꽃이 고개를 숙이고 핀다. 꽃부리는 종 모양이며 끝이 5갈래로 얕게 갈라져 뒤로 젖혀진다. 붉게 익는 둥근 달걀형 열매는 남아 있는 꽃받침자국 때문에 절구같이 보이며 새콤달콤하다.

기타

① 장지석남　② 붉은병꽃나무　③ 올괴불나무

장지석남 열매　붉은병꽃나무 열매　올괴불나무 열매

❶ **장지석남**(애기석남/각시석남)(진달래과) *Andromeda polifolia* 늘푸른떨기나무(높이 10~30cm)

　함경도 산의 습지. 원줄기는 옆으로 누우며 자란다. 잎은 어긋나고 가는 피침형이며 15~40mm 길이이고 끝이 뾰족하며 가장자리는 밋밋하고 뒤로 말린다. 5~6월에 가지 끝에 달리는 우산꽃차례에 2~6개의 연홍색 꽃이 고개를 숙이고 핀다. 꽃부리는 항아리 모양이며 가장자리는 5갈래로 얕게 갈라져 뒤로 젖혀진다. 둥근 열매는 위를 향한다.

❷ **붉은병꽃나무**(인동과) *Weigela florida* 갈잎떨기나무(높이 2~3m)

　산. 잎은 마주나고 달걀형~거꿀달걀형이며 4~10cm 길이이고 끝이 길게 뾰족하며 가장자리에 얕은 톱니가 있다. 5~6월에 잎겨드랑이에 홍자색 꽃이 1~3개씩 모여 고개를 숙이고 핀다. 꽃부리는 깔때기 모양이고 끝부분은 5갈래로 갈라져서 벌어지며 표면에는 털이 약간 있다. 꽃받침은 중간 정도까지 5갈래로 갈라진다. 열매는 길쭉한 병을 닮았다.

❸ **올괴불나무**(인동과) *Lonicera praeflorens* 갈잎떨기나무(높이 1~2m)

　산. 잎은 마주나고 달걀 모양의 타원형~넓은 달걀형이며 끝이 뾰족하고 가장자리는 밋밋하다. 잎 양면에 부드러운 털이 빽빽하다. 3~4월에 잎이 돋기 전에 잎겨드랑이에 깔때기 모양의 연홍색 꽃이 2개씩 피는데 꽃밥은 홍자색이다. 꽃부리는 끝이 5갈래로 갈라지고 갈래조각은 뒤로 젖혀진다. 둥근 열매는 2개가 나란히 달리고 붉게 익는다.

봄에 피는 노란색 나무꽃

꽃잎 4장

봄에 피는 노란색 나무꽃

❶ **삼지닥나무**(팥꽃나무과) *Edgeworthia tomentosa* 갈잎떨기나무(높이 1~2m)
중국 원산. 남부 지방에서 기른다. 가지는 굵으며 흔히 3개로 갈라진다. 잎은 어긋나고 긴 타원형~피침형이며 5~20㎝ 길이이고 끝이 뾰족하며 가장자리가 밋밋하다. 잎 뒷면은 연녹색이다. 3~4월에 잎이 나기 전에 가지 끝의 머리모양꽃차례에 노란색 꽃이 모여 피는데 꽃차례자루가 밑으로 처진다. 타원형 열매는 6~8㎜ 길이이고 잔털로 덮여 있다.

❷ **겨우살이**(단향과 | 겨우살이과) *Viscum coloratum* 늘푸른떨기나무(높이 50~80㎝)
참나무 등에 기생해서 자란다. 전체적으로 새둥지같이 둥근 모양을 만든다. 녹색~황록색 가지는 계속 둘로 갈라진다. 잎은 타원형~타원 모양의 피침형이며 가지 끝마다 2장씩 마주난다. 암수딴그루로 3~4월에 가지 끝에 연노란색 꽃이 보통 3개씩 모여 피는데 자루가 없다. 둥근 열매는 지름 6~8㎜이며 1~3개씩 모여 달리고 겨울에 연노란색으로 익는다.

❸ **상산**(운향과) *Orixa japonica* 갈잎떨기나무(높이 2~3m)
남부 지방. 잎은 2장씩 교대로 어긋나고 달걀형~네모진 달걀형이며 끝이 뾰족하고 가장자리는 거의 밋밋하다. 잎 뒷면은 연녹색이며 잎을 자르면 독특한 냄새가 난다. 암수딴그루로 4~5월에 잎겨드랑이에 황록색 꽃이 모여 핀다. 수꽃은 송이꽃차례에 달리고 암꽃은 1~2개씩 달린다. 보통 3~4갈래로 갈라지는 열매는 둥근 달걀형이고 8~10㎜ 길이이다.

꽃잎 4장

봄에 피는 노란색 나무꽃

① 산수유 ② 감나무 ③ 고욤나무
감나무 수꽃 고욤나무 암꽃
산수유 열매 감나무 열매 고욤나무 열매

① **산수유**(층층나무과) *Cornus officinalis* 갈잎작은키나무(높이 4~8m)
  마을에서 재배한다. 나무껍질은 비늘조각처럼 벗겨진다. 잎은 마주나고 달걀형~넓은 달걀형이며 끝이 길게 뾰족하고 가장자리는 밋밋하다. 잎 뒷면은 분백색이다. 3~4월에 잎이 돋기 전에 짧은가지 끝에 달리는 우산꽃차례에 자잘한 노란색 꽃이 둥글게 모여 핀다. 4장의 꽃잎은 뒤로 젖혀지고 꽃자루는 5~10mm 길이이다. 긴 타원형 열매는 붉게 익는다.

② **감나무**(감나무과) *Diospyros kaki* 갈잎큰키나무(높이 10m 정도)
  마을과 산. 잎은 어긋나고 넓은 타원형~달걀 모양의 타원형이며 두꺼운 가죽질이고 앞면은 광택이 있다. 대부분 암수한그루로 5~6월에 잎겨드랑이에 연노란색 꽃이 핀다. 수꽃은 종 모양이고 5~10mm 길이이며 여러 개가 모여 달린다. 암꽃은 납작한 종 모양이고 지름 12~15mm이다. 둥근 열매는 지름 3~8cm이고 황홍색으로 익으며 과일로 먹는다.

③ **고욤나무**(감나무과) *Diospyros lotus* 갈잎큰키나무(높이 10m 정도)
  낮은 산. 잎은 어긋나고 타원형~긴 타원형이며 끝이 뾰족하고 가장자리가 밋밋하다. 암수딴그루로 5~6월에 잎겨드랑이에 연노란색 꽃이 핀다. 수꽃은 종 모양이고 5mm 정도 길이이며 1~3개씩 모여 달린다. 암꽃은 종 모양이고 지름 6~7mm이며 1개씩 달린다. 꽃부리는 4갈래로 갈라지고 갈래조각은 뒤로 젖혀진다. 열매는 둥글고 지름 15mm 정도로 작다.

꽃잎 4장

봄에 피는 노란색 나무꽃

❶ 개나리 ＼ 개나리 열매 ＼ 개나리 결각잎 ＼ ¹⁾금선개나리
❷ 산개나리 ＼ 산개나리 잎 ＼ 만리화 열매 ＼ ❸ 만리화

❶ **개나리**(물푸레나무과) *Forsythia koreana* 갈잎떨기나무(높이 3m 정도)

마을. 가지는 둥글게 휘어지고 끝이 밑으로 처진다. 잎은 마주나고 피침형~긴 달걀형이며 5~10㎝ 길이이다. 잎은 가장자리의 밑부분을 제외하고 날카로운 톱니가 있다. 어린 가지에 달리는 잎은 3갈래로 갈라지기도 한다. 4월에 잎보다 먼저 잎겨드랑이에 1~3개씩 모여 피는 노란색 꽃은 넓은 종 모양이며 지름 3㎝ 정도이고 4갈래로 깊게 갈라진다. ¹⁾**금선개나리**('Aureoreticulata')는 개나리의 원예 품종으로 개나리와 비슷하지만 잎에 노란색 그물 무늬가 있는 것이 특징이다. 관상수로 많이 심는다.

❷ **산개나리**(물푸레나무과) *Forsythia saxatilis* 갈잎떨기나무(높이 1~2.5m)

산에서 드물게 자란다. 가지는 아래로 처지지 않는다. 잎은 마주나고 타원형~긴 달걀형이며 3~8㎝ 길이이고 끝이 뾰족하며 가장자리에 날카로운 톱니가 있다. 3~4월에 잎보다 먼저 잎겨드랑이에 1개씩 피는 노란색 꽃은 넓은 종 모양이며 4갈래로 깊게 갈라진다.

❸ **만리화**(물푸레나무과) *Forsythia ovata* 갈잎떨기나무(높이 1.5~2.5m)

경북과 강원도의 산. 잎은 마주나고 넓은 달걀형이며 5~7㎝ 길이이고 끝이 뾰족하며 가장자리에 톱니가 있다. 3~4월에 잎이 돋기 전에 잎겨드랑이에 1개씩 피는 노란색 꽃은 넓은 종 모양이며 지름 25㎜ 정도이고 4갈래로 깊게 갈라져 활짝 벌어진다. 열매는 달걀형이다.

꽃잎 5장

봄에 피는 노란색 나무꽃

❶ 까마귀밥여름나무 ❷ 까치밥나무 ❸ 명자순

까마귀밥여름나무 열매 까치밥나무 열매 명자순 열매

❶ **까마귀밥여름나무**(까치밥나무과|범의귀과) *Ribes fasciculatum* v. *chinense* 갈잎떨기나무(높이 1~1.5m)
중부 이남의 낮은 산. 가지에 가시가 없다. 잎은 어긋나고 넓은 달걀형이며 3~5cm 길이이고 윗부분이 3~5갈래로 갈라진다. 잎 끝은 둥글고 밑부분은 편평하거나 심장저이며 둔한 톱니가 있다. 암수딴그루로 4~5월에 2년생 가지의 잎겨드랑이에 노란색 꽃이 모여 핀다. 둥근 열매는 지름 7~8mm이고 끝에 꽃받침자국이 남아 있으며 붉게 익는다.

❷ **까치밥나무**(까치밥나무과|범의귀과) *Ribes mandshuricum* 갈잎떨기나무(높이 1~2m)
지리산 이북의 깊은 산. 겨울눈은 달걀형이며 끝이 뾰족하다. 잎은 어긋나고 넓은 달걀형이며 3~5갈래로 갈라지고 끝이 뾰족하며 가장자리에 불규칙한 톱니가 있다. 5월에 잎겨드랑이에서 늘어지는 송이꽃차례에 황록색 꽃이 피는데 5개의 수술은 꽃잎 밖으로 길게 나온다. 둥근 열매는 지름 7~9mm이며 끝에 꽃받침자국이 남아 있고 가을에 붉게 익는다.

❸ **명자순**(까치밥나무과|범의귀과) *Ribes maximowiczianum* 갈잎떨기나무(높이 50~100cm)
깊고 높은 산. 잎은 어긋나고 넓은 달걀형이며 3갈래로 갈라지고 뒷면은 백록색이다. 암수딴그루로 5~6월에 곧게 서는 송이꽃차례에 황록색 꽃이 모여 핀다. 꽃차례에는 짧은 샘털이 있다. 수꽃차례에는 7~10개, 암꽃차례에는 2~4개의 꽃이 달린다. 둥근 열매는 지름 7mm 정도이며 끝에 꽃받침자국이 남아 있고 2~4개가 모여 달리며 붉게 익는다.

꽃잎 5장

봄에 피는 노란색 나무꽃

❶ 히어리
❷ 실거리나무
❸ 황매화
히어리 열매
실거리나무 열매
황매화 열매

❶ **히어리**(조록나무과) *Corylopsis coreana* 갈잎떨기나무(높이 2~3m)
산에서 드물게 자란다. 잎은 어긋나고 둥근 달걀형이며 밑부분은 심장저이다. 잎 뒷면은 녹백색이고 털이 없으며 잎자루도 털이 없다. 3~4월에 잎이 돋기 전에 나무 가득 노란색 꽃이 먼저 핀다. 잎겨드랑이에서 포도송이처럼 늘어지는 송이꽃차례에 8~12개의 작은 꽃이 모여 달리며 꽃자루에 털이 없다. 동그스름한 열매는 울퉁불퉁하고 지름 7~8mm이다.

❷ **실거리나무**(콩과) *Caesalpinia decapetala* 갈잎덩굴나무(길이 4~7m)
남해안 이남. 길게 벋는 가지 전체에 갈고리 모양의 날카로운 가시가 나 있어 다른 물체에 얽힌다. 잎은 어긋나고 2회짝수깃꼴겹잎이며 3~8쌍의 작은 깃꼴겹잎이 마주 달린다. 5~6월에 가지 끝에 달리는 송이꽃차례에 노란색 꽃이 촘촘히 돌려 가며 달린다. 가장 위에 있는 꽃잎은 약간 작으며 붉은색 줄무늬가 있다. 꼬투리열매는 긴 타원형이다.

❸ **황매화**(장미과) *Kerria japonica* 갈잎떨기나무(높이 1~2m)
중국과 일본 원산. 관상수로 심는다. 햇가지는 녹색이며 세로로 얕게 모가 진다. 잎은 어긋나고 긴 달걀형이며 끝이 길게 뾰족하고 가장자리에 뾰족한 겹톱니가 있다. 4~5월에 잎이 돋을 때 새로 자란 가지 끝에 지름 3~5cm의 노란색 꽃이 1개씩 달린다. 둥근 열매는 1~5개가 꽃받침 안에 모여 달리며 가을에 검은색으로 익는다. 흔히 생울타리를 만든다.

봄에 피는 노란색 나무꽃

❶ 물싸리 ❷ 개옻나무 ❸ 검양옻나무
개옻나무 암꽃 검양옻나무 수꽃
물싸리 열매 개옻나무 열매 검양옻나무 열매

❶ **물싸리**(장미과) *Potentilla fruticosa* 갈잎떨기나무(높이 1m 정도)
함경도의 높은 산. 줄기는 가지가 많이 갈라진다. 잎은 어긋나고 홀수깃꼴겹잎이며 작은잎은 3~7장이다. 작은잎은 타원형이며 가장자리가 밋밋하고 양면에 털이 있다. 6~8월에 햇가지 끝이나 잎겨드랑이에 노란색 꽃이 2~3개씩 달린다. 꽃은 지름 2~3㎝이며 꽃잎은 5장이다. 열매는 달걀형이며 1~2mm 길이이고 긴털이 있으며 갈색으로 익는다.

❷ **개옻나무**(옻나무과) *Toxicodendron trichocarpum* 갈잎작은키나무(높이 3~8m)
산. 잎은 어긋나고 홀수깃꼴겹잎이며 작은잎은 9~17장이다. 작은잎은 긴 타원형~긴 달걀형이며 끝이 길게 뾰족하고 가장자리가 밋밋하지만 어린잎에는 2~3개의 톱니가 있는 것이 섞여 있다. 암수딴그루로 5~6월에 줄기 끝의 잎겨드랑이에서 나오는 원뿔꽃차례에 자잘한 황록색 꽃이 모여 핀다. 동글납작한 열매는 표면에 가시 같은 털이 촘촘히 있다.

❸ **검양옻나무**(옻나무과) *Toxicodendron succedaneum* 갈잎작은키나무(높이 7~10m)
남쪽 섬. 햇가지와 겨울눈은 털이 거의 없다. 잎은 어긋나고 홀수깃꼴겹잎이며 작은잎은 9~17장이다. 작은잎은 넓은 피침형~좁고 긴 달걀형이며 끝이 길게 뾰족하고 가장자리가 밋밋하다. 잎몸은 가죽질이고 양면에 털이 없다. 암수딴그루로 5~6월에 잎겨드랑이의 원뿔꽃차례에 자잘한 황록색 꽃이 모여 핀다. 동글납작한 열매는 표면이 밋밋하다.

꽃잎 5장

봄에 피는 노란색 나무꽃

❶ 산검양옻나무 ❷ 옻나무 ❸ 덩굴옻나무
산검양옻나무 암꽃 옻나무 열매 덩굴옻나무 암꽃
산검양옻나무 열매 옻나무 열매 덩굴옻나무 잎

❶ **산검양옻나무**(옻나무과) *Toxicodendron sylvestre* 갈잎작은키나무(높이 3~8m)
　남부 지방의 숲 가장자리. 햇가지의 긴 갈색 털은 점차 없어진다. 잎은 어긋나고 홀수깃꼴겹잎이며 작은잎은 7~15장이다. 작은잎은 긴 타원형~긴 달걀형이며 끝이 길게 뾰족하고 밋밋하다. 겹잎자루는 흔히 붉은빛이 돌고 잎 전체에 털이 있다. 암수딴그루로 5~6월에 잎겨드랑이의 원뿔꽃차례에 자잘한 황록색 꽃이 핀다. 동글납작한 열매는 표면이 밋밋하다.

❷ **옻나무**(옻나무과) *Toxicodendron vernicifluum* 갈잎큰키나무(높이 20m 정도)
　마을. 겨울눈은 연갈색 털로 덮여 있다. 잎은 어긋나고 홀수깃꼴겹잎이며 작은잎은 7~17장이다. 작은잎은 긴 타원형이며 끝이 길게 뾰족하다. 잎자루와 앞면의 잎맥 위, 뒷면에 털이 있다. 암수딴그루로 5~6월에 잎겨드랑이의 원뿔꽃차례에 자잘한 황록색 꽃이 핀다. 동글납작한 열매는 6~8㎜ 길이이고 표면이 밋밋하다. 만지면 피부 염증이 생긴다.

❸ **덩굴옻나무**(옻나무과) *Toxicodendron orientale* 갈잎덩굴나무(길이 3~10m)
　전남 여수 인근의 섬. 가지에서 나오는 공기뿌리로 다른 물체에 달라붙어 오른다. 잎은 어긋나고 세겹잎이며 잎자루가 길다. 작은잎은 달걀형~타원형이며 끝이 뾰족하고 가장자리에 둔한 톱니가 있다. 암수딴그루로 5~6월에 잎겨드랑이에서 나온 송이꽃차례에 자잘한 황록색 꽃이 모여 핀다. 편구형 열매는 5~6㎜ 길이이고 표면에 세로줄이 있다.

봄에 피는 노란색 나무꽃

❶ **안개나무**(옻나무과) *Cotinus coggygria* 갈잎작은키나무(높이 5~8m)
유라시아 원산. 정원수로 심는다. 잎은 어긋나고 달걀형~거꿀달걀형이며 끝이 둔하고 가장자리가 밋밋하다. 암수딴그루로 5~6월에 가지 끝에 달리는 원뿔꽃차례는 10~15cm 길이이고 털이 빽빽하며 자잘한 노란색 꽃이 모여 핀다. 꽃받침조각과 꽃잎은 각각 5장씩이다. 열매는 콩팥 모양이며 열매자루에 실 같은 털이 촘촘해서 안개가 낀 것처럼 보인다.

❷ **고로쇠나무**(무환자나무과 | 단풍나무과) *Acer pictum* 갈잎큰키나무(높이 20m 정도)
산. 잎은 마주나고 둥글며 5~7갈래로 갈라진다. 갈래조각 끝은 뾰족하고 가장자리가 밋밋한 편이다. 암수한그루로 4~5월에 잎이 돋을 때 햇가지 끝에 달리는 고른꽃차례에 자잘한 연노란색 꽃이 모여 핀다. 꽃받침조각과 꽃잎은 5장씩이다. 열매는 2~3cm 길이이며 양쪽 날개가 八자로 벌어진다. 이른 봄에 수액을 받아 마신다.

❸ **우산고로쇠**(무환자나무과 | 단풍나무과) *Acer okamotoanum* 갈잎큰키나무(높이 20m 정도)
울릉도. 잎은 마주나고 6~9갈래로 갈라지는데 고로쇠나무보다 좀 더 많이 갈라지고 갈래조각 끝이 길게 뾰족하다. 잎 뒷면 잎맥겨드랑이에 흰색 털이 있다. 암수한그루로 4~5월에 잎이 돋을 때 햇가지 끝에 달리는 고른꽃차례에 자잘한 연노란색 꽃이 모여 핀다. 열매는 40~45mm 길이이고 양쪽 날개가 거의 나란하다. 고로쇠나무와 같은 종으로 본다.

꽃잎 5장

봄에 피는 노란색 나무꽃

❶ 복자기   ❷ 복장나무   ❸ 시닥나무

복자기 열매   복장나무 열매   시닥나무 열매

❶ **복자기/나도박달**(무환자나무과 | 단풍나무과) *Acer triflorum* 갈잎큰키나무(높이 15m 정도)
중부 이북의 산. 잎은 마주나고 세겹잎이며 작은잎은 긴 타원형~달걀 모양의 피침형이다. 작은잎은 끝이 뾰족하고 가장자리에 2~4개의 큰 톱니가 있다. 암수딴그루로 4~5월에 가지 끝의 고른꽃차례에 황록색 꽃이 모여 핀다. 꽃자루에 연노란색 털이 많다. 꽃잎과 꽃받침조각은 5장씩이다. 열매는 털이 있고 양쪽 날개가 직각 이내로 좁게 벌어진다.

❷ **복장나무**(무환자나무과 | 단풍나무과) *Acer mandshuricum* 갈잎큰키나무(높이 10m 정도)
지리산 이북의 높은 산. 잎은 마주나고 세겹잎이며 작은잎은 긴 타원형~피침형이다. 작은잎 끝은 길게 뾰족하고 가장자리에 둔한 잔톱니가 있다. 잎 뒷면은 회녹색이다. 암수딴그루로 5월에 가지 끝의 고른꽃차례에 황록색 꽃이 모여 피는데 꽃자루에 털이 없다. 꽃잎과 꽃받침조각은 각각 5장씩이다. 열매는 털이 없고 양쪽 날개가 직각 이내로 벌어진다.

❸ **시닥나무**(무환자나무과 | 단풍나무과) *Acer tschonoskii v. koreanum* 갈잎작은키나무(높이 7m 정도)
지리산 이북의 높은 산. 어린 가지와 겨울눈은 적자색이다. 잎은 마주나고 손바닥처럼 3~5갈래로 갈라지며 끝이 뾰족하고 날카로운 톱니와 겹톱니가 있다. 잎자루는 붉은빛이 돌며 털이 있다. 대부분이 암수딴그루로 5~6월에 가지 끝에서 곧게 서는 송이꽃차례에 연노란색 꽃이 모여 핀다. 꽃은 지름 8~10mm이며 꽃잎과 꽃받침조각은 각각 5장씩이다.

꽃잎 5~6장

봄에 피는 노란색 나무꽃

❶ 산겨릅나무　❷ 병꽃나무　❸ 녹나무

녹나무 꽃

산겨릅나무 열매　병꽃나무 열매　녹나무 열매

❶ **산겨릅나무**(무환자나무과|단풍나무과) *Acer tegmentosum* 갈잎큰키나무(높이 10m 정도)
지리산 이북의 높은 산. 겨울눈은 긴 달걀형이고 자루가 있다. 잎은 마주나고 넓은 달걀형이며 3~5갈래로 얕게 갈라진다. 잎 뒷면 잎맥겨드랑이에 노란색 털이 있다. 대부분이 암수딴그루이며 4~5월에 가지 끝의 송이꽃차례는 밑으로 늘어지고 연한 황록색 꽃이 모여 핀다. 꽃잎과 꽃받침조각은 각각 5장씩이다. 열매는 양쪽 날개가 거의 수평으로 벌어진다.

❷ **병꽃나무**(인동과) *Weigela subsessilis* 갈잎떨기나무(높이 2~3m)
산. 잎은 마주나고 거꿀달걀형~달걀형이며 3~7cm 길이이고 끝이 길게 뾰족하며 가장자리에 뾰족한 톱니가 있다. 5~6월에 잎겨드랑이에 1~2개씩 피는 깔때기 모양의 연노란색 꽃은 점차 붉은색으로 변한다. 꽃부리는 3~4cm 길이이고 끝이 5갈래로 갈라진다. 꽃받침은 5갈래로 깊게 갈라지고 털이 빽빽하다. 기다란 열매는 1~2cm 길이이고 길쭉한 병을 닮았다.

❸ **녹나무**(녹나무과) *Cinnamomum camphora* 늘푸른큰키나무(높이 20m 정도)
제주도의 산기슭이나 산골짜기. 잎은 어긋나고 달걀형~타원형이며 가죽질이고 광택이 있다. 잎 뒷면의 주맥과 측맥이 만나는 잎맥겨드랑이에 작은 기름점이 있다. 5~6월에 햇가지의 잎겨드랑이에 원뿔꽃차례가 나온다. 연노란색 꽃은 지름 4~5mm로 작고 꽃덮이조각은 6장이다. 동그스름한 열매는 지름 8mm 정도이고 광택이 있으며 검은색으로 익는다.

꽃잎 6장

봄에 피는 노란색 나무꽃

❶ 생달나무
❷ 센달나무
❸ 후박나무

생달나무 꽃차례 센달나무 꽃 모양 후박나무 꽃 모양

생달나무 열매 센달나무 열매 후박나무 열매

❶ **생달나무**(녹나무과) *Cinnamomum yabunikkei* 늘푸른큰키나무(높이 15~20m)

남쪽 섬. 잎은 어긋나고 긴 타원형이며 7~10㎝ 길이이고 가장자리는 밋밋하며 물결 모양으로 구불거린다. 잎 앞면은 광택이 있고 뒷면은 분백색이며 밑부분에서 5mm쯤 올라가서 잎맥이 3개로 갈라진다. 5~6월에 잎겨드랑이의 우산꽃차례~갈래꽃차례에 연노란색 꽃이 핀다. 꽃은 지름 4~5mm로 작고 꽃자루가 길다. 열매는 타원형~구형이며 흑자색으로 익는다.

❷ **센달나무**(녹나무과) *Machilus japonica* 늘푸른큰키나무(높이 10~15m)

남쪽 섬. 잎은 어긋나고 긴 타원형~피침형이며 끝이 길게 뾰족하고 가장자리는 밋밋하다. 잎 앞면은 광택이 있고 뒷면은 청백색이다. 5~6월에 햇가지의 원뿔꽃차례에 황록색 꽃이 핀다. 꽃덮이조각은 6장이고 수술은 12개, 암술은 1개이다. 둥근 열매는 지름 1㎝ 정도이며 검은 녹색으로 익고 밑부분에 꽃덮이조각이 남아 있다. 열매자루는 붉은빛이 돈다.

❸ **후박나무**(녹나무과) *Machilus thunbergii* 늘푸른큰키나무(높이 15~20m)

울릉도와 남쪽 섬. 잎은 어긋나고 거꿀달걀형~긴 타원형이며 8~15㎝ 길이이고 끝이 뾰족하며 가장자리가 밋밋하다. 잎 뒷면은 회녹색이다. 5~6월에 햇가지 밑부분의 잎겨드랑이에서 자란 원뿔꽃차례에 작은 황록색 꽃이 모여 핀다. 꽃자루는 붉게 되는 것이 많다. 둥근 열매는 지름 1㎝ 정도이며 흑자색으로 익고 밑부분에는 6개의 꽃덮이조각이 남아 있다.

꽃잎 6장

봄에 피는 노란색 나무꽃

❶ 튤립나무
❷ 청미래덩굴 / 청미래덩굴 수꽃 / 청미래덩굴 열매

❸ 청가시덩굴 / 청가시덩굴 수꽃 / 청가시덩굴 암꽃 / ¹⁾민청가시덩굴

● **튤립나무/백합나무**(목련과) *Liriodendron tulipifera* 갈잎큰키나무(높이 20~40m)
북아메리카 원산. 관상수로 심는다. 네모진 잎은 어긋나고 끝은 一자로 자른 듯하거나 얕은 V자 모양으로 오목하게 들어가고 가장자리는 2~6갈래로 얕게 갈라진다. 5~6월에 가지 끝에 피는 튤립 모양의 황록색 꽃은 지름 5~6cm로 큼직하다. 열매는 좁은 원뿔형이다.

❷ **청미래덩굴**(청미래덩굴과ㅣ백합과) *Smilax china* 갈잎덩굴나무(길이 2~5m)
산. 줄기는 마디마다 구부러지고 가시와 덩굴손이 있다. 둥근 잎은 어긋나고 3개의 잎맥이 뚜렷하다. 잎 앞면은 광택이 있고 가죽질이다. 암수딴그루로 4~5월에 잎이 돋을 때 잎겨드랑이의 우산꽃차례에 황록색 꽃이 모여 핀다. 꽃덮이조각은 6장이다. 둥근 열매는 붉게 익는다.

❸ **청가시덩굴**(청미래덩굴과ㅣ백합과) *Smilax sieboldii* 갈잎덩굴나무(길이 5m 정도)
산. 녹색 줄기는 바늘 같은 가시가 많다. 잎은 어긋나고 달걀형~달걀 모양의 하트형이고 5~12cm 길이이며 끝이 뾰족하고 가장자리는 밋밋하며 물결 모양으로 주름이 진다. 잎자루 끝에서 5개의 잎맥이 나란히 벋는다. 암수딴그루로 5~6월에 잎겨드랑이의 우산꽃차례에 자잘한 황록색 꽃이 모여 핀다. 둥근 열매는 지름 6mm 정도이며 남흑색으로 익는다. ¹⁾**민청가시덩굴**(v. *inermis*)은 청가시덩굴의 변종으로 청가시덩굴과 생김새가 거의 같지만 줄기에 가시가 없는 것이 특징이다. 청가시덩굴과 같은 종으로 본다.

꽃잎 6장

봄에 피는 노란색 나무꽃

❶ 매발톱나무 열매
❷ 섬매발톱나무
매자나무 열매
❸ 매자나무
일본매자나무 열매
❹ 일본매자나무

❶ **매발톱나무**(매자나무과) *Berberis amurensis* 갈잎떨기나무(높이 2m 정도)
중부 이북의 산. 어린 가지는 회색이며 마디에 가시가 있다. 잎은 어긋나지만 짧은가지에는 모여나며 거꿀달걀형이고 끝이 둔하며 가장자리에 톱니가 있다. 5~6월에 짧은가지 끝에서 처진 송이꽃차례에 노란색 꽃이 모여 달린다. 열매는 타원형이며 붉게 익는다.

❷ **섬매발톱나무**(매자나무과) *Berberis quelpaertensis* 갈잎떨기나무(높이 1~2m)
제주도 한라산. 가지의 가시가 1~2㎝ 길이로 매발톱나무보다 크다. 하지만 거꿀피침형 잎과 5월에 피는 꽃송이는 매발톱나무보다 작다. 열매는 긴 타원형이다.

❸ **매자나무**(매자나무과) *Berberis koreana* 갈잎떨기나무(높이 2m 정도)
중부 이북의 산. 어린 가지는 적갈색이며 날카로운 가시가 달린다. 잎은 어긋나고 거꿀달걀형~타원형이며 끝이 둔하고 불규칙한 톱니가 있다. 5월에 짧은가지 끝에서 처진 송이꽃차례에 노란색 꽃이 모여 달린다. 둥근 열매는 지름 6㎜ 정도이고 붉게 익는다.

❹ **일본매자나무**(매자나무과) *Berberis thunbergii* 갈잎떨기나무(높이 2m 정도)
일본 원산. 관상수로 심는다. 가지에 긴 가시가 있다. 잎은 어긋나고 거꿀달걀형~타원형이며 끝이 둔하고 가장자리는 밋밋하며 뒷면은 흰빛이 돈다. 4~5월에 우산꽃차례 비슷한 짧은 송이꽃차례에 2~4개의 노란색 꽃이 늘어진다. 타원형 열매는 가을에 붉게 익는다.

봄에 피는 노란색 나무꽃

❶ 붓순나무
붓순나무 열매
큰꽃으아리 열매
❷ 큰꽃으아리
❸ 죽단화
❹ 등칡
등칡 열매

❶ **붓순나무**(오미자과|붓순나무과) *Illicium anisatum* 늘푸른작은키나무(높이 2~5m)
남쪽 섬. 잎은 어긋나고 긴 타원형이며 끝이 뾰족하고 가장자리가 밋밋하며 앞면은 광택이 있다. 3~4월에 잎겨드랑이에 연노란색 꽃이 핀다. 가느다란 꽃덮이조각은 10~20장이 수평으로 벌어진다. 씨방은 6~12개가 돌려난다. 꽃만두 모양의 열매는 지름 20~35mm이다.

❷ **큰꽃으아리**(미나리아재비과) *Clematis patens* 갈잎덩굴나무(길이 2~4m)
산기슭. 잎은 마주나고 대부분이 세겹잎이며 홑잎이나 깃꼴겹잎도 있다. 작은잎은 달걀형이며 끝이 뾰족하고 가장자리가 밋밋하며 뒷면에 털이 있다. 봄에 줄기 끝이나 잎겨드랑이에 피는 흰색~연한 황백색 꽃은 지름 7~12cm로 큼직하다. 흰색 꽃덮이조각은 5~8장이다.

❸ **죽단화**(장미과) *Kerria japonica* f. *pleniflora* 갈잎떨기나무(높이 1~2m)
관상수로 심는다. 황매화(p.426)의 품종으로 4~5월에 가지 끝에 노란색 겹꽃이 핀다. 녹색 햇가지에 어긋나는 잎은 긴 달걀형이며 끝이 길게 뾰족하고 가장자리에 뾰족한 겹톱니가 있다.

❹ **등칡**(쥐방울덩굴과) *Aristolochia manshuriensis* 갈잎덩굴나무(길이 10m 정도)
깊은 산. 나무껍질은 회갈색이며 코르크질이 두껍게 발달한다. 잎은 어긋나고 둥근 하트형이며 끝이 뾰족하고 가장자리가 밋밋하다. 4~5월에 잎이 돋을 때 연노란색 꽃이 잎겨드랑이에 1~2개씩 달리는데 꽃부리는 U자형으로 구부러진다. 원통형 열매는 6개의 모가 진다.

기타

봄에 피는 노란색 나무꽃

❶ 후추등

❷ 감태나무

❸ 뇌성목

후추등 수꽃이삭

감태나무 열매

뇌성목 열매

- ❶ **후추등/바람등칡**(후추과) *Piper kadsura* 늘푸른덩굴나무(길이 4~10m)
  남쪽 섬. 마디에서 나온 공기뿌리로 다른 물체에 붙는다. 잎은 어긋나며 어린 가지의 잎은 넓은 달걀형~하트형이고 꽃이 달리는 줄기의 잎은 좁은 달걀형이다. 잎몸은 끝이 뾰족하며 가장자리가 밋밋하다. 암수딴그루로 5~6월에 잎과 마주 달리는 이삭꽃차례에 꽃잎이 없는 자잘한 연노란색 꽃이 핀다. 둥근 열매는 이삭 모양으로 달리며 붉게 익는다.

- ❷ **감태나무/백동백**(녹나무과) *Lindera glauca* 갈잎떨기나무~작은키나무(높이 3~7m)
  충북 이남의 산기슭. 잎은 어긋나고 긴 타원형~타원형이며 뒷면 주맥에 털이 있고 가장자리는 밋밋하다. 잎 뒷면은 회백색이고 단풍잎은 겨우내 매달려 있다. 4월에 잎이 돋을 때 잎겨드랑이의 우산꽃차례에 자잘한 노란색 꽃이 함께 모여 핀다. 꽃덮이조각은 6장이며 1.5mm 정도 길이이다. 둥근 열매는 지름 7mm 정도이며 자루가 길고 가을에 검게 익는다.

- ❸ **뇌성목**(녹나무과) *Lindera angustifolia* 갈잎떨기나무~작은키나무(높이 5~8m)
  백령도와 대청도. 어린 가지는 적갈색이다. 잎은 어긋나고 거꿀피침형이며 4~10cm 길이이고 가장자리가 밋밋하다. 잎몸은 두껍고 광택이 있으며 뒷면은 분백색이고 털이 없다. 4월에 잎이 돋을 때 잎겨드랑이에서 나오는 우산꽃차례에 자잘한 노란색 꽃이 모여 핀다. 꽃덮이조각은 6장이다. 둥근 열매는 지름 8mm 정도이며 자루가 길고 가을에 검게 익는다.

봄에 피는 노란색 나무꽃

❶ 비목나무 ❷ 털조장나무 ❸ 생강나무

비목나무 열매 털조장나무 열매 생강나무 열매

❶ **비목나무**(녹나무과) *Lindera erythrocarpa* 갈잎작은키나무~큰키나무(높이 6~15m)
경기도 이남의 산. 잎눈은 긴 달걀형이고 둥근 꽃눈은 긴 자루 끝에 달린다. 잎은 어긋나고 긴 타원형~거꿀피침형이며 끝이 뾰족하고 가장자리가 밋밋하며 밑부분은 차츰 좁아진다. 암수딴그루로 4~5월에 잎이 돋을 때 꽃도 함께 피는데 잎겨드랑이에 자잘한 연노란색 꽃이 우산 모양으로 모여 달린다. 둥근 열매는 지름 7㎜ 정도이고 붉게 익는다.

❷ **털조장나무**(녹나무과) *Lindera sericea* 갈잎떨기나무(높이 3m 정도)
전남의 산. 잔가지는 녹갈색~적갈색이며 햇가지는 비단털이 있지만 점차 없어진다. 잎은 어긋나고 긴 타원형이며 6~15㎝ 길이이고 양 끝이 뾰족하며 가장자리가 밋밋하다. 잎 뒷면은 회백색이다. 암수딴그루로 4월에 잎이 돋기 전에 잎겨드랑이의 우산꽃차례에 노란색 꽃이 모여 달리며 꽃자루는 털이 많다. 둥근 열매는 검게 익으며 자루가 길다.

❸ **생강나무**(녹나무과) *Lindera obtusiloba* 갈잎떨기나무(높이 2~6m)
산. 잎은 어긋나고 둥근 달걀형이며 끝이 뾰족하고 가장자리가 밋밋하다. 잎몸의 윗부분이 3갈래로 크게 갈라지기도 한다. 암수딴그루로 3~4월에 잎이 돋기 전에 자잘한 노란색 꽃이 우산처럼 둥글게 모여 핀다. 작은꽃자루는 길이가 짧으며 털이 있다. 꽃덮이조각은 6장이다. 둥근 열매는 지름 7~8㎜이며 가을에 붉은색으로 변했다가 검은색으로 익는다.

기타

봄에 피는 노란색 나무꽃

❶ 회양목 ❷ 이나무 ❸ 왕버들
회양목 열매 이나무 열매 왕버들 열매

❶ **회양목**(회양목과) *Buxus sinica* v. *koreana* 늘푸른떨기나무(높이 2~3m)

석회암 지대. 잎은 마주나고 긴 타원형~거꿀달걀형이며 끝은 둥글거나 오목하고 가장자리는 밋밋하며 살짝 뒤로 말린다. 잎몸은 두껍고 광택이 있으며 뒷면은 흰빛이 돈다. 잎자루는 2㎜ 정도로 짧다. 암수한그루로 3~4월에 잎겨드랑이에 작은 연노란색 꽃이 몇 개씩 모여 핀다. 둥근 열매는 지름 1㎝ 정도이며 끝에 3개의 암술대가 뿔처럼 남아 있다.

❷ **이나무**(버드나무과 | 이나무과) *Idesia polycarpa* 갈잎큰키나무(높이 10~15m)

전라도와 제주도의 산. 잎은 어긋나고 하트형이며 10~20㎝ 길이이고 끝이 뾰족하며 가장자리에 둔한 톱니가 있고 뒷면은 분백색이다. 잎자루 끝에 1~3개의 꿀샘이 생긴다. 암수딴그루로 5~6월에 가지 끝과 잎겨드랑이에서 늘어지는 원뿔꽃차례에 꽃잎이 없는 연노란색 꽃이 촘촘히 달린다. 둥근 열매는 포도송이처럼 긴 자루에 매달려 늘어지며 붉게 익는다.

❸ **왕버들**(버드나무과) *Salix chaenomeloides* 갈잎큰키나무(높이 10~20m)

강원도 이남의 물가. 잎은 어긋나고 타원형~긴 달걀형이며 5~15㎝ 길이이고 끝이 뾰족하며 뒷면은 흰빛이 돈다. 턱잎은 귀 모양이며 날카로운 톱니가 있고 늦게까지 남아 있다. 암수딴그루로 4월에 잎과 함께 피는 기다란 꽃이삭은 비스듬히 위를 향한다. 암꽃차례와 수꽃차례는 4~5㎝ 길이의 좁은 원통형이다. 열매는 달걀형이며 털이 없다.

기타

봄에 피는 노란색 나무꽃

❶ 쪽버들
❷ 분버들
❸ 버드나무
분버들 암꽃이삭
버드나무 암꽃이삭
쪽버들 열매
분버들 잎
버드나무 잎

❶ 쪽버들(버드나무과) *Salix cardiophylla* 갈잎큰키나무(높이 15~20m)
강원도 이북의 산골짜기. 잎은 어긋나고 달걀 모양의 긴 타원형~달걀 모양의 피침형이며 10~15cm 길이이다. 잎 끝은 뾰족하고 밑부분은 둔하거나 심장저이며 가장자리에 날카로운 톱니가 있다. 동그스름한 턱잎은 치아 모양의 톱니가 있다. 암수딴그루로 5월에 잎이 돋은 후에 피는 수꽃차례는 25~45mm 길이이며 밑으로 늘어진다. 암꽃차례는 4~6cm 길이이다.

❷ 분버들(버드나무과) *Salix rorida* 갈잎큰키나무(높이 10~15m)
중부 이북의 산. 어린 가지는 회녹색이지만 햇빛을 받으면 암적색으로 변하고 2년생 가지는 흰색 가루로 덮인다. 잎은 어긋나고 넓은 피침형~거꿀피침형이며 잔톱니가 있다. 달걀형 턱잎은 날카로운 톱니가 있다. 암수딴그루로 4월에 잎이 나기 전에 원통형 꽃이삭이 달린다. 수술은 2개이고 털이 없다. 암술머리는 2개로 갈라지고 달걀형 씨방은 털이 없다.

❸ 버드나무(버드나무과) *Salix pierotii* 갈잎큰키나무(높이 20m 정도)
산골짜기나 개울가. 잔가지는 밑으로 처지며 잘 부러진다. 잎은 어긋나고 피침형이며 끝이 뾰족하고 가장자리에 잔톱니가 있으며 뒷면은 흰빛이 돈다. 암수딴그루로 4월에 잎이 돋기 전에 잎겨드랑이에 곧게 서는 수꽃이삭은 수술이 2개이며 꽃밥은 붉은색이다. 암꽃이삭은 1~2cm 길이의 원뿔형이고 암술머리는 2~4개로 갈라지며 씨방에 털이 많다.

*버드나무 종류는 비교하기 쉽도록 함께 모아 실었다.

기타

봄에 피는 노란색 나무꽃

❶ 호랑버들　❷ 떡버들　❸ 여우버들　❹ 용버들
호랑버들 암꽃이삭　호랑버들 잎가지　여우버들 잎가지　용버들 열매

❶ **호랑버들**(버드나무과) *Salix caprea* 갈잎작은키나무(높이 6~10m)
전국의 산. 잎은 어긋나고 타원형~긴 타원형이며 8~15㎝ 길이이고 뒷면에는 흰색 털이 빽빽하다. 암수딴그루로 4월에 잎이 돋기 전에 꽃이 먼저 피는데 꽃이삭에 꽃이 촘촘히 달린다. 열매이삭에 촘촘히 달리는 열매는 긴 달걀형이며 8~10㎜ 길이이다.

❷ **떡버들**(버드나무과) *Salix hallaisanensis* 갈잎떨기나무~작은키나무(높이 3~6m)
한라산, 설악산, 가야산. 잎은 어긋나고 타원형이며 3~14㎝ 길이로 호랑버들보다 작으며 두껍고 뒷면 주맥에만 털이 있다. 4월에 꽃이 핀다. 호랑버들과 같은 종으로 보기도 한다.

❸ **여우버들**(버드나무과) *Salix bebbiana* 갈잎떨기나무~작은키나무(높이 1~6m)
중부 이북의 높은 산. 잎은 어긋나고 타원형~긴 타원형이며 4~7㎝ 길이이고 끝이 뾰족하며 거의 밋밋하다. 잎몸은 얇고 부드러우며 뒷면은 흰빛이 돈다. 암수딴그루로 4~5월에 잎이 나기 전에 타원형 꽃이삭에 꽃이 성기게 달린다. 열매이삭도 열매가 성기게 달린다.

❹ **용버들/파마버들**(버드나무과) *Salix matsudana* f. *tortuosa* 갈잎큰키나무(높이 10~20m)
중국 원산. 관상수로 심는다. 밑으로 늘어지는 가지들이 꾸불꾸불 구부러진다. 잎은 어긋나고 좁은 피침형이며 잎몸은 대부분 꼬이고 뒷면은 회녹색이다. 암수딴그루로 4월에 잎과 함께 잎겨드랑이에 원통형 꽃이삭이 달린다. 수양버들(p.441)과 같은 종으로 보기도 한다.

봄에 피는 노란색 나무꽃

❶ 수양버들 ❷ 능수버들 ❸ 선버들 ❹ 참오글잎버들

❶ **수양버들**(버드나무과) *Salix babylonica* 갈잎큰키나무(높이 10~18m)
중국 원산. 관상수로 심는다. 어린 가지는 황갈색~녹갈색이며 밑으로 길게 늘어진다. 잎은 어긋나고 좁은 피침형이며 끝은 길게 뾰족하고 가장자리에 잔톱니가 있다. 암수딴그루로 3~4월에 잎이 돋을 때 잎겨드랑이에서 달리는 암수꽃차례는 원통형이고 털이 적다.

❷ **능수버들**(버드나무과) *Salix pseudolasiogyne* 갈잎큰키나무(높이 20m 정도)
들과 물가. 수양버들과 생김새가 비슷하지만 3~4월에 잎이 돋을 때 잎겨드랑이에서 달리는 원통형 암수꽃차례는 털이 빽빽한 것이 특징이다. 수양버들과 같은 종으로 본다.

❸ **선버들**(버드나무과) *Salix nipponica* 갈잎떨기나무~작은키나무(높이 3~10m)
개울가나 습지 주변. 햇가지는 흰색 가루로 덮여 있다가 차츰 벗겨진다. 잎은 어긋나고 긴 타원형이며 끝이 뾰족하고 뾰족한 잔톱니가 있다. 턱잎은 콩팥 모양이고 사마귀 같은 돌기가 있다. 암수딴그루로 3~4월에 잎과 함께 꽃이삭이 나오는데 수술은 3개이다.

❹ **참오글잎버들**(버드나무과) *Salix udensis* 갈잎떨기나무~작은키나무(높이 3~6m)
습지나 산골짜기. 잎은 어긋나고 넓은 피침형이며 7~12cm 길이이고 끝이 뾰족하며 가장자리는 밋밋하거나 물결 모양의 얕은 톱니가 있다. 새로 돋는 잎은 가장자리가 뒤쪽으로 말린다. 턱잎은 피침형이다. 암수딴그루로 3~4월에 잎이 돋기 전에 원통형 꽃이삭이 달린다.

기타

❶ 키버들
❷ 개키버들
❸ 갯버들
키버들 수꽃이삭
갯버들 턱잎
키버들 잎가지
개키버들 잎가지
갯버들 열매

❶ **키버들/고리버들**(버드나무과) *Salix koriyanagi* **갈잎떨기나무**(높이 2~3m)

개울가나 습지 주변. 길게 벋는 가지는 연한 황갈색~연갈색이고 질기며 잘 휘어진다. 잎은 마주나거나 어긋나고 좁은 피침형이며 6~11㎝ 길이이다. 잎 끝은 뾰족하며 가장자리 윗부분에 잔톱니가 있고 뒷면은 흰빛이 돈다. 암수딴그루로 3~4월에 잎보다 먼저 꽃이 피는데 꽃차례는 가는 원기둥 모양이다. 열매는 긴 달걀형이다.

❷ **개키버들**(버드나무과) *Salix integra* **갈잎떨기나무**(높이 1~3m)

함경도의 강가나 산골짜기. 잎은 대부분 마주나지만 가지 밑부분에서는 어긋난다. 잎몸은 긴 타원형이며 3~6㎝ 길이이고 가장자리에 얕은 톱니가 있거나 밋밋하다. 잎자루가 거의 없다. 암수딴그루로 3~4월에 잎이 돋기 전에 잎겨드랑이에 원통형 꽃이삭이 달린다. 수꽃이삭은 2~3㎝, 암꽃이삭은 15~25㎜ 길이이다. 열매는 긴 달걀형이며 털이 있다.

❸ **갯버들**(버드나무과) *Salix gracilistyla* **갈잎떨기나무**(높이 2~3m)

개울가. 잎은 어긋나고 긴 타원형~거꿀피침형이며 5~12㎝ 길이이고 끝이 뾰족하며 가장자리에 잔톱니가 있다. 잎 뒷면은 회백색을 띤다. 잎자루의 밑부분은 커져서 겨울눈을 감싸고 턱잎은 달걀형이며 가장자리에 잔톱니가 있다. 암수딴그루로 3~4월에 잎이 돋기 전에 묵은 가지에 25~40㎜ 길이의 긴 타원형 꽃이삭이 달린다. 열매는 달걀형이다.

기타

봄에 피는 노란색 나무꽃

❶ 제주산버들 / 제주산버들 암꽃이삭 / 제주산버들 잎가지 / ❷ 들버들
❸ 골담초 / 골담초 잎 / 참골담초 열매 / ❹ 참골담초

❶ **제주산버들**(버드나무과) *Salix blinii* 갈잎떨기나무(높이 50㎝ 정도)

한라산의 고지대. 원줄기에서 갈라져 비스듬히 벋는 가지에서 뿌리를 내린다. 잎은 어긋나고 긴 타원형~거꿀피침형이며 2~5㎝ 길이이고 가장자리에 잔톱니가 있다. 암수딴그루로 3~4월에 잎보다 먼저 원통형 꽃이삭이 달리며 암술머리는 4개로 갈라진다.

❷ **들버들**(버드나무과) *Salix subopposita* 갈잎떨기나무(높이 10~40㎝)

한라산의 고지대. 잎은 긴 타원형이고 5~20㎜ 길이이며 양 끝이 뾰족하다. 잎 뒷면은 회녹색이며 짧은털이 있다. 암수딴그루로 4월에 잎보다 먼저 꽃이 핀다.

❸ **골담초**(콩과) *Caragana sinica* 갈잎떨기나무(높이 2m 정도)

중국 원산. 관상수로 심는다. 잔가지 마디마다 가시가 2개씩 있다. 잎은 어긋나고 짝수깃꼴겹잎이며 작은잎은 2쌍이고 거꿀달걀형이다. 4~5월에 잎겨드랑이에 나비 모양의 노란색 꽃이 1~2개씩 핀다. 위쪽 꽃잎은 활짝 뒤로 젖혀지고 꽃잎은 점차 붉은빛을 띤다.

❹ **참골담초**(콩과) *Caragana fruticosa* 갈잎떨기나무(높이 2m 정도)

강원도와 황해도 이북의 산. 잎은 어긋나고 짝수깃꼴겹잎이며 작은잎은 4~6쌍이고 긴 타원형이다. 5~6월에 잎겨드랑이에 나비 모양의 노란색 꽃이 1~2개씩 핀다. 꽃잎은 골담초처럼 활짝 벌어지지 않는다. 꽃자루는 1~3㎝ 길이이며 1개의 마디가 있다.

기타

봄에 피는 노란색 나무꽃

❶ 개느삼 ❷ 사방오리 ❸ 좀사방오리
개느삼 꽃 모양
개느삼 잎 사방오리 열매 좀사방오리 열매

❶ **개느삼**(콩과) *Sophora koreensis* 갈잎떨기나무(높이 1m 정도)

강원도 이북의 산. 잎은 어긋나고 홀수깃꼴겹잎이며 작은잎은 13~31장이다. 작은잎은 타원형이며 가장자리가 밋밋하고 뒷면에 흰색 털이 빽빽하다. 4~5월에 햇가지 끝에 달리는 송이꽃차례에 나비 모양의 노란색 꽃이 모여 핀다. 꼬투리열매는 2~7mm 길이이고 씨앗이 들어 있는 부분이 볼록해져서 염주 모양이 되며 세로로 4줄의 날개가 있다.

❷ **사방오리**(자작나무과) *Alnus firma* 갈잎작은키나무(높이 8~15m)

일본 원산. 남부 지방에서 조림수로 심는다. 잎은 어긋나고 좁은 달걀형이며 끝이 뾰족하고 가장자리에 날카로운 겹톱니가 있다. 측맥은 13~17쌍이다. 암수한그루로 3~4월에 잎이 돋기 전에 가지 끝에서 늘어지는 2~3개의 수꽃이삭은 약간 굵고 꽃자루가 없다. 암꽃이삭은 짧은 꽃자루가 있으며 위로 곧게 선다. 열매는 넓은 타원형~달걀형이다.

❸ **좀사방오리**(자작나무과) *Alnus pendula* 갈잎작은키나무(높이 2~7m)

일본 원산. 남부 지방에서 조림수로 심는다. 잎은 어긋나고 좁은 달걀 모양의 피침형이며 끝이 뾰족하고 가장자리에 가는 겹톱니가 있다. 측맥은 20~26쌍이다. 암수한그루로 3~4월에 잎이 돋을 때 늘어지는 수꽃이삭은 꽃자루가 없다. 암꽃이삭은 짧은 꽃자루가 있으며 3~6개가 모여 달린다. 열매는 타원형이며 자루가 길고 밑으로 처진다.

봄에 피는 노란색 나무꽃

❶ 두메오리 ❷ 거제수나무 ❸ 사스래나무

거제수나무 열매   사스래나무 열매

두메오리 열매   거제수나무 나무껍질   사스래나무 나무껍질

❶ **두메오리**(자작나무과) *Alnus maximowiczii* 갈잎큰키나무(높이 5~10m)
울릉도와 강원도 이북의 깊은 산. 잎은 어긋나고 넓은 달걀형이며 5~10㎝ 길이이고 끝이 뾰족하며 밑부분은 밋밋하거나 심장저이고 가장자리에 날카로운 겹톱니가 있다. 잎 뒷면은 연녹색이고 측맥은 8~12쌍이다. 암수한그루로 5~6월에 잎이 돋을 때 가지 끝에서 2~3개의 수꽃이삭이 늘어진다. 붉은색 암꽃이삭은 긴 달걀형이며 짧은 꽃자루가 있다.

❷ **거제수나무**(자작나무과) *Betula costata* 갈잎큰키나무(높이 30m 정도)
지리산 이북의 높은 산. 나무껍질은 황갈색이며 종잇장처럼 얇게 가로로 벗겨진다. 잎은 어긋나고 긴 달걀형이며 끝이 뾰족하고 가장자리에 뾰족한 겹톱니가 있다. 측맥은 10~16쌍이다. 암수한그루로 5~6월에 잎과 함께 나오는 기다란 수꽃이삭은 밑으로 늘어지고 암꽃이삭은 곧게 선다. 달걀형 열매는 2㎝ 정도 길이이며 위를 향한다.

❸ **사스래나무**(자작나무과) *Betula ermanii* 갈잎큰키나무(높이 10~20m)
높은 산. 나무껍질은 회백색이며 종잇장처럼 벗겨진다. 잎은 어긋나고 세모진 달걀형이며 끝이 길게 뾰족하다. 잎 가장자리에 불규칙한 겹톱니가 있고 측맥은 7~12쌍이다. 암수한그루로 5~6월에 잎이 돋을 때 가지 끝에서 나온 수꽃이삭은 밑으로 늘어지고 암꽃이삭은 곧게 선다. 긴 원통형 열매는 2~4㎝ 길이이고 짧은 자루에 달리며 위를 향한다.

기타

봄에 피는 노란색 나무꽃

❶ 박달나무(자작나무과) *Betula schmidtii* 갈잎큰키나무(높이 20~30m)
깊은 산. 나무껍질은 흑갈색~회갈색이며 가로로 긴 껍질눈이 있고 노목은 불규칙하게 갈라진다. 잎은 어긋나고 긴 달걀형이며 끝이 뾰족하고 가장자리에 가는 톱니가 있다. 측맥은 9~12쌍이다. 암수한그루로 4~5월에 잎이 돋을 때 가지 끝에서 나온 수꽃이삭은 밑으로 늘어지고 암꽃이삭은 곧게 선다. 긴 원기둥 모양의 열매는 2~4cm 길이이고 위를 향한다.

❷ 개박달나무(자작나무과) *Betula chinensis* 갈잎떨기나무~작은키나무(높이 3~10m)
산. 나무껍질은 회색~흑회색이며 불규칙하게 갈라져 벗겨진다. 잎은 어긋나고 달걀형이며 끝이 뾰족하고 가장자리에 날카로운 겹톱니가 있다. 측맥은 8~10쌍이다. 암수한그루로 4~5월에 잎이 돋을 때 가지 끝에서 나온 수꽃이삭은 밑으로 늘어지고 암꽃이삭은 곧게 선다. 달걀형 열매는 15~20mm 길이이고 위를 향하며 열매비늘은 선형이고 약간 벌어진다.

❸ 물박달나무(자작나무과) *Betula dahurica* 갈잎큰키나무(높이 10~20m)
산. 회갈색 나무껍질은 여러 겹으로 얇게 벗겨진다. 잎은 어긋나고 달걀형이며 끝이 뾰족하고 가장자리에 불규칙한 톱니가 있다. 잎 뒷면은 연녹색이며 기름점이 많다. 측맥은 6~8쌍이다. 암수한그루로 4~5월에 잎이 돋을 때 가지 끝에서 나온 수꽃이삭은 밑으로 늘어지고 암꽃이삭은 곧게 선다. 긴 원통형 열매는 2~3cm 길이이고 아래로 늘어진다.

❶ 자작나무 ❷ 개암나무 ❸ 참개암나무

자작나무 열매 / 개암나무 열매 / 참개암나무 열매

자작나무 나무껍질 / 개암나무 어린잎 / ¹⁾물개암나무

❶ 자작나무(자작나무과) *Betula platyphylla* 갈잎큰키나무(높이 15~20m)

북부 지방의 산. 나무껍질은 흰색이며 옆으로 종이처럼 얇게 벗겨진다. 잎은 어긋나고 세모진 달걀형이며 4~8㎝ 길이이고 끝이 길게 뾰족하며 가장자리에 겹톱니가 있다. 잎 뒷면은 연녹색이고 측맥은 5~8쌍이다. 암수한그루로 4~5월에 잎이 돋을 때 기다란 수꽃이삭도 함께 늘어진다. 긴 원통형 열매는 30~45㎜ 길이이고 아래로 늘어진다.

❷ 개암나무(자작나무과) *Corylus heterophylla* 갈잎떨기나무(높이 2~3m)

전북과 경북 이북의 산. 잎은 어긋나고 넓은 거꿀달걀형이며 끝은 갑자기 뾰족해지고 불규칙한 겹톱니가 있다. 암수한그루로 3~4월에 잎이 돋기 전에 꼬리 모양의 수꽃이삭이 늘어진다. 열매를 싸고 있는 포조각은 종 모양이며 톱니처럼 갈라지고 샘털이 있다.

❸ 참개암나무(자작나무과) *Corylus sieboldiana* 갈잎떨기나무(높이 3~4m)

강원도 이남의 산. 잎은 어긋나고 넓은 타원형이며 불규칙한 겹톱니가 있다. 암수한그루로 3~4월에 잎이 돋기 전에 꼬리 모양의 수꽃이삭이 늘어진다. 열매를 싸고 있는 기다란 포조각은 3~7㎝ 길이이고 윗부분이 갑자기 좁아지며 표면에 가시 같은 털이 빽빽하다. ¹⁾물개암나무(v. *mandshurica*)는 참개암나무의 변종으로 열매를 싸고 있는 기다란 포조각은 위로 갈수록 서서히 좁아지며 털이 빽빽하다. 참개암나무와 같은 종으로 본다.

기타

봄에 피는 노란색 나무꽃

❶ 까치박달   ❷ 너도밤나무   ❸ 구실잣밤나무

까치박달 열매   너도밤나무 잎가지   구실잣밤나무 열매

❶ **까치박달**(자작나무과) *Carpinus cordata* 갈잎큰키나무(높이 15m 정도)
  산. 잎은 어긋나고 넓은 달걀형이며 6~15㎝ 길이이고 끝이 뾰족하며 심장저이고 겹톱니가 있다. 잎 뒷면은 연녹색이고 측맥은 12~23쌍이다. 암수한그루로 4~5월에 잎이 돋을 때 기다란 꽃이삭이 늘어진다. 수꽃이삭은 5㎝ 정도 길이이고 암꽃이삭은 20~35㎜ 길이이다. 열매이삭은 기다란 원통형이며 씨앗이 붙어 있는 포가 비늘처럼 포개져 있다.

❷ **너도밤나무**(참나무과) *Fagus engleriana* 갈잎큰키나무(높이 20~25m)
  울릉도. 나무껍질은 회백색이며 밋밋하다. 잎은 어긋나고 달걀형~타원형이며 끝이 뾰족하고 가장자리는 주름이 지며 측맥은 9~14쌍이다. 암수한그루로 4~5월에 잎이 돋을 때 꽃도 함께 핀다. 수꽃은 25㎜ 정도 길이의 꽃자루 끝에 공 모양으로 빽빽이 모여 달리고 암꽃은 햇가지 위쪽의 잎겨드랑이에 2개씩 달린다. 열매는 삼각뿔 모양이며 15~20㎜ 길이이다.

❸ **구실잣밤나무**(참나무과) *Castanopsis sieboldii* 늘푸른큰키나무(높이 15~20m)
  서남해 섬과 바닷가 산기슭. 잎은 어긋나고 거꿀피침형~긴 타원형이며 7~12㎝ 길이이고 가죽질이며 두껍다. 잎 끝은 뾰족하며 가장자리의 상반부에 물결 모양의 톱니가 있다. 암수한그루로 5~6월에 잎겨드랑이에 연한 황백색의 수꽃이삭이 달리고 암꽃이삭은 비스듬히 선다. 달걀형 열매는 1~2㎝ 길이이며 각정이 표면이 우툴두툴하다. 씨앗은 식용한다.

❶ 붉가시나무 ❷ 종가시나무 ❸ 가시나무

붉가시나무 열매 종가시나무 열매 가시나무 열매

봄에 피는 노란색 나무꽃

❶ **붉가시나무**(참나무과) *Quercus acuta* 늘푸른큰키나무(높이 20m 정도)

서남해안과 울릉도. 잎은 어긋나고 긴 타원형이며 끝이 길게 뾰족하고 가장자리가 거의 밋밋하다. 잎몸은 가죽질이며 앞면은 광택이 있고 뒷면은 연녹색이다. 암수한그루로 5월에 수꽃이삭은 햇가지의 밑부분에서 늘어지고 짧은 암꽃이삭은 햇가지 윗부분에서 곧게 선다. 도토리열매는 둥근 달걀형이며 깍정이 표면에는 6~10개의 동심원 테가 있다.

❷ **종가시나무**(참나무과) *Quercus glauca* 늘푸른큰키나무(높이 20m 정도)

서남해안. 잎은 어긋나고 긴 타원형이며 끝이 길게 뾰족하고 가장자리의 상반부에 안으로 굽은 톱니가 있다. 잎몸은 가죽질이며 뒷면은 회백색 비단털로 덮여 있다. 암수한그루로 4~5월에 수꽃이삭은 햇가지의 밑부분에서 늘어지고 암꽃이삭은 햇가지 윗부분에서 곧게 선다. 도토리열매는 둥근 달걀형이며 깍정이 표면에는 6~7개의 동심원 테가 있다.

❸ **가시나무**(참나무과) *Quercus myrsinifolia* 늘푸른큰키나무(높이 15~20m)

남쪽 섬. 잎은 어긋나고 좁은 타원형이며 끝이 길게 뾰족하고 가장자리의 2/3 이상에 얕은 톱니가 있다. 잎몸은 가죽질이며 앞면은 광택이 있고 뒷면은 회녹색이며 털이 없어진다. 암수한그루로 4~5월에 수꽃이삭은 햇가지의 밑부분에서 늘어지고 암꽃이삭은 햇가지 윗부분에서 곧게 선다. 도토리열매는 달걀형이며 깍정이 표면에는 6~8개의 동심원 테가 있다.

기타

봄에 피는 노란색 나무꽃

❶ 참가시나무
❷ 개가시나무
❸ 졸가시나무

참가시나무 열매
개가시나무 열매
졸가시나무 열매

❶ 참가시나무(참나무과) *Quercus salicina* 늘푸른큰키나무(높이 20m 정도)

남쪽 섬과 울릉도. 잎은 어긋나고 좁은 타원형이며 끝이 길게 뾰족하고 가장자리의 2/3 이상에 날카롭고 얕은 톱니가 있다. 잎몸은 가죽질이며 뒷면은 분백색이다. 암수한그루로 4~5월에 수꽃이삭은 햇가지의 밑부분에서 늘어지고 암꽃이삭은 햇가지 윗부분에서 곧게 선다. 도토리열매는 넓은 달걀형이며 깍정이 표면에는 6~7개의 동심원 테가 있다.

❷ 개가시나무(참나무과) *Quercus gilva* 늘푸른큰키나무(높이 20m 정도)

제주도의 낮은 산. 잎은 어긋나고 거꿀피침형이며 끝이 길게 뾰족하고 가장자리의 상반부에 날카로운 톱니가 있다. 잎몸은 가죽질이며 뒷면은 황갈색 별모양털로 덮여 있다. 암수한그루로 4~5월에 수꽃이삭은 햇가지의 밑부분에서 늘어지고 암꽃이삭은 햇가지 윗부분에서 곧게 선다. 도토리열매는 타원형이며 깍정이 표면에는 6~7개의 동심원 테가 있다.

❸ 졸가시나무(참나무과) *Quercus phillyreoides* 늘푸른작은키나무(높이 3~10m)

일본과 중국 원산. 남부 지방에서 관상수로 심는다. 잎은 어긋나고 타원형이며 끝이 둔하고 가장자리의 상반부에 얕은 톱니가 있다. 잎몸은 가죽질이며 뒷면은 연녹색이다. 암수한그루로 5월에 수꽃이삭은 햇가지의 밑부분에서 늘어지고 암꽃이삭은 햇가지 끝에 1~2개가 달린다. 도토리열매는 타원형이며 깍정이 표면은 비늘조각이 기와처럼 포개진다.

봄에 피는 노란색 나무꽃

❶ 상수리나무 ❷ 굴참나무 ❸ 갈참나무

상수리나무 열매   굴참나무 열매   갈참나무 열매

❶ **상수리나무**(참나무과) *Quercus acutissima* 갈잎큰키나무(높이 20~25m)
산기슭. 잎은 어긋나고 긴 타원형이며 8~15cm 길이이고 끝이 뾰족하며 가장자리에 톱니가 있다. 잎 뒷면은 연녹색이고 잎자루는 1~3cm 길이이다. 암수한그루로 4~5월에 잎이 돋을 때 함께 나온 노란색 수꽃이삭은 밑으로 늘어지고 암꽃이삭은 작다. 도토리열매는 동그스름하며 꽃이 핀 다음 해 가을에 익는다. 도토리 깍정이는 얇은 비늘조각이 수북하다.

❷ **굴참나무**(참나무과) *Quercus variabilis* 갈잎큰키나무(높이 20~25m)
낮은 산. 나무껍질은 코르크질이 두껍게 발달한다. 잎은 어긋나고 긴 타원형이며 12~17cm 길이이고 끝이 뾰족하며 톱니가 있다. 잎 뒷면은 회백색 별모양털이 빽빽하고 잎자루는 15~35mm 길이이다. 암수한그루로 5월에 잎과 함께 나온 노란색 수꽃이삭은 밑으로 늘어진다. 도토리열매는 꽃이 핀 다음 해에 익고 도토리 깍정이는 얇은 비늘조각이 수북하다.

❸ **갈참나무**(참나무과) *Quercus aliena* 갈잎큰키나무(높이 20~25m)
낮은 산. 잎은 어긋나고 거꿀달걀형이며 10~30cm 길이이고 잎자루는 1~3cm 길이로 길다. 잎 끝은 뾰족하며 치아 모양의 큰 톱니가 있고 뒷면은 회백색이며 별모양털이 빽빽하다. 암수한그루로 5월에 잎이 돋을 때 함께 나온 수꽃이삭은 밑으로 늘어진다. 도토리열매는 꽃이 핀 그해에 익고 도토리 깍정이는 비늘조각이 기와를 인 것처럼 포개진다.

기타

봄에 피는 노란색 나무꽃

❶ 졸참나무　❷ 신갈나무　❸ 떡갈나무

졸참나무 열매　신갈나무 열매　떡갈나무 열매

- ❶ **졸참나무**(참나무과) *Quercus serrata* 갈잎큰키나무(높이 20m 정도)

  낮은 산. 잎은 어긋나고 거꿀달걀형이며 5~15㎝ 길이이고 끝이 길게 뾰족하며 톱니는 안쪽으로 약간 구부러진다. 잎자루는 1~3㎝ 길이이다. 잎 뒷면은 회녹색이고 누운털이 빽빽하다. 암수한그루로 5월에 잎이 돋을 때 함께 나온 수꽃이삭은 밑으로 늘어진다. 도토리열매는 긴 타원형이며 그해에 익고 도토리 깍정이는 비늘조각이 기와처럼 포개진다.

- ❷ **신갈나무**(참나무과) *Quercus mongolica* 갈잎큰키나무(높이 20~30m)

  산. 잎은 어긋나고 거꿀달걀형이며 7~20㎝ 길이이고 끝이 둔하며 밑부분은 귀 모양이고 가장자리에 물결 모양의 큰 톱니가 있다. 잎 뒷면은 백록색이고 잎자루는 매우 짧다. 암수한그루로 4~5월에 잎이 돋을 때 함께 나온 노란색 수꽃이삭은 밑으로 늘어진다. 도토리열매는 꽃이 핀 그해 가을에 익는다. 도토리 깍정이는 비늘조각이 기와를 인 모양이다.

- ❸ **떡갈나무**(참나무과) *Quercus dentata* 갈잎큰키나무(높이 15~20m)

  낮은 산. 잎은 어긋나고 거꿀달걀형이며 끝이 둔하고 가장자리에 물결 모양의 큰 톱니가 있다. 잎 뒷면은 회갈색의 짧은털과 별모양털이 빽빽하며 잎자루는 매우 짧다. 암수한그루로 4~5월에 잎이 돋을 때 노란색 수꽃이삭이 밑으로 늘어진다. 도토리열매는 둥근 달걀형이며 꽃이 핀 그해 가을에 익는다. 도토리 깍정이는 가늘고 얇은 비늘조각이 수북하다.

봄에 피는 노란색 나무꽃

❶ 핀참나무 ❷ 굴피나무 ❸ 꾸지나무

꾸지나무 암꽃

핀참나무 열매 굴피나무 열매 꾸지나무 열매

❶ 핀참나무/대왕참나무(참나무과) *Quercus palustris* 갈잎큰키나무(높이 20m 정도)
미국 동북부와 캐나다 원산. 관상수로 심는다. 잎은 어긋나고 타원형이며 가장자리가 5~7갈래로 깊게 갈라진다. 갈래조각은 모양이 서로 다르며 끝이 뾰족하다. 암수한그루로 4~5월에 잎이 돋을 때 함께 나온 수꽃이삭은 밑으로 늘어진다. 도토리열매는 꽃이 핀 다음 해 가을에 익는다. 깍정이는 동그스름한 도토리열매의 밑부분만 살짝 싸고 있다.

❷ 굴피나무(가래나무과) *Platycarya strobilacea* 갈잎작은키나무(높이 5~12m)
중부 이남의 산. 잎은 어긋나고 홀수깃꼴겹잎이며 작은잎은 7~19장이다. 작은잎은 달걀모양의 피침형이며 끝이 길게 뾰족하고 가장자리에 톱니가 있다. 암수한그루로 5~6월에 가지 끝에 이삭꽃차례가 모여 위를 향하는데 가운데 1개는 암꽃이삭 위에 수꽃이삭이 달리고 둘레의 꽃이삭은 모두 수꽃이삭이다. 솔방울을 닮은 타원형 열매는 적갈색으로 익는다.

❸ 꾸지나무(뽕나무과) *Broussonetia papyrifera* 갈잎큰키나무(높이 4~10m)
숲 가장자리나 밭둑. 잎은 어긋나고 달걀형이며 3~5갈래로 갈라지기도 한다. 잎 끝은 길게 뾰족하고 가장자리에 톱니가 있다. 잎 뒷면은 녹백색이며 털이 빽빽하다. 암수딴그루로 5~6월에 잎겨드랑이의 둥근 암꽃송이는 지름 1cm 정도이고 실 모양의 붉은 암술대로 싸여 있다. 원통형 수꽃송이는 3~9cm 길이이며 밑으로 늘어진다. 둥근 열매는 주홍색으로 익는다.

기타

봄에 피는 노란색 나무꽃

❶ 느티나무 ❷ 초피나무 ❸ 개산초

느티나무 열매 초피나무 열매 개산초 열매

❶ **느티나무**(느릅나무과) *Zelkova serrata* 갈잎큰키나무(높이 20~25m)
산골짜기. 정자나무로 심는다. 잎은 어긋나고 긴 타원형~달걀형이며 끝이 길게 뾰족하고 가장자리에 톱니가 있다. 암수한그루로 4~5월에 잎과 함께 꽃이 핀다. 황록색 수꽃이삭은 햇가지 밑에 모여 달린다. 암꽃은 햇가지 위쪽에 1개씩 피고 자루가 없으며 암술대는 둘로 깊게 갈라진다. 일그러진 납작한 공 모양의 열매는 3~4mm 크기이고 딱딱하다.

❷ **초피나무**(운향과) *Zanthoxylum piperitum* 갈잎떨기나무(높이 3m 정도)
황해도 이남의 산기슭. 줄기와 가지에 날카로운 가시가 마주난다. 잎은 어긋나고 홀수깃꼴겹잎이며 작은잎은 9~19장이다. 작은잎은 달걀형~긴 타원형이며 가장자리에 물결 모양의 톱니와 기름점이 있다. 겹잎자루에 좁은 날개와 짧은 가시가 있다. 암수딴그루로 4~5월에 가지 끝의 원뿔꽃차례에 달리는 연노란색 꽃은 꽃잎이 없다. 열매는 동그스름하다.

❸ **개산초**(운향과) *Zanthoxylum armatum* 늘푸른떨기나무(높이 1.5~3m)
남부 바닷가 산. 줄기와 가지에 날카로운 가시가 마주난다. 잎은 어긋나고 홀수깃꼴겹잎이며 작은잎은 3~7장이다. 작은잎은 긴 타원형~넓은 피침형이며 끝이 뾰족하고 겹잎자루에 가시와 날개가 있다. 암수딴그루로 4~5월에 짧은가지와 잎겨드랑이의 원뿔꽃차례에 자잘한 연노란색 꽃이 모여 피는데 꽃잎이 없다. 열매는 동그스름하고 지름 3~5mm이다.

봄에 피는 노란색 나무꽃

① 왕초피 ② 신나무 ③ 중국단풍

왕초피 열매 신나무 열매 중국단풍 열매

① **왕초피**(운향과) *Zanthoxylum coreanum* 갈잎떨기나무(높이 2~5m)
제주도. 가지에 마주나는 날카로운 가시는 밑부분이 넓어진다. 잎은 어긋나고 홀수깃꼴겹 잎이며 작은잎은 7~13장이고 달걀형~긴 달걀형이며 끝이 뾰족하고 가장자리에 물결 모양의 톱니가 있다. 겹잎자루에 짧은 가시와 좁은 날개가 있다. 암수딴그루로 5월에 햇가지 끝의 원뿔꽃차례에 달리는 자잘한 연노란색 꽃은 꽃잎이 없다. 열매는 둥그스름하다.

② **신나무**(무환자나무과|단풍나무과) *Acer tataricum* ssp. *ginnala* 갈잎작은키나무(높이 5~8m)
산. 잎은 마주나고 세모진 달걀형이며 끝이 길게 뾰족하고 가장자리가 3갈래로 얕게 갈라지며 불규칙한 톱니가 있다. 암수한그루로 5~6월에 가지 끝의 원뿔꽃차례에 자잘한 연노란색 꽃이 모여 핀다. 꽃받침조각과 꽃잎은 각각 5장씩이고 수술은 8개이다. 암술대는 2~3개로 갈라져 밖으로 휘어진다. 열매는 양쪽 날개가 八자로 벌어진다.

③ **중국단풍**(무환자나무과|단풍나무과) *Acer buergerianum* 갈잎큰키나무(높이 15m 정도)
중국 원산. 관상수로 심는다. 나무껍질은 회갈색이고 종이처럼 얇게 벗겨진다. 잎은 마주나고 둥근 달걀형이며 3갈래로 갈라지고 끝이 뾰족하며 가장자리가 밋밋하다. 어린 나무의 잎은 큰 톱니가 있다. 암수한그루로 4~5월에 잎이 돋을 때 꽃도 함께 피는데 햇가지의 고른꽃차례에 자잘한 연노란색 꽃이 핀다. 열매는 양쪽 날개가 八자로 벌어진다.

기타

봄에 피는 노란색 나무꽃

❶ 청시닥나무 ❷ 부게꽃나무 ❸ 향선나무

청시닥나무 열매 부게꽃나무 열매 향선나무 열매

❶ **청시닥나무**(무환자나무과 | 단풍나무과) *Acer barbinerve* 갈잎작은키나무(높이 3~7m)
지리산 이북의 높은 산. 잎은 마주나고 손바닥처럼 5갈래로 갈라지며 끝이 뾰족하고 가장자리에 날카로운 겹톱니가 있다. 잎자루는 연한 붉은빛이 돌기도 하고 털이 있다. 암수딴그루로 5~6월에 가지 끝에서 늘어지는 송이꽃차례에 연노란색 꽃이 모여 핀다. 꽃잎은 4장이고 활짝 벌어지지 않으며 암술과 수술은 꽃잎 밖으로 나온다.

❷ **부게꽃나무**(무환자나무과 | 단풍나무과) *Acer caudatum* ssp. *ukurundense* 갈잎작은키나무(높이 4~8m)
지리산 이북의 높은 산. 잎은 마주나고 둥그스름하며 5~7갈래로 갈라지고 끝이 길게 뾰족하며 가장자리에 날카롭고 불규칙한 톱니가 있다. 암수한그루로 5~6월에 가지 끝에서 곧게 서는 송이꽃차례~원뿔꽃차례에 피는 황록색 꽃은 꽃잎이 5장이다. 열매이삭은 곧게 서기도 하고 열매는 양쪽 날개가 직각 정도로 벌어진다.

❸ **향선나무**(물푸레나무과) *Fontanesia phillyreoides* 갈잎떨기나무~작은키나무(높이 3~5m)
아시아 서부 원산. 관상수로 심는다. 잎은 마주나고 달걀 모양의 피침형~긴 달걀형이며 끝이 길게 뾰족해지고 가장자리는 밋밋하다. 5월에 가지 끝과 잎겨드랑이의 짧은 송이꽃차례에 흰색~황백색 꽃이 촘촘히 모여 달린다. 꽃부리는 밑부분까지 4갈래로 깊게 갈라진다. 열매는 넓은 타원형이며 납작하고 6~8㎜ 길이이며 끝에 암술대가 남아 있다.

기타

봄에 피는 노란색 나무꽃

❶ 말오줌나무 ❷ 딱총나무 ❸ 덧나무

말오줌나무 열매 딱총나무 열매 덧나무 열매

❶ **말오줌나무**(연복초과|인동과) *Sambucus racemosa* ssp. *pendula* 갈잎떨기나무(높이 3~4m)
울릉도의 산. 잎은 마주나고 홀수깃꼴겹잎이며 작은잎은 5~7장이다. 작은잎은 긴 타원형~피침형이며 끝이 길게 뾰족하고 가장자리에 잔톱니가 있다. 4~6월에 햇가지 끝에 달리는 원뿔꽃차례는 길고 밑으로 처지며 털이 없다. 자잘한 연노란색 꽃은 수술이 5개이고 암술머리는 연노란색~흑자색이며 3개로 갈라진다. 둥근 열매는 지름 4~5mm이고 붉게 익는다.

❷ **딱총나무**(연복초과|인동과) *Sambucus racemosa* ssp. *kamtschatica* 갈잎떨기나무(높이 3~5m)
산. 잎은 마주나고 홀수깃꼴겹잎이며 작은잎은 3~7장이다. 작은잎은 긴 타원형~달걀형이며 끝이 길게 뾰족하고 가장자리에 뾰족한 톱니가 있다. 4~5월에 햇가지 끝의 원뿔꽃차례에 자잘한 연노란색 꽃이 모여 핀다. 꽃차례는 짧고 털이 촘촘히 난다. 수술은 5개이고 암술머리는 노란색이며 3개로 갈라진다. 둥근 열매는 지름 4~5mm이고 붉게 익는다.

❸ **덧나무**(연복초과|인동과) *Sambucus sieboldiana* 갈잎떨기나무(높이 2~6m)
제주도의 산과 들. 잎은 마주나고 홀수깃꼴겹잎이며 작은잎은 5~7장이다. 작은잎은 긴 타원형~피침형이며 끝이 뾰족하고 가장자리에 안으로 굽은 뾰족한 톱니가 있다. 4~5월에 햇가지 끝의 원뿔꽃차례에 연노란색 꽃이 모여 핀다. 꽃차례는 짧고 돌기 모양의 털이 난다. 수술은 5개이고 암술머리는 암적색이며 3개로 갈라진다. 둥근 열매는 붉게 익는다.

기타

- ❶ 구슬댕댕이
- ❷ 댕댕이나무
- ❸ 왕괴불나무
- 구슬댕댕이 열매
- 댕댕이나무 새순
- 댕댕이나무 잎가지
- 왕괴불나무 열매

❶ 구슬댕댕이(인동과) *Lonicera ferdinandii* 갈잎떨기나무(높이 2~3m)

중부 이북의 산. 가지에 뻣뻣한 털이 많다. 잎은 마주나고 달걀형이며 끝이 뾰족하고 양면에 거친털이 있다. 5~6월에 잎겨드랑이에 2개씩 피는 깔때기 모양의 흰색 꽃은 표면에 샘털과 잔털이 빽빽하며 점차 노래진다. 꽃부리는 12~15mm 길이이며 끝이 입술 모양으로 둘로 갈라진다. 둥근 타원형 열매는 2개가 약간 합쳐지고 포조각이 남아 있으며 붉게 익는다.

❷ 댕댕이나무(인동과) *Lonicera caerulea* 갈잎떨기나무(높이 1.5m 정도)

강원도 이북의 산. 잔가지에 털이 많다. 잎은 마주나고 긴 타원형~달걀 모양의 타원형이며 뒷면은 흰빛이 돌고 털이 있다. 턱잎은 합쳐져 가지를 감싼다. 5~6월에 잎겨드랑이에 연노란색 꽃이 2개씩 핀다. 깔때기 모양의 꽃부리는 10~15mm 길이이며 끝이 5갈래로 갈라지고 표면에 긴털이 있다. 열매는 타원형이며 흰색 가루로 덮여 있고 여름에 흑자색으로 익는다.

❸ 왕괴불나무(인동과) *Lonicera vidalii* 갈잎떨기나무(높이 2~5m)

중부 이남의 산. 햇가지에 기름점이나 샘털이 있다. 잎은 마주나고 달걀형~긴 타원형이며 끝이 뾰족하고 가장자리는 밋밋하다. 잎자루는 10~15mm 길이이며 샘털이 있다. 5~6월에 잎겨드랑이에 2개씩 피는 흰색 꽃은 점차 연노란색으로 변한다. 꽃자루는 1~2cm 길이로 긴 편이며 샘털이 있기도 하다. 둥그스름한 열매는 2개가 절반 이상 합쳐지며 붉게 익는다.

봄에 피는 흰색 나무꽃

꽃잎 1~4장

❶ **바위수국**(수국과|범의귀과) *Schizophragma hydrangeoides* 갈잎덩굴나무(길이 10m 정도)
  제주도와 울릉도의 숲속. 잎은 마주나고 넓은 달걀형이며 톱니가 있다. 5~6월에 가지 끝의 고른꽃차례에 달리는 장식꽃은 흰색 꽃받침조각이 1개이고 달걀형~넓은 달걀형이다.

❷ **외대으아리**(미나리아재비과) *Clematis brachyura* 갈잎반떨기나무(높이 30~100cm)
  낮은 산의 건조한 풀밭. 잎은 마주나고 깃꼴겹잎이며 작은잎은 가장자리가 밋밋하다. 6~7월에 잎겨드랑이에서 나온 꽃자루에 1~3개의 흰색 꽃이 핀다. 흰색 꽃덮이조각은 4~6장이다. 둥근 달걀형 열매는 납작하며 둘레에 날개가 있고 끝에 뾰족한 암술대가 남아 있다.

❸ **보리수나무**(보리수나무과) *Elaeagnus umbellata* 갈잎떨기나무(높이 2~4m)
  중부 이남의 숲 가장자리. 잎은 어긋나고 긴 타원형이며 뒷면에 은백색 비늘털이 촘촘히 난다. 5~6월에 잎겨드랑이에 깔때기 모양의 흰색 꽃이 1~6개가 모여 피는데 점차 누런색으로 변한다. 둥근 열매는 지름 6~8mm이며 비늘털로 덮여 있고 붉게 익는데 단맛이 난다.

❹ **뜰보리수**(보리수나무과) *Elaeagnus multiflora* 갈잎떨기나무(높이 2~4m)
  일본 원산. 관상수로 심는다. 잎은 어긋나고 넓은 타원형~넓은 달걀형이며 은백색 비늘털로 촘촘히 덮여 있다. 4~5월에 잎겨드랑이에 1~3개의 백황색 꽃이 모여 핀다. 넓은 타원형 열매는 12~17mm 길이이고 붉게 익는데 달콤한 맛이 나며 과일로 먹는다.

❶ 병아리꽃나무 ❷ 두메닥나무 ❸ 백서향 ❹ 알바서향

❶ **병아리꽃나무**(장미과) *Rhodotypos scandens* 갈잎떨기나무(높이 1~2m)
중부 이북의 낮은 산. 잎은 마주나고 달걀형~긴 타원형이며 가장자리에 뾰족한 겹톱니가 있다. 4~5월에 햇가지 끝에 흰색 꽃이 1개씩 핀다. 꽃은 지름 3~4cm이고 꽃잎은 4장이다. 연녹색 꽃받침조각은 좁은 달걀형이고 톱니가 있다. 콩알만 한 열매는 검게 익는다.

❷ **두메닥나무**(팥꽃나무과) *Daphne koreana* 갈잎떨기나무(높이 30~100cm)
지리산 이북의 높은 산. 잎은 어긋나고 긴 달걀형~거꿀피침형이며 가장자리가 밋밋하다. 암수딴그루로 4~5월에 잎이 돋을 때 가지 끝의 잎겨드랑이에 2~10개의 흰색 꽃이 모여 피며 좋은 향기가 난다. 열매는 넓은 타원형~둥근 달걀형이며 붉게 익고 독이 있다.

❸ **백서향**(팥꽃나무과) *Daphne kiusiana* 늘푸른떨기나무(높이 50~100cm)
남쪽 섬. 잎은 어긋나고 긴 타원형~거꿀피침형이며 가장자리가 밋밋하다. 암수딴그루로 2~4월에 가지 끝에 흰색 꽃이 둥글게 모여 피는데 향기가 매우 강하다. 꽃받침은 통 모양이고 끝이 4갈래로 갈라진다. 열매는 넓은 타원형~둥근 달걀형이며 붉게 익고 독이 있다.

❹ **알바서향**(팥꽃나무과) *Daphne odora* 'Alba' 늘푸른떨기나무(높이 1m 정도)
중국 원산인 서향(p.398)의 원예 품종으로 서향과 비슷하지만 이른 봄에 흰색 꽃이 핀다. 잎은 어긋나고 긴 타원형~거꿀피침형이며 끝이 뾰족하고 가장자리가 밋밋하며 두껍다.

꽃잎 4장

❶ 칠엽수 ❷ 가시칠엽수 ❸ 산딸나무 ❹ 서양산딸나무

❶ **칠엽수**(무환자나무과|칠엽수과) *Aesculus turbinata* 갈잎큰키나무(높이 20m 정도)
일본 원산. 정원수나 가로수로 심는다. 잎은 마주나고 손꼴겹잎이며 작은잎은 5~9장이다. 작은잎은 가장자리에 얕은 톱니가 있다. 암수한그루로 5~6월에 가지 끝의 원뿔꽃차례에 흰색 꽃이 모여 핀다. 둥근 열매는 미세한 돌기가 많으며 갈색으로 익는다.

❷ **가시칠엽수/마로니에**(무환자나무과|칠엽수과) *Aesculus hippocastanum* 갈잎큰키나무(높이 20~30m)
유럽 남동부 원산. 관상수로 심는다. 잎은 손꼴겹잎이며 작은잎은 5~7장이고 뒷면 잎맥 위에 갈색 털이 빽빽하다. 둥근 열매는 가시로 덮여 있어서 '가시칠엽수'라고 한다.

❸ **산딸나무**(층층나무과) *Cornus kousa* 갈잎작은키나무(높이 7m 정도)
중부 이남의 산. 잎은 마주나고 달걀형~타원형이며 측맥은 4~5쌍이다. 5~6월에 가지 끝에 흰색 꽃이 피는데 十자 모양으로 된 4장의 흰색 총포조각이 꽃잎처럼 보이고 그 가운데에 연한 황록색 꽃이 머리모양꽃차례로 모여 달린다. 딸기 모양의 열매는 붉게 익는다.

❹ **서양산딸나무**(층층나무과) *Cornus florida* 갈잎작은키나무(높이 7~10m)
북아메리카 원산. 관상수로 심는다. 잎은 마주나고 달걀형~타원형이며 끝이 뾰족하다. 4~5월에 가지 끝에 흰색 꽃이 피는데 十자 모양으로 된 4장의 흰색 총포조각은 3㎝ 정도 길이이며 끝이 오목하게 들어간다. 타원형 열매는 2~10개가 촘촘히 모여 달린다.

❶ 층층나무 ❷ 말채나무 ❸ 곰의말채
층층나무 열매 말채나무 열매 곰의말채 열매

❶ 층층나무(층층나무과) *Cornus controversa* 갈잎큰키나무(높이 10~20m)

산. 나무껍질은 회갈색~회흑색이며 세로로 얕게 갈라진다. 잎은 어긋나고 넓은 달걀형~넓은 타원형이며 끝이 갑자기 뾰족해지고 가장자리가 밋밋하다. 측맥은 6~9쌍이다. 5~6월에 햇가지 끝의 고른꽃차례에 자잘한 흰색 꽃이 모여 핀다. 4장의 꽃잎은 수평으로 벌어진다. 둥근 열매는 지름 6~7mm이며 가을에 붉은색으로 변했다가 흑자색으로 익는다.

❷ 말채나무(층층나무과) *Cornus walteri* 갈잎큰키나무(높이 10~15m)

산. 나무껍질은 회갈색~흑갈색이며 그물처럼 깊게 갈라진다. 겨울눈은 달걀형이며 짧은 털로 덮여 있다. 잎은 마주나고 타원형~넓은 달걀형이며 끝이 길게 뾰족하고 가장자리가 밋밋하다. 잎 뒷면은 백록색이고 측맥은 3~5쌍이다. 5~6월에 가지 끝에 달리는 갈래꽃차례에 자잘한 흰색 꽃이 모여 핀다. 둥근 열매는 지름 6~7mm이고 검은색으로 익는다.

❸ 곰의말채(층층나무과) *Cornus macrophylla* 갈잎큰키나무(높이 10~15m)

남부 지방의 산. 나무껍질은 회갈색이며 노목은 얕게 갈라진다. 잎은 마주나고 달걀 모양의 긴 타원형이며 끝이 길게 뾰족하고 가장자리가 밋밋하다. 잎 뒷면은 백록색이고 측맥은 4~8쌍이다. 5~7월에 가지 끝에 달리는 고른꽃차례에 자잘한 흰색 꽃이 모여 핀다. 4장의 꽃잎은 달걀 모양의 긴 타원형이다. 둥근 열매는 지름 5~6mm이고 검은색으로 익는다.

꽃잎 4장

봄에 피는 흰색 나무꽃

❶ 흰말채나무 ❷ 애기고광나무 ❸ 얇은잎고광나무 1)고광나무

❶ **흰말채나무**(층층나무과) *Cornus alba* 갈잎떨기나무(높이 2~3m)
평북 및 함경도. 가지는 겨울에 적자색으로 변한다. 잎은 마주나고 타원형~넓은 타원형이며 끝이 뾰족하고 가장자리는 밋밋하다. 5~6월에 가지 끝의 갈래꽃차례에 자잘한 흰색 꽃이 모여 핀다. 둥근 열매는 끝에 꽃받침자국이 남아 있고 흰색으로 익으며 단맛이 난다.

❷ **애기고광나무**(수국과 | 범의귀과) *Philadelphus pekinensis* 갈잎떨기나무(높이 2~4m)
숲 가장자리. 전체에 털이 거의 없다. 잎은 마주나고 달걀형이며 끝이 길게 뾰족하고 가장자리에 희미한 톱니가 있다. 5~6월에 가지 끝의 송이꽃차례에 5~9개의 흰색 꽃이 피는데 꽃잎은 4장이다. 꽃차례와 꽃받침통에 털이 없고 암술대는 끝부분만 약간 갈라진다.

❸ **얇은잎고광나무**(수국과 | 범의귀과) *Philadelphus tenuifolius* 갈잎떨기나무(높이 2~3m)
숲 가장자리. 잎은 마주나고 달걀형~타원형이며 끝이 길게 뾰족하고 가장자리에 희미한 톱니가 있다. 잎 양면에 털이 있다. 5~6월에 가지 끝에서 나온 송이꽃차례에 3~9개의 흰색 꽃이 핀다. 꽃차례와 꽃받침통에 잔털이 많고 암술대에는 털이 없다. 꽃잎은 4장이며 수술은 20~30개이다. 열매는 타원형~구형이며 꽃받침조각과 기다란 암술대가 남아 있다. 1)**고광나무**(*P. schrenkii*)는 얇은잎고광나무와 비슷하지만 잎이 두꺼운 편이고 암술대에 털이 있는 것으로 구분하는데 실제로는 구분이 어렵다.

꽃잎 4장

봄에 피는 흰색 나무꽃

❶ 등수국
❷ 호자나무
❸ 수정목
등수국 꽃 모양
등수국 열매
호자나무 열매
수정목 열매

❶ **등수국**(수국과|범의귀과) *Hydrangea petiolaris* 갈잎덩굴나무(길이 10~20m)
　제주도와 울릉도의 숲속. 공기뿌리로 다른 물체에 달라붙는다. 잎은 마주나고 넓은 달걀형이며 끝이 뾰족하고 가장자리에 날카로운 톱니가 있다. 5~6월에 가지 끝에 고른꽃차례가 달린다. 꽃가지 끝에 달리는 장식꽃은 흰색 꽃받침조각이 3~4개이다. 꽃가지 밑부분에 달리는 흰색 암수한꽃은 꽃잎이 5장이며 수술은 15~20개로 많고 암술대는 2개이다.

❷ **호자나무**(꼭두서니과) *Damnacanthus indicus* 늘푸른떨기나무(높이 20~60㎝)
　제주도. 가지에 잎의 길이와 비슷한 날카로운 가시가 있다. 잎은 마주나고 달걀형~넓은 달걀형이며 1~2㎝ 길이이고 끝이 뾰족하며 가장자리가 밋밋하고 가죽질이다. 5~6월에 잎겨드랑이에 1~2개의 흰색 꽃이 피는데 깔때기 모양의 꽃부리는 끝이 4갈래로 갈라지고 안쪽에 털이 있다. 둥근 열매는 끝에 날카로운 꽃받침조각이 남아 있으며 겨울에 붉게 익는다.

❸ **수정목**(꼭두서니과) *Damnacanthus major* 늘푸른떨기나무(높이 40~70㎝)
　남쪽 섬의 숲속. 가지에 짧은 가시가 있다. 잎은 마주나고 달걀형~타원 모양의 달걀형이며 2~4㎝ 길이이고 끝이 뾰족하며 가장자리가 밋밋하다. 잎 앞면은 광택이 있고 뒷면은 연녹색이다. 5월에 잎겨드랑이에 피는 1~2개의 흰색 꽃은 깔때기 모양이고 안쪽에 털이 있으며 4갈래로 갈라져 벌어진다. 둥근 열매는 끝에 날카로운 꽃받침조각이 남으며 붉게 익는다.

꽃잎 4장

봄에 피는 흰색 나무꽃

❶ 쇠물푸레 쇠물푸레 열매 이팝나무 열매 ❷ 이팝나무
❸ 쥐똥나무 쥐똥나무 열매 ❹ 산동쥐똥나무

❶ **쇠물푸레**(물푸레나무과) *Fraxinus sieboldiana* 갈잎작은키나무~큰키나무(높이 6~15m)
중부 이남의 산. 잎은 마주나고 홀수깃꼴겹잎이며 작은잎은 3~7장이다. 암수딴그루로 4~5월에 잎겨드랑이의 원뿔꽃차례에 자잘한 흰색 꽃이 모여 핀다. 꽃부리는 4갈래로 깊게 갈라지고 갈래조각은 가는 피침형이다. 열매는 거꿀피침형이며 가장자리에 날개가 있다.

❷ **이팝나무**(물푸레나무과) *Chionanthus retusus* 갈잎큰키나무(높이 20m 정도)
중부 이남의 산과 들. 잎은 마주나고 긴 타원형이며 가장자리가 밋밋하다. 암수딴그루로 5월에 햇가지 끝에 달리는 원뿔꽃차례에 흰색 꽃이 무더기로 달린다. 꽃부리는 4갈래로 깊게 갈라지며 갈래조각은 가는 선형이고 15~20㎜ 길이이다. 열매는 타원형이다.

❸ **쥐똥나무**(물푸레나무과) *Ligustrum obtusifolium* 갈잎떨기나무(높이 1~4m)
산기슭. 잎은 마주나고 긴 타원형이며 2~6㎝ 길이이고 끝은 둔하며 가장자리는 밋밋하고 뒷면은 연녹색이다. 잎자루는 1~3㎜ 길이이다. 5~6월에 햇가지 끝에 달리는 송이꽃차례는 2~4㎝ 길이이고 잔털이 많다. 흰색 꽃부리는 6~9㎜ 길이이고 끝이 4갈래로 벌어진다.

❹ **산동쥐똥나무**(물푸레나무과) *Ligustrum leucanthum* 갈잎떨기나무(높이 3m 정도)
전남 이남. 잎은 마주나고 타원형~피침형이며 끝이 뾰족하다. 햇가지와 잎자루에 털이 있다. 5~6월에 가지 끝의 원뿔꽃차례에 좁은 깔때기 모양의 흰색 꽃이 핀다.

꽃잎 4~5장

봄에 피는 흰색 나무꽃

❶ 미선나무 　 미선나무 열매 　 ¹⁾상아미선

❷ 털댕강나무 　 털댕강나무 꽃 모양 　 할미밀망 열매 　 ❸ 할미밀망

❶ **미선나무**(물푸레나무과) *Abeliophyllum distichum* 갈잎떨기나무(높이 1~2m)
충북과 전북의 산에서 드물게 자란다. 잎은 마주나고 달걀형~타원형이며 끝이 뾰족하고 가장자리가 밋밋하다. 3~4월에 잎이 돋기 전에 꽃이 먼저 피는데 잎겨드랑이의 송이꽃차례에 개나리(p.424) 꽃을 닮은 흰색 꽃이 모여 핀다. 꽃부리는 지름 15~20mm이며 4갈래로 갈라진다. 동글납작한 열매는 지름 20~25mm이고 끝이 오목하며 '미선'이라고 하는 둥근 부채와 닮았다. ¹⁾**상아미선**(f. *eburneum*)은 미선나무의 품종으로 상아색 꽃이 피는 점이 특징이다. 미선나무와 같은 종으로 본다.

❷ **털댕강나무**(인동과) *Abelia biflora* 갈잎떨기나무(높이 2m 정도)
경기도, 강원도, 충북, 경북의 산이나 석회암 지대. 잎은 마주나고 피침형~달걀형이며 끝이 뾰족하고 거의 밋밋하다. 잎 양면에 털이 있다. 5월에 가지 끝에 흰색이나 연분홍색 꽃이 1~2개씩 달리는데 꽃자루는 2~3mm 길이이다. 꽃부리는 원통형이며 끝이 4갈래로 갈라진다.

❸ **할미밀망**(미나리아재비과) *Clematis trichotoma* 갈잎덩굴나무(길이 5m 정도)
지리산 이북의 숲 가장자리. 잎은 마주나고 깃꼴겹잎이며 작은잎은 3~5장이다. 작은잎은 달걀형이며 끝이 뾰족하고 가장자리에 1~3개의 큰 톱니가 있다. 5~6월에 잎겨드랑이에서 나온 꽃자루에 흰색 꽃이 보통 3개씩 핀다. 흰색 꽃덮이조각은 4~6장이며 수평으로 벌어진다.

꽃잎 5장

봄에 피는 흰색 나무꽃

- ❶ **유동**(대극과) *Vernicia fordii* 갈잎큰키나무(높이 10~12m)
  남부 지방에서 심어 기른다. 잎은 어긋나고 하트형이며 끝이 뾰족하고 윗부분이 3갈래로 얕게 갈라지기도 한다. 암수한그루로 5월에 가지 끝의 원뿔꽃차례에 피는 흰색 꽃은 꽃잎 안쪽에는 노란색 바탕에 붉은색 무늬가 있다. 둥근 열매는 지름 30~45mm이고 끝이 뾰족하다.

- ❷ **참조팝나무**(장미과) *Spiraea fritschiana* 갈잎떨기나무(높이 1.5m 정도)
  지리산 이북의 깊은 산. 잎은 어긋나고 타원형~달걀 모양의 타원형이며 4~8cm 길이이고 끝이 뾰족하며 가장자리에 잔톱니와 겹톱니가 섞여 있다. 잎 뒷면은 연녹색이고 잎자루는 2~5mm 길이이다. 5~7월에 가지 끝의 겹고른꽃차례에 흰색~연한 홍자색 꽃이 핀다.

- ❸ **조팝나무**(장미과) *Spiraea prunifolia* v. *simpliciflora* 갈잎떨기나무(높이 1.5~2m)
  산과 들. 잎은 어긋나고 긴 타원형이며 가장자리에 잔톱니가 있다. 4~5월에 지난해에 자란 가지에 촘촘히 달리는 우산꽃차례는 꽃차례자루가 없으며 3~6개의 흰색 꽃이 달린다.

- ❹ **산조팝나무**(장미과) *Spiraea blumei* 갈잎떨기나무(높이 1~1.5m)
  전북과 경북 이북의 산. 전체에 털이 거의 없다. 잎은 어긋나고 넓은 달걀형~마름모꼴의 달걀형이며 가장자리 윗부분에 둥근 톱니가 있고 3~5갈래로 얕게 갈라지기도 한다. 5월에 햇가지 끝의 우산꽃차례에 흰색 꽃이 모여 핀다. 열매는 4~6개씩 모여 달린다.

봄에 피는 흰색 나무꽃

❶ **인가목조팝나무**(장미과) *Spiraea chamaedryfolia* 갈잎떨기나무(높이 1~1.5m)
전북과 경남 이북의 깊은 산. 잎은 어긋나고 달걀형~긴 달걀형이며 가장자리에 겹톱니가 있다. 잎 뒷면은 연녹색이고 잎자루는 4~7mm 길이이며 털이 있다. 5~6월에 햇가지 끝에 달리는 고른꽃차례~우산꽃차례는 지름 25~35mm이고 흰색 꽃이 5~15개가 모여 핀다.

❷ **아구장나무**(장미과) *Spiraea pubescens* 갈잎떨기나무(높이 2m 정도)
건조한 산. 잎은 어긋나고 마름모꼴의 달걀형~타원형이며 가장자리의 상반부에 큼직하고 날카로운 톱니가 있다. 5월에 햇가지 끝에 달리는 우산꽃차례에 흰색 꽃이 모여 핀다.

❸ **당조팝나무**(장미과) *Spiraea nervosa* 갈잎떨기나무(높이 1.5m 정도)
건조한 산. 잎은 어긋나고 마름모꼴의 달걀형~타원형이며 끝이 둔하고 가장자리의 상반부에 큼직하고 날카로운 톱니가 있다. 잎 뒷면은 회녹색이고 털이 빽빽하다. 5월에 햇가지 끝에 달리는 우산꽃차례에 흰색 꽃이 모여 피는데 꽃자루에 털이 빽빽하다.

❹ **갈기조팝나무**(장미과) *Spiraea trichocarpa* 갈잎떨기나무(높이 1~1.5m)
충북 이북의 산. 모여나는 줄기는 활처럼 휘어진다. 잎은 어긋나고 거꿀달걀형~타원형이며 끝이 둔하고 가장자리는 밋밋하거나 상반부에 약간 둔한 톱니가 있다. 잎 뒷면은 흰빛이 돈다. 5~6월에 햇가지 끝에 달리는 겹고른꽃차례에 흰색 꽃이 10~50개가 모여 핀다.

꽃잎 5장

❶ 국수나무 ❷ 나도국수나무 ❸ 양국수나무 ❹ 가침박달

❶ 국수나무(장미과) *Stephanandra incisa* 갈잎떨기나무(높이 1~2m)
산. 잎은 어긋나고 세모진 달걀형이며 끝이 뾰족하다. 잎 가장자리에 불규칙한 겹톱니가 있고 얕게 갈라지기도 한다. 턱잎은 톱니가 약간 있다. 5~6월에 가지 끝의 원뿔꽃차례에 자잘한 백황색 꽃이 모여 달린다. 꽃잎은 5장이고 꽃받침통의 안쪽은 노란색이다.

❷ 나도국수나무(장미과) *Neillia uekii* 갈잎떨기나무(높이 1~2m)
중부 이북의 산. 잎은 어긋나고 세모진 달걀형이며 3~5갈래로 얕게 갈라지고 겹톱니가 있다. 5~6월에 가지 끝의 송이꽃차례에 자잘한 흰색 꽃이 모여 핀다. 꽃차례의 줄기와 꽃자루, 꽃받침에 긴 샘털이 있다. 둥근 달걀형 열매는 표면에 기다란 샘털이 빽빽하다.

❸ 양국수나무(장미과) *Physocarpus opulifolius* 갈잎떨기나무(높이 2~3m)
관상수로 심는다. 잎은 어긋나고 넓은 달걀형이며 가장자리에 둔한 겹톱니가 있고 3갈래로 얕게 갈라지기도 한다. 5~6월에 햇가지 끝의 고른꽃차례에 흰색 꽃이 핀다.

❹ 가침박달(장미과) *Exochorda racemosa* ssp. *serratifolia* 갈잎떨기나무(높이 1~5m)
중부 이북의 건조한 산. 잎은 어긋나고 타원형~긴 달걀형이며 끝이 뾰족하고 가장자리의 상반부에 뾰족한 톱니가 있다. 4~5월에 햇가지 끝의 송이꽃차례에 3~10개의 흰색 꽃이 모여 핀다. 열매는 10~12mm 길이이고 5~6개의 골이 져서 별 모양이 된다.

꽃잎 5장

봄에 피는 흰색 나무꽃

❶ 매실나무 ❷ 개살구나무 ❸ 살구나무

매실나무 열매 개살구나무 열매 살구나무 열매

❶ 매실나무/매화나무(장미과) *Prunus mume* 갈잎작은키나무(높이 5m 정도)
중국 원산. 밭에서 재배하거나 관상수로 심는다. 잔가지는 녹색이고 털이 거의 없다. 잎은 어긋나고 타원형~넓은 달걀형이며 뾰족한 잔톱니가 있다. 2~4월에 잎이 나기 전에 잎겨드랑이에 흰색~연홍색 꽃이 1~3개씩 모여 핀다. 꽃자루는 1~5mm 길이로 짧고 꽃받침조각은 꽃이 피어도 뒤로 잘 젖혀지지 않는다. 씨앗은 열매살에서 잘 떨어지지 않는다.

❷ 개살구나무(장미과) *Prunus mandshurica* 갈잎작은키나무~큰키나무(높이 5~10m)
경북과 충남 이북의 산. 잎은 어긋나고 넓은 타원형~넓은 달걀형이며 5~12cm 길이이고 끝이 길게 뾰족하며 가장자리에 뾰족한 겹톱니가 있다. 4~5월에 잎이 돋기 전에 먼저 피는 연홍색~흰색 꽃은 꽃자루가 7~10mm 길이로 살구나무보다 길며 꽃받침은 뒤로 젖혀진다. 약간 납작한 열매는 2~3cm 크기이며 자루가 있고 표면에 털이 빽빽하며 노랗게 익는다.

❸ 살구나무(장미과) *Prunus armeniaca v. ansu* 갈잎작은키나무~큰키나무(높이 5~12m)
마을에서 기른다. 잎은 어긋나고 넓은 타원형~둥근 달걀형이며 끝이 길게 뾰족하고 가장자리에 둔한 톱니가 있다. 4월에 잎보다 먼저 피는 연홍색~흰색 꽃은 지름 25~40mm이며 꽃자루는 매우 짧고 꽃받침은 뒤로 젖혀진다. 둥근 열매는 자루가 없으며 털이 빽빽하다. 동글납작한 씨앗은 한쪽 가장자리에 좁은 날개가 있고 열매에서 잘 떨어진다.

꽃잎 5장

봄에 피는 흰색 나무꽃

❶ 자두나무 ❷ 귀룽나무 ❸ 개벚지나무

자두나무 열매 귀룽나무 열매 개벚지나무 열매

❶ **자두나무**(장미과) *Prunus salicina* 갈잎작은키나무(높이 7~8m)
중국 원산. 과일나무로 심는다. 잎은 어긋나고 좁은 타원형~거꿀피침형이며 5~12cm 길이이고 끝이 갑자기 뾰족해지며 가장자리에 잔톱니가 있다. 3~4월에 잎이 돋기 전에 먼저 피는 흰색 꽃은 지름 15~20mm로 작은 편이고 보통 3개씩 달리며 꽃자루는 10~15mm 길이로 긴 편이다. 둥근 열매는 지름 4~5cm이며 노란색~빨간색으로 익고 새콤달콤한 맛이 난다.

❷ **귀룽나무**(장미과) *Prunus padus* 갈잎큰키나무(높이 10~15m)
지리산 이북의 산. 잎은 어긋나고 타원형~거꿀달걀형이며 4~10cm 길이이고 끝이 뾰족하며 가장자리에 날카로운 톱니가 있다. 4~6월에 햇가지 끝에서 늘어지는 송이꽃차례는 밑부분에 잎이 달린다. 흰색 꽃은 지름 10~16mm이고 수술은 많으며 꽃잎보다 약간 짧다. 열매송이는 늘어지며 둥근 열매는 검게 익는다. 북한에서는 '구름나무'라고 한다.

❸ **개벚지나무/개버찌나무**(장미과) *Prunus maackii* 갈잎큰키나무(높이 15m 정도)
지리산 이북의 깊은 산. 나무껍질은 황갈색이며 광택이 있고 가로로 얇게 벗겨진다. 잎은 어긋나고 타원형~긴 달걀형이며 끝이 길게 뾰족하고 가장자리에 날카로운 잔톱니가 있다. 5월에 햇가지 끝에 달리는 송이꽃차례에 자잘한 흰색 꽃이 모여 핀다. 꽃은 지름 8~10mm이고 수술은 많으며 꽃잎보다 약간 길다. 둥근 열매는 지름 5~7mm이고 검게 익는다.

꽃잎 5장

봄에 피는 흰색 나무꽃

❶ 산개벚지나무 ❷ 왕벚나무 ❸ 산벚나무
산개벚지나무 열매 왕벚나무 암술 산벚나무 꽃차례
왕벚나무 열매 산벚나무 열매

❶ 산개벚지나무/산개버찌나무(장미과) *Prunus maximowiczii* 갈잎큰키나무(높이 10~15m)
한라산과 지리산 이북의 깊은 산. 나무껍질은 자갈색~진회색이며 가로로 긴 껍질눈이 있다. 잎은 어긋나고 타원형~거꿀달걀형이며 끝이 길게 뾰족하고 가장자리에 뾰족한 겹톱니가 있다. 5~6월에 햇가지 끝에 달리는 송이꽃차례에 자잘한 흰색 꽃이 모여 핀다. 작은꽃자루 밑에는 잎 모양의 포가 1개씩 있다. 둥근 달걀형 열매는 검게 익는다.

❷ 왕벚나무(장미과) *Prunus yedoensis* 갈잎큰키나무(높이 10~15m)
한라산과 해남 대둔산. 가로수로 많이 심는다. 잎은 어긋나고 넓은 타원형~거꿀달걀형이며 끝이 꼬리처럼 길고 가장자리에 날카로운 겹톱니가 있다. 4월에 잎이 돋기 전에 흰색 꽃이 핀다. 가지의 우산꽃차례는 자루가 거의 없으며 3~5개의 꽃이 달린다. 작은꽃자루와 암술대 하반부에 털이 많다. 꽃받침통은 좁은 종 모양이고 털이 빽빽하다.

❸ 산벚나무(장미과) *Prunus sargentii* 갈잎큰키나무(높이 10~20m)
지리산 이북의 높은 산. 잎은 어긋나고 타원형~거꿀달걀형이며 끝이 길게 뾰족하고 가장자리에 톱니가 있다. 4~5월에 잎이 돋을 때 연홍색~흰색 꽃이 핀다. 가지의 우산꽃차례는 자루가 거의 없으며 2~4개의 꽃이 달린다. 꽃자루와 암술대, 씨방에 털이 없다. 꽃받침통은 좁은 종 모양이고 끝이 5갈래로 갈라지며 갈래조각은 젖혀지지 않는다.

꽃잎 5장

봄에 피는 흰색 나무꽃

❶ 섬벚나무
❷ 올벚나무
❸ 실벚나무

섬벚나무 열매   올벚나무 열매   실벚나무 열매

● **❶ 섬벚나무**(장미과) *Prunus takesimensis* 갈잎큰키나무(높이 8~20m)
울릉도. 잎은 어긋나고 넓은 타원형~넓은 달걀형이며 8~15㎝ 길이이고 끝이 길게 뾰족하며 가장자리에 톱니가 있다. 4~5월에 잎이 돋을 때 흰색~연홍색 꽃이 핀다. 가지의 우산꽃차례는 자루가 거의 없고 꽃은 지름 25~32㎜이며 꽃잎 끝이 오목하게 들어가고 작은꽃자루는 15~20㎜ 길이로 짧은 편이다. 꽃받침통은 좁은 종 모양이고 끝이 5갈래로 갈라진다. 둥근 열매는 지름 10~13㎜로 약간 크며 흑자색으로 익는다.

● **❷ 올벚나무**(장미과) *Prunus spachiana* f. *ascendens* 갈잎큰키나무(높이 10~15m)
전남과 경남 이남의 산. 가지는 가늘고 잎과 가지에 잔털이 있다. 잎은 어긋나고 긴 타원형~좁은 거꿀달걀형이며 6~12㎝ 길이이고 끝이 뾰족하며 가장자리에 톱니가 있다. 3~4월에 잎이 돋기 전에 가지의 우산꽃차례에 2~5개의 흰색~연홍색 꽃이 핀다. 꽃은 지름 25㎜ 정도이며 5장의 꽃잎 끝이 오목하게 들어간다. 꽃받침통은 아래쪽이 항아리처럼 부풀고 털이 많다. 둥근 열매는 지름 1㎝ 정도이며 자루가 길고 흑자색으로 익는다.

● **❸ 실벚나무/처진올벚나무**(장미과) *Prunus spachiana* 갈잎큰키나무(높이 10~15m)
학명상으로 올벚나무의 기본종이다. 가지는 가늘고 수양버들(p.441)처럼 축 늘어진다. 늘어지는 가지 이외에는 잎, 꽃, 열매 등 모든 생김새는 올벚나무와 비슷하다.

❶ 벚나무 ❷ 양벚 ❸ 이스라지
벚나무 열매   양벚 열매   이스라지 열매

❶ **벚나무**(장미과) *Prunus serrulata* v. *spontanea* 갈잎큰키나무(높이 15~25m)
주로 낮은 산. 잎은 어긋나고 긴 타원형~거꿀달걀형이며 끝이 길게 뾰족하고 가장자리에 날카로운 톱니가 있다. 4~5월에 잎이 돋을 때 연홍색~흰색 꽃도 함께 핀다. 가지의 송이꽃차례는 3~27㎜ 길이의 자루가 있으며 작은꽃자루와 암술대에 털이 없고 꽃받침통은 좁은 종 모양이다. 둥근 열매는 '버찌'라고 하며 흑자색으로 익으면 따 먹는다.

❷ **양벚**(장미과) *Prunus avium* 갈잎큰키나무(높이 10m 정도)
유라시아 원산. 과일나무로 심는다. 잎은 어긋나고 달걀형~거꿀달걀형이며 끝이 급히 뾰족해지고 가장자리에 불규칙한 톱니가 있다. 4~5월에 잎이 돋을 때 흰색~연홍색 꽃이 핀다. 가지의 우산꽃차례는 꽃차례자루가 거의 없다. 꽃은 지름 25~35㎜이며 작은꽃자루는 15~40㎜ 길이이고 털이 없다. 둥근 열매는 지름 1~2㎝로 크며 붉은색으로 익는다.

❸ **이스라지**(장미과) *Prunus japonica* v. *nakaii* 갈잎떨기나무(높이 1m 정도)
산. 잎은 어긋나고 달걀형~달걀 모양의 피침형이며 끝이 꼬리처럼 길게 뾰족하고 가장자리에 날카로운 겹톱니가 있다. 4~5월에 잎과 함께 피는 연분홍색~흰색 꽃은 지름 15~20㎜이고 꽃잎은 5장이다. 꽃자루는 10~35㎜ 길이이다. 꽃받침통은 짧은 종 모양이다. 둥근 열매는 지름 1㎝ 정도이고 자루가 달린 부분이 오목하게 들어가며 붉은색으로 익는다.

꽃잎 5장

봄에 피는 흰색 나무꽃

❶ 앵두나무 ❷ 다정큼나무 ❸ 섬개야광나무
앵두나무 열매 다정큼나무 열매 섬개야광나무 열매

❶ **앵두나무/앵도나무**(장미과) *Prunus tomentosa* 갈잎떨기나무(높이 2~3m)
중국 원산. 과일나무로 기르고 관상수로도 심는다. 잎은 어긋나고 타원형~거꿀달걀형이며 끝이 뾰족하고 가장자리에 잔톱니가 있다. 잎 뒷면은 연녹색이며 털이 빽빽하다. 3~4월에 잎이 돋기 전에 연분홍색~흰색 꽃이 핀다. 꽃자루는 길이 2mm 정도로 짧고 잔털이 많다. 씨방에는 긴털이 있다. 둥근 열매는 지름 10~12mm이고 붉은색으로 익는다.

❷ **다정큼나무**(장미과) *Rhaphiolepis indica v. umbellata* 늘푸른떨기나무(높이 1~4m)
남쪽 바닷가. 잎은 어긋나지만 가지 끝에서는 모여난 것처럼 보이고 긴 타원형~거꿀달걀형이며 4~8cm 길이이다. 잎 끝은 뾰족하고 가장자리에 둔한 톱니가 드문드문 있으며 뒤로 살짝 말린다. 5~6월에 가지 끝의 원뿔꽃차례에 향기가 나는 흰색 꽃이 핀다. 꽃차례에는 갈색 털이 빽빽하다. 둥근 열매는 지름 1cm 정도이고 흑자색으로 익는다.

❸ **섬개야광나무**(장미과) *Cotoneaster horizontalis v. wilsonii* 갈잎떨기나무(높이 1~4m)
울릉도의 바닷가. 가지는 비스듬히 처진다. 잎은 어긋나고 달걀형~달걀 모양의 타원형이며 끝은 뾰족하거나 둔하고 가장자리가 밋밋하다. 잎 뒷면에는 털이 많다. 5~6월에 가지 끝의 고른꽃차례에 5~20개의 흰색~연분홍색 꽃이 피는데 5장의 꽃잎은 서로 떨어져 있다. 네모진 원형 열매는 지름 7~8mm이고 적색으로 익으며 단맛이 난다.

봄에 피는 흰색 나무꽃

❶ **산사나무**(장미과) *Crataegus pinnatifida* 갈잎작은키나무(높이 6~8m)
산. 가지에 가시가 있다. 잎은 어긋나고 넓은 달걀형이며 3~5쌍으로 갈라지고 가장자리에 불규칙하고 뾰족한 톱니가 있다. 5~6월에 가지 끝의 고른꽃차례에 흰색 꽃이 모여 핀다. 둥근 열매는 끝에 꽃받침자국이 남아 있으며 붉은색으로 익는다.

❷ **아광나무**(장미과) *Crataegus maximowiczii* 갈잎작은키나무(높이 5m 정도)
북부 지방의 깊은 산. 잎은 어긋나고 달걀형~넓은 타원형이며 가장자리에 잔톱니가 있고 얕게 갈라지기도 한다. 잎 뒷면은 털이 빽빽하다. 5~6월에 짧은가지 끝에 달리는 겹고른꽃차례는 부드러운 털이 빽빽하다. 흰색 꽃은 꽃잎이 5장이며 수술은 20개 정도이다.

❸ **윤노리나무**(장미과) *Photinia villosa* 갈잎작은키나무(높이 5m 정도)
중부 이남의 산. 잎은 어긋나고 긴 타원형~거꿀달걀형이며 3~8cm 길이이고 뻣뻣하며 거칠다. 잎 끝은 길게 뾰족하며 가장자리에 날카로운 톱니가 촘촘하다. 5월에 가지 끝의 고른꽃차례는 털이 촘촘하며 흰색 꽃이 모여 핀다. 열매는 타원형~달걀형이며 8~10mm 길이이고 열매자루에 껍질눈이 있으며 가을에 붉은색으로 익고 단맛이 난다. ¹⁾**떡잎윤노리나무**(v. *brunnea*)는 윤노리나무의 변종으로 남쪽 바닷가 주변의 산에서 자란다. 거꿀달걀형 잎이 두껍고 꽃차례가 큼직한 것이 특징이다.

꽃잎 5장

봄에 피는 흰색 나무꽃

❶ 사과나무   ❷ 야광나무   사과나무 열매   야광나무 열매
❸ 아그배나무   아그배나무 열매   ❹ 이노리나무

❶ **사과나무**(장미과) *Malus pumila* 갈잎큰키나무(높이 3~10m)
　밭에서 재배한다. 잎은 어긋나고 타원형~달걀형이며 끝이 뾰족하고 가장자리에 둔한 톱니가 있다. 4~5월에 짧은가지 끝에 달리는 우산꽃차례에 흰색~연홍색 꽃이 핀다. 둥근 열매는 지름 2~12㎝이고 끝부분의 꽃받침자국 부분이 오목하게 들어가며 가을에 붉게 익는다.

❷ **야광나무**(장미과) *Malus baccata* 갈잎작은키나무(높이 5~10m)
　산. 잎은 어긋나고 타원형~달걀형이며 끝이 뾰족하고 날카로운 톱니가 있다. 4~5월에 가지 끝의 고른꽃차례에 흰색 꽃이 모여 피는데 암술대는 4~5개로 수술보다 길다. 꽃받침은 털이 빽빽하고 꽃자루는 2~4㎝ 길이로 길다. 둥근 열매는 붉은색이나 노란색으로 익는다.

❸ **아그배나무**(장미과) *Malus sieboldii* 갈잎작은키나무(높이 3~6m)
　중부 이남의 산. 잎은 어긋나고 타원형~긴 달걀형이며 햇가지의 잎은 3~5갈래로 갈라지기도 한다. 5월에 가지 끝의 고른꽃차례에 흰색 꽃이 모여 핀다. 암술대는 3~4개로 수술보다 약간 길다. 둥근 열매는 지름 6~9㎜이고 적색, 노란색으로 익으며 자루는 길다.

❹ **이노리나무**(장미과) *Malus komarovii* 갈잎떨기나무~작은키나무(높이 3~5m)
　강원도 이북 깊은 산. 잎은 어긋나고 넓은 달걀형이며 3~5갈래로 갈라진다. 5~6월에 가지 끝의 고른꽃차례에 흰색 꽃이 핀다. 둥근 열매는 붉게 익고 열매자루는 12~15㎜ 길이로 짧다.

❶ 돌배나무(장미과) *Pyrus pyrifolia* 갈잎작은키나무(높이 5~8m)
중부 이남의 마을 주변. 잎은 어긋나고 달걀형~넓은 달걀형이며 끝은 길게 뾰족하고 가장자리에 잔톱니가 있다. 4~5월에 짧은가지 끝의 고른꽃차례에 흰색 꽃이 핀다. 둥근 열매는 지름 2~3cm이고 꽃받침은 떨어지며 표면에 껍질눈이 많고 다갈색으로 익는다.

❷ 배나무(장미과) *Pyrus pyrifolia* v. *culta* 갈잎작은키나무(높이 5~10m)
돌배나무의 변종으로 과일나무로 재배한다. 돌배나무와 생김새가 비슷하지만 둥근 열매는 지름 4~15cm로 크고 꽃받침조각은 떨어지며 표면에 껍질눈이 많다. 과일로 먹는다.

❸ 산돌배(장미과) *Pyrus ussuriensis* 갈잎큰키나무(높이 10m 정도)
산. 잎은 어긋나고 달걀형~넓은 달걀형이며 끝이 길게 뾰족하고 가장자리에 잔톱니가 있다. 짧은가지 끝의 고른꽃차례에 흰색~연분홍색 꽃이 모여 핀다. 둥근 열매는 지름 2~6cm이고 끝에 꽃받침조각이 남아 있으며 표면에 껍질눈이 많고 황갈색으로 익는다.

❹ 콩배나무(장미과) *Pyrus calleryana* 갈잎떨기나무(높이 3m 정도)
황해도 이남의 산. 가지 끝이 가시로 변하기도 한다. 잎은 어긋나고 달걀형~넓은 달걀형이며 끝이 길게 뾰족하고 잔톱니가 있다. 4~5월에 가지 끝의 고른꽃차례에 흰색 꽃이 모여 피는데 수술의 꽃밥은 붉은색이고 암술대는 2~3개이다. 둥근 열매는 지름 1cm 정도이다.

꽃잎 5장

봄에 피는 흰색 나무꽃

❶ 홍가시나무(장미과) *Photinia glabra* 늘푸른작은키나무(높이 5~10m)
남부 지방에서 관상수로 심는다. 잎은 어긋나고 긴 타원형이며 끝이 뾰족하고 가는 톱니가 있다. 잎몸은 가죽질이고 새로 돋는 잎가지는 붉은색으로 매우 아름답다. 5~6월에 가지 끝의 겹고른꽃차례에 흰색 꽃이 모여 핀다. 둥근 달걀형 열매는 붉게 익는다.

❷ 피라칸다(장미과) *Pyracantha angustifolia* 늘푸른떨기나무(높이 1~2m)
관상수로 심고 흔히 생울타리를 만든다. 가지에는 잔가지가 변한 억센 가시가 있다. 잎은 어긋나고 좁은 타원형~거꿀피침형이며 가장자리가 거의 밋밋하다. 5~6월에 가지 끝의 고른꽃차례에 지름 4~5mm인 흰색 꽃이 촘촘히 모여 핀다. 둥근 열매는 주황색으로 익는다.

❸ 마가목(장미과) *Sorbus commixta* 갈잎작은키나무(높이 6~8m)
산. 잎은 어긋나고 홀수깃꼴겹잎이며 작은잎은 9~13장이다. 작은잎은 피침형~긴 타원형이며 끝이 길게 뾰족하고 가장자리에 날카로운 겹톱니가 있다. 5~6월에 가지 끝의 겹고른꽃차례에 흰색 꽃이 피는데 꽃대에는 털이 거의 없다. 둥근 열매는 붉게 익는다.

❹ 팥배나무(장미과) *Sorbus alnifolia* 갈잎큰키나무(높이 10~15m)
산. 잎은 어긋나고 달걀형~타원형이며 가장자리에 불규칙한 겹톱니가 있다. 잎은 측맥이 뚜렷하다. 4~6월에 가지 끝에 흰색 꽃이 모여 핀다. 열매 표면에는 반점이 있다.

❶ 채진목 ❷ 은물싸리 ❸ 찔레꽃 ❹ 흰인가목

❶ 채진목(장미과) *Amelanchier asiatica* 갈잎작은키나무(높이 5~10m)
제주도의 산골짜기. 잎은 어긋나고 긴 타원형~달걀형이며 끝이 뾰족하고 잔톱니가 있다. 4~5월에 가지 끝에 흰색 꽃이 모여 피는데 꽃차례자루와 작은꽃자루에 솜털이 빽빽하다. 5장의 꽃잎은 가는 선형이다. 둥근 열매는 흑자색으로 익고 흰색 가루로 덮여 있다.

❷ 은물싸리(장미과) *Potentilla fruticosa* v. *mandshurica* 갈잎떨기나무(높이 1m 정도)
함경도의 높은 산. 잎은 어긋나고 홀수깃꼴겹잎이며 작은잎은 3~7장이다. 작은잎은 타원형이며 양면에 털이 있다. 5~8월에 햇가지 끝이나 잎겨드랑이에 흰색 꽃이 2~3개씩 달린다.

❸ 찔레꽃(장미과) *Rosa multiflora* 갈잎떨기나무(높이 2~4m)
산과 들. 끝이 밑으로 처지는 가지에 가시가 많다. 잎은 어긋나고 홀수깃꼴겹잎이며 작은잎은 5~9장이다. 턱잎은 잎자루와 합쳐지고 가장자리에 빗살 같은 톱니가 있다. 5~6월에 가지 끝의 원뿔꽃차례에 흰색~연홍색 꽃이 핀다. 열매는 둥근 달걀형이며 붉게 익는다.

❹ 흰인가목(장미과) *Rosa koreana* 갈잎떨기나무(높이 1~1.5m)
중부 이북의 높은 산. 줄기에 바늘 모양의 가시가 빽빽이 난다. 잎은 어긋나고 홀수깃꼴겹잎이며 작은잎은 7~15장으로 많다. 5~6월에 가지 끝에 흰색~연분홍색 꽃이 핀다. 긴 타원형 열매는 15~20mm 길이이고 끝에 꽃받침조각이 남아 있으며 붉은색으로 익는다.

꽃잎 5장

봄에 피는 흰색 나무꽃

❶ 산딸기 산딸기 열매 ❷ 섬나무딸기
❸ 거문딸기 거문딸기 열매 수리딸기 열매 ❹ 수리딸기

❶ **산딸기**(장미과) *Rubus crataegifolius* 갈잎떨기나무(높이 1~2m)
　산과 들. 적갈색 가지에 가시가 많이 달린다. 잎은 어긋나고 넓은 달걀형이며 3~5갈래로 갈라지기도 한다. 잎 뒷면 잎맥 위에 부드러운 털과 가시가 있다. 잎자루는 3~8cm 길이이며 가시와 털이 있다. 5~6월에 햇가지 끝에 2~6개의 흰색 꽃이 모여 핀다.

❷ **섬나무딸기/섬산딸기**(장미과) *Rubus takesimensis* 갈잎떨기나무(높이 1~4m)
　울릉도의 바닷가. 산딸기와 비슷하지만 줄기와 가지에 털이 없고 가시도 거의 없다. 5~6월에 가지에 모여 피는 흰색 꽃은 지름 2~3cm이다. 산딸기와 같은 종으로 본다.

❸ **거문딸기**(장미과) *Rubus trifidus* 갈잎떨기나무(높이 2~3m)
　제주도와 거문도. 햇가지에 샘털과 잔털이 있지만 점차 없어지며 가시가 없다. 잎은 넓은 달걀형이며 3~7갈래로 갈라지고 가장자리에 날카로운 겹톱니가 있다. 4~5월에 햇가지 끝에 3~5개의 흰색 꽃이 모여 피며 꽃자루에 샘털이 있다. 둥근 열매송이는 붉게 익는다.

❹ **수리딸기**(장미과) *Rubus corchorifolius* 갈잎떨기나무(높이 1~2m)
　남부 지방의 산. 잎은 어긋나고 달걀형이며 3갈래로 얕게 갈라지기도 하고 끝이 뾰족하다. 4~5월에 잎이 돋을 때 짧은가지 끝에 1~3개의 흰색 꽃이 고개를 숙이고 피는데 꽃자루와 꽃받침조각에 부드러운 털이 빽빽하다. 열매송이는 구형~둥근 달걀형이며 붉게 익는다.

❶ 장딸기 ❷ 곰딸기 ❸ 거지딸기 ❹ 고추나무

❶ **장딸기**(장미과) *Rubus hirsutus* 갈잎떨기나무(높이 20~60㎝)

남부 지방. 가는 줄기에 샘털, 잔털, 밑으로 굽은 가시가 있다. 잎은 어긋나고 홀수깃꼴겹잎이며 작은잎은 3~5장이고 가장자리에 겹톱니가 있다. 4~5월에 짧은가지 끝에 1개씩 피는 흰색 꽃은 지름 3~4㎝로 큼직하며 위를 향한다. 열매송이는 구형이며 붉게 익는다.

❷ **곰딸기/붉은가시딸기**(장미과) *Rubus phoenicolasius* 갈잎떨기나무(높이 2~3m)

산과 들. 줄기와 가지에 붉은색의 긴 샘털이 빽빽하다. 잎은 어긋나고 홀수깃꼴겹잎이며 작은잎은 3~5장이다. 5~6월에 가지 끝의 송이꽃차례에 흰색~연한 홍자색 꽃이 피는데 꽃잎은 꽃받침조각보다 짧다. 꽃자루와 꽃받침조각에 붉은색 샘털과 딱딱한 털이 빽빽하다.

❸ **거지딸기**(장미과) *Rubus sumatranus* 갈잎떨기나무(높이 1~2m)

제주도와 완도. 줄기와 가지와 잎자루에 붉은색의 긴 샘털이 빽빽하며 드문드문 가시가 있다. 잎은 어긋나고 홀수깃꼴겹잎이며 작은잎은 3~9장이다. 5~6월에 가지 끝에 모여 피는 흰색 꽃은 꽃자루와 꽃받침조각에 털이 빽빽하다. 타원형 열매송이는 황적색으로 익는다.

❹ **고추나무**(고추나무과) *Staphylea bumalda* 갈잎떨기나무(높이 2~3m)

산. 잎은 마주나고 세겹잎이다. 5~6월에 가지 끝에 매달리는 원뿔꽃차례에 자잘한 흰색 꽃이 모여 달린다. 반원형 열매는 윗부분이 둘로 갈라지고 갈래조각 끝은 뾰족하다.

꽃잎 5장

봄에 피는 흰색 나무꽃

❶ 유자나무　❷ 귤　❸ 탱자나무　❹ 애기말발도리

❶ 유자나무(운향과)　*Citrus junos*　늘푸른떨기나무(높이 4m 정도)

중국 원산. 남쪽 바닷가에서 재배한다. 녹색 가지에 길고 뾰족한 가시가 있다. 잎은 어긋나고 긴 타원형이며 잎자루는 10~25mm 길이이고 잎 모양의 넓은 날개가 있다. 5~6월에 윗부분의 잎겨드랑이에 흰색 꽃이 1~2개씩 핀다. 동글납작한 열매는 지름 4~10cm이다.

❷ 귤(운향과)　*Citrus reticulata*(syn. *Citrus unshiu*)　늘푸른작은키나무(높이 3~5m)

남쪽 섬. 과일나무로 기른다. 햇가지는 녹색이며 가시가 없다. 잎은 어긋나고 달걀 모양의 타원형이며 끝이 뾰족하고 밋밋하다. 잎자루는 1~2cm 길이이고 날개가 거의 없다. 5~6월에 잎겨드랑이에 1~3개의 흰색 꽃이 핀다. 동글납작한 열매는 주황색으로 익는다.

❸ 탱자나무(운향과)　*Citrus trifoliata*　갈잎떨기나무(높이 3~4m)

관상수로 심고 생울타리를 만든다. 납작한 녹색 가지에 날카로운 가시가 어긋난다. 잎은 어긋나고 세겹잎이며 잎자루에 좁은 날개가 있다. 4~5월에 잎보다 먼저 흰색 꽃이 핀다.

❹ 애기말발도리(수국과|범의귀과)　*Deutzia gracilis*　갈잎떨기나무(높이 50~150cm)

일본 원산. 정원수로 심는다. 잎은 마주나고 좁은 달걀형~피침형이며 끝이 길게 뾰족하고 잔톱니가 있다. 잎 앞면에는 별모양털이 있으며 뒷면은 털이 없다. 4~5월에 가지 끝의 원뿔꽃차례에 흰색 꽃이 약간 고개를 숙이고 핀다. 꽃잎은 5장이고 7~10mm 길이이다.

❶ 매화말발도리 ❷ 바위말발도리 ❸ 말발도리 ❹ 물참대

❶ **매화말발도리**(수국과|범의귀과) *Deutzia uniflora* 갈잎떨기나무(높이 1m 정도)
 산의 숲 가장자리나 바위틈. 잎은 마주나고 긴 타원형~넓은 피침형이며 양면에 별모양털이 있고 측맥은 4~6쌍이다. 4~5월에 지난해 가지의 잎겨드랑이에 흰색 꽃이 1~3개씩 고개를 숙이고 핀다. 꽃받침은 5갈래로 갈라지고 꽃받침조각은 좁은 삼각형이며 꽃받침통보다 짧다.

❷ **바위말발도리**(수국과|범의귀과) *Deutzia baroniana* 갈잎떨기나무(높이 1m 정도)
 중부 이북의 산. 잎은 마주나고 달걀형~타원형이다. 4~5월에 햇가지 끝에 흰색 꽃이 1~3개씩 달린다. 꽃받침은 털이 있고 5개의 꽃받침조각은 가는 피침형이며 꽃받침통보다 길다.

❸ **말발도리**(수국과|범의귀과) *Deutzia parviflora* 갈잎떨기나무(높이 1~3m)
 산. 잎은 마주나고 타원 모양의 달걀형이며 양면에 별모양털이 있어서 만지면 껄끄럽다. 5~6월에 가지 끝의 고른꽃차례에 흰색 꽃이 모여 핀다. 컵 모양의 꽃받침통은 별모양털로 덮여 있다. 말발굽 모양의 반구형 열매는 별모양털로 덮여 있고 끝에 암술대가 남아 있다.

❹ **물참대**(수국과|범의귀과) *Deutzia glabrata* 갈잎떨기나무(높이 2m 정도)
 산골짜기. 햇가지는 적갈색이고 줄기 단면은 비어 있다. 잎은 마주나고 긴 달걀형이며 앞면에 별모양털이 약간 있고 뒷면은 매끈하다. 5~6월에 가지 끝의 고른꽃차례에 흰색 꽃이 피는데 컵 모양의 꽃받침통은 털이 없다. 반구형 열매는 털이 없고 암술대가 남아 있다.

꽃잎 5장

봄에 피는 흰색 나무꽃

❶ 빈도리 ❷ 흰철쭉 ❸ 흰산철쭉 ❹ 흰진달래

❶ **빈도리**(수국과|범의귀과) *Deutzia crenata* 갈잎떨기나무(높이 1~3m)
일본 원산. 정원수로 심는다. 잎은 마주나고 긴 달걀형이며 끝이 길게 뾰족하고 가장자리에 잔톱니가 있다. 잎 양면에 별모양털이 있다. 5~7월에 가지 끝의 원뿔꽃차례에 흰색 꽃이 고개를 숙이고 핀다. 둥근 열매는 별모양털로 덮여 있고 끝에 암술대가 남아 있다.

❷ **흰철쭉**(진달래과) *Rhododendron schlippenbachii* f. *albiflorum* 갈잎떨기나무(높이 2~5m)
산. 잎은 어긋나지만 가지 끝에서는 보통 5장씩 모여난다. 잎몸은 거꿀달걀형이다. 4~5월에 잎과 함께 가지 끝부분에 흰색 꽃이 모여 핀다. 철쭉(p.404)과 같은 종으로 본다.

❸ **흰산철쭉**(진달래과) *Rhododendron yedoense* f. *albiflora* 갈잎떨기나무(높이 1~2m)
산의 능선이나 산골짜기. 잎은 어긋나지만 가지 끝에서는 모여난다. 잎몸은 긴 타원형~거꿀피침형이며 끝이 뾰족하고 밋밋하며 양면에 갈색 털이 있다. 4~5월에 잎이 돋은 후에 가지 끝마다 2~3개의 깔때기 모양의 흰색 꽃이 모여 핀다. 산철쭉(p.404)과 같은 종으로 본다.

❹ **흰진달래**(진달래과) *Rhododendron mucronulatum* f. *albiflorum* 갈잎떨기나무(높이 2~3m)
산. 잎은 긴 타원형~거꿀피침형이며 끝이 뾰족하고 가장자리가 밋밋하다. 잎 양면에 흰색과 갈색 비늘조각이 섞여 있다. 4~5월에 잎이 돋기 전에 가지 끝마다 1~5개의 흰색 꽃이 모여 피는데 깔때기 모양의 꽃부리는 5갈래로 갈라진다. 진달래(p.405)와 같은 종으로 본다.

꽃잎 5장

봄에 피는 흰색 나무꽃

❶ **노린재나무**(노린재나무과) *Symplocos sawafutagi* 갈잎떨기나무(높이 2~5m)
산. 잎은 어긋나고 타원형~거꿀달걀형이며 끝이 뾰족하고 가장자리에 날카로운 톱니가 있다. 5~6월에 햇가지 끝의 원뿔꽃차례에 자잘한 흰색 꽃이 모여 달리며 많은 수술은 길고 꽃차례자루에 털이 있다. 타원형 열매는 6~7mm 길이이고 가을에 남색으로 익는다.

❷ **섬노린재**(노린재나무과) *Symplocos coreana* 갈잎떨기나무(높이 2~5m)
한라산. 잎은 어긋나고 넓은 타원형이며 끝이 뾰족하고 가장자리에 길고 날카로운 톱니가 있다. 5~6월에 햇가지 끝에 흰색 꽃이 모여 핀다. 달걀형 열매는 남흑색으로 익는다.

❸ **검노린재**(노린재나무과) *Symplocos tanakana* 갈잎떨기나무~작은키나무(높이 2~8m)
남부 지방의 산. 잎은 어긋나고 긴 타원형이며 끝이 뾰족하고 가장자리에 날카로운 잔톱니가 있다. 잎 뒷면은 회녹색이며 잎맥 위에 털이 있다. 5~6월에 햇가지 끝의 원뿔꽃차례에 흰색 꽃이 모여 피는데 수술은 꽃부리보다 길다. 열매는 둥근 달걀형이고 검게 익는다.

❹ **검은재나무**(노린재나무과) *Symplocos sumuntia* 늘푸른작은키나무(높이 5~10m)
제주도 서귀포. 잎은 어긋나고 긴 타원형이며 끝이 뾰족하고 가장자리에 잔톱니가 있다. 5월에 2년생 가지의 잎겨드랑이에 달리는 송이꽃차례는 4~7cm 길이이고 흰색 꽃이 모여 핀다. 열매는 달걀 모양의 긴 타원형이고 6~8mm 길이이며 흑자색으로 익는다.

꽃잎 5장

봄에 피는 흰색 나무꽃

❶ 때죽나무 ❷ 쪽동백나무 ❸ 마삭줄 ❹ 털마삭줄
때죽나무 열매 / 쪽동백나무 열매 / 마삭줄 꽃받침 / 털마삭줄 꽃받침

❶ **때죽나무**(때죽나무과) *Styrax japonicus* 갈잎작은키나무(높이 7~8m)
중부 이남의 산. 잎은 어긋나고 달걀형~긴 타원형이며 4~8㎝ 길이이고 끝이 뾰족하며 가장자리가 거의 밋밋하다. 5~6월에 햇가지 끝부분에서 나온 송이꽃차례에 종 모양의 흰색 꽃이 2~6개씩 밑을 보고 매달린다. 둥근 달걀형 열매는 회백색이며 별모양털로 덮여 있다.

❷ **쪽동백나무**(때죽나무과) *Styrax obassia* 갈잎작은키나무~큰키나무(높이 6~15m)
산. 잎은 어긋나고 거꿀달걀형~넓은 달걀형이며 10~20㎝ 길이이고 끝은 짧게 뾰족하며 가장자리의 윗부분에 돌기 모양의 톱니가 드문드문 있다. 5~6월에 가지 끝에 달리는 송이꽃차례는 8~17㎝ 길이이고 비스듬히 처지며 흰색 꽃이 촘촘히 달려 밑을 향해 핀다.

❸ **마삭줄**(협죽도과) *Trachelospermum asiaticum* 늘푸른덩굴나무(길이 5~10m)
남부 지방. 잎은 마주나고 타원형~달걀형이며 밋밋하다. 5~6월에 흰색 꽃이 모여 피는데 꽃부리는 고배 모양이며 5갈래로 갈라진다. 수술은 꽃부리 밖으로 약간 나온다. 꽃자루는 털이 없고 작은 꽃받침조각은 거의 젖혀지지 않는다. 기다란 열매는 2개가 매달린다.

❹ **털마삭줄**(협죽도과) *Trachelospermum jasminoides* 늘푸른덩굴나무(길이 5~10m)
남부 지방. 마삭줄과 생김새가 거의 비슷하지만 수술은 꽃부리 안쪽에 숨어 있다. 꽃자루와 어린 가지에 털이 많고 마삭줄보다는 큰 꽃받침조각이 옆으로 젖혀진다.

꽃잎 5장

봄에 피는 흰색 나무꽃

❶ 흰동백 ❷ 대팻집나무 / 대팻집나무 암꽃 / 대팻집나무 열매
❸ 미국딱총나무 / 미국딱총나무 열매 / 분단나무 열매 ❹ 분단나무

❶ **흰동백**(차나무과) *Camellia japonica* f. *albipetala* 늘푸른작은키나무(높이 5~7m)
남쪽 섬. 잎은 어긋나고 타원형이며 두껍고 광택이 있다. 12~4월에 잎겨드랑이에 흰색 꽃이 피는데 많은 수술은 수술대 밑부분이 합쳐진다. 동백나무(p.406)와 같은 종으로 본다.

❷ **대팻집나무**(감탕나무과) *Ilex macropoda* 갈잎큰키나무(높이 10~15m)
충청도 이남의 산. 짧은가지가 발달한다. 잎은 어긋나고 타원형이며 끝이 뾰족하고 가장자리에 잔톱니가 있다. 암수딴그루로 5~6월에 짧은가지 끝에 지름 4~5mm의 백록색 꽃이 모여 핀다. 꽃잎과 꽃받침조각은 4~5장씩이다. 둥근 열매는 노랗게 변했다가 붉게 익는다.

❸ **미국딱총나무**(연복초과|인동과) *Sambucus canadensis* 갈잎떨기나무(높이 3~4m)
북아메리카 원산. 관상수로 심은 것이 들꽃이 되었다. 잎은 마주나고 홀수깃꼴겹잎이며 작은잎은 5~9장이고 피침형~타원형이며 끝이 뾰족하다. 5~7월에 가지 끝의 고른꽃차례에 자잘한 흰색 꽃이 촘촘히 모여 핀다. 둥근 열매는 지름 3~5mm로 작고 흑자색으로 익는다.

❹ **분단나무**(연복초과|인동과) *Viburnum furcatum* 갈잎떨기나무~작은키나무(높이 3~6m)
제주도와 울릉도의 산. 잎은 마주나고 넓은 달걀형~원형이며 끝은 갑자기 뾰족해지고 밑부분은 심장저이며 가장자리에 잔톱니가 있다. 4~5월에 가지 끝의 갈래꽃차례에 자잘한 흰색 꽃이 접시 모양으로 납작하게 달린다. 꽃송이 둘레에는 장식꽃이 빙 둘러 있다.

꽃잎 5장

봄에 피는 흰색 나무꽃

❶ **백당나무**(연복초과|인동과) *Viburnum opulus* ssp. *calvescens* 갈잎떨기나무(높이 3m 정도) 산. 잎은 마주나고 넓은 달걀형이며 윗부분이 흔히 3갈래로 갈라진다. 5~6월에 가지 끝에 달리는 고른꽃차례에 자잘한 흰색 꽃이 둥글납작하게 모여 달린다. 꽃송이가 가장자리에는 꽃잎만 가진 장식꽃이 돌려 가며 달리고 중심부에는 자잘한 암수한꽃이 모여 있다. 장식꽃은 4~5갈래로 갈라진다. 둥근 열매는 지름 6~9mm이고 가을에 붉게 익는다. [1]**불두화**('Sterile')는 백당나무의 원예 품종으로 생김새가 백당나무와 비슷하지만 가지 끝에 달리는 둥근 꽃송이는 모두 장식꽃만으로 이루어져 있다. 관상수로 심는다.

❷ **별당나무**(연복초과|인동과) *Viburnum plicatum* v. *tomentosum* 갈잎떨기나무~작은키나무(높이 2~6m) 일본과 중국 원산. 관상수로 심는다. 잎은 마주나고 타원형~넓은 타원형이며 끝이 뾰족하고 가장자리에 둔한 톱니가 있다. 측맥은 7~12쌍이고 튀어나온다. 5~6월에 가지 끝의 고른꽃차례에 자잘한 흰색 꽃이 접시 모양으로 달린다. 꽃송이 가장자리에는 꽃잎만 가진 장식꽃이 돌려 가며 달린다. 장식꽃은 지름 3cm 정도이며 4갈래로 갈라진 것처럼 보인다. 중심부의 암수한꽃은 지름 5mm 정도이다. 타원형 열매는 붉게 변했다가 검게 익는다. [1]**설구화**(*V. plicatum*)는 별당나무의 기본종이다. 별당나무와 생김새가 비슷하지만 가지 끝의 둥근 흰색 꽃송이는 모두 장식꽃만으로 이루어져 있다. 함께 관상수로 심는다.

❶ 분꽃나무(연복초과|인동과) *Viburnum carlesii* 갈잎떨기나무(높이 2~3m)
산. 어린 가지와 겨울눈에 별모양털이 빽빽하다. 잎은 마주나고 타원형~넓은 달걀형이며 3~10㎝ 길이이다. 4~5월에 가지 끝의 갈래꽃차례에 흰색~연홍색 꽃이 핀다. 꽃부리는 깔때기 모양이고 끝이 5갈래로 갈라져 옆으로 퍼진다. 동글납작한 열매는 검게 익는다.

❷ 산분꽃나무(연복초과|인동과) *Viburnum burejaeticum* 갈잎떨기나무(높이 2~4m)
중부 이북의 산. 잎은 마주나고 긴 타원형~달걀형이며 4~6㎝ 길이이다. 5~6월에 가지 끝의 갈래꽃차례에 흰색 꽃이 모여 핀다. 꽃부리는 지름 7㎜ 정도이며 통 부분은 매우 짧고 끝이 5갈래로 갈라져 약간 젖혀진다. 열매는 타원형이며 1㎝ 정도 길이이고 검게 익는다.

❸ 가막살나무(연복초과|인동과) *Viburnum dilatatum* 갈잎떨기나무(높이 2~3m)
중부 이남의 산. 어린 가지는 별모양털로 덮여 있다. 잎은 마주나고 거꿀달걀형~넓은 달걀형이며 5~14㎝ 길이이고 밑부분은 얕은 심장저이다. 잎자루는 5~20㎜ 길이이며 털이 많고 턱잎은 없다. 5~6월에 가지 끝의 갈래꽃차례에 자잘한 흰색 꽃이 모여 핀다.

❹ 덜꿩나무(연복초과|인동과) *Viburnum erosum* 갈잎떨기나무(높이 2m 정도)
경기도 이남의 낮은 산. 잎은 마주나고 달걀형~타원 모양의 피침형이며 4~9㎝ 길이이다. 잎자루는 짧고 밑부분에 턱잎이 오래 남는다. 4~5월에 가지 끝에 흰색 꽃이 모여 핀다.

꽃잎 5장

❶ **산가막살나무**(연복초과|인동과) *Viburnum wrightii* 갈잎떨기나무(높이 2~3m)
높은 산. 겨울눈은 달걀형이며 털이 없거나 드물게 있다. 잎은 마주나고 거꿀달걀형이며 끝이 길게 뾰족하고 잔톱니가 있다. 잎 양면에 털이 거의 없고 잎자루는 보통 붉은색이다. 5~6월에 가지 끝에 달리는 갈래꽃차례에 자잘한 흰색 꽃이 접시 모양으로 모여 핀다.

❷ **푸른가막살**(연복초과|인동과) *Viburnum japonicum* 늘푸른떨기나무(높이 2~4m)
전남 가거도. 잎은 마주나고 마름모꼴의 달걀형이며 가죽질이고 앞면은 광택이 있다. 잎 뒷면은 기름점이 빽빽하다. 5~6월에 가지 끝의 갈래꽃차례에 자잘한 흰색 꽃이 핀다.

❸ **댕강나무**(인동과) *Abelia mosanensis* 갈잎떨기나무(높이 2m 정도)
충북과 강원도 이북의 석회암 지대. 잎은 마주나고 피침형~타원 모양의 달걀형이며 끝이 뾰족하고 가장자리는 밋밋하다. 5월에 가지 끝의 머리모양꽃차례에 백홍색 꽃이 모여 핀다. 꽃부리는 좁고 긴 깔때기 모양이며 끝이 5갈래로 갈라져서 벌어지며 표면이 털로 덮여 있다.

❹ **주걱댕강나무**(인동과) *Diabelia spathulata* 갈잎떨기나무(높이 2m 정도)
경남 양산의 천성산. 잎은 마주나고 달걀형이며 끝은 길게 뾰족하고 불규칙한 톱니가 있다. 잎 뒷면은 연녹색이다. 5월에 햇가지 끝에 보통 2개의 백황색 꽃이 핀다. 꽃부리는 깔때기 모양이며 끝은 5갈래로 갈라지고 안쪽에는 주황색 무늬가 있으며 긴털이 빽빽하다.

꽃잎 5~6장

봄에 피는 흰색 나무꽃

❶ 일본병꽃나무 ❷ 흰병꽃나무 ❸ 돈나무 ❹ 목련

❶ **일본병꽃나무/삼백병꽃나무**(인동과) *Weigela coraeensis* 갈잎떨기나무(높이 3~5m)
일본 원산. 관상수로 심는다. 잎은 마주나고 타원형~넓은 달걀형이며 끝이 길게 뾰족하고 가는 톱니가 있다. 5~6월에 잎겨드랑이에 깔때기 모양의 꽃이 2~3개씩 핀다. 갓 핀 꽃은 흰색이지만 점차 붉은색으로 변한다. 꽃받침은 5개로 깊게 갈라지고 털이 있다.

❷ **흰병꽃나무**(인동과) *Weigela florida* f. *candida* 갈잎떨기나무(높이 2~3m)
산. 잎은 마주나고 달걀형이며 끝이 길게 뾰족하고 얕은 톱니가 있다. 5~6월에 잎겨드랑이에 깔때기 모양의 흰색 꽃이 1~2개씩 핀다. 붉은병꽃나무(p.420)와 같은 종으로 본다.

❸ **돈나무**(돈나무과) *Pittosporum tobira* 늘푸른떨기나무(높이 2~3m)
남부 지방의 바닷가 산. 잎은 어긋나고 거꿀달걀형~거꿀달걀 모양의 피침형이며 가장자리가 밋밋하고 뒤로 말린다. 4~6월에 가지 끝에 모여 피는 흰색 꽃은 점차 노랗게 변한다. 둥근 열매는 익으면 3갈래로 벌어지면서 붉은색 씨앗이 드러난다.

❹ **목련**(목련과) *Magnolia kobus* 갈잎큰키나무(높이 10~15cm)
제주도 한라산. 잎은 어긋나고 거꿀달걀형이며 끝이 급히 뾰족해지고 가장자리가 밋밋하다. 3~4월에 잎이 돋기 전에 먼저 피는 흰색 꽃은 지름 7~10cm이다. 꽃덮이조각은 긴 타원형이며 6~9장이고 활짝 벌어진다. 원통형 열매는 울퉁불퉁하고 가을에 칸칸이 벌어진다.

꽃잎 6~7장 이상

❶ 멀꿀 ❷ 박쥐나무 ❸ 함박꽃나무 1)겹함박꽃나무

❶ **멀꿀**(으름덩굴과) *Stauntonia hexaphylla* 늘푸른덩굴나무(길이 15m 정도)
남쪽 섬. 잎은 어긋나고 손꼴겹잎이며 5~7장의 작은잎은 두껍고 광택이 있다. 암수한그루로 4~5월에 잎겨드랑이의 짧은 송이꽃차례에 연한 황백색 꽃이 3~7개씩 모여서 늘어진다. 둥근 달걀형 열매는 5~8㎝ 길이이며 적갈색으로 익어도 열매가 벌어지지 않는다.

❷ **박쥐나무**(층층나무과 | 박쥐나무과) *Alangium platanifolium* 갈잎떨기나무(높이 2~4m)
산. 잎은 어긋나고 둥그스름하며 끝이 3~5갈래로 얕게 갈라지고 갈래조각 끝은 뾰족하다. 5~6월에 잎겨드랑이의 갈래꽃차례에 매달리는 2~5개의 흰색 꽃은 6장의 선형 꽃잎이 용수철처럼 바깥쪽으로 말린다. 암수술은 술처럼 밑으로 늘어진다. 열매는 벽자색으로 익는다.

❸ **함박꽃나무**(목련과) *Magnolia sieboldii* 갈잎작은키나무(높이 7~10m)
산. 잎은 어긋나고 타원형~거꿀달걀형이며 6~15㎝ 길이이고 끝이 뾰족하며 가장자리는 밋밋하다. 잎 뒷면은 회녹색이다. 5~6월에 잎이 자란 다음에 피는 흰색 꽃은 지름 7~10㎝이고 꽃덮이조각은 9~12장이다. 꽃턱 둘레의 수술대와 꽃밥은 붉은색이다. 타원형 열매는 5~7㎝ 길이이고 붉은색으로 익으면 칸칸이 벌어지면서 주홍색 씨앗이 드러난다. 1)**겹함박꽃나무**(f. *semiplena*)는 함박꽃나무의 품종으로 드물게 자란다. 생김새가 함박꽃나무와 비슷하지만 꽃덮이조각이 12장 이상으로 많다. 함박꽃나무와 같은 종으로 본다.

꽃잎 7장 이상

❶ 일본목련 ❷ 백목련 ❸ 초령목 ❹ 새모래덩굴 / 일본목련 열매 / 백목련 열매 / 새모래덩굴 암꽃

봄에 피는 흰색 나무꽃

❶ 일본목련(목련과) *Magnolia obovata* 갈잎큰키나무(높이 20m 정도)
일본 원산. 관상수로 심거나 산에 조림수로 심는다. 잎은 어긋나지만 가지 끝에서는 모여나며 거꿀달걀형이고 20~40㎝ 길이로 큼직하며 가장자리가 밋밋하고 뒷면은 분백색이다. 5~6월에 잎이 자란 다음 가지 끝에 커다란 흰색 꽃이 피는데 지름 15㎝ 정도이다.

❷ 백목련(목련과) *Magnolia denudata* 갈잎큰키나무(높이 15m 정도)
관상수로 심는다. 잎은 어긋나고 거꿀달걀형이며 끝이 급히 뾰족해진다. 3~4월에 잎보다 먼저 큼직한 흰색 꽃이 나무 가득 피는데 꽃덮이조각은 9장이며 활짝 벌어지지 않는다.

❸ 초령목(목련과) *Magnolia compressa* 늘푸른큰키나무(높이 15m 정도)
제주도. 잎은 어긋나고 긴 타원형~긴 거꿀달걀형이며 끝이 뾰족하고 가장자리는 밋밋하다. 잎몸은 가죽질이고 앞면은 광택이 있으며 뒷면은 회녹색이다. 2~3월에 잎겨드랑이에 피는 흰색 꽃은 지름 3㎝ 정도로 작으며 꽃덮이조각은 12장이고 밑부분은 붉은빛이 돈다.

❹ 새모래덩굴(방기과) *Menispermum dauricum* 갈잎덩굴나무(길이 1~3m)
산과 들의 풀밭. 잎은 어긋나고 둥근 잎몸이 보통 3~5갈래로 얕게 갈라진다. 기다란 잎자루는 방패처럼 잎몸의 약간 위쪽에 붙는다. 암수딴그루로 5~6월에 잎겨드랑이의 원뿔꽃차례에 백황색 꽃이 모여 핀다. 수꽃은 수술이 12~28개로 많다. 둥근 열매는 검게 익는다.

꽃잎 7장 이상

봄에 피는 흰색 나무꽃

❶ 겹조팝나무 ❷ 만첩흰매실 ❸ 만첩백도
옥매 잎가지
❹ 옥매 만첩빈도리 꽃 모양 ❺ 만첩빈도리

❶ **겹조팝나무**(장미과) *Spiraea prunifolia* 갈잎떨기나무(높이 1.5~2m)
중국 원산. 관상수로 심는다. 잎은 어긋나고 긴 타원형~거꿀달걀형이다. 조팝나무(p.468) 와 비슷하지만 봄에 흰색 겹꽃이 피는 점이 다르다. 조팝나무의 기본종이다.

❷ **만첩흰매실**(장미과) *Prunus mume* 'Albaplena' 갈잎작은키나무(높이 5m 정도)
중국 원산. 관상수로 심는다. 잎은 어긋나고 타원형~넓은 달걀형이다. 매실나무(p.471)의 원예 품종으로 이른 봄에 잎이 돋기 전에 흰색 겹꽃이 피는 점이 다르다.

❸ **만첩백도**(장미과) *Prunus persica* 'Alboplena' 갈잎작은키나무(높이 3~6m)
복숭아나무(p.400)의 원예 품종으로 이른 봄에 잎이 돋기 전에 흰색 겹꽃이 피는 점이 다르다.

❹ **옥매/백매**(장미과) *Prunus glandulosa* 'Albiplena' 갈잎떨기나무(높이 1~2m)
산옥매(p.401)의 원예 품종으로 이른 봄에 잎이 돋기 전에 흰색 겹꽃이 피는 점이 다르다. 잎은 어긋나고 좁은 달걀형~피침형이며 끝이 뾰족하고 가장자리에 둔한 잔톱니가 있다.

❺ **만첩빈도리**(수국과 | 범의귀과) *Deutzia crenata* 'Plena' 갈잎떨기나무(높이 1~3m)
빈도리(p.486)의 원예 품종으로 정원수로 심는다. 잎은 마주나고 좁은 달걀형이며 끝이 길게 뾰족하고 가장자리에 잔톱니가 있다. 5~7월에 가지 끝의 원뿔꽃차례에 흰색 겹꽃이 고개를 숙이고 핀다. 둥근 열매는 별모양털로 덮여 있고 끝에 암술대가 남아 있다.

봄에 피는 흰색 나무꽃

❶ **아까시나무/아카시아나무**(콩과) *Robinia pseudoacacia* 갈잎큰키나무(높이 15~25m)
북아메리카 원산. 산에 조림수로 많이 심었다. 가지에 1쌍의 가시가 있다. 잎은 어긋나고 홀수깃꼴겹잎이며 작은잎은 9~19장이다. 5~6월에 잎겨드랑이에서 늘어지는 송이꽃차례에 나비 모양의 흰색 꽃이 모여 핀다. 길고 납작한 꼬투리열매는 갈색으로 익는다.

❷ **진퍼리꽃나무**(진달래과) *Chamaedaphne calyculata* 늘푸른떨기나무(높이 30~100㎝)
함경도 산의 습지. 어린 가지에 비늘 모양의 기름점과 잔털이 있다. 잎은 어긋나고 긴 타원형이며 가죽질이고 뒷면은 회백색이다. 4~6월에 가지 끝에 달리는 송이꽃차례는 비스듬히 휘어지며 항아리 모양의 흰색 꽃이 밑을 보고 핀다. 꽃받침은 5개로 완전히 갈라진다.

❸ **흰장지석남**(진달래과) *Andromeda polifolia* 'Alba' 늘푸른떨기나무(높이 10~30㎝)
함경도 산의 습지. 장지석남(p.420)의 품종으로 5~6월에 가지 끝의 우산꽃차례에 2~6개의 흰색 꽃이 고개를 숙이고 핀다. 잎은 어긋나고 가는 피침형이며 가장자리는 뒤로 말린다.

❹ **단풍철쭉**(진달래과) *Enkianthus perulatus* 갈잎떨기나무(높이 1~2m)
일본 원산. 관상수로 심는다. 잎은 어긋나고 가지 끝에서는 모여 달린다. 잎몸은 긴 달걀형~타원형이며 잔톱니가 있다. 4~5월에 잎이 돋을 때 가지 끝에 1~5개의 항아리 모양의 흰색 꽃이 늘어진다. 꽃자루는 10~25㎜로 길다. 좁은 타원형 열매는 위를 향한다.

기타

❶ 블루베리 ❷ 사스레피나무 ❸ 빌레나무 ❹ 괴불나무

❶ **블루베리**(진달래과) *Vaccinium corymbosum* 갈잎떨기나무(높이 2~4m)
북아메리카 원산. 과일나무로 심는다. 잎은 어긋나고 긴 타원형~달걀형이며 뒷면은 백록색이다. 4~5월에 가지 끝의 꽃송이에 항아리 모양의 흰색 꽃이 밑을 보고 핀다. 둥근 열매는 꽃받침자국이 남아 있고 흰색 가루로 덮여 있으며 검푸른색으로 익고 새콤달콤하다.

❷ **사스레피나무**(펜타필락스과|차나무과) *Eurya japonica* 늘푸른떨기나무~작은키나무(높이 3~10m)
남쪽 바닷가. 잎은 어긋나고 타원형~거꿀피침형이며 가장자리에 잔톱니가 있다. 3~4월에 잎겨드랑이에 1~3개의 백황색 꽃이 밑을 보고 피는데 약한 지린내가 난다.

❸ **빌레나무**(앵초과|자금우과) *Maesa japonica* 늘푸른떨기나무(높이 50~150㎝)
제주도. 잎은 어긋나고 긴 타원형이며 가장자리에 물결 모양의 톱니가 드문드문 있다. 대부분이 암수딴그루이며 4~5월에 잎겨드랑이의 송이꽃차례~원뿔꽃차례에 항아리 모양의 흰색~연노란색 꽃이 고개를 숙이고 핀다. 동그스름한 열매는 흰색~연노란색으로 익는다.

❹ **괴불나무**(인동과) *Lonicera maackii* 갈잎떨기나무(높이 2~4m)
산골짜기. 잎은 마주나고 좁은 타원형이다. 5~6월에 잎겨드랑이에 2개씩 피는 입술 모양의 흰색 꽃은 점차 노랗게 된다. 꽃자루는 2~4㎜ 길이로 짧고 꽃받침조각은 5개이며 피침형이고 뚜렷하다. 둥근 열매는 지름 5~7㎜이며 2개가 나란히 달리고 붉게 익는다.

❶ 각시괴불나무 ❷ 섬괴불나무 ❸ 길마가지나무 ❹ 청괴불나무

❶ 각시괴불나무(인동과) *Lonicera chrysantha* 갈잎떨기나무(높이 3m 정도)
지리산 이북의 깊은 산. 겨울눈은 가늘고 긴 원뿔형이다. 잎은 마주나고 넓은 피침형이다. 5~6월에 잎겨드랑이에 2개씩 피는 백황색 꽃은 점차 노랗게 된다. 꽃자루는 12~25mm 길이로 긴 편이다. 둥근 열매는 지름 4~8mm이며 보통 2개가 나란히 달리고 붉게 익는다.

❷ 섬괴불나무(인동과) *Lonicera tatarica* v. *morrowii* 갈잎떨기나무(높이 1~2m)
울릉도. 잎은 마주나고 달걀형이며 두꺼운 편이고 양면에 털이 있다. 4~6월에 잎겨드랑이에 2개씩 피는 흰색 꽃은 점차 노래진다. 꽃부리는 입술 모양으로 둘로 갈라진다. 꽃자루는 5~15mm 길이로 긴 편이다. 둥근 열매는 2개가 나란히 달리며 약간 합쳐지고 붉게 익는다.

❸ 길마가지나무(인동과) *Lonicera harae* 갈잎떨기나무(높이 1~2m)
황해도 이남의 산. 2~4월에 잎이 돋을 때 잎겨드랑이에 흰색~연홍색 꽃이 2개씩 피는데 꽃밥은 노란색이다. 열매는 2개가 절반 정도 합쳐져서 V자 모양이 되며 붉게 익는다.

❹ 청괴불나무(인동과) *Lonicera subsessilis* 갈잎떨기나무(높이 1~2m)
평남 이남의 산. 잎은 마주나고 타원형~거꿀달걀형이며 앞면은 광택이 있고 대부분 양면에 털이 없다. 5~6월에 잎겨드랑이에 흰색 꽃이 1~2개씩 피는데 점차 연노란색으로 변한다. 꽃자루는 4~5mm 길이이다. 열매는 2개가 거의 하나처럼 합쳐지며 붉게 익는다.

봄에 피는 녹색 나무꽃

꽃잎 4장

봄에 피는 녹색 나무꽃

❶ 참빗살나무
❷ 좁은잎참빗살나무
❸ 나래회나무

참빗살나무 꽃 모양
좁은잎참빗살나무 꽃 모양
나래회나무 꽃 모양

참빗살나무 열매
좁은잎참빗살나무 열매
나래회나무 열매

❶ **참빗살나무**(노박덩굴과) *Euonymus hamiltonianus* 갈잎작은키나무(높이 3~8m)
중부 이남의 산. 잎은 마주나고 긴 타원형이며 5~15㎝ 길이이고 잔톱니가 있다. 5~6월에 햇가지의 갈래꽃차례에 백록색 꽃이 모여 핀다. 꽃은 지름 1㎝ 정도이며 꽃잎과 수술은 각각 4개씩이고 꽃밥은 붉은색이다. 열매는 네모진 구형이며 얕게 골이 지고 지름 1㎝ 정도이다. 열매는 가을에 붉게 익으면 4갈래로 갈라지면서 주홍색 헛씨껍질에 싸인 씨앗이 드러난다.

❷ **좁은잎참빗살나무**(노박덩굴과) *Euonymus maackii* 갈잎작은키나무(높이 3~10m)
산기슭이나 산골짜기. 잎은 마주나고 긴 타원형~달걀형이며 5~10㎝ 길이이고 잔톱니가 있다. 잎자루는 10~25㎜ 길이이다. 5~6월에 햇가지의 갈래꽃차례에 피는 백록색 꽃은 꽃잎과 수술이 각각 4개씩이다. 열매는 네모진 구형이고 4개로 깊게 골이 지며 지름 8~9㎜이다. 열매는 익으면 4갈래로 갈라지면서 주홍색 헛씨껍질에 싸인 씨앗이 드러난다.

❸ **나래회나무**(노박덩굴과) *Euonymus macropterus* 갈잎떨기나무~작은키나무(높이 2~6m)
높은 산. 잎은 마주나고 거꿀달걀형~긴 타원형이며 3~12㎝ 길이이고 둔한 잔톱니가 있다. 5~6월에 잎겨드랑이의 갈래꽃차례는 밑으로 처지며 자잘한 황록색 꽃이 모여 핀다. 꽃잎, 꽃받침조각, 수술은 각각 4개씩이고 암술은 1개이다. 열매는 지름 1㎝ 정도이고 4개의 길고 뾰족한 날개가 발달한다. 열매는 가을에 적자색으로 익으면 4갈래로 갈라진다.

꽃잎 4장

봄에 피는 녹색 나무꽃

❶ 화살나무 ❷ 주엽나무 ❸ 조각자나무
화살나무 꽃 모양 / 화살나무 열매 / ¹⁾회잎나무 / 주엽나무 열매 / 조각자나무 열매

❶ **화살나무**(노박덩굴과) *Euonymus alatus* 갈잎떨기나무(높이 1~3m)
산. 어린 가지는 얇은 판 모양의 코르크질 날개가 발달한다. 잎은 마주나고 긴 타원형~거꿀달걀형이며 3~5cm 길이이고 끝이 길게 뾰족하며 가장자리에는 뾰족한 잔톱니가 있다. 5~6월에 잎겨드랑이의 갈래꽃차례에 작은 황록색 꽃이 모여 피며 꽃잎은 4장이다. 타원형 열매는 5~8mm 길이이고 가을에 적갈색으로 익으면 껍질이 갈라진 채 매달려 있다. ¹⁾**회잎나무**(f. *ciliato-dentatus*)는 화살나무의 품종으로 화살나무와 생김새가 비슷하지만 어린 가지에 코르크질 날개가 없다. 화살나무와 같은 종으로 본다.

❷ **주엽나무**(콩과) *Gleditsia japonica* 갈잎큰키나무(높이 10~20m)
산골짜기나 냇가. 날카로운 가시는 가지가 갈라지며 단면은 약간 납작하다. 잎은 어긋나고 짝수깃꼴겹잎으로 작은잎은 6~12쌍이다. 5~6월에 짧은가지 끝의 이삭꽃차례에 자잘한 황록색 꽃이 촘촘히 달린다. 꼬투리열매는 20~30cm 길이이고 비틀려서 꼬인다.

❸ **조각자나무**(콩과) *Gleditsia sinensis* 갈잎큰키나무(높이 20~30m)
중국 원산. 드물게 심는다. 날카로운 가시는 가지가 갈라지며 단면은 둥글다. 잎은 어긋나고 짝수깃꼴겹잎이며 작은잎은 3~9쌍이다. 5~6월에 짧은가지 끝이나 잎겨드랑이의 이삭꽃차례에 자잘한 황록색 꽃이 촘촘히 달린다. 꼬투리열매는 곧거나 살짝 비틀린다.

갈매나무 열매

참갈매나무 열매

❶ 갈매나무　❷ 참갈매나무

좀갈매나무 열매

짝자래나무 꽃 모양

❸ 좀갈매나무　❹ 짝자래나무

❶ 갈매나무(갈매나무과) *Rhamnus davurica* 갈잎떨기나무(높이 3~5m)

중부 이북의 높은 산 능선. 가지 끝에 달걀형 겨울눈이 생긴다. 참갈매나무와 달리 가지에 가시가 잘 생기지 않는다. 잎은 거의 마주나고 짧은가지 끝에서는 모여난다. 잎몸은 좁은 타원형~달걀형이다. 암수딴그루로 5~6월에 잎겨드랑이에 자잘한 황록색 꽃이 모여 핀다.

❷ 참갈매나무(갈매나무과) *Rhamnus ussuriensis* 갈잎떨기나무(높이 2~4m)

지리산 이북의 낮은 산골짜기. 어린 가지 끝이 흔히 가시로 변한다. 잎은 거의 마주나고 좁은 타원형~넓은 피침형이다. 암수딴그루로 잎겨드랑이에 자잘한 황록색 꽃이 모여 핀다. 둥근 열매는 지름 6~8mm이고 열매자루는 7~20mm 길이이며 검게 익는다.

❸ 좀갈매나무(갈매나무과) *Rhamnus taquetii* 갈잎떨기나무(높이 1m 정도)

제주도의 높은 산. 잎은 어긋나고 둥근 거꿀달걀형이며 1~2cm 길이이다. 잎 끝은 둥글고 가장자리에 둔한 톱니가 있다. 암수딴그루로 5~6월에 연한 황록색 꽃이 모여 핀다.

❹ 짝자래나무(갈매나무과) *Rhamnus yoshinoi* 갈잎떨기나무(높이 1~3m)

산. 잔가지 끝이 흔히 가시로 변한다. 잎은 어긋나고 타원형~거꿀달걀형이며 3~8cm 길이이다. 잎 끝은 뾰족하고 가장자리에 잔톱니가 있다. 암수딴그루로 5~6월에 잎겨드랑이에 황록색 꽃이 모여 피는데 꽃자루가 길다. 동그스름한 열매는 검게 익는다.

꽃잎 4장

봄에 피는 녹색 나무꽃

❶ 호랑가시나무 / 호랑가시나무 암꽃 / 호랑가시나무 열매 / ❷ 완도호랑가시나무
❸ 감탕나무 / 감탕나무 암꽃 / 먼나무 수꽃 / ❹ 먼나무

❶ **호랑가시나무**(감탕나무과) *Ilex cornuta* 늘푸른떨기나무(높이 2~3m)
변산반도 이남의 바닷가. 잎은 어긋나고 타원 모양의 사각형~육각형이며 끝과 모서리는 날카로운 가시가 된다. 잎몸은 단단한 가죽질이며 앞면은 광택이 있다. 암수딴그루로 4~5월에 2년생 가지의 잎겨드랑이에 작은 녹백색 꽃이 모여 핀다. 둥근 열매는 붉게 익는다.

❷ **완도호랑가시나무**(감탕나무과) *Ilex × wandoensis* 늘푸른떨기나무(높이 2~3m)
호랑가시나무와 감탕나무의 자연 교잡종으로 추정된다. 호랑가시나무와 달리 타원형 잎 가장자리는 밋밋하거나 몇 개의 날카로운 톱니가 있는 것으로 구분한다.

❸ **감탕나무**(감탕나무과) *Ilex integra* 늘푸른작은키나무(높이 6~10m)
울릉도와 남쪽 섬. 잎은 어긋나고 타원형~긴 거꿀달걀형이며 가장자리는 밋밋하지만 어린 나무의 잎은 2~3개의 톱니가 있다. 잎자루는 5~15mm 길이이다. 암수딴그루로 4~5월에 2년생 가지의 잎겨드랑이에 자잘한 황록색 꽃이 모여 핀다. 둥근 열매는 붉게 익는다.

❹ **먼나무**(감탕나무과) *Ilex rotunda* 늘푸른큰키나무(높이 10m 정도)
제주도와 보길도. 햇가지는 약간 모가 지며 털이 없고 자줏빛이 돈다. 잎은 어긋나고 타원형~긴 타원형이며 가죽질이다. 잎자루는 1~2cm 길이이고 자줏빛이 돈다. 암수딴그루로 5~6월에 햇가지의 잎겨드랑이에서 나온 우산꽃차례에 백록색~연자주색 꽃이 모여 핀다.

꽃잎 5장

봄에 피는 녹색 나무꽃

❶ 회나무 · 회나무 열매 · 참회나무 열매 ❷ 참회나무
❸ 노박덩굴 · 노박덩굴 열매 · 푼지나무 열매 ❹ 푼지나무

❶ **회나무**(노박덩굴과) *Euonymus sachalinensis* 갈잎떨기나무(높이 4m 정도)
깊은 산. 잎은 마주나고 타원형이며 끝이 길게 뾰족하고 가장자리에 잔톱니가 있다. 5~6월에 잎겨드랑이의 갈래꽃차례에 피는 황록색~연자주색 꽃은 꽃잎이 5장이다. 둥근 열매는 지름 15mm 정도이며 5개의 작고 둔한 날개가 있고 적자색으로 익으면 5갈래로 갈라진다.

❷ **참회나무**(노박덩굴과) *Euonymus oxyphyllus* 갈잎떨기나무(높이 1~4m)
산. 잎은 마주나고 타원형이다. 5~6월에 잎겨드랑이에서 늘어지는 갈래꽃차례에 황록색~연자주색 꽃이 피며 꽃잎은 5장이다. 둥근 열매는 날개가 없고 익으면 5갈래로 갈라진다.

❸ **노박덩굴**(노박덩굴과) *Celastrus orbiculatus* 갈잎덩굴나무(길이 10m 정도)
숲 가장자리. 잎은 어긋나고 넓은 타원형이며 가장자리의 둔한 톱니는 안으로 구부러진다. 암수딴그루로 5~6월에 잎겨드랑이의 갈래꽃차례에 자잘한 황록색 꽃이 핀다. 둥근 열매는 노랗게 익으면 껍질이 3갈래로 갈라져 벌어지면서 주황색 헛씨껍질에 싸인 씨앗이 드러난다.

❹ **푼지나무**(노박덩굴과) *Celastrus flagellaris* 갈잎덩굴나무(길이 5m 이상)
산과 들. 잎은 어긋나고 넓은 타원형이며 가장자리에 털 같은 톱니가 있다. 턱잎은 가시가 된다. 암수딴그루로 5~6월에 잎겨드랑이에 황록색 꽃이 1~3개씩 달린다. 둥근 열매는 황록색으로 익으면 껍질이 3갈래로 갈라지면서 주황색 헛씨껍질에 싸인 씨앗이 드러난다.

꽃잎 5장~기타

봄에 피는 녹색 나무꽃

❶ 말오줌때 ❷ 미국풍나무 ❸ 좀굴거리 ❹ 새우나무

---

❶ **말오줌때**(고추나무과) *Euscaphis japonica* 갈잎떨기나무~작은키나무(높이 3~8m)
남부 지방의 바닷가 산. 잎은 마주나고 홀수깃꼴겹잎이며 작은잎은 5~11장이다. 5~6월에 가지 끝의 원뿔꽃차례에 자잘한 황록색 꽃이 핀다. 꼬부라진 타원형 열매는 1cm 정도 길이이며 1~3개씩 달리고 붉은색으로 익으면 껍질이 갈라지면서 검은색 씨앗이 드러난다.

❷ **미국풍나무**(알팅기아과|조록나무과) *Liquidambar styraciflua* 갈잎큰키나무(높이 20m 정도)
북아메리카 원산. 관상수로 심는다. 가지에 코르크질의 날개가 발달한다. 잎은 어긋나고 손바닥 모양으로 5갈래로 갈라진다. 암수한그루로 4~5월에 잎이 돋을 때 꽃도 함께 피는데 꽃에는 꽃잎이 없다. 둥근 열매는 지름 3~4cm이며 마치 철퇴처럼 보인다.

❸ **좀굴거리**(굴거리나무과|대극과) *Daphniphyllum teysmannii* 늘푸른큰키나무(높이 10m 정도)
전남 이남의 섬. 잎은 어긋나고 좁은 타원형이며 7~11cm 길이이다. 암수딴그루로 5~6월에 잎겨드랑이에 꽃잎이 없는 꽃이 모여 핀다. 암꽃은 암술머리가 연한 황백색이다.

❹ **새우나무**(자작나무과) *Ostrya japonica* 갈잎큰키나무(높이 25m 정도)
제주도와 전남의 바닷가 산. 나무껍질은 세로로 얇게 갈라져서 벗겨진다. 잎은 어긋나고 좁은 달걀형이며 불규칙한 겹톱니가 있다. 암수한그루로 4~5월에 잎이 돋을 때 녹황색 수꽃이삭이 늘어진다. 열매이삭은 5~6cm 길이이고 씨앗이 붙어 있는 포가 비늘처럼 포개져 있다.

❶ 중국굴피나무 ❷ 가래나무 ❸ 호두나무

중국굴피나무 열매　가래나무 열매　호두나무 열매

❶ **중국굴피나무**(가래나무과) *Pterocarya stenoptera* 갈잎큰키나무(높이 10~30m)
중국 원산. 관상수로 심는다. 잎은 어긋나고 대부분이 짝수깃꼴겹잎이며 작은잎은 5~12쌍이고 잎자루에 좁은 날개가 있다. 작은잎은 긴 타원형이고 끝이 뾰족하며 가장자리에 잔톱니가 있다. 암수한그루로 4~5월에 잎이 돋을 때 함께 나오는 기다란 황록색 꽃이삭은 밑으로 늘어진다. 기다란 열매이삭은 양쪽에 날개가 있는 열매가 촘촘히 달린다.

❷ **가래나무**(가래나무과) *Juglans mandshurica* 갈잎큰키나무(높이 20m 정도)
경북 이북의 산골짜기. 잎은 어긋나고 홀수깃꼴겹잎이며 작은잎은 7~17장이다. 작은잎은 긴 타원형이며 끝이 뾰족하고 가장자리에 잔톱니가 있다. 암수한그루로 4~5월에 잎이 돋을 때 가지 끝에 곧게 서는 암꽃이삭에 붉은색 암꽃이 모여 달리고 그 밑으로 꼬리처럼 기다란 수꽃이삭이 늘어진다. 길게 늘어지는 열매송이에 둥근 달걀형 열매가 모여 달린다.

❸ **호두나무**(가래나무과) *Juglans regia* 갈잎큰키나무(높이 10~20m)
중국과 서남아시아 원산. 과일나무로 재배한다. 잎은 어긋나고 홀수깃꼴겹잎이며 작은잎은 5~9장이고 끝의 작은잎이 가장 크다. 작은잎은 타원형이며 가장자리가 밋밋하다. 암수한그루로 4~5월에 잎이 돋을 때 가지 끝에 기다란 수꽃이삭이 늘어진다. 둥근 열매는 1~3개가 모여 달리며 지름 4cm 정도이고 매끈하다. 씨앗은 견과로 먹는다.

기타

❶ 팽나무 ❷ 폭나무 ❸ 왕팽나무
팽나무 열매 / 폭나무 어린 열매 / 왕팽나무 열매

❶ **팽나무**(삼과|느릅나무과) *Celtis sinensis* 갈잎큰키나무(높이 20m 정도)
남부 지방. 잎은 어긋나고 달걀형~넓은 타원형이며 끝이 뾰족하고 가장자리 윗부분에 잔톱니가 있다. 측맥은 3~4쌍이며 끝까지 벋지 않는다. 암수한그루로 4~5월에 잎이 돋을 때 햇가지의 밑부분에 수꽃이 모여 피고 가지 윗부분의 잎겨드랑이에는 1~3개의 암수한꽃이 모여 달린다. 둥근 열매는 지름 6mm 정도이며 적갈색으로 익고 열매자루는 6~15mm 길이이다.

❷ **폭나무**(삼과|느릅나무과) *Celtis biondii* 갈잎큰키나무(높이 10~15m)
주로 남부 지방의 산. 잎은 어긋나고 거꿀달걀형이며 윗부분이 갑자기 좁아져서 꼬리처럼 길어지고 윗부분에만 톱니가 있으며 측맥은 2~3쌍이다. 암수한그루로 4~5월에 잎이 돋을 때 햇가지의 밑부분에 수꽃이 모여 피고 가지 윗부분에 암수한꽃이 모여 피는데 씨방에 흰색 털이 빽빽하다. 둥근 열매는 지름 5~8mm이고 적갈색으로 익으며 열매자루는 8~15mm 길이이다.

❸ **왕팽나무/산팽나무**(삼과|느릅나무과) *Celtis koraiensis* 갈잎큰키나무(높이 10~15m)
경북 이북의 산. 잎은 어긋나고 원형~넓은 거꿀달걀형이며 윗부분은 편평해지면서 큰 톱니가 있고 끝은 갑자기 좁아져서 꼬리처럼 길어지며 측맥은 3~5쌍이다. 암수한그루로 4~5월에 잎과 함께 꽃이 핀다. 햇가지의 밑부분에 수꽃이 모여 피고 가지 윗부분에 암수한꽃이 모여 달린다. 둥근 열매는 지름 10~13mm이고 황적색으로 익는다.

❶ **검팽나무**(삼과 | 느릅나무과) *Celtis choseniana* 갈잎큰키나무(높이 10~12m)
  황해도 이남의 산. 잎은 어긋나고 달걀형~긴 타원형이며 끝은 길게 뾰족하고 밑부분을 제외한 가장자리에 뾰족한 톱니가 있으며 양면에 털이 없다. 암수한그루로 4월에 잎이 돋을 때 햇가지에 자잘한 꽃이 모여 피는데 암술머리에 흰색 털이 빽빽하다. 둥근 열매는 지름 10~12mm이고 검게 익으며 열매자루는 20~25mm로 긴 편이다.

❷ **좀풍게나무**(삼과 | 느릅나무과) *Celtis bungeana* 갈잎큰키나무(높이 10~15m)
  바닷가. 잎은 어긋나고 달걀형~긴 타원형이며 가장자리의 상반부에 톱니가 있거나 없다. 잎 뒷면 잎맥겨드랑이에 갈색 털이 뭉쳐 있다. 측맥은 3~4쌍이다. 암수한그루로 5월에 잎이 돋을 때 햇가지에 자잘한 꽃이 모여 피는데 암술머리에 흰색 털이 빽빽하다. 둥근 열매는 지름 6~7mm로 검팽나무보다 작은 편이고 검게 익으며 열매자루는 1~2cm 길이이다.

❸ **풍게나무**(삼과 | 느릅나무과) *Celtis jessoensis* 갈잎큰키나무(높이 20~30m)
  산과 울릉도. 잎은 어긋나고 달걀형이며 6~10cm 길이이고 끝이 꼬리처럼 길어지며 밑부분은 좌우가 다른 모양이다. 잎 가장자리의 2/3 이상에 날카로운 톱니가 있고 측맥은 3~4쌍이다. 암수한그루로 4~5월에 잎이 돋을 때 햇가지에 자잘한 꽃이 모여 피는데 씨방에 털이 없다. 둥근 열매는 지름 7~8mm이고 검게 익으며 열매자루는 20~25mm로 길다.

기타

봄에 피는 녹색 나무꽃

❶ 푸조나무 ❷ 돌뽕나무 ❸ 몽고뽕나무

푸조나무 열매 돌뽕나무 열매 몽고뽕나무 열매

❶ **푸조나무**(삼과 | 느릅나무과) *Aphananthe aspera* 갈잎큰키나무(높이 15~20m)
남부 지방. 잎은 어긋나고 긴 타원형이며 끝이 길게 뾰족하고 날카로운 톱니가 있다. 잎 양면은 껄끄럽고 뒷면은 연녹색이다. 측맥은 7~12쌍이며 톱니 끝까지 길게 벋는다. 암수한그루로 4~5월에 잎이 돋을 때 햇가지 밑부분에 자잘한 황록색 꽃이 모여 핀다. 암꽃은 암술머리에 흰색 털이 빽빽하다. 둥근 열매는 지름 7~12mm이며 흑색~흑자색으로 익는다.

❷ **돌뽕나무**(뽕나무과) *Morus cathayana* 갈잎작은키나무~큰키나무(높이 4~15m)
산. 잎은 어긋나고 넓은 달걀형이며 3~5갈래로 깊게 갈라지기도 한다. 잎 끝은 뾰족하고 가장자리에 둔한 잔톱니가 있다. 잎 뒷면은 회백색 털이 많다. 잎가지를 자르면 흰색 즙이 나온다. 암수딴그루로 4~5월에 잎이 돋을 때 잎겨드랑이에서 늘어지는 원통형이삭은 2cm 정도 길이이다. 원통형 열매이삭은 2~3㎝ 길이이며 흑자색으로 익고 먹을 수 있다.

❸ **몽고뽕나무**(뽕나무과) *Morus mongolica* 갈잎작은키나무(높이 7~8m)
중부 이북의 산. 잎은 어긋나고 넓은 달걀형~긴 타원형이며 끝은 길게 뾰족하고 밑부분은 심장저이다. 잎 가장자리에 날카로운 톱니가 있고 톱니 끝은 바늘처럼 뾰족해진다. 암수딴그루로 4~5월에 잎이 돋을 때 꽃도 함께 피는데 수꽃이삭은 원통형이며 밑으로 처진다. 열매이삭은 긴 타원형이며 15mm 정도 길이이고 흑자색으로 익으며 단맛이 난다.

❶ 뽕나무(뽕나무과) *Morus alba* 갈잎큰키나무(높이 6~15m)

마을 주변. 잎은 어긋나고 달걀형~넓은 달걀형이며 3갈래로 깊게 갈라지기도 한다. 잎 끝은 뾰족하고 가장자리에 둔한 톱니가 있다. 암수딴그루로 4~5월에 잎과 함께 나오는 원통형 수꽃이삭은 3~5cm 길이이고 암꽃이삭은 10~15mm 길이이며 암술대는 거의 없고 암술머리는 2개로 갈라진다. 타원형 열매이삭은 15~20mm 길이이며 흑자색으로 익고 단맛이 난다.

❷ 산뽕나무(뽕나무과) *Morus australis* 갈잎큰키나무(높이 6~15m)

산. 잎은 어긋나고 달걀형~넓은 달걀형이며 5~15cm 길이이고 3~5갈래로 깊게 갈라지기도 한다. 잎 끝은 길게 뾰족하고 가장자리에 불규칙한 톱니가 있다. 암수딴그루로 4~5월에 잎이 돋을 때 햇가지의 잎겨드랑이에 원통형 꽃이삭이 달리는데 암술대가 길다. 타원형 열매이삭은 10~15mm 길이이며 암술대가 남아 있고 흑자색으로 익으며 식용한다. [1)]가새뽕나무(f. *kase*)는 잎몸이 5갈래 정도로 깊게 갈라지는 품종이다.

❸ 무화과(뽕나무과) *Ficus carica* 갈잎작은키나무(높이 4~8m)

남부 지방에서 재배한다. 잎은 어긋나고 넓은 달걀형이며 3~5갈래로 깊게 갈라진다. 암수딴그루로 4~8월에 잎겨드랑이에 달리는 열매 같은 꽃주머니 속에 숨어서 꽃이 핀다. 거꿀달걀형 열매는 5~7cm 길이이고 흑자색~황록색으로 익으며 식용한다.

기타

봄에 피는 녹색 나무꽃

❶ 천선과나무
천선과나무 열매
[1]좁은잎천선과나무
❷ 모람
모람 열매
왕모람 어린 가지의 잎
❸ 왕모람

❶ **천선과나무**(뽕나무과) *Ficus erecta* 갈잎떨기나무(높이 2~5m)

남해안 이남. 잎은 어긋나고 거꿀달걀형~긴 타원형이며 끝이 뾰족하고 가장자리가 밋밋하다. 암수딴그루로 4~5월에 잎겨드랑이에 열매 모양의 둥근 꽃주머니가 1개씩 달리는데 지름 8~10mm이다. 암꽃주머니는 자루가 없고 수꽃주머니는 밑부분이 짧은 자루처럼 길어진다. 꽃주머니가 자란 **둥근 열매는 지름 2㎝ 정도이며 가을에 흑자색으로 익는다**. [1]**좁은잎천선과나무**(v. *sieboldii*)는 천선과나무의 변종으로 잎이 좁은 피침형인 것이 특징이지만 움가지의 잎 가장자리에는 톱니가 있다. 천선과나무와 같은 종으로 본다.

❷ **모람**(뽕나무과) *Ficus sarmentosa* v. *nipponica* 늘푸른덩굴나무(길이 2~5m)

남해안 이남. 줄기는 공기뿌리로 달라붙는다. 잎은 어긋나고 **피침형~긴 타원형이며 6~13㎝ 길이이고 끝이 길게 뾰족하다**. 잎몸은 가죽질이다. 암수딴그루로 5~7월에 잎겨드랑이에 둥근 꽃주머니가 1~2개씩 달린다. 둥근 열매는 지름 1㎝ 정도이며 흑자색으로 익는다.

❸ **왕모람**(뽕나무과) *Ficus thunbergii* 늘푸른덩굴나무(길이 2~5m)

남해안 이남. 잎은 어긋나고 **달걀형~달걀 모양의 타원형이며 2~6㎝ 길이이고 끝이 약간 뾰족하다**. 어린 가지의 잎은 여러 갈래로 갈라진다. 암수딴그루로 5~7월에 잎겨드랑이에 둥근 꽃주머니가 1개씩 달린다. 둥근 열매는 지름 20~25mm이고 흑자색으로 익는다.

봄에 피는 녹색 나무꽃

❶ **시무나무**(느릅나무과) *Hemiptelea davidii* 갈잎큰키나무(높이 20m 정도)
 산. 가지에 어린 가지가 변한 긴 가시가 많다. 잎은 어긋나고 긴 타원형이며 끝이 뾰족하고 톱니가 있다. 암수한그루로 4~5월에 잎이 돋을 때 자잘한 황록색 꽃도 함께 핀다. 일그러진 달걀형의 열매는 5~7mm 길이이며 끝이 뾰족하고 한쪽에만 날개가 있다.

❷ **바위모시/비양나무**(쐐기풀과) *Oreocnide frutescens* 갈잎떨기나무(높이 1~2m)
 제주도. 잎은 어긋나고 긴 타원형이며 가장자리에 날카로운 톱니가 있다. 암수딴그루로 4~5월에 피는 꽃송이는 2년생 가지의 잎자국 옆에 촘촘히 모여 달리며 자루가 없다.

❸ **황벽나무**(운향과) *Phellodendron amurense* 갈잎큰키나무(높이 10~20m)
 산. 회색 나무껍질은 코르크가 발달하며 깊게 갈라진다. 잎은 마주나고 홀수깃꼴겹잎이며 작은잎은 5~13장이다. 암수딴그루로 5~6월에 가지 끝의 원뿔꽃차례에 녹황색 꽃이 핀다. 꽃잎과 수술은 각각 5개씩이고 씨방은 녹색이다. 둥근 열매는 가을에 검게 익는다.

❹ **소태나무**(소태나무과) *Picrasma quassioides* 갈잎큰키나무(높이 9~12m)
 산. 잎은 어긋나고 홀수깃꼴겹잎이며 작은잎은 9~15장이다. 암수딴그루로 5~6월에 햇가지의 잎겨드랑이에 달리는 고른꽃차례는 5~10cm 길이이고 자잘한 황록색 꽃이 모여 핀다. 동그스름한 열매는 지름 6mm 정도이고 여러 개가 모여 달리며 흑자색으로 익는다.

기타

봄에 피는 녹색 나무꽃

❶ 두충
❷ 들메나무
❸ 물푸레나무
두충 암꽃
물푸레나무 수꽃
두충 열매
들메나무 열매
물푸레나무 열매

❶ **두충**(두충과) *Eucommia ulmoides* 갈잎큰키나무(높이 10~20m)
중국 원산. 전국에서 심어 기른다. 잎은 어긋나고 달걀형~긴 타원형이며 끝이 갑자기 뾰족해지고 가장자리에 날카로운 톱니가 있다. 잎이나 열매를 찢으면 고무 같은 흰색 실이 늘어난다. 암수딴그루로 4월에 잎이 돋을 때 햇가지 밑부분에 연녹색 꽃이 모여 핀다. 긴 타원형 열매는 납작하고 3~4cm 길이이며 가장자리에 날개가 있다.

❷ **들메나무**(물푸레나무과) *Fraxinus mandshurica* 갈잎큰키나무(높이 25~30m)
중부 이북의 산골짜기. 잎은 마주나고 홀수깃꼴겹잎이며 40cm 정도 길이이고 작은잎은 7~11장이다. 작은잎과 잎자루가 만나는 부분에 갈색 털이 뭉쳐 난다. 암수딴그루로 4~5월에 잎이 돋기 전에 2년생 가지의 잎겨드랑이에서 나오는 원뿔꽃차례에 꽃잎이 없는 자잘한 꽃이 모여 핀다. 열매는 좁고 긴 타원형이며 가장자리에 날개가 있다.

❸ **물푸레나무**(물푸레나무과) *Fraxinus chinensis* ssp. *rhynchophylla* 갈잎큰키나무(높이 10~15m)
산. 어린 나무껍질은 흰색의 얼룩무늬가 있다. 잎은 마주나고 홀수깃꼴겹잎이며 작은잎은 5~7장이고 가장자리에 물결 모양의 얕은 톱니가 있다. 작은잎 뒷면은 회녹색이며 주맥 위에 털이 있다. 암수딴그루로 4~5월에 잎이 돋을 때 햇가지 끝에서 나오는 원뿔꽃차례에 꽃잎이 없는 꽃이 모여 핀다. 열매는 거꿀피침형이며 가장자리에 날개가 있다.

❶ 은행나무(은행나무과) *Ginkgo biloba* 갈잎큰키나무(높이 40~60m)

가로수나 공원수로 심는다. 부채 모양의 잎은 긴가지에서는 어긋나고 짧은가지 끝에서는 3~5장이 모여난다. 잎맥은 계속 2개로 갈라지는 두갈래맥(차상맥)이다. 암수딴그루로 4~5월에 짧은가지 끝에 잎과 함께 암솔방울과 수솔방울이 자란다. 수솔방울은 원기둥 모양이다. 씨앗을 싸고 있는 겉씨껍질은 노란색으로 익으면 물렁해지며 고약한 냄새가 난다.

❷ 구상나무(소나무과) *Abies koreana* 늘푸른바늘잎나무(높이 10~15m)

남부 지방의 높은 산. 가지에 촘촘히 달리는 선형 잎은 10~25㎜ 길이이며 끝이 둥글거나 갈라져서 오목하게 들어간다. 잎 뒷면에 흰색의 숨구멍줄이 2개가 있다. 암수한그루로 4~5월에 가지에서 위로 서는 암솔방울은 긴 타원형이다. 솔방울열매는 4~6㎝ 길이이며 위를 향해 곧게 서고 솔방울조각 끝의 뾰족한 돌기는 뒤로 젖혀진다.

❸ 분비나무(소나무과) *Abies nephrolepis* 늘푸른바늘잎나무(높이 25m 정도)

높은 산. 잎은 촘촘히 돌려나고 선형이며 끝이 갈라지고 뒷면에 2개의 흰색 숨구멍줄이 있다. 암수한그루로 4~5월에 잎겨드랑이에 1㎝ 정도 길이의 타원형 수솔방울이 모여 달린다. 암솔방울은 긴 타원형이며 45㎜ 정도 길이이고 위로 곧게 선다. 원통형의 솔방울열매는 4~9㎝ 길이이고 위를 향해 곧게 선다. 솔방울조각 끝의 뾰족한 돌기는 곧게 옆을 향한다.

기타

- ❶ 전나무
- ❷ 일본전나무
- ❸ 솔송나무
- 전나무 수솔방울
- 일본전나무 열매
- 전나무 열매
- 일본전나무 잎
- 솔송나무 열매

❶ **전나무/젓나무**(소나무과) *Abies holophylla* 늘푸른바늘잎나무(높이 30~40m)

주로 높은 산. 줄기는 곧게 자라며 나무 모습이 원뿔 모양으로 아름다워서 흔히 심어 기른다. 잎은 촘촘히 돌려나고 선형이며 끝이 뾰족하고 2~4cm 길이이다. 잎 뒷면에 2개의 흰색 숨구멍줄이 있다. 암수한그루로 4~5월에 가지 끝의 잎겨드랑이에 모여 달리는 황록색 수솔방울은 길이 15mm 정도이고 달걀형이다. 가지 끝에 달리는 암솔방울은 길이 35mm 정도이며 긴 타원형이고 암솔방울의 자루는 길이 6mm 정도이다. 원통형의 솔방울열매는 6~12cm 길이이고 위를 향해 곧게 서며 표면으로 돌기가 나오지 않는다.

❷ **일본전나무**(소나무과) *Abies firma* 늘푸른바늘잎나무(높이 20~25m)

일본 원산. 관상수로 심는다. 전나무와 비슷하지만 선형 잎의 끝이 2갈래로 갈라지고 갈래조각 끝이 뾰족하다. 솔방울열매는 표면으로 솔방울조각의 뾰족한 돌기가 나온다.

❸ **솔송나무**(소나무과) *Tsuga sieboldii* 늘푸른바늘잎나무(높이 20~30m)

울릉도. 잎은 선형이며 1~2cm 길이이고 끝부분은 가운데가 오목하게 파이며 뒷면에는 2개의 흰색 숨구멍줄이 있다. 암수한그루로 4~5월에 가지 끝에 달리는 수솔방울은 달걀형이며 5~6mm 길이이고 자루가 있다. 암솔방울은 달걀형이며 5mm 정도 길이이고 적자색이다. 솔방울열매는 타원형~달걀형이며 2~3cm 길이이고 밑을 향해 달리며 갈색으로 익는다.

봄에 피는 녹색 나무꽃

❶ 가문비나무　❷ 종비나무　❸ 독일가문비
가문비나무 암솔방울　　　　　　　　독일가문비 열매
가문비나무 열매　종비나무 열매　독일가문비 잎 단면

❶ **가문비나무**(소나무과) *Picea jezoensis* 늘푸른바늘잎나무(높이 25~40m)
　지리산과 덕유산, 강원도 계방산 이북의 높은 산. 잎은 선형이며 1~2cm 길이이고 끝이 뾰족하며 가로 단면이 렌즈형이다. 암수한그루로 5~6월에 가지 끝에 달리는 수솔방울은 원통형이며 붉은색에서 황갈색으로 변한다. 암솔방울은 타원형이며 적갈색 또는 녹색이다. 솔방울열매는 둥근 달걀형이며 3~7cm 길이이고 밑을 향해 매달린다.

❷ **종비나무**(소나무과) *Picea koraiensis* 늘푸른바늘잎나무(높이 20~30m)
　압록강 일대. 잎은 선형이며 12~22mm 길이이고 낫처럼 약간 구부러지며 끝이 뾰족하고 가로 단면은 네모꼴이다. 잎 앞면은 광택이 있고 뒷면에는 미세한 흰색 숨구멍줄이 있다. 암수한그루로 5~6월에 2년생 가지 끝에 달리는 긴 달걀형의 암솔방울은 적자색이고 수솔방울은 황갈색이다. 솔방울열매는 달걀 모양의 원통형이며 5~8cm 길이이고 밑으로 처진다.

❸ **독일가문비**(소나무과) *Picea abies* 늘푸른바늘잎나무(높이 40~50m)
　유럽 원산. 관상수로 심는다. 노목이 될수록 어린 가지는 더욱 밑으로 처진다. 잎은 선형이며 2cm 정도 길이이고 약간 구부러지며 끝이 뾰족하다. 잎의 가로 단면은 찌그러진 마름모꼴이다. 암수한그루로 4~5월에 가지 끝에 긴 타원형의 암솔방울이 곧게 서고 수솔방울은 황갈색이다. 솔방울열매는 10~18cm 길이로 매우 크며 밑으로 처진다.

기타

봄에 피는 녹색 나무꽃

❶ 일본잎갈나무 / 일본잎갈나무 열매 / ¹⁾잎갈나무

❷ 노간주나무 / 노간주나무 열매 / 삼나무 열매 / ❸ 삼나무

❶ **일본잎갈나무/낙엽송**(소나무과) *Larix kaempferi* 갈잎바늘잎나무(높이 20m 정도)
산. 잎은 선형이며 2~3㎝ 길이이고 부드럽다. 짧은가지에는 잎이 20~30개씩 모여난다. 암수한그루로 4~5월에 잎이 돋을 때 짧은가지 끝에 달리는 달걀형의 암솔방울은 위를 향한다. 짧은가지 끝에 달리는 수솔방울은 둥근 타원형이며 대부분이 밑을 향한다. 솔방울열매는 달걀형~구형이며 솔방울조각은 30~40개이고 끝이 뒤로 젖혀진다. ¹⁾**잎갈나무**(*L. gmelinii* v. *olgensis*)는 주로 북한에서 자라며 일본잎갈나무와 비슷하지만 솔방울열매는 솔방울조각이 25~40개로 일본잎갈나무보다 적고 조각 끝이 곧아서 구분된다.

❷ **노간주나무**(측백나무과) *Juniperus rigida* 늘푸른바늘잎나무(높이 5~8m)
건조한 산지. 줄기는 원뿔 모양이나 촛대 모양으로 자란다. 가지에 보통 3개씩 돌려나는 짧은 바늘잎은 1~2㎝ 길이이며 끝이 뾰족하고 단단하다. 대부분이 암수딴그루로 4~5월에 잎겨드랑이에 동그스름한 암수솔방울이 달린다. 둥근 열매는 흰색 가루로 덮여 있다.

❸ **삼나무**(측백나무과 | 낙우송과) *Cryptomeria japonica* 늘푸른바늘잎나무(높이 40m 정도)
남부 지방. 조림수로 심는다. 짧은 바늘잎은 가지에 나사 모양으로 촘촘히 돌려 가며 달리는데 1㎝ 정도 길이이고 송곳처럼 차츰 가늘어지며 끝이 뾰족하고 단단하다. 암수한그루로 3~4월에 가지 끝에 암수솔방울이 달린다. 둥근 솔방울열매는 뾰족한 돌기가 많다.

기타

봄에 피는 녹색 나무꽃

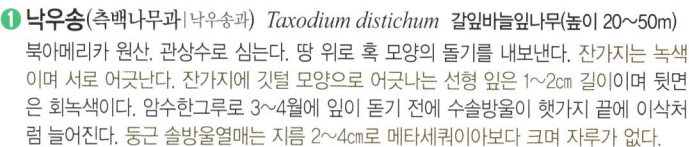

❶ 낙우송  ❷ 메타세쿼이아  ❸ 주목

낙우송 열매  메타세쿼이아 열매  주목 열매

❶ **낙우송**(측백나무과 | 낙우송과) *Taxodium distichum* 갈잎바늘잎나무(높이 20~50m)
북아메리카 원산. 관상수로 심는다. 땅 위로 혹 모양의 돌기를 내보낸다. 잔가지는 녹색이며 서로 어긋난다. 잔가지에 깃털 모양으로 어긋나는 선형 잎은 1~2㎝ 길이이며 뒷면은 회녹색이다. 암수한그루로 3~4월에 잎이 돋기 전에 수솔방울이 햇가지 끝에 이삭처럼 늘어진다. 둥근 솔방울열매는 지름 2~4㎝로 메타세쿼이아보다 크며 자루가 없다.

❷ **메타세쿼이아**(측백나무과 | 낙우송과) *Metasequoia glyptostroboides* 갈잎바늘잎나무(높이 20m 정도)
중국 원산. 가로수나 공원수로 많이 심는다. 잔가지는 녹색이며 2개씩 마주나고 선형 잎도 10~20쌍이 가지에 새깃처럼 마주난다. 가을에 누렇게 변한 잎은 작은 가지와 함께 통째로 떨어진다. 암수한그루로 3월에 잎이 돋기 전에 타원형 수솔방울이 햇가지 끝에 이삭처럼 촘촘히 늘어진다. 동그스름한 솔방울열매는 지름 15㎜ 정도이고 긴 자루에 매달린다.

❸ **주목**(주목과) *Taxus cuspidata* 늘푸른바늘잎나무(높이 10~20m)
높은 산. 잎은 선형이고 15~20㎜ 길이이며 나선 모양으로 달린다. 잎 뒷면에 2개의 흰색~연노란색 숨구멍줄이 있고 주맥이 양쪽으로 도드라진다. 암수딴그루로 4월에 잎겨드랑이에 달리는 수솔방울은 거꿀달걀형~구형이며 황갈색이다. 둥근 헛씨껍질은 8~10㎜ 크기이며 컵처럼 한쪽이 열려 있어서 속에 든 씨앗이 들여다 보이며 붉게 익는다.

기타

❶ 비자나무(주목과) *Torreya nucifera* 늘푸른바늘잎나무(높이 20~25m)

남부 지방의 산. 잎은 선형이고 2cm 길이이며 깃털처럼 마주 달리고 가죽질이며 단단하고 끝이 날카롭다. 잎 뒷면에는 연노란색의 숨구멍줄이 2개가 있다. 암수딴그루로 4~5월에 연노란색 수솔방울은 잎겨드랑이에 달리고 작은 암솔방울은 어린 가지 밑부분에 달린다. 타원형 씨앗은 겉씨껍질에 싸여 있는데 다음 해 가을에 익어도 초록색이다.

❷ 개비자나무(주목과|개비자나무과) *Cephalotaxus harringtonii* 늘푸른바늘잎나무(높이 2~5m)

중부 이남의 산. 선형 잎은 새깃처럼 가지에 2줄로 마주나며 끝이 뾰족하지만 부드러워서 찌르지는 않는다. 잎 뒷면은 2개의 흰색 숨구멍줄이 있다. 암수딴그루이고 4월에 잎겨드랑이에 달리는 타원형 수솔방울은 연한 황갈색이다. 가지 끝의 암솔방울은 달걀형이고 연녹색이다. 둥근 타원형 겉씨껍질은 20~25mm 길이이고 적갈색으로 익는다.

❸ 소철(소철과) *Cycas revoluta* 늘푸른바늘잎나무(높이 2~4m)

남쪽 섬. 관상수로 심는다. 둥근 줄기는 잎이 떨어져 나간 흔적이 비늘처럼 된다. 잎은 깃꼴겹잎이며 50~200cm 길이이고 줄기 윗부분에 촘촘히 돌려 가며 달린다. 암수딴그루로 6~8월에 줄기 끝의 수솔방울은 긴 타원형의 원기둥 모양이며 40~60cm 길이이다. 줄기 끝의 암솔방울은 둥근 모양을 이룬다. 밑씨가 자란 솔방울열매는 둥근 달걀형이다.

봄에 피는 녹색 나무꽃

❶ 섬잣나무　❷ 잣나무　❸ 눈잣나무

섬잣나무 솔방울열매　잣나무 암솔방울　눈잣나무 암솔방울

잣나무 솔방울열매　눈잣나무 솔방울열매

❶ **섬잣나무**(소나무과) *Pinus parviflora* 늘푸른바늘잎나무(높이 20~30m)
　울릉도. 5개가 한 묶음인 바늘잎은 4~8㎝ 길이이며 뒷면은 흰색 숨구멍줄이 있다. 암수한그루로 5~6월에 햇가지 아래쪽에 촘촘히 모여 달리는 노란색 수솔방울은 긴 타원형이다. 솔방울열매는 달걀형이며 5~7㎝ 길이이고 다음 해 가을에 익으면 솔방울조각이 벌어진다. 달걀형의 씨앗은 1㎝ 정도 길이이고 윗부분에 짧은 날개가 있다.

❷ **잣나무**(소나무과) *Pinus koraiensis* 늘푸른바늘잎나무(높이 20~30m)
　지리산 이북의 높은 산. 줄기는 기면서 10m 정도 길이까지 벋는다. 5개가 한 묶음인 바늘잎은 6~12㎝ 길이이며 뻣뻣하지는 않다. 암수한그루로 5~6월에 햇가지 아래쪽에 수솔방울이 모여 달리고 암솔방울은 가지 끝에 달린다. 솔방울열매는 달걀형이며 9~15㎝ 길이이고 나뭇진이 배어 나온다. 씨앗은 세모진 달걀형이며 날개가 없다. 단단한 씨앗껍질에 싸인 노란 속살은 맛이 고소하며 식용한다.

❸ **눈잣나무**(소나무과) *Pinus pumila* 늘푸른바늘잎나무(높이 2~6m)
　설악산 이북의 높은 산. 줄기는 기면서 10m 정도 길이까지 벋는다. 5개가 한 묶음인 바늘잎은 3~6㎝ 길이이고 뒷면에는 2개의 흰색 숨구멍줄이 있다. 암수한그루로 5~7월에 햇가지 끝의 암솔방울은 달걀형이며 홍자색이 돈다. 햇가지 아래쪽의 수솔방울은 타원형이며 황갈색이다. 솔방울열매는 달걀형이며 30~45㎜ 길이이고 적갈색 씨앗은 날개가 없다.

기타

봄에 피는 녹색 나무꽃

❶ 스트로브잣나무 ❷ 리기다소나무 ❸ 곰솔
스트로브잣나무 솔방울열매 리기다소나무 솔방울열매 곰솔 솔방울열매

❶ 스트로브잣나무(소나무과) *Pinus strobus* 늘푸른바늘잎나무(높이 30m 정도)
북아메리카 원산. 관상수로 심는다. 나무껍질은 어릴 때는 매끈하지만 노목은 불규칙하게 갈라진다. 5개가 한 묶음인 바늘잎은 6~14㎝ 길이이며 촉감이 부드럽다. 암수한그루로 5월에 햇가지 아래쪽에 모여 달리는 수솔방울은 달걀형이며 8~10㎜ 길이로 작고 암솔방울은 더 크다. 솔방울열매는 긴 원통형이며 7~20㎝ 길이이고 밑으로 늘어진다.

❷ 리기다소나무(소나무과) *Pinus rigida* 늘푸른바늘잎나무(높이 25m 정도)
북아메리카 원산. 조림수로 산에 많이 심는다. 흔히 줄기에 막눈이 자란 짧은가지가 많다. 3개가 한 묶음인 바늘잎은 7~14㎝ 길이이고 약간 뒤틀리며 거칠다. 암수한그루로 4~5월에 햇가지에 암솔방울과 수솔방울이 모여 달린다. 솔방울열매는 달걀형이며 3~7㎝ 길이이고 다음 해 가을에 익는다. 솔방울조각 끝에는 날카로운 가시 모양의 돌기가 있다.

❸ 곰솔/해송(소나무과) *Pinus thunbergii* 늘푸른바늘잎나무(높이 20~25m)
바닷가. 나무껍질은 흑회색~흑갈색이고 밑부분은 깊게 갈라진다. 겨울눈은 은백색이다. 2개가 한 묶음인 바늘잎은 6~12㎝ 길이이며 거칠고 끝이 뾰족하며 가로 단면은 원형이다. 암수한그루로 4~5월에 햇가지에 암솔방울과 수솔방울이 모여 달린다. 솔방울열매는 달걀형이며 4~6㎝ 길이이고 다음 해 가을에 갈색으로 익으면 날개가 달린 씨앗이 나온다.

봄에 피는 녹색 나무꽃

❶ 소나무(소나무과) *Pinus densiflora* 늘푸른바늘잎나무(높이 25~35m)

산. 줄기 윗부분의 나무껍질은 적갈색이며 얇은 조각으로 갈라져 벗겨지고 밑부분의 나무껍질은 진한 회갈색으로 세로로 깊게 갈라져서 거북등처럼 보인다. 2개가 한 묶음인 바늘잎은 8~9㎝ 길이이다. 암수한그루로 5월에 햇가지에 암솔방울과 수솔방울이 달린다. 솔방울열매는 달걀형이며 4~5㎝ 길이이고 익으면 한쪽에 긴 날개가 달린 씨앗이 나온다. [1]반송(f. *multicaulis*)은 소나무의 품종으로 땅에서부터 줄기가 많이 갈라져 부채꼴의 나무 모양을 만든다. 소나무와 같은 종으로 본다.

❷ 방크스소나무(소나무과) *Pinus banksiana* 늘푸른바늘잎나무(높이 20~25m)

북아메리카 원산. 산에 심는다. 2개가 한 묶음인 바늘잎은 2~4㎝ 길이로 짧고 단단하며 비틀린다. 암수한그루로 5월에 햇가지에 암솔방울과 수솔방울이 달린다. 솔방울열매는 긴 달걀형이며 3~5㎝ 길이이고 대부분 끝이 구부러지며 오랫동안 벌어지지 않는다.

❸ 나한송(나한송과) *Podocarpus macrophyllus* 늘푸른바늘잎나무(높이 20m 정도)

전남 가거도. 가지에 촘촘히 어긋나는 잎은 넓은 선형이며 10~15㎝ 길이이다. 암수딴그루로 5~6월에 잎겨드랑이에 가는 원기둥 모양의 수솔방울이 모여 달린다. 긴 자루에 달린 둥근 씨앗은 흰색 가루로 덮여 있고 밑의 커다란 원통형 열매턱은 적자색으로 익는다.

기타

- ❶ 눈측백/찝빵나무(측백나무과) *Thuja koraiensis* 늘푸른바늘잎나무(높이 4~10m)
  태백산 이북의 높은 산에서 누워 자란다. 자잘한 잎은 끝이 둔하며 비늘 모양으로 겹쳐진다. 잎 뒷면은 황록색이며 2개의 흰색 숨구멍줄이 있다. 암수한그루로 5월에 가지 끝에 자잘한 달걀형의 암수솔방울이 달린다. 솔방울열매는 타원형~달걀형이며 7~10mm 길이이다.

- ❷ 서양측백(측백나무과) *Thuja occidentalis* 늘푸른바늘잎나무(높이 10~20m)
  북아메리카 원산. 관상수로 심는다. 비늘잎은 달걀형이고 끝이 갑자기 뾰족해지며 앞면은 녹색이고 뒷면은 황록색이다. 암수한그루로 4~5월에 가지 끝에 암솔방울과 수솔방울이 달린다. 솔방울열매는 긴 타원형이며 1cm 정도 길이이고 가을에 적갈색으로 익는다.

- ❸ 편백(측백나무과) *Chamaecyparis obtusa* 늘푸른바늘잎나무(높이 30m 정도)
  남부 지방의 산. 잎은 1~3mm 길이이고 끝이 날카롭지 않으며 비늘 모양으로 겹쳐진다. 잎 뒷면은 연녹색이고 잎이 포개지는 부분은 흰색의 숨구멍이 Y자 모양으로 보인다. 암수한그루로 4월에 가지 끝에 암수솔방울이 달린다. 둥근 솔방울열매는 지름 1cm 정도이다.

- ❹ 화백(측백나무과) *Chamaecyparis pisifera* 늘푸른바늘잎나무(높이 30m 정도)
  산과 들. 비늘잎은 끝이 대부분 날카로우며 뒷면은 흰색 숨구멍줄이 X자 모양으로 보인다. 암수한그루로 4월에 암수솔방울이 달리고 둥근 솔방울열매는 지름 7mm 정도이다.

❶ 측백나무 ❷ 눈향나무 ❸ 향나무
족백나무 솔방울열매 / 눈향나무 수형 / 향나무 솔방울열매 / ¹⁾뚝향나무 수형 / ²⁾나사백 수형

❶ **측백나무**(측백나무과) *Platycladus orientalis* 늘푸른바늘잎나무(높이 5~20m)
충청도와 경상도의 석회암 지대. 비늘잎은 앞면과 뒷면이 비슷하며 흰색 점이 조금 있다. 암수한그루로 4월에 가지 끝에 암수솔방울이 달린다. 솔방울열매는 분백색이 돌며 15~30mm 길이이고 뿔 같은 돌기가 있다. 달걀형~타원형 씨앗은 회갈색이며 날개가 없다.

❷ **눈향나무**(측백나무과) *Juniperus chinensis* v. *sargentii* 늘푸른바늘잎나무(높이 50㎝ 정도)
높은 산. 줄기와 가지가 땅바닥을 기면서 50㎝ 정도 높이로 자란다. 비늘잎은 마름모꼴이며 촘촘히 포개진다. 어린 가지에는 바늘잎도 있다. 암수딴그루로 5월에 암수솔방울이 가지 끝에 달린다. 둥근 열매는 지름 6~8mm이며 어릴 때는 흰색 가루로 덮여 있다.

❸ **향나무**(측백나무과) *Juniperus chinensis* 늘푸른바늘잎나무(높이 15~20m)
울릉도와 강원도의 암석 지대. 어린 가지에는 끝이 뾰족한 짧은 바늘잎이 달리고 5년 이상쯤 나이가 먹은 가지에는 비늘잎이 달린다. 암수딴그루로 4월에 가지 끝이나 잎겨드랑이에 암수솔방울이 달린다. 둥근 열매는 지름 6~7mm이며 검게 익는다. 씨앗은 날개가 없다. ¹⁾**뚝향나무**(v. *horizontalis*)는 향나무의 변종으로 가지와 줄기가 비스듬히 자라다가 수평으로 퍼진다. ²⁾**나사백/가이즈카향나무**('Kaizuka')는 일본 원산의 원예 품종으로 흔히 관상수로 심는다. 바늘잎이 없고 어린 가지가 옆으로 꼬인다.

밤나무 동산

Ⅳ 여름에 피는 나무꽃

하지 무렵에는 낮의 길이가 길어질 때 꽃이 피는 장일식물은 개화가 끝나고, 낮의 길이가 짧아질 때 꽃이 피는 단일식물은 개화가 시작되기 전이기 때문에 꽃 구경하기가 쉽지 않다. 이처럼 다른 식물들이 개화를 멈춘 때에 무더기로 꽃을 피워 내는 나무가 있는데 바로 '밤나무'이다. 밤꽃이 필 때는 꽃을 만나기가 쉽지 않아서 꽃 사진을 찍는 사람들이 모처럼 휴식을 취하는 시기이기도 하다.

산에서 풍겨 내려오는 진한 밤꽃 향기가 여름이 시작된 것을 알리면 뒤를 이어 마을에서는 큼직한 수국 꽃송이가 알록달록 색깔을 바꿔가며 여름을 재촉하고, 뒤를 이어 갖가지 색깔의 무궁화가 한여름부터 가을까지 길가를 장식한다.

봄철만큼은 아니지만 무더운 여름철부터 가을까지 꽃을 피워내는 나무들도 꽤 있다.

싸리

여름에 피는 붉은색 나무꽃

꽃잎 4장

❶ 검종덩굴 ❷ 종덩굴 ❸ 세잎종덩굴

검종덩굴 열매 종덩굴 꽃봉오리 종덩굴 열매 세잎종덩굴 열매

❶ **검종덩굴**(미나리아재비과) *Clematis fusca* 갈잎덩굴나무(길이 1~2m)
중부 이북의 산. 잎은 마주나고 깃꼴겹잎이며 작은잎은 5~9장이다. 작은잎은 달걀형이며 2~3갈래로 갈라지기도 하고 끝은 뾰족하며 가장자리가 밋밋하다. 끝에 있는 작은잎은 덩굴손으로 변하기도 한다. 6~7월에 가지 끝에 종 모양의 흑자색 꽃이 1개씩 고개를 숙이고 핀다. 두꺼운 꽃덮이조각은 4장이며 약간 벌어지고 표면은 흑자색 털이 빽빽하다.

❷ **종덩굴**(미나리아재비과) *Clematis fusca* v. *violacea* 갈잎덩굴나무(길이 2~5m)
숲 가장자리. 잎은 마주나고 깃꼴겹잎이다. 작은잎은 5~7장이며 달걀형~달걀 모양의 타원형이고 가장자리는 밋밋하며 드물게 2~3갈래로 갈라지기도 한다. 6~7월에 줄기 끝이나 잎겨드랑이에 종 모양의 진자주색 꽃이 1개씩 고개를 숙이고 핀다. 꽃덮이조각은 4장이며 두껍고 끝이 뾰족하며 뒤로 젖혀진다. 꽃자루에는 2개의 포조각이 있다.

❸ **세잎종덩굴**(미나리아재비과) *Clematis koreana* 갈잎덩굴나무(길이 2~3m)
높은 산. 잎은 마주나고 세겹잎이다. 작은잎 가장자리에는 날카로운 치아 모양의 톱니가 있고 드물게 2~3갈래로 갈라지기도 한다. 6~8월에 잎겨드랑이에 고개를 숙이고 피는 종 모양의 자주색 꽃은 주름이 지고 털이 있으며 꽃자루와 만나는 부분에는 돌기가 발달한다. 열매는 거꿀달걀형이며 끝에는 암술대가 4~5cm 정도로 길게 자란다.

여름에 피는 붉은색 나무꽃

❶ 병조희풀(미나리아재비과) *Clematis heracleifolia* 갈잎떨기나무(높이 1m 정도)
산. 잎은 마주나고 세겹잎이다. 작은잎은 넓은 달걀형이며 가장자리에 톱니가 있고 흔히 3갈래로 갈라지기도 한다. 7~8월에 잎겨드랑이에 자주색 꽃이 모여 핀다. 4장의 꽃덮이조각이 붙어 있는 밑부분은 항아리처럼 둥글고 갈라진 윗부분은 뒤로 젖혀진다. [1])**자주조희풀**(v. *tubulosa*)은 병조희풀의 변종으로 모든 생김새가 병조희풀과 비슷하지만 여름에 피는 연자주색 꽃이 크고 꽃덮이조각이 깊게 갈라지며 가장자리가 구불거린다.

❷ 회목나무(노박덩굴과) *Euonymus verrucosus* 갈잎떨기나무(높이 2~3m)
높은 산. 가지는 초록색이며 작은 돌기가 있다. 잎은 마주나고 긴 달걀형~달걀 모양의 타원형이며 끝이 길게 뾰족하고 가장자리에 둔한 잔톱니가 있다. 6~7월에 잎겨드랑이에서 나온 기다란 꽃자루에 달린 1~3개의 적갈색 꽃은 보통 잎 위에 위치한다. 꽃받침, 꽃잎, 수술은 4개씩이다. 열매는 네모진 구형이고 얕게 골이 지며 붉게 익는다.

❸ 수국(수국과|범의귀과) *Hydrangea macrophylla* v. *otaksa* 갈잎떨기나무(높이 1m 정도)
중국 원산. 정원수로 심는다. 잎은 마주나고 달걀형~넓은 달걀형이며 끝이 뾰족하고 가장자리에 톱니가 있다. 6~7월에 가지 끝에 달리는 동그스름한 꽃송이에는 암수한꽃이 없고 모두 장식꽃이다. 장식꽃은 꽃잎 모양의 꽃받침조각이 4~5장이며 청자색~붉은색이다.

꽃잎 4장

여름에 피는 붉은색 나무꽃

❶ **산수국**(수국과|범의귀과) *Hydrangea macrophylla* ssp. *serrata* 갈잎떨기나무(높이 1m 정도)
중부 이남의 산. 잎은 마주나고 달걀형이며 끝이 뾰족하고 톱니가 있다. 6~8월에 가지 끝에 접시 모양의 고른꽃차례가 달리는데 가장자리에는 꽃잎처럼 생긴 3~4장의 꽃받침조각을 가진 장식꽃이 둘러 핀다. 장식꽃은 청자색~붉은색이다. [1)]**꽃산수국**(f. *buergeri*)은 산수국의 품종으로 둘레에 있는 장식꽃의 가장자리에 톱니가 있다. 산수국과 같은 종으로 본다.

❷ **산매자나무**(진달래과) *Vaccinium japonicum* 갈잎떨기나무(높이 30~100cm)
제주도 한라산. 어린 가지는 녹색이고 모가 진다. 잎은 어긋나고 달걀형이다. 6~7월에 잎겨드랑이에 연분홍색 꽃이 고개를 숙이고 피는데 꽃부리 갈래조각은 뒤로 완전히 말린다.

❸ **작살나무**(꿀풀과|마편초과) *Callicarpa japonica* 갈잎떨기나무(높이 1~3m)
산. 가지는 둥글고 겨울눈은 좁고 긴 타원형이며 10~14㎜ 길이이고 자루가 있다. 잎은 마주나고 긴 타원형이며 잔톱니가 있다. 6~8월에 잎겨드랑이의 갈래꽃차례에 종 모양의 연자주색 꽃이 피며 4갈래로 갈라져 벌어진다. 둥근 열매는 보라색으로 익는다.

❹ **왕작살나무**(꿀풀과|마편초과) *Callicarpa japonica* v. *luxurians* 갈잎떨기나무(높이 2~3m)
중부 이남의 바닷가. 작살나무의 변종으로 작살나무에 비해 잎이 크고 두껍다. 6~8월에 잎겨드랑이에 달리는 갈래꽃차례도 작살나무보다 큰 것이 특징이다.

꽃잎 4장

여름에 피는 붉은색 나무꽃

❶ 좀작살나무   ❷ 새비나무   ❸ 꽃개회나무   ❹ 까막바늘까치밥나무

❶ **좀작살나무**(꿀풀과 | 마편초과) *Callicarpa dichotoma* 갈잎떨기나무(높이 1~2m)
중부 이남의 바닷가 산. 어린 가지는 사각형이고 겨울눈은 구형~달걀형이다. 잎은 마주나고 좁은 달걀형이며 가장자리의 상반부에 톱니가 있다. 7~8월에 잎겨드랑이 약간 위쪽에 달리는 갈래꽃차례에 연자주색 꽃이 핀다. 둥근 열매는 보라색으로 익는다.

❷ **새비나무**(꿀풀과 | 마편초과) *Callicarpa mollis* 갈잎떨기나무(높이 2~3m)
남쪽 지방. 어린 가지에 별모양털이 많다. 잎은 마주나고 타원형이며 뒷면에는 별모양털이 많다. 6~7월에 갈래꽃차례에 피는 홍자색 꽃은 꽃받침에 털과 별모양털이 빽빽하다.

❸ **꽃개회나무**(물푸레나무과) *Syringa villosa* ssp. *wolfii* 갈잎떨기나무(높이 4~6m)
지리산 이북의 높은 산. 잎은 마주나고 타원형~넓은 달걀형이며 끝이 뾰족하고 밋밋하며 잎맥은 보통 7~9개이다. 6~7월에 햇가지 끝에 달리는 원뿔꽃차례는 10~30cm 길이이고 연한 홍자색 꽃이 모여 피며 꽃부리는 좁은 깔때기 모양이다. 열매는 껍질눈이 없다.

❹ **까막바늘까치밥나무**(까치밥나무과 | 범의귀과) *Ribes horridum* 갈잎떨기나무(높이 40~100cm)
함북의 높은 산. 적갈색 가지에 긴 가시가 빽빽하다. 잎은 어긋나고 손바닥처럼 3~7갈래로 깊게 갈라지며 갈래조각 가장자리에 톱니가 드문드문 있다. 6~7월에 잎겨드랑이의 송이꽃차례에 황록색~자갈색 꽃이 핀다. 둥근 열매는 샘털로 덮여 있고 검게 익는다.

꽃잎 5장

여름에 피는 붉은색 나무꽃

❶ 꼬리조팝나무　꼬리조팝나무 열매　일본조팝나무 꽃차례　❷ 일본조팝나무
❸ 해당화　해당화 열매　❹ 천리포해당화

❶ 꼬리조팝나무(장미과) *Spiraea salicifolia* 갈잎떨기나무(높이 1~2m)
지리산 이북의 산골짜기. 잎은 어긋나고 피침형이며 끝이 뾰족하고 가장자리에 뾰족한 잔톱니가 있다. 잎자루는 1~3mm 길이로 짧다. 6~8월에 가지 끝의 원뿔꽃차례에 연한 홍자색 꽃이 모여 핀다. 꽃은 지름 5~8mm이고 수술은 30~50개로 많으며 꽃잎보다 길다.

❷ 일본조팝나무(장미과) *Spiraea japonica* 갈잎떨기나무(높이 1m 정도)
일본 원산. 관상수로 심는다. 잎은 어긋나고 피침형~좁은 달걀형이며 끝이 뾰족하고 가장자리에 불규칙하고 날카로운 겹톱니가 있다. 잎 뒷면은 연녹색~분백색이다. 6~7월에 가지 끝의 겹고른꽃차례에 자잘한 적자색 꽃이 모여 핀다. 꽃은 지름 3~6mm이다.

❸ 해당화(장미과) *Rosa rugosa* 갈잎떨기나무(높이 1~1.5m)
바닷가 모래땅. 줄기에는 가시와 부드러운 털이 있다. 잎은 어긋나고 홀수깃꼴겹잎이며 작은잎은 타원형이고 주름이 많다. 5~7월에 가지 끝에 1~3개의 붉은색 꽃이 피는데 꽃자루에는 가시털이 있다. 둥근 열매는 끝에 꽃받침조각이 남아 있으며 붉게 익는다.

❹ 천리포해당화(장미과) *Rosa×chollipoensis* 갈잎떨기나무(높이 1~1.5m)
충남 태안에서 발견되었다. 해당화와 찔레꽃의 자연교잡종으로 추정한다. 5~7월에 가지 끝에 피는 분홍색 꽃은 꽃잎 안쪽에 흰색 무늬가 있어서 해당화와 구분된다.

꽃잎 5장

여름에 피는 붉은색 나무꽃

❶ 생열귀나무   생열귀나무 열매   부용 열매   ❷ 부용
❸ 무궁화   무궁화 열매   탐라산수국 장식꽃   ❹ 탐라산수국

❶ **생열귀나무**(장미과) *Rosa davurica* 갈잎떨기나무(높이 1~2m)
강원도 이북의 산과 들. 줄기에 바늘 모양의 가시가 빽빽이 난다. 잎은 어긋나고 홀수깃 꼴겹잎이며 작은잎은 7~9장이고 뒷면에 부드러운 털과 기름점이 있어서 끈적거린다. 6~7월에 가지 끝에 연한 홍자색 꽃이 핀다. 동그스름한 열매는 끝에 꽃받침조각이 남아 있다.

❷ **부용**(아욱과) *Hibiscus mutabilis* 갈잎떨기나무(높이 1.5~3m)
중국 원산. 관상수로 심고 서귀포에서는 저절로 자란다. 잎은 어긋나고 동그스름한 잎몸은 3~7갈래로 갈라지며 갈래조각 끝은 뾰족하다. 잎 밑부분의 잎맥은 7~11개이다. 7~10월에 잎겨드랑이에 연홍색~흰색 꽃이 핀다. 둥근 열매에 긴털이 있다.

❸ **무궁화**(아욱과) *Hibiscus syriacus* 갈잎떨기나무(높이 2~4m)
정원수로 심는다. 잎은 어긋나고 달걀형이며 끝이 뾰족하고 가장자리가 3갈래로 얕게 갈라지기도 하며 불규칙한 톱니가 있다. 7~9월에 잎겨드랑이에 피는 분홍색 꽃은 중심부에 붉은 단심 무늬가 있고 꽃술대가 길게 벋는다. 달걀형~타원형 열매는 꽃받침에 싸여 있다.

❹ **탐라산수국**(수국과|범의귀과) *Hydrangea macrophylla* ssp. *serrata* f. *fertilis* 갈잎떨기나무(높이 1m 정도)
산수국(p.532)의 품종으로 6~8월에 가지 끝에 고른꽃차례가 달린다. 꽃차례 둘레에 있는 장식꽃이 암술과 수술이 있는 암수한꽃인 점이 특징이다. 산수국과 같은 종으로 본다.

꽃잎 5장

여름에 피는 붉은색 나무꽃

❶ **협죽도**(협죽도과) *Nerium oleander* 늘푸른떨기나무(높이 3~4m)
 남부 지방에서 관상수로 심는다. 잎은 가지의 마디마다 3장씩 돌려나고 선형~좁은 피침형이며 끝이 뾰족하고 가장자리가 밋밋하다. 7~9월에 가지 끝의 갈래꽃차례에 붉은색 꽃이 핀다. 열매는 선형이고 10~14cm 길이이며 위를 향한다. 잎이나 가지는 독성이 강하다.

❷ **구기자나무**(가지과) *Lycium chinense* 갈잎떨기나무(높이 2~4m)
 마을 주변. 모여나는 줄기는 비스듬히 자라며 끝이 밑으로 처진다. 잎은 어긋나고 피침형~달걀형이다. 6~9월에 짧은가지의 잎겨드랑이에 자주색 꽃이 1~4개씩 모여 핀다. 꽃부리는 깔때기 모양이고 5갈래로 갈라져 수평으로 벌어진다. 타원형~달걀형 열매는 붉게 익는다.

❸ **능소화**(능소화과) *Campsis grandiflora* 갈잎덩굴나무(길이 10m 정도)
 중국 원산. 관상수로 심는다. 잎은 마주나고 홀수깃꼴겹잎이며 작은잎은 7~11장이다. 작은잎은 달걀형~긴 달걀형이고 끝이 뾰족하며 가장자리에 톱니가 있다. 7~9월에 가지 끝에서 처지는 원뿔꽃차례에 주홍색 꽃이 핀다. 꽃부리는 넓은 깔때기 모양이며 지름 6~7cm이다.

❹ **미국능소화**(능소화과) *Campsis radicans* 갈잎덩굴나무(길이 10m 정도)
 북아메리카 원산. 관상수로 심는다. 6~8월에 가지 끝에서 처지는 원뿔꽃차례에 등황색 꽃이 핀다. 꽃부리는 좁은 깔때기 모양이고 지름 3~4cm로 능소화보다 좁다.

꽃잎 5~7장 이상

여름에 피는 붉은색 나무꽃

❶ 낙상홍 ❷ 만첩해당화 ❸ 배롱나무 ❹ 만첩부용
낙상홍 암꽃, 낙상홍 열매, 배롱나무 꽃 모양, 배롱나무 열매

● **낙상홍**(감탕나무과) *Ilex serrata* 갈잎떨기나무(높이 2~3m)
일본 원산. 관상수로 심는다. 잎은 어긋나고 타원형이며 가장자리에 날카로운 잔톱니가 있다. 암수딴그루로 6월에 햇가지의 잎겨드랑이에 모여 피는 지름 3~4mm의 연자주색 꽃은 꽃잎과 꽃받침조각과 수술이 4~5개씩이다. 둥근 열매는 붉게 익는다.

● **만첩해당화**(장미과) *Rosa rugosa* f. *plena* 갈잎떨기나무(높이 1~1.5m)
바닷가 모래땅. 줄기에는 가시와 부드러운 털이 있다. 잎은 어긋나고 홀수깃꼴겹잎이다. 해당화(p.534)와 비슷하지만 5~7월에 붉은색 겹꽃이 핀다. 해당화와 같은 종으로 본다.

● **배롱나무**(부처꽃과) *Lagerstroemia indica* 갈잎작은키나무(높이 3~7m)
중국 원산. 관상수로 심는다. 나무껍질은 연한 홍갈색이고 얇은 조각으로 떨어지면서 얼룩무늬가 생긴다. 타원형 잎은 마주나지만 때로는 2장씩 교대로 어긋나기도 한다. 7~9월에 가지 끝의 원뿔꽃차례에 피는 붉은색 꽃은 지름 3~4cm이고 6장의 꽃잎은 부채 모양이며 밑부분은 가늘어서 자루처럼 보이고 윗부분은 주름이 많이 진다. 열매는 둥글다.

● **만첩부용**(아욱과) *Hibiscus mutabilis* 'Plena' 갈잎떨기나무(높이 1.5~3m)
중국 원산. 관상수로 심는다. 잎은 어긋나고 둥그스름한 잎몸은 3~7갈래로 갈라지며 갈래조각 끝은 뾰족하다. 가지 윗부분의 잎겨드랑이에 연홍색~흰색 겹꽃이 핀다.

기타

여름에 피는 붉은색 나무꽃

❶ 자귀나무 ❷ 칡 ❸ 낭아초 ❹ 큰낭아초 / 자귀나무 열매 / 칡 열매 / 낭아초 열매

❶ 자귀나무(콩과) *Albizia julibrissin* 갈잎작은키나무(높이 4~10m)
중부 이남의 산과 들. 잎은 어긋나고 2회짝수깃꼴겹잎이다. 작은잎은 좌우가 같지 않은 긴 타원형으로 낫 모양이며 10~17mm 길이이고 끝이 뾰족하며 가장자리가 밋밋하다. 가지 끝의 원뿔꽃차례에 술 모양의 분홍색 꽃이 모여 핀다. 꼬투리열매는 길고 납작하다.

❷ 칡(콩과) *Pueraria montana* v. *lobata* 갈잎덩굴나무(길이 10m 이상)
산과 들. 잎은 어긋나고 세겹잎이다. 작은잎은 둥근 마름모꼴이고 3갈래로 얕게 갈라지기도 한다. 7~8월에 잎겨드랑이에 달리는 송이꽃차례는 위를 향한다. 나비 모양의 적자색 꽃은 위쪽 꽃잎에 노란색 무늬가 있다. 길고 납작한 꼬투리열매는 갈색 털이 빽빽하다.

❸ 낭아초(콩과) *Indigofera pseudotinctoria* 갈잎떨기나무(높이 20~50㎝)
남해안 이남. 잎은 어긋나고 홀수깃꼴겹잎이며 작은잎은 5~11장이다. 작은잎은 긴 타원형~거꿀달걀형이고 6~20mm 길이이며 가장자리가 밋밋하다. 7~8월에 잎겨드랑이의 송이꽃차례에 달리는 나비 모양의 홍자색 꽃은 4~5mm 길이이며 꽃받침에 누운털이 빽빽하다.

❹ 큰낭아초(콩과) *Indigofera bungeana* 갈잎떨기나무(높이 1~2m)
중국 원산. 들이나 길가. 낭아초와 비슷하지만 1~2m 높이로 키가 크다. 잎은 어긋나고 홀수깃꼴겹잎이다. 6~9월에 잎겨드랑이에 송이꽃차례가 곧추 선다.

여름에 피는 붉은색 나무꽃

❶ 싸리 ❷ 참싸리 ❸ 풀싸리 ❹ 조록싸리 ❺ 해변싸리

❶ **싸리**(콩과) *Lespedeza bicolor* 갈잎떨기나무(높이 2~3m)
 산과 들. 잎은 어긋나고 세겹잎이다. 7~8월에 잎겨드랑이의 송이꽃차례는 2~7cm 길이이며 나비 모양의 붉은색 꽃이 핀다. 꽃받침조각은 세모진 피침형이고 꼬리처럼 길지 않다.

❷ **참싸리**(콩과) *Lespedeza cyrtobotrya* 갈잎떨기나무(높이 1~3m)
 산. 잎은 어긋나고 세겹잎이다. 7~9월에 잎겨드랑이와 가지 끝의 송이꽃차례는 1~2cm 길이로 매우 짧고 나비 모양의 붉은색 꽃이 핀다. 꽃받침조각은 길게 뾰족하다.

❸ **풀싸리**(콩과) *Lespedeza thunbergii* 갈잎떨기나무(높이 1~1.5m)
 산. 줄기가 겨울에 말라 죽는다. 잎은 세겹잎이다. 8~9월에 기다란 송이꽃차례에 붉은색 꽃이 핀다. 꽃받침은 4갈래로 깊게 갈라지며 털이 빽빽하고 아래쪽 조각이 특히 길다.

❹ **조록싸리**(콩과) *Lespedeza maximowiczii* 갈잎떨기나무(높이 2~3m)
 산. 세겹잎이며 작은잎은 끝이 뾰족하다. 6~7월에 잎겨드랑의 송이꽃차례에 홍자색 꽃이 핀다. 꽃받침은 긴털이 빽빽하고 4갈래로 깊게 갈라지며 갈래조각 끝은 뾰족하다.

❺ **해변싸리**(콩과) *Lespedeza maritima* 갈잎떨기나무(높이 1~3m)
 남부 지방의 바닷가 산. 전체에 갈색 털이 있다. 세겹잎은 가죽질이고 앞면에 광택이 있다. 7~9월에 잎겨드랑이의 송이꽃차례에 홍자색 꽃이 핀다. 꽃받침조각은 끝이 뾰족하다.

기타

여름에 피는 붉은색 나무꽃

❶ 꽃싸리　❷ 족제비싸리　족제비싸리 꽃 모양　족제비싸리 열매　❸ 좀깨잎나무　좀깨잎나무 암꽃　참나무겨우살이 꽃 모양　❹ 참나무겨우살이

❶ **꽃싸리**(콩과) *Campylotropis macrocarpa* 갈잎떨기나무(높이 1~2m)
경상도의 산과 들. 잎은 어긋나고 세겹잎이다. 8~9월에 잎겨드랑이의 송이꽃차례에 나비 모양의 자주색 꽃이 핀다. 작은꽃자루는 1~2cm 길이로 길며 양쪽 끝에 관절이 있다.

❷ **족제비싸리**(콩과) *Amorpha fruticosa* 갈잎떨기나무(높이 2~5m)
북아메리카 원산. 개울가. 잎은 어긋나고 홀수깃꼴겹잎이며 작은잎은 타원형이고 밋밋하다. 5~6월에 가지 끝의 이삭꽃차례에 흑자색 꽃이 촘촘히 달린다. 1장의 꽃잎은 원통형으로 암수술을 감싼다. 꼬투리열매는 표면에 깨알 같은 기름점이 있다.

❸ **좀깨잎나무**(쐐기풀과) *Boehmeria spicata* 갈잎떨기나무(높이 50~100cm)
산. 줄기는 가지가 많이 갈라진다. 잎은 마주나고 마름모 모양의 달걀형이며 가장자리에 큰 톱니가 있다. 암수한그루로 7~8월에 잎겨드랑이에 이삭꽃차례가 달린다. 수꽃이삭은 줄기 밑부분의 잎겨드랑이에 달리고 암꽃이삭은 윗부분의 잎겨드랑이에 달린다.

❹ **참나무겨우살이**(꼬리겨우살이과|겨우살이과) *Taxillus yadoriki* 늘푸른떨기나무(높이 80~200cm)
제주도 서귀포의 해안가. 주로 늘푸른나무에 기생한다. 잎은 마주나고 넓은 타원형이며 뒷면은 적갈색 털로 덮여 있다. 9~11월에 잎겨드랑이와 줄기에 2~7개씩 모여 피는 적갈색 꽃부리는 끝이 4갈래로 갈라져 뒤로 젖혀지며 적갈색 별모양털로 덮여 있다.

❶ 가솔송 ❷ 층꽃나무 / 층꽃나무 꽃 모양 / 층꽃나무 잎가지
❸ 백리향 / 백리향 잎가지 ❹ 섬백리향

❶ **가솔송**(진달래과) *Phyllodoce caerulea* 갈잎떨기나무(높이 10~25㎝)
함경도의 높은 산. 줄기는 밑동이 옆으로 누우며 가지가 많이 갈라진다. 촘촘히 어긋나는 선형 잎은 끝이 둔하며 가장자리에 미세한 잔톱니가 있고 살짝 뒤로 말린다. 6~8월에 가지 끝에 항아리 모양의 홍자색 꽃이 밑을 향해 피며 7~8㎜ 길이이다. 열매는 둥글다.

❷ **층꽃나무**(꿀풀과|마편초과) *Caryopteris incana* 갈잎떨기나무(높이 30~60㎝)
남부 지방의 바닷가. 잎은 마주나고 달걀형~피침형이며 가장자리에 큰 톱니가 있다. 잎 뒷면은 회백색이고 부드러운 털이 촘촘하다. 7~9월에 가지 윗부분의 잎겨드랑이에 보라색 꽃이 핀 갈래꽃차례가 층을 이루며 모여 달린다. 전체에서 특유의 박하 향이 난다.

❸ **백리향**(꿀풀과) *Thymus quinquecostatus* 갈잎떨기나무(높이 3~15㎝)
높은 산. 땅바닥을 기며 자란다. 잎은 마주나고 타원형~긴 달걀형이며 5~10㎜ 길이이고 양면에 기름점이 있어서 향기가 난다. 6~8월에 가지 끝에 작은 홍자색 꽃이 2~4개씩 둥글게 모여 핀다. 꽃부리는 6~9㎜ 길이이고 입술 모양이다. 둥근 열매는 꽃받침에 싸인다.

❹ **섬백리향**(꿀풀과) *Thymus japonicus* 갈잎떨기나무(높이 20~30㎝)
울릉도의 바닷가. 백리향과 비슷하지만 잎은 길이가 15㎜ 정도로 좀 더 크고 여름에 피는 꽃도 길이 1㎝ 정도로 더 크다. 백리향과 생김새가 거의 같아서 같은 종으로 본다.

기타

여름에 피는 붉은색 나무꽃

❶ 좀목형 ❷ 순비기나무 ❸ 붉은인동

좀목형 꽃 모양   순비기나무 꽃 모양   붉은인동 열매

좀목형 잎 뒷면

❶ **좀목형**(꿀풀과|마편초과) *Vitex negundo* 갈잎떨기나무(높이 2~3m)
  경기도 이남의 숲 가장자리. 잎은 마주나고 손꼴겹잎이며 작은잎은 3~5장이다. 작은잎은 피침형~긴 타원형이며 끝이 뾰족하고 가장자리는 큰 톱니가 있거나 깊게 파이며 밋밋한 것도 있다. 잎 뒷면은 회백색이며 잎자루는 3~4cm 길이이다. 6~8월에 가지 끝이나 잎겨드랑이의 원뿔꽃차례에 입술 모양의 연자주색 꽃이 모여 핀다. 둥근 열매는 검게 익는다.

❷ **순비기나무**(꿀풀과|마편초과) *Vitex trifolia* ssp. *litoralis* 갈잎떨기나무(높이 30~70cm)
  중부 이남의 바닷가. 줄기는 모래 위를 길게 벋으며 퍼져 나가고 가지는 비스듬히 선다. 잎은 마주나고 넓은 달걀형~타원형이며 끝이 둔하고 가장자리가 밋밋하다. 잎 뒷면은 회백색이다. 7~9월에 가지 끝의 원뿔꽃차례에 청자색 꽃이 모여 핀다. 꽃부리는 깔때기 모양이며 끝이 5갈래로 갈라지고 아래쪽 조각 안쪽에 털과 무늬가 있다.

❸ **붉은인동**(인동과) *Lonicera periclymenum* 'Belgica' 갈잎덩굴나무(길이 5~6m)
  유럽 원산의 원예 품종으로 관상수로 심는다. 줄기는 거친털이 있고 따뜻한 곳에서는 반상록성으로 푸른 잎으로 겨울을 난다. 잎은 마주나고 달걀형이며 가장자리가 밋밋하고 뒤로 살짝 말리며 뒷면은 분백색이다. 5~7월에 가지 끝에 촘촘히 달리는 깔때기 모양의 적자색 꽃은 끝부분이 입술 모양으로 둘로 갈라진다. 둥근 열매는 지름 7~8mm이며 붉게 익는다.

❶ 흰괴불나무 ❷ 홍괴불나무 ❸ 오갈피나무

흰괴불나무 꽃 모양 홍괴불나무 꽃 모양 오갈피나무 꽃 모양

흰괴불나무 열매 홍괴불나무 열매 오갈피나무 열매

❶ **흰괴불나무**(인동과) *Lonicera tatarinowii* 갈잎떨기나무(높이 1~2m)
제주도와 강원도 이북의 산. 잎은 마주나고 넓은 피침형~긴 타원형이며 끝이 뾰족하고 가장자리는 밋밋하다. 잎 뒷면은 대부분 흰색 털로 덮여 있다. 5~6월에 잎겨드랑이에 흑자색~적자색 꽃이 2개씩 모여 핀다. 꽃부리는 끝이 입술 모양으로 둘로 갈라진다. 꽃자루는 15~30mm로 매우 길다. 열매는 2개가 하나처럼 합쳐져서 둥근 모양이 되며 붉게 익는다.

❷ **홍괴불나무**(인동과) *Lonicera maximowiczii* 갈잎떨기나무(높이 1~2m)
한라산과 지리산 이북의 높은 산. 잎은 마주나고 달걀형~긴 타원형이며 끝이 뾰족하고 가장자리는 밋밋하다. 잎 뒷면은 연녹색이며 흰색 털이 많다. 5~6월에 잎겨드랑이에 홍자색 꽃이 2개씩 모여 피며 꽃부리는 끝이 입술 모양으로 둘로 갈라진다. 꽃자루는 1~2cm 길이로 긴 편이다. 열매는 2개가 하나처럼 합쳐져서 둥근 모양이 되며 붉게 익는다.

❸ **오갈피나무**(두릅나무과) *Eleutherococcus sessiliflorus* 갈잎떨기나무(높이 2~4m)
중부 이남의 산. 줄기에는 드물게 굵은 가시가 달린다. 잎은 어긋나고 손꼴겹잎이며 작은잎은 3~5장이다. 작은잎은 거꿀달걀형~타원형이며 끝이 뾰족하고 가장자리에 자잘한 겹톱니가 있다. 8~9월에 가지 끝에 달리는 3~6개의 우산꽃차례에 자주색 꽃이 둥글게 모여 핀다. 작은꽃자루는 1.2mm 정도로 짧아서 머리 모양이 된다. 둥근 열매는 검게 익는다.

여름에 피는 노란색 나무꽃

여름에 피는 노란색 나무꽃

① 함박이   함박이 꽃 모양   함박이 열매   ② 개버무리
③ 누른종덩굴   ④ 모감주나무   모감주나무 꽃 모양   모감주나무 열매

❶ **함박이**(방기과) *Stephania japonica* 늘푸른덩굴나무(길이 3~5m)
  남쪽 섬. 잎은 어긋나고 세모진 달걀형~원형이며 가장자리가 밋밋하고 뒷면은 흰빛이 돈다. 기다란 잎자루는 방패처럼 잎몸의 약간 위쪽에 붙는다. 암수딴그루로 7~9월에 잎겨드랑이의 겹우산꽃차례에 연한 황록색 꽃이 모여 핀다. 둥근 열매는 붉게 익는다.

❷ **개버무리**(미나리아재비과) *Clematis serratifolia* 갈잎덩굴나무(길이 2~4m)
  경북 이북의 산골짜기. 잎은 마주나고 2회세겹잎이다. 작은잎은 긴 타원형~피침형이며 가장자리에 불규칙한 톱니가 있다. 7~9월에 잎겨드랑이에서 나온 꽃자루에 1~3개의 연노란색 꽃이 고개를 숙이고 핀다. 연노란색 꽃덮이조각은 4장이며 수평으로 벌어진다.

❸ **누른종덩굴**(미나리아재비과) *Clematis koreana v. carunculosa* 갈잎덩굴나무(길이 2~3m)
  높은 산. 잎은 마주나고 세겹잎이다. 6~8월에 잎겨드랑이에 고개를 숙이고 피는 종 모양의 노란색 꽃은 주름이 지고 털이 있다. 세잎종덩굴(p.530)과 같은 종으로 본다.

❹ **모감주나무**(무환자나무과) *Koelreuteria paniculata* 갈잎작은키나무(높이 10m 정도)
  중부 이남의 바닷가. 잎은 어긋나고 홀수깃꼴겹잎이며 작은잎은 가장자리에 둔하고 불규칙한 톱니가 있고 깊게 갈라지기도 한다. 7월에 가지 끝의 원뿔꽃차례에 자잘한 노란색 꽃이 모여 핀다. 열매는 꽈리 모양을 닮았고 갈색으로 익으면 3갈래로 갈라진다.

꽃잎 4~5장

여름에 피는 노란색 나무꽃

❶ 금목서   ❷ 갯대추나무   갯대추나무 꽃 모양   갯대추나무 열매
❸ 묏대추   묏대추 열매   ¹⁾대추나무

❶ **금목서**(물푸레나무과) *Osmanthus fragrans* v. *aurantiacus* 늘푸른작은키나무(높이 3~6m)
중국 원산. 목서(p.564)의 변종으로 남부 지방에서 관상수로 심는다. 잎은 마주나고 좁은 타원형이며 가죽질이고 끝이 뾰족하며 상반부에 잔톱니가 있거나 밋밋하다. 암수딴그루로 10월에 잎겨드랑이에 주황색 꽃이 모여 핀다. 꽃받침과 꽃부리는 4갈래로 갈라진다.

❷ **갯대추나무**(갈매나무과) *Paliurus ramosissimus* 갈잎떨기나무(높이 2~5m)
제주도의 바닷가. 가지에는 턱잎이 변한 날카로운 가시가 2개씩 달린다. 잎은 어긋나고 넓은 달걀형~긴 타원형이며 가장자리에 둔한 톱니가 있다. 7~8월에 햇가지의 잎겨드랑이에 연한 황록색 꽃이 모여 핀다. 열매는 반구형이며 지름 1~2cm이고 3갈래로 얕게 갈라진다.

❸ **묏대추**(갈매나무과) *Ziziphus jujuba* 갈잎작은키나무(높이 4~10m)
산기슭과 마을 주변. 가지의 날카로운 가시는 3cm 정도 길이이다. 잎은 어긋나고 달걀형이며 끝이 둔하거나 뾰족하고 가장자리에 둔한 톱니가 있으며 3주맥이 발달한다. 6~7월에 잎겨드랑이에 2~3개씩 모여 피는 연노란색 꽃은 지름 5~6mm이다. 동그스름한 열매는 15~25mm 길이이고 씨앗은 달걀형~넓은 타원형이며 양 끝이 약간 뾰족하거나 둔하다. ¹⁾**대추나무**(v. *inermis*)는 묏대추의 변종으로 과일나무로 재배한다. 묏대추와 달리 가지에 가시가 거의 없으며 열매는 타원형~달걀형이고 씨앗은 양 끝이 갑자기 뾰족해진다.

꽃잎 5장

여름에 피는 노란색 나무꽃

❶ 헛개나무
❷ 까마귀베개
❸ 산황나무
헛개나무 꽃 모양
까마귀베개 꽃 모양
산황나무 꽃 모양
헛개나무 열매
까마귀베개 열매
산황나무 열매

❶ **헛개나무**(갈매나무과) *Hovenia dulcis* 갈잎큰키나무(높이 10~15m)
 중부 이남의 산. 잎은 어긋나고 넓은 달걀형~타원형이며 끝이 뾰족하고 가장자리에 불규칙한 잔톱니가 있다. 6~7월에 가지 끝이나 윗부분의 잎겨드랑이에서 나온 갈래꽃차례에 자잘한 연노란색 꽃이 모여 피는데 향기가 좋다. 5장의 꽃잎은 점차 뒤로 젖혀진다. 둥근 열매는 지름 7~10mm이며 열매송이의 자루와 열매자루는 점차 굵어지면서 육질화된다.

❷ **까마귀베개**(갈매나무과) *Rhamnella franguloides* 갈잎작은키나무(높이 5~8m)
 충청도 이남의 산. 잎은 어긋나고 긴 타원형이며 끝이 길게 뾰족하고 가장자리에 뾰족한 잔톱니가 있다. 6월에 잎겨드랑이의 갈래꽃차례에 자잘한 연노란색 꽃이 모여 핀다. 꽃은 지름 3.5mm 정도이고 꽃잎, 꽃받침조각, 수술은 각각 5개씩이다. 긴 타원형 열매는 8~10mm 길이이며 가을에 익는데 노란색으로 되었다가 붉게 변한 후 검은색으로 익는다.

❸ **산황나무**(갈매나무과) *Rhamnus crenata* 갈잎떨기나무(높이 2~4m)
 전남 목포의 유달산. 겨울눈은 긴털로 덮여 있다. 잎은 어긋나고 긴 타원형~거꿀달걀 모양의 타원형이고 5~14cm 길이이며 끝이 갑자기 뾰족해지고 가장자리에 얕은 잔톱니가 있다. 6~7월에 햇가지의 잎겨드랑이에 황록색 꽃이 모여 핀다. 꽃은 지름 4~5mm이며 꽃잎, 꽃받침조각, 수술은 각각 5개씩이다. 동그스름한 열매는 붉게 변했다가 검게 익는다.

꽃잎 5장

여름에 피는 노란색 나무꽃

❶ 상동나무 　상동나무 열매 ❷ 망개나무 / 망개나무 열매
❸ 청사조 　청사조 열매 ❹ 먹넌출

● ❶ **상동나무**(갈매나무과) *Sageretia thea* 갈잎떨기나무(높이 2m 정도)

남쪽 섬. 줄기는 끝이 밑으로 처지고 가지 끝이 가시로 변한다. 잎은 어긋나고 타원형~넓은 달걀형이다. 따뜻한 곳에서는 잎의 일부가 월동한다. 10~11월에 가지 끝이나 잎겨드랑이의 이삭꽃차례에 연노란색 꽃이 촘촘히 달린다. 둥근 열매는 흑자색으로 익는다.

● ❷ **망개나무**(갈매나무과) *Berchemiella berchemiifolia* 갈잎큰키나무(높이 10~15m)

충북과 경북의 산. 잎은 어긋나고 긴 타원형이며 가장자리는 밋밋하고 물결 모양으로 구불거린다. 6월에 가지 끝과 잎겨드랑이의 갈래꽃차례에 자잘한 연노란색 꽃이 모여 핀다. 타원형~달걀형 열매는 7~8㎜ 길이이며 노란색으로 변했다가 붉게 익는다.

● ❸ **청사조**(갈매나무과) *Berchemia racemosa* 갈잎덩굴나무(길이 5~7m)

전북 군산. 잎은 어긋나고 긴 타원형~달걀형이며 4~6㎝ 길이이고 측맥은 7~10쌍이다. 잎 뒷면은 분백색~황록색이다. 가지 끝과 잎겨드랑이의 원뿔꽃차례~송이꽃차례에 자잘한 황록색 꽃이 모여 핀다. 타원형 열매는 5~7㎜ 길이이고 다음 해에 검은색으로 익는다.

● ❹ **먹넌출**(갈매나무과) *Berchemia racemosa* v. *magna* 갈잎덩굴나무(길이 10m 이상)

충남 태안. 청사조와 비슷하지만 잎은 8~13㎝ 길이로 크고 측맥이 9~13쌍으로 많다. 5~8월에 원뿔꽃차례에 황록색 꽃이 핀다. 청사조와 같은 종으로 본다.

꽃잎 5장

여름에 피는 노란색 나무꽃

❶ 망종화 / 망종화 열매

❷ 갈퀴망종화

❸ 황근

❹ 벽오동 / 벽오동 암수꽃 / 벽오동 열매

❶ **망종화**(물레나물과) *Hypericum patulum* 갈잎떨기나무(높이 1m 정도)
 중국 원산. 관상수로 심는다. 잎은 마주나고 달걀형이며 가장자리가 밋밋하고 뒷면은 백록색이다. 6~7월에 가지 끝의 갈래꽃차례에 모여 피는 컵 모양의 노란색 꽃은 지름 3~5cm이다. 많은 수술은 5개의 다발로 나뉜다. 열매는 달걀형이고 흑갈색으로 익는다.

❷ **갈퀴망종화**(물레나물과) *Hypericum galioides* 갈잎떨기나무(높이 1~2m)
 북아메리카 원산. 관상수로 심는다. 잎은 마주나고 넓은 선형이며 가장자리가 밋밋하다. 여름에 피는 노란색 꽃은 지름 10~15mm이며 긴 수술이 많고 더부룩하다.

❸ **황근**(아욱과) *Hibiscus hamabo* 갈잎떨기나무(높이 1~3m)
 제주도의 바닷가. 잎은 어긋나고 원형~넓은 거꿀달걀형이며 끝은 짧게 뾰족해지고 밑부분은 심장저이며 가장자리에 둔한 잔톱니가 있다. 7~8월에 가지 끝부분의 잎겨드랑이에 피는 노란색 꽃은 지름 5~8cm이고 중심부가 흑적색이다. 달걀형 열매는 잔털로 덮여 있다.

❹ **벽오동**(아욱과|벽오동과) *Firmiana simplex* 갈잎큰키나무(높이 15m 정도)
 중국 원산. 정원수로 심는다. 줄기는 녹색이다. 잎은 어긋나고 둥근 달걀형이며 3~5갈래로 갈라진다. 암수한그루로 6~7월에 가지 끝의 원뿔꽃차례에 노란색 꽃이 모여 핀다. 열매는 5개가 모여 달리며 세로로 갈라진 열매껍질 가장자리에 둥근 씨앗이 붙어 있다.

꽃잎 5장

여름에 피는 노란색 나무꽃

❶ 찰피나무 ❷ 보리자나무 ❸ 피나무 ❹ 섬피나무
찰피나무 열매 / 보리자나무 열매 / 피나무 열매 / 섬피나무 열매

❶ **찰피나무**(아욱과│피나무과) *Tilia mandshurica* 갈잎큰키나무(높이 10m 정도)
산. 잎은 어긋나고 하트형이며 8~15cm 길이이고 끝은 짧게 뾰족하며 가장자리에 치아 모양의 톱니가 있다. 잎 뒷면은 회백색이다. 6~7월에 잎겨드랑이의 갈래꽃차례에 연노란색 꽃이 모여 피며 꽃자루의 포는 3~9cm 길이이다. 구형~달걀형 열매는 7~9mm 길이이다.

❷ **보리자나무**(아욱과│피나무과) *Tilia miqueliana* 갈잎큰키나무(높이 10m 정도)
중국 원산. 흔히 절에 많이 심는다. 잎은 어긋나고 하트형이며 5~12cm 길이이고 뾰족한 잔톱니가 있다. 잎 뒷면은 회백색이다. 6월에 잎겨드랑이의 갈래꽃차례에 연노란색 꽃이 모여 피며 포는 8~12cm 길이이다. 구형~납작한 구형 열매는 7~9mm 길이이다.

❸ **피나무**(아욱과│피나무과) *Tilia amurensis* 갈잎큰키나무(높이 20~25m)
산. 잎은 어긋나고 하트형이며 5~12cm 길이이고 끝이 길게 뾰족하며 치아 모양의 톱니가 있다. 잎 뒷면은 회녹색이며 잎맥 주위에 갈색 털이 빽빽하다. 6~7월에 잎겨드랑이의 갈래꽃차례에 연노란색 꽃이 피고 포는 3~7cm 길이이다. 구형~달걀형 열매는 5~8mm 길이이다.

❹ **섬피나무**(아욱과│피나무과) *Tilia insularis* 갈잎큰키나무(높이 20m 정도)
울릉도. 피나무와 비슷하지만 하트형 잎은 두꺼우며 뒷면은 회백색이고 잎맥 주위에 흰색 털이 있다. 7월에 갈래꽃차례에 연노란색 꽃이 핀다. 피나무와 같은 종으로 보기도 한다.

꽃잎 5장

여름에 피는 노란색 나무꽃

❶ 붉나무 ❷ 무환자나무 ❸ 가죽나무 ❹ 노랑만병초
붉나무 열매 / 무환자나무 열매 / 가죽나무 열매

❶ **붉나무**(옻나무과) *Rhus chinensis* 갈잎작은키나무(높이 7m 정도)
    산과 들. 잎은 어긋나고 홀수깃꼴겹잎이며 잎자루에는 좁은 잎 모양의 날개가 있다. 암수딴그루로 8~9월에 가지 끝의 원뿔꽃차례에 자잘한 흰색~연노란색 꽃이 핀다. 열매송이는 작은 포도송이처럼 매달리며 동그스름한 열매는 짜고 신맛이 나는 물질로 덮여 있다.

❷ **무환자나무**(무환자나무과) *Sapindus mukorossi* 갈잎큰키나무(높이 15~20m)
    남부 지방에서 심는다. 잎은 어긋나고 짝수깃꼴겹잎이며 작은잎은 4~6쌍이다. 작은잎은 긴 타원형이고 끝은 길게 뾰족하며 밋밋하다. 암수한그루로 6~7월에 가지 끝의 원뿔꽃차례에 자잘한 연노란색 꽃이 모여 핀다. 둥근 열매는 지름 2~3cm이며 밑부분이 볼록하다.

❸ **가죽나무**(소태나무과) *Ailanthus altissima* 갈잎큰키나무(높이 10~20m)
    마을 주변. 잎은 어긋나고 홀수깃꼴겹잎이며 작은잎은 13~25장이다. 작은잎 밑부분에 2~4개의 톱니와 기름점이 있어서 고약한 냄새가 난다. 암수딴그루로 5~6월에 가지 끝의 원뿔꽃차례에 자잘한 연한 황록색 꽃이 핀다. 좁은 타원형 열매는 가운데에 1개의 씨앗이 있다.

❹ **노랑만병초**(진달래과) *Rhododendron aureum* 늘푸른떨기나무(높이 10~100cm)
    설악산 이북의 높은 산. 잎은 어긋나고 긴 타원형이며 3~8cm 길이이고 가죽질이며 양면에 털이 없다. 5~6월에 가지 끝에 깔때기 모양의 연노란색 꽃이 2~10개씩 모여 핀다.

551

꽃잎 5장

여름에 피는 노란색 나무꽃

❶ **개오동**(능소화과) *Catalpa ovata* 갈잎큰키나무(높이 8~12m)
중국 원산. 관상수로 심는다. 잎은 가지에 2장씩 마주나거나 간혹 3장씩 돌려나며 넓은 달걀형이고 3~5갈래로 얕게 갈라진다. 6~7월에 가지 끝의 원뿔꽃차례에 피는 연노란색 꽃부리는 넓은 깔때기 모양이며 안쪽에 노란색과 자갈색 반점이 있다. 열매는 가늘다.

❷ **꽃개오동**(능소화과) *Catalpa bignonioides* 갈잎큰키나무(높이 10~18m)
북아메리카 원산. 관상수로 심는다. 잎은 마주나거나 돌려나고 넓은 달걀형이다. 6~7월에 가지 끝의 원뿔꽃차례에 흰색 꽃이 모여 핀다. 꽃부리는 넓은 깔때기 모양이며 5갈래로 갈라지고 안쪽에 노란색과 자갈색 반점이 있다. 열매는 가늘고 30~40cm 길이이다.

❸ **털오갈피나무**(두릅나무과) *Eleutherococcus divaricatus* 갈잎떨기나무(높이 2~3m)
산. 잎은 어긋나고 손꼴겹잎이며 작은잎은 3~5장이다. 잎 뒷면과 잎자루에는 털과 가시가 있다. 7~8월에 가지 끝에 달리는 3~7개의 우산꽃차례에 연한 황백색 꽃이 둥글게 모여 핀다. 작은꽃자루는 6~18mm 길이로 길다. 둥근 타원형 열매는 자루가 길다.

❹ **가시오갈피**(두릅나무과) *Eleutherococcus senticosus* 갈잎떨기나무(높이 2~3m)
지리산 이북의 깊은 산. 줄기와 가지에 가시가 많이 난다. 잎은 어긋나고 손꼴겹잎이다. 6~7월에 가지 끝의 우산꽃차례에 모여 피는 연노란색 꽃은 작은꽃자루가 1~2cm 길이이다.

*꽃개오동은 꽃 모양이 비슷한 개오동과 비교하기 쉽도록 함께 실었다.

꽃잎 5~6장

여름에 피는 노란색 나무꽃

❶ 송악 ❷ 중국남천 ❸ 댕댕이덩굴 ❹ 방기
송악 꽃 모양 / 송악 열매 / 댕댕이덩굴 수꽃 / 댕댕이덩굴 열매

❶ **송악**(두릅나무과) *Hedera rhombea* 늘푸른덩굴나무(길이 10m 정도)
남부 지방과 울릉도의 산. 잎은 어긋나고 마름모꼴이며 밋밋하다. 어린 가지의 잎은 삼각형~오각형이고 3~5갈래로 얕게 갈라지기도 한다. 10~11월에 가지 끝의 우산꽃차례에 달리는 자잘한 황록색 꽃은 꽃잎이 5장이다. 둥근 열매는 검은색으로 익는다.

❷ **중국남천**(매자나무과) *Mahonia fortunei* 늘푸른떨기나무(높이 1~2m)
중국 원산. 관상수로 심는다. 깃꼴겹잎은 작은잎이 5~9장이며 가장자리에 있는 얕은 톱니 끝이 가시처럼 된다. 9월에 줄기 끝의 송이꽃차례에 노란색 꽃이 촘촘히 달린다.

❸ **댕댕이덩굴**(방기과) *Cocculus orbiculatus* 갈잎덩굴나무(길이 3m 정도)
양지쪽 풀밭. 줄기와 잎에 털이 있다. 잎은 어긋나고 긴 달걀형~하트형이며 3갈래로 얕게 갈라지기도 한다. 암수딴그루로 6~8월에 잎겨드랑이의 원뿔꽃차례에 연한 황백색 꽃이 모여 핀다. 6장의 꽃잎은 끝이 2갈래로 갈라지고 암꽃은 암술머리가 갈라지지 않는다.

❹ **방기**(방기과) *Sinomenium acutum* 갈잎덩굴나무(길이 10m 정도)
남쪽 섬. 줄기와 잎에 털이 없다. 잎은 어긋나고 달걀형~원형으로 변이가 심하다. 암수딴그루로 6~7월에 잎겨드랑이의 원뿔꽃차례에 연한 황백색 꽃이 모여 핀다. 수꽃의 수술은 9~12개이고 암술대는 3개로 갈라진다. 둥근 열매는 지름 6~7mm이며 검게 익는다.

꽃잎 7장 이상~기타

여름에 피는 노란색 나무꽃

❶ 오미자 ❷ 남오미자 ❸ 죽절초 ❹ 참식나무

---

❶ **오미자**(오미자과 | 목련과) *Schisandra chinensis* 갈잎덩굴나무(길이 8m 정도)

산. 잎은 어긋나고 타원형이며 물결 모양의 톱니가 있다. 암수딴그루로 5~6월에 잎겨드랑이에 연노란색 꽃이 모여 달린다. 작은 포도송이 모양의 열매는 붉은색으로 익는다.

❷ **남오미자**(오미자과 | 목련과) *Kadsura japonica* 늘푸른덩굴나무(길이 3m 정도)

남쪽 섬. 잎은 어긋나고 달걀형~타원형이며 두껍고 앞면은 광택이 있다. 대부분이 암수딴그루이며 7~9월에 잎겨드랑이에 연노란색 꽃이 1개씩 매달린다. 수꽃은 꽃턱이 붉은색이고 암꽃은 녹색이다. 여러 개의 작은 열매가 둥글게 모인 열매송이는 붉게 익는다.

❸ **죽절초**(홀아비꽃대과) *Sarcandra glabra* 늘푸른떨기나무(높이 50~100㎝)

제주도. 원통형 줄기는 마디가 두드러진다. 잎은 마주나며 긴 타원형이다. 6~7월에 가지 끝의 이삭꽃차례에 연한 황록색 꽃이 모여 피는데 꽃잎과 꽃받침이 없다. 타원형 수술은 연노란색이며 씨방 중간에 수평으로 1개가 붙는다. 둥근 열매는 주황색으로 익는다.

❹ **참식나무**(녹나무과) *Neolitsea sericea* 늘푸른큰키나무(높이 10~15m)

울릉도와 남쪽 바닷가. 잎은 어긋나고 긴 타원형이며 가죽질이고 뒷면은 분백색이다. 어린잎은 밑으로 처지고 황갈색 털이 촘촘하다. 암수딴그루로 10~11월에 잎겨드랑이의 자루가 없는 우산꽃차례에 연노란색 꽃이 핀다. 둥근 열매는 지름 12~15㎜이고 붉게 익는다.

여름에 피는 노란색 나무꽃

❶ 까마귀쪽나무
까마귀쪽나무 열매
육박나무 나무껍질
❷ 육박나무
❸ 예덕나무
예덕나무 열매
산유자나무 열매
❹ 산유자나무

❶ **까마귀쪽나무**(녹나무과) *Litsea japonica* 늘푸른작은키나무(높이 7m 정도)
울릉도와 남쪽 섬. 어린 가지는 굵고 황갈색 솜털이 빽빽하다. 잎은 어긋나고 긴 타원형이며 뒷면에는 황갈색 솜털이 빽빽하다. 암수딴그루로 9~11월에 잎겨드랑이에 자잘한 연노란색 꽃이 모여 피는데 꽃덮이조각은 6장이다. 타원형 열매는 진자주색으로 익는다.

❷ **육박나무**(녹나무과) *Litsea coreana* 늘푸른큰키나무(높이 15~20m)
남쪽 섬. 나무껍질은 회흑색이고 흰색~회갈색 반점이 생긴다. 잎은 어긋나고 긴 타원형이며 뒷면은 흰빛이 돌고 측맥은 7~10쌍이다. 암수딴그루로 8~9월에 잎겨드랑이의 우산꽃차례에 연노란색 꽃이 3~4개씩 모여 핀다. 둥근 열매는 붉게 익고 열매자루는 굵고 짧다.

❸ **예덕나무**(대극과) *Mallotus japonicus* 갈잎작은키나무(높이 5~10m)
주로 남부 지방의 바닷가. 잎은 어긋나고 달걀형이며 끝이 뾰족하고 양면에 별모양털이 있으며 3갈래로 약간 갈라지기도 한다. 암수딴그루로 6~7월에 햇가지 끝의 원뿔꽃차례에 꽃잎이 없는 연노란색 꽃이 핀다. 열매는 익으면 3갈래로 갈라지면서 검은 씨앗이 드러난다.

❹ **산유자나무**(대극과|이나무과) *Croton congestus* 늘푸른떨기나무~작은키나무(높이 3~10m)
제주도와 전남의 바닷가 산. 나무껍질과 가지의 날카로운 가시는 가지가 갈라진다. 잎은 어긋나고 타원형이다. 암수딴그루로 8~9월에 짧은 송이꽃차례에 연노란색 꽃이 핀다.

기타

❶ 광대싸리 ❷ 콩버들 ❸ 왕자귀나무 왕자귀나무 꽃 모양 황단나무 열매 ❹ 황단나무

❶ **광대싸리**(여우주머니과|대극과) *Flueggea suffruticosa* 갈잎떨기나무(높이 3~4m)
산과 들. 잎은 어긋나고 타원형이며 뒷면은 흰빛이 돈다. 암수딴그루로 6~7월에 잎겨드랑이에 연노란색 꽃이 모여 핀다. 동글납작한 열매는 지름 4~5mm이며 황갈색으로 익는다.

❷ **콩버들**(버드나무과) *Salix rotundifolia* 갈잎떨기나무(높이 20cm 정도)
백두산 정상 부근. 가지는 털이 없고 땅바닥을 기며 잔뿌리를 내린다. 잎은 어긋나고 콩 모양의 원형~타원형이며 6~20mm 길이이고 가장자리가 밋밋하다. 암수딴그루로 6~7월에 가지의 잎겨드랑이에 2~5mm 길이의 수꽃이삭과 5~6mm 길이의 암꽃이삭이 달린다.

❸ **왕자귀나무**(콩과) *Albizia kalkora* 갈잎작은키나무(높이 6~8m)
전남 목포. 잎은 어긋나고 2회짝수깃꼴겹잎이며 작은잎은 좌우가 같지 않은 긴 타원형이고 끝이 둥글다. 6~7월에 가지 끝의 원뿔꽃차례에 연노란색 꽃이 모여 핀다. 작은 꽃송이는 많은 꽃이 촘촘히 달려서 술처럼 보인다. 길고 납작한 꼬투리열매는 갈색으로 익는다.

❹ **황단나무**(콩과) *Dalbergia hupeana* 갈잎큰키나무(높이 10~20m)
중국 원산. 전라도에서 관상수로 심는다. 잎은 어긋나고 홀수깃꼴겹잎이며 작은잎은 7~11장이다. 7~8월에 가지 끝의 원뿔꽃차례에 나비 모양의 백황색 꽃이 모여 피는데 윗입술꽃잎에 연보라색 줄무늬가 있다. 꼬투리열매는 길고 납작하며 8cm 정도 길이이다.

여름에 피는 노란색 나무꽃

❶ **회화나무**(콩과) *Styphnolobium japonicum* 갈잎큰키나무(높이 15~25m)
중국 원산. 정원수나 가로수로 심는다. 잎은 어긋나고 홀수깃꼴겹잎이며 작은잎은 7~17장이다. 작은잎은 달걀형~긴 달걀형이며 뒷면은 백록색이고 짧은털이 있다. 7~8월에 가지 끝에 달리는 원뿔꽃차례에 나비 모양의 연노란색 꽃이 모여 달린다. 기다란 꼬투리열매는 씨앗이 들어 있는 부분이 볼록해져서 염주 모양이며 껍질은 육질이다.

❷ **애기등**(콩과) *Millettia japonica* 갈잎덩굴나무(길이 4~7m)
남해안 이남. 잎은 어긋나고 홀수깃꼴겹잎이며 작은잎은 9~17장이다. 작은잎은 달걀형~좁은 달걀형이며 2~6㎝ 길이이고 끝이 길게 뾰족하며 가장자리는 밋밋하고 뒷면은 연녹색이다. 7~8월에 햇가지의 잎겨드랑이에서 늘어지는 송이꽃차례는 10~20㎝ 길이이고 나비 모양의 연한 황백색 꽃이 핀다. 꼬투리열매는 넓은 선형이며 10~15㎝ 길이이다.

❸ **밤나무**(참나무과) *Castanea crenata* 갈잎큰키나무(높이 15m 정도)
산. 잎은 어긋나고 긴 타원형이며 끝이 뾰족하고 가장자리에 가시 같은 톱니가 있다. 암수한그루로 6월에 연한 황백색 수꽃이삭이 햇가지 끝의 잎겨드랑이에 길게 늘어지며 그 밑에 2~3개의 암꽃이 따로 핀다. 밤꽃은 향기가 매우 진하며 꿀을 많이 딴다. 둥근 열매는 지름 5~6㎝이며 날카로운 가시로 싸여 있고 익으면 열매껍질이 넷으로 갈라져 벌어진다.

기타

여름에 피는 노란색 나무꽃

❶ 꾸지뽕나무
❷ 산닥나무
❸ 산초나무
꾸지뽕나무 암꽃
산초나무 암꽃
꾸지뽕나무 열매
산닥나무 열매
산초나무 열매

❶ **꾸지뽕나무**(뽕나무과) *Maclura tricuspidata* 갈잎작은키나무~떨기나무(높이 3~8m)
주로 남부 지방의 바닷가. 잎겨드랑이에 날카로운 가시가 있다. 잎은 어긋나고 달걀형~거꿀달걀형이며 3갈래로 얕게 갈라지기도 한다. 잎가지를 자르면 흰색 즙이 나온다. 암수딴그루로 5~6월에 잎겨드랑이에 1~2개의 둥근 황록색 머리모양꽃차례가 달린다. 동그스름한 열매송이는 지름 20~25mm이며 울퉁불퉁하고 붉게 익으면 단맛이 난다.

❷ **산닥나무**(팥꽃나무과) *Wikstroemia trichotoma* 갈잎떨기나무(높이 1~2m)
강화도와 남부 지방의 산. 잎은 마주나고 달걀 모양의 타원형이며 끝이 둔하고 가장자리가 밋밋하다. 잎 양면에 털이 없고 뒷면은 회녹색이며 잎자루는 아주 짧다. 7~8월에 가지 끝의 송이꽃차례에 연노란색 꽃이 모여 핀다. 가는 꽃받침통은 끝이 4갈래로 갈라져 벌어지며 꽃밥은 주황색이다. 달걀형 열매는 4~5mm 길이이고 자루가 짧으며 적갈색으로 익는다.

❸ **산초나무**(운향과) *Zanthoxylum schinifolium* 갈잎떨기나무(높이 3m 정도)
산. 줄기와 가지에 날카로운 가시가 어긋난다. 잎은 어긋나고 홀수깃꼴겹잎이며 작은잎은 7~19장이다. 작은잎은 피침형~넓은 달걀형이며 가장자리에 얕은 톱니가 있다. 겹잎자루에 좁은 날개와 짧은 가시가 있다. 암수딴그루로 7~8월에 가지 끝의 고른꽃차례에 연노란색 꽃이 모여 피는데 5장의 꽃잎은 2mm 정도 길이이다. 둥근 열매는 적갈색으로 익는다.

여름에 피는 흰색 나무꽃

꽃잎 4장

여름에 피는 흰색 나무꽃

❶ 참으아리
❷ 으아리
❸ 사위질빵
참으아리 열매
으아리 꽃자루
사위질빵 꽃 모양
참으아리 작은잎 뒷면
으아리 잎 뒷면
사위질빵 열매

❶ **참으아리**(미나리아재비과) *Clematis terniflora* 갈잎덩굴나무(길이 3~5m)
바닷가 주변의 산. 오래된 줄기는 나무처럼 단단해지며 겨울에도 일부분이 살아남는다. 잎은 마주나고 깃꼴겹잎이며 작은잎은 3~7장이다. 7~9월에 줄기 끝이나 잎겨드랑이에서 나온 원뿔꽃차례에 흰색 꽃이 모여 핀다. 흰색 꽃덮이조각은 4~6장이며 꽃자루에는 털이 있다. 납작한 열매는 달걀형이며 끝에 남아 있는 암술대가 깃털 모양으로 변한다.

❷ **으아리**(미나리아재비과) *Clematis terniflora* v. *mandshurica* 갈잎덩굴나무(길이 1~5m)
숲 가장자리. 땅 위의 줄기는 겨울에 말라 죽는다. 잎은 마주나고 깃꼴겹잎이며 작은잎은 3~7장이다. 6~8월에 줄기 끝이나 잎겨드랑이에서 나온 원뿔 모양의 꽃차례에 흰색 꽃이 모여 핀다. 꽃자루에는 털이 거의 없다. 흰색 꽃덮이조각은 4~6장이며 수평으로 벌어진다. 납작한 달걀형 열매는 가장자리의 날개가 불분명하고 암술대가 깃털 모양으로 변한다.

❸ **사위질빵**(미나리아재비과) *Clematis apiifolia* 갈잎덩굴나무(길이 2~8m)
숲 가장자리나 풀밭. 잎은 마주나고 세겹잎이다. 작은잎은 달걀형~넓은 달걀형이며 가장자리에 큼직하고 날카로운 톱니가 있으며 흔히 2~3갈래로 갈라진다. 7~9월에 잎겨드랑이의 원뿔꽃차례에 모여 피는 흰색 꽃은 지름 10~25mm이다. 흰색 꽃덮이조각은 4장이며 수평으로 벌어지고 가운데에 여러 개의 암술과 많은 수술이 모여 있다.

꽃잎 4장

여름에 피는 흰색 나무꽃

❶ **보리장나무**(보리수나무과) *Elaeagnus glabra* 늘푸른덩굴나무(높이 2~3m)
남쪽 섬. 햇가지는 적갈색 비늘털로 덮여 있다. 잎은 어긋나고 긴 타원형이며 뒷면에 적갈색 비늘털이 촘촘히 나지만 은백색 비늘털이 섞이기도 한다. 9~11월에 잎겨드랑이에 2~8개의 깔때기 모양의 갈백색 꽃이 핀다. 긴 타원형 열매는 비늘털이 있고 붉게 익는다.

❷ **보리밥나무**(보리수나무과) *Elaeagnus macrophylla* 늘푸른덩굴나무(높이 2~4m)
남부 지방의 바닷가 산지. 가지는 갈색과 은갈색의 비늘털로 덮여 있다. 잎은 어긋나고 넓은 달걀형이며 뒷면은 은백색 비늘털이 촘촘히 난다. 9~11월에 잎겨드랑이에 1~3개의 작은 종 모양의 흰색 꽃이 모여 핀다. 긴 타원형 열매는 비늘털로 덮여 있고 붉게 익는다.

❸ **나무수국**(수국과|범의귀과) *Hydrangea paniculata* 갈잎떨기나무(높이 2~5m)
일본과 중국 원산. 정원수로 심는다. 잎은 마주나거나 3장이 돌려난다. 잎몸은 타원형~달걀 모양의 타원형이며 끝이 길게 뾰족하고 가장자리에 잔톱니가 있다. 7~8월에 가지 끝에 달리는 원뿔꽃차례는 8~30㎝ 길이이며 장식꽃과 암수한꽃이 모여 달린다. 장식꽃은 흰색 꽃받침조각이 3~5장이다. 열매 끝에는 3개의 암술대가 남아 있다. [1])**큰나무수국**('Grandiflora')은 나무수국의 원예 품종으로 7~8월에 가지 끝에 달리는 큼직한 원뿔꽃차례는 모두 흰색 장식꽃으로 이루어져 있다.

꽃잎 4장

❶ **넌출월귤**(진달래과) *Vaccinium oxycoccos* 늘푸른떨기나무(높이 5~10㎝)
양강도와 함경도. 줄기는 쇠줄처럼 가늘고 적갈색이다. 잎은 어긋나고 좁은 달걀형이며 뒷면은 분백색이다. 6~7월에 피는 백홍색 꽃은 4갈래로 갈라진 꽃부리가 뒤로 활짝 젖혀진다.

❷ **왕쥐똥나무**(물푸레나무과) *Ligustrum ovalifolium* 늘푸른떨기나무~갈잎떨기나무(높이 2~6m)
전남 이남의 섬. 반상록성이다. 잎은 마주나고 타원형~거꿀달걀형이며 4~10㎝ 길이이고 밋밋하다. 잎을 햇빛에 비추면 측맥이 보인다. 6~7월에 가지 끝의 원뿔꽃차례에 달리는 흰색 꽃부리는 7~8㎜ 길이이고 끝이 4갈래로 얕게 갈라져 벌어진다.

❸ **상동잎쥐똥나무**(물푸레나무과) *Ligustrum quihoui* 늘푸른떨기나무~갈잎떨기나무(높이 2m 정도)
전라도의 바닷가. 반상록성이다. 어린 가지에는 잔털이 있다. 잎은 마주나고 넓은 타원형~거꿀달걀형이며 1~4㎝ 길이이다. 6~7월에 햇가지 끝의 좁고 긴 원뿔꽃차례에 달리는 흰색 꽃부리는 깔때기 모양이며 4~5㎜ 길이로 짧고 4갈래로 갈라진다.

❹ **섬쥐똥나무**(물푸레나무과) *Ligustrum foliosum* 갈잎떨기나무(높이 1~3m)
울릉도의 산. 잎은 마주나고 긴 타원형~달걀형이며 잎자루는 2~5㎜ 길이이다. 6~9월에 햇가지 끝의 원뿔꽃차례는 5~10㎝ 길이이고 흰색 꽃이 모여 핀다. 꽃차례에 작은잎 모양의 포가 달린다. 둥근 타원형 열매는 흑자색으로 익는다. 왕쥐똥나무와 같은 종으로도 본다.

여름에 피는 흰색 나무꽃

❶ 광나무
광나무 잎맥
제주광나무 잎맥
❷ 제주광나무
개회나무 꽃 모양
❸ 개회나무
개회나무 열매
❹ 버들개회나무

❶ **광나무**(물푸레나무과) *Ligustrum japonicum* 늘푸른떨기나무(높이 3~5m)
남해안 이남. 잎은 마주나고 타원형~넓은 달걀형이다. 잎몸은 가죽질이고 햇빛에 비춰도 잎맥이 뚜렷하지 않다. 6월에 햇가지 끝에 달리는 원뿔꽃차례는 5~12㎝ 길이이다. 흰색 꽃부리는 5~6㎜ 길이이며 깔때기 모양이고 중간까지 4갈래로 갈라져 벌어진다.

❷ **제주광나무/당광나무**(물푸레나무과) *Ligustrum lucidum* 늘푸른큰키나무(높이 10~15m)
제주도. 잎은 마주나고 달걀형~타원형이다. 잎몸은 가죽질이고 햇빛에 비추면 잎맥이 뚜렷하게 보인다. 6~7월에 햇가지 끝에 달리는 원뿔꽃차례는 10~20㎝ 길이이고 깔때기 모양의 흰색 꽃부리는 4갈래로 깊게 갈라져서 뒤로 말린다. 타원형 열매는 흑자색으로 익는다.

❸ **개회나무**(물푸레나무과) *Syringa reticulata* ssp. *amurensis* 갈잎작은키나무(높이 4~7m)
지리산 이북의 산. 잎은 마주나고 넓은 달걀형이며 잎 양면에 털이 없다. 6~7월에 2년생 가지 끝에서 나오는 원뿔꽃차례는 길이만큼 너비도 넓게 퍼지며 흰색 꽃이 모여 핀다. 열매는 긴 타원형이고 20~25㎜ 길이이며 표면에는 껍질눈이 약간 흩어져 난다.

❹ **버들개회나무**(물푸레나무과) *Syringa fauriei* 갈잎떨기나무~작은키나무(높이 2~6m)
강원도 북부. 개회나무와 비슷하지만 피침형 잎은 버드나무(p.439) 잎처럼 길쭉하다. 꽃부리통과 열매의 길이가 개회나무에 비해 약간 짧다. 개회나무와 같은 종으로도 본다.

꽃잎 4장

여름에 피는 흰색 나무꽃

❶ 목서 ｜ 목서 꽃 모양 ｜ 박달목서 열매 ❷ 박달목서
❸ 구골나무 ｜ 구골나무 열매 ｜ 구골목서 꽃 모양 ❹ 구골목서

❶ **목서**(물푸레나무과) *Osmanthus fragrans* 늘푸른작은키나무(높이 3~6m)
중국 원산. 남부 지방에서 관상수로 심는다. 잎은 마주나고 좁은 타원형이며 가죽질이고 끝이 뾰족하며 상반부에 잔톱니가 있거나 밋밋하다. 암수딴그루로 9~10월에 잎겨드랑이에 흰색~연노란색 꽃이 모여 핀다. 타원형 열매는 자루가 길며 검게 익는다.

❷ **박달목서**(물푸레나무과) *Osmanthus insularis* 늘푸른큰키나무(높이 15m 정도)
남쪽 섬. 잎은 마주나고 긴 타원형이며 끝이 길게 뾰족하고 가장자리가 밋밋하다. 어린 나무의 잎은 가장자리에 날카로운 톱니가 있다. 암수딴그루로 10~11월에 잎겨드랑이에 자잘한 흰색 꽃이 모여 핀다. 타원형 열매는 16~20㎜ 길이이며 흑벽색으로 익는다.

❸ **구골나무**(물푸레나무과) *Osmanthus heterophyllus* 늘푸른떨기나무~작은키나무(높이 4~8m)
일본과 대만 원산. 남부 지방에서 관상수로 심는다. 잎은 마주나고 타원형이며 가장자리가 밋밋한 잎과 2~5개의 모서리가 가시로 된 잎이 함께 난다. 암수딴그루로 11~12월에 잎겨드랑이에 모여 피는 흰색 꽃부리는 4갈래로 깊게 갈라져서 뒤로 젖혀진다.

❹ **구골목서/뿔잎목서**(물푸레나무과) *Osmanthus × fortunei* 늘푸른떨기나무~작은키나무(높이 4~7m)
남부 지방에서 관상수로 심는다. 구골나무와 목서의 교잡종이다. 잎은 마주나고 긴 타원형이며 가장자리의 가시 같은 톱니는 작고 수가 많다. 가을에 잎겨드랑이에 흰색 꽃이 핀다.

꽃잎 4~5장

여름에 피는 흰색 나무꽃

❶ 꽝꽝나무 꽝꽝나무 암꽃 꽝꽝나무 열매 ¹⁾좀꽝꽝나무
❷ 나도밤나무 나도밤나무 꽃 모양 나도밤나무 열매 ❸ 합다리나무

❶ **꽝꽝나무**(감탕나무과) *Ilex crenata* 늘푸른떨기나무~작은키나무(높이 2~6m)
　남부 지방. 두툼한 잎은 어긋나고 타원형~긴 타원형이며 1~3cm 길이이고 끝이 뾰족하며 가장자리에 얕고 둔한 톱니가 있다. 암수딴그루로 5~6월에 잎겨드랑이에 지름 4~5mm의 흰색 꽃이 핀다. 수꽃은 2~6개가 모여 피고 암꽃은 1개씩 핀다. 둥근 열매는 검게 익는다. ¹⁾**좀꽝꽝나무**(f. *microphylla*)는 꽝꽝나무의 변종으로 주로 남쪽 섬에서 자란다. 꽝꽝나무와 비슷하지만 잎 길이가 8~14mm로 작은 것이 특징이다. 꽝꽝나무와 같은 종으로 본다.

❷ **나도밤나무**(나도밤나무과) *Meliosma myriantha* 갈잎큰키나무(높이 12m 정도)
　충남, 전라도, 제주도. 잎은 어긋나고 긴 타원형~거꿀달걀 모양의 타원형이며 8~25cm 길이이고 끝이 뾰족하며 가장자리에 바늘 모양의 잔톱니가 있다. 측맥은 20~28쌍이다. 잎 뒷면은 백록색이고 황갈색 털이 있다. 6~7월에 가지 끝의 원뿔꽃차례에 달리는 자잘한 백황색 꽃은 지름 3mm 정도이고 달콤한 향기가 난다. 둥근 열매는 지름 4~5mm이고 붉은색으로 익는다.

❸ **합다리나무**(나도밤나무과) *Meliosma oldhamii* 갈잎큰키나무(높이 10~20m)
　중부 이남의 산이나 바닷가. 잎은 어긋나고 홀수깃꼴겹잎이며 12~20cm 길이이고 작은잎은 9~15장이며 끝의 작은잎이 가장 크다. 6~7월에 가지 끝의 원뿔꽃차례는 15~30cm 길이이고 털이 빽빽하다. 자잘한 백황색 꽃은 지름 3~4mm이고 향기가 난다.

꽃잎 5장

여름에 피는 흰색 나무꽃

❶ 미역줄나무 ❷ 담팔수 ❸ 쉬땅나무 ❹ 비파나무

❶ **미역줄나무/메역순나무**(노박덩굴과) *Tripterygium wilfordii* 갈잎덩굴나무(길이 2m 정도)
산. 어린 나무껍질은 적갈색이고 작은 돌기가 빽빽하게 난다. 잎은 어긋나고 타원형~달걀형이며 뒷면은 연녹색이다. 암수한그루로 6~7월에 가지 끝의 원뿔꽃차례에 자잘한 백록색 꽃이 촘촘히 모여 달린다. 열매는 8~12mm 길이이고 3개의 넓은 날개가 있다.

❷ **담팔수**(담팔수과) *Elaeocarpus sylvestris* 늘푸른큰키나무(높이 10~20m)
제주도. 잎은 어긋나고 거꿀피침형이며 가장자리에 둔한 톱니가 있다. 7~8월에 햇가지 밑부분의 잎겨드랑이에서 나온 송이꽃차례에 15~20개의 자잘한 흰색 꽃이 밑을 보고 피는데 5장의 꽃잎은 끝이 실처럼 가늘게 갈라진다. 타원형 열매는 검푸른색으로 익는다.

❸ **쉬땅나무/개쉬땅나무**(장미과) *Sorbaria sorbifolia* v. *stellipila* 갈잎떨기나무(높이 2m 정도)
경북 이북의 산. 잎은 어긋나고 홀수깃꼴겹잎이며 작은잎은 피침형이고 15~23장이다. 6~8월에 가지 끝의 원뿔꽃차례에 피는 흰색 꽃은 수술이 40~50개이며 꽃잎보다 길다.

❹ **비파나무**(장미과) *Eriobotrya japonica* 늘푸른큰키나무(높이 6~10m)
중국 원산. 남부 지방에서 심는다. 잎은 어긋나고 넓은 거꿀피침형이며 뒷면은 연갈색 솜털이 빽빽하다. 11~1월에 가지 끝의 원뿔꽃차례는 갈색 솜털이 빽빽하고 연한 황백색 꽃은 5장의 꽃잎 사이가 벌어진다. 열매는 원형~넓은 타원형이며 등황색으로 익는다.

꽃잎 5장

여름에 피는 흰색 나무꽃

① 겨울딸기 / 겨울딸기 꽃 모양 / 멍덕딸기 꽃 모양 / ② 멍덕딸기

③ 돌가시나무 / 돌가시나무 열매 / 돌가시나무 턱잎 / ④ 흰해당화

❶ 겨울딸기(장미과) *Rubus buergeri* 늘푸른덩굴나무(길이 2m 정도)
제주도와 전남의 섬. 줄기는 땅 위를 기며 마디에서 뿌리를 내린다. 잎은 어긋나고 넓은 달걀형~세모진 원형이며 3~5갈래로 얕게 갈라지기도 한다. 7~8월에 가지 끝이나 잎겨드랑이에 흰색 꽃이 모여 핀다. 둥근 열매송이는 겨울에 붉게 익어서 '겨울딸기'라고 한다.

❷ 멍덕딸기(장미과) *Rubus idaeus* ssp. *melanolasius* 갈잎떨기나무(높이 1m 정도)
강원도 이북의 높은 산. 줄기에 가시와 샘털이 빽빽하다. 잎은 어긋나고 홀수깃꼴겹잎이며 작은잎은 3~5장이고 뒷면은 흰색 털이 많다. 6~7월에 잎겨드랑이에 고개를 숙이고 피는 흰색 꽃은 꽃잎 사이가 벌어진다. 꽃자루와 꽃받침조각에 붉은색 가시와 샘털이 많다.

❸ 돌가시나무/제주찔레(장미과) *Rosa luciae* 갈잎떨기나무(길이 3m 정도)
중부 이남의 바닷가나 산. 줄기는 덩굴처럼 길게 벋는다. 잎은 어긋나고 홀수깃꼴겹잎이며 작은잎은 5~9장이다. 턱잎은 녹색이고 너비가 넓으며 잎자루와 합쳐지고 가장자리에 불규칙한 잔톱니와 샘털이 있다. 6~7월에 가지 끝에 1~5개의 흰색 꽃이 모여 핀다.

❹ 흰해당화(장미과) *Rosa rugosa* 'Albiflora' 갈잎떨기나무(높이 1~1.5m)
바닷가 모래땅. 줄기에 가시와 부드러운 털이 있다. 잎은 어긋나고 홀수깃꼴겹잎이다. 5~7월에 가지 끝에 1~3개의 흰색 꽃이 핀다. 해당화(p.534)와 같은 종으로 본다.

꽃잎 5장

여름에 피는 흰색 나무꽃

① 장구밤나무 장구밤나무 암꽃 장구밤나무 열매 ② 무궁화 '백단심'
③ 참죽나무 참죽나무 꽃 모양 쉬나무 꽃 모양 ④ 쉬나무

❶ 장구밤나무(아욱과|피나무과) *Grewia biloba* v. *parviflora* 갈잎떨기나무(높이 2m 정도)
서해와 남해의 바닷가 산기슭. 잎은 어긋나고 달걀형~거꿀달걀 모양의 타원형이며 가장자리에 불규칙한 톱니가 있다. 암수딴그루로 6~7월에 잎겨드랑이의 갈래꽃차례에 2~8개의 흰색 꽃이 모여 핀다. 열매는 2~4개가 모여서 장구통 같은 모양이 되며 붉게 익는다.

❷ 무궁화 '백단심'(아욱과) *Hibiscus syriacus* 'Paektanshim' 갈잎떨기나무(높이 2~4m)
정원수로 심는다. 잎은 어긋나고 달걀형이다. 7~9월에 햇가지의 잎겨드랑이에 피는 흰색 꽃은 중심부에 붉은 단심 무늬가 있다. 무궁화는 이외에도 많은 재배 품종이 심어지고 있다.

❸ 참죽나무(멀구슬나무과) *Toona sinensis* 갈잎큰키나무(높이 20~25m)
중국 원산. 마을 주변에 심는다. 잎은 어긋나고 짝수깃꼴겹잎이며 작은잎은 5~10쌍이다. 6월에 가지 끝의 원뿔꽃차례는 밑으로 처지며 흰색 꽃이 모여 핀다. 5장의 꽃잎은 원통 모양으로 돌려난다. 타원형 열매는 익으면 껍질 끝이 5갈래로 갈라져 뒤로 젖혀진다.

❹ 쉬나무(운향과) *Tetradium daniellii* 갈잎큰키나무(높이 7~20m)
산기슭이나 마을 주변. 잎은 마주나고 홀수깃꼴겹잎이며 작은잎은 5~11장이고 뒷면은 회녹색이다. 암수딴그루로 7~8월에 가지 끝의 고른꽃차례에 4~5mm 길이의 자잘한 흰색 꽃이 핀다. 보통 4~5개로 갈라지는 열매는 5~11mm 길이이고 끝이 뾰족하다.

꽃잎 5장

여름에 피는 흰색 나무꽃

❶ **머귀나무**(운향과) *Zanthoxylum ailanthoides* 갈잎큰키나무(높이 15m 정도)
　울릉도와 남쪽 바닷가의 산. 어린 가지는 녹색이고 가시가 있다. 잎은 어긋나고 홀수깃꼴 겹잎이며 작은잎은 13~31장이고 겹잎자루에 가시가 있다. 암수딴그루로 7~8월에 햇가지 끝의 고른꽃차례에 자잘한 흰색 꽃이 핀다. 3개로 갈라져 있는 열매는 동그스름하다.

❷ **다래**(다래나무과) *Actinidia arguta* 갈잎덩굴나무(길이 10m 정도)
　산. 가지 단면의 골속은 갈색이며 계단 모양이다. 잎은 어긋나고 넓은 달걀형이다. 암수딴그루로 5~6월에 갈래꽃차례에 매달리는 흰색 꽃은 꽃밥이 검고 열매는 둥근 타원형이다.

❸ **개다래**(다래나무과) *Actinidia polygama* 갈잎덩굴나무(길이 10m 정도)
　산. 가지 단면의 골속은 흰색으로 꽉 차 있다. 잎은 어긋나고 달걀형이며 개화기에 앞면에 흰색 무늬가 생긴다. 암수딴그루로 6~7월에 잎겨드랑이에 1~3개의 흰색 꽃이 매달리는데 꽃밥은 노란색이다. 열매는 긴 타원형이며 꽃받침조각이 남아 있고 주황색으로 익는다.

❹ **쥐다래**(다래나무과) *Actinidia kolomikta* 갈잎덩굴나무(길이 10m 정도)
　산. 가지 단면의 골속은 갈색이며 계단 모양이다. 잎은 어긋나고 달걀형이며 개화기에 앞면에 흰색 무늬가 생기며 분홍색으로 변한다. 암수딴그루로 6월에 잎겨드랑이에 1~3개의 흰색 꽃이 매달리는데 꽃밥은 노란색이다. 열매는 넓은 타원형이고 녹황색으로 익는다.

꽃잎 5장

여름에 피는 흰색 나무꽃

❶ 양다래 양다래 암수한꽃 양다래 열매

❷ 매화오리

❸ 백산차 백산차 꽃 모양 백산차 잎 뒷면 ¹⁾좁은잎백산차

❶ 양다래/키위(다래나무과) *Actinidia chinensis* 갈잎덩굴나무(길이 10m 이상)

중국 원산. 과일나무로 재배한다. 잎은 어긋나고 둥근 거꿀달걀형이며 끝은 거의 편평하고 밑부분은 심장저이며 뒷면은 별모양털로 덮여 있다. 암수딴그루로 5~6월에 잎겨드랑이의 갈래꽃차례에 흰색 꽃이 모여 핀다. 열매는 표면에 갈색 털이 빽빽하다.

❷ 매화오리(매화오리과) *Clethra barbinervis* 갈잎작은키나무(높이 8~10m)

제주도 한라산. 잎은 어긋나고 달걀형~거꿀달걀 모양의 긴 타원형이며 끝이 뾰족하고 가장자리에 날카로운 잔톱니가 있다. 6~8월에 가지 끝에서 모여 나오는 송이꽃차례에 자잘한 흰색 꽃이 모여 핀다. 둥근 열매는 약간 납작하고 지름 3~4mm이며 털로 덮여 있다.

❸ 백산차(진달래과) *Ledum palustre* 늘푸른떨기나무(높이 50~70㎝)

양강도와 함경도. 잎은 어긋나고 가는 피침형~긴 타원형이며 길이 2~7cm, 너비 4~12mm이고 가장자리는 밋밋하며 뒤로 말린다. 잎몸은 두껍고 뒷면에 비늘조각이 있으며 황갈색 털이 빽빽이 나 있다. 6~7월에 가지 끝의 고른꽃차례에 흰색 꽃이 모여 핀다. 꽃부리는 5갈래로 깊게 갈라진다. 긴 타원형 열매는 3~4mm 길이이고 끝에 암술대가 남아 있다. ¹⁾**좁은잎백산차**(v. *decumbens*)는 백산차의 변종으로 백산차와 비슷하지만 잎의 너비가 2~3mm로 더 좁은 것이 특징이다. 지금은 백산차와 같은 종으로 본다.

꽃잎 5장

여름에 피는 흰색 나무꽃

❶ 꼬리진달래/참꽃나무겨우살이(진달래과) *Rhododendron micranthum* 늘푸른떨기나무(높이 1~2m)
강원도, 충북, 경북. 잎은 어긋나고 타원형~거꿀피침형이며 2~4cm 길이이고 양면에는 비늘조각이 퍼져 있으며 뒷면은 분백색이다. 6~7월에 가지 끝의 고른꽃차례 모양의 송이꽃차례에 흰색 꽃이 모여 핀다. 열매는 원통형이며 5~8mm 길이이다.

❷ 흰참꽃(진달래과) *Rhododendron tschonoskii* 갈잎떨기나무(높이 30~100cm)
지리산, 덕유산, 가야산의 능선이나 높은 곳. 잎은 어긋나고 양면에 누운털이 많다. 6~7월에 가지 끝에 2~5개의 흰색 꽃이 모여 핀다. 열매는 달걀형이며 갈색 털로 덮여 있다.

❸ 만병초(진달래과) *Rhododendron fauriei* 늘푸른떨기나무(높이 1~3m)
지리산 이북의 높은 산. 잎은 어긋나고 좁은 타원형이며 가장자리는 밋밋하고 뒤로 약간 말린다. 잎몸은 가죽질이고 앞면은 광택이 있으며 뒷면은 연갈색의 부드러운 털로 덮여 있다. 6~7월에 가지 끝에 5~15개의 흰색 꽃이 모여 핀다. 원통형 열매는 2~3cm 길이이다.

❹ 우묵사스레피(펜타필락스과|차나무과) *Eurya emarginata* 늘푸른떨기나무~작은키나무(높이 4~6m)
남해안과 섬. 잎은 어긋나고 거꿀달걀형이며 얕은 톱니가 있고 뒤로 젖혀진다. 잎몸은 가죽질이며 앞면은 광택이 있다. 암수딴그루로 11~12월에 잎겨드랑이에 1~4개의 종 모양의 연한 백황색 꽃이 밑을 향해 피는데 약한 지린내가 난다. 열매는 검게 익는다.

꽃잎 5장

여름에 피는 흰색 나무꽃

❶ **후피향나무**(펜타필락스과|차나무과) *Ternstroemia gymnanthera* 늘푸른큰키나무(높이 10~15m)
제주도의 바닷가나 산. 잎은 어긋나고 좁은 거꿀달걀형이며 가장자리는 밋밋하다. 암수딴그루로 6~7월에 잎겨드랑이에서 밑을 보고 피는 백황색 꽃은 지름 10~15mm이다. 둥근 열매는 붉은색으로 익으면 껍질이 불규칙하게 갈라진다.

❷ **비쭈기나무/빗죽이나무**(펜타필락스과|차나무과) *Cleyera japonica* 늘푸른작은키나무(높이 10m 정도)
남쪽 섬. 겨울눈은 긴 피침형이며 낫처럼 구부러진다. 잎은 어긋나고 타원형이며 가장자리는 밋밋하고 뒷면은 연녹색이다. 6~7월에 잎겨드랑이에 1~3개의 백황색 꽃이 밑을 보고 핀다. 둥근 열매는 끝이 뾰족하며 지름 7~9mm이고 검은색으로 익는다.

❸ **백량금**(앵초과|자금우과) *Ardisia crenata* 늘푸른떨기나무(높이 30~100cm)
남쪽 섬. 잎은 어긋나고 긴 타원형이며 끝이 뾰족하고 가장자리에 물결 모양의 톱니가 있다. 7~8월에 가지 끝의 꽃차례에 흰색 꽃이 밑을 보고 핀다. 둥근 열매는 붉게 익는다.

❹ **자금우**(앵초과|자금우과) *Ardisia japonica* 늘푸른떨기나무(높이 10~20cm)
남쪽 섬과 울릉도. 무리 지어 자란다. 잎은 어긋나거나 돌려나고 긴 타원형~달걀형이며 양면에 털이 없다. 잎 끝은 뾰족하고 가장자리에 뾰족한 잔톱니가 있다. 6~8월에 잎겨드랑이의 꽃차례에 2~5개의 흰색~연분홍색 꽃이 밑을 보고 핀다. 둥근 열매는 붉게 익는다.

꽃잎 5장

여름에 피는 흰색 나무꽃

❶ **산호수**(앵초과|자금우과) *Ardisia pusilla* 늘푸른떨기나무(높이 10~20㎝)
제주도. 줄기에는 부드러운 털이 빽빽하다. 잎은 어긋나고 달걀형~긴 타원형이며 가장자리에 큰 톱니가 드문드문 있다. 6~8월에 잎겨드랑이의 꽃차례에 흰색 꽃이 모여 핀다.

❷ **애기동백**(차나무과) *Camellia sasanqua* 늘푸른작은키나무(높이 5~6m)
일본 원산. 남부 지방에서 관상수로 심는다. 잎은 어긋나고 긴 타원형이며 가장자리에 둔한 톱니가 있다. 10~12월에 가지 끝에 지름 5~8㎝의 흰색 꽃이 피는데 꽃잎이 활짝 벌어진다. 꽃이 질 때는 꽃잎이 각각 1장씩 지기 때문에 통째로 떨어지는 동백과 구별된다.

❸ **차나무**(차나무과) *Camellia sinensis* 늘푸른떨기나무(높이 2m 정도)
중국 원산. 남부 지방에서 재배한다. 잎은 어긋나고 긴 타원형이며 뒷면은 연녹색이다. 10~12월에 잎겨드랑이와 가지 끝에 고개를 숙이고 피는 흰색 꽃은 수술이 많고 꽃밥은 노란색이다. 동그스름한 열매는 지름 15~20㎜이고 세로로 3개의 얕은 골이 진다.

❹ **노각나무**(차나무과) *Stewartia pseudocamellia* 갈잎큰키나무(높이 7~15m)
남부 지방의 산. 나무껍질은 얇은 조각으로 벗겨지면서 적갈색의 얼룩무늬가 생긴다. 잎은 어긋나고 타원형이며 치아 모양의 톱니가 있다. 6~8월에 잎겨드랑이에 피는 흰색 꽃은 꽃잎 가장자리에 미세한 톱니가 있다. 5각뿔 모양의 열매는 지름 15㎜ 정도이다.

꽃잎 5장

❶ 송양나무(지치과) *Ehretia acuminata* 갈잎큰키나무(높이 10~15m)
전남의 섬과 제주도. 잎은 어긋나고 거꿀달걀형이며 끝이 뾰족하고 가장자리에 잔톱니가 있다. 6~7월에 가지 끝의 원뿔꽃차례에 자잘한 흰색 꽃이 모여 핀다. 흰색 꽃부리는 지름 5mm 정도이며 5갈래로 갈라진다. 둥근 열매는 지름 5mm 정도이고 연노란색으로 익는다.

❷ 계요등(꼭두서니과) *Paederia foetida* 갈잎덩굴나무(길이 5~7m)
주로 남부 지방. 잎은 마주나고 긴 달걀형이며 밑부분은 평평하거나 얕은 심장저이다. 7~9월에 잎겨드랑이의 원뿔꽃차례에 흰색 꽃이 핀다. 꽃부리는 원통형이며 끝부분은 4~5갈래로 얕게 갈라져 벌어진다. 꽃부리 입구와 안쪽은 적자색이고 흰색 털이 빽빽하다.

❸ 누리장나무(꿀풀과 | 마편초과) *Clerodendrum trichotomum* 갈잎떨기나무(높이 2m 정도)
중부 이남의 산. 잎은 마주나고 달걀형이며 끝이 뾰족하다. 7~8월에 가지 끝의 갈래꽃차례에 피는 흰색 꽃은 암수술이 길게 벋는다. 둥근 열매는 붉은색 꽃받침에 싸여 있다.

❹ 미국낙상홍(감탕나무과) *Ilex verticillata* 갈잎떨기나무(높이 2~5m)
북아메리카 원산. 관상수로 심는다. 잎은 어긋나고 긴 타원형이며 35~90mm 길이이고 끝이 뾰족하며 가장자리에 잔톱니가 있다. 6월에 잎겨드랑이에 지름 5mm 정도의 흰색 꽃이 피는데 꽃잎은 4~8장이다. 둥근 열매는 지름 6~8mm이며 가을에 붉게 익는다.

꽃잎 5~6장

❶ 배암나무　❷ 아왜나무　아왜나무 꽃 모양　아왜나무 열매　❸ 꽃댕강나무　꽃댕강나무 열매　유카 꽃 모양　❹ 유카

여름에 피는 흰색 나무꽃

❶ **배암나무**(연복초과|인동과) *Viburnum koreanum* 갈잎떨기나무(높이 1~2m)
설악산 이북. 잎은 마주나고 넓은 달걀형이며 밑부분은 보통 얕은 심장저이고 윗부분은 흔히 2~3갈래로 갈라진다. 6~7월에 가지 끝의 갈래꽃차례에 지름 6~8mm의 흰색 꽃이 핀다.

❷ **아왜나무**(연복초과|인동과) *Viburnum odoratissimun v. awabuki* 늘푸른큰키나무(높이 10m 정도)
제주도. 잎은 마주나고 긴 타원형~거꿀달걀형이며 끝이 뾰족하고 가장자리는 거의 밋밋하다. 잎몸은 가죽질이고 앞면은 광택이 있다. 잎맥겨드랑이에 작은 벌레집이 생기기도 한다. 6~7월에 가지 끝의 원뿔꽃차례에 자잘한 흰색 꽃이 모여 핀다.

❸ **꽃댕강나무**(인동과) *Abelia × grandiflora* 늘푸른떨기나무~갈잎떨기나무(높이 1~2m)
중국 원산. 관상수로 심고 반상록성이다. 잎은 마주나고 달걀형~타원형이며 2~5cm 길이이고 가장자리에 몇 개의 둔한 톱니가 있다. 6~10월에 가지 끝이나 잎겨드랑이의 원뿔꽃차례에 흰색 꽃이 모여 핀다. 꽃부리는 깔때기 모양이며 끝이 5갈래로 갈라져서 벌어진다.

❹ **유카**(아스파라거스과|용설란과) *Yucca gloriosa* 늘푸른떨기나무(높이 2~3m)
미국 원산. 남부 지방에서 관상수로 심는다. 줄기 윗부분에 돌려나는 칼 모양의 잎은 60~90cm 길이이며 가죽질이고 끝이 뾰족하며 비스듬히 처지기도 한다. 봄, 가을에 줄기 끝에 곧게 서는 원뿔꽃차례는 60~90cm 길이이다. 흰색 꽃은 꽃잎이 6장이고 반쯤 벌어진다.

꽃잎 6장

여름에 피는 흰색 나무꽃

❶ 남천　❷ 좁은잎사위질빵　❸ 흰배롱나무　❹ 치자나무

❶ 남천(매자나무과) *Nandina domestica* 늘푸른떨기나무(높이 3m 정도)
중국 원산. 남부 지방에서 관상수로 심는다. 잎은 어긋나고 3회깃꼴겹잎이다. 작은잎은 좁은 타원형~피침형으로 밋밋하다. 5~7월에 줄기 끝의 원뿔꽃차례에 자잘한 흰색 꽃이 핀다. 6장의 흰색 꽃잎은 비스듬히 젖혀진다. 붉은 열매송이는 포도송이처럼 늘어진다.

❷ 좁은잎사위질빵(미나리아재비과) *Clematis hexapetala* 갈잎반떨기나무(높이 30~100㎝)
경기도 이북의 풀밭. 잎은 마주나고 깃꼴겹잎이지만 줄기 윗부분은 대부분 세겹잎이다. 작은잎은 좁은 피침형이며 가장자리가 밋밋하다. 6~7월에 줄기 끝이나 잎겨드랑이에서 나온 꽃자루에 1~3개의 흰색 꽃이 핀다. 흰색 꽃덮이조각은 5~8장이다.

❸ 흰배롱나무(부처꽃과) *Lagerstroemia indica* 'Alba' 갈잎작은키나무(높이 3~7m)
중국 원산. 관상수로 심는다. 7~9월에 가지 끝의 원뿔꽃차례에 흰색 꽃이 핀다. 6장의 꽃잎은 부채 모양이며 윗부분은 주름이 많이 진다. 배롱나무(p.537)와 같은 종으로 본다.

❹ 치자나무(꼭두서니과) *Gardenia jasminoides* 늘푸른떨기나무(높이 1~2m)
남부 지방에서 재배하고 관상수로도 심는다. 잎은 마주나거나 3장이 돌려나고 긴 타원형~거꿀달걀형이며 끝이 뾰족하다. 6~7월에 가지 끝에 1개씩 피는 고배 모양의 흰색 꽃은 6~7갈래로 깊게 갈라진다. 타원형 열매 끝에는 꽃받침이 길게 남아 있고 황적색으로 익는다.

꽃잎 7장 이상~기타

여름에 피는 흰색 나무꽃

❶ 태산목　❷ 담자리꽃나무　❸ 겹치자나무　❹ 위성류 / 태산목 열매 / 위성류 열매

❶ **태산목**(목련과) *Magnolia grandiflora* 늘푸른큰키나무(높이 20m 정도)
　북아메리카 원산. 남부 지방에서 관상수로 심는다. 잎은 어긋나고 긴 타원형이며 가죽질이다. 잎 앞면은 광택이 있고 뒷면에는 갈색 털이 빽빽하다. 5~7월에 가지 끝에 달리는 큼직한 흰색 꽃은 꽃덮이조각이 9~12장이다. 타원형 열매는 짧은털로 덮여 있다.

❷ **담자리꽃나무**(장미과) *Dryas octopetala* v. *asiatica* 늘푸른떨기나무(높이 3~6cm)
　함경도와 양강도의 높은 산. 잎은 어긋나고 달걀형~달걀 모양의 타원형이며 가장자리에 둔한 톱니가 있고 잎맥을 따라 움푹 파인다. 6~7월에 가지 끝에 피는 흰색 꽃은 지름 2cm 정도이며 꽃잎과 꽃받침조각은 각각 8~9장이다. 열매는 끝에 암술대가 변한 깃 모양 털이 있다.

❸ **겹치자나무**(꼭두서니과) *Gardenia jasminoides* 'Fortuniana' 늘푸른떨기나무(높이 1~2m)
　치자나무의 원예 품종으로 생김새는 치자나무와 같지만 흰색 겹꽃이 피는 점이 다르다.

❹ **위성류**(위성류과) *Tamarix chinensis* 갈잎작은키나무(높이 5~8m)
　중국 원산. 관상수로 심는다. 가지는 가늘고 길며 밑으로 처진다. 잎은 어긋나고 바늘 모양이며 1~3㎜ 길이로 아주 작다. 꽃은 5월과 8~9월 등 1년에 2번 피며 송이꽃차례에 자잘한 백홍색 꽃이 달린다. 꽃잎과 꽃받침조각과 수술은 5개씩이고 암술대는 3개이다. 8~9월에 피는 꽃은 햇가지에 달리며 작지만 열매를 잘 맺는다.

❶ 다릅나무 ❷ 솔비나무 ❸ 삼색싸리 ❹ 좀싸리

❶ 다릅나무(콩과) *Maackia amurensis* 갈잎큰키나무(높이 10~15m)

산. 나무껍질은 회갈색이고 세로로 얇게 갈라져 벗겨진다. 잎은 어긋나고 홀수깃꼴겹잎이며 작은잎은 7~11장이다. 새순은 양면에 털이 많아서 은빛이 돈다. 7~8월에 가지 끝의 송이꽃차례에 백황색 꽃이 촘촘히 핀다. 길고 납작한 꼬투리열매는 3~7cm 길이이다.

❷ 솔비나무(콩과) *Maackia floribunda* 갈잎작은키나무~큰키나무(높이 8~10m)

제주도 한라산. 나무껍질은 회갈색이고 세로로 얇게 갈라져 벗겨진다. 잎은 어긋나고 홀수깃꼴겹잎이며 작은잎은 9~17장으로 다릅나무보다 많다. 7~8월에 가지 끝의 송이꽃차례에 흰색 꽃이 촘촘히 모여 달린다. 길고 납작한 꼬투리열매는 3~6cm 길이이다.

❸ 삼색싸리(콩과) *Lespedeza buergeri* 갈잎떨기나무(높이 1~3m)

전남과 경남의 산. 잎은 어긋나고 세겹잎이며 작은잎은 끝이 뾰족하다. 6~9월에 잎겨드랑이의 송이꽃차례에 나비 모양의 연한 황백색 꽃이 모여 핀다. 위쪽의 꽃잎은 가장 크고 밑부분에 적자색 줄무늬가 있다. 2장의 작은 꽃잎은 적자색이고 나머지 2장은 연노란색이다.

❹ 좀싸리(콩과) *Lespedeza virgata* 갈잎반떨기나무(높이 40~60cm)

풀밭. 잎은 어긋나고 세겹잎이며 뒷면은 회녹색이다. 8~9월에 잎겨드랑이의 가느다란 송이꽃차례에 흰색 꽃이 모여 핀다. 위쪽 꽃잎은 가장 크고 붉은색 줄무늬가 있다.

❶ 만년콩 ❷ 모새나무 ❸ 들쭉나무 ❹ 월귤

❶ **만년콩**(콩과) *Euchresta japonica* 늘푸른떨기나무(높이 30~80cm)

제주도 남쪽 숲속. 잎은 어긋나고 대부분이 세겹잎이며 5장의 깃꼴겹잎이 달리기도 한다. 잎몸은 가죽질이고 뒷면은 누운털이 빽빽하다. 6~7월에 가지 끝의 송이꽃차례에 나비 모양의 흰색 꽃이 모여 핀다. 타원형 열매는 15~20mm 길이이며 검게 익는다.

❷ **모새나무**(진달래과) *Vaccinium bracteatum* 늘푸른떨기나무(높이 3m 정도)

서남해의 섬. 잎은 어긋나고 타원형이며 끝이 뾰족하고 가장자리에 얕은 톱니가 있다. 6~7월에 2년생 가지의 잎겨드랑이에서 나온 송이꽃차례는 각 꽃에 잎 모양의 포가 있어서 잎겨드랑이에 1개의 꽃이 핀 것처럼 보인다. 항아리 모양의 흰색 꽃은 끝이 5갈래로 갈라진다.

❸ **들쭉나무**(진달래과) *Vaccinium uliginosum* 갈잎떨기나무(높이 30~80cm)

높은 산. 잎은 어긋나고 타원형이며 두껍다. 5~6월에 가지 끝에 달리는 종 모양의 꽃부리는 흰색~연홍색이고 5mm 정도 크기이다. 둥근 열매는 흑자색으로 익으며 새콤달콤하다.

❹ **월귤**(진달래과) *Vaccinium vitis-idaea* 늘푸른떨기나무(높이 5~20cm)

강원도 이북의 높은 산. 잎은 어긋나고 타원형이며 두꺼운 가죽질이다. 잎 앞면은 광택이 있으며 뒷면은 연녹색이고 검은색 점이 흩어져 난다. 5~7월에 2년생 가지 끝에 밑을 보고 피는 종 모양의 흰색 꽃은 5mm 정도 길이이다. 둥근 열매는 지름 5~8mm이며 붉게 익는다.

❶ 거문도닥나무 ｜ 거문도닥나무 열매 ｜ 구슬꽃나무 열매 ｜ ❷ 구슬꽃나무 ｜ 인동덩굴 열매 ｜ ❸ 인동덩굴 ｜ 1)잔털인동 꽃 모양 ｜ 1)잔털인동

❶ **거문도닥나무**(팥꽃나무과) *Wikstroemia ganpi* 갈잎떨기나무(높이 30~80㎝)
남해안 이남. 잎은 어긋나고 긴 타원형이며 가장자리가 밋밋하고 잎자루는 짧다. 7~9월에 가지 끝과 잎겨드랑이에서 나온 송이꽃차례에 흰색~연노란색 꽃이 모여 핀다. 대롱 모양의 꽃받침통은 7~12㎜ 길이이며 표면에 누운털이 빽빽하고 끝부분은 4갈래로 갈라져 벌어진다.

❷ **구슬꽃나무/중대가리나무**(꼭두서니과) *Adina rubella* 갈잎떨기나무(높이 3~4m)
제주도의 산골짜기. 잎은 마주나고 좁은 달걀형이며 밋밋하고 뒷면은 연녹색이다. 7~8월에 가지 끝과 윗부분의 잎겨드랑이에서 나온 머리모양꽃차례는 지름 15~20㎜이며 자잘한 황홍색~흰색 꽃이 모여 핀다. 암술대는 꽃부리 밖으로 길게 벋고 암술머리는 황록색이다.

❸ **인동덩굴**(인동과) *Lonicera japonica* 갈잎덩굴나무(길이 4~5m)
산과 들. 잎은 마주나고 긴 타원형~달걀형이며 어린 나무는 잎몸이 깃꼴로 갈라지기도 한다. 5~6월에 잎겨드랑이에 입술 모양의 기다란 흰색 꽃이 2개씩 모여 피며 점차 노란색으로 변한다. 한 그루에 금색과 은색의 꽃이 함께 피는 것처럼 보여서 '금은화'라고도 한다. 둥근 열매는 지름 5~6㎜이며 검은색으로 익는다. 1)**잔털인동**(v. *chinensis*)은 인동덩굴의 변종으로 인동덩굴과 비슷하지만 털이 적고 꽃부리 겉면에 붉은색이 도는 점이 다르다. 인동덩굴과 같은 종으로 보기도 한다.

❶ **흰층꽃나무**(꿀풀과|마편초과) *Caryopteris incana* 'Candida' 갈잎떨기나무(높이 30~60㎝)
남부 지방의 바닷가. 잎은 마주나고 달걀형이며 큰 톱니가 있다. 7~9월에 잎겨드랑이에 흰색 꽃이 핀 갈래꽃차례가 층을 이루며 달린다. 층꽃나무(p.541)와 같은 종으로 본다.

❷ **팔손이**(두릅나무과) *Fatsia japonica* 늘푸른떨기나무(높이 2~3m)
남쪽 섬. 잎은 어긋나고 원형이며 손바닥처럼 갈라진다. 잎몸은 가죽질이고 광택이 있다. 11~12월에 가지 끝의 둥근 우산꽃차례에 자잘한 흰색 꽃이 모여 피며 향기가 있다. 우산꽃차례가 모여서 커다란 원뿔꽃차례를 만들며 꽃차례자루는 갈색 털로 덮여 있다.

❸ **두릅나무**(두릅나무과) *Aralia elata* 갈잎떨기나무~작은키나무(높이 3~5m)
산. 가지나 잎자루에 날카로운 가시가 있다. 잎은 어긋나고 2회깃꼴겹잎이며 50~100㎝ 길이로 큼직하다. 8~9월에 가지 끝에 달리는 겹우산꽃차례는 30~50㎝ 길이이며 자잘한 녹백색 꽃이 핀다. 꽃은 지름 3㎜ 정도이다. 둥근 열매는 지름 3㎜ 정도이고 검게 익는다.

❹ **통탈목**(두릅나무과) *Tetrapanax papyrifer* 늘푸른떨기나무(높이 3~4m)
대만 원산. 제주도. 잎은 어긋나고 원형이며 7~12갈래로 손바닥처럼 갈라지고 가장자리에 톱니가 있다. 잎 뒷면은 흰색이다. 11~12월에 가지 끝에 둥근 우산꽃차례가 모여 달린 커다란 원뿔꽃차례가 갈색 털로 덮여 있다. 꽃은 연한 황백색이며 꽃잎은 4장이다.

여름에 피는 녹색 나무꽃

❶ 사철나무 ❷ 줄사철나무 줄사철나무 공기뿌리 사철나무 열매
❸ 개머루 개머루 꽃 모양 개머루 열매 ¹⁾가새잎개머루

- ❶ **사철나무**(노박덩굴과) *Euonymus japonicus* 늘푸른떨기나무(높이 2~6m)
  중부 이남의 바닷가 산기슭. 어린 가지는 녹색이며 둥글다. 잎은 마주나고 타원형~달걀형이며 앞면은 광택이 있다. 6~7월에 잎겨드랑이의 갈래꽃차례에 연한 황록색 꽃이 핀다. 둥근 열매는 익으면 열매껍질이 갈라지며 붉은색 헛씨껍질에 싸인 씨앗이 드러난다.

- ❷ **줄사철나무**(노박덩굴과) *Euonymus fortunei* 늘푸른덩굴나무(길이 10m 정도)
  남부 지방. 줄기와 가지의 공기뿌리로 다른 물체에 달라붙는다. 어린 가지는 녹색이며 약간 모가 진다. 잎은 대부분 마주나고 타원형~달걀형이며 얇고 둔한 톱니가 있다. 6~7월에 잎겨드랑이의 갈래꽃차례에 자잘한 황록색 꽃이 모여 핀다. 둥근 열매는 붉게 익는다.

- ❸ **개머루**(포도과) *Ampelopsis glandulosa* v. *brevipedunculata* 갈잎덩굴나무(길이 5m 정도)
  숲 가장자리. 잎은 어긋나고 둥근 달걀형이며 끝이 뾰족하고 3~5갈래로 얕게 갈라진다. 잎 가장자리에는 치아 모양의 톱니가 있고 밑부분은 심장저이다. 6~8월에 잎과 마주나는 갈래꽃차례에 자잘한 녹백색 꽃이 모여 달린다. 꽃은 지름 3~5mm이며 꽃잎은 5장이다. 둥근 열매는 지름 5~10mm이고 푸른색~자주색으로 익기 때문에 구별이 쉽다. ¹⁾**가새잎개머루**(f. *citrulloides*)는 개머루의 품종으로 개머루와 비슷하지만 잎몸이 5갈래로 깊게 갈라지는 점이 다르다. 개머루와 같은 종으로 본다.

꽃잎 5장

❶ 담쟁이덩굴 ❷ 미국담쟁이덩굴 ❸ 왕머루 ❹ 머루

❶ **담쟁이덩굴**(포도과) *Parthenocissus tricuspidata* 갈잎덩굴나무(길이 10m 이상)
숲속. 잎은 어긋나고 넓은 달걀형이며 3갈래로 갈라지는 잎도 많고 때로는 세겹잎이 달리기도 한다. 6~7월에 짧은가지 끝이나 잎겨드랑이에서 자란 갈래꽃차례에 자잘한 황록색 꽃이 모여 핀다. 꽃은 지름 2~3mm이고 꽃잎과 수술은 각각 5개씩이다.

❷ **미국담쟁이덩굴**(포도과) *Parthenocissus quinquefolia* 갈잎덩굴나무(길이 20~30m)
북아메리카 원산. 담장을 가리는 용도로 심는다. 잎은 어긋나고 손꼴겹잎이며 5장의 작은 잎은 가장자리에 불규칙한 톱니가 있다. 6~7월에 짧은가지 끝이나 잎겨드랑이에서 자란 갈래꽃차례에 자잘한 황록색 꽃이 모여 핀다. 둥근 열매는 검게 익고 흰색 가루로 덮인다.

❸ **왕머루**(포도과) *Vitis amurensis* 갈잎덩굴나무(길이 10m 정도)
산. 잎은 어긋나고 모가 진 하트형이며 8~15cm 길이이고 3~5갈래로 얕게 갈라지며 가장자리에 치아 모양의 톱니가 있다. 잎 뒷면에는 거미줄 같은 털이 있지만 점차 없어진다. 5~7월에 잎과 마주나는 원뿔꽃차례에 자잘한 황록색 꽃이 촘촘히 모여 핀다. 열매는 작은 포도송이 모양으로 매달리며 가을에 검게 익는다.

❹ **머루**(포도과) *Vitis coignetiae* 갈잎덩굴나무(길이 10m 이상)
울릉도. 왕머루와 비슷하지만 잎 뒷면에 거미줄 같은 털이 빽빽하다.

여름에 피는 녹색 나무꽃

❶ 새머루 ❷ 까마귀머루 포도 꽃 모양 ❸ 포도 황칠나무 어린 나무의 잎 ❹ 황칠나무

❶ 새머루(포도과) *Vitis flexuosa* 갈잎덩굴나무(길이 10m 이상)
중부 이남의 산과 들. 잎은 어긋나고 하트형이며 4~9cm 길이이고 끝이 길게 뾰족하며 거의 갈라지지 않지만 드물게 3갈래로 갈라지기도 한다. 잎 뒷면의 잎맥 위에 짧은털이 있다. 암수딴그루로 5~6월에 잎과 마주나는 원뿔꽃차례에 자잘한 황록색 꽃이 촘촘히 모여 핀다.

❷ 까마귀머루(포도과) *Vitis thunbergii v. sinuata* 갈잎덩굴나무(길이 2~7m)
남부 지방의 숲 가장자리. 잎은 어긋나고 세모진 넓은 달걀형이며 3~5갈래로 깊게 갈라지고 뒷면은 연갈색~흰색의 거미줄 같은 털로 덮여 있다. 암수딴그루로 5~8월에 잎과 마주나는 원뿔꽃차례에 자잘한 황록색 꽃이 핀다. 작은 포도송이 모양의 열매는 검게 익는다.

❸ 포도(포도과) *Vitis vinifera* 갈잎덩굴나무(길이 3~7m)
서아시아 원산. 과일나무로 재배한다. 잎은 어긋나고 둥근 하트형이며 3~5갈래로 갈라지고 뒷면은 흰색 솜털로 덮인다. 5~6월에 원뿔꽃차례에 자잘한 황록색 꽃이 모여 핀다.

❹ 황칠나무(두릅나무과) *Dendropanax morbiferus* 늘푸른작은키나무(높이 3~8m)
남쪽 섬. 잎은 어긋나고 넓은 달걀형이며 끝이 뾰족하고 가장자리가 밋밋하다. 어린 나무는 잎몸이 3~5갈래로 갈라진다. 8월에 가지 끝의 우산꽃차례에 자잘한 황록색 꽃이 모여 핀다. 꽃잎과 수술은 각각 5개씩이다. 타원형 열매는 6~8mm 길이이며 흑자색으로 익는다.

꽃잎 5장~기타

❶ 섬오갈피 ❷ 오가나무 ❸ 조도만두나무 ❹ 꼬리겨우살이

❶ **섬오갈피**(두릅나무과) *Eleutherococcus nodiflorus* 갈잎떨기나무(높이 2m 정도)
제주도. 비스듬히 휘어지는 가지에 밑으로 휘어진 날카로운 가시가 난다. 잎은 어긋나고 손꼴겹잎이며 뒷면 잎맥겨드랑이에 갈색 털이 있다. 암수딴그루로 5~6월에 잎겨드랑이에 달리는 1~3개의 우산꽃차례에 황록색 꽃이 둥글게 모여 핀다. 꽃자루는 1~4㎝ 길이이다.

❷ **오가나무**(두릅나무과) *Eleutherococcus sieboldianus* 갈잎떨기나무(높이 2m 정도)
중국 원산. 관상수로 심는다. 가지에 피침형 가시가 있다. 잎은 어긋나고 손꼴겹잎이며 보통 양면에 털이 없다. 5~6월에 짧은가지 끝의 우산꽃차례에 모여 피는 황록색 꽃은 5장의 꽃잎이 뒤로 활짝 젖혀진다. 꽃자루는 5~10㎝로 길다. 열매는 흑자색으로 익는다.

❸ **조도만두나무**(여우주머니과|대극과) *Glochidion chodoense* 갈잎떨기나무(높이 2~3m)
전남의 섬. 잎은 어긋나고 긴 타원형이며 밋밋하다. 암수한그루로 7~8월에 잎겨드랑이에 녹백색~황록색 꽃이 모여 피는데 꽃잎은 6장이다. 동글납작한 열매는 지름 12~15mm이다.

❹ **꼬리겨우살이**(꼬리겨우살이과|겨우살이과) *Loranthus tanakae* 갈잎떨기나무(높이 20~40㎝)
산. 참나무 등의 줄기에 기생한다. 햇가지는 녹색이며 적갈색으로 변한다. 잎은 마주나고 타원형이며 양면이 비슷하다. 6~7월에 햇가지 끝에 달리는 이삭꽃차례에 10~20개의 자잘한 황록색 꽃이 모여 핀다. 둥근 열매는 포도송이처럼 늘어지고 노랗게 익는다.

여름에 피는 녹색 나무꽃

❶ **동백나무겨우살이**(단향과 | 겨우살이과) *Korthalsella japonica* 늘푸른떨기나무(높이 10~20cm)
남쪽 섬. 주로 늘푸른나무의 가지에 기생한다. 보통 마주 달리는 납작한 가지는 녹색으로 마디가 많고 잎은 퇴화되었다. 암수한그루로 4~9월에 마디에 자잘한 꽃이 핀다.

❷ **사람주나무**(대극과) *Neoshirakia japonica* 갈잎작은키나무(높이 4~6m)
중부 이남의 산. 잎은 어긋나고 타원형~달걀형이며 어린 가지와 잎자루는 흔히 붉은빛이 돈다. 암수한그루로 6월에 가지 끝의 기다란 꽃이삭 윗부분에는 많은 수꽃이 달리고 밑부분에는 꽃자루가 있는 몇 개의 암꽃이 달린다. 둥근 열매는 3개의 골이 진다.

❸ **오구나무/조구나무**(대극과) *Triadica sebifera* 갈잎큰키나무(높이 10~15m)
중국 원산. 남부 지방에서 관상수로 심는다. 잎은 어긋나고 마름모 비슷한 달걀형이며 자르면 흰색 즙이 나온다. 암수한그루로 6~7월에 가지 끝에 녹황색 꽃이 핀다. 기다란 꽃이삭의 윗부분은 수꽃이삭이고 밑부분의 2~3개가 암꽃이다. 열매는 둥근 타원형이다.

❹ **된장풀**(콩과) *Ohwia caudata* 갈잎떨기나무(높이 1~2m)
제주도의 숲이나 길가. 잎은 어긋나고 세겹잎이며 잎자루는 좁은 날개가 있다. 7~8월에 잎겨드랑이의 송이꽃차례에 나비 모양의 백록색 꽃이 핀다. 길고 납작한 꼬투리열매는 여러 개의 잘록한 마디가 있고 표면에는 갈고리 같은 잔가시가 빽빽이 덮여 있다.

기타

① 참느릅나무 ② 더위지기 ③ 음나무
더위지기 꽃 모양 음나무 잎
참느릅나무 열매 더위지기 잎 뒷면 음나무 가지

① **참느릅나무**(느릅나무과) *Ulmus parvifolia* 갈잎큰키나무(높이 10~15m)

경기도 이남의 숲 가장자리. 잎은 어긋나고 긴 타원형이며 25~50mm 길이이다. 잎 끝은 둔하며 밑부분은 좌우가 다르고 가장자리에 둔한 톱니가 있다. 잎 앞면은 광택이 있고 뒷면은 연녹색이다. 9월에 햇가지의 잎겨드랑이에 자잘한 꽃이 3~6개씩 모여 달린다. 납작하고 넓은 타원형 열매는 1㎝ 정도 크기이고 늦가을에 익으며 가장자리가 날개로 되어 있다.

② **더위지기**(국화과) *Artemisia gmelinii* 갈잎떨기나무(높이 1m 정도)

산과 들. 잎은 마주나고 세모진 달걀형이며 2회 깃꼴로 깊게 갈라진다. 잎 양면의 털은 점차 없어지며 뒷면은 녹황색이고 기름점이 있다. 7~9월에 가지 끝이나 잎겨드랑이에 여러 개의 머리모양꽃차례가 모여 달리며 전체적으로 원뿔꽃차례 모양이 된다. 머리모양꽃차례는 지름 2~5mm이고 연노란색이며 밑을 향해 달린다. 열매는 달걀 모양의 타원형이다.

③ **음나무/엄나무**(두릅나무과) *Kalopanax septemlobus* 갈잎큰키나무(높이 10~25m)

산. 가지에 날카롭고 억센 가시가 많다. 잎은 어긋나고 가지 끝에서는 모여 달린다. 잎몸은 원형이고 지름 10~30㎝이며 5~9갈래로 손바닥처럼 갈라지며 밑부분은 얕은 심장저이다. 7~8월에 가지 끝의 커다란 갈래꽃차례의 잔가지 끝에 달리는 우산꽃차례는 둥근 공 모양이며 자잘한 녹황색 꽃이 모여 핀다. 둥근 열매는 지름 4~5mm이고 검게 익는다.

❶ 종려나무/왜종려(야자나무과) *Trachycarpus fortunei* 늘푸른큰키나무(높이 5~10m)

일본 규슈 원산. 남쪽 섬에서 관상수로 심는다. 줄기는 흑갈색 섬유질로 덮여 있다. 둥근 부채 모양의 잎은 줄기 윗부분에 돌려나고 갈래조각은 밑으로 처진다. 암수딴그루로 5~6월에 잎겨드랑이에서 나오는 원뿔꽃차례는 밑으로 처지고 자잘한 황백색~녹백색 꽃이 달린다. 꽃덮이조각과 수술은 각각 6개이다. 둥근 열매는 지름 1㎝ 정도이고 검게 익는다. [1]**당종려**(*T. wagnerianus*)는 중국 원산으로 종려나무와 비슷하지만 잎이 단단하여 갈래조각이 밑으로 처지지 않는 것이 특징이다. 종려나무와 같은 종으로 본다.

❷ 땃두릅나무(두릅나무과) *Oplopanax elatus* 갈잎떨기나무(높이 1~3m)

지리산 이북의 높은 산. 전체에 바늘 모양의 가시가 촘촘하다. 잎은 어긋나고 원형이며 5~7갈래로 얕게 갈라지고 양면에 억센 털이 많다. 암수딴그루로 6~7월에 잎겨드랑이의 원뿔꽃차례에 자잘한 황록색 꽃이 핀다. 납작한 구형 열매는 지름 5~8㎜이며 붉게 익는다.

❸ 개잎갈나무/히말라야시더(소나무과) *Cedrus deodara* 늘푸른바늘잎나무(높이 25~30m)

히말라야 원산. 관상수로 심는다. 바늘 모양의 잎은 4㎝ 정도 길이이며 짧은가지에는 20~50개씩 모여난다. 암수한그루로 10~11월에 암수솔방울이 달린다. 솔방울열매는 달걀형이고 6~13㎝ 길이이며 익으면 조각조각 부서지면서 씨앗이 바람에 날려 퍼진다.

기타

여름에 피는 녹색 나무꽃

❶ 죽순대 ❷ 왕대 ❸ 솜대
죽순대 잎집 / 왕대 잎집 / 솜대 잎집
죽순대 줄기 마디 / 왕대 줄기 마디 / 솜대 줄기 마디

❶ **죽순대**(벼과) *Phyllostachys edulis* 늘푸른대나무(높이 10~20m)

중국 원산. 남부 지방에서 재배한다. 뿌리줄기가 땅속으로 벋으면서 퍼져 나간다. 가지가 없는 줄기 마디의 고리는 1개이다. 작은 가지 끝에 3~8장씩 달리는 잎은 피침형이며 7~10cm 길이로 왕대보다 약간 작고 끝이 길게 뾰족하다. 잎집에는 잔털이 있으며 비단털은 곧고 빨리 떨어진다. 일생에 단 한 번 꽃이 핀 후에 죽는다. 꽃은 원뿔꽃차례에 달린다. 죽순은 5월에 돋는데 적갈색 포는 털이 빽빽이 난다. 죽순대 죽순은 요리에 이용된다.

❷ **왕대**(벼과) *Phyllostachys bambusoides* 늘푸른대나무(높이 20m 정도)

중국 원산. 남부 지방에서 재배한다. 줄기 마디의 고리는 2개이고 한 마디에 굵기가 다른 가지가 2개씩 나온다. 작은 가지 끝에 3~6장씩 달리는 잎은 피침형이며 10~20cm 길이로 죽순대보다 크고 끝이 길게 뾰족하다. 잎 뒷면은 분백색이 돈다. 잎집의 비단털은 5~10개가 나사 모양으로 달리며 오랫동안 떨어지지 않는다. 죽순은 5~6월에 돋는다.

❸ **솜대**(벼과) *Phyllostachys nigra* v. *henonis* 늘푸른대나무(높이 10m 이상)

중국 원산. 충청도 이남에서 심고 있다. 줄기 마디의 고리는 2개이고 모두 같은 높이로 볼록하다. 작은 가지 끝에 2~3장씩 달리는 잎은 피침형이며 끝이 뾰족하고 가장자리에 잔톱니가 있다. 비단털은 5개 내외로 점차 떨어진다. 큰 대나무 중에서 추위에 가장 강하다.

기타

여름에 피는 녹색 나무꽃

❶ 오죽
❷ 이대
이대 잎집
이대 줄기
❸ 조릿대
조릿대 잎줄기
❹ 제주조릿대

❶ **오죽**(벼과) *Phyllostachys nigra* 늘푸른대나무(높이 10m 이상)
솜대(p.590)와 비슷하지만 줄기가 검은 것이 특징이다. 학명상으로는 솜대의 모종(母種)이다.

❷ **이대**(벼과) *Pseudosasa japonica* 늘푸른대나무(높이 2~5m)
중부 이남. 무리 지어 자란다. 줄기를 둘러싸고 있는 껍질은 마디 사이의 길이와 비슷하며 벗겨지지 않는다. 좁은 피침형 잎은 10~30㎝ 길이로 끝이 꼬리처럼 길고 양면에 털이 없다. 원뿔꽃차례는 잔털이 있고 자줏빛이 돌며 작은 꽃이삭에 5~10개의 꽃이 모여 달리고 수술은 6개이다. 죽순은 5월에 돋는데 죽순 껍질은 처음에 누운털이 빽빽이 난다.

❸ **조릿대**(벼과) *Sasa borealis* 늘푸른대나무(높이 1~2m)
산. 흔히 무리 지어 자란다. 줄기 윗부분에서 2~3개의 가지가 갈라지고 마디는 도드라진다. 줄기를 둘러싸는 껍질은 2~3년간 떨어지지 않는다. 가지에 2~3장씩 달리는 피침형 잎은 10~25㎝ 길이이며 끝이 꼬리처럼 길고 잎집에 털이 있으며 비단털은 없다. 원뿔꽃차례에 달리는 작은 꽃이삭은 2~5개의 꽃으로 이루어지고 밑부분에 2개의 포가 있다.

❹ **제주조릿대**(벼과) *Sasa quelpaertensis* 늘푸른대나무(높이 10~80㎝)
한라산. 무리 지어 자란다. 조릿대와 비슷하지만 가지가 갈라지지 않고 마디는 둥글게 도드라진다. 겨울에는 잎 가장자리가 말라서 흰색의 줄무늬처럼 보인다.

부록

들나물 산나물 594
산과 들에서 따 먹는 열매 615
유독식물 632
식물의 구조 648
용어 해설 656
꽃 이름 찾아보기 676

고추나무

들나물 산나물

'꼬불꼬불 고사리 돌돌 말려 고비나물
잡아 뜯어 꽃다지 쏙쏙 뽑아 나싱개(냉이)'
산과 들에 돋아나는 들나물, 산나물을 뜯어서 밥상에 올리면 나른한 봄 날씨에 잃었던 입맛을 다시 돋우어 준다. 우리 땅에서 자라는 풀과 나무 중에 춘궁기에 뜯어 먹었던 나물 종류는 수백 가지에 이르지만 그중에서 흔히 이용하는 나물 80종을 소개하였다. 나물을 채취할 때는 적당한 양만 뜯고 나머지는 남겨 두어야 생태계가 유지된다는 점을 꼭 기억하자.

풀나물

들나물 산나물

얼레지 어린잎

얼레지 ▶p.29

주로 높은 산의 숲속에서 자란다. 잎에 얼룩덜룩한 무늬가 있어서 '얼레지'라고 한다. 봄에 돋는 어린잎은 데쳐서 묵나물로 먹는데 충분히 우려낸 후에 사용한다. 묵나물은 볶거나 비빔밥에 넣고 국을 끓여 먹기도 한다.

밀나물 꽃송이

밀나물 ▶p.115

산과 들에서 자란다. 봄에 돋는 새싹을 뜯어서 날로 초고추장에 찍어 먹거나 데쳐서 나물로 무쳐 먹으며 볶아 먹기도 한다. 데친 나물을 쌈에 곁들여 먹거나 국을 끓인다. 튀김을 만들어 먹기도 한다.

달래 뿌리

달래 ▶p.30

산의 숲속에서 자란다. 산달래보다 작아서 '애기달래'라고도 한다. 봄에 뿌리째 캐서 나물로 먹는데 독특한 맛과 향이 뛰어나다. 뿌리째 쌈 재료로 이용하고 날로 무쳐 먹는다. 된장국이나 생선 조림 등에도 넣는다.

산달래 꽃송이

산달래 ▶p.30

산과 들의 풀밭에서 자란다. 잎이 1~2장인 달래와 달리 잎이 3~4장이고 훨씬 크게 자란다. 독특한 향이 나는 잎을 무쳐 먹거나 된장찌개에 넣는다. 부침개를 하거나 양념장에 넣어 먹기도 한다. 시장에서 '달래'라고 파는 것이 산달래이다.

풀나물

산마늘 ▶p.100

울릉도와 지리산, 설악산의 숲속에서 자라며 '명이나물'이라고도 한다. 연한 잎을 간장에 절여 만든 장아찌는 쌈으로 하면 고기의 누린내를 줄여 준다. 생잎도 쌈 재료로 이용하며 된장국에도 넣어 먹는다.

두메부추 뿌리

두메부추 ▶p.163

울릉도와 강원도 이북의 산에서 자란다. 부추보다 잎이 더 넓은 편이며 부추 맛과 비슷하다. 잎을 뜯어서 쌈 재료로 이용하며 날로 무쳐 먹는다. 김치를 담그거나 고추장에 박아 장아찌를 만든다. 송송 썰어서 양념장으로 만든다.

산부추 ▶p.164

산과 들의 풀밭에서 자란다. 연한 잎을 뜯어서 쌈 재료로 쓰거나 날로 무쳐 먹는다. 또 부침개를 부치는데 넣거나 된장찌개에 넣어 먹는다. 연한 잎을 간장이나 고추장에 절여 장아찌를 만들어 먹기도 한다.

무릇 뿌리

무릇 ▶p.165

산과 들에서 자란다. 봄에 뜯은 어린잎을 데쳐서 우려낸 다음에 나물로 무쳐 먹는다. 가을~겨울에 둥그스름한 비늘줄기는 캐서 엿처럼 졸여 먹는다. 비늘줄기를 데쳐서 아린 맛을 우려낸 다음에 졸이기도 한다.

풀나물

들나물 산나물

비비추 ▶ p.164

산에서 자라고 마당가에서도 기른다. 봄에 돋는 연한 뿌리잎을 나물로 먹는다. 잎을 비비면 거품이 나면서 부드러워지는데 데쳐서 쌈을 싸 먹고 무쳐 먹거나 국을 끓인다. 묵나물로 볶아 먹기도 한다.

옥잠화

마당가에서 화초로 기른다. 봄에 돋는 연한 뿌리잎을 비비추와 같이 나물로 먹는다. 잎을 비비면 부드러워지는데 데쳐서 쌈을 싸 먹고 무쳐 먹거나 국을 끓인다. 묵나물로 볶아 먹기도 한다.

둥굴레 뿌리줄기

둥굴레 ▶ p.120

산의 숲속에서 자란다. 봄에 돋는 새싹을 뜯어서 데친 것을 나물로 무쳐 먹는다. 가을~겨울에 땅속에서 옆으로 벋는 뿌리줄기를 캐서 말렸다가 두고두고 차를 끓여 마시는데 구수한 맛이 숭늉과 비슷하다.

원추리 ▶ p.166, 169, 243, 244

산과 들의 풀밭에서 자라며 흔히 '넘나물'이라고 한다. 봄에 돋는 새싹을 데쳐서 무쳐 먹는데 매우 부드럽다. 데친 나물은 비빔밥 재료로 쓰이고 국을 끓이기도 한다. 원추리는 여러 종이 있으며 모두 나물로 먹는다.

풀나물

연꽃 뿌리줄기 / 연꽃 열매와 씨앗

연꽃 ▶ p.169

연못에서 자라며 논에 재배하기도 한다. 가을~겨울에 뿌리줄기(연근)를 캐서 삶거나 졸여 먹으며 튀김을 만들기도 한다. 가을에 채취한 씨앗을 '연밥'이라고 하며 날로 까먹거나 밥을 지을 때 넣어 먹는다.

자운영 ▶ p.42

논밭에 비료식물로 심으며 풀밭에서 저절로 자란다. 봄에 새순과 잎을 따서 데친 다음에 나물로 무쳐 먹는다. 또 된장국을 끓여 먹기도 한다. 꽃봉오리나 갓 피기 시작한 꽃송이를 따서 튀김을 만들어 먹기도 한다.

눈개승마 잎

눈개승마 ▶ p.95

높은 산에서 자란다. 봄에 돋는 어린 새싹을 데쳐서 초고추장에 무쳐 먹는데 쇠고기 맛이 난다. 국을 끓이거나 말려서 묵나물로도 먹는다. 울릉도에서는 '삼나물'이라고 부르고 강원도에서는 '찜뚝바리'라고 부른다.

냉이 ▶ p.85

들이나 밭의 양지바른 곳에서 자란다. 봄에 꽃대가 자라기 전에 뿌리잎을 캐서 나물로 무쳐 먹거나 데쳐서 쌈장에 찍어 먹는다. 또 된장국을 끓여 먹고 콩가루를 묻혀 쪄 먹기도 한다.

는쟁이냉이 ▶p.82

산의 그늘진 냇가에서 자란다. 봄에 뿌리잎을 뜯어서 쌈 재료로 이용하고 데쳐서 무쳐 먹기도 한다. 뿌리잎으로 담근 물김치는 매콤한 맛과 함께 톡 쏘기 때문에 뒷맛이 개운하다. 톡 쏘는 맛 때문에 '산갓'이라고도 한다.

꽃다지 ▶p.56

들이나 밭의 양지바른 곳에서 자란다. 봄에 꽃대가 자라기 전에 캔 뿌리잎을 데쳐서 나물로 무쳐 먹는데 쓴맛이 없고 부드럽다. 된장국을 끓여 먹거나 꽃을 따서 전을 부쳐 먹기도 한다.

고추냉이 ▶p.80

울릉도의 산골짜기 습한 곳에서 자란다. 봄에 연한 잎과 꽃봉오리를 뜯어서 쌈을 싸 먹는다. 땅속줄기는 갈아서 향신료로 쓰는데 독특한 매운맛이 나며 특히 생선회와 함께 먹으면 식중독을 막아 준다고 한다.

물냉이 ▶p.85

유럽 원산으로 물가에서 무리 지어 자란다. 톡 쏘는 매운맛이 나는 새순은 닭고기 샐러드를 만들거나 쌈에 곁들여 먹는다. 새순을 날로 또는 데쳐서 무침을 하며 튀김을 만들고 된장국에도 넣는다.

풀나물

번행초 ▶ p.226

바닷가의 모래땅에서 자란다. 잎은 두껍고 육질이며 가루 모양의 흰색 돌기가 많다. 봄~가을에 연한 잎과 순을 따서 날로 무치거나 샐러드를 만들어 먹는다. 비빔밥에 넣기도 하고 된장국도 끓여 먹는다.

퉁퉁마디 ▶ p.353

서남해안의 바닷가에서 자라며 '함초'라고도 한다. 통통한 어린 줄기를 살짝 데쳐서 나물로 무쳐 먹는데 짠맛이 난다. 차를 끓여 마시고 즙을 짜서 마시기도 한다. 줄기를 말려서 만든 가루를 물에 타 먹기도 한다.

수영 ▶ p.115

산과 들의 양지쪽 풀밭에서 자란다. 부드럽고 연한 잎은 샐러드를 만들거나 무쳐 먹고 새순은 소금에 절여서 먹는다. 새콤한 맛이 나는 연한 줄기는 날로 먹기도 한다. 애기수영(p.116)도 함께 나물로 먹는다.

소리쟁이 ▶ p.356

습한 들판에서 자란다. 연한 잎을 데쳐서 국을 끓이거나 나물죽을 쑤면 시금치처럼 부드러운 맛이 난다. 연한 잎을 데쳐서 초무침이나 된장에 무쳐 먹으며 잘게 썰어서 부침개를 부치는 데 넣기도 한다.

풀나물

쇠비름 ▶ p.231

양지쪽 밭이나 길가에서 흔하게 자란다. 줄기와 잎 모두가 통통한 육질이다. 연한 순을 데쳐서 우려낸 후에 초무침을 하거나 비빔밥에 넣어 먹는다. 또 연한 순을 데쳐서 말려 두었다가 묵나물로 먹는다.

배초향 ▶ p.197

산과 들의 양지바른 곳에서 자란다. 남부 지방에서는 흔히 '방아풀'이라고 한다. 향이 강한 어린잎과 새싹을 뜯어서 쌈 재료로 이용하거나 고기 찌개에 넣으면 비린내나 누린내를 없애 준다. 새순은 데쳐서 나물로 무쳐 먹는다.

소엽/차즈기 ▶ p.199

밭에서 재배하며 밭 주변에서 저절로 자란다. 잎은 들깨와 비슷하지만 자줏빛이 돈다. 어린잎을 들깨처럼 쌈으로 먹고 비빔밥에 넣기도 한다. 간장이나 된장에 박아 장아찌를 만들고 튀김이나 부각을 만들어 먹는다.

질경이 ▶ p.324

풀밭이나 길가, 빈터에서 무리 지어 자란다. 봄에 돋는 어린잎을 쌈으로 먹는다. 어린잎을 데쳐서 무쳐 먹거나 기름에 볶아 먹는다. 또 잎으로 국을 끓이거나 튀김을 만들어 먹는다. 잎을 데쳐서 말린 묵나물로 밥을 지어 먹는다.

풀나물

들나물 산나물

메꽃 ▶p.208

들에서 흔하게 덩굴지며 자란다. 뿌리줄기를 '메'라고 하며 밥을 지을 때 넣거나 시루떡에 넣어 먹으며 구워 먹기도 한다. 또 밀가루를 묻혀 튀김을 만들기도 한다. 봄에 돋는 어린 새싹은 데쳐서 나물로 무쳐 먹는다.

단풍취 ▶p.300

산의 숲속에서 자란다. 솜털이 있는 어린 새싹을 뜯어서 쌈 재료로 이용하며 데쳐서 무쳐 먹는다. 새싹은 장아찌를 만들거나 된장국에 넣어 먹기도 한다. 또 데쳐서 말린 묵나물은 볶아 먹는다.

쑥 ▶p.365

산과 들의 양지쪽 풀밭에서 자란다. 단군신화에 나올 정도로 옛날부터 식용했다. 봄에 어린 새싹을 따서 데친 것을 말려서 묵나물로 먹는다. 또 쌀가루에 버무려 쑥떡을 만들거나 된장국을 끓여 먹는다.

까실쑥부쟁이 ▶p.302

산의 풀밭에서 자란다. 새로 돋는 뿌리잎은 흰색 털이 많아서 까슬거린다. 어린싹을 뜯어서 쌈 재료로 이용하거나 튀김을 해 먹는다. 또 데쳐서 나물로 무쳐 먹으며 볶아 먹기도 한다. 데쳐 말린 묵나물로도 이용한다.

섬쑥부쟁이 ▶ p.302

울릉도에서 자란다. 봄에 돋는 새싹은 여러 번 뜯는다. 새싹은 데쳐서 나물로 무쳐 먹는다. 묵나물은 두고두고 볶아 먹거나 밥을 지을 때 넣어 나물밥을 해 먹는다. 쑥부쟁이 종류를 모두 '부지깽이나물'이라고도 하며 나물로 먹는다.

삽주 ▶ p.326

산의 양지바르고 건조한 곳에서 자란다. 잎은 밋밋하거나 깃꼴로 갈라지기도 한다. 봄에 돋는 새싹과 어린잎을 쌈 재료로 이용하고 샐러드를 만들어 먹는다. 또 살짝 데쳐서 나물로 무치거나 튀김을 만들어 먹기도 한다.

엉겅퀴 ▶ p.213

산과 들의 풀밭에서 자란다. 잎에 가시가 많아서 '가시나물'이라고도 한다. 봄에 어린잎을 데쳐서 나물로 무치거나 된장국에 넣는데 가시가 무뎌지게 해 주어야 한다. 어린 줄기는 껍질을 벗겨 샐러드를 만든다.

우엉 ▶ p.212

밭 주변에서 자란다. 땅속으로 길게 벋는 막대 모양의 뿌리는 30~60cm 길이이다. 뿌리를 캐서 볶거나 조려 먹고 튀김이나 샐러드를 만들어 먹는다. 특히 우엉은 돼지고기의 누린내를 없애 준다. 뿌리를 잘게 썰어 말려서 차를 끓여 마신다.

풀나물

들나물 산나물

고려엉겅퀴 묵나물

고려엉겅퀴 ▶ p.213

산과 들의 풀밭에서 자라며 흔히 '곤드레나물'이라고 한다. 어린잎과 새순은 데쳐서 나물로 무치거나 된장국을 끓여 먹는다. 데쳐서 말린 묵나물은 곤드레 밥을 지어 먹으며 생선 조림이나 된장찌개에도 넣어 먹는다.

고들빼기 어린 줄기

고들빼기 ▶ p.257

산과 들이나 밭 주변에서 자란다. 뿌리잎을 방석처럼 펼친 채 겨울을 난다. 봄에 뿌리째 캔 것을 날로 무쳐 먹는데 맛이 쓰기 때문에 '쓴나물'이라고도 한다. 김치를 담가서 두고두고 먹기도 한다.

참취 재배

참취 ▶ p.302

산과 들의 풀밭에서 자란다. 봄에 돋는 새싹과 어린잎을 뜯어서 쌈 재료로 쓰거나 나물로 무쳐 먹고 된장국에 넣는다. 부침개를 만들 때 잎을 썰어 넣기도 한다. 데쳐서 말린 묵나물은 두고두고 볶아 먹는다.

개망초 ▶ p.303

들에서 흔히 자란다. 봄에 뿌리잎과 새순을 뜯어서 나물로 한다. 나물은 데쳐서 무쳐 먹거나 볶아 먹고 된장국에 넣어 끓이기도 한다. 데친 것을 말려서 묵나물로 먹기도 한다. 초여름에 꽃봉오리를 따서 튀김을 해 먹기도 한다.

씀바귀 ▶ p.63

산과 들의 풀밭에서 자란다. 맛이 써서 '쓴나물'이라고 하지만 입맛을 돋우어 준다. 새싹은 뜯어서 쌈 재료로 쓰거나 무쳐 먹고 김치를 담근다. 뿌리째 캐서 장아찌를 담그기도 한다. 씀바귀는 여러 종이 있으며 모두 나물로 먹는다.

씀바귀 어린 줄기

왕고들빼기 ▶ p.256

산과 들의 풀밭에서 자란다. 봄~가을에 큼직한 연한 잎을 따서 쌈을 싸면 쌉싸름한 맛이 고기의 누린내를 없애 준다. 날로 쌈장에 찍어 먹거나 살짝 데쳐서 무쳐 먹는다. 고들빼기처럼 김치를 담가 먹기도 한다.

곰취 ▶ p.247

비교적 높은 산에서 자란다. 대표적인 취나물로 넓적한 잎은 향이 좋아서 쌈 재료로 이용한다. 또 잎을 데쳐서 나물로 무쳐 먹거나 말려서 묵나물로 먹는다. 곤달비보다 잎이 약간 크고 잎 밑부분이 덜 벌어진다.

곤달비 ▶ p.247

깊은 산의 습지에서 자란다. 봄에 돋는 부드러운 잎은 향이 좋아서 쌈 재료로 이용한다. 또 잎을 데쳐서 나물로 무쳐 먹거나 말려서 묵나물로 먹는다. 산촌에서는 김치를 담그기도 하고 송편을 만들기도 한다. 곰취보다 잎이 약간 작다.

풀나물

뚱딴지/돼지감자 ▶ p.251

들과 산기슭의 빈터에서 무리 지어 자란다. 땅속줄기 끝에 굵은 덩이줄기가 발달하는데 흔히 '돼지감자'라고 한다. 덩이줄기 껍질을 벗겨서 샐러드를 만들거나 졸여 먹는다. 근래에는 다이어트 식품으로 이용된다.

박쥐나물 ▶ p.331

깊은 산 숲속에서 자란다. 봄에 돋는 어린잎과 새싹을 뜯어서 쌈 재료로 쓰며 데쳐서 나물로 먹는다. 데쳐서 말린 묵나물은 두고두고 볶아 먹는다. 귀박쥐나물, 나래박쥐나물 등 여러 종이 있는데 모두 나물로 먹는다.

머위 ▶ p.75

산의 약간 습한 곳에서 자라며 흔히 '머굿대'라고도 한다. 어린잎은 잎자루째 데쳐서 아린 맛을 우려낸 후 쌈으로 하거나 무쳐 먹는다. 다 자란 잎은 잎자루를 잘라 껍질을 벗기고 삶아서 무치거나 볶아 먹는다. 꽃봉오리는 튀김을 한다.

떡쑥 ▶ p.76

들과 밭이나 길가에서 흔하게 자란다. 솜털로 덮인 것 같은 어린잎을 당기면 섬유소가 늘어진다. 그래서 봄에 캔 뿌리잎을 데쳐서 떡을 만들 때 넣으면 떡이 차지게 되고 특유의 향이 난다.

풀나물

들나물 산나물

미역취 ▶ p.246

산과 들의 양지쪽 풀밭에서 자란다. 봄에 돋는 새싹을 뜯어서 쌈 재료로 쓰며 날로 무치거나 데쳐서 무쳐 먹는데 독특한 향이 있다. 국을 끓이면 미역 맛이 나며 데쳐서 말린 묵나물은 볶아 먹는다.

우산나물 줄기잎

우산나물 ▶ p.218

산의 숲속에서 자란다. 솜털을 뒤집어 쓴 어린잎을 뜯어서 쌈을 싸 먹는다. 어린잎은 데쳐서 나물로 무쳐 먹고 된장국에 넣는다. 데쳐서 말린 묵나물은 두고두고 볶아 먹는다. 비슷하게 생긴 삿갓나물(p.116)은 독초이므로 주의해야 한다.

수리취 ▶ p.217

산의 양지쪽 풀밭에서 자란다. 잎 뒷면이 흰색 솜털로 덮여 있는 것이 특징이다. 연한 뿌리잎을 뜯어서 데친 것을 나물로 무쳐 먹는다. 데쳐서 말린 묵나물을 두고두고 볶아 먹는다. 특히 단오에 수리취떡을 해 먹는다.

민들레 ▶ p.65

산과 들의 양지쪽 빈터에서 자란다. 연한 뿌리잎은 뜯어서 쌈으로 먹는데 약간 쌉쌀한 맛이 입맛을 돋운다. 샐러드를 만들어 먹고 생즙을 내어 마시기도 한다. 흔하게 자라는 서양민들레(p.65)도 함께 나물로 먹는다.

풀나물

모시대 ▶p.220

산의 약간 그늘진 곳에서 자란다. 봄에 돋는 어린잎과 새싹을 뜯어서 쌈 재료로 쓰거나 나물로 무쳐 먹는다. 살짝 데쳐서 나물로 무치기도 하고 튀김을 만들기도 한다. 뿌리는 캐서 삶아 먹거나 고추장에 박아 장아찌를 만든다.

잔대 ▶p.219

산과 들에서 자란다. 봄에 돋는 새싹을 뜯어서 쌈 재료로 이용하거나 나물로 무쳐 먹는다. 새싹을 데쳐서 무쳐 먹기도 하고 데친 것을 말린 묵나물은 두고두고 볶아 먹는다. 도라지처럼 생긴 뿌리는 캐서 무침이나 구이를 해서 먹는다.

영아자 ▶p.158

산골짜기의 숲 가장자리에서 자란다. 봄에 돋는 새싹과 어린잎을 뜯어서 쌈 재료로 쓰거나 나물로 무쳐 먹는다. 새싹을 뿌리째 캐서 데친 다음 찬물에 우린 것을 나물로 무쳐 먹는데 맛이 달달하다.

더덕 뿌리

더덕 ▶p.367

숲속에서 자란다. 어린잎과 새싹은 쌈 재료로 쓰거나 날로 무쳐 먹고 데쳐서 무치기도 한다. 뿌리는 향이 강하며 무쳐 먹거나 양념을 해서 구워 먹기도 한다. 또 고추장에 박아서 장아찌를 만들어 먹는다.

도라지 ▶ p.157

도라지 뿌리

산과 들에서 자란다. 봄에 돋는 새싹을 데쳐서 무쳐 먹는다. 뿌리는 물에 담가 쓴맛을 우려낸 다음 볶아 먹거나 초고추장에 무쳐 먹는다. 더덕처럼 양념 구이를 해 먹기도 하고 고추장에 박아서 장아찌를 만들어 먹는다.

파드득나물 ▶ p.332

파드득나물 잎 모양

산의 약간 그늘진 곳에서 자란다. 봄에 돋는 새싹과 어린잎을 뜯어서 쌈 재료로 이용하거나 나물로 무쳐 먹는데 향과 맛이 좋다. 잎을 넣고 부침개를 부치기도 한다. 어린잎을 데쳐서 나물로 무쳐 먹기도 한다.

어수리 ▶ p.337

산과 들의 풀밭에서 자란다. 봄에 돋는 어린잎을 뜯어서 나물로 이용하는데 독특한 향과 맛이 있다. 어린잎을 데쳐서 나물로 무쳐 먹거나 쌈 재료로 이용하며 된장국에 넣어 먹는다. 부침개를 만들어 먹기도 한다.

미나리 ▶ p.334

습지나 물가에서 저절로 자라는 것은 '돌미나리'라고 한다. 연한 잎줄기를 뜯어서 쌈에 곁들이거나 초무침을 만들어 먹는다. 잎줄기를 데쳐서 무쳐 먹고 생선찌개에 넣으며 부침개를 만들어 먹는다.

풀나물

갯기름나물 ▶ p.340

주로 남부 지방의 바닷가에서 자란다. 흰색 가루가 있는 부드러운 어린잎과 줄기는 데친 다음 흐르는 물에 담가서 우려낸 뒤에 나물로 무쳐 먹거나 쌈장에 찍어 먹는다. 부드러운 잎은 꽃이 피기 전까지 채취가 가능하다.

기름나물 ▶ p.340

양지쪽 산기슭에서 자란다. 잎은 기름을 바른 듯 반질거린다. 연한 어린잎을 따서 쌈 재료로 이용하거나 날로 무쳐 먹는다. 잎은 살짝 데쳐서 무쳐 먹기도 한다. 비슷하게 생긴 산기름나물도 나물로 이용한다.

참나물 ▶ p.333

숲속에서 자란다. 나물 중에 으뜸이라서 '참나물'이라고 한다. 연한 잎을 뜯어서 쌈 재료로 쓰며 무쳐 먹고 물김치를 담가 먹는다. 연한 잎은 부침개에 넣거나 데쳐서 무치고 묵나물도 만든다. 여러 종이 있으며 모두 나물로 먹는다.

독활 ▶ p.368

산에서 자라며 '땅두릅'이라고도 한다. 봄에 돋는 새싹을 데쳐서 초고추장에 찍어 먹거나 나물로 무쳐 먹는다. 새싹으로 튀김을 만들거나 전을 부쳐 먹기도 한다. 데쳐서 말린 묵나물은 볶아 먹는데 향이 좋다.

고비 영양잎과 홀씨잎

고비(고비과)

산과 들에서 자라는 양치식물이다. 잎은 영양잎(영양엽/營養葉)과 홀씨잎(포자엽;胞子葉)의 2가지가 있으며 봄에 돋을 때는 솜털이 빽빽하지만 점차 없어진다. 영양잎은 2회 깃꼴로 갈라지고 갈래조각은 가장자리에 잔톱니가 있다. 봄에 태엽처럼 말린 새순을 삶아서 우려낸 뒤 묵나물로 먹는다. 나물로 무쳐 먹거나 국을 끓여 먹는데 특히 육개장에 잘 어울린다.

고사리 줄기잎

고사리(잔고사리과 | 고사리과)

산과 들에서 자라는 양치식물이다. 잎은 세모진 달걀형이며 3회 깃꼴로 갈라지고 뒷면에는 털이 약간 있다. 갈래조각은 긴 타원형이며 밋밋한 가장자리가 약간 뒤로 말리며 뒷면의 말린 부분에 홀씨주머니가 달린다. 봄에 태엽처럼 말린 새순을 삶아서 우려낸 뒤 묵나물로 먹는다. 나물로 무치거나 비빔밥, 육개장, 추어탕에 넣는다. 뿌리에서 전분을 채취한다.

청나래고사리 영양잎

청나래고사리(야산고비과 | 면마과)

습한 숲속에서 자라는 양치식물이다. 뿌리줄기가 옆으로 벋으면서 잎이 무더기로 나와 비스듬히 퍼진다. 잎은 1회깃꼴겹잎이며 갈래조각은 깃꼴로 깊게 갈라지며 밝은 녹색이다. 가을에 영양잎보다 짧은 갈색 홀씨잎이 나온다. 봄에 태엽처럼 말린 새순을 삶아서 우려낸 뒤 나물로 먹는다. 서양에서도 나물로 먹는데 샐러드를 만들거나 수프에도 넣는다.

나무나물

죽순대 ▶ p.590

남부 지방의 들과 산기슭에서 무리 지어 자란다. 봄에 땅을 뚫고 쇠뿔 모양의 죽순이 올라온다. 죽순은 데쳐서 초고추장에 찍어 먹고 나물로 무치거나 볶아 먹는다. 국이나 추어탕에 넣기도 하고 썰어서 말린 것을 나물로 무쳐 먹는다.

화살나무 ▶ p.502

산과 들에서 자라며 흔히 '홑잎나물'이라고 부른다. 봄에 돋는 연한 새순을 따서 날로 무쳐 먹거나 데쳐서 무쳐 먹으며 볶아 먹기도 한다. 밥에 새순을 넣어서 나물밥을 해 먹고 된장국을 끓여 먹기도 한다.

헛개나무 ▶ p.547

산에서 자란다. 봄에 연한 잎을 따서 쌈을 싸 먹거나 쌈장에 찍어 먹는다. 양념을 한 간장에 절여서 장아찌를 담가 먹기도 한다. 잎과 열매와 줄기로 차를 끓여 마신다. 간에 좋아서 술을 마실 때 함께 먹으면 잘 취하지 않는다고 한다.

고추나무 ▶ p.483

산골짜기와 냇가에서 자란다. 작은잎이 고춧잎을 닮았다. 봄에 돋는 새순을 따서 데친 것을 나물로 무치거나 볶아 먹는다. 꽃봉오리도 함께 먹어도 된다. 어린잎은 전을 부쳐 먹는다. 데쳐서 말린 묵나물은 볶아 먹는다.

나무나물

들나물 산나물

옻나무 ▶ p.428

마을 주변에서 자란다. 옻나무를 만지면 피부에 염증이 생기기 때문에 조심해야 한다. 봄에 돋는 새순을 따서 살짝 데친 것을 나물로 무치거나 초고추장에 찍어 먹으며 장아찌를 만들기도 한다. 옻을 타는 사람은 먹어서는 안 된다.

참죽나무 ▶ p.568

주로 남부 지방의 마을 주변에서 자란다. 봄에 돋는 새순을 따서 데친 것을 나물로 무치거나 쌈에 넣어 먹는다. 데쳐서 말린 것을 튀기거나 찹쌀부각을 만들어 먹는다. 살짝 데친 새순을 고추장에 박아 장아찌를 만든다.

다래 ▶ p.569

산에서 자라는 덩굴나무로 열매가 달아서 '다래'라고 한다. 봄에 돋는 새순을 따서 데친 것을 그대로 말려서 묵나물을 만든다. 묵나물은 물에 불려 양념에 무치거나 볶아 먹는데 향이 좋으며 된장국에 넣기도 한다.

들메나무 ▶ p.514

깊은 산의 골짜기에서 자란다. 봄에 돋는 새순을 따서 데친 다음 나물로 무쳐 먹는데 쫄깃하고 쌉싸름하면서도 향긋한 냄새가 난다. 데쳐서 말린 묵나물은 물에 불렸다가 밥을 지을 때 넣어서 나물밥을 해 먹는다.

구기자나무 ▶ p.536

마을 주변의 둑이나 냇가에서 자란다. 봄에 돋는 새순을 따서 데친 것을 우려낸 뒤에 나물로 무쳐 먹거나 볶아 먹는다. 밥을 할 때 넣어서 나물밥을 해 먹기도 한다. 또 데쳐서 말린 잎이나 말린 열매로 차를 끓여 마시기도 한다.

두릅나무 ▶ p.581

양지쪽 산기슭이나 산골짜기에서 자란다. 봄에 돋는 새순을 따서 데친 다음 초고추장에 찍어 먹는데 나물 중에 으뜸으로 친다. 데친 것을 나물로 무쳐 먹고 된장국을 끓이며 전이나 튀김을 한다. 장에 박아 장아찌도 담근다.

음나무 ▶ p.588

산에서 자란다. 봄에 돋는 새순을 따서 데친 것을 초고추장에 찍어 먹거나 나물로 무쳐 먹는다. 새순으로 튀김을 하거나 전을 부쳐 먹기도 한다. 새순을 장에 담가서 장아찌를 만들어 먹고 물김치를 담그기도 한다.

아까시나무 ▶ p.497

산과 들에서 자라며 흔히 '아카시아'라고 부른다. 5월에 피는 나비 모양의 흰색 꽃은 달콤한 향기가 난다. 아이들은 이 꽃을 따서 주전부리로 날로 먹기도 한다. 꽃을 따서 샐러드를 만들거나 튀김을 하고 시루떡에 넣기도 한다.

산과 들에서 따 먹는 열매

'살어리 살어리랏다 청산에 살어리랏다
머루랑 다래랑 먹고 청산에 살어리랏다'
〈청산별곡〉의 가사처럼 사람들은 예전부터 산과 들에서 자라는 식물의 열매를 따 먹고 살았다. 크고 달고 시원한 과일이 흔한 세상이 되었지만 산행 길에서 마주치는 조그만 야생 열매의 새콤달콤한 맛을 보는 것도 또 다른 즐거움이다. 이 책에는 산행 길에서 만나는 열매 중에서 식용할 수 있는 열매 80종을 '여름에 따 먹는 열매'와 '가을에 따 먹는 열매'로 구분해서 실었다. 산행 중에 먹거리가 부족한 상황에 처했을 때 먹을 수 있는 나물이나 열매를 알고 있으면 도움이 된다.

여름에 따 먹는 열매

❶ 뽕나무 ❷ 산뽕나무
❸ 닥나무 ❹ 꾸지나무 ❺ 앵두나무

❶ **뽕나무**(뽕나무과) 갈잎큰키나무(높이 6~15m) ▶ p.511
  마을 주변에서 자란다. 타원형 열매송이는 15~20㎜ 길이이며 6월경에 붉은색으로 변했다가 검게 익는다. 열매인 '오디'는 날로 먹고 샐러드에 넣는다. 시장에서도 판매한다.

❷ **산뽕나무**(뽕나무과) 갈잎큰키나무(높이 6~15m) ▶ p.511
  산에서 자란다. 타원형 열매송이는 10~15㎜ 길이로 뽕나무 오디보다 약간 작으며 암술대가 남아 있다. 열매는 6월경에 붉은색으로 변했다가 검게 익는다. 열매는 날로 먹는다.

❸ **닥나무**(뽕나무과) 갈잎떨기나무(높이 2~5m) ▶ p.415
  산기슭에서 자란다. 둥근 열매송이는 지름 10~15㎜이고 6~7월에 주홍색으로 익으며 날로 먹는다. 열매로 잼이나 과실주를 만들기도 한다. 꾸지닥나무(p.415) 열매도 같이 식용한다.

❹ **꾸지나무**(뽕나무과) 갈잎큰키나무(높이 4~10m) ▶ p.453
  숲 가장자리나 밭둑에서 자란다. 둥근 열매송이는 지름 2~3㎝이고 9월에 주홍색으로 익는다. 닥나무 열매처럼 단맛이 있고 식용하지만 열매살이 적다.

❺ **앵두나무**(장미과) 갈잎떨기나무(높이 2~3m) ▶ p.476
  흔히 관상수로 심는다. 둥근 열매는 지름 10~12㎜이고 열매자루가 짧다. 열매는 6~7월에 붉은색으로 익으며 새콤달콤한 맛이 나고 과일로 먹는다. 과실주를 담그기도 한다.

여름에 따 먹는 열매

❶ 이스라지   ❷ 산옥매   ❸ 살구나무
❹ 벚나무   ❺ 앵두

❶ **이스라지**(장미과) 갈잎떨기나무(높이 1m 정도) ▶p.475

산에서 자란다. 둥근 열매는 지름 1cm 정도이고 긴 열매자루가 달린 부분이 오목하게 들어간다. 열매는 6~7월에 붉은색으로 익는데 새콤달콤한 맛이 나며 먹을 수 있다.

❷ **산옥매**(장미과) 갈잎떨기나무(높이 1~1.5m) ▶p.401

관상수로 심는다. 둥근 열매는 지름 10~15mm이고 열매자루는 6~8mm 길이이다. 열매는 6~7월에 붉게 익고 새콤달콤한 맛이 나며 먹을 수 있다. 많은 꽃에 비해 열매는 그리 많지 않다.

❸ **살구나무**(장미과) 갈잎작은키나무~큰키나무(높이 5~12m) ▶p.471

마을에 심어 기른다. 둥근 열매는 지름 2~3cm이며 열매자루가 없고 6~7월에 누런색으로 익으며 새콤달콤한 맛이 나고 과일로 먹는다. 잼이나 과실주, 음료 등을 만들어 먹는다.

❹ **벚나무**(장미과) 갈잎큰키나무(높이 15~25m) ▶p.475

산에서 자란다. 둥근 열매는 지름 1cm 정도이며 열매자루가 길고 5~6월에 붉게 변했다가 검은색으로 익는다. 열매는 단맛이 나고 날로 먹는데 입 안이 보라색으로 물든다.

❺ **앵두**(장미과) 갈잎큰키나무(높이 10m 정도) ▶p.475

마을에 심어 기른다. 둥근 열매는 지름 1~2cm이며 열매자루가 길고 5~6월에 붉은색으로 익는다. 열매는 단맛이 나고 과일로 먹는다. 잼이나 과실주, 음료 등을 만들어 먹는다.

여름에 따 먹는 열매

❶ 산딸기 ❷ 수리딸기 ❸ 곰딸기 ❹ 멍석딸기 ❺ 장딸기

❶ **산딸기**(장미과) 갈잎떨기나무(높이 1~2m) ▶ p.482
  산과 들에서 자란다. 둥근 열매송이는 지름 1㎝ 정도이고 6~8월에 붉은색으로 익는다. 달콤한 열매는 날로 먹으며 잼이나 주스, 파이를 만들어 먹기도 한다.

❷ **수리딸기**(장미과) 갈잎떨기나무(높이 1~2m) ▶ p.482
  주로 남부 지방의 산기슭에서 자란다. 둥근 열매송이는 지름 10~12㎜이고 6~7월에 붉은색으로 익는다. 달콤한 열매는 날로 먹으며 잼이나 주스, 파이를 만들어 먹기도 한다.

❸ **곰딸기**(장미과) 갈잎떨기나무(높이 2~3m) ▶ p.483
  산과 들에서 자란다. 둥근 열매송이는 지름 15㎜ 정도이고 7~8월에 붉은색으로 익는다. 새콤달콤한 열매는 날로 먹으며 잼이나 주스, 파이를 만들어 먹기도 한다.

❹ **멍석딸기**(장미과) 갈잎떨기나무(높이 1m 정도) ▶ p.403
  산과 들에서 자란다. 둥근 열매송이는 지름 10~15㎜이고 7~8월에 붉은색으로 익는다. 새콤달콤한 열매는 날로 먹으며 잼이나 주스, 파이를 만들어 먹기도 한다.

❺ **장딸기**(장미과) 갈잎떨기나무(높이 20~60㎝) ▶ p.483
  남부 지방의 숲 가장자리에서 자란다. 둥근 열매송이는 지름 1~2㎝이고 6~7월에 붉은색으로 익는다. 달콤한 열매는 날로 먹으며 잼이나 주스, 파이를 만들어 먹기도 한다.

여름에 따 먹는 열매

❶ 복분자딸기 ❷ 줄딸기 ❸ 뱀딸기 ❹ 해당화 ❺ 비파나무

❶ **복분자딸기**(장미과) 갈잎떨기나무(높이 2~3m) ▶ p.403
산과 들에서 자란다. 둥근 열매송이는 지름 5~8mm이고 7~8월에 붉게 변했다가 검은색으로 익는다. 새콤달콤한 열매는 날로 먹으며 잼이나 주스를 만들고 특히 과실주를 담근다.

❷ **줄딸기**(장미과) 갈잎덩굴나무(길이 2~3m) ▶ p.403
산과 들에서 자란다. 둥근 열매송이는 지름 12mm 정도이고 7~8월에 붉은색으로 익는다. 새콤달콤한 열매는 날로 먹으며 잼이나 주스, 파이를 만들어 먹기도 한다.

❸ **뱀딸기**(장미과) 여러해살이풀(높이 10~15cm) ▶ p.62
풀숲과 길가에서 자란다. 꽃턱이 자란 둥근 열매송이는 지름 1cm 정도이고 속살이 해면질이며 붉게 익는다. 아이들이 심심풀이로 따 먹지만 맛이 없으며 몸에 해롭지는 않다.

❹ **해당화**(장미과) 갈잎떨기나무(높이 1~1.5m) ▶ p.534
바닷가 모래땅에서 자란다. 구형~납작한 구형 열매는 지름 20~25mm이며 끝에 꽃받침 조각이 남아 있고 붉게 익는다. 새콤한 열매는 잼을 만들거나 과실주를 담근다.

❺ **비파나무**(장미과) 늘푸른큰키나무(높이 6~10m) ▶ p.566
남부 지방에서 심어 기른다. 열매는 구형~넓은 타원형이며 지름 3~4cm이고 6월경에 노란색으로 익는다. 열매는 과일로 먹으며 주스나 식초, 과실주를 담그기도 한다.

여름~가을에 따 먹는 열매

❶ 뜰보리수　❷ 보리밥나무　❸ 소귀나무
❹ 매실나무　❺ 까치밥나무　까치밥나무 익은 열매

- ❶ **뜰보리수**(보리수나무과)　갈잎떨기나무(높이 2~4m) ▶ p.460
 관상수로 심는다. 넓은 타원형 열매는 12~17mm 길이이고 6~7월에 붉은색으로 익는다. 잘 익은 열매는 끈적이고 달콤하지만 약간 떫은맛이 나며 과일로 먹고 잼을 만들기도 한다.

- ❷ **보리밥나무**(보리수나무과)　늘푸른덩굴나무(높이 2~4m) ▶ p.561
 남부 지방의 바닷가 산에서 자란다. 긴 타원형 열매는 15~20mm 길이이고 4~5월에 붉은색으로 익으며 달콤하면서도 떫은맛이 난다. 보리장나무(p.561) 열매도 함께 따서 먹는다.

- ❸ **소귀나무**(소귀나무과)　늘푸른큰키나무(높이 5~15m) ▶ p.414
 제주도의 산기슭에서 자란다. 둥근 열매는 지름 15~20mm이고 표면이 우툴두툴하며 7월에 붉은색으로 익는다. 새콤달콤한 열매는 날로 먹고 잼이나 과실주를 담근다.

- ❹ **매실나무**(장미과)　갈잎작은키나무(높이 5m 정도) ▶ p.471
 흔히 관상수로 심는다. 둥근 열매는 지름 2~3cm이며 열매자루가 거의 없고 6~7월에 누런색으로 익는데 신맛이 강하다. 어린 열매나 잘 익은 열매는 과실주나 장아찌를 만들어 먹는다.

- ❺ **까치밥나무**(까치밥나무과)　갈잎떨기나무(높이 1~2m) ▶ p.425
 지리산 이북의 깊은 산에서 자란다. 둥근 열매는 지름 7~9mm이고 끝에 꽃받침자국이 남아 있으며 9~10월에 붉은색으로 익는다. 열매는 새콤달콤하며 날로 먹는다.

가을에 따 먹는 열매

❶ 보리수나무　❷ 무화과　❸ 포포나무　❹ 으름덩굴　❺ 멀꿀

❶ **보리수나무**(보리수나무과) 갈잎떨기나무(높이 2~4m) ▶p.460

중부 이남의 숲 가장자리에서 자란다. 둥근 열매는 지름 6~8mm이고 9~11월에 붉은색으로 익으며 하얀 비늘조각이 점점이 덮여 있다. 열매살은 달콤하면서도 떫은맛이 나며 먹을 수 있다.

❷ **무화과**(뽕나무과) 갈잎작은키나무(높이 4~8m) ▶p.511

남부 지방에서 재배한다. 열매는 거꿀달걀형이며 5~7cm 길이이고 8~10월에 흑자색으로 익는다. 달콤한 열매는 날로 먹거나 말려서 먹고 과자나 빵을 만드는 데 넣기도 한다.

❸ **포포나무**(포포나무과) 갈잎작은키나무(높이 4~12m)

관상수로 심는다. 열매는 타원형이며 7~15cm 길이이고 가을에 녹갈색으로 익는다. 열매살은 바나나와 망고를 합친 듯한 맛이 나며 과일로 먹는다. 파이나 아이스크림 재료로도 쓴다.

❹ **으름덩굴**(으름덩굴과) 갈잎덩굴나무(길이 5~6m) ▶p.398

산에서 자란다. 열매인 '으름'은 타원형이며 1~3개가 모여 달리고 5~10cm 길이이다. 으름은 가을에 갈색으로 익으면 세로로 갈라지는데 흰색 속살이 바나나와 비슷한 맛이 난다.

❺ **멀꿀**(으름덩굴과) 늘푸른덩굴나무(길이 15m 정도) ▶p.494

남쪽 섬에서 자란다. 둥근 달걀형 열매는 5~8cm 길이이며 10~11월에 적갈색으로 익어도 벌어지지 않는다. 속살은 바나나와 비슷한 맛이 나는데 으름보다 더 달다.

가을에 따 먹는 열매

❶ 다래
❷ 쥐다래
❸ 산딸나무
❹ 감나무
❺ 고욤나무

❶ 다래(다래나무과) 갈잎덩굴나무(길이 10m 정도) ▶p.569
산에서 자란다. 둥근 타원형 열매는 2~3cm 길이이며 가을에 녹황색으로 익는다. 열매는 날로 먹는데 맛이 달콤하다. 잼이나 주스, 과실주 등을 만들어 먹는다.

❷ 쥐다래(다래나무과) 갈잎덩굴나무(길이 10m 정도) ▶p.569
산에서 자란다. 넓은 타원형 열매는 2~3cm 길이이며 가을에 녹황색으로 익는다. 열매는 날로 먹는데 맛이 달콤하다. 비슷한 개다래(p.569)는 열매에 꽃받침조각이 남아 있고 먹지 못한다.

❸ 산딸나무(층층나무과) 갈잎작은키나무(높이 7m 정도) ▶p.462
중부 이남의 산에서 자란다. 둥근 딸기 모양의 열매는 지름 15~20mm이며 가을에 붉은색으로 익는다. 열매는 달콤새콤한 맛이 나며 날로 먹는다.

❹ 감나무(감나무과) 갈잎큰키나무(높이 10m 정도) ▶p.423
과일나무로 재배하며 산에서도 야생 감나무가 드물게 자란다. 둥그스름한 열매는 지름 3~8cm이고 10~11월에 황홍색으로 익는다. 달콤한 열매는 날로 먹으며 곶감도 만든다.

❺ 고욤나무(감나무과) 갈잎큰키나무(높이 10m 정도) ▶p.423
낮은 산에서 자란다. 둥근 열매는 지름 15mm 정도로 감보다 훨씬 작으며 가을에 황갈색으로 익는다. 떫은맛이 강한 열매는 가을에 따서 저장해 두었다가 겨울에 꺼내 먹는다.

가을에 따 먹는 열매

❶ 왕머루 ❷ 까마귀머루 ❸ 새머루
❹ 정금나무 ❺ 모새나무 모새나무 익은 열매

❶ 왕머루(포도과) 갈잎덩굴나무(길이 10m 정도) ▶ p.584
산에서 자란다. 열매는 작은 포도송이처럼 매달리고 가을에 검게 익으면 포도처럼 새콤달콤한 맛이 나며 날로 먹고 과실주를 담그기도 한다. 울릉도에서 자라는 머루(p.584)도 식용한다.

❷ 까마귀머루(포도과) 갈잎덩굴나무(길이 2~7m) ▶ p.585
남부 지방의 숲 가장자리에서 자란다. 둥근 열매는 작은 포도송이처럼 매달린다. 열매는 가을에 검게 익으면 포도처럼 새콤달콤한 맛이 나며 날로 먹고 과실주를 담그기도 한다.

❸ 새머루(포도과) 갈잎덩굴나무(길이 10m 이상) ▶ p.585
중부 이남의 산과 들에서 자란다. 둥근 열매는 작은 포도송이처럼 매달린다. 열매는 가을에 검게 익으면 포도처럼 새콤달콤한 맛이 나며 날로 먹고 과실주를 담그기도 한다.

❹ 정금나무(진달래과) 갈잎떨기나무(높이 2~3m) ▶ p.419
남부 지방의 산에서 자란다. 둥근 열매는 지름 6~8mm이며 끝에 꽃받침 흔적이 있다. 열매는 가을에 검게 익으면 새콤달콤한 맛이 나며 날로 먹거나 잼이나 과실주를 담근다.

❺ 모새나무(진달래과) 늘푸른떨기나무(높이 3m 정도) ▶ p.579
서해와 남해의 섬에서 자란다. 둥근 열매는 지름 6~7mm이며 흰색 가루로 덮여 있다. 열매는 늦가을에 검게 익으면 새콤달콤한 맛이 나며 날로 먹거나 잼이나 파이를 만든다.

가을에 따 먹는 열매

❶ 산앵도나무 ❷ 묏대추 ❸ 헛개나무 ❹ 석류나무 ❺ 미국딱총나무

❶ **산앵도나무**(진달래과)　갈잎떨기나무(높이 1~1.5m)　▶ p.419
산 능선에서 자란다. 열매는 둥근 달걀형이며 지름 7~10mm이고 꽃받침자국 때문에 절구처럼 보인다. 가을에 붉게 익는 열매는 단맛이 나며 날로 먹고 주스나 젤리를 만들어 먹는다.

❷ **묏대추**(갈매나무과)　갈잎작은키나무(높이 4~10m)　▶ p.546
산기슭과 마을 주변에서 자란다. 동그스름한 열매는 지름 15~25mm이며 가을에 적갈색으로 익는다. 열매는 날로 먹는데 대추(p.546)와 맛이 비슷하지만 열매살이 적다.

❸ **헛개나무**(갈매나무과)　갈잎큰키나무(높이 10~15m)　▶ p.547
중부 이남의 산에서 자란다. 둥근 열매는 지름 7~10mm이며 열매송이의 자루와 열매자루는 점차 굵어지면서 육질화되며 가을에 익는다. 육질화된 열매자루는 단맛이 나며 식용한다.

❹ **석류나무**(석류나무과)　갈잎작은키나무(높이 5~6m)　▶ p.407
관상수로 심는다. 둥근 열매는 지름 6~8cm이며 끝에 꽃받침조각이 남아 있고 가을에 붉게 익는다. 열매 속의 씨앗을 둘러싼 붉은 열매살은 즙이 많으며 새콤달콤하고 식용한다.

❺ **미국딱총나무**(연복초과)　갈잎떨기나무(높이 3~4m)　▶ p.489
관상수로 심고 야생에서도 자란다. 둥근 열매는 지름 3~5mm이며 7~9월에 흑자색으로 익는다. 열매는 날로 먹기도 하지만 소량만 먹어야 하며 잼이나 젤리, 과실주를 담가 먹는다.

가을에 따 먹는 열매

❶ 산귤　❷ 유자나무　❸ 탱자나무　❹ 모과나무　❺ 명자나무

❶ 산귤(운향과) 늘푸른떨기나무~작은키나무(높이 4m 정도)
　제주도에서 예전에 재배하던 것이 남아 있다. 동글납작한 열매는 지름 3~4cm이며 돌기가 약간 있다. 귤과 맛과 향이 비슷해서 식용하지만 열매살 속에 씨앗이 들어 있다.

❷ 유자나무(운향과) 늘푸른떨기나무(높이 4m 정도) ▶ p.484
　남쪽 바닷가에서 재배하며 관상수로 심는다. 동글납작한 열매는 지름 4~10cm이고 약간 울퉁불퉁하며 늦가을에 노랗게 익는다. 열매살은 시어서 날로 먹지 못하고 차를 끓여 마신다.

❸ 탱자나무(운향과) 갈잎떨기나무(높이 3~4m) ▶ p.484
　관상수로 심는다. 둥근 열매는 지름 3~5cm이고 표면에 털이 있으며 가을에 노랗게 익는다. 열매살은 떫고 써서 날로 먹지 못하고 주스나 차를 만들어 마시며 과실주를 담근다.

❹ 모과나무(장미과) 갈잎작은키나무(높이 6~10m) ▶ p.402
　관상수로 심는다. 울퉁불퉁하게 생긴 타원형 열매는 8~15cm 길이이며 늦가을에 노란색으로 익는다. 열매는 신맛이 강해서 날로 먹지 못하고 차를 끓이거나 과실주를 담근다.

❺ 명자나무/명자꽃(장미과) 갈잎떨기나무(높이 1~2m) ▶ p.402
　관상수로 심는다. 타원형 열매는 길이 4~6cm이고 끝에 꽃받침자국이 남아 있다. 가을에 노랗게 익는 열매는 향은 좋지만 날로 먹지 못하고 과실주를 담가 먹는다.

가을에 따 먹는 열매

❶ 꾸지뽕나무
❷ 오미자
❸ 산수유
❹ 구기자나무
❺ 가막살나무

❶ **꾸지뽕나무**(뽕나무과) 갈잎떨기나무~작은키나무(높이 3~8m) ▶ p.558
주로 남부 지방의 바닷가에서 자란다. 동그스름한 열매송이는 지름 20~25㎜이며 울퉁불퉁하다. 열매는 가을에 붉게 익는데 단맛이 나며 날로 먹고 즙을 짜서 마시기도 한다.

❷ **오미자**(오미자과) 갈잎덩굴나무(길이 8m 정도) ▶ p.554
산에서 덩굴지며 자란다. 작은 포도송이 모양의 열매는 8~10월에 붉은색으로 익는다. 열매는 신맛, 단맛, 쓴맛, 짠맛, 매운맛 등 5가지 맛이 난다. 차나 과실주로 이용한다.

❸ **산수유**(층층나무과) 갈잎작은키나무(높이 4~8m) ▶ p.423
관상수로 심는다. 열매는 긴 타원형이며 12~18㎜ 길이이고 9~11월에 붉게 익는다. 열매는 시고 떫어서 날로는 잘 먹지 않고 차를 끓여 마시거나 과실주를 담근다.

❹ **구기자나무**(가지과) 갈잎떨기나무(높이 2~4m) ▶ p.536
마을 주변에서 자란다. 타원형~달걀형 열매는 15~25㎜ 길이이고 9~11월에 붉게 익는다. 열매는 약간 쓰고 매워서 날로 먹지 않으며 차를 끓이거나 과실주, 잼 등을 만든다.

❺ **가막살나무**(연복초과) 갈잎떨기나무(높이 2~3m) ▶ p.491
중부 이남의 산에서 자란다. 열매는 둥근 달걀형이며 지름 8㎜ 정도이고 가을에 붉게 익는다. 서리가 내리면 열매는 새콤달콤한 맛이 나며 잼이나 과실주를 만들어 먹는다.

❶ 마가목 ❷ 돌배나무 ❸ 산돌배 ❹ 찔레꽃 ❺ 돌가시나무

❶ **마가목**(장미과) 갈잎작은키나무(높이 6~8m) ▶ p.480
 산에서 자란다. 둥근 열매는 지름 6~8mm이며 가을에 노란색으로 변했다가 적색~황적색으로 익고 끝에 꽃받침자국이 있다. 새콤한 맛이 나는 열매는 과실주나 차를 만들어 먹는다.

❷ **돌배나무**(장미과) 갈잎작은키나무(높이 5~8m) ▶ p.479
 중부 이남의 마을 주변에서 자란다. 둥근 열매는 지름 2~3cm이고 끝의 꽃받침은 떨어지며 표면에 껍질눈이 많고 가을에 다갈색으로 익는다. 열매는 날로 먹고 과실주를 담근다.

❸ **산돌배**(장미과) 갈잎큰키나무(높이 10m 정도) ▶ p.479
 산에서 자란다. 둥근 열매는 지름 2~6cm이고 끝에 꽃받침조각이 남아 있으며 표면에 껍질눈이 많고 가을에 황갈색으로 익는다. 열매는 시고 떫은맛이 강하며 과실주를 담근다.

❹ **찔레꽃**(장미과) 갈잎떨기나무(높이 2~4m) ▶ p.481
 산과 들에서 자란다. 둥근 달걀형 열매는 지름 6~9mm이며 끝에 꽃받침자국이 있고 9~11월에 붉은색으로 익는다. 열매 속에는 씨앗이 가득하고 별맛이 없으며 과실주를 담근다.

❺ **돌가시나무**(장미과) 갈잎떨기나무(길이 3m 정도) ▶ p.567
 중부 이남의 바닷가나 산에서 자란다. 둥근 달걀형 열매는 지름 6~8mm이며 끝에 꽃받침자국이 남아 있고 9~11월에 붉은색으로 익는다. 열매는 별맛이 없으며 과실주를 담근다.

가을에 따 먹는 열매

❶ 산사나무 ❷ 산초나무 산초나무 갈라진 열매
❸ 초피나무 ❹ 치자나무 ❺ 가래나무

❶ **산사나무**(장미과) 갈잎작은키나무(높이 6~8m) ▶ p.477
산에서 자란다. 둥근 열매는 지름 15㎜ 정도이며 끝에 꽃받침자국이 남아 있고 가을에 붉게 익는다. 새콤달콤한 열매는 날로 먹기도 하고 과실주, 차, 주스 등을 만들어 먹는다.

❷ **산초나무**(운향과) 갈잎떨기나무(높이 3m 정도) ▶ p.558
산에서 자란다. 2갈래로 갈라져 있는 열매는 둥그스름하고 지름 4~5㎜이며 10~11월에 적갈색으로 익는다. 열매를 잘게 썰어 후추처럼 향신료로 이용한다. 씨앗으로 기름을 짠다.

❸ **초피나무**(운향과) 갈잎떨기나무(높이 3m 정도) ▶ p.454
산기슭에서 자란다. 2갈래로 갈라져 있는 열매는 둥그스름하고 지름 5㎜ 정도이며 가을에 붉게 익는다. 열매껍질을 '제피'라고 하며 추어탕이나 생선 요리에 향신료로 넣는다.

❹ **치자나무**(꼭두서니과) 늘푸른떨기나무(높이 1~2m) ▶ p.576
남부 지방에서 관상수로 심는다. 타원형 열매는 2㎝ 정도 길이이며 끝에 꽃받침이 길게 남아 있고 11~12월에 황적색으로 익는다. 열매는 음식물을 노랗게 물들이는 데 사용한다.

❺ **가래나무**(가래나무과) 갈잎큰키나무(높이 20m 정도) ▶ p.507
산에서 자란다. 길게 늘어지는 열매송이에 달리는 둥근 달걀형 열매는 3~4㎝ 길이이며 9월에 익는다. 씨앗 속살은 호두처럼 맛이 고소하며 날로 먹거나 기름을 짠다.

가을에 따 먹는 열매

❶ 밤나무 ❷ 구실잣밤나무 구실잣밤나무 갈라진 열매
❸ 개암나무 ❹ 참개암나무 ❺ 물개암나무

❶ **밤나무**(참나무과) 갈잎큰키나무(높이 15m 정도) ▶p.557
산에서 자란다. 둥근 열매는 지름 5~6cm이며 날카로운 가시로 싸여 있고 가을에 익으면 껍질이 벌어진다. 씨앗 속살은 맛이 고소하고 날로 먹으며 찌거나 구워 먹는다.

❷ **구실잣밤나무**(참나무과) 늘푸른큰키나무(높이 15~20m) ▶p.448
서해와 남해의 섬에서 자란다. 달걀형 열매는 1~2cm 길이이고 꽃이 핀 다음 해 가을에 익으며 깍정이 표면이 우툴두툴하다. 씨앗은 작지만 속살은 밤처럼 고소하며 날로 먹는다.

❸ **개암나무**(자작나무과) 갈잎떨기나무(높이 2~3m) ▶p.447
산에서 자란다. 열매를 싸고 있는 포조각은 종 모양이며 25~35mm 길이이고 윗부분은 톱니처럼 갈라진다. 씨앗인 '개암'은 맛이 고소하며 부럼으로도 먹고 기름을 짜서 먹기도 한다.

❹ **참개암나무**(자작나무과) 갈잎떨기나무(높이 3~4m) ▶p.447
산에서 자란다. 열매를 싸고 있는 기다란 포조각은 3~7cm 길이이고 윗부분이 갑자기 좁아진다. 씨앗은 개암처럼 맛이 고소하며 부럼으로 먹고 기름을 짜기도 한다.

❺ **물개암나무**(자작나무과) 갈잎떨기나무(높이 3~4m) ▶p.447
산에서 자란다. 열매를 싸고 있는 기다란 포조각은 4~5cm 길이이고 위로 갈수록 서서히 좁아진다. 씨앗은 개암처럼 맛이 고소하며 부럼으로도 먹고 기름을 짜서 먹기도 한다.

가을에 따 먹는 열매

❶ 상수리나무 ❷ 졸참나무 졸참나무 열매
❸ 붉가시나무 ❹ 칠엽수 ❺ 잣나무

❶ **상수리나무**(참나무과) 갈잎큰키나무(높이 20~25m) ▶ p.451
산기슭에서 자란다. 열매 깍정이는 얇은 비늘조각이 수북하고 열매는 꽃이 핀 다음 해 가을에 익는다. 씨앗에서 얻은 녹말로 묵을 쑤거나 쌀가루와 섞어 떡을 만들어 먹는다.

❷ **졸참나무**(참나무과) 갈잎큰키나무(높이 20m 정도) ▶ p.452
낮은 산에서 자란다. 열매 깍정이는 비늘조각이 기와처럼 포개진다. 씨앗에서 얻은 녹말로 묵이나 떡을 해 먹는다. 참나무 종류의 도토리열매는 모두 묵이나 떡을 만들어 먹는다.

❸ **붉가시나무**(참나무과) 늘푸른큰키나무(높이 20m 정도) ▶ p.449
서남해안과 울릉도에서 자란다. 열매 깍정이는 6~10개의 동심원 테가 있다. 가시나무 종류는 상록성 참나무로 모두 도토리열매를 따서 묵이나 떡을 만들어 먹는다.

❹ **칠엽수**(무환자나무과) 갈잎큰키나무(높이 1.5m 정도) ▶ p.462
관상수로 심는다. 둥근 열매는 지름 3~5cm이고 미세한 돌기가 많으며 가을에 갈색으로 익는다. 씨앗은 맛이 쓰며 날로 먹어선 안 되고 녹말을 우려낸 뒤에 과자나 떡 등을 만든다.

❺ **잣나무**(소나무과) 늘푸른바늘잎나무(높이 20~30m) ▶ p.521
높은 산에서 자란다. 솔방울열매는 달걀형이며 9~15cm 길이이다. 씨앗은 세모진 달걀형이며 노란색 속살은 맛이 고소하다. 속살은 날로 먹고 떡, 과자, 죽, 수정과 등에 넣는다.

❶ 나한송

❷ 은행나무

❸ 주목

❹ 비자나무

❺ 개비자나무

❶ **나한송**(나한송과) 늘푸른바늘잎나무(높이 20m 정도) ▶ p.523
남부 지방에서 관상수로 심는다. 긴 자루에 달린 둥근 씨앗은 밑에 커다란 열매턱이 있는데 10~12월에 붉은색으로 익는다. 열매턱은 달며 날로 먹고 잼도 만든다.

❷ **은행나무**(은행나무과) 갈잎큰키나무(높이 40~60m) ▶ p.515
관상수로 심는다. 둥근 열매는 10~11월에 노란색으로 익으면 고약한 냄새가 난다. 씨앗의 속살은 날로 먹으면 안 되고 구워 먹거나 밥을 지을 때 넣으며 죽을 쑤어 먹는다.

❸ **주목**(주목과) 늘푸른바늘잎나무(높이 10~20m) ▶ p.519
높은 산에서 자라며 관상수로 심는다. 둥근 열매는 지름 8~10mm이고 컵처럼 한쪽이 열려 있다. 가을에 붉게 익는 열매살은 단맛이 나며 식용하지만 씨앗은 독성이 강하다.

❹ **비자나무**(주목과) 늘푸른바늘잎나무(높이 20~25m) ▶ p.520
남쪽 지방의 산에서 자란다. 타원형 열매는 20~35mm 길이이며 가을에 익는다. 씨앗은 '비자'라고 하며 속살은 맛이 고소하고 날로 먹거나 가루를 만들어 꿀에 버무려 먹는다.

❺ **개비자나무**(주목과) 늘푸른바늘잎나무(높이 2~5m) ▶ p.520
중부 이남의 산에서 자란다. 타원형 열매는 길이 17~18mm이며 비자나무와 비슷하고 꽃이 핀 다음 해 가을에 적갈색으로 익는다. 열매살은 비자보다 먹음직스럽고 단맛이 난다.

유독식물

식물 중에는 새싹이나 열매를 식용할 수 있는 것도 있지만 독 성분이 들어 있는 유독식물(有毒植物)도 많다. 유독식물을 먹으면 중독을 일으키고 심한 경우 목숨을 잃을 수도 있으므로 산나물이나 열매를 채취할 때 잘 구분하도록 해야 한다.
이 책에는 산과 들에서 만나는 대표적인 유독식물 77종을 '독이 있는 열매', '독이 있는 나무', '독이 있는 풀'로 구분해서 실어서 나물을 채취하거나 식용 열매를 채취할 때 참고할 수 있게 하였다. 유독식물은 미나리아재비과, 대극과, 가지과, 양귀비과, 천남성과 등에 특히 많으므로 유독식물이 속한 과를 익혀 두는 것도 도움이 된다.

독이 있는 열매

❶ 붓순나무　❷ 남천　❸ 댕댕이덩굴
❹ 굴거리　❺ 참빗살나무　참빗살나무 갈라진 열매

❶ **붓순나무**(오미자과) 늘푸른작은키나무(높이 2~5m) ▶ p.435
　남쪽 섬에서 자란다. 전체에 독성이 있으며 특히 열매가 독성이 강해 먹으면 구토와 발작을 일으킨다. 향신료인 팔각회향(*Illicium verum*)과 열매가 비슷하므로 특히 주의해야 한다.

❷ **남천**(매자나무과) 늘푸른떨기나무(높이 3m 정도) ▶ p.576
　관상수로 심는다. 전체에 독성이 있으며 특히 열매가 독성이 강해 먹으면 경련을 일으키고 운동신경이 마비되며 호흡곤란이 온다.

❸ **댕댕이덩굴**(방기과) 갈잎덩굴나무(길이 3m 정도) ▶ p.553
　산과 들의 양지쪽 풀밭에서 흔히 자란다. 열매가 먹음직스럽지만 전체가 유독하며 먹으면 호흡곤란이 오고 심하면 심장마비를 일으킨다.

❹ **굴거리**(굴거리나무과) 늘푸른큰키나무(높이 10m 정도) ▶ p.409
　남부 지방의 산에서 자란다. 잎이 달린 가지, 열매, 나무껍질이 특히 유독하며 잘못 먹으면 호흡곤란이 오고 심하면 심장마비를 일으킨다. 또 간 기능 장애를 일으킨다.

❺ **참빗살나무**(노박덩굴과) 갈잎작은키나무(높이 3~8m) ▶ p.501
　산에서 자란다. 전체에 독성이 있으며 특히 씨앗의 독성이 강하다. 잘못 먹으면 구토와 설사를 하고 복통을 일으키며 오한이 나고 심하면 마비 증상이 온다.

독이 있는 열매

❶ 화살나무　❷ 무환자나무　무환자나무 열매
❸ 삼지닥나무　❹ 괴불나무　❺ 섬괴불나무

❶ 화살나무(노박덩굴과) 갈잎떨기나무(높이 1~3m) ▶p.502
산에서 자란다. 참빗살나무(p.501)처럼 전체에 독성이 있으며 특히 씨앗의 독성이 강하다. 잘못 먹으면 구토와 설사를 하고 복통을 일으키며 오한이 나고 심하면 마비 증상이 온다.

❷ 무환자나무(무환자나무과) 갈잎큰키나무(높이 15~20m) ▶p.551
남부 지방에서 관상수로 심는다. 열매를 비비면 거품이 나서 예전에는 비누 대신 사용했는데 잘못 먹으면 중독을 일으킨다.

❸ 삼지닥나무(팥꽃나무과) 갈잎떨기나무(높이 1~2m) ▶p.422
남부 지방에서 관상수로 심는다. 전체에 독성이 있으며 특히 열매가 독성이 강하다. 잘못 먹으면 위에 염증과 복통을 일으키고 혈변이 나온다.

❹ 괴불나무(인동과) 갈잎떨기나무(높이 2~4m) ▶p.498
산에서 자란다. 가을에 붉은색으로 익는 열매는 먹음직스러워 보이지만 맛이 쓰며 많이 먹으면 구토와 설사를 하고 심하면 마비 증상이 온다.

❺ 섬괴불나무(인동과) 갈잎떨기나무(높이 1~2m) ▶p.499
울릉도에서 자란다. 가을에 붉은색으로 익는 열매는 맛이 쓰며 많이 먹으면 구토와 설사를 하고 심하면 마비 증상이 온다. 괴불나무속(Lonicera) 열매는 모두 먹지 않는 것이 좋다.

독이 있는 열매

유독식물

❶ 소철 ❷ 천남성 천남성 열매
❸ 미국자리공 ❹ 까마중 ❺ 배풍등

❶ **소철**(소철과) 늘푸른바늘잎나무(높이 2~4m) ▶ p.520
남쪽 섬에서 관상수로 심는다. 씨앗과 줄기가 유독하며 특히 씨앗을 잘못 먹으면 구토를 하거나 호흡곤란이 온다. 발암 성분이 들어 있는 유독식물이다.

❷ **천남성**(천남성과) 여러해살이풀(높이 20~35㎝) ▶ p.117
산의 숲속에서 자란다. 전체에 독성이 있으며 특히 알줄기와 먹음직스러운 열매는 독성이 더 강하다. 잘못 먹으면 구토와 복통을 일으킨다. 즙이 피부에 닿으면 염증을 일으킨다.

❸ **미국자리공**(자리공과) 여러해살이풀(높이 1~1.5m) ▶ p.285
길가나 빈터에서 자란다. 전체에 독성이 있으며 특히 열매 속의 씨앗은 독성이 강하다. 잘못 먹으면 구토와 복통을 일으키며 설사를 하고 심하면 호흡곤란과 심장마비를 일으킨다.

❹ **까마중**(가지과) 한해살이풀(높이 30~60㎝) ▶ p.293
들에서 자란다. 전체에 독성이 있으며 특히 먹음직스러운 열매는 독성이 더 강하다. 열매를 많이 따 먹으면 구토와 복통을 일으키고 설사를 한다.

❺ **배풍등**(가지과) 여러해살이풀(높이 1~3m) ▶ p.294
산에서 자란다. 전체에 독성이 있으며 특히 먹음직스러운 열매는 독성이 더 강하다. 열매를 따 먹으면 구토와 복통을 일으키고 설사를 하며 호흡곤란을 일으킨다.

독이 있는 나무

❶ 납매 ❷ 참으아리 ❸ 오구나무 ❹ 팥꽃나무 ❺ 서향

❶ **납매**(받침꽃과) 갈잎떨기나무(높이 2~5m)
관상수로 심는다. 전체에 독성이 있으며 특히 열매나 씨앗을 먹으면 마비와 경련을 일으키고 심하면 호흡곤란이 온다.

❷ **참으아리**(미나리아재비과) 갈잎덩굴나무(길이 3~5m) ▶ p.560
바닷가 주변의 산에서 자란다. 전체에 독성이 있다. 줄기를 자를 때 나오는 즙이 피부에 닿으면 염증을 일으키기도 한다. 다 자란 잎을 먹으면 설사를 하고 심하면 혈변이 나온다.

❸ **오구나무**(대극과) 갈잎큰키나무(높이 10~15m) ▶ p.587
남부 지방에서 관상수로 심는다. 전체에 독성이 있다. 특히 줄기나 잎을 자르면 나오는 즙이나 씨앗의 기름이 독성이 강해서 피부에 닿으면 염증을 일으키기도 한다.

❹ **팥꽃나무**(팥꽃나무과) 갈잎떨기나무(높이 30~100㎝) ▶ p.398
전라도의 바닷가에서 자란다. 전체에 독성이 있으며 잘못 먹으면 경련이 일어나고 심하면 호흡곤란이 온다.

❺ **서향/천리향**(팥꽃나무과) 늘푸른떨기나무(높이 1m 정도) ▶ p.398
관상수로 심는다. 전체에 독성이 있으며 잘못 먹으면 입 안이 헐고 위염을 일으킨다. 줄기나 잎을 자를 때 나오는 즙이 피부에 닿으면 염증을 일으키기도 한다.

독이 있는 나무

❶ 옻나무 ❷ 서양산딸나무 ❸ 수국 ❹ 마취목 ❺ 만병초

❶ **옻나무**(옻나무과) 갈잎큰키나무(높이 20m 정도) ▶ p.428
마을 주변에서 심어 기른다. 가지나 잎을 자를 때 나오는 즙이 피부에 닿으면 심한 염증을 일으킨다. 피부가 약한 사람은 잎에 스치기만 해도 염증을 일으킨다.

❷ **서양산딸나무**(층층나무과) 갈잎작은키나무(높이 7~10m) ▶ p.462
관상수로 심는다. 잎 표면에 있는 털에 독 성분이 있어서 피부에 닿으면 염증을 일으키므로 잎을 만지지 않아야 한다.

❸ **수국**(수국과) 갈잎떨기나무(높이 1m 정도) ▶ p.531
관상수로 심는다. 전체에 독성이 있으며 특히 잎과 뿌리가 독성이 강하다. 잘못 먹으면 식중독을 일으켜서 구토를 하고 안면홍조 현상이 나타난다.

❹ **마취목**(진달래과) 늘푸른떨기나무~작은키나무(높이 1~8㎝)
관상수로 심는다. 전체에 독성이 있으므로 먹지 않아야 한다. '마취목(馬醉木)'이란 말이 먹고 구토와 경련, 호흡곤란, 마비 증세를 일으켜서 붙여진 한자 이름이다.

❺ **만병초**(진달래과) 늘푸른떨기나무(높이 1~3m) ▶ p.571
지리산 이북의 높은 산에서 자란다. 전체에 독성이 있으며 특히 잎이 독성이 강하다. 잘못 먹으면 구토와 설사를 하므로 먹지 않아야 한다.

독이 있는 나무

❶ 멀구슬나무 멀구슬나무 열매 ❷ 협죽도
❸ 마삭줄 ❹ 능소화 ❺ 부들레야 다비디

❶ **멀구슬나무**(멀구슬나무과) 갈잎큰키나무(높이 1.5m 정도) ▶ p.404
남부 지방의 마을 주변에서 심어 기른다. 나무껍질과 열매는 독성이 있으며 잘못 먹으면 구토와 설사를 하고 경련을 일으키며 호흡곤란이 온다.

❷ **협죽도**(협죽도과) 늘푸른떨기나무(높이 3~4m) ▶ p.536
남부 지방에서 관상수로 심는다. 전체에 독성이 있으며 특히 줄기나 잎을 자르면 나오는 즙과 씨앗이 독성이 강하다. 잘못 먹으면 복통과 설사를 하고 심하면 죽을 수도 있다.

❸ **마삭줄**(협죽도과) 늘푸른덩굴나무(길이 5~10m) ▶ p.488
남부 지방에서 자란다. 전체에 독성이 있으며 특히 줄기나 잎을 자르면 나오는 즙이 독성이 강하다. 즙이 피부에 닿으면 염증을 일으키고 먹으면 호흡곤란과 심장마비를 일으킨다.

❹ **능소화**(능소화과) 갈잎덩굴나무(길이 10m 정도) ▶ p.536
관상수로 심는다. 전체에 독성이 있으며 특히 꽃의 독성이 강하다. 가지나 잎을 자르면 나오는 즙이 피부에 닿으면 염증을 일으키고 눈에 들어가면 실명할 수도 있다.

❺ **부들레야 다비디**(현삼과) 갈잎떨기나무(높이 1~3m)
관상수로 심는다. 전체에 독성이 있다. 잘못 먹으면 복통과 경련이 일어나고 심하면 마비 증상이 나타난다. 잎을 갈아 물에 풀어서 물고기를 잡기도 한다.

독이 있는 풀

❶ 쥐방울덩굴 ❷ 족도리풀 ❸ 반하
❹ 앉은부채 앉은부채 뿌리잎 ❺ 윤판나물아재비

❶ **쥐방울덩굴**(쥐방울덩굴과) 여러해살이덩굴풀(길이 1~5m) ▶ p.344
숲 가장자리에서 자란다. 약초로 이용하지만 전체에 독성이 있다. 잘못 먹으면 위에 염증을 일으키며 호흡곤란이 올 수 있다.

❷ **족도리풀**(쥐방울덩굴과) 여러해살이풀(높이 5~20cm) ▶ p.12
산의 숲속에서 자란다. 뿌리를 약초로 이용하지만 전체에 독성이 있다. 발암물질이 들어 있으므로 먹지 않는 것이 좋다.

❸ **반하**(천남성과) 여러해살이풀(높이 20~40cm) ▶ p.117
밭이나 길가에서 자란다. 알뿌리를 약초로 이용하지만 전체에 약간의 독성이 있어서 잘못 먹으면 목구멍을 자극하고 혀가 붓는다.

❹ **앉은부채**(천남성과) 여러해살이풀(높이 10~40cm) ▶ p.32
산골짜기의 습하고 그늘진 곳에서 자란다. 전체에 독성이 있다. 잎을 잘못 먹으면 구토와 설사를 하고 잎을 자를 때 나오는 즙이 피부에 닿으면 염증을 일으킨다.

❺ **윤판나물아재비**(콜키쿰과) 여러해살이풀(높이 30~60cm) ▶ p.106
울릉도와 남쪽 섬의 숲속에서 자란다. 산에서 흔히 자라는 윤판나물(p.70)과 비슷하지만 꽃 색깔이 다르다. 전체에 독성이 있다. 잘못 먹으면 구토를 한다.

독이 있는 풀

❶ 삿갓나물　❷ 연령초　❸ 여로　❹ 박새　박새 새싹　❺ 문주란

❶ **삿갓나물**(여로과)　여러해살이풀(높이 30~40㎝) ▶ p.116
　깊은 산에서 자란다. 이름에 '나물'이 들어 있지만 전체에 독성이 있어서 식용하면 안 된다. 특히 나물로 먹는 우산나물(p.607)과 생김새가 비슷하므로 나물을 채집할 때 주의해야 한다.

❷ **연령초**(여로과)　여러해살이풀(높이 20~40㎝) ▶ p.78
　중부 이북의 깊은 산 숲속에서 자란다. 뿌리줄기를 약초로 이용하지만 전체에 독성이 있어서 식용하면 구토와 설사를 한다.

❸ **여로**(여로과)　여러해살이풀(높이 40~60㎝) ▶ p.162
　산의 풀밭에서 자란다. 전체에 독성이 있으며 특히 뿌리줄기가 독성이 강하다. 잘못 먹으면 구토를 하고 경련이 일어나며 손발이 저리는 현상이 나타난다.

❹ **박새**(여로과)　여러해살이풀(높이 60~150㎝) ▶ p.297
　깊은 산의 습한 곳에서 자란다. 전체에 독성이 있으며 나물로 오인하는 경우가 많다. 잘못 먹으면 구토와 설사를 하고 오한이 나며 손발이 저리는 현상이 나타난다.

❺ **문주란**(수선화과)　늘푸른여러해살이풀(높이 50~80㎝) ▶ p.298
　제주도 해안의 모래땅에서 자란다. 전체에 독성이 있으며 특히 뿌리가 독성이 강하다. 잘못 먹으면 침을 흘리고 구토와 설사를 하며 혈압이 떨어진다.

독이 있는 풀

유독식물

① 석산 ② 상사화
석산 알뿌리
③ 수선화 ④ 은방울꽃 ⑤ 만년청

① **석산**(수선화과) 여러해살이풀(높이 30~50㎝) ▶ p.163

남부 지방의 산기슭에서 자란다. 전체에 독성이 있으며 특히 알뿌리가 독성이 강하다. 잘못 먹으면 구토와 설사를 하며 침을 흘리고 심하면 신경을 마비시킨다.

② **상사화**(수선화과) 여러해살이풀(높이 50~70㎝)

화초로 심는다. 전체에 독성이 있으며 특히 알뿌리가 독성이 강하다. 잘못 먹으면 구역질이 나고 구토와 설사를 일으킨다.

③ **수선화**(수선화과) 여러해살이풀(높이 20~40㎝) ▶ p.100

화초로 심고 남해안 이남에서 저절로 자란다. 전체에 독성이 있으며 특히 알뿌리가 독성이 강하다. 잘못 먹으면 오한이 나고 구토와 설사를 일으킨다. 심하면 혼수상태에 빠진다.

④ **은방울꽃**(아스파라거스과) 여러해살이풀(높이 20~30㎝) ▶ p.107

산의 숲속에서 자란다. 전체에 독성이 있으며 특히 뿌리가 독성이 강하다. 잘못 먹으면 메스껍고 두통과 현기증이 나며 심하면 심장마비를 일으킨다.

⑤ **만년청**(아스파라거스과) 늘푸른여러해살이풀(높이 30~50㎝)

화초로 심는다. 전체에 독성이 있으며 특히 뿌리줄기가 독성이 강하다. 잘못 먹으면 구토를 하고 경련이 일어나며 호흡곤란이 오고 심하면 죽을 수도 있다.

독이 있는 풀

❶ 붓꽃　❷ 애기똥풀　애기똥풀 줄기 단면
❸ 자주괴불주머니　❹ 현호색　❺ 금영화

❶ **붓꽃**(붓꽃과)　여러해살이풀(높이 30~60㎝) ▶ p.13
산과 들의 풀밭에서 무리 지어 자란다. 전체에 독성이 있으며 특히 뿌리줄기가 독성이 강하다. 잘못 먹으면 구토와 설사를 하고 즙이 피부에 닿으면 염증을 일으킨다.

❷ **애기똥풀**(양귀비과)　두해살이풀(높이 30~80㎝) ▶ p.53
마을 주변에서 자란다. 전체에 독성이 있다. 줄기를 자를 때 나오는 노란색 즙이 피부에 묻으면 염증을 일으킨다. 잘못 먹으면 구토를 하고 호흡곤란이 오며 혼수상태에 빠진다.

❸ **자주괴불주머니**(양귀비과)　두해살이풀(높이 20~50㎝) ▶ p.38
남부 지방의 산과 들에서 자란다. 전체에 독성이 있다. 잘못 먹으면 메스껍고 호흡곤란이 오며 심장마비를 일으킨다.

❹ **현호색**(양귀비과)　여러해살이풀(높이 20㎝ 정도) ▶ p.36
산에서 자란다. 전체에 독성이 있으며 특히 덩이줄기가 독성이 강하다. 잘못 먹으면 복통과 구토, 설사를 하며 호흡곤란이 오고 경련이 일어난다. 현호색속(*Corydalis*)은 모두 독성이 있다.

❺ **금영화**(양귀비과)　한해살이풀(높이 30~50㎝) ▶ p.224
화초로 기르며 길가나 빈터에서 저절로 자란다. 전체에 독성이 있다. 잘못 먹으면 구토를 하고 호흡곤란이 오며 심하면 심장마비를 일으킨다.

독이 있는 풀

❶ 피나물 ❷ 백부자 ❸ 투구꽃
❹ 진범 1)흰진범 ❺ 복수초

❶ **피나물**(양귀비과) 여러해살이풀(높이 20~30㎝) ▶ p.52
산의 숲속에서 자란다. 줄기를 자를 때 나오는 황적색 즙이 피부에 묻으면 염증을 일으킨다. 잘못 먹으면 구역질이 나고 호흡곤란을 일으킨다.

❷ **백부자**(미나리아재비과) 여러해살이풀(높이 1m 정도) ▶ p.259
산골짜기나 숲속에서 자란다. 전체에 독성이 있으며 특히 덩이뿌리가 독성이 강하다. 조선 시대에 사약 재료로 쓰였다고 하니 잘못 먹으면 죽을 수 있다.

❸ **투구꽃**(미나리아재비과) 여러해살이풀(높이 1m 정도) ▶ p.179
산의 숲속에서 자란다. 전체에 독성이 있으며 특히 덩이뿌리가 독성이 강하다. 잘못 먹으면 구토를 하고 호흡곤란이 오며 심하면 죽기도 한다. 투구꽃속(*Aconitum*)은 모두 독성이 강하다.

❹ **진범**(미나리아재비과) 여러해살이풀(높이 30~80㎝) ▶ p.179
산의 숲속이나 풀밭에서 자란다. 전체에 독성이 있으며 특히 덩이뿌리가 독성이 강하다. 잘못 먹으면 구토를 하고 호흡곤란이 오며 심하면 죽기도 한다. 1)흰진범(p.312)도 역시 독초이다.

❺ **복수초**(미나리아재비과) 여러해살이풀(높이 10~25㎝) ▶ p.68
깊은 산에서 자란다. 전체에 독성이 있으며 특히 뿌리가 독성이 강하다. 잘못 먹으면 구토와 복통, 설사를 하며 호흡곤란이 오고 경련을 일으키며 심하면 죽기도 한다.

독이 있는 풀

❶ **매발톱꽃**(미나리아재비과) 여러해살이풀(높이 50~70㎝) ▶p.18
산의 풀밭에서 자란다. 잎과 뿌리에 독성이 있으며 잘못 먹으면 위장 장애를 일으키고 즙이 피부에 닿으면 물집이 생기기도 한다. 하늘매발톱(p.18)도 마찬가지로 독성이 있다.

❷ **동의나물**(미나리아재비과) 여러해살이풀(높이 50㎝ 정도) ▶p.63
산의 습지나 물가에서 자란다. 전체에 독성이 있으며 잘못 먹으면 설사 등의 위장 장애를 일으킨다. 봄나물인 곰취(p.247)와 잎의 생김새가 비슷하므로 채취할 때 주의해야 한다.

❸ **할미꽃**(미나리아재비과) 여러해살이풀(높이 25~40㎝) ▶p.31
양지쪽 풀밭에서 자란다. 전체에 독성이 있으며 잎과 줄기를 자를 때 나오는 즙이 피부에 닿으면 물집이 생기기도 한다. 잘못 먹으면 복통, 구토 메스꺼움 등의 증상이 나타난다.

❹ **미나리아재비**(미나리아재비과) 여러해살이풀(높이 30~70㎝) ▶p.58
산과 들의 습한 풀밭에서 자란다. 전체에 독성이 있으며 잎과 줄기를 자를 때 나오는 즙이 피부에 닿으면 물집이 생기기도 한다. 잘못 먹으면 복통이나 설사 등의 증상이 나타난다.

❺ **개구리자리**(미나리아재비과) 여러해살이풀(높이 30~60㎝) ▶p.57
습지에서 자란다. 전체에 독성이 있으며 잎과 줄기를 자를 때 나오는 즙이 피부에 닿으면 물집이 생기기도 한다. 잘못 먹으면 복통이나 설사 등의 증상이 나타난다.

독이 있는 풀

유독식물

❶ 등대풀　❷ 고삼　❸ 가는잎쐐기풀　❹ 백선 / 백선 새싹　❺ 분꽃

❶ **등대풀**(대극과) 두해살이풀(높이 25~35㎝) ▶ p.124
경기도 이남의 풀밭과 길가에서 자란다. 전체에 독성이 있다. 자를 때 나오는 즙이 살갗에 닿으면 피부염을 일으킨다. 잘못 먹으면 구토, 복통, 설사 등의 증상이 나타난다.

❷ **고삼**(콩과) 여러해살이풀(높이 80~100㎝) ▶ p.259
산기슭이나 들의 풀밭에서 자란다. 전체에 독성이 있으며 특히 뿌리가 독성이 강하다. 잘못 먹으면 현기증을 일으키며 심하면 호흡곤란이 온다.

❸ **가는잎쐐기풀**(쐐기풀과) 여러해살이풀(높이 80㎝ 정도) ▶ p.192
숲 가장자리에서 자란다. 줄기나 잎에 있는 작은 가시에 찔리면 몹시 아프고 두드러기가 생긴다. 쐐기풀속(*Urtica*)은 이런 가시를 가진 것이 대부분이므로 모두 주의해야 한다.

❹ **백선**(운향과) 여러해살이풀(높이 60~90㎝) ▶ p.26
산과 들에서 자란다. 흔히 뿌리를 '봉삼'이라고 하여 한약재로 쓰고 민간에서는 술을 담가 마시기도 하는데 간을 손상시키는 성분이 있으므로 식용하면 안 된다.

❺ **분꽃**(분꽃과) 한해살이풀(높이 60~100㎝) ▶ p.181
화초로 기르며 남부 지방의 들에서 저절로 자란다. 전체에 독성이 있으며 특히 뿌리와 씨앗이 독성이 강하다. 잘못 먹으면 구토와 복통, 설사 등의 증상이 나타난다.

독이 있는 풀

❶ 봉숭아(봉선화과) 한해살이풀(높이 60㎝ 정도)

화초로 기른다. 흔히 한약재로 이용하는데 전체에 독성이 있어서 잘못 먹으면 구토 등의 증상이 나타나므로 전문의의 지시에 따라 이용해야 한다.

❷ 앵초(앵초과) 여러해살이풀(높이 15~40㎝) ▶p.27

산기슭의 습지나 냇가에서 자란다. 잎과 꽃자루, 꽃받침에 독성이 있어서 피부에 닿으면 가렵고 심하면 물집이 생기기도 하므로 주의해야 한다.

❸ 디기탈리스(질경이과) 두해살이풀~여러해살이풀(높이 1m 정도)

화초로 기른다. 전체에 독성이 있으며 특히 잎의 독성이 강하다. 잘못 먹으면 두통과 함께 구토와 설사를 하고 심한 경우에는 심장마비 등으로 죽을 수 있다.

❹ 파리풀(파리풀과) 여러해살이풀(높이 30~70㎝) ▶p.205

산과 들의 그늘진 곳에서 자란다. 전체에 독성이 있으며 잘못 먹으면 복통과 함께 구토를 하고 오줌에 피가 섞여 나온다.

❺ 흰독말풀(가지과) 한해살이풀(높이 1~1.5m) ▶p.325

들에서 자란다. 전체에 독성이 있다. 즙이 눈에 들어가면 실명할 수도 있다. 잘못 먹으면 메스껍고 호흡곤란이나 환각 증상이 나타난다. [1)]**독말풀**(p.211)도 마찬가지 증상이 나타난다.

독이 있는 풀

❶ 미치광이풀 미치광이풀 새싹 ❷ 담배
❸ 도꼬마리 ❹ 숫잔대 ❺ 독미나리

❶ **미치광이풀**(가지과) 여러해살이풀(높이 30~60㎝) ▶ p.48
깊은 산의 숲속에서 자란다. 전체가 맹독성이다. 잘못 먹으면 현기증, 헛소리, 환각 증상이 나타난다. 즙이 눈에 들어가면 실명할 수도 있으므로 주의해야 한다.

❷ **담배**(가지과) 한해살이풀(높이 1.5~2m)
밭에서 재배한다. 전체에 독성이 있다. 잘못 먹으면 두근거리고 구토와 설사 등의 증상이 나타난다. 심하면 근육 경련이 일어나고 마비가 올 수도 있다.

❸ **도꼬마리**(국화과) 한해살이풀(높이 40~90㎝) ▶ p.366
길가나 빈터에서 자란다. 새싹과 열매에 독성이 있다. 잘못 먹으면 근육에 경련을 일으키고 호흡곤란이 오며 가슴이 두근거린다.

❹ **숫잔대**(초롱꽃과) 여러해살이풀(높이 50~100㎝) ▶ p.158
습지 주변에서 자란다. 전체에 독성이 있다. 봄에 나물로 오인하는 경우가 있는데 잘못 먹으면 구토와 설사를 하고 혈압이 떨어진다.

❺ **독미나리**(미나리과) 여러해살이풀(높이 1m 정도) ▶ p.335
습지에서 자란다. 전체에 독성이 있다. 사는 곳과 생김새가 미나리(p.609)와 비슷해서 채취하는 경우가 있다. 잘못 먹으면 구토, 설사, 복통을 일으키고 현기증과 호흡곤란이 온다.

꽃의 구조

꽃잎
꽃받침
암술
수술

속씨식물의 꽃은 일반적으로 꽃잎, 꽃받침, 암술, 수술의 4부분으로 이루어진다.

여뀌바늘

암수한그루
암꽃과 수꽃이 한 그루에 따로 피는 식물.

겉꽃덮이 / 속꽃덮이 / 수술
멀꿀 수꽃(6개의 수술이 합쳐져 있다)

겉꽃덮이 / 속꽃덮이 / 암술
멀꿀 암꽃(3개의 암술이 모여 있다)

멀꿀은 꽃잎과 꽃받침이 잘 구분되지 않아서 둘을 합쳐 '꽃덮이(화피:花被)'라고 부른다. 꽃덮이 중에서 바깥쪽에 위치한 3장을 '겉꽃덮이(외화피:外花被)'라고 하고 안쪽에 위치한 3장을 '속꽃덮이(내화피:內花被)'라고 한다.

암수딴그루

암꽃이 피는 암그루와 수꽃이 피는 수그루가 다른 식물.

계수나무 수꽃

계수나무 암꽃

수그루의 잎겨드랑이에 달리는 수꽃은 꽃잎도 꽃받침도 없으며 수술의 꽃밥은 붉은색이다. 암그루의 암꽃도 꽃잎과 꽃받침이 없이 붉은색 암술만 있다. 계수나무나 멀꿀처럼 하나의 꽃에 수술만 있거나 암술만 있는 꽃을 '암수딴꽃(단성화:單性花)'이라고 하고 여뀌바늘처럼 하나의 꽃에 수술과 암술이 모두 들어 있는 꽃을 '암수한꽃(양성화:兩性花)'이라고 한다.

장식꽃

백당나무는 꽃송이 둘레에 있는 흰색 꽃잎은 암수술이 없이 곤충을 불러들이는 역할만 하는데 이런 꽃을 '장식꽃(장식화:裝飾花)' 또는 '중성꽃(중성화:中性花)'이라고 한다.

혀꽃과 대롱꽃

백일홍과 같은 국화과 꽃은 가운데에 열매를 맺을 수 있는 작은 '대롱꽃(관상화:管狀花)'들이 촘촘히 모여 있고 가장자리에 '혀꽃(설상화:舌狀花)'이 빙 둘러 있는 꽃이 많다.

갈래꽃과 통꽃

개소시랑개비처럼 꽃잎 밑부분이 한 조각씩 서로 떨어지는 꽃을 '갈래꽃(이판화:離瓣花)'이라고 한다.

둥근잎나팔꽃처럼 꽃잎 밑부분이 서로 붙어서 통 모양으로 되는 꽃을 '통꽃(합판화:合瓣花)'이라고 한다.

꽃부리의 모양

꽃부리는 식물의 꽃잎 전체를 이르는 말이다.

십자 모양(무) 패랭이꽃 모양(끈끈이장구채) 장미 모양(뱀딸기)

백합 모양(백합) 수레바퀴 모양(꽈리)

종 모양(금강초롱꽃) 깔때기 모양(둥근잎유홍초) 항아리 모양(모새나무)

꽃부리는 '화관(花冠)'이라고도 하며 속씨식물을 구분하는 데 중요하다.

왕관 모양(수선화 '멀린') 투구 모양(투구꽃) 나비 모양(활나물)

제비꽃 모양(제비꽃) 난초 모양(자란) 입술 모양(용머리)

가면 모양(금어초) 꽃뿔 모양(물봉선)

꽃차례

꽃이 줄기나 가지에 배열하는 모양.

홀로꽃차례(동강할미꽃)

머리모양꽃차례(구슬꽃나무)

우산꽃차례(우산달래)

송이꽃차례(헐떡이풀)

이삭꽃차례(범꼬리)

꼬리꽃차례(개암나무)

고른꽃차례(팥배나무)

원뿔꽃차례(붉나무)

갈래꽃차례(사철나무)

등잔모양꽃차례(개감수)

살이삭꽃차례(싱고니움)

숨은꽃차례(무화과)

꽃

겉씨식물

암술에 씨방이 없고 밑씨가 겉으로 드러나 있어서 '겉씨식물(나자식물:裸子植物)'이라고 한다. 겉씨식물은 씨방이 없어서 꽃식물에 포함시키지 않으며 암꽃이삭은 '암솔방울', 수꽃이삭은 '수솔방울'로 부른다.

암솔방울은 달걀형이며 햇가지 끝에 달린다. 암솔방울의 솔방울조각이 벌어진 틈새마다 밑씨가 겉으로 드러나 있다.

수솔방울에서 나오는 노란 꽃가루는 흔히 '송홧가루'라고 하며 먼지보다 가벼워서 바람에 날려 널리 퍼진다.

- 암솔방울
- 바늘잎 새순
- 수솔방울

소나무는 암꽃이삭과 수꽃이삭이 한 그루에 따로 피는 '암수한그루(자웅동주:雌雄同株)'이다.

송홧가루가 묻은 암솔방울은 점차 솔방울열매로 자란다.

잎의 구조

벚나무

- 가지
- 턱잎
- 잎자루
- 꿀샘
- 잎맥(주맥)
- 잎맥(측맥)
- 잎몸
- 톱니(거치)

잎차례 잎이 줄기에 배열하는 모양.

어긋나기(수염가래꽃) 마주나기(끈끈이대나물) 돌려나기(갈퀴덩굴) 모여나기(달맞이꽃)

잎의 모양

잎은 1개의 잎자루에 1개의 잎몸이 붙어 있는 '홑잎'과 1개의 잎자루에 여러 개의 작은잎이 달리는 '겹잎'으로 구분한다. 겹잎은 잎의 배열 상태에 따라 '세겹잎', '손꼴겹잎', '깃꼴겹잎'으로 나눈다.

선형(무스카리) · 피침형(골등골나물) · 거꿀피침형(처녀치마) · 타원형(용둥굴레)

달걀형(모시물통이) · 거꿀달걀형(기린초) · 삼각형(며느리밑씻개) · 마름모형(마름)

원형(감절대) · 콩팥형(털머위) · 하트형(둥근잎유홍초) · 손꼴겹잎(도깨비부채)

세겹잎(돌콩) · 2회세겹잎(풍선덩굴) · 깃꼴겹잎(자운영) · 2회깃꼴겹잎(독활)

용어 해설

2년생 가지 (2년지 : 二年枝)	지난해에 새로 나서 자란 묵은 가지. 그 해에 나서 새로 자란 가지는 '햇가지'라고 한다.
2회깃꼴겹잎 (2회우상복엽 : 二回羽狀複葉)	잎자루 양쪽으로 새깃꼴로 갈라진 작은잎자루마다 깃꼴겹잎이 마주 붙는 잎.
2회세겹잎 (2회삼출엽 : 二回三出葉)	잎자루에서 3갈래로 갈라진 작은잎자루마다 세겹잎이 달리는 잎.
3주맥 (三走脈)	잎몸의 밑부분에서 3개의 큰 주맥이 벋은 잎맥. 육계나무나 참식나무와 같은 녹나무과 식물에서 흔히 볼 수 있다.
가름막 (격막 : 膈膜, 격벽 : 隔壁)	2개의 방 사이의 벽. 가지 단면의 골속을 나누는 얇은 벽.
가시털 (자모 : 刺毛)	쏘는 성질의 액체를 분비하는 털.
가죽질 (혁질 : 革質)	가죽처럼 단단하고 질긴 성질. 가죽질 잎은 잎몸이 두껍고 광택이 있으며 가죽 같은 촉감이 있다.
갈래꽃차례 (취산화서 : 聚繖花序)	꽃차례의 끝에 달린 꽃 밑에서 1쌍의 꽃자루가 나와 각각 그 끝에 꽃이 1송이씩 달리는 것이 계속 반복되는 꽃차례.
갈잎나무 (낙엽수 : 落葉樹)	가을에 날씨가 추워지거나 건조해지면 낙엽이 지고 다음 해 봄에 다시 잎이 나오는 나무.
갓털 (관모 : 冠毛)	국화과 등의 열매 끝부분에 붙어 있는 털. '우산털'이라고도 한다.
개화기 (開花期)	꽃이 피는 시기.
거꿀달걀형 (도란형 : 倒卵形)	뒤집힌 달걀형의 잎 모양. 잎의 밑부분이 좁고 위로 갈수록 넓어지며 끝부분은 둥그스름하다.
거꿀삼각형 (도삼각형 : 倒三角形)	뒤집힌 삼각형의 잎 모양.

용어 해설

거꿀피침형(도피침형: 倒披針形)	뒤집힌 피침형의 잎 모양. 잎몸은 길이가 너비의 몇 배가 되고 위에서 1/3 정도 되는 부분이 가장 넓다.
거센털(강모: 剛毛)	뻣뻣하고 끝이 뾰족한 털. 강아지풀의 잔꽃에서 볼 수 있다.
거친털(조모: 粗毛)	거칠고 딱딱한 털. 거센털보다는 덜 딱딱하다.
겉깍지(외영: 外潁)	벼과 식물의 잔이삭 밑부분을 받치는 1쌍의 작은 포조각 중 바깥쪽에 있는 것.
겉꽃덮이(외화피: 外花被)	꽃덮이가 2줄로 배열한 경우에 바깥쪽에 위치한 꽃덮이.
겉꽃덮이조각(외화피편: 外花被片)	꽃덮이가 2줄로 배열한 경우에 바깥쪽에 위치한 꽃덮이의 하나하나.
겉씨껍질(외종피: 外種皮)	씨앗을 싸고 있는 2겹의 껍질 중에서 가장 바깥쪽에 있는 껍질.
겉씨식물(나자식물: 裸子植物)	밑씨가 씨방 안에 있지 않고 겉으로 드러나 있는 식물. 바늘잎나무가 대부분이다.
겨울눈(동아: 冬芽)	봄에 잎이나 꽃을 피우기 위해 만들어져 겨울을 나는 눈. 겨울눈은 보통 눈비늘조각이나 털 등으로 덮여 있다.
견과(堅果)	도토리나 호두처럼 껍질이 단단한 열매. 마른 열매로 열매껍질이 단단하고 깍정이를 가지고 있는 것이 많다.
결각(缺刻)	잎의 가장자리가 들쑥날쑥한 모양.
겹고른꽃차례(복산방화서: 複繖房花序)	고른꽃차례가 반복되는 꽃차례.
겹꽃(중판화: 重瓣花)	여러 겹의 꽃잎으로 이루어진 꽃. 꽃잎이 1겹으로 이루어진 '홑꽃'에 대응되는 말이다.
겹송이꽃차례(복총상화서: 複總狀花序)	송이꽃차례가 2개 이상 겹쳐 있는 꽃차례. 보통 밑부분의 꽃차례 가지가 길기 때문에 전체가 원뿔꽃차례 모양이 되는 것이 많다.

용어 해설

겹우산꽃차례(복산형화서:複傘形花序)	각각의 우산꽃차례가 다시 우산 모양으로 달리는 꽃차례. 미나리과 식물은 겹우산꽃차례가 대부분이다.
겹잎(복엽:複葉)	2개 이상의 작은잎이 모여서 이루어진 잎. 잎몸이 1개인 '홑잎'에 대응되는 말이다.
겹잎자루(엽축:葉軸, 총엽병:總葉柄)	겹잎에서 작은잎이 모여 달린 큰 잎자루.
겹톱니(중거치:重鋸齒, 복거치:複鋸齒)	잎몸 가장자리에 생긴 큰 톱니 가장자리에 다시 작은 톱니가 생겨 이중으로 된 톱니.
곁꽃잎(측화판:側花瓣)	난초의 꽃이나 제비꽃을 구성하고 있는 5장의 꽃잎 중 양옆으로 벌어지는 2장의 꽃잎.
고른꽃차례(산방화서:繖房花序)	무한꽃차례의 일종으로 꽃자루의 길이가 아래에 달리는 것일수록 길어져서 꽃이 거의 평면으로 가지런하게 피는 꽃차례.
고배 모양(고배형:高杯形)	앵초 꽃처럼 대롱부는 가늘고 길며 꽃잎은 꽃목에서 수평으로 퍼지는 꽃. 고배(高杯)는 높은 굽이 있는 접시로 '굽다리접시'라고도 한다.
골속(수:髓)	풀이나 나무줄기의 한가운데에 들어 있는 연한 심.
공기뿌리(기근:氣根)	식물의 줄기나 뿌리에서 나와 공기 중에 드러나 있는 뿌리. 몸을 붙이거나 물을 흡수하는 역할을 하고 땅에 닿으면 뿌리를 내리고 버팀목 역할을 하는 것도 있다.
굽은털(굴모:屈毛)	구부러진 털.
그물맥(망상맥:網狀脈)	가느다란 잎맥이 서로 촘촘히 연결되어 마치 그물처럼 생긴 잎맥.
기는줄기(포복경:匍匐莖)	땅 위로 기어서 벋는 줄기.
기름점(선점:腺點, 유점:油點)	기름을 분비하는 구멍.
기생식물(寄生植物)	다른 생물에 기생하여 그로부터 양분을 흡수하여 사는 식물.
긴가지(장지:長枝)	정상적으로 길게 자란 가지. 끝눈이나 곁눈에서 발달하며 곧게 벋고 잎이 드문드문 달린다.

긴털(장모:長毛)	길게 자란 털.
깃꼴겹잎(우상복엽:羽狀複葉)	잎자루 양쪽으로 작은잎이 새깃꼴로 마주 붙는 잎. 홀수깃꼴겹잎과 짝수깃꼴겹잎이 있다.
깃꼴맥(우상맥:羽狀脈)	주맥 양쪽으로 새깃처럼 좌우로 측맥이 갈라지는 잎맥.
까끄라기(망:芒)	벼과 식물에서 포영이나 호영의 끝부분이 자라서 된 털 모양의 돌기.
깍정이(각두:殼斗)	참나무 등의 열매를 싸고 있는 술잔 또는 주머니 모양의 받침. 깍정이는 총포(總苞)를 구성하는 포(苞)가 촘촘히 모여서 만들어진다.
깍지(영:穎)	벼과 식물의 잔이삭 밑부분을 받치는 1쌍의 작은 포엽. 겉쪽의 것을 '겉깍지'(외영:外穎), 안쪽의 것을 '속깍지'(내영:內穎)라고 한다.
껍질눈(피목:皮目)	나무의 줄기나 뿌리에 만들어진 코르크 조직으로 잎 뒷면의 공기구멍(기공:氣孔)처럼 공기의 통로가 되는 부분. 특이한 모양을 가진 종도 있어서 나무를 동정(同定)하는 데 도움이 된다.
꼬리꽃차례 (미상화서:尾狀花序, 유이화서:葇荑花序)	작은꽃자루가 거의 없는 꽃이 꼬리 모양으로 처진 꽃대에 촘촘히 달린 꽃차례. 자작나무과나 참나무과에서 흔히 볼 수 있다.
꼬투리열매(협과:莢果, 두과:豆果)	콩과 식물의 열매 또는 열매를 싸고 있는 껍질로 보통 봉합선을 따라 터진다.
꽃(화:花)	속씨식물의 생식을 담당하는 기관으로 기본적으로 꽃잎, 꽃받침, 암술, 수술의 네 기관으로 이루어져 있다. 수정이 되면 열매와 씨앗이 자란다.
꽃가루(화분:花粉)	수술의 꽃밥 속에 들어 있는 가루 모양의 알갱이. 바람에 날려 퍼지는 꽃가루는 알레르기 증상을 일으키기도 한다. 꽃가루가 암술머리에 옮겨 붙는 꽃가루받이(수분:受粉)가 일어나면 열매가 맺힌다.

용어 해설

꽃눈(화아:花芽)	겨울눈 중에서 자라서 꽃이 될 눈. 일반적으로 꽃눈은 잎눈에 비해 크고 둥근 것이 많지만 구분이 어려운 것도 있다.
꽃대(화축:花軸)	꽃자루가 달리는 줄기.
꽃덮개(불염포:佛焰苞)	살이삭꽃차례를 둘러싸고 있는 넓은 포. 천남성과에서 흔히 볼 수 있으며 생김새와 크기, 모양, 빛깔은 속에 따라 조금씩 다르다.
꽃덮이(화피:花被)	꽃부리와 꽃받침을 통틀어 이르는 말.
꽃덮이조각(화피편:花被片)	꽃덮이를 이루는 하나하나의 조각.
꽃받침(악:萼)	꽃의 가장 밖에서 꽃잎을 받치고 있는 작은잎. 밑부분이 합쳐진 것도 있고 여러 개의 조각으로 나누어진 것도 있는 등 모양이 여러 가지이다.
꽃받침자국(악흔:萼痕)	꽃받침이 떨어져 나간 흔적.
꽃받침조각(악편:萼片)	꽃받침이 여러 개의 조각으로 나뉘어져 있을 때 각각의 조각.
꽃받침통(악통:萼筒)	꽃받침이 합쳐져서 생긴 통 모양의 구조. 갈라진 꽃받침조각을 제외한 아래쪽의 원통 부분은 '통부(筒部)'라고 한다.
꽃밥(약:葯)	수술의 끝에 달린 꽃가루를 담고 있는 주머니. 일반적으로 꽃밥은 2개의 꽃가루주머니(화분낭:花粉囊)로 이루어지며 크기와 모양이 다양하다.
꽃봉오리(화봉:花峯)	망울만 맺히고 아직 피지 않은 꽃. 꽃의 싹을 보호하고 있는 비늘조각과 포 등을 포함해 말한다.
꽃부리(화관:花冠)	꽃잎 전체를 이르는 말.
꽃부리통(화관통부:花冠筒部)	통꽃의 꽃부리에서 통으로 된 부분.
꽃술대(예주:蕊柱)	암술과 수술이 함께 합쳐져 있는 복합체. 일반적으로 난과 식물은 대부분이 꽃술대를 가지고 있다.

용어	해설
꽃이삭(화수 : 花穗)	1개의 꽃대에 이삭 모양으로 꽃이 달린 꽃차례를 이르는 말.
꽃잎(화판 : 花瓣)	꽃부리를 이루고 있는 낱낱의 조각으로 보통 암수술과 꽃받침 사이에 있다.
꽃자루(화경 : 花梗)	꽃을 달고 있는 자루. 열매가 익을 때까지 남아 있으면 그대로 열매자루(과병 : 果柄)가 된다.
꽃주머니(화낭 : 花囊)	동그란 열매 모양의 속에 숨어서 꽃이 피는 꽃차례의 모양을 일컫는 말.
꽃줄기(화경 : 花莖)	끝에 꽃이 달리는 줄기로 보통 잎이 달리지 않으며 포가 있다.
꽃차례(화서 : 花序)	꽃이 줄기나 가지에 배열하는 모양.
꽃차례자루(화서축 : 花序軸)	꽃차례를 달고 있는 자루.
꽃턱(화탁 : 花托, 화상 : 花床)	꽃에서 꽃잎, 꽃받침, 암술, 수술 등의 모든 기관이 달리는 꽃자루 맨 끝의 볼록한 부분.
꿀샘(밀선 : 蜜腺)	꽃이나 잎 등에서 꿀을 내는 조직이나 기관.
꿀샘덩이(선체 : 腺體)	꿀샘이 덩어리 모양으로 뭉쳐져 있는 돌기.
꿀주머니(거 : 距)	꽃부리나 꽃받침의 일부가 뒤쪽으로 길게 튀어나온 부분으로 속이 비어 있거나 꿀샘이 있다. '꽃뿔'이라고도 한다.
나란히맥(평행맥 : 平行脈)	잎자루부터 잎몸의 끝까지 여러 개가 나란히 벋는 잎맥.
나무껍질(수피 : 樹皮)	나무줄기의 맨 바깥쪽을 싸고 있는 조직으로 외부로부터 속살을 보호하는 역할을 한다.
나뭇진(수지 : 樹脂)	나무에서 분비되는 끈끈한 액체로 송진과 호박 등이 있다. 끈끈한 액체가 산화해 굳어진 것도 '나뭇진'이라고 한다.
나선모양꽃차례(권산화서 : 卷繖花序)	꽃이 달린 줄기가 처음에 고사리손처럼 말렸다 조금씩 펴지는 꽃차례.

용어 해설

노목(老木)	나이가 많은 나무.
누운털(복모:伏毛)	누워 있는 털.
다육질(多肉質)	살이 찌고 내부에 수분이 많은 성질. '육질'이라고도 한다.
단심(丹心)	무궁화 꽃잎의 중심부에 있는 붉은색 무늬를 일컫는 말.
닫힌꽃(폐쇄화:閉鎖花)	꽃부리가 열리지 않고 속에서 암술과 수술이 제꽃가루받이를 하는 꽃.
달걀형(난형:卵形)	달걀처럼 아래가 넓고 위가 좁은 모양.
대롱꽃(관상화:管狀花)	국화과의 두상화를 이루는 꽃의 하나로 꽃부리가 대롱 모양으로 생기고 끝만 조금 갈라진 꽃.
덩굴나무(만경:蔓莖)	줄기나 덩굴손으로 물체에 감기거나 담쟁이덩굴처럼 붙음뿌리로 물체에 붙어 기어오르며 자라는 줄기를 가진 나무.
덩굴손(권수:卷鬚)	줄기나 잎의 끝이 가늘게 변하여 다른 물체를 감아 나갈 수 있도록 덩굴로 모양이 바뀐 부분. 줄기, 잎 끝, 작은잎, 턱잎 등 여러 부위가 덩굴손으로 변한다.
덩굴풀(만초:蔓草)	줄기나 덩굴손으로 다른 물체에 감기거나 하면서 벋는 풀.
덩이뿌리(괴근:塊根)	고구마처럼 양분이 저장되어 덩이 모양으로 생긴 뿌리.
덩이줄기(괴경:塊莖)	땅속줄기가 감자처럼 양분을 저장하여 비대해진 것.
돌려나기(윤생:輪生)	잎이 줄기의 마디마다 3장 이상씩 돌려붙는 잎차례.
두갈래맥(차상맥:叉狀脈)	계속 둘로 갈라지는 잎맥. 주로 고사리식물이나 은행나무 등에서 발견되기 때문에 다른 잎맥보다는 원시적인 것으로 여겨진다.
두해살이풀(이년초:二年草)	싹이 튼 다음 해에 꽃이 피고 열매를 맺은 뒤에 죽는 풀.

등잔모양꽃차례(배상화서:盃狀花序)	대극과 특유의 꽃차례로서 암꽃 또는 수꽃이 술잔 모양의 꽃턱 속에 들어 있는 꽃차례.
땅속줄기(지하경:地下莖)	땅속에 있는 식물의 줄기. 뿌리줄기, 덩이줄기, 알줄기, 비늘줄기처럼 그 모양에 따라 구분된다.
떡잎(자엽:子葉)	씨앗에서 처음으로 싹트는 최초의 잎. 옥수수처럼 싹이 틀 때 1장의 떡잎이 나오는 식물을 '외떡잎식물', 콩처럼 2장의 떡잎이 나오는 식물을 '쌍떡잎식물'이라고 한다. 겉씨식물인 소나무 종류는 떡잎이 6~12개로 많이 나온다.
떨기나무(관목:灌木)	대략 5m 이내로 자라는 키가 작은 나무. 흔히 줄기가 모여나는 나무가 많다.
마디(절:節)	줄기에 잎이나 싹이 붙어 있는 자리.
마주나기(대생:對生)	잎이 줄기의 마디마다 2장씩 붙는 잎차례.
막눈(부정아:不定芽)	끝눈이나 곁눈처럼 일정한 자리가 아닌 곳에서 나오는 눈.
막질(膜質)	얇은 막과 같은 성질.
머리모양꽃차례(두상화서:頭狀花序)	국화처럼 꽃대 끝에 대롱꽃과 혀꽃이 촘촘히 모여 전체적으로 하나의 꽃같이 보이는 꽃차례.
모여나기(총생:叢生)	한 마디나 한 곳에 여러 개의 잎이 무더기로 모여 달리는 잎차례.
목질화(木質化)	식물의 세포벽에 리그닌이 쌓여서 나무처럼 단단해지는 현상.
목초(牧草)	가축의 사료로 이용하기 위해 재배하는 풀.
물열매(장과:漿果, 액과:液果)	열매껍질이 다육질이고 열매살은 즙이 많은 열매.
밑씨(배주:胚珠)	암꽃의 씨방 안에 있으며 수정한 후 자라서 씨앗이 되는 기관.

용어 해설

바늘잎(침엽 : 針葉)	소나무 잎처럼 바늘 모양으로 생긴 잎. 구조적으로 수분의 증발을 억제하기 때문에 가뭄에 잘 견디며 추위에도 강하다.
바늘잎나무(침엽수 : 針葉樹)	소나무처럼 바늘잎을 달고 있는 나무를 모두 일컫는 말. 측백나무처럼 비늘이 포개진 모양의 비늘잎을 가진 나무들도 바늘잎나무에 포함되며 모두 겉씨식물에 속한다.
반기생식물(半寄生植物)	다른 생물에 기생하여 그로부터 양분을 흡수하면서 스스로 광합성을 해서 양분을 만들기도 하는 식물.
반떨기나무 (반관목 : 半灌木, 아관목 : 亞灌木)	풀과 비슷해서 겨울에는 가지가 모두 말라 죽지만 줄기 밑부분의 일부가 목질화돼서 겨울에도 살아남는 식물.
반상록성(半常綠性)	줄기에 부분적으로 푸른 잎이 남아 있는 채로 겨울을 나는 것.
벌레잡이주머니(포충낭 : 捕蟲囊)	잎이 주머니 모양으로 변하여 작은 벌레를 잡는 기관.
벌레집(충영 : 蟲癭)	식물의 줄기나 잎, 뿌리 등에 벌레가 기생해서 만들어진 혹처럼 부푼 부분.
별모양털(성상모 : 星狀毛)	별 모양으로 갈라지는 털.
부꽃부리(부화관 : 副花冠)	꽃부리와 수술 사이, 또는 꽃잎 사이에서 생긴 꽃잎처럼 생긴 작은 부속체.
부생식물(腐生植物)	죽은 생물의 몸이나 배설물 등에 기생하여 양분을 얻어 사는 식물로 보통 뿌리가 잘 발달하지 않는다.
비늘잎(인엽 : 鱗葉)	작은잎이 물고기의 비늘조각처럼 포개지는 잎.
비늘조각(인편 : 鱗片)	식물체 표면에 생기는 비늘 모양의 작은 조각.
비늘줄기(인경 : 鱗莖)	땅속의 짧은 줄기의 둘레에 양분을 저장한 다육질의 잎이 많이 붙어서 둥근 공 모양을 이룬 땅속줄기. 흔히 '알뿌리'라고 부르는 것은 대부분이 비늘줄기이다.

비늘털(인모 : 鱗毛)	식물의 가지나 잎의 겉면을 덮어서 보호하는 비늘 모양의 잔털.
비단털(견모 : 絹毛)	비단실같이 부드러운 털.
뿌리잎(근생엽 : 根生葉)	뿌리나 땅속줄기에서 직접 땅 위로 나오는 잎.
뿌리줄기(근경 : 根莖)	줄기가 변해서 뿌리처럼 땅속에서 옆으로 벋으면서 자라는 것을 말한다. 마디에서 잔뿌리가 돋으며 비늘 모양의 잎이 돋아 구분이 된다.
살눈(주아 : 珠芽, 무성아 : 無性芽)	곁눈의 한 가지로 양분을 저장하고 있어 살이 많고 땅에 떨어지면 씨앗처럼 싹이 트는 조직.
살이삭꽃차례(육수화서 : 肉穗花序)	통통한 육질인 꽃대 주위에 꽃자루가 없는 수많은 잔꽃이 빽빽이 달린 꽃차례.
상록(常綠)	나뭇잎이 가을과 겨울에도 낙엽이 지지 않고 사철 내내 푸른 것. 잎 하나하나의 수명은 종마다 다르다.
새발꼴겹잎(조족상복엽 : 鳥足狀複葉)	세겹잎에서 좌우에 달린 작은잎이 바깥쪽으로 계속 늘어나는 잎 모양. 거지덩굴과 천남성 등에서 볼 수 있다.
샘털(선모 : 腺毛)	부푼 끝부분에 분비물이 들어 있는 털. 분비되는 물질은 점액, 수지, 꿀, 기름 등 식물마다 다르다.
생울타리(생리 : 生籬)	살아 있는 나무를 촘촘히 심어 만든 울타리로 '산울타리'라고도 한다.
선형(線形)	폭이 좁고 길이가 길어 양쪽 가장자리가 거의 평행을 이루는 잎이나 꽃잎. 길이와 너비의 비가 5:1에서 10:1 정도이다.
세겹잎(삼출엽 : 三出葉)	작은잎 3장으로 이루어진 겹잎.
속씨식물(피자식물 : 被子植物)	꽃이 피고 열매를 맺는 씨식물 중에서 씨방 안에 밑씨가 들어 있는 식물. 식물 중에서 가장 진화한 무리로 전체 식물의 80%를 차지하며, 쌍떡잎식물과 외떡잎식물로 나눈다.

용어 해설

소총포 (小總苞)		겹우산꽃차례에서 각각의 작은꽃차례를 받치고 있는 총포.
속깍지 (내영: 內穎)		벼과 식물의 잔이삭 밑부분을 받치는 1쌍의 작은 포조각 중 안쪽에 있는 것.
속꽃덮이 (내화피: 內花被)		꽃덮이가 2줄로 배열한 경우에 안쪽에 위치한 꽃덮이.
속꽃덮이조각 (내화피편: 內花被片)		꽃덮이가 2줄로 배열한 경우에 안쪽에 위치한 꽃덮이의 하나하나.
손꼴겹잎 (장상복엽: 掌狀複葉)		잎자루 끝에 5장 이상의 작은잎이 손바닥 모양으로 빙 돌려 가며 붙은 겹잎.
솔방울열매 (구과: 毬果)		목질의 비늘조각이 여러 겹으로 포개어진 열매로 조각 사이마다 씨앗이 들어 있다.
솔방울조각 (실편: 實片, 종린: 種鱗)		솔방울을 이루고 있는 비늘 모양의 조각.
솜털 (면모: 綿毛)		가늘고 곱슬곱슬한 털.
송이꽃차례 (총상화서: 總狀花序)		긴 꽃대에 꽃자루가 있는 여러 개의 꽃이 어긋나게 붙어서, 밑에서부터 피어 올라가는 꽃차례.
수그루 (웅주: 雄株)		암수딴그루 중에서 수꽃이 피는 그루. 암꽃만 피는 '암그루'와 대응되는 말이다.
수꽃 (웅화: 雄花)		수술은 완전하지만 암술은 없거나 퇴화되어 흔적만 있는 꽃.
수꽃이삭 (웅화수: 雄花穗)		1개의 꽃대에 수꽃이 이삭 모양으로 달린 꽃차례.
수꽃주머니 (웅화낭: 雄花囊)		안에 수꽃이 피는 동그란 꽃주머니. 열매와 모양이 비슷하며 뽕나무과 무화과속 나무에서 볼 수 있다.
수꽃차례 (웅화서: 雄花序)		암꽃은 없고 수꽃만 모여 피는 꽃차례. 암수한그루나 암수딴그루에서 볼 수 있다.
수생식물 (水生植物)		습기가 많은 물가나 습지에서 자라는 식물.
수솔방울 (웅구화수: 雄毬花穗, 수구화수)		겉씨식물에서 수배우체를 생산하는 기관으로 속씨식물의 수꽃차례에 해당한다. 성숙하면 가루 모양의 수배우체가 바람에 날려 퍼진다.

수술(웅예 : 雄蘂)	식물이 씨앗을 만드는 데 꼭 필요한 꽃가루를 만드는 기관. 수술은 보통 한 꽃에 여러 개가 모여 달린다.
수술대(화사 : 花絲)	수술의 꽃밥을 달고 있는 실 같은 자루.
수액(樹液)	나무줄기나 가지에서 나오는 액으로 '나무즙'이라고도 한다. 뿌리에서 흡수된 물과 무기질은 물관부를 통해서 줄기를 지나 잎까지 도달한다.
수염뿌리(수근 : 鬚根)	길이와 굵기가 비슷하고 수염처럼 많이 모여난 뿌리.
수형(樹形)	나무의 뿌리, 줄기, 잎 등이 어우러져서 만들어 내는 전체적인 모양. 일반적으로 종마다 고유한 모양은 유전이 되지만 환경에 따라 모양이 많이 달라지기도 한다.
숨구멍줄(기공조선 : 氣孔條線)	숨쉬기와 증산작용을 하는 작은 구멍이 모인 줄. 흔히 솔송나무나 전나무와 같은 바늘잎나무의 잎 뒷면에서 흔히 볼 수 있으며 흰색이나 연녹색이 돈다.
심장저(心臟底)	흔히 볼 수 있는 심장 도형처럼 잎의 밑부분이 둥글고 가운데가 쑥 들어간 모양. 잎 끝이 뾰족하면 전체적으로 하트 모양이 된다.
씨방(자방 : 子房)	암술대 밑부분에 있는 통통한 주머니 모양의 기관으로 속에 밑씨가 들어 있다.
씨앗(종자 : 種子)	식물의 밑씨가 수정을 한 뒤에 자란 기관. 기본적으로 씨껍질, 배젖, 배로 구성되며 씨식물(종자식물)에서만 볼 수 있다.
씨앗껍질(종피 : 種皮)	식물의 씨앗을 싸고 있는 껍질. '씨껍질'이라고도 한다.
아랫입술꽃잎(하순화판 : 下脣花瓣)	입술모양꽃부리에서 갈라지는 2장의 꽃잎 중 아래쪽의 꽃잎. 위쪽의 꽃잎은 '윗입술꽃잎(상순화판 : 上脣花瓣)'이라고 한다.
암그루(자주 : 雌株)	암수딴그루 중에서 암꽃이 피는 그루. 수꽃만 피는 '수그루'와 대응되는 말이다.

용어 해설

용어 해설

암꽃(자화:雌花)	암술은 완전하지만 수술은 없거나 퇴화되어 흔적만 있는 꽃.
암꽃이삭(자화수:雌花穗)	1개의 꽃대에 암꽃이 이삭 모양으로 달린 꽃차례.
암꽃주머니(자화낭:雌花囊)	안에 암꽃이 피는 동그란 꽃주머니. 열매와 모양이 비슷하며 뽕나무과 무화과속 나무에서 볼 수 있다.
암꽃차례(자화서:雌花序)	수꽃은 없고 암꽃만 모여 피는 꽃차례. 암수한그루나 암수딴그루에서 볼 수 있다.
암솔방울(자구화수:雌毬花穗, 암구화수)	겉씨식물에서 암배우체를 생산하는 기관으로 속씨식물의 암꽃차례에 해당한다.
암수딴그루 (자웅이주:雌雄異株, 이가화:二家花)	암꽃이 달리는 암그루와 수꽃이 달리는 수그루가 각각 다른 식물.
암수한그루 (자웅동주:雌雄同株, 일가화:一家花)	암꽃과 수꽃이 한 그루에 따로 달리는 식물. 엄밀히 말하면 암수한꽃도 암수한그루라고 할 수 있으므로 씨식물의 대부분이 암수한그루에 해당된다.
암수한꽃(양성화:兩性花)	하나의 꽃 속에 암술과 수술을 함께 갖춘 꽃. 실제 생식(生殖)에 관여하는 암술과 수술이 한 꽃에 모두 있어서 '완전화(完全花)'라고도 한다.
암술(자예:雌蕊)	흔히 꽃의 중심부에 있으며 열매를 만드는 기관. 보통 암술머리, 암술대, 씨방의 세 부분으로 이루어져 있으며 암술대가 없는 것도 흔하다.
암술대(화주:花柱)	암술에서 암술머리와 씨방을 연결하는 가는 대롱으로 꽃가루가 씨방으로 들어가는 길이 된다.
암술머리(주두:柱頭)	보통 암술의 끝부분에 있으며 꽃가루를 받는 부분. 암술머리는 식물의 과(科)나 속(屬)에 따라 일정한 모양을 하고 있다.
어긋나기(호생:互生)	잎이 줄기의 마디마다 1장씩 붙는 잎차례.
여러해살이풀(다년초:多年草)	겨울에는 땅 위의 부분이 죽지만 해마다 봄이 되면 다시 움이 돋아나는 풀.

열매(과실:果實)	암술의 씨방이나 부속 기관이 자라서 된 기관으로 열매살과 씨앗으로 구성된다.
열매껍질(과피:果皮)	씨방벽이 발달하여 생긴 것으로 속에 있는 씨앗을 외부로부터 보호하는 역할을 한다. 일반적으로 열매의 가장 바깥쪽 부분을 '열매 겉껍질(외과피:外果皮)'이라고 하고 가장 안쪽에 있는 부분은 '열매 속껍질(내과피:內果皮)'이라고 하며 가운데 부분은 '열매 가운데껍질(중과피:中果皮)'이라고 한다.
열매살(과육:果肉)	열매에서 씨앗을 둘러싸고 있는 살. 열매살은 대부분 동물이 섭취하도록 해서 씨앗을 퍼뜨리게 하는 수단이다.
열매이삭(과수:果穗)	1개의 자루에 열매가 이삭 모양으로 무리 지어 달린 모습을 이르는 말.
열매자루(과병:果柄, 과경:果梗)	열매가 매달려 있는 자루. 꽃이 열매로 변하면 꽃자루가 자연스럽게 열매자루가 된다.
열매주머니(과포:果苞, 과낭:果囊)	열매를 싸고 있는 주머니 모양의 포로 사초속 식물에서 볼 수 있다.
우산꽃차례(산형화서:傘形花序)	무한꽃차례의 일종으로 꽃대의 끝에 여러 꽃자루가 우산살 모양으로 갈라져 그 끝에 꽃이 하나씩 피는 꽃차례.
원뿔꽃차례(원추화서:圓錐花序)	꽃이삭의 자루에서 많은 가지가 갈라지는데 가지는 위로 갈수록 짧아져서 전체가 원뿔 모양으로 되는 꽃차례.
윗입술꽃잎(상순화판:上脣花瓣)	입술모양꽃부리에서 갈라지는 2장의 꽃잎 중 위쪽의 꽃잎. 아래쪽의 꽃잎은 '아랫입술꽃잎(하순화판:下脣花瓣)'이라고 한다.
육질(肉質)	식물체가 즙을 많이 함유하여 두껍게 살이 찐 것으로 '다육질'이라고도 한다.
이삭꽃차례(수상화서:穗狀花序)	1개의 긴 꽃차례자루에 작은꽃자루가 없는 꽃이 이삭처럼 촘촘히 붙어서 피는 꽃차례. 송이꽃차례는 작은꽃자루가 있는 꽃이 촘촘히 붙는 점이 이삭꽃차례와 다른 점이다.

용어 해설

용어 해설

입술꽃잎 (순판:脣瓣)	꿀풀과 식물 등에서 볼 수 있는 입술 모양의 꽃잎. 입술꽃잎 중에서 위쪽은 '윗입술꽃잎 (상순화판:上脣花瓣)'이라고 하고 아래쪽은 '아랫입술꽃잎(하순화판:下脣花瓣)'이라고 한다.
잎 (엽:葉)	뿌리, 줄기와 함께 식물의 영양 기관으로 광합성과 증산작용을 한다. 일반적으로 잎은 잎몸, 잎자루, 턱잎 등으로 이루어진다.
잎겨드랑이 (엽액:葉腋)	줄기에서 잎이 나오는 겨드랑이 같은 부분으로 잎자루와 줄기 사이를 말한다.
잎눈 (엽아:葉芽)	겨울눈 중에서 자라서 잎이나 줄기가 될 눈. 일반적으로 꽃눈보다 작고 길쭉한 것이 많다.
잎맥 (엽맥:葉脈)	잎몸 안에 그물망처럼 분포하는 조직으로 물과 양분의 통로가 된다. 크게 나란히맥과 그물맥으로 나뉜다.
잎맥겨드랑이 (맥액:脈腋)	잎맥과 잎맥이 갈라지는 겨드랑이 부분.
잎몸 (엽신:葉身)	잎을 잎자루와 구분하여 부르는 이름으로, 잎자루를 제외한 나머지 부분.
잎자국 (엽흔:葉痕)	줄기에 남아 있는 잎이 떨어진 흔적. 겉은 코르크로 싸서 추위와 병균의 침입을 막는다.
잎자루 (엽병:葉柄)	잎몸과 줄기를 연결하는 자루. 종에 따라 또는 잎이 붙는 위치에 따라 모양과 길이가 달라지기도 한다.
잎집 (엽초:葉鞘)	잎자루의 밑부분이 칼집 모양으로 발달해서 줄기를 싸고 있는 부분.
잎혀 (엽설:葉舌)	벼과 식물에서 볼 수 있는 잎집과 잎몸을 연결하는 부분의 안쪽에 있는 혓바닥 모양의 작은 돌기.
작은꽃 (소화:小花)	많은 작은 꽃이 모여 한 송이의 큰 꽃처럼 되는 경우에 작은 꽃 하나하나를 가리키는 말. '잔꽃'이라고도 한다.

작은꽃이삭(소수:小穗)	벼과나 방동사니과의 수상꽃차례를 구성하고 있는 작은 이삭꽃차례. '잔이삭'이라고도 한다.
작은꽃자루(소화경:小花梗)	꽃차례에서 꽃 하나하나를 달고 있는 자루.
작은잎(소엽:小葉)	겹잎을 구성하고 있는 하나하나의 잎.
작은잎자루(소엽병:小葉柄)	겹잎에서 작은잎과 겹잎자루를 연결하는 자루.
잔뿌리(세근:細根)	풀이나 나무의 굵은 뿌리에서 돋아나는 작고 가는 뿌리.
잔털(모용:毛茸)	매우 가늘고 짧은 털.
잔톱니(세거치:細鋸齒)	잎 가장자리에 잘게 갈라진 톱니가 아주 작은 것.
장식꽃(무성화:無性花, 중성화:中性花)	암술과 수술이 모두 퇴화하여 없는 꽃으로 열매를 맺지 못하는 장식용 꽃.
주걱형	밥주걱처럼 위쪽이 넓고 아래는 점차 좁아지는 모양.
주맥(主脈)	잎몸에 여러 굵기의 잎맥이 있을 경우 가장 굵은 잎맥을 말한다. 보통은 잎의 가운데 있는 가장 큰 잎맥을 가리킨다.
줄기(경:莖)	식물체를 받치고 물과 양분의 통로 역할을 하는 기관. 아래로는 뿌리와 연결되고 위로는 잎과 연결되는 식물의 영양기관이다.
줄기잎(경생엽:莖生葉)	줄기에 달리는 잎.
짝수깃꼴겹잎 (우수우상복엽:偶數羽狀複葉)	좌우에 몇 쌍의 작은잎이 달리고 그 끝에는 작은잎이 달리지 않는 깃 모양 겹잎.
짧은가지(단지:短枝)	마디 사이의 간격이 극히 짧아서 촘촘해 보이는 가지. 잎이 짧은 마디마다 달리기 때문에 모여 달린 것처럼 보인다.
짧은털(단모:短毛)	길이가 짧은 털.
착생란(着生蘭)	흙이 아닌 다른 식물의 표면이나 바위 등에 붙어서 자라는 난초과 식물.

용어 해설

총포(總苞)	꽃차례 밑을 싸고 있는 비늘 모양의 포.
총포조각(총포편:總苞片)	총포를 구성하는 각각의 조각.
측맥(側脈)	중심이 되는 가운데 주맥에서 좌우로 뻗어나간 잎맥.
코르크	참나무의 껍질 안쪽에 여러 켜로 이루어진 조직으로 탄력이 있어서 가공하여 병마개 등으로 쓴다.
콩팥형(신장형:腎臟形)	세로보다 가로가 긴 원형의 아랫부분이 들어가서 전체적으로 콩팥 모양의 잎 모양.
키나무(교목:喬木)	꽃줄기와 곁가지가 분명하게 구별되며 대략 5m 이상 높이로 자라는 나무. 보통 5~10m 높이로 자라는 나무는 '작은키나무(소교목:小喬木)'라고 하고 10m 이상 크게 자라는 나무는 '큰키나무(교목:喬木)'라고 한다.
턱잎(탁엽:托葉)	잎자루 기부에 붙어 있는 비늘 같은 작은 잎조각. 쌍떡잎식물에서 주로 볼 수 있으며 대부분이 일찍 탈락한다.
톱니(거치:鋸齒)	잎 가장자리가 잘게 갈라져서 들쑥날쑥한 모양을 가리키는 말.
퍼진털(개출모:開出毛)	잎이나 줄기 표면에서 직각으로 곧게 서는 털.
포(苞)	꽃의 밑에 있는 작은 잎 모양의 조각. '꽃턱잎'이라고도 한다. 잎이 변한 것으로 꽃이나 눈을 보호한다.
포조각(포편:苞片)	포를 구성하는 각각의 조각.
피침형(披針形)	잎이 창처럼 생겼으며 잎몸은 길이가 너비의 몇 배가 되고 위에서 1/3 정도 되는 부분이 가장 넓으며 끝은 뾰족하다.
하트형(심장형:心臟形)	동그스름한 잎몸의 밑부분은 오목하게 쏙 들어간 심장저이고 잎 끝은 뾰족한 것이 하트(♡) 또는 심장처럼 생긴 잎 모양.

한해살이풀(일년초 : 一年草)	싹이 튼 해에 꽃이 피고 열매를 맺은 후에 죽는 풀.
햇가지(신지 : 新枝)	그해에 새로 나서 자란 어린 가지. '새가지'라고도 한다.
헛비늘줄기(위인경 : 僞鱗莖)	난초과 식물의 줄기가 불룩해져서 비늘줄기처럼 보이는 것.
헛수술(가웅예 : 假雄蘂)	퇴화하여 꽃가루를 만들지 못하는 수술. 일반적으로 꽃밥이 발달하지 않으므로 꽃가루가 생기지 않는다. 달개비의 노란색 헛수술은 꽃잎과 함께 곤충을 불러들이는 역할을 한다.
헛씨껍질(가종피 : 假種皮)	씨앗을 둘러싸고 있는 육질의 껍데기. 밑씨껍질 이외의 부위가 발달하여 이루어진다.
헛알줄기(위구경 : 僞球莖)	난초과 식물 중에서 뿌리줄기의 일부가 알뿌리 모양으로 비대해져서 땅 위로 나온 것.
헛열매(위과 : 僞果, 가과 : 假果)	씨방 이외의 부분이 자라서 된 열매.
헛턱잎(가탁엽 : 假托葉)	잎의 밑부분이 변형되어 턱잎처럼 보이는 것.
혀꽃(설상화 : 舌狀花)	국화과의 머리모양꽃차례를 이루는 꽃의 하나로 아래는 대롱 모양이고 위는 혀 모양인 꽃.
혀꽃부리(설상화관 : 舌狀花冠)	혀꽃 하나를 이르는 말.
홀수깃꼴겹잎 (기수우상복엽 : 奇數羽狀複葉)	좌우에 몇 쌍의 작은잎이 달리고 그 끝에 1장의 작은잎으로 끝나는 깃 모양 겹잎.
홀꽃(단판화 : 單瓣花)	꽃잎이 1겹으로 이루어진 꽃. 꽃잎이 여러 겹인 '겹꽃'에 대응되는 말이다.
홀잎(단엽 : 單葉)	잎몸이 1개인 잎. 여러 개의 작은잎으로 이루어진 '겹잎'에 대응되는 말이다.

● 학명 표기 방법

학명(學名)

전 세계가 공통으로 부르는 이름으로 린네가 고안해 낸 이명법(二名法)을 쓴다. 이명법은 속명과 종소명을 쓰고 그 뒤에 이름을 붙인 학자의 이름을 적는데 학자의 이름은 생략하기도 한다(예:무궁화의 학명 *Hibiscus syriacus* Linne 에서 Linne는 생략하기도 함). 학명의 속명과 종소명은 이탤릭체로 표기하는 것이 원칙이고 속명의 첫글자는 대문자로 표기한다. 반면에 각 나라에서 그 나라의 언어로 쓰는 '무궁화'와 같은 이름은 '보통명'이라고 한다. 특히 우리나라에서 쓰는 보통명은 '국명(國名)'이라고 한다. 또 사투리처럼 각 지방에서 다르게 부르는 이름은 '지방명(地方名)'이라고 한다.

무궁화

기본종(基本種)

어떤 종의 기준이 되는 종. 아종, 변종, 품종 등의 기본이 되는 종이다. 소나무(*Pinus densiflora*)처럼 이명법으로 표기하는 종이 기본종이다.

기본종 : 소나무

변종(變種)

종의 하위 단계로 같은 종 내에서 자연적으로 생긴 돌연변이종을 '변종(variety)'이라고 하며 보통 줄여서 var. 또는 v.로 표시한다. 변종과 아종은 실제적으로 구분이 애매한 경우가 많다.
예:원숭이솔(*Pinus densiflora* v. *longiramea*)은 소나무의 변종이다.

변종 : 원숭이솔

품종(品種)

돌연변이종으로 기본종과 한두 가지 형질이 다른 것을 '품종(form)'이라고 하며 보통 줄여서 for. 또는 f.로 표시한다. 변종보다는 분화의 정도가 적은 하위 단계의 종이다.
예:처진솔(*Pinus densiflora* f. *pendula*)은 소나무의 품종이다.

품종 : 처진솔

재배종(栽培種)

사람이 인공적으로 만든 품종 중에서 식용이나 관상용 등으로 재배하는 품종을 '재배종(cultivar)'이라고 하며 보통 줄여서 cv.로 표시하거나 작은따옴표 안에 재배종명을 쓰기도 한다.

예: 뱀솔(*Pinus densiflora* cv. Oculus Draconis), (*Pinus densiflora* 'Oculus Draconis')은 소나무의 재배종이다.

재배종 : 뱀솔

아종(亞種)

종의 하위 단계 단위로 종이 지리적이나 생태적으로 격리되어 생김새가 달라진 경우에 그 종의 '아종(subspecies)'이라고 하며 보통 줄여서 학명 뒤에 subsp. 또는 ssp.로 표시한다.

예: 수국(*Hydrangea macrophylla*)은 기본종이고
산수국(*Hydrangea macrophylla* ssp. *serrata*)은 수국의 아종이다.

기본종 : 수국

아종 : 산수국

교잡종(交雜種), 잡종(雜種)

교잡종의 종소명이 있을 경우에 속명과 종소명 사이에 '×'를 넣어서 쓴다. 속간의 잡종의 표기는 양친 속 사이에 '×'를 넣어서 쓴다.

예: 붉은꽃칠엽수(*Aesculus* × *carnea*)는 미국칠엽수(*Aesculus pavia*)와 가시칠엽수(*Aesculus hippocastanum*)를 교배해서 만든 교잡종이다.

기본종 : 미국칠엽수

기본종 : 가시칠엽수

교잡종 : 붉은꽃칠엽수

꽃 이름 찾아보기

풀꽃 이름

ㄱ

가는갯능쟁이 352
가는기린초 229
가는다리장구채 282
가는대나물 282
가는등갈퀴 187
가는마디꽃 193
가는명아주 351
가는범꼬리 313
가는살갈퀴 39
가는오이풀 317
가는잎개별꽃 89
가는잎산들깨 198
가는잎쐐기풀 192
가는잎억새 381
가는잎왕고들빼기 257
가는잎할미꽃 31
가는장구채 282
가는장대 16
가는참나물 334
가는털비름 350
가락지나물 60
가래 345
가래바람꽃 86
가막사리 268
가새쑥부쟁이 170
가시도꼬마리 367
가시박 343
가시상치 256
가시엉겅퀴 213
가시여뀌 182
가시연꽃 168
가야산은분취 216

가을강아지풀 384
가지복수초 68
각시갈퀴나물 187
각시그령 388
각시둥굴레 120
각시마 347
각시붓꽃 13
각시서덜취 214
각시수련 299
각시취 214
각시현호색 37
갈대 393
갈매기난초 108
갈퀴꼭두서니 342
갈퀴나물 188
갈퀴덩굴 114
갈퀴현호색 36
갈풀 391
감국 253
감둥사초 369
감자개발나물 335
감자난 70
감절대 287
갓 54
강아지풀 384
강활 338
개감수 124
개감채 297
개갓냉이 56
개곽향 195
개구리미나리 59
개구리발톱 87
개구리밥 118
개구리자리 57
개기장 385
개도둑놈의갈고리 186
개똥쑥 364
개망초 303
개맥문동 166

개맨드라미 180
개머위 75
개모밀덩굴 184
개모시풀 360
개미자리 89
개미취 170
개미탑 180
개밀 393
개발나물 335
개벼룩 90
개별꽃 90
개병풍 279
개보리뺑이 64
개불알꽃 33
개불알풀 17
개비름 350
개사상자 112
개사철쑥 363
개상사화 243
개소시랑개비 62
개솔나물 342
개솔새 382
개쉽사리 320
개시호 269
개싸리 316
개쑥갓 76
개쑥부쟁이 293
개아마 151
개양귀비 15
개여뀌 183
개연꽃 227
개자리 74
개정향풀 155
개족도리 12
개종용 47
개질경이 323
개찌버리사초 130
개차즈기 194
개피 135

개회향 337
갯강활 339
갯개미자리 150
갯개미취 170
갯괴불주머니 71
갯국화 268
갯금불초 250
갯기름나물 340
갯까치수영 97
갯댑싸리 353
갯메꽃 47
갯무 16
갯방풍 337
갯사상자 336
갯쑥부쟁이 171
갯씀바귀 255
갯완두 41
갯장구채 19
갯장대 83
갯질경 230
갯취 223
갯패랭이꽃 148
갯하늘지기 372
갯활량나물 74
갯황기 263
거북꼬리 192
거지덩굴 342
검은눈천인국 249
검은샀갓나물 116
검은솜아마존 156
검정말 273
게박쥐나물 331
겨풀 387
겹꽃삼잎국화 249
겹도라지 173
고깔제비꽃 21
고들빼기 257
고려엉겅퀴 213
고마리 146, 286

고본 339
고삼 259
고수 335
고슴도치풀 237
고추나물 231
고추냉이 80
곤달비 247
골등골나물 329
골무꽃 45
골사초 131
골풀 378
곰취 247
곱슬사초 132
과남풀 194
광대나물 46
광대수염 110
광릉갈퀴 188
광릉골무꽃 45
광릉요강꽃 34
괭이밥 60
괭이사초 127
괭이싸리 315
구름국화 172
구름떡쑥 328
구름병아리난초 175
구름체꽃 174
구릿대 340
구상난풀 264
구슬갓냉이 56
구슬붕이 28
구실바위취 280
구와꼬리풀 206
구와말 206
구와취 215
구절초 305
국화잎아욱 25
궁궁이 339
귀리 137
귀박쥐나물 331

그늘골무꽃 196
그늘보리뺑이 64
그늘사초 128
그령 388
금강봄맞이 291
금강분취 215
금강아지풀 384
금강애기나리 29
금강제비꽃 94
금강초롱꽃 220
금괭이눈 73
금꿩의다리 143
금난초 69
금낭화 39
금마타리 241
금매화 228
금방동사니 376
금방망이 247
금불초 245
금붓꽃 52
금새우난 70
금소리쟁이 356
금영화 224
금창초 44
기는미나리아재비 58
기름나물 340
기름새 382
기린초 228
기생꽃 299
기생여뀌 182
기생초 252
긴강남차 234
긴개별꽃 90
긴갯금불초 251
긴담배풀 361
긴뚝갈 241
긴병꽃풀 45
긴사상자 333
긴이삭비름 350

677

긴잎꿩의다리 258
긴잎끈끈이주걱 284
긴잎나비나물 189
긴잎달맞이꽃 225
긴잎박하 200
긴화살여뀌 355
길골풀 379
김의털 391
깃잎정영엉겅퀴 327
까락골 371
까마중 293
까실쑥부쟁이 302
까치고들빼기 242
까치깨 238
까치수영 292
깨풀 185
깽깽이풀 32
께묵 254
꼬마부들 178
꼬마은난초 107
꼭두서니 293
꽃고비 153
꽃다지 56
꽃마리 28
꽃며느리밥풀 204
꽃무 57
꽃무릇 163
꽃바지 27
꽃장구채 150
꽃족제비쑥 306
꽃창포 143
꽃향유 201
꽃황새냉이 82
꽈리 326
꿀풀 46
꿩의다리 310
꿩의다리아재비 344
꿩의바람꽃 103
꿩의밥 135

꿩의비름 147
끈끈이대나물 150
끈끈이여뀌 355
끈끈이장구채 283
끈끈이주걱 284

ㄴ

나나벌이난초 348
나도개감채 100
나도개미자리 281
나도개피 387
나도공단풀 237
나도냉이 55
나도닭의덩굴 315
나도물통이 125
나도미꾸리낚시 182
나도민들레 254
나도바람꽃 87
나도바랭이 389
나도방동사니 377
나도범의귀 53
나도별사초 127
나도생강 299
나도송이풀 203
나도수영 355
나도수정초 110
나도승마 238
나도양지꽃 62
나도옥잠화 99
나도제비난 35
나도풍란 177
나도하수오 314
나래가막사리 252
나래새 392
나래완두 40
나리난초 176
나문재 354
나비나물 189
나비난초 34

나사말 273
나팔꽃 209
낙지다리 259
낚시사초 131
낚시제비꽃 24
난쟁이바위솔 279
난쟁이붓꽃 15
난쟁이아욱 290
날개골풀 379
날개하늘나리 160
날개현호색 38
남개연꽃 227
남방개 370
남산제비꽃 93
남산천남성 32
낭독 123
낮달맞이꽃 145
내장금강초 44
냄새냉이 125
냉이 85
냉초 205
너도개미자리 281
너도바람꽃 87
넓은잎각시붓꽃 13
넓은잎갈퀴 187
넓은잎개수염 380
넓은잎꼬리풀 205
넓은잎미꾸리낚시 182
넓은잎외잎쑥 366
넓은잎잠자리난 348
넓은잎제비꽃 23
넓은잎쥐오줌풀 50
네귀쓴풀 145
네모골 371
노란장대 53
노랑갈퀴 260
노랑꽃알팔파 263
노랑꽃창포 52
노랑땅나리 243

노랑매발톱꽃 71
노랑무늬붓꽃 78
노랑물봉선화 264
노랑미치광이풀 76
노랑붓꽃 52
노랑선씀바귀 67
노랑앉은부채 68
노랑어리연꽃 242
노랑원추리 244
노랑제비꽃 60
노랑코스모스 251
노랑토끼풀 75
노랑투구꽃 312
노랑하늘타리 288
노랑할미꽃 63
노루귀 32, 103
노루발 291
노루삼 109
노루오줌 181
노루참나물 334
논뚝외풀 322
놋젓가락나물 179
누룩치 336
누른괭이눈 73
누른하늘말나리 243
누린내풀 157
누운주름잎 48
눈개불알풀 17
눈개승마 95
눈개쑥부쟁이 172
눈범꼬리 314
눈빛승마 311
느러진장대 274
는쟁이냉이 82
능수참새그령 389

ㄷ

다닥냉이 81
다북떡쑥 328

단양쑥부쟁이 172
단풍마 347
단풍잎돼지풀 366
단풍제비꽃 93
단풍취 300
단풍터리풀 151
달개비 142
달구지풀 191
달래 30
달맞이꽃 225
달맞이장구채 283
달뿌리풀 393
닭의난초 257
닭의덩굴 315
닭의장풀 142
담배풀 361
당개지치 27
당근 333
당분취 216
당아욱 25
닻꽃 264
대가래 345
대극 123
대나물 281
대반하 116
대사초 132
대성쓴풀 85
대청부채 167
대황 109
댑싸리 353
더덕 367
덤불쑥 365
덩굴개별꽃 90
덩굴닭의장풀 298
덩굴모밀 286
덩굴별꽃 283
덩굴용담 319
덩이괭이밥 19
도깨비가지 157

도깨비바늘 224
도깨비부채 279
도깨비사초 132
도깨비엉겅퀴 212
도꼬로마 347
도꼬마리 366
도둑놈의갈고리 187
도라지 157
도라지모시대 220
도루박이 134
독말풀 211
독미나리 335
독활 368
돌꽃 224
돌나물 59
돌단풍 102
돌마타리 241
돌바늘꽃 144
돌소리쟁이 356
돌양지꽃 235
돌외 343
돌창포 296
돌채송화 59
돌콩 189
돌피 387
동강할미꽃 31
동의나물 63
동자꽃 149
돼지풀 366
두루미꽃 79
두루미천남성 118
두메갈퀴 276
두메고들빼기 256
두메담배풀 361
두메부추 163
두메양귀비 224
두메자운 190
두메층층이 321
둥굴레 120

679

둥근마 347
둥근말냉이 16
둥근매듭풀 186
둥근바위솔 279
둥근배암차즈기 198
둥근베치 42
둥근이질풀 152
둥근잎꿩의비름 147
둥근잎나팔꽃 210
둥근잎미국나팔꽃 210
둥근잎유홍초 209
둥근잎천남성 117
둥근털제비꽃 20
드렁방동사니 375
드렁새 388
들깨풀 198
들바람꽃 104
들완두 40
들현호색 37
등갈퀴나물 188
등골나물 329
등골나물아재비 330
등대시호 269
등대풀 124
등심붓꽃 30
딱지꽃 235
딸기 96
땅귀개 265
땅꽈리 266
땅나리 160
땅빈대 277
땅채송화 59
떡쑥 76
뚜껑덩굴 300
뚜껑별꽃 26
뚝갈 296
뚝새풀 137
뚱딴지 251
띠 135

ㅁ
마 346
마디꽃 143
마디풀 285
마름 274
마주송이풀 142
마타리 241
마편초 208
만삼 367
만수국아재비 223
만주바람꽃 80
만주송이풀 223
말나리 159
말냉이 80
말똥비름 230
말즘 346
말털이슬 319
맑은대쑥 364
망초 330
매듭풀 186
매미꽃 52
매발톱꽃 18
매화노루발 97
매화마름 88
맥문동 166
맥문아재비 307
머위 75
메귀리 137
메꽃 208
메밀 286
메밀여뀌 184
며느리밑씻개 147
며느리배꼽 342
역쇠채 66
멸가치 332
명아주 351
모데미풀 86
모래지치 97
모시대 220

모시물통이 358
모시풀 359
목포용둥굴레 121
뫼제비꽃 22
묏장대 84
무늬둥굴레 120
무늬사초 130
무늬잎마위 75
무늬족도리풀 12
무릇 165
문모초 85
문주란 298
물고랭이 373
물고추나물 151
물꼬챙이골 371
물파리아재비 240
물냉이 85
물달개비 168
물레나물 232
물매화 287
물방동사니 375
물봉선 193
물솜방망이 64
물수세미 312
물싸리풀 236
물쑥 365
물앵초 237
물양지꽃 236
물억새 381
물옥잠 167
물질경이 272
물칭개나물 85
미국가막사리 268
미국개기장 385
미국까마중 294
미국나팔꽃 210
미국물칭개 146
미국미역취 246
미국수련 299

미국실새삼 325
미국쑥부쟁이 302
미국외풀 202
미국자리공 285
미국쥐손이 25
미국질경이 323
미꾸리낚시 184
미나리 334
미나리냉이 82
미나리아재비 58
미륵냉이 125
미역취 246
미치광이풀 48
민고마리 286
민눈양지꽃 61
민둥갈퀴 276
민둥뫼제비꽃 94
민들레 65
민바랭이 386
민박쥐나물 331
민백미꽃 98
민솜대 119
민솜방망이 248
민유럽장대 55
밀나물 115
밀사초 129
밀크티슬 212

ㅂ

바늘골 370
바늘꽃 144
바늘사초 129
바늘엉겅퀴 213
바디나물 221
바람꽃 278
바람하늘지기 371
바랭이 386
바위떡풀 280
바위미나리아재비 59

바위솔 278
바위채송화 230
바위취 88
박 288
박새 297
박주가리 155
박하 200
반디지치 28
반하 117
발톱꿩의다리 72
방가지똥 255
방동사니 377
방동사니대가리 374
방동사니아재비 375
방아풀 201
방울고랭이 372
방울꽃 154
방울비짜루 119
방울새란 175
방울새풀 135
방패꽃 146
밭뚝외풀 322
배암차즈기 47
배초향 197
배추 54
배풍등 294
백도라지 295
백두산떡쑥 50
백련 300
백령풀 146
백미꽃 156
백부자 259
백선 26
백양꽃 162
백운산원추리 244
백작약 101
백화자란 108
뱀딸기 62
버들금불초 245

버들까치수영 244
버들마편초 208
버들바늘꽃 144
버들분취 215
번행초 226
벋음씀바귀 67
벌개미취 169
벌깨덩굴 45
벌깨풀 195
벌노랑이 262
벌등골나물 329
벌레잡이제비꽃 157
벌사상자 336
벌씀바귀 67
벌완두 188
범꼬리 181
범부채 167
벗풀 272
베치 39
벼룩나물 91
벼룩이울타리 280
벼룩이자리 89
변산바람꽃 87
별꽃 104
별꽃아재비 294
별나팔꽃 210
별날개골풀 379
별패랭이 148
병아리난초 175
병아리방동사니 377
병아리풀 191
병풍쌈 331
보춘화 123
복수초 68
봄망초 303
봄맞이 96
봄여뀌 183
봉래꼬리풀 205
부들 177

부레옥잠 167
부산꼬리풀 206, 324
부채갯메꽃 209
부채마 348
부채붓꽃 14
부처꽃 168
북분취 215
분꽃 181
분취 216
분홍달맞이꽃 145
분홍바늘꽃 145
분홍장구채 150
분홍할미꽃 31
불란서국화 304
불로화 217
불암초 153
붉노랑상사화 243
붉은괭이밥 64
붉은꽃양장구채 18
붉은꿀풀 46
붉은대극 123
붉은벌깨덩굴 45
붉은사철란 309
붉은서나물 362
붉은조개나물 44
붉은참반디 50
붉은토끼풀 43
붓꽃 13
붕어마름 258
비누풀 284
비로용담 154
비비추 164
비비추난초 69
비수리 316
비짜루 119
비짜루국화 218
빗살서덜취 214
뺑쑥 364
뻐꾹나리 161

뻐꾹채 48
뿌리뱅이 67
뽕모시풀 357
뿔족도리풀 13

ㅅ

사데풀 255
사마귀풀 142
사상자 333
사철란 309
사철쑥 363
산거울 128
산골무꽃 196
산괭이눈 73
산괭이사초 127
산괴불주머니 71
산구절초 305
산국 253
산꼬리풀 206
산꽃다지 81
산꿩의다리 310
산꿩의밥 134
산달래 30
산떡쑥 328
산뚝사초 133
산마늘 100
산물통이 358
산민들레 65
산박하 202
산부채 271
산부추 164
산비장이 217
산새콩 41
산솜다리 301
산솜방망이 248
산씀바귀 256
산여뀌 183
산오이풀 192
산외 289

산자고 99
산작약 25
산제비난 348
산조풀 391
산쪽풀 125
산층층이 321
산토끼꽃 221
산파 163
산해박 239
살갈퀴 39
삼 357
삼도하수오 314
삼백초 306
삼잎국화 249
삼쥐손이 153
삼지구엽초 72
삽주 326
삿갓나물 116
삿갓사초 131
새 383
새끼꿩의비름 230
새끼노루귀 103
새며느리밥풀 204, 323
새박 288
새삼 325
새완두 40
새우난초 35
새콩 190
새팥 261
새포아풀 136
서덜취 217
서양고추나물 232
서양금혼초 66
서양등골나물 329
서양메꽃 324
서양민들레 65
서양벌노랑이 262
서양톱풀 295
서울방동사니 378

서울제비꽃 22
서울족도리풀 13
석곡 309
석류풀 284
석산 163
석잠풀 197
석창포 69
선가래 345
선갈퀴 276
선개불알풀 17
선괭이눈 73
선괭이밥 60
선괴불주머니 258
선모시대 220
선밀나물 115
선백미꽃 239
선씀바귀 105
선옹초 151
선이질풀 153
선인장 245
선제비꽃 23
선토끼풀 43
선풀솜나물 126
선피막이 369
설앵초 27
섬곽향 195
섬광대수염 110
섬기린초 229
섬꼬리풀 18
섬남성 33
섬노루귀 102
섬말나리 242
섬모시풀 359
섬바디 338
섬시호 269
섬쑥 363
섬쑥부쟁이 302
섬자리공 285
섬잔대 219

섬장대 83
섬제비쑥 363
섬초롱꽃 368
섬현삼 207
섬현호색 108
세대가리 378
세모고랭이 374
세바람꽃 86
세복수초 68
세뿔여뀌 313
세뿔투구꽃 179
세잎승마 311
세잎양지꽃 61
세잎쥐손이 152
세잎할미꽃 31
소경불알 368
소귀나물 272
소리쟁이 356
소엽 199
속단 200
속속이풀 56
손바닥난초 174
손바닥선인장 245
솔나리 160
솔나물 226
솔방울고랭이 372
솔붓꽃 14
솔새 382
솔잎미나리 340
솔잎사초 129
솔체꽃 174
솜나물 105
솜방망이 64
솜아마존 239
솜양지꽃 61
송이풀 142
송장풀 197
쇠돌피 137
쇠무릎 349

쇠방동사니 376
쇠별꽃 104
쇠보리 383
쇠비름 231
쇠뿔현호색 38
쇠서나물 253
쇠채 66
쇠채아재비 253
쇠치기풀 383
쇠털이슬 318
쇠풀 383
수강아지풀 384
수까치깨 238
수레국화 169, 300
수리취 217
수박 234
수박풀 291
수선화 100
수세미오이 233
수송나물 354
수염가래꽃 158
수염며느리밥풀 204
수염현호색 37
수영 115
수원잔대 219
수크령 385
숙은노루오줌 181
순채 161
술패랭이꽃 148
숫잔대 158
숲개별꽃 89
쉽사리 320
시금치 353
시호 269
신감채 338
신안새우난초 35
실꽃풀 307
실망초 330
실새풀 392

싱아 286
싸리냉이 82
쌀새 390
쑥 365
쑥갓 66
쑥방망이 248
쑥부쟁이 170
쑥부지깽이 57
씀바귀 63

ㅇ

아나카리스 273
아욱메풀 62
안면용둥굴레 121
앉은부채 32
앉은좁쌀풀 323
알파리 267
알록제비꽃 20
알며느리밥풀 204
알방동사니 376
암대극 124
애기가래 345
애기고추나물 231
애기괭이눈 72
애기괭이밥 92
애기금매화 228
애기기린초 229
애기나리 99
애기나비나물 189
애기나팔꽃 325
애기달맞이꽃 225
애기도라지 158
애기땅빈대 277
애기똥풀 53
애기메꽃 208
애기물꽈리아재비 240
애기바늘사초 129
애기봄맞이 96
애기부들 178

애기솔나물 227
애기수련 299
애기수영 116
애기쉽사리 320
애기앉은부채 174
애기우산나물 218
애기자운 42
애기장대 84
애기참반디 76
애기탑꽃 199
애기풀 12
애기현호색 36
애기흰사초 131
앵초 27
야고 203
약난초 36
약모밀 80
양귀비 15
양명아주 352
양미역취 246
양뿔사초 370
양장구채 92
양지꽃 61
어리병풍 332
어리연꽃 295
어수리 337
어저귀 238
억새 381
얼레지 29
얼치기완두 40
엉겅퀴 213
여뀌 355
여뀌바늘 226
여로 162
여름새우난 176
여우구슬 185
여우오줌 362
여우주머니 357
여우콩 261

여우팥 260
연꽃 169
연등심붓꽃 101
연령초 78
연리초 41
연복초 114
연잎꿩의다리 310
연화바위솔 278
염주괴불주머니 71
영아자 158
오랑캐장구채 283
오리방풀 202
오리새 390
오이 233
오이풀 191
옥녀꽃대 106
옥잠난초 349
올미 272
올방개 370
올챙이고랭이 373
옹굿나물 301
왕갯쑥부쟁이 171
왕고들빼기 256
왕골 375
왕과 234
왕달맞이꽃 225
왕둥굴레 120
왕모시풀 359
왕미꾸리광이 389
왕바랭이 388
왕비늘사초 134
왕쌀새 390
왕씀배 254
왕원추리 169
왕잔디 390
왕제비꽃 95
왕죽대아재비 343
왕해국 171
왕호장 287

왜개연꽃 227
왜떡쑥 126
왜모시풀 359
왜미나리아재비 57
왜박주가리 156
왜방풍 334
왜솜다리 301
왜승마 311
왜젓가락나물 58
왜제비꽃 21
왜지치 154
왜현호색 37
외풀 202
용담 194
용둥굴레 121
용머리 195
용수염 392
우단담배풀 239
우단동자꽃 149
우산나물 218
우산방동사니 377
우산잔디 389
우산제비꽃 19
우선국 173
우엉 212
울릉국화 305
울릉미역취 246
울릉제비꽃 23
울산도깨비바늘 268
원추천인국 248
유럽나도냉이 55
유럽박하 200
유럽장대 54
유럽전호 112
유럽점나도나물 91
유럽큰고추풀 111
유채 54
윤판나물 70
윤판나물아재비 106

융단사초 133
은꿩의다리 178
은난초 107
은대난초 107
은방울꽃 107
은분취 216
은양지꽃 235
이고들빼기 257
이삭귀개 203
이삭물수세미 312
이삭사초 134
이삭여뀌 143
이질풀 152, 289
익모초 197
인디안전동싸리 75
인삼 125
일월비비추 164
잇꽃 267

ㅈ
자귀풀 260
자라풀 273
자란 35
자란초 43
자리공 285
자운영 42
자주가는오이풀 192
자주개자리 42
자주광대나물 46
자주괭이밥 19
자주괴불주머니 38
자주꽃방망이 221
자주꿩의다리 178
자주땅귀개 203
자주비수리 185
자주쓴풀 154
자주알록제비꽃 20
자주억새 381
자주잎제비꽃 21

자주풀솜나물 126
자주황기 190
작은산꿩의다리 310
잔개자리 74
잔대 219
잔디 136
잔솔잎사초 130
잔털제비꽃 93
잠자리난초 308
장구채 282
장대나물 84
장대냉이 145
장대여뀌 183
장백제비꽃 60
재쑥 55
전동싸리 263
전의금불초 245
전주물꼬리풀 199
전호 112
절국대 265
절굿대 211
점나도나물 91
점박이종지나물 24
점박이천남성 117
점현호색 38
접시꽃 153, 290
젓가락나물 58
정선바위솔 278
정선황기 263
정영엉겅퀴 327
정향풀 155
제비꽃 22
제비꿀 88
제비난 308
제비동자꽃 149
제비붓꽃 14
제비쑥 364
제주달구지풀 191
제주상사화 162

제주양지꽃 61
제주진득찰 250
제주큰물통이 358
제주황기 262
조개나물 44
조개풀 380
조름나물 296
조릿대풀 393
조밥나물 254
조뱅이 49
족도리풀 12
족제비쑥 76
졸방제비꽃 23
좀가지풀 63
좀개구리밥 118
좀개미취 171
좀개소시랑개비 62
좀개자리 74
좀고추나물 231
좀꿩의다리 259
좀다닥냉이 81
좀담배풀 361
좀돌팥 261
좀딱취 328
좀딸기 235
좀명아주 351
좀물뚝새 385
좀보리사초 133
좀부들 178
좀비비추 165
좀새풀 391
좀송이고랭이 373
좀씀바귀 66
좀양귀비 15
좀양지꽃 236
좀어리연꽃 276
좀올챙이골 373
좀향유 201
좁쌀풀 240

좁은잎배풍등 156
좁은잎해란초 266
종지나물 24
주걱개망초 303
주걱비비추 165
주걱잎풀솜나물 125
주름잎 48
주름제비난 34
주름조개풀 386
주홍서나물 218
주홍조밥나물 252
죽대 122
줄 387
중국할미꽃 31
중나리 161
중대가리풀 362
중의무릇 63
쥐깨풀 198
쥐꼬리망초 194
쥐꼬리풀 98
쥐방울덩굴 344
쥐손이풀 290
쥐오줌풀 50
쥐털이슬 318
지네발란 177
지느러미엉겅퀴 49
지리대극 357
지리산하늘말나리 159
지리터리풀 151
지모 33
지채 345
지치 293
지칭개 49
진득찰 250
진땅고추풀 207
진범 179
진주고추나물 232
진퍼리까치수영 292
진퍼리잔대 220

진홍토끼풀 43
진황정 122
질경이 324
질경이택사 271
짚신나물 237
쪽 185

ㅊ

차즈기 199
차풀 234
참개싱아 314
참골무꽃 196
참꽃마리 28
참나리 161
참나물 333
참당귀 221
참마 346
참바위취 280
참반디 332
참방동사니 376
참배암차즈기 264
참비녀골풀 380
참산부추 164
참삿갓사초 130
참새귀리 392
참새피 386
참소리쟁이 356
참쑥 365
참억새 381
참여로 162
참외 233
참장대나물 83
참좁쌀풀 240
참취 302
참통발 265
창명아주 352
창질경이 111
창포 69
처녀치마 30

천궁 336
천남성 117
천마 308
천마괭이눈 73
천문동 119
천인국아재비 249
천일담배풀 362
천일사초 132
청개족도리 114
청비녀골풀 380
청비름 350
초롱꽃 368
초종용 47
촛대승마 311
추분취 360
춘란 123
취명아주 352
층층갈고리둥굴레 122
층층고랭이 374
층층둥굴레 122
층층이꽃 199
층층잔대 219
치커리 173
칠면초 354

ㅋ

카밀레 306
캐나다엉겅퀴 214
컴프리 193
코스모스 172, 304
콩다닥냉이 81
콩제비꽃 95
큰개미자리 89
큰개별꽃 104
큰개불알풀 17
큰개현삼 207
큰고랭이 374
큰괭이밥 92
큰구슬붕이 29

큰금계국 252
큰금매화 228
큰기름새 382
큰까치수영 292
큰꼭두서니 342
큰꿩의비름 147
큰달맞이꽃 225
큰닭의덩굴 315
큰도꼬마리 367
큰도둑놈의갈고리 186
큰두루미꽃 79
큰땅빈대 277
큰망초 330
큰매자기 372
큰메꽃 209
큰물레나물 232
큰물칭개나물 16
큰물통이 358
큰바늘꽃 144
큰반하 116
큰방가지똥 255
큰방울새란 175
큰뱀무 236
큰벼룩아재비 275
큰비쑥 363
큰비짜루국화 173
큰산장대 84
큰쐐기풀 360
큰애기나리 99
큰앵초 26
큰엉겅퀴 212
큰여우콩 261
큰연령초 78
큰오이풀 318
큰원추리 243
큰잎부들 177
큰절굿대 211
큰점나도나물 91
큰제비고깔 180

큰조롱 343
큰조아재비 392
큰졸방제비꽃 23
큰천남성 118
큰피막이 369
키큰산국 304

ㅌ

타래난초 176
타래붓꽃 14
타래사초 127
탑꽃 321
태백기린초 229
태백바람꽃 102
태백제비꽃 93
택사 271
탠지 267
터리풀 289
털갈퀴덩굴 39
털개구리미나리 58
털개별꽃 102
털개불알꽃 34
털갯완두 41
털기름나물 337
털독말풀 326
털동자꽃 149
털머위 247
털별꽃아재비 294
털부처꽃 168
털새동부 42
털쇠무릎 349
털여뀌 184
털이슬 318
털잔대 219
털장대 83
털제비꽃 20
털중나리 160
털쥐손이 152
털진득찰 250

토끼풀 109
토마토파리 266
토현삼 207
톱니나자스말 346
톱풀 295
통보리사초 128
투구꽃 179
퉁둥굴레 121
퉁퉁마디 353

ㅍ
파대가리 378
파드득나물 332
파리풀 205
패랭이꽃 148
패모 29
페루꽈리 211
포천구절초 305
푸른갯골풀 379
푸른박새 344
푸른여로 344
풀거북꼬리 193
풀솜나물 126
풀솜대 101
풍란 309
풍선덩굴 275
프리케아나종지나물 24
피나물 52
피막이풀 369
피뿌리풀 26

ㅎ
하늘나리 159
하늘말나리 159
하늘매발톱 18
하늘바라기 251
하늘타리 288
하수오 315
한계령풀 53

한라개승마 289
한라돌쩌귀 180
한라돌창포 296
한라부추 163
한라사초 128
한라새우난초 70
한라송이풀 203
한란 349
한련초 301
할미꽃 31
해국 171
해란초 266
해오라비난초 307
해홍나물 354
향기제비꽃 24
향모 136
향유 201
헐떡이풀 88
현삼 265
현호색 36
호밀풀 136
호박 233
호자덩굴 275
호장근 287
호제비꽃 22
혹쐐기풀 360
홀아비꽃대 106
홀아비바람꽃 86
홍노도라지 98
홍도까치수영 292
홍도원추리 244
홑왕원추리 166
화태떡쑥 50
환삼덩굴 263
활나물 190
활량나물 260
황금 196
황금무늬맥문동 166
황금톱풀 267

황기 262
황새냉이 82
회리바람꽃 72
회향 268
흑난초 176
흑박주가리 155
흑산도비비추 165
흑삼릉 258
흰각시붓꽃 78
흰각시취 327
흰갯장구채 92
흰겹도라지 306
흰고려엉겅퀴 327
흰과남풀 319
흰구름국화 303
흰그늘용담 110
흰금낭화 108
흰깽깽이풀 103
흰꽃고비 291
흰꽃바디나물 338
흰꽃여뀌 313
흰꽃자주개자리 317
흰꽃창포 274
흰꽃향유 322
흰꿀풀 111
흰노랑꽃창포 79
흰노랑민들레 65
흰달개비 271
흰대극 124
흰도깨비바늘 304
흰독말풀 325
흰두메양귀비 274
흰두메자운 316
흰둥근이질풀 290
흰등심붓꽃 101
흰땃딸기 95
흰메꽃 324
흰명아주 351
흰무늬엉겅퀴 212

흰무릇 298
흰물봉선 319
흰민들레 105
흰바디나물 339
흰방동사니 378
흰배초향 320
흰벌완두 316
흰붓꽃 79
흰상사화 298
흰새콩 317
흰속단 322
흰솔나리 297
흰솔나물 275
흰송이풀 271
흰술패랭이꽃 281
흰씀바귀 98
흰알며느리밥풀 322
흰앵초 96
흰얼레지 100
흰엉겅퀴 326
흰여뀌 184, 313
흰여로 297
흰용담 319
흰용머리 321
흰일월비비추 307
흰자운영 109
흰자주꽃방망이 295
흰전동싸리 317
흰젖제비꽃 94
흰제비꽃 94
흰제비난 308
흰지느러미엉겅퀴 111
흰지칭개 112
흰진범 312
흰참꽃무꽃 320
흰털괭이눈 73
흰털부처꽃 299
흰털제비꽃 21
흰패랭이꽃 281

나무꽃 이름

ㄱ

가래나무 507
가막살나무 491
가문비나무 517
가새뽕나무 511
가새잎개머루 583
가솔송 541
가시나무 449
가시오갈피 552
가시칠엽수 462
가이즈카향나무 525
가죽나무 551
가침박달 470
각시괴불나무 499
각시석남 420
갈기조팝나무 469
갈매나무 503
갈참나무 451
갈퀴망종화 549
감나무 423
감탕나무 504
감태나무 436
개가시나무 450
개나리 424
개느삼 444
개다래 569
개머루 583
개박달나무 446
개버무리 545
개버찌나무 472
개벚지나무 472
개비자나무 520
개산초 454
개살구나무 471
개서나무 414
개서어나무 414
개쉬땅나무 566

개암나무 447
개오동 552
개옻나무 427
개잎갈나무 589
개키버들 442
개회나무 563
갯대추나무 546
갯버들 442
거문도닥나무 580
거문딸기 482
거제수나무 445
거지딸기 483
검노린재 487
검양옻나무 427
검은재나무 487
검종덩굴 530
검팽나무 509
겨우살이 422
겨울딸기 567
겹산철쭉 408
겹조팝나무 496
겹치자나무 577
겹함박꽃나무 494
계수나무 409
계요등 574
고광나무 464
고로쇠나무 429
고리버들 442
고욤나무 423
고추나무 483
골담초 443
곰딸기 483
곰솔 522
곰의말채 463
공작단풍 417
광나무 563
광대싸리 556
괴불나무 498
구골나무 564

구골목서 564
구기자나무 536
구상나무 515
구슬꽃나무 580
구슬댕댕이 458
구실잣밤나무 448
국수나무 470
굴거리 409
굴참나무 451
굴피나무 453
귀룽나무 472
귤 484
금목서 546
금선개나리 424
금식나무 399
길마가지나무 499
까마귀머루 585
까마귀밥여름나무 425
까마귀베개 547
까마귀쪽나무 555
까막바늘까치밥나무 533
까치박달 448
까치밥나무 425
꼬리겨우살이 586
꼬리조팝나무 534
꼬리진달래 571
꽃개오동 552
꽃개회나무 533
꽃댕강나무 575
꽃산수국 532
꽃싸리 540
꽝꽝나무 565
꾸지나무 453
꾸지닥나무 415
꾸지뽕나무 558

ㄴ
나도국수나무 470
나도박달 430

나도밤나무 565
나래회나무 501
나무수국 561
나사백 525
나한송 523
낙상홍 537
낙엽송 518
낙우송 519
난티나무 416
남오미자 554
남천 576
낭아초 538
너도밤나무 448
넌출월귤 562
네군도단풍 418
노각나무 573
노간주나무 518
노랑만병초 551
노린재나무 487
노박덩굴 505
녹나무 431
뇌성목 436
누른종덩굴 545
누리장나무 574
눈잣나무 521
눈측백 524
눈향나무 525
느릅나무 415
느티나무 454
능소화 536
능수버들 441

ㄷ
다래 569
다릅나무 578
다정큼나무 476
닥나무 415
단풍나무 417
단풍철쭉 497

담자리꽃나무 577
담자리참꽃나무 405
담쟁이덩굴 584
담팔수 566
당광나무 563
당단풍 418
당조팝나무 469
당종려 589
대왕참나무 453
대추나무 546
대팻집나무 489
댕강나무 492
댕댕이나무 458
댕댕이덩굴 553
더위지기 588
덜꿩나무 491
덧나무 457
덩굴옻나무 428
덩굴장미 408
독일가문비 517
돈나무 493
돌가시나무 567
돌배나무 479
돌뽕나무 510
동백나무 406
동백나무겨우살이 587
된장풀 587
두릅나무 581
두메닥나무 461
두메오리 445
두충 514
들메나무 514
들버들 443
들쭉나무 579
등 411
등수국 465
등칡 435
딱총나무 457
땃두릅나무 589

땅비싸리 412
때죽나무 488
떡갈나무 452
떡버들 440
떡잎윤노리나무 477
뚝향나무 525
뜰보리수 460

ㄹ

라일락 400
리기다소나무 522

ㅁ

마가목 480
마로니에 462
마삭줄 488
만년콩 579
만리화 424
만병초 571
만첩백도 496
만첩부용 537
만첩빈도리 496
만첩풀또기 408
만첩해당화 537
만첩홍매실 407
만첩흰매실 496
말발도리 485
말오줌나무 457
말오줌때 506
말채나무 463
망개나무 548
망종화 549
매발톱나무 434
매실나무 471
매자나무 434
매화나무 471
매화말발도리 485
매화오리 570
머귀나무 569

머루 584
먹넌출 548
먼나무 504
멀구슬나무 404
멀꿀 494
멍덕딸기 567
멍석딸기 403
메역순나무 566
메타세쿼이아 519
명자꽃 402
명자나무 402
명자순 425
모감주나무 545
모과나무 402
모란 407
모람 512
모새나무 579
목련 493
목서 564
몽고뽕나무 510
묏대추 546
무궁화 535
무궁화 '백단심' 568
무화과 511
무환자나무 551
물개암나무 447
물박달나무 446
물싸리 427
물오리나무 413
물참대 485
물푸레나무 514
미국낙상홍 574
미국능소화 536
미국담쟁이덩굴 584
미국딱총나무 489
미국풍나무 506
미선나무 467
미역줄나무 566
민둥인가목 403

민땅비싸리 412
민청가시덩굴 433

ㅂ

바람등칡 436
바위말발도리 485
바위모시 513
바위수국 460
박달나무 446
박달목서 564
박쥐나무 494
박태기나무 411
반송 523
밤나무 557
방기 553
방크스소나무 523
배나무 479
배롱나무 537
배암나무 575
백당나무 490
백동백 436
백량금 572
백리향 541
백매 496
백목련 495
백산차 570
백서향 461
백합나무 433
버드나무 439
버들개회나무 563
벚나무 475
벽오동 549
별당나무 490
병꽃나무 431
병아리꽃나무 461
병조희풀 531
보리밥나무 561
보리수나무 460
보리자나무 550

보리장나무 561
복분자딸기 403
복사나무 400
복사앵도 402
복숭아나무 400
복자기 430
복장나무 430
부게꽃나무 456
부용 535
분꽃나무 491
분단나무 489
분버들 439
분비나무 515
분홍미선 400
불두화 490
붉가시나무 449
붉나무 551
붉은가시딸기 483
붉은꽃삼지닥나무 399
붉은꽃서양산딸나무 399
붉은병꽃나무 420
붉은인동 542
붓순나무 435
블루베리 498
비목나무 437
비술나무 416
비양나무 513
비자나무 520
비쭈기나무 572
비파나무 566
빈도리 486
빌레나무 498
빗죽이나무 572
뽕나무 511
뿔잎목서 564

ㅅ
사과나무 478
사람주나무 587
사방오리 444
사스래나무 445
사스레피나무 498
사시나무 410
사위질빵 560
사철나무 583
산가막살나무 492
산개나리 424
산개버찌나무 473
산개벚지나무 473
산검양옻나무 428
산겨릅나무 431
산닥나무 558
산돌배 479
산동쥐똥나무 466
산딸기 482
산딸나무 462
산매자나무 532
산벚나무 473
산분꽃나무 491
산뽕나무 511
산사나무 477
산수국 532
산수유 423
산앵도나무 419
산옥매 401
산유자나무 555
산조팝나무 468
산철쭉 404
산초나무 558
산팽나무 508
산호수 573
산황나무 547
살구나무 471
삼나무 518
삼백병꽃나무 493
삼색싸리 578
삼지닥나무 422
상동나무 548

상동잎쥐똥나무 562
상산 422
상수리나무 451
상아미선 467
새덕이 398
새머루 585
새모래덩굴 495
새비나무 533
새우나무 506
생강나무 437
생달나무 432
생열귀나무 535
서나무 414
서양산딸나무 462
서양측백 524
서어나무 414
서향 398
석류나무 407
선버들 441
설구화 490
섬개야광나무 476
섬괴불나무 499
섬나무딸기 482
섬노린재 487
섬단풍나무 418
섬매발톱나무 434
섬백리향 541
섬벚나무 474
섬산딸기 482
섬오갈피 586
섬잣나무 521
섬쥐똥나무 562
섬피나무 550
세열단풍 417
세잎종덩굴 530
센달나무 432
소귀나무 414
소나무 523
소사나무 413

소철 520
소태나무 513
솔비나무 578
솔송나무 516
솜대 590
송악 553
송양나무 574
쇠물푸레 466
수국 531
수리딸기 482
수양버들 441
수정목 465
순비기나무 542
쉬나무 568
쉬땅나무 566
스트로브잣나무 522
시닥나무 430
시로미 419
시무나무 513
시베리아살구나무 401
식나무 399
신갈나무 452
신나무 455
실거리나무 426
실벚나무 474
싸리 539

ㅇ

아광나무 477
아구장나무 469
아그배나무 478
아까시나무 497
아왜나무 575
아카시아나무 497
안개나무 429
알바서향 461
애기고광나무 464
애기동백 573
애기등 557
애기말발도리 484
애기석남 420
앵도나무 476
앵두나무 476
야광나무 478
얇은잎고광나무 464
양국수나무 470
양다래 570
양버들 410
양버즘나무 408
양벚 475
엄나무 588
여우버들 440
영산홍 406
예덕나무 555
오가나무 586
오갈피나무 543
오구나무 587
오동나무 406
오리나무 412
오미자 554
오죽 591
옥매 496
올괴불나무 420
올벚나무 474
옻나무 428
완도호랑가시나무 504
왕괴불나무 458
왕느릅나무 416
왕대 590
왕머루 584
왕모람 512
왕버들 438
왕벚나무 473
왕자귀나무 556
왕작살나무 532
왕쥐똥나무 562
왕초피 455
왕팽나무 508
왜종려 589
외대으아리 460
용버들 440
우묵사스레피 571
우산고로쇠 429
월귤 579
위성류 577
유동 468
유자나무 484
유카 575
육박나무 555
윤노리나무 477
으름덩굴 398
으아리 560
은단풍 417
은물싸리 481
은백양 410
은사시나무 410
은행나무 515
음나무 588
이나무 438
이노리나무 478
이대 591
이스라지 475
이태리포플러 411
이팝나무 466
인가목 403
인가목조팝나무 469
인동덩굴 580
일본매자나무 434
일본목련 495
일본병꽃나무 493
일본잎갈나무 518
일본전나무 516
일본조팝나무 534
잎갈나무 518

자귀나무 538

자금우 572
자두나무 472
자목련 407
자작나무 447
자주조희풀 531
작살나무 532
잔잎산오리나무 413
잔털인동 580
잣나무 521
장구밥나무 568
장딸기 483
장미 408
장지석남 420
전나무 516
젓나무 516
정금나무 419
제주광나무 563
제주산버들 443
제주조릿대 591
제주찔레 567
조각자나무 502
조구나무 587
조도만두나무 586
조록나무 409
조록싸리 539
조릿대 591
조팝나무 468
족제비싸리 540
졸가시나무 450
졸참나무 452
좀갈매나무 503
좀굴거리 506
좀깨잎나무 540
좀꽝꽝나무 565
좀땅비싸리 412
좀목형 542
좀사방오리 444
좀싸리 578
좀작살나무 533

좀풍게나무 509
좁은잎백산차 570
좁은잎사위질빵 576
좁은잎참빗살나무 501
좁은잎천선과나무 512
종가시나무 449
종덩굴 530
종려나무 589
종비나무 517
주걱댕강나무 492
주목 519
주엽나무 502
죽단화 435
죽순대 590
죽절초 554
줄딸기 403
줄사철나무 583
중국굴피나무 507
중국남천 553
중국단풍 455
중대가리나무 580
쥐다래 569
쥐똥나무 466
진달래 405
진퍼리꽃나무 497
짝자래나무 503
쪽동백나무 488
쪽버들 439
찔레꽃 481
찝빵나무 524

ㅊ

차나무 573
찰피나무 550
참가시나무 450
참갈매나무 503
참개암나무 447
참골담초 443
참꽃나무 404

참꽃나무겨우살이 571
참나무겨우살이 540
참느릅나무 588
참등 411
참빗살나무 501
참식나무 554
참싸리 539
참오글잎버들 441
참오동 406
참으아리 560
참조팝나무 468
참죽나무 568
참회나무 505
채진목 481
처진올벚나무 474
천리포해당화 534
천리향 398
천선과나무 512
철쭉 404
청가시덩굴 433
청괴불나무 499
청미래덩굴 433
청사조 548
청시닥나무 456
초령목 495
초피나무 454
측백나무 525
층꽃나무 541
층층나무 463
치자나무 576
칠엽수 462
칡 538

ㅋ

콩배나무 479
콩버들 556
큰꽃으아리 435
큰나무수국 561
큰낭아초 538

키버들 442
키위 570

ㅌ

탐라산수국 535
태산목 577
탱자나무 484
털개회나무 400
털댕강나무 467
털마삭줄 488
털오갈피나무 552
털조장나무 437
털진달래 405
통탈목 581
튤립나무 433

ㅍ

파마버들 440
팔손이 581
팥꽃나무 398
팥배나무 480
팽나무 508
편백 524
포도 585
폭나무 508
푸른가막살 492
푸조나무 510
푼지나무 505
풀또기 401
풀명자 402
풀싸리 539
풍게나무 509
피나무 550
피라칸다 480
핀참나무 453

ㅎ

할미밀망 467
함박꽃나무 494
함박이 545
합다리나무 565
해당화 534
해변싸리 539
해송 522
향나무 525
향선나무 456
헛개나무 547
협죽도 536
호두나무 507
호랑가시나무 504
호랑버들 440
호자나무 465
혹느릅나무 415
홍가시나무 480
홍공작단풍 417
홍괴불나무 543
홍매화 401
화백 524
화살나무 502
황근 549
황단나무 556
황매화 426
황벽나무 513
황산차 405
황철나무 409
황칠나무 585
회나무 505
회목나무 531
회양목 438
회잎나무 502
회화나무 557
후박나무 432
후추등 436
후피향나무 572
흰괴불나무 543
흰동백 489
흰말채나무 464
흰배롱나무 576
흰병꽃나무 493
흰산철쭉 486
흰새덕이 398
흰인가목 481
흰장지석남 497
흰진달래 486
흰참꽃 571
흰철쭉 486
흰층꽃나무 581
흰해당화 567
히말라야시더 589
히어리 426

저자 윤주복

식물생태연구가이며, 자연이 주는 매력에 빠져 전국을 누비며
꽃과 나무가 살아가는 모습을 사진에 담고 있다.
저서로는 《꽃 책》, 《나무 책》, 《쉬운 식물책》, 《우리나라 나무 도감》, 《나무 해설 도감》,
《나무 쉽게 찾기》, 《겨울나무 쉽게 찾기》, 《열대나무 쉽게 찾기》, 《화초 쉽게 찾기》,
《APG 나무 도감》, 《APG 풀 도감》, 《나뭇잎 도감》, 《식물 학습 도감》,
《봄·여름·가을·겨울 식물도감》, 《봄·여름·가을·겨울 나무도감》,
《재밌는 식물 이야기》, 《나라꽃 무궁화 이야기》 등이 있다.

야생화 쉽게 찾기

초판 1쇄 – 2020년 7월 7일 **초판 2쇄** – 2021년 6월 3일
개정판 인쇄 – 2025년 5월 6일 **개정판 발행** – 2025년 5월 13일
사진·글 – 윤주복
발행인 – 허진
발행처 – 진선출판사(주)
편집 – 김경미, 최윤선, 최지혜
디자인 – 고은정
총무·마케팅 – 유재수, 나미영, 허인화
주소 – 서울시 종로구 삼일대로 457 (경운동 88번지) 수운회관 15층
   전화 (02)720-5990 팩스 (02)739-2129
   www.jinsun.co.kr
등록 – 1975년 9월 3일 10-92

※ 책값은 뒤표지에 있습니다.

ⓒ 윤주복, 2025
편집 ⓒ 진선출판사, 2025

ISBN 979-11-93003-74-9 06480

진선books는 진선출판사의 자연책 브랜드입니다.
자연이라는 친구가 들려주는 이야기 – '진선북스'가 여러분에게 자연의 향기를 선물합니다.